AF613550

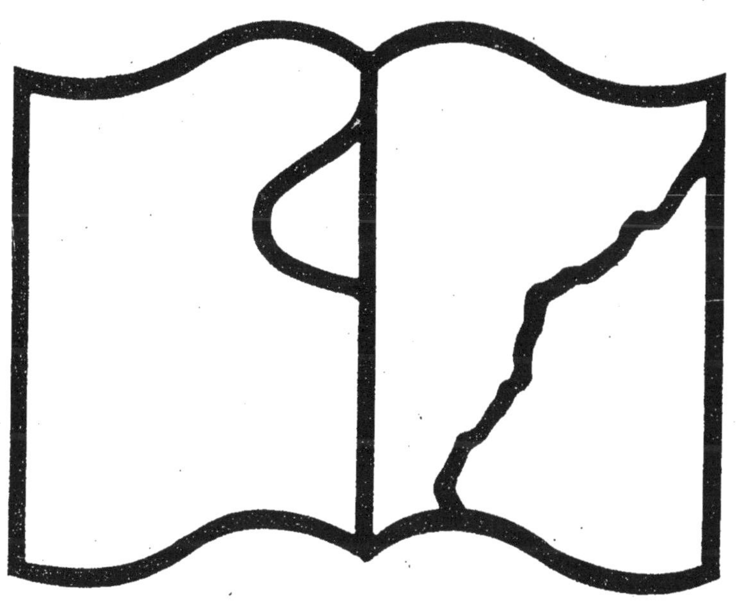

Cahier 4

F 106

52
37

O. D. CHWOLSON

PROFESSEUR ORDINAIRE A L'UNIVERSITÉ IMPÉRIALE DE ST-PÉTERSBOURG

TRAITÉ DE PHYSIQUE

OUVRAGE TRADUIT SUR LES ÉDITIONS RUSSE & ALLEMANDE

PAR

E. DAVAUX

INGÉNIEUR DE LA MARINE

Édition revue et considérablement augmentée par l'Auteur

SUIVIE DE

Notes sur la Physique théorique

PAR

E. COSSERAT
Professeur à la Faculté des Sciences,
Directeur
de l'Observatoire de Toulouse

F. COSSERAT
Ingénieur en Chef des Ponts et Chaussées,
Ingénieur en Chef
à la Cie des Chemins de fer de l'Est

TOME TROISIÈME

PREMIER FASCICULE

Thermométrie. Capacité calorifique. Thermochimie. Conductibilité calorifique.

Avec 126 figures dans le texte

PARIS

LIBRAIRIE SCIENTIFIQUE A. HERMANN ET FILS

LIBRAIRES DE S. M. LE ROI DE SUÈDE

6, RUE DE LA SORBONNE, 6

1909

TRAITÉ DE PHYSIQUE

O. D. CHWOLSON
PROFESSEUR ORDINAIRE A L'UNIVERSITÉ IMPÉRIALE DE ST-PÉTERSBOURG

TRAITÉ DE PHYSIQUE

OUVRAGE TRADUIT SUR LES ÉDITIONS RUSSE & ALLEMANDE

PAR

E. DAVAUX
INGÉNIEUR DE LA MARINE

Edition revue et considérablement augmentée par l'Auteur
SUIVIE DE
Notes sur la Physique théorique

PAR

E. COSSERAT
Professeur à la Faculté des Sciences,
Directeur
de l'Observatoire de Toulouse

F. COSSERAT
Ingénieur en Chef des Ponts et Chaussées,
Ingénieur en Chef
à la Cie des Chemins de fer de l'Est

TOME TROISIÈME

PREMIER FASCICULE

Thermométrie. Capacité calorifique. Thermochimie.
Conductibilité calorifique.

Avec 126 figures dans le texte

PARIS
LIBRAIRIE SCIENTIFIQUE A. HERMANN ET FILS
LIBRAIRES DE S. M. LE ROI DE SUÈDE
6, RUE DE LA SORBONNE, 6

1909

TABLE DES MATIÈRES

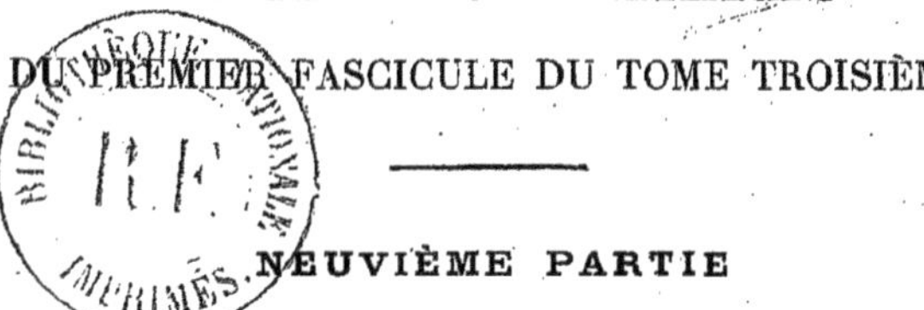

DU PREMIER FASCICULE DU TOME TROISIÈME

NEUVIÈME PARTIE

L'ÉNERGIE CALORIFIQUE

Chapitre I. — **Introduction**

Chapitre II. — **Thermométrie.**

Chapitre III. — Variation des dimensions et de la pression des corps en fonction de la température.

Chapitre IV. — Capacité calorifique.

Chapitre V. — Transformation des différentes formes d'énergie en énergie calorifique. Phénomènes thermochimiques.

CHAPITRE VI. — Refroidissement des corps.

CHAPITRE VII. — Conductibilité calorifique.

TRAITÉ DE PHYSIQUE

NEUVIÈME PARTIE

L'ÉNERGIE CALORIFIQUE

CHAPITRE PREMIER

INTRODUCTION

1. La notion d'énergie calorifique. — Nous avons déjà introduit dans le Tome I la notion d'énergie; nous avons vu que l'énergie se manifeste sous différentes formes, qui se divisent en deux groupes. Au premier de ces groupes appartiennent les diverses formes de l'énergie cinétique, qui a pour caractère essentiel le *mouvement* de la matière ; le second groupe comprend les formes que prend l'énergie potentielle, qui est quantitativement déterminée par la *distribution* de la matière dans l'espace. Nous avons indiqué aussi dans le Tome I que peut-être l'énergie potentielle n'existe pas et pourra être ramenée un jour à des formes d'énergie cinétique encore inconnues jusqu'ici.

Nous avons considéré en détail, dans les deux Tomes précédents, les formes d'énergie suivantes :

1. L'énergie cinétique d'un corps en mouvement; elle est mesurée par la force vive du corps

$$J = \frac{1}{2} \sum mv^2, \tag{1}$$

en désignant par m la masse et par v la vitesse des parties élémentaires, dans lesquelles nous supposons le corps décomposé. Nous écrirons plus exactement maintenant

$$J = \frac{1}{2} \int v^2 dm, \tag{2}$$

l'intégrale s'étendant à tous les éléments dm de la masse du corps.

2. L'énergie potentielle des masses, qui s'attirent suivant la loi de NEWTON : elle est mesurée par la différence $W_0 - W$, W_0 désignant la valeur maxima que peut prendre le potentiel mutuel des masses, lorsque leur rapprochement est physiquement le plus grand possible, et W la valeur du même potentiel pour une position donnée des masses. Dans le cas d'un seul système de points matériels, la grandeur W représente le selfpotentiel du système.

3. L'énergie rayonnante, qui se présente comme l'énergie d'un mouvement de nature particulière, se propageant à travers l'éther.

4. L'énergie de déformation d'un corps élastique ; nous avons indiqué quelques cas particuliers de cette forme d'énergie.

Nous passons maintenant à l'étude de l'*énergie calorifique*, que nous considérerons d'abord comme l'énergie cinétique ou de mouvement des particules ultimes d'un corps. Toute provision Q d'énergie calorifique s'exprime alors par la formule

$$Q = \frac{1}{2} \sum mv^2, \tag{3}$$

en prenant, pour unité d'énergie calorifique, l'unité d'énergie ; cette dernière est en général choisie dans un système d'unités absolues, quelle que soit la nature de l'énergie, c'est-à-dire qu'elle est équivalente à une unité de travail (Tome I). Nous appellerons cette unité *l'unité mécanique d'énergie calorifique ou simplement de chaleur*. Il faut entendre par m, dans la formule (3), les masses des particules les plus petites du corps, qui se meuvent à un instant donné avec des vitesses v en général différentes.

D'après les idées actuelles, non seulement les molécules des composés chimiques, mais aussi celles des corps simples à l'état solide, liquide ou gazeux renferment (à quelques exceptions près) au moins deux atomes ; cela nous conduit à considérer le mouvement, dont la force vive (3) mesure la provision d'énergie calorifique du corps, comme composé du mouvement des molécules, et peut-être aussi de celui de quelques molécules liées entre elles, et du mouvement intérieur ou *intramoléculaire* des parties constituantes de la molécule, se mouvant sans rupture de la liaison, appelée affinité chimique, qui les réunit. Nous devons d'ailleurs regarder comme très probable la conséquence suivante du mouvement des molécules : il doit très souvent se produire, dans les chocs incessants des molécules entre elles, une division des molécules composées en leurs parties constituantes. L'hypothèse d'une telle décomposition joue un rôle important dans la théorie de certains phénomènes physiques, et nous la rencontrerons de nouveau, par exemple dans l'exposé de la théorie actuelle de l'électrolyse (décomposition de substances introduites dans un circuit électrique fermé).

L'énergie calorifique est l'énergie d'un mouvement inorganisé ; un tel mouvement est un cas extrême opposé à celui du mouvement *organisé* d'un corps (ou système de molécules) donné, dans lequel les positions et les vitesses de toutes les particules ultimes du corps sont entre elles dans une certaine dépendance. Un premier exemple de mouvement organisé est le mouvement d'ensemble d'un corps invariable ; on démontre en cinématique qu'à chaque instant la vitesse v d'un point du corps est la résultante de la vitesse v_1 d'un mouvement de translation, commun à tous les points du corps, et de la vitesse v_2 d'un mouvement de rotation, qui s'effectue avec une certaine vitesse angulaire ω autour d'un axe parallèle à la direction de la vitesse v_1, la position de cet axe et la vitesse ω étant les mêmes pour tous les points du corps. Nous pouvons encore mentionner, comme mouvement organisé, le mouvement complexe d'une corde qui donne, en plus du son fondamental, toute une série d'harmoniques, le cas analogue du mouvement d'une colonne d'air vibrant dans un tuyau, le mouvement d'une plaque (figures sonores de Chladni), et en général le mouvement de tout milieu, quel qu'il soit, dans lequel se propagent des vibrations sonores ; enfin les mouvements tourbillonnaires, etc. se rattachent aussi à la notion de mouvement organisé.

Le mouvement calorifique est *absolument inorganisé* ; il n'est soumis, autant qu'on sache, à aucune condition relative à la grandeur et à la direction du mouvement des molécules, du moins quand elles ne sont pas voisines. On comprend facilement qu'un tel mouvement doit être *le plus probable*. En effet, imaginons, par exemple, un système de points matériels en mouvement, dans lequel le caractère du mouvement ne dépende d'aucune condition donnée. Pour chaque point, à un instant donné, toutes les directions et les grandeurs de mouvement sont également possibles et par suite également probables. Dans ce cas, *le mouvement le plus probable est un mouvement entièrement inorganisé*, dans lequel toutes *les grandeurs et les directions de mouvement* se présentent à peu près le même nombre de fois, si le nombre des points matériels est très grand.

Les chocs continuels des molécules entre elles doivent contribuer à l'établissement d'un tel mouvement *uniformément inorganisé*. Toute autre distribution des positions et des vitesses doit être moins probable, et la moins probable de toutes est celle pour laquelle le système aurait un mouvement d'ensemble. *Le mouvement uniformément inorganisé s'établit de lui-même.* Tout mouvement organisé est produit par des causes extérieures déterminées, agissant sur le système de molécules. Une fois qu'un tel mouvement s'est établi dans le système, il peut durer indéfiniment, en vertu des lois fondamentales de la Mécanique (inertie) ; mais s'il existe la plus petite cause, qui s'oppose à la libre continuation de ce mouvement organisé, il doit se manifester, dans le système, une tendance au passage du mouvement organisé au mouvement uniformément inorganisé, qui est le plus probable. Il n'existe pas de tendance contraire ; ce n'est que dans des conditions tout à fait exceptionnelles que le mouvement uniformément inorganisé des molécules peut se changer en un mouvement organisé. Il serait facile d'établir une certaine analogie entre ce qui précède et le cas d'une troupe d'hommes en marche, dans laquelle l'ordre ne peut s'établir qu'avec difficulté, mais se rompt très facilement. *Le mouvement organisé est produit par des circonstances exceptionnelles et se détruit facilement, c'est-à-dire qu'il a une tendance à se changer dans le mouvement uniformément inorganisé, comme étant le plus probable.*

En appliquant ce qui vient d'être dit au mouvement calorifique, qui est un mouvement uniformément inorganisé, nous arrivons à la conclusion très importante qui suit :

Le mouvement calorifique des molécules est le mouvement le plus probable. Tout mouvement non calorifique de la matière doit avoir une tendance à se changer en un mouvement calorifique. Un tel changement est produit par les plus petites causes, qui détruisent le mouvement non calorifique, c'est-à-dire un mouvement plus ou moins organisé.

En d'autres termes, *l'énergie non calorifique du mouvement de la matière a une tendance à se transformer en énergie calorifique.* Nous observons cette transformation dans un choc quelconque, dans le frottement, etc..

Ce n'est que dans des conditions exceptionnelles et pour ainsi dire artificielles que l'énergie calorifique peut être transformée en énergie de mouvement non calorifique de la matière. Nous expliquerons dans la suite (voir Thermodynamique) ce qu'il faut entendre par *conditions exceptionnelles.*

Nous ne croyons pas superflu de rappeler que nous entendons par *matière* tout corps à l'état solide, liquide ou gazeux, par opposition à l'*éther*, qui est cependant aussi, au moins au point de vue de l'inertie et de l'élasticité, de la matière (voir Tome I).

La structure intérieure de la matière est déterminée d'une part par l'intensité du mouvement calorifique des molécules, d'autre part par les forces inconnues qui agissent entre les molécules et qui ont reçu, pour faciliter le langage, le nom de *forces de cohésion.* Sous l'action de ces causes, les molécules des corps solides, et en particulier aussi celles des liquides, se tiennent à une certaine distance moyenne les unes des autres.

En leur absence, ou en cas de grandeur insuffisante de ces forces, les molécules des corps s'éloignent les unes des autres, à des distances qui ne dépendent que des conditions extérieures, c'est-à-dire de l'espace libre existant et des forces newtoniennes d'attraction mutuelle entre les molécules. C'est sur l'hypothèse de l'absence de toute force de cohésion qu'est basée, comme nous l'avons vu dans le Tome I, la théorie cinétique des gaz parfaits, dont les propriétés sont déterminées et s'expliquent par le mouvement calorifique des molécules.

Les considérations précédentes sur la nature de l'énergie calorifique ont été présentées dans le langage mathématique par Clausius, Maxwell, Boltzmann, et W. Gibbs, qui ont fondé ce qu'on appelle la *Mécanique statistique.* Nous indiquerons, dans les préliminaires actuels, au moins la terminologie qui est adoptée dans cette théorie nouvelle. La Mécanique statistique n'est autre chose que la dynamique d'un très grand nombre de systèmes régis (dans le cas le plus simple) par les mêmes équations, mais avec des circonstances initiales différentes. Ce qui est observable et, par conséquent, important, c'est la valeur moyenne de telle ou telle quantité, fonction de l'état des systèmes. A cette recherche, on substitue, avec Maxwell, celle du nombre de systèmes pour lesquels la quantité ainsi envisagée est (à un instant donné quelconque) comprise entre des limites données. Ce nombre sera, en général, assez grand pour qu'on puisse appliquer la loi des grands nombres, même lorsque les limites dont il s'agit sont infiniment rapprochées.

W. GIBBS a pu ne faire aucune supposition sur la nature des systèmes considérés ; il part des équations canoniques d'HAMILTON sous leur forme la plus générale, avec les coordonnées de position $q_1, q_2, \ldots, q_n$ et les *moments généralisés* $p_1, p_2, \ldots, p_n$ substitués aux vitesses. La *phase* d'un système est caractérisée par sa position et ses vitesses, autrement dit, par les valeurs de $q_1, q_2, \ldots, q_n ; p_1, p_2, \ldots, p_n$, et l'on peut, par conséquent, la représenter par un point dans l'espace E_{2n} à $2n$ dimensions. L'*extension en phase* relative à une portion quelconque R de E_{2n}, qui est une notion analogue à celle de *volume*, est l'intégrale

$$\iint \cdots \int_R dq_1\, dq_2 \ldots dq_n\, dp_1\, dp_2 \ldots dp_n.$$

Si l'on donne la position du point représentatif au temps t, on détermine implicitement, par cela même, sa position à un autre instant quelconque t'. Si l'on prend, pour le premier point, successivement chacun de ceux de la région R, le second point décrira une nouvelle région R'. Celle-ci a même extension en phase que la première : *l'extension en phase est invariante dans le temps* (sur une même série de trajectoires) ; c'est un *invariant intégral* au sens donné par H. POINCARÉ à ce mot.

On peut opérer sur les positions seules, ou sur les vitesses seules, comme on vient de le faire sur l'ensemble des deux ; on définit ainsi une *extension en configuration* et une *extension en vitesse*.

D'après la convention suivant laquelle on applique la loi des grands nombres à un élément infinitésimal, on représente le nombre des systèmes contenus (à un instant donné) dans une extension en phase donnée (c'est-à-dire dont le point représentatif est dans une région donnée R de l'espace E_{2n}) par l'intégrale

$$\iint \cdots \int_R D dq_1 \ldots dq_n\, dp_1 \ldots dp_n,$$

où D est une fonction des q et des p, *la densité en phase*. La connaissance de la valeur de D en fonction de $q_1, \ldots, q_n ; p_1, \ldots, p_n$ donne la distribution absolue des systèmes donnés entre leurs différentes phases. En général, la distribution relative, proportionnelle, intervient seule, et il suffit d'étudier, N étant le nombre total des systèmes, le quotient

$$P = \frac{D}{N},$$

ou *coefficient de probabilité*, *la probabilité en phase* étant l'intégrale

$$\iint \cdots \int P dq_1 \ldots dq_n\, dp_1 \ldots dp_n.$$

Enfin, la quantité

$$\eta = \log P$$

est l'*indice de probabilité*.

L'équilibre moyen d'un ensemble de systèmes tel que celui que nous considérons (ou, plus généralement, le régime permanent) correspond à un *équilibre statistique*, caractérisé par ce fait que la distribution en phase est indépendante du temps.

Toutes les quantités que nous avons définies plus haut, probabilité en phase, coefficient de probabilité, indice de probabilité, qui sont invariantes dans le temps sur chaque trajectoire, sont des intégrales des équations différentielles du mouvement des systèmes. La condition d'équilibre statistique est que ces intégrales ne contiennent pas t.

W. Gibbs a considéré, en particulier, la distribution dans laquelle l'indice de probabilité est une fonction linéaire de l'intégrale la plus simple, l'énergie : c'est la *distribution canonique*, sur laquelle il a fondé rationnellement la Thermodynamique. Il a en outre décomposé un ensemble canonique de systèmes en parties, dont chacune contient les systèmes pour lesquels l'énergie est comprise entre des limites données. Si ces limites sont suffisamment rapprochées, on peut regarder, dans l'intervalle qu'elles déterminent, l'énergie comme constante, et l'on a la distribution *microcanonique*, sorte d'élément de la distribution canonique.

La distribution *inorganisée* est l'ensemble de toutes les distributions possibles des systèmes.

La première notion de la chaleur nous est donnée par une sensation de nature particulière, produite par les corps que nous touchons ou qui se trouvent près de nous. Ces sensations se rangent, d'après leur intensité, en une suite continue, partant pour ainsi dire d'un certain zéro et s'étendant dans les deux sens. Les sensations correspondant aux deux parties de cette suite sont qualitativement différentes ; elles s'appellent sensations de *chaud* et sensations de *froid*. La position du zéro dépend de l'état calorifique accidentel des parties de notre corps qui reçoivent la sensation. Parallèlement au changement de sensation de chaleur produite par la matière, on observe des changements dans les diverses autres propriétés de cette dernière. Relativement à la nature intime de la cause dont dépendent ces sensations aussi bien que ces propriétés, c'est-à-dire relativement à la nature même de la chaleur, différentes théories ont été émises à diverses époques. En mettant à part les opinions divergentes de chercheurs isolés, on peut dire que jusque vers 1840 la chaleur fut regardée comme une substance de nature particulière, comme l'un des fluides *impondérables*, dont l'emmagasinement dans un corps déterminait son état calorifique.

Nous donnerons quelques détails, sur l'histoire du développement de la nouvelle théorie qui considère la chaleur comme une forme de l'énergie cinétique, dans le Chapitre consacré à la Thermodynamique ; cette théorie repose exclusivement sur deux principes, dont le premier consiste en ce que la chaleur est une forme de l'énergie, tandis que le second, au moins en partie, consiste en ce que le mouvement calorifique est, comme nous l'avons dit plus haut, le mouvement le plus probable des particules ultimes d'un corps, et en ce que les autres formes de l'énergie cinétique ont une tendance à se transformer en énergie calorifique.

Une variation dans la provision d'énergie calorifique d'un corps entraîne le changement de presque toutes les propriétés de ce corps ; aussi nous est-il arrivé plusieurs fois, dans les deux volumes précédents, de dire qu'un grand nombre de phénomènes dépendaient de l'énergie calorifique. Nous pouvons donner ici, comme exemple, la dépendance entre la tension superficielle des liquides, la vitesse du son, l'indice de réfraction, etc. et l'état calorifique de la matière. Beaucoup de données relatives à ce sujet ont été introduites dans la théorie des gaz, en particulier dans le Chapitre consacré à la théorie cinétique des gaz. Nous ne répéterons pas, en général, dans cette partie de notre Traité, ce que nous avons déjà indiqué auparavant, sauf dans le cas où il nous sera possible, par une étude plus détaillée, de généraliser ce qui aura été exposé une première fois.

Les différents éléments de la théorie de la chaleur se trouvent entre eux dans une dépendance encore plus étroite que ceux des autres théories physiques, par exemple ceux de la doctrine de l'énergie rayonnante. Ceci s'applique, en particulier, aux parties qui forment nécessairement les débuts de l'étude des phénomènes calorifiques ; dans le Chapitre sur la mesure de la température, qui est la grandeur fondamentale la plus importante dans la théorie de la chaleur, nous aurons presque continuellement affaire au phénomène de la dilatation des corps par la chaleur ; mais il est difficile de parler de la dilatation des corps par la chaleur, avant d'avoir étudié au préalable les méthodes de la thermométrie. Pour éviter cette difficulté, nous commencerons par donner un court aperçu sur quelques notions et quelques faits, d'ailleurs envisagés dans la Physique élémentaire. Nous en avons déjà fait connaître plusieurs dans l'Introduction de notre Traité, et nous les avons mentionnés de nouveau à plusieurs reprises dans les Tomes I et II ; nous en donnerons une étude plus détaillée dans la suite, dans les différents Chapitres de ce troisième volume.

2. Température. — Le sens du toucher nous démontre la possibilité, pour *un même* corps, de l'existence de différents degrés d'échauffement, que nous pouvons nous représenter comme rangés en suite continue. Le degré d'échauffement d'un corps s'appelle *température*. Une comparaison entre les températures de deux corps différents, basée sur les sensations que nous éprouvons au contact de ces corps, n'est pas possible. Les températures de deux corps différents sont dites égales, lorsque, par le contact mutuel de ces corps, leurs températures, c'est-à-dire leurs degrés d'échauffement ne changent pas ; on suppose ici que les corps en contact n'agissent pas chimiquement l'un sur l'autre. S'il n'en est pas ainsi, l'égalité des températures des deux corps se manifeste par l'égalité de chacune d'elles avec la température d'un troisième corps. De deux corps M et N, sans action chimique l'un sur l'autre, celui-là possède la température la plus élevée, qui se refroidit par le contact (ou le mélange) des corps M et N ; l'autre corps s'échauffe alors forcément, pourvu que le contact des corps ne produise pas de changement d'état dans l'un d'eux ou dans l'un et l'autre corps. Quand cette dernière condition n'est pas remplie, *l'un* des deux corps peut conserver sa température (par exemple, si on met un corps chaud dans de la glace à 0° ou un corps très froid dans de l'eau à 0°). Dans ce cas, le changement de température de *l'autre* corps indique lequel des deux possédait la plus haute température. Il existe d'ailleurs des circonstances où le mélange des corps M et N ne nous renseigne pas sur celui d'entre eux qui est le plus chaud ; cela arrive lorsque la température des deux corps diminue par le mélange (glace et NaCl). Mais le mélange des corps M et N ne peut pas produire, dans l'un et l'autre, d'élévation de température, pourvu que ces corps n'agissent pas chimiquement l'un sur l'autre.

On trouvera une étude plus approfondie de la notion de température, dans l'intéressant ouvrage de E. Mach, *Die Prinzipien der Wärmelehre*, Leipzig, 1896 (pages 39 à 57). On y trouve (page 41) la définition suivante : « on doit entendre, par états calorifiques *égaux* de corps différents, ceux dans lesquels les corps ne déterminent les uns sur les autres aucun changement de volume (abstraction faite des pressions, forces électriques, etc.). » Nous devons citer également le travail remarquable de N. N. Schiller, *Origine et développement de la notion de température, au point de vue de la théorie de la connaissance*, Kiew, 1899 (en russe), et les importants développements que P. Duhem a aussi consacrés à cette question dans son livre récent, *La Théorie physique, son objet et sa structure*, Paris, 1906.

P. Langevin a établi avec une logique rigoureuse le classement des températures. Sa méthode est exposée dans l'ouvrage de J. Perrin, *Traité de Chimie physique, les Principes*, Paris, 1903, p. 60-63 ; nous reproduisons ici textuellement ses considérations :

Montrons d'abord comment les objets qui n'ont pas la même température que A peuvent être sans ambiguïté rangés en deux catégories remarquables.

Dire que A se modifie sous l'influence de l'approche de l'objet B, c'est dire que certaines de ses propriétés mesurables varient ; par exemple, si c'est un corps homogène, sa densité varie, ou son indice de réfraction, ou sa pression s'il est fluide et enfermé dans une enceinte rigide, ou sa viscosité, etc. (1).

Deux cas peuvent alors se présenter pour chacune de ces propriétés.

Ou bien cette propriété varie toujours dans le même sens, quel que soit l'objet B ; par exemple, si A est de l'eau prise à son maximum de densité, on observera que l'approche de n'importe quel objet a pour effet de diminuer la densité, quand du moins cette approche a un effet.

Il est évident que ce cas ne permet aucune classification des objets qui n'ont pas la température de cette eau. L'expérience montre, d'ailleurs, qu'un tel cas est exceptionnel (2).

(1) Nous supposerons d'ailleurs qu'on n'approche l'objet B que pendant un temps assez court pour que la modification de A soit petite, de manière à éviter qu'une propriété donnée subisse une variation assez grande pour diminuer après avoir grandi, ce qui introduirait un doute (précaution analogue à celle usitée dans l'emploi d'un électroscope pour reconnaître le signe d'une électrisation).

(2) Comme le prouve la suite, une telle exception ne serait gênante que si elle se présentait en même temps pour chacune des propriétés de chacun des corps ayant même température que A.

Ou bien, et c'est le cas général, la propriété considérée, variant dans un certain sens pour certains des objets B, varie dans le sens inverse pour les autres objets : par exemple, l'indice de réfraction de A grandira en présence des premiers, décroîtra en présence des seconds. Nous classerons ensemble les objets qui font varier cette propriété dans le même sens, et ensemble ceux qui la font varier dans le sens inverse. Les objets qui n'ont pas la température de A se trouvent ainsi partagés en deux groupes.

Recommençons la même étude sur une nouvelle propriété de l'objet A, ou de tout autre objet ayant même température que A ; nous obtenons, si cette propriété peut varier dans deux sens opposés, une nouvelle division en deux groupes. *L'expérience prouve qu'on retombe ainsi précisément sur les deux mêmes groupes.*

Par exemple, il n'arrivera pas que trois objets B, C et D étant considérés, B et C fassent grandir la densité d'un corps A, quand D la diminuerait, ce qui mettrait B et C dans le même groupe, et qu'en même temps B tout seul fasse grandir l'indice de réfraction de A, alors que C et D le diminueraient, ce qui mettrait B et C dans deux groupes différents.

La totalité des objets en équilibre imaginables est ainsi partagée en trois groupes, savoir :

Les objets A, A′, A″, ... qui ont la température de A, et les objets de température différente classés, comme il vient d'être dit, en deux groupes G_1, G_2.

Ecrivons sur une même ligne les noms des objets A, A′, A″, ... ; écrivons au-dessus de cette ligne les noms des objets de l'un des deux groupes précédents, G_1 par exemple, et au-dessous ceux des objets du groupe G_2. Nous obtenons le Tableau :

$$\begin{array}{c} G_1, \\ A, A', A'', \ldots, \\ G_2. \end{array}$$

Considérons maintenant un des objets du groupe G_2, soit par exemple B ; recommençons les opérations précédentes. Nous trouverons d'abord des corps B′, B″, ..., en équilibre thermique avec B. Puis nous pourrons de nouveau classer les autres objets en deux groupes, et, sans qu'il soit nécessaire de détailler davantage, l'expérience montrera que l'un de ces groupes contient tout le groupe G_1, les objets A, A′, A″, ... et une partie G_2' de G_2, l'autre groupe contenant le reste G_2'' des objets qui formaient le groupe G_2. Le Tableau précédent pourra alors s'écrire

$$\begin{array}{c} G_1, \\ A, A', A'', \ldots, \\ G_2', \\ B, B', B'', \ldots, \\ G_2''. \end{array}$$

Bref, procédant ainsi de proche en proche, on conçoit qu'on pourrait former, avec les noms de tous les objets en équilibre qu'on peut réaliser, un Tableau de lignes horizontales qui possède les propriétés suivantes :

a) Deux objets dont les noms sont dans une même ligne sont en équilibre thermique ;

b) Deux objets dont les noms sont dans deux lignes différentes ne sont pas en équilibre thermique ;

c) Deux objets dont les noms sont dans deux lignes situées de part et d'autre du nom d'un troisième objet, mis successivement en présence de cet objet, lui font éprouver des modifications qui, au moins pour certaines propriétés, sont de sens inverse ;

d) Deux objets qui ont leurs noms dans deux lignes situées d'un même côté par rapport au nom d'un troisième objet, mis successivement en présence de cet objet lui font toujours éprouver des modifications de même sens.

Toutes ces propriétés seraient conservées si nous faisions tourner le Tableau précédent de 180° autour d'une ligne horizontale quelconque : il y a là une indétermination inutile. Or, parmi les objets représentés dans ce Tableau se trouvent de la *glace fondante* [1] et de l'eau bouillant sous la pression atmosphérique ; nous disposerons notre Tableau de manière que la ligne de l'eau bouillante soit au-dessus de la ligne de la glace fondante, ce qui supprimera l'indétermination. Enfin, nous conviendrons de dire que la température d'un objet est supérieure à celle d'un autre objet, si la ligne du premier se trouve alors au-dessus de celle du second.

Précisons ces considérations par un exemple :

L'eau bouillante et la glace fondante provoquent des modifications de même sens en un système formé d'étain solide et d'étain liquide en équilibre (étain fondant). Donc (α), la température de fusion de l'étain n'est pas intermédiaire entre celles de la glace fondante et de l'eau bouillante.

L'étain fondant et l'eau bouillante provoquent des modifications de même sens dans de la glace fondante ; donc (β), la température de fusion de l'étain est supérieure à celle de la glace fondante ; d'après le résultat précédent, elle est donc aussi supérieure à celle de l'eau bouillante.

De même (γ), l'argent fondant est à une température supérieure à celle de l'eau bouillante.

Enfin (δ), l'étain fondant et l'eau bouillante provoquent des modifications de même sens sur de l'argent fondant ; l'étain fondant a donc, comme l'eau bouillante, une température inférieure à celle de l'argent fondant.

Tel est le schéma de l'une des séries d'opérations qui peuvent permettre de dire, sans craindre de contradiction tirée d'une autre série d'expériences, que la température de fusion de l'argent est supérieure à celle de l'étain.

Nous verrons plus tard qu'on peut donner la définition suivante de la notion de température plus élevée qu'une autre : *un corps* A *possède une température plus élevée que celle d'un corps* B, *s'il est possible par une disposition quelconque de transporter de la chaleur de* A *sur* B, *sans que cette cession soit accompagnée de changements dans d'*AUTRES *corps*.

Par un contact suffisamment intime (mélange) de deux ou plusieurs corps,

(1) Expression incorrecte, par laquelle on désigne un mélange de glace et d'eau en équilibre sous la pression atmosphérique.

l'égalité de leurs températures s'établit toujours d'*elle-même. C'est là un des résultats de la tendance dont nous avons parlé vers un mouvement uniformément inorganisé*, dans lequel la valeur moyenne de la force vive du mouvement des molécules, qui détermine, comme nous l'admettons, la température, est identique dans toutes les parties du système. Ceci est particulièrement clair, quand les corps M et N sont de nature identique.

Nous avons rangé la température, dans l'Introduction de notre ouvrage, parmi les notions de la Physique, qui ne peuvent être appelées des grandeurs, au sens ordinaire du mot, et par suite ne peuvent, en toute rigueur, être mesurées. Nous pouvons seulement, dans une suite continue de températures, prendre des points fixes déterminés, ce qui nous permet de construire une échelle de température, et, à l'aide de celle-ci, de *mesurer des intervalles de température*. On se sert, comme points fixes, de la température de fusion de la glace et de la température d'ébullition de l'eau sous une pression barométrique de 760 millimètres de mercure, ainsi que d'autres températures *constantes*.

Richards et Churchill (1899), et plus tard Richards et Wells (1903), ont indiqué toute une série de températures constantes, qui peuvent servir de points fixes dans l'échelle des températures. Elles correspondent à ce qu'on appelle les états *invariants* d'un système de corps, dont nous parlerons à la fin de ce volume. Le point de fusion, plus exactement le *point de transformation* du sulfate de soude $Na^2SO^4 + 10H^2O$, qui se trouve à 32°,383 de l'échelle du thermomètre à hydrogène (voir plus loin), présente un intérêt tout particulier. Nous considérerons ces recherches plus en détail dans le Chapitre XIV.

Ce qu'on appelle *mesure de température* n'est au fond qu'une détermination, d'après une échelle, de l'intervalle ou de l'écart entre la température mesurée et l'un des points fondamentaux de l'échelle.

L'échelle elle-même se compose d'une série de repères situés aussi bien à l'intérieur de l'intervalle de température, limité par les deux points fondamentaux, qu'en dehors de cet intervalle.

Une fois ces repères déterminés d'une manière précise, nous appelons *un degré* l'intervalle de température compris entre deux repères voisins.

La question qui se pose maintenant est de savoir suivant quelle *méthode* doit s'effectuer la répartition des repères, dont l'ensemble constitue l'*échelle thermométrique*.

W. Thomson (Lord Kelvin) a indiqué une méthode rigoureusement scientifique, c'est-à-dire une méthode purement rationnelle, pour la construction d'une telle échelle ; nous ferons plus tard une étude détaillée de cette échelle, qui a reçu le nom d'*échelle absolue de température de* Thomson. Actuellement, l'important pour nous est de savoir, en premier lieu, qu'il existe une échelle rationnelle de température, et, en second lieu, que l'on peut considérer, dans de larges limites, l'échelle du *thermomètre à hydrogène*, comme identique à l'échelle absolue de Thomson.

Nous verrons, dans le Chapitre suivant, que l'*on peut réaliser pratiquement*, *c'est-à-dire construire, une échelle de température, en partant des lois du rayonnement, qui ont été exposées en détail dans le Tome II.*

Rappelons comment on obtient les points fondamentaux et les autres repères intermédiaires, ou non, de l'échelle de température du thermomètre à hydrogène (nous laisserons de côté, pour le moment, la question de la solution pratique de ce problème). Nous avons déjà parlé du thermomètre à hydrogène dans l'Introduction de notre livre.

Désignons par V_1 le *volume* d'une quantité donnée d'hydrogène à la température de la glace fondante et sous une pression arbitraire p, et par V_2 le volume de la même masse de gaz sous la même pression p, à la température de la vapeur de l'eau bouillant sous une pression de 760 millimètres. Soit, en outre, N le nombre d'intervalles égaux de température, dans lequel nous voulons partager tout l'intervalle compris entre les points fondamentaux, auxquels correspondent les volumes V_1 et V_2. Partageons la différence $V_2 - V_1$ en N parties égales, et prenons pour un degré la variation de température pour laquelle le volume d'hydrogène choisi augmente d'une de ces parties, la pression p restant constante. Si le volume V de l'hydrogène est

$$V = V_1 + t\frac{V_2 - V_1}{N}, \tag{4}$$

nous pouvons dire que sa température est de t degrés plus élevée (si $t > 0$) ou plus basse (si $t < 0$) que la température de fusion de la glace.

Dans l'échelle de CELSIUS, $N = 100$; V_1 et V_2 correspondent à des températures que l'on convient de prendre égales à $0°$ et à $100°$. Les cours de Physique élémentaire font connaître la différence qui existe entre les échelles de RÉAUMUR et de FAHRENHEIT et celle de CELSIUS.

Au lieu d'observer le volume d'une quantité donnée d'hydrogène sous une pression constante p, on préfère, pour certaines raisons, observer les variations de la *pression* p avec la température sous un volume constant V. Soient p_1 et p_2 les pressions de l'hydrogène aux deux points fondamentaux ; si l'on a

$$p = p_1 + t\frac{p_2 - p_1}{N}, \tag{4, a}$$

la température est plus élevée ou plus basse de t degrés que la température de fusion de la glace.

Des accroissements égaux de volume ou de pression de l'hydrogène nous permettent donc de déterminer des points fixes de température et de construire ainsi une échelle de température.

La Commission internationale des poids et mesures a fixé encore plus exactement comme il suit, le 15 octobre 1887 à Paris, le principe de la détermination de l'échelle de température normale : *la pression initiale p_1 de l'hydrogène doit être égale à la pression d'une colonne de mercure de 1 mètre de hauteur ($1^{atm.}$, 3518), et l'observation elle-même doit s'effectuer comme l'indique la formule (4, a) c'est-à-dire sous volume constant, et non conformément à la formule (4).*

Les appareils, qui servent à la mesure de la température, s'appellent des *thermomètres*; nous les étudierons dans le Chapitre suivant.

Il est très intéressant de savoir si, par extension de la notion de température, qui se présente à nous comme une grandeur caractéristique pour un point déterminé d'un corps physique, on peut parler, par exemple, d'une *température du vide*, ou d'une grandeur telle qu'elle joue, pour d'autres formes d'énergie, le même rôle que la température dans la chaleur.

E. WIEDEMANN (1888) a montré le premier la possibilité d'une telle extension de la notion de température. Une solution de la question a été donnée par PLANCK (1897-1901), qui a réussi à introduire une nouvelle grandeur, la *température de l'énergie rayonnante*. Il considère, entre autres, le cas d'un état stationnaire de l'énergie rayonnante dans le vide, tous les rayons étant monochromatiques et polarisés rectilignement. Partant de considérations qui appartiennent entièrement au domaine de la théorie électromagnétique de la lumière, PLANCK trouve qu'on doit prendre, pour le cas considéré, comme *température absolue du vide où règne un état stationnaire de rayonnement*, une grandeur T définie par l'égalité remarquable

$$\frac{1}{T} = \frac{1}{na} \lg \frac{bn^2}{c^2K}. \tag{4, b}$$

Ici n désigne le nombre de vibrations des rayons donnés, c la vitesse de la lumière, K l'intensité de l'énergie rayonnante, a et b deux *constantes universelles*, ayant pour dimensions la première, temps $\times$ degré de température, la deuxième, travail $\times$ temps. PLANCK a d'abord trouvé, dans le système centimètre, gramme, seconde, degré de CELSIUS,

$$\left\{\begin{aligned} a &= 0{,}4818.\ 10^{-10}\ (\text{sec.} \times \text{degré de Celsius}), \\ b &= 6{,}885.\ 10^{-27}\ \text{erg} \times \text{sec.} \end{aligned}\right. \tag{4, c}$$

A l'aide de ces deux constantes universelles, de la vitesse de la lumière c et de la constante de la gravitation, PLANCK a construit un *système naturel d'unités de mesure*, absolument indépendant des dimensions et des propriétés de corps (étalons de longueur) ou substances (eau) quelconques. Dans un travail plus récent (1901), PLANCK a trouvé les valeurs plus exactes :

$$\left\{\begin{aligned} b &= 6{,}55.\ 10^{-27}\ \text{erg} \times \text{sec.}, \\ k &= \frac{b}{a} = 1{,}346.\ 10^{-16}\ \frac{\text{erg}}{\text{degré}}. \end{aligned}\right. \tag{4, d}$$

Nous avons supposé jusqu'ici que toute échelle de températures que nous construisons est destinée à la mesure de la température d'un corps quelconque. On peut cependant procéder autrement et construire d'une manière bien déterminée pour chaque corps (substance) une échelle spéciale de températures, ne convenant qu'à lui seul. Les températures correspondant à ces échelles s'appellent des *températures réduites*. On se sert, comme point de départ pour chaque corps, de sa *température critique*, qui est prise égale à *un*. Supposons cette température critique égale à T_c dans l'échelle absolue ; la température réduite m, correspondant à la température absolue T, est alors

$$m = \frac{T}{T_c}. \tag{4, e}$$

Quand les températures de substances différentes sont égales au sens ordinaire du mot, leurs températures réduites sont évidemment inégales. Nous verrons dans le Chapitre XIII la signification de ces températures réduites.

3. Coefficients thermométriques. — Toutes les propriétés d'un corps (substance) changent d'une manière générale en même temps que la température de ce corps ; en d'autres termes, toutes les propriétés physiques possibles, auxquelles nous avons affaire, sont des fonctions de la température t. Mais la température ne détermine pas seule l'état d'un corps, lequel, comme nous l'avons vu dans l'Introduction, peut être le plus souvent caractérisé par deux grandeurs. Supposons que l'une de ces deux grandeurs soit la température t, et désignons l'autre par x. Soit z une certaine grandeur physique, qui est une *fonction de l'état* (Introduction du Tome I), c'est-à-dire qui varie en même temps que l'état du corps. Nous avons, dans le cas général,

$$z = f(t, x). \tag{5}$$

Supposons que t varie, *tandis que x reste constant*, et soient z_0, z_1 et z_2 des valeurs particulières de z correspondant à $t = 0^0$, $t_1{}^0$ et $t_2{}^0$, de sorte que

$$z_0 = f(0, x), \quad z_1 = f(t_1, x), \quad z_2 = f(t_2, x);$$

soit $t_2 > t_1$. D'une manière générale, la grandeur

$$\alpha_{1,2} = \frac{1}{z_0} \cdot \frac{z_2 - z_1}{t_2 - t_1}, \tag{6}$$

c'est-à-dire le rapport de la variation moyenne de la grandeur z, pour un accroissement de température de 1^0 dans l'intervalle compris entre $t_1{}^0$, et $t_2{}^0$, à la valeur de cette grandeur à 0^0, s'appelle le *coefficient thermométrique moyen de la grandeur z entre les températures $t_1{}^0$ et $t_2{}^0$ pour $x = const.$*. La condition $x = const.$ revient très souvent en pratique à la condition $p = const.$, c'est-à-dire que nous observons l'influence de la température sur une substance qui est soumise à une *pression constante*. Il y a des exceptions nombreuses, en particulier à l'égard des corps à l'état gazeux, pour lesquels le volume v, par exemple, peut jouer le rôle de la grandeur x.

En supposant $t_1 = 0^0$ et $t_2 = t$, nous obtenons pour le coefficient thermométrique moyen entre 0^0 et t^0

$$\alpha_{0,t} = \frac{1}{z_0} \cdot \frac{z - z_0}{t}. \tag{7}$$

Si, dans (6), $t_1 = t$ et $t_2 = t + \Delta t$, $z_1 = z$ et $z_2 = z + \Delta z$, nous avons le coefficient thermométrique moyen entre les températures t et $t + \Delta t$, qui est égal à

$$\frac{1}{z_0}\frac{\Delta z}{\Delta t};$$

la limite de cette grandeur, c'est-à-dire

$$(7, a) \qquad \alpha = \frac{1}{z_0}\left(\frac{dz}{dt}\right)_{x = const.}$$

s'appelle le *coefficient thermométrique* de la grandeur z *à la température* t *et sous la condition* $x = const.$. Quand il ne peut y avoir de doute au sujet de la grandeur x, qui reste constante quand la température varie, on écrit simplement

$$(8) \qquad \alpha = \frac{1}{z_0}\frac{\partial z}{\partial t}.$$

On sait que, dans le cas général,

$$(8, a) \qquad \alpha = \varphi(t, x),$$

c'est-à-dire que α dépend de la température t et de la grandeur x, ou que α est également une certaine fonction de l'état.

Lorsque α ne dépend pas de t, (8) donne

$$z = \alpha t z_0 + C;$$

mais $z = z_0$ pour $t = 0$, par suite $C = z_0$ et on a

$$(9) \qquad z = z_0(1 + \alpha t).$$

Quand z peut être mis en fonction de t sous la forme d'une série

$$(10) \qquad z = z_0(1 + At + Bt^2 + Ct^3 + \ldots),$$

où les coefficients A, B, C, ... sont, par exemple, déterminés empiriquement, (8) donne

$$(11) \qquad \alpha = A + 2Bt + 3Ct^2 + \ldots.$$

Inversement, si le coefficient thermométrique est exprimé sous la forme d'une série

$$(12) \qquad \alpha = \alpha_0 + \alpha_1 t + \alpha_2 t^2 + \ldots,$$

l'expression tirée de (8) pour $\frac{\partial z}{\partial t}$ donne l'accroissement $z_2 - z_1$ de la grandeur z, quand on passe de t_1^0 à t_2^0, sous la forme

$$(13) \qquad z_2 - z_1 = z_0\int_{t_1}^{t_2}\alpha dt = z_0\left[\alpha_0(t_2 - t_1) + \frac{\alpha_1}{2}(t_2^2 - t_1^2) + \frac{\alpha_2}{3}(t_2^3 - t_1^3) + \ldots\right].$$

Si $t_1 = 0$, $t_2 = t$, on a $z_1 = z_0$, et pour $z = z_2$

$$(14) \qquad z = z_0\left(1 + \alpha_0 t + \frac{1}{2}\alpha_1 t^2 + \frac{1}{3}\alpha_2 t^3 + \ldots\right),$$

ce qui découle immédiatement aussi de la comparaison de (10) et de (11). Il va de soi que les coefficients thermométriques possèdent généralement eux-mêmes, comme fonctions de la température, des coefficients thermométriques déterminés. Ainsi, par exemple, le coefficient thermométrique de la grandeur α, (11) et (12), est égal à $\alpha_1 : \alpha_0$ ou $2B : A$.

Au lieu de la grandeur (8), on considère parfois la grandeur

$$\alpha' = \frac{1}{z}\frac{\partial z}{\partial t}. \tag{15}$$

Considérons quelques cas particuliers.

I. Soit $z = l$, l étant une des dimensions *linéaires* du corps et soit $x = p$, de sorte que la variation de température s'effectue sous pression extérieure constante ; la grandeur

$$\alpha = \frac{1}{l_0}\frac{\partial l}{\partial t} \tag{16}$$

s'appelle le *coefficient de dilatation linéaire du corps* ou plus exactement *de la substance dont le corps se compose*. Nous avons, pour $\alpha =$ *const.*, voir (9),

$$l = l_0(1 + \alpha t). \tag{17}$$

II. Soit $z = v$, c'est-à-dire supposons z égal au *volume* de la quantité de substance donnée, et soit encore $x = p$. La grandeur

$$\alpha = \frac{1}{v_0}\frac{\partial v}{\partial t} \tag{18}$$

s'appelle, pour abréger, le *coefficient de dilatation de la substance* (par exemple, coefficient de dilatation de l'eau, du mercure, du cuivre). Pour $\alpha =$ *const.*, nous avons

$$v = v_0(1 + \alpha t). \tag{19}$$

Si on désigne (16) par α_l, (18) par α_v, on a approximativement pour les corps *isotropes*, comme on le montre dans la Physique élémentaire,

$$\alpha_v = 3\alpha_l. \tag{20}$$

En tirant la grandeur α de la formule (16) ou (18), nous avons pris la *pression* p pour la grandeur x qui doit rester constante, quand la température varie. Ces formules restent cependant encore valables pour les corps à l'état solide ou liquide, en raison de leur faible compressibilité et même si p n'est pas tout à fait constant.

III. Soit $z = p$, c'est-à-dire supposons z égal à la *pression* sous laquelle le corps se trouve. La grandeur

$$\alpha = \frac{1}{p_0}\frac{\partial p}{\partial t} \tag{21}$$

est alors le *coefficient thermométrique de pression*, qui dépend évidemment du choix de la grandeur x, qui doit rester constante quand la température varie. La grandeur (21) a un intérêt particulier pour les corps à l'état gazeux, quand on prend pour x le volume v, c'est-à-dire quand l'échauffement du gaz s'effectue *sous volume constant*.

Nous introduirons pour les corps *gazeux*, au lieu de (18) et (21), les notations symboliques

$$(22)\qquad \begin{cases} \alpha_v = \dfrac{1}{v_0}\left(\dfrac{dv}{dt}\right)_p, \\ \alpha_p = \dfrac{1}{p_0}\left(\dfrac{dp}{dt}\right)_v, \end{cases}$$

où l'indice des dérivées désigne la grandeur qui reste constante pendant l'échauffement. On appelle parfois à tort la grandeur α_p le *coefficient de dilatation du gaz à volume constant;* la dénomination exacte est *coefficient thermométrique de pression à volume constant,* et nous conviendrons pour abréger de la nommer *coefficient thermométrique de pression.*

Pour les *gaz parfaits* qui suivent rigoureusement les lois de Boyle-Mariotte et de Gay-Lussac, nous avons

$$(23)\qquad \alpha_v = \alpha_p.$$

On a vu en effet dans le Tome I que l'équation d'état de ces gaz était

$$pv = \mathrm{RT} = \mathrm{R}(273 + t),$$

où R est une grandeur constante pour une quantité déterminée d'un gaz parfait donné. Cette équation donne

$$v_0 = \frac{273\mathrm{R}}{p}, \qquad p_0 = \frac{273\mathrm{R}}{v},$$

$$\left(\frac{dv}{dt}\right)_p = \frac{\mathrm{R}}{p}, \qquad \left(\frac{dp}{dt}\right)_v = \frac{\mathrm{R}}{v}.$$

En portant ces valeurs dans (22), nous trouvons

$$(24)\qquad \alpha_v = \alpha_p = \frac{1}{273}.$$

L'*hydrogène* étant choisi pour le corps qui doit servir à la construction de l'échelle de températures, nous admettons que, dans les limites déterminées, c'est-à-dire pour des pressions qui ne sont pas très élevées et pour des températures qui ne sont pas très basses, l'hydrogène possède très approximativement les propriétés d'un gaz parfait. Pour l'hydrogène, en effet, α_p est presque un nombre constant, mais il est plus grand que α_v (pour les autres gaz, $\alpha_v > \alpha_p$), et nous avons vu plus haut que la Commission internationale des poids et mesures a décidé que la construction de l'échelle normale de températures s'effectuerait par observation de la variation de *pression* de l'hydrogène, chauffé sous volume constant. Ceci correspond aussi à l'hypothèse particulière que *l'on a précisément $\alpha_p =$ const. pour l'hydrogène.*

4. Quelques définitions préliminaires. — L'*unité de quantité de chaleur*, c'est-à-dire l'unité d'énergie calorifique, peut être choisie de diverses manières. Nous avons déjà parlé à la page 2 de l'unité mécanique de chaleur, équivalente à l'unité de travail et correspondant à un accroissement de la force vive du mouvement des particules ultimes d'une unité. Ainsi, par exemple, l'erg, le mégaerg et le joule sont des unités de quantité de chaleur (voir Tome I). Si la quantité de chaleur Q est exprimée en unités mécaniques, et si R est le travail équivalent à l'énergie calorifique Q, nous avons l'égalité numérique

$$Q = R. \tag{25}$$

Lorsque Q est exprimé en d'autres unités, on a

$$Q = AR = \frac{1}{E} R, \tag{26}$$

où E est l'équivalent mécanique de la chaleur, A l'équivalent thermique du travail (voir Tome I).

Sans entrer ici dans aucun détail, nous appellerons *petite calorie* la quantité de chaleur nécessaire pour faire varier de 0° à 1° la température de 1 gramme d'eau pure. Nous donnerons une définition plus précise de cette grandeur, lorsque nous étudierons la question de la capacité calorifique de l'eau. La *grande calorie* vaut 1000 petites calories.

Nous jugeons inutile d'introduire ici à la fois les deux termes : *capacité calorifique* et *chaleur spécifique*. Nous parlerons de la *capacité calorifique d'un corps déterminé*, ou d'un ensemble de corps différents échauffé comme un tout, et de la *capacité calorifique d'une substance déterminée*, que l'on appelle parfois aussi chaleur spécifique et qui est égale à la capacité calorifique d'un corps formé de cette substance, possédant l'*unité de poids*.

Si, pour échauffer un corps de t_1^0 à t_2^0, il faut Q unités de chaleur, la grandeur

$$c = \frac{Q}{t_2 - t_1} \tag{27}$$

s'appelle la *capacité calorifique moyenne du corps*, dans l'intervalle compris entre les températures t_1^0 et t_2^0. En posant $t_1 = t$, $t_2 = t + \Delta t$ et en remplaçant Q par ΔQ, nous avons à la limite

$$c = \frac{dQ}{dt}, \tag{28, a}$$

$$dQ = c\,dt; \tag{28, b}$$

c s'appelle la *capacité calorifique du corps à la température t*.

Pour porter la température d'un corps de t_1^0 à t_2^0, il faut une quantité de chaleur

$$Q = \int_{t_1}^{t_2} c\,dt. \tag{29}$$

Si C est la capacité calorifique d'un corps homogène, p son poids, c la capacité calorifique de la substance dont il est formé, on a

$$C = cp. \tag{29, a}$$

Quand le corps est composé et lorsque les grandeurs p_i et c_i se rapportent à l'une de ses parties homogènes, on a

$$C = \sum p_i c_i. \tag{30}$$

La quantité de chaleur Q nécessaire pour échauffer le corps, et par suite aussi la capacité calorifique du corps, dépendent des conditions dans lesquelles s'effectue l'échauffement. L'indication de l'accroissement de température, par exemple l'accroissement de t^0 à $(t+1)^0$, ne suffit pas pour définir le changement d'état auquel est soumis le corps, car, comme nous l'avons vu, l'état d'un corps est généralement déterminé par deux grandeurs, dont l'une peut être la température t et l'autre une grandeur quelconque x, pouvant varier indépendamment de t. La quantité Q dépend des variations des grandeurs t et x, et, par suite, la capacité calorifique dépend aussi de la façon dont varie x pendant l'échauffement. En particularisant, nous pouvons avoir $p = const.$ ou $v = const.$, de sorte que la capacité calorifique c_p *sous pression constante* et la capacité calorifique c_v *sous volume constant* se présentent encore comme des cas spéciaux. Quand on parle des capacités calorifiques de corps solides ou liquides, on a presque toujours en vue la grandeur c_p.

Nous avons déjà fait connaître dans le Tome I quelques propriétés des capacités calorifiques c_p et c_v des gaz. Nous avons donné entre autres la formule $c_p - c_v = AR$ et introduit la grandeur $k = c_p : c_v$, qui se rencontre, par exemple, dans la formule de la vitesse du son dans les gaz (voir Tome I).

La définition des *chaleurs latentes* de fusion et de vaporisation est donnée en Physique élémentaire.

Le passage des corps de l'état solide à l'état liquide est accompagné parfois d'un brusque changement de volume, de sorte qu'un poids donné d'une substance possède à une même température (température de fusion), sous l'état solide et l'état liquide, des volumes différents. A cet égard, la *glace* et l'*eau* sont particulièrement remarquables ; cette dernière se dilate en se congelant. Si on désigne par v_g et par v_e les volumes respectifs d'un même poids de glace et d'eau à 0°, on a, d'après les recherches les plus récentes,

$$\left\{ \begin{array}{l} v_e = 0{,}9167\, v_g, \\ v_g = 1{,}0909\, v_e. \end{array} \right. \tag{31}$$

L'augmentation de volume de l'eau dans la congélation est par suite d'environ 9,1 %.

La chaleur étant une forme de l'énergie *ne peut être obtenue qu'aux dépens* d'une provision déjà existante d'une autre forme d'énergie, et d'autre part elle ne peut disparaître qu'en se transformant en une autre forme d'énergie. Le corps qui perd ainsi une partie de sa provision d'énergie calorifique effectue un certain travail.

L'expression *source de chaleur* n'est pas complètement définie. Pour parler rigoureusement, toute source de chaleur doit être une provision d'une autre forme d'énergie, énergie de mouvement, énergie chimique, énergie électrostatique (décharge), etc.. On convient cependant d'appeler quelquefois sources de chaleur les *phénomènes* qui accompagnent la transformation en énergie calorifique d'une autre forme d'énergie ou qui contribuent à cette transformation ; c'est ainsi qu'on regarde comme des sources de chaleur : la combustion, le frottement, le choc, etc., bien que la vraie source de chaleur soit dans le premier cas l'énergie chimique, dans le second et dans le troisième l'énergie de mouvement.

L'énergie rayonnante peut être également une source d'énergie calorifique, quand la surface du corps est capable d'absorber l'énergie rayonnante qui tombe sur elle.

Le mouvement des molécules de la matière se transmet à l'éther dont ces molécules sont entourées ; c'est pourquoi l'énergie calorifique a une tendance constante à se transformer en énergie rayonnante.

Nous avons étudié dans le Tome II la transformation de l'énergie rayonnante en énergie calorifique. Nous considérerons plus loin la transformation inverse de l'énergie calorifique en énergie rayonnante. Dans les phénomènes de transformation des différentes formes de l'énergie en énergie calorifique et inversement, la tendance du mouvement organisé des molécules de la matière à se changer en mouvement uniformément inorganisé joue, comme nous l'avons déjà dit plus haut, un rôle important. La tendance de l'énergie calorifique à se transformer en énergie rayonnante n'est pas en contradiction avec la précédente, car le résultat final de cette transformation est une distribution uniforme de toute l'énergie que contient l'univers accessible à notre observation, dans toutes les parties de cet univers.

Nous ne jugeons pas superflu de rappeler que nous n'introduirons pas du tout le terme de *chaleur rayonnante*, pour observer une exactitude rigoureuse et être complètement d'accord avec le mode d'exposition que nous avons adopté ; la chaleur rayonnante n'est pas autre chose que l'énergie rayonnante infrarouge, que nous avons étudiée en détail dans le Tome II où était sa place. Il est regrettable que, même dans des Traités de Physique très récents, on rencontre un Chapitre sur la chaleur rayonnante, dans la Partie qui est consacrée à l'étude de l'énergie calorifique. Nous nous sommes déjà suffisamment expliqué sur cette question dans notre précédent volume.

BIBLIOGRAPHIE

—

1. — La notion d'énergie calorifique.

R. Clausius. — *Abhandl. über die mechanische Wärmetheorie*, Braunschweig, 1867; 2e éd. sous le titre *Die kinetische Theorie der Gase*, 3e vol. de la *Mecanischen Wärmetheorie*, Braunschweig 1889-1891. Traduction française de F. Folie, Paris, 1868.

Maxwell. — *Scientific Papers*, **1**, **2**; *Phil. Mag.*, (4), **19**, p. 19, 1860; **20**, p. 21, 1860; **35**, pp. 129, 185, 1868.

L. Boltzmann. — *Vorlesungen über Gastheorie*, **1**, Leipzig, 1896, **2**, Leipzig 1898; traduction française de A. Gallotti et H. Bénard, avec notes de M. Brillouin, Paris, 1902-1905.

L. Boltzmann et J. Nabl. — *Kinetische Theorie der Materie, Encyklöpädie der Math. Wissensch.*, V, 1, 1905.

W. Gibbs. — *Elementary Principles in Statistical Mechanics*, New-York and London, 1902.

G. Kirchhoff. — *Vorlesungen über die Theorie der Wärme*, Leipzig, 1894.

H. Poincaré. — *Les méthodes nouvelles de la Mécanique céleste*, **3**, 1899; *Réflexions sur la théorie cinétique des gaz, Bull. de la Soc. française de Physique*, p. 150, 1906.

H. A. Lorentz. — *La thermodynamique et les théories cinétiques, Bull. de la Soc. de physique*, p. 35, 1905.

J. Hadamard. — Compte-rendu des *Elementary Principles* de W. Gibbs, *Bull. of the American math. Soc.*, (2), **12**, ; *Bull. des Sc. math.*, (2), **30**, p. 161, 1906.

2. — La notion de température.

E. Mach. — *Die Prinzipien der Wärmelehre*, Leipzig, 1896.

N. N. Schiller. — *Origine et développement de la notion de température, au point de vue de la théorie de la connaissance*, Kiew, 1899 (en russe).

P. Duhem. — *La théorie physique, son objet et sa structure*, Paris, 1906.

J. Perrin. — *Traité de Chimie physique, les Principes*, Paris, 1903.

W. Thomson. — *Math. and Phys. Papers*, **1**, p. 100, 1882.

G. Lippmann. — *C. R.*, **95**, p. 1858; *Journ. de phys.*, (2), **3**, pp. 53, 177.

E. Wiedemann. — *Wied. Ann.*, **34**, p. 448, 1888.

Planck. — *D. A.*, **1**, p. 115, 1900; **6**, p. 818, 1901.

G. H. Bryan. — *Thermodynamics*, Leipzig, 1907.

CHAPITRE II

THERMOMÉTRIE

1. Problème de la thermométrie. — Nous avons introduit, dans le Chapitre précédent, les notions de température et d'échelle de températures. Nous avons mentionné qu'il existe une échelle purement rationnelle de W. THOMSON que l'on peut appeler *absolue* et que l'échelle *normale* du thermomètre à hydrogène n'en diffère pas sensiblement. Il serait donc naturel de rapporter tous les phénomènes calorifiques à l'échelle absolue et d'effectuer toutes les mesures de températures avec le thermomètre à hydrogène. Mais, comme nous le verrons plus tard, la construction du thermomètre à hydrogène est si compliquée que l'on ne peut s'en servir que dans des cas exceptionnels ; aussi a-t-on construit, pour les mesures ordinaires de températures, des instruments plus commodes et plus simples, qui permettent de déterminer, dans chaque cas, la température qu'indiquerait le thermomètre à hydrogène, s'il était possible de l'employer dans les circonstances données.

Le problème de la *thermométrie* consiste dans la construction d'appareils répondant à ce but (thermomètres), dans l'étude soignée à tous les points de vue des propriétés de ces appareils, dans la détermination des conditions qu'il est nécessaire d'observer dans leur usage, ainsi que des méthodes de calcul qui permettent de passer des indications de l'instrument à celles du thermomètre à hydrogène, ou, en d'autres termes, d'*apporter des corrections aux lectures faites directement.*

La construction des thermomètres est basée sur ce qui suit. Supposons que S soit une grandeur physique quelconque, qui, *dans des conditions données*, se présente comme une certaine fonction de la température T, de sorte qu'on peut poser

$$S = f(T). \tag{1}$$

Supposons en outre qu'il soit possible de mesurer la grandeur S dans des conditions de température différentes, et soient S_0 et S_{100} ses valeurs numériques à 0° et à 100° ; supposons enfin que notre grandeur ait la valeur S à la température T que nous voulons déterminer, et soit

$$S = S_0 + t\,\frac{S_{100} - S_0}{100}. \tag{2}$$

Nous appellerons alors la grandeur t la température indiquée par le thermomètre, dont la construction est basée sur l'observation de la grandeur S *dans les conditions données*. En faisant $t = 0, 1, 2, 3, \ldots, 99, 100$, nous obtiendrons une échelle de températures, qui coïncidera avec l'échelle normale à 0° et à 100°.

Les autres divisions (repères, page 11) de l'échelle ne coïncident pas, en général, avec celles de l'échelle normale, c'est-à-dire que la température

$$t = 100 \frac{S - S_0}{S_{100} - S_0} \tag{3}$$

lue sur notre instrument ne coïncide pas avec la température vraie, qu'indiquerait dans les mêmes conditions le thermomètre à hydrogène d'après les formules

$$p = p_0 + T \frac{p_{100} - p_0}{100}, \tag{4}$$

$$T = 100 \frac{p - p_0}{p_{100} - p_0}, \tag{5}$$

où p_0, p_{100} et p désignent les pressions d'une quantité donnée d'hydrogène sous volume constant à 0°, 100° et à la température mesurée.

La grandeur

$$\eta = T - t \tag{6}$$

représente la *correction*, c'est-à-dire la quantité qu'il faut *ajouter* à l'indication du thermomètre, pour obtenir la température réelle T d'après l'échelle normale, laquelle, pour des températures qui ne sont pas trop basses, coïncide avec l'échelle absolue, dans les limites des erreurs d'observation (0°,001).

La correction η est nulle à 0° et à 100° ; elle atteint, en général, sa plus grande valeur, pour une certaine température comprise entre 40° et 60°.

Si S est une fonction linéaire de la température vraie T, on a $\eta = 0$ à toutes les températures. Mais jusqu'ici, on n'a pas trouvé de grandeur S possédant cette propriété. Nous devons dire, relativement à la tension p de l'hydrogène sous volume constant, qu'elle diffère très peu d'une fonction linéaire de la température mesurée sur l'échelle absolue de THOMSON, ce qui nous donne le droit de considérer les températures normales T, calculées à l'aide de la formule (5), comme identiques aux températures de l'échelle absolue, du moins entre certaines limites.

En construisant un thermomètre, nous pouvons choisir à volonté la grandeur S, ainsi que le corps sur lequel nous observerons les variations de S. Cette grandeur S peut, par exemple, être une longueur, un volume, une pression, une densité, la grandeur de la courbure ou de la rotation dans le changement de forme géométrique d'un corps, une résistance électrique, une force thermoélectromotrice, etc. Le corps lui-même peut être à l'état gazeux, liquide ou solide. Le plus souvent on observe les changements de volume et on choisit d'ordinaire comme corps (substance) le mercure.

La construction du thermomètre à hydrogène est, comme nous le verrons plus loin, si compliquée, qu'il n'est pas possible, pour la détermination des corrections $\eta = T - t$, de comparer les indications d'un bon thermomètre ordinaire, destiné à faire des observations exactes, avec le thermomètre à hydrogène. Au lieu de faire ainsi, on compare le thermomètre étudié avec ce qu'on appelle le *thermomètre normal*, qui doit se trouver dans tout laboratoire de physique. Les thermomètres normaux sont tels que l'on connaît avec une exactitude suffisante leurs corrections η. Il existe *deux méthodes* pour construire un thermomètre normal et déterminer ses corrections η :

1. Les corrections η sont déterminées par l'*expérience*, c'est-à-dire en comparant les indications du thermomètre normal avec celles du *thermomètre à hydrogène*, soit directement, soit par l'intermédiaire d'une série de thermomètres, dont le premier a été comparé avec le thermomètre à hydrogène.

2. Le thermomètre est construit *suivant des règles bien définies*, dont l'observation rigoureuse permet d'avoir la certitude que les corrections η ont, aux différentes températures t, des valeurs bien connues et déterminées une fois pour toutes. Aux thermomètres normaux de ce genre appartiennent les thermomètres à mercure, construits avec certaines sortes de verre bien déterminées, comme, par exemple, ce qu'on appelle le verre dur français, ou le verre d'Iéna 16^{III} ou 59^{III}.

Le choix de la grandeur S ainsi que du corps, sur lequel on doit observer les variations de cette grandeur, et le choix du mode même de construction du thermomètre sont déterminés par les buts spéciaux auxquels doit servir l'appareil, ainsi que par les circonstances dans lesquelles il doit être utilisé.

L'une des propriétés, dont la réalisation est presque toujours désirable, est la *sensibilité* du thermomètre ; celui-ci doit à ce point de vue satisfaire aux deux conditions suivantes : il doit indiquer de petits changements de température (s'abaissant, par exemple, jusqu'à 0°,005), et il doit prendre rapidement la température que l'on veut mesurer. On trouvera un abrégé de l'histoire de la thermométrie, dans l'ouvrage de E. Mach déjà mentionné plus haut : *Die Prinzipien der Wärmelehre* (pp. 2 à 38 et pp. 58 à 64).

2. Thermomètre à gaz. — Le thermomètre à gaz se compose d'un réservoir en verre, en porcelaine ou en métal, de forme sphérique ou cylindrique, que l'on remplit d'un gaz sec déterminé. Ce réservoir peut être placé dans la glace fondante (0°), dans la vapeur d'eau bouillante (environ 100°), ainsi que dans l'espace ou dans le milieu dont on veut déterminer la température t. Il existe, selon la nature du gaz, des thermomètres à air, à hydrogène, à azote, etc. On mesure à l'aide d'un manomètre particulier les pressions p_0, p_{100} et p du gaz aux températures 0°, 100° et t, le volume du gaz demeurant *presque* tout à fait constant.

Les avantages des thermomètres à gaz, abstraction faite des avantages particuliers mentionnés ci-dessus du thermomètre à hydrogène, consistent d'abord en ce que les gaz éprouvent de grandes variations de volume pour de petits changements de température, et, par conséquent, de grandes variations de pression, si on s'oppose à leur dilatation. Cette dernière est environ 100 à 400 fois plus grande que celle des corps solides, 150 fois plus grande que celle du verre et 20 fois plus grande que celle du mercure. C'est la raison pour laquelle la dilatation du réservoir, dans un échauffement, influe relativement peu sur les indications du thermomètre. En outre, le thermomètre à gaz est commode depuis les plus basses jusqu'aux plus hautes températures, surtout quand il est rempli d'hydrogène.

Le thermomètre à gaz est construit exactement comme l'appareil qui sert à la mesure des coefficients de dilatation α_v et de pression α_p. On détermine, comme nous le verrons, les deux coefficients α_v et α_p suivant deux méthodes différentes : dans la première, on observe la dilatation du gaz sous une pression presque constante ; dans la seconde, on observe la pression du gaz sous un volume presque constant. On peut, par suite, suivre également deux méthodes dans la mesure des températures avec cet appareil. Cependant, en pratique, on préfère la seconde méthode, c'est-à-dire qu'on observe les variations de pression du gaz.

Nous renverrons, pour ce qui concerne les particularités de cet appareil, au Chapitre III, et nous nous bornerons ici à décrire quelques autres formes usuelles du thermomètre à gaz.

La figure 1 représente le *thermomètre à gaz de* Regnault. Il se compose d'un réservoir en verre de forme sphérique, qui communique par un tube *Cdc* avec un manomètre à mercure *nssq*. Ce dernier est fixé sur une planchette verticale ou placé dans un récipient contenant de l'eau ; il comprend deux tubes parallèles, dans lesquels se trouve du mercure, que l'on peut faire écouler à l'aide du robinet à trois voies R. A la partie supérieure du tube *sn* se trouve un trait horizontal. Des thermomètres particuliers servent à déterminer la température des différentes parties du manomètre.

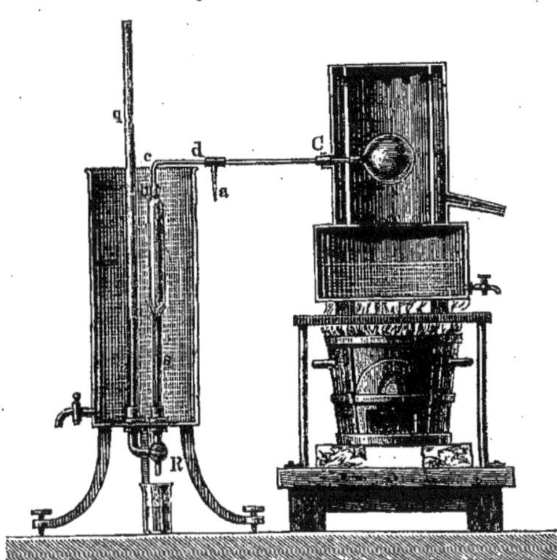

Fig. 1

Le ballon est rempli de gaz bien sec par le tube *a*, relié à une série de tubes desséchants et à une pompe, qui permet d'introduire ou d'enlever du gaz à différentes reprises dans le ballon. La méthode d'observation se comprend d'après ce qui précède. On entoure d'abord le ballon de glace fondante, on amène le niveau du mercure jusqu'au repère *n* dans la branche *sn*, en ajoutant ou en faisant écouler du mercure, et on détermine alors la pression H du gaz. A cet effet, on note la pression barométrique, à laquelle on ajoute ou on retranche la petite différence des hauteurs du mercure dans les deux branches.

On place ensuite le réservoir dans l'espace dont on veut mesurer la température x, et, en ajoutant du mercure, on amène de nouveau le niveau de celui-ci au trait de repère n. Supposons que la pression barométrique soit, dans ce cas, H' ; désignons par h la différence des niveaux du mercure dans les tubes q et sn, c'est-à-dire la distance verticale entre le trait n et la surface du mercure en q. La pression H_1, sous laquelle se trouve le gaz à la température cherchée x, est $H_1 = H' + h$.

En négligeant d'abord toutes les corrections et en supposant que le gaz possède un coefficient de pression α_p constant, nous obtenons

$$H_1 = H(1 + \alpha_p x), \tag{7}$$

d'où l'on tire

$$x = \frac{H_1 - H}{H\alpha_p}; \tag{8}$$

la relation (4) donne la même expression pour $p_0 = H$, $p = H_1$, $T = x$, et en outre $p_{100} = p_0(1 + 100\alpha_p)$; on a donc

$$\frac{p_{100} - p_0}{100} = p_0\alpha_p = H\alpha_p.$$

Le coefficient α_p est supposé connu pour le gaz donné ; nous verrons qu'on le détermine à l'aide de la même formule (7), en prenant au lieu de x la température de 100° ou une température voisine et connue que possède la vapeur d'eau bouillante, dans laquelle est placé le réservoir.

La formule (8) ne donne qu'une approximation très grossière de la température vraie cherchée, et cela pour trois raisons :

1. Le volume du réservoir change dans l'échauffement, de sorte que le volume du gaz, qui le remplit, n'est pas constant.

2. Le gaz, qui se trouve dans l'*espace nuisible* Cdn, n'éprouve pas le même échauffement que celui du réservoir.

3. Le coefficient α_p ne peut être regardé comme suffisamment constant que pour le thermomètre à hydrogène.

En négligeant la troisième circonstance, nous pouvons établir une équation pour la détermination de x. Soient V le volume du ballon et du tube jusqu'au point n à 0°, γ le coefficient de dilatation de la substance du réservoir, v le volume de l'espace nuisible, γ_1 le coefficient de dilatation du verre dont est faite la partie Cdn, t la température de l'espace nuisible dans la première expérience (quand le réservoir est dans la glace), t_1 la température dans la seconde. Dans la première expérience, le gaz occupe le volume $V + v(1 + \gamma_1 t)$; si tout le gaz se trouvait à 0°, il aurait, sous la pression H, un volume

$$V + v\frac{1 + \gamma_1 t}{1 + \alpha_p t}.$$

Dans la deuxième expérience, le volume du gaz est égal à $V(1+\gamma x) + v(1+\gamma_1 t_1)$; si tout le gaz se trouvait à 0°, il aurait, sous la pression H_1, un volume

$$V\frac{1+\gamma x}{1+\alpha_p x} + v\frac{1+\gamma_1 t_1}{1+\alpha_p t_1}.$$

Les deux volumes sous les pressions H et H_1 se rapportent à la même température de 0°, et on a, par suite, d'après la loi de Boyle,

$$(9) \qquad \left[V + v\frac{1+\gamma_1 t}{1+\alpha_p t}\right] H = \left[V\frac{1+\gamma x}{1+\alpha_p x} + v\frac{1+\gamma_1 t_1}{1+\alpha_p t_1}\right] H_1.$$

On tire de cette formule la température cherchée x.

Introduisons, pour abréger, la grandeur

$$\sigma = \frac{v}{V}\left[H_1\frac{1+\gamma_1 t_1}{1+\alpha_p t_1} - H\frac{1+\gamma_1 t}{1+\alpha_p t}\right];$$

nous avons alors

$$(10) \qquad x = \frac{H_1 - H + \sigma}{\alpha_p (H - \sigma) - H_1 \gamma}.$$

Si le réservoir est en verre, γ_1 dans σ est égal à γ. La formule (10) se change dans la formule (8), quand on néglige l'espace nuisible v ($\sigma = 0$) et la dilatation du réservoir ($\gamma = 0$).

Kapp (1901) a donné des règles détaillées sur la meilleure manière de se servir du thermomètre à gaz, et il a montré dans quelles conditions on peut employer des formules simplifiées pour le calcul de la température cherchée.

J. Lébédeff (1899) a fait au Bureau principal des poids et mesures de Saint-Pétersbourg une étude très approfondie du thermomètre à hydrogène.

Nous avons supposé, dans l'établissement des formules précédentes, que le gaz employé suivait les lois de Mariotte et de Gay-Lussac. Nous indiquerons dans le Chapitre IX, consacré aux applications de la Thermodynamique, la théorie plus exacte qui tient compte des écarts que les gaz manifestent relativement aux lois précédentes, et nous parlerons en outre des travaux récents de Callendar et Rose-Innes, qui se rapportent à la même question.

Il existe toute une série de variantes de l'appareil de Regnault décrit ci-dessus. Nous allons faire connaître l'une d'elles, le thermomètre à gaz de Jolly, que représente la figure 2 : entre autres avantages, ce thermomètre évite d'ajouter et d'enlever du mercure. Le réservoir L est relié par le tube Cm avec le manomètre, qui se compose des deux tubes de verre A et B. Ceux-ci sont reliés par un tube en caoutchouc rempli de mercure et peuvent être élevés ou abaissés séparément à l'aide de curseurs H et H', auxquels ils sont fixés et qui permettent de les arrêter en un point quelconque à l'aide des vis de serrage s et s'.

La figure 3 représente la partie moyenne de l'appareil ; A et B sont les deux tubes de verre du manomètre, HH' les curseurs, ss' les têtes de vis,

SS des tronçons du tube en caoutchouc. Le tube A est serti dans une monture métallique, munie d'un robinet R, représenté séparément par la figure 4. La monture métallique du tube en caoutchouc située au-dessous est reliée au curseur H et peut être fixée à la monture supérieure au moyen d'un écrou. Le trait de repère *n* de l'appareil de Regnault est remplacé par une pointe de

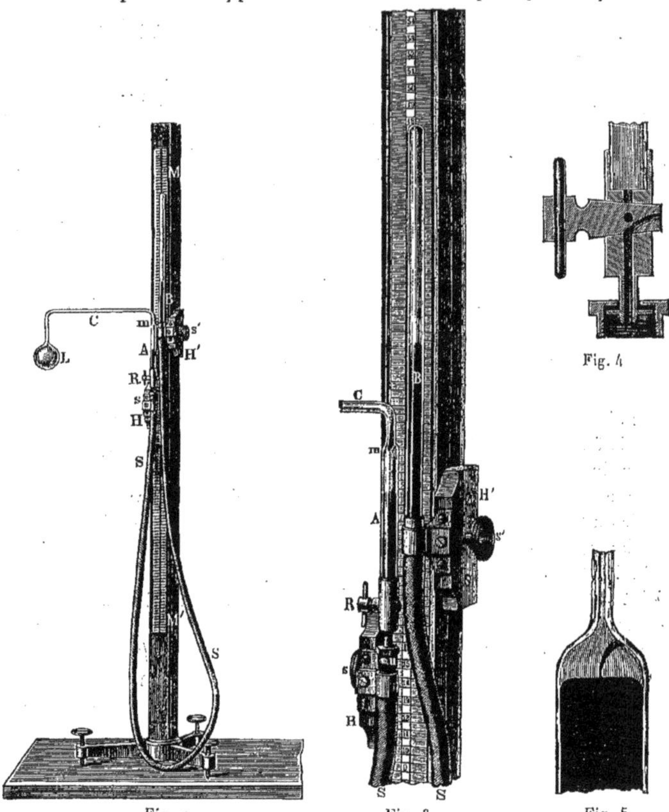

Fig. 2 Fig. 3 Fig. 4 Fig. 5

verre recourbée *m* (*fig.* 3), représentée séparément sur la figure 5. Ceci permet d'obtenir un niveau très précis du mercure, qui doit toucher exactement la pointe. On peut lire la différence de niveau du mercure en A et B, sur une lame de verre munie d'une graduation.

Le remplissage de l'appareil se fait de la manière suivante. L'écrou est dévissé, le réservoir et le tube A sont remplis d'air sec ; après quoi, on tourne le robinet R dans la position qu'il occupe sur la figure 4. Le tube SSB (*fig.* 3) est alors rempli de mercure et on visse sur lui, à l'aide de l'écrou, la partie RAC avec le réservoir. On élève ensuite lentement le tube B, jusqu'à ce qu'une goutte de mercure apparaisse dans l'ouverture *a* (*fig.* 4) ; après quoi, on fait tourner R de 90° ; l'appareil est alors prêt pour l'observation.

De nombreuses modifications dans la construction du thermomètre à gaz (dues à RUDBERG, MAGNUS, RECKNAGEL, WEINHOLD) ne présentent plus aujourd'hui qu'un intérêt historique.

Nous allons considérer le thermomètre à gaz construit et étudié par P. CHAPPUIS au Bureau international des poids et mesures de Paris. Par ce travail classique, en même temps que par les travaux de GUILLAUME, PERNET, etc., ont été posées les bases sur lesquelles repose la science exacte de la thermométrie.

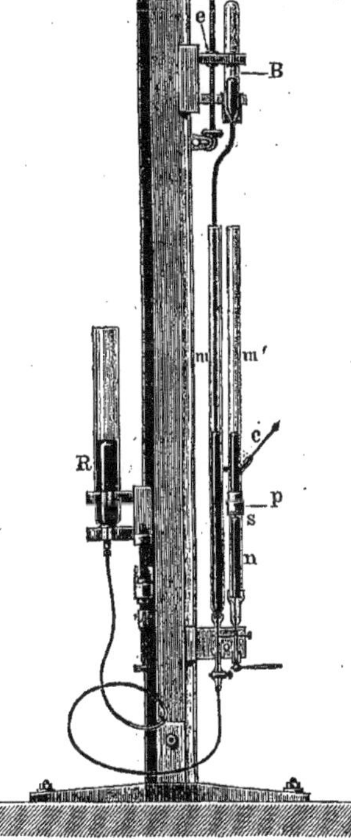

Fig. 6

Nous commencerons par la description de l'appareil avec son manomètre, représenté sur la figure 6. Ce manomètre est relié au réservoir au moyen du tube étroit *c* ; c'est à la fois un manomètre et un baromètre, et il permet de déterminer la tension du gaz contenu dans le réservoir par *deux* lectures, tandis qu'il en faut *quatre* avec les appareils de REGNAULT, JOLLY, etc., deux pour la détermination de la hauteur de la colonne de mercure dans le baromètre et deux pour la mesure de la différence des hauteurs des colonnes de mercure dans le manomètre.

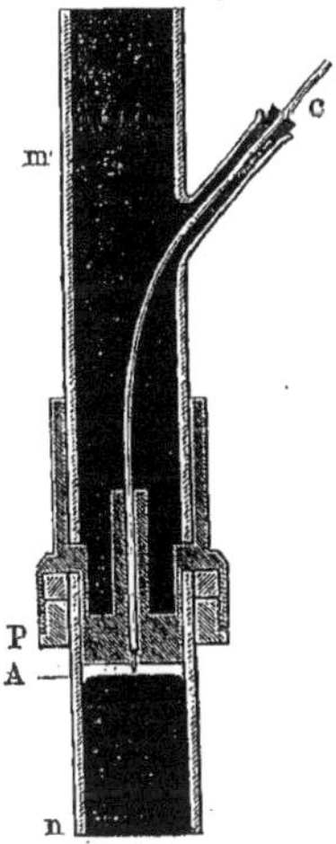

m'
c
P
A
n

Fig. 7

L'appareil de CHAPPUIS se compose de quatre tubes D, *m*, *m'* et *n*, renfermant du mercure. La partie médiane P est représentée à part sur la figure 7. Comme on le voit, les tubes *m'* et *n* sont complètement séparés l'un de l'autre par une cloison pleine. Le tube *c* traverse cette cloison et réunit ainsi le réservoir à gaz avec l'espace très petit, qui se trouve au-dessus du mercure en *n*. Les tubes *m* et *m'* communiquent directement entre eux par un tube étroit, comme le montre la figure. Le tube D est réuni à *m* et enfin le tube *n* communique avec *m* et D, au moyen du tube horizontal qui est à gauche de *d*. La communication entre *m* et D peut être obtenue à l'aide du robinet *a* ; on peut en outre interrompre la communication entre le tube *n* et les tubes *m* et D au moyen de l'extrémité conique d'une vis, en tournant la manette *b*.

Le tube D monté sur un coulisseau peut être élevé ou abaissé. Une fois le coulisseau fixé, on peut encore imprimer au tube D de petits déplacements, en faisant tourner la tête de vis *h*. A la cloison P est fixée, à l'intérieur du tube *n*, une très petite pointe, visible sur la figure 7. Dans le mercure du tube *m* plonge le tube barométrique BK. A la partie supérieure de B se trouvent deux petits crocs noirs courbés vers le bas, semblables à celui que l'on voit sur la figure 5. On peut abaisser ou élever tout le tube BK à l'aide de la vis S, et amener ainsi le niveau du mercure dans B à toucher la pointe de l'un de ces crocs, ce qui change le volume de l'espace vide au-dessus du mercure.

Cette description montre que *n* et *m* remplacent le manomètre de l'appareil de Regnault, tandis que *m'*B représente le baromètre, où le niveau inférieur de la colonne de mercure dans le tube *m* n'a pas besoin d'être mesuré. La différence AB des niveaux du mercure donne immédiatement la tension du gaz contenu dans le réservoir.

Quand la température du gaz du réservoir s'est établie et qu'on désire déterminer sa tension, on amène le niveau A du mercure en *n* à toucher la petite pointe, en élevant ou en abaissant le tube D. On obtient ainsi la plus grande diminution de volume de l'espace nuisible. La variation de volume mentionnée ci-dessus de l'espace vide dans B sert évidemment à se rendre compte jusqu'à quel point cet espace est dépourvu de traces d'air.

Les distances verticales entre les niveaux des colonnes de mercure se mesurent au cathétomètre (voir Tome I).

Le réservoir du thermomètre à gaz de Chappuis est un vase cylindrique en platine iridié de $1^m,1$ de longueur, dont les extrémités sont arrondies ; le diamètre extérieur est de 36 millimètres, l'épaisseur des parois de 1 millimètre, l'espace vide de plus de 1 litre. A une extrémité est fixé un petit tube de 50 millimètres de longueur, relié avec le manomètre au moyen d'un tube de platine de 1 mètre de longueur et de $0^{mm},7$ de diamètre intérieur. L'extrémité de ce dernier *c* est visible sur les figures 6 et 7. Le volume de l'espace nuisible n'atteint pas 0,001 de la capacité du réservoir.

Le réservoir est placé horizontalement dans l'une des deux cuvettes qui servent en même temps de *comparateurs*, c'est-à-dire permettent de comparer directement le thermomètre à gaz avec des thermomètres à mercure déterminés. Par leur forme, ces cuvettes rappellent des demi-cylindres à génératrices horizontales (en forme d'auges) ; leurs parois sont doubles. Sans entrer dans leur description détaillée, disons seulement que l'une d'elles sert pour les températures moins élevées.

Le vase intérieur, comme le vase extérieur, est rempli d'eau que l'on maintient à température constante. Les thermomètres à mercure sont placés dans le vase intérieur, parallèlement au réservoir. Tout l'appareil est recouvert d'un couvercle en verre, à travers lequel se font les lectures sur les thermomètres à mercure. Dans les observations au-dessous de 0^0, le vase intérieur est rempli d'alcool et le vase extérieur d'un mélange réfrigérant.

Le second vase ou comparateur (les deux appareils ont quelques parties communes) sert pour les observations dans la vapeur d'eau bouillante. Il possède également des parois doubles, mais il est fermé par un couvercle demi-cylindrique, dans lequel sont encastrés quatre tubes verticaux, également à double paroi. Dans ces tubes sont introduits les thermomètres à mercure étudiés. Un petit manomètre à eau, adapté latéralement au couvercle de l'appareil, sert à déterminer le petit excès de pression de la vapeur sur la pression atmosphérique, excès qui existe toujours dans les appareils de ce genre. La détermination de la hauteur du baromètre, sur l'appareil représenté par la figure 6, (la communication des tubes *m* et *n* étant interrompue par rotation de la manette *b*) donne la tension de la vapeur, et on en déduit sa température à l'aide des tables connues.

Chappuis a effectué des expériences avec l'hydrogène, l'azote et l'acide carbonique, dont il remplissait le réservoir du thermomètre à gaz. Comme nous le verrons plus loin, Chappuis a comparé les indications de trois thermomètres à gaz entre elles et avec les indications d'un thermomètre à mercure en verre dur (français).

Regnault s'est occupé le premier de la comparaison des échelles de *différents thermomètres à gaz*. Dans toutes ces échelles, les points 0° et 100° coïncident, et la question consiste à déterminer les différences d'indication pour les températures intermédiaires, ainsi que pour celles qui se trouvent au-dessous de 0° ou au-dessus de 100°. Regnault a étudié cette question à différents points de vue, recherchant non seulement l'influence de la nature du gaz, mais aussi celle de la pression initiale, sous laquelle se trouve le gaz à 0° par exemple, et également l'influence de l'espèce de verre avec lequel le réservoir était fait. Les résultats des expériences de Regnault sont les suivants :

1. L'influence de la nature du verre est relativement insignifiante; elle produit une différence d'indication de 0°,1 seulement à 200°, de 0°,22 à 300° et de 0°,51 à 350°, l'un des réservoirs à comparer étant en verre ordinaire, l'autre en cristal.

2. L'influence de la pression, sous laquelle se trouve le gaz, est également faible. En portant cette pression de 0,5 à 2 atmosphères, Regnault a obtenu des différences, dans les indications, qui ne dépassent pas 0°,2 entre les limites 0° et 324°.

3. Les indications des thermomètres à air et à hydrogène diffèrent peu entre elles. L'acide carbonique et l'acide sulfureux donnent, par rapport au thermomètre à air, des écarts plus sensibles, qui vont, pour ce dernier jusqu'à 3° à une température de 300°.

Les résultats de Regnault ont été ébranlés par les travaux incomparablement plus précis de Chappuis, dont la méthode a été exposée ci-dessus. Il a trouvé que les échelles des thermomètres à hydrogène et à azote diffèrent très peu l'une de l'autre, tandis que l'acide carbonique donne des écarts, qui dépassent fortement les erreurs d'observation encore inévitables dans les mesures actuelles les plus précises; c'est ce que montre le tableau suivant :

Indications des thermomètres remplis de

Hydrogène	Azote	Acide carbonique
0°	0°,000	0°,000
20°	20°,009	20°,043
40°	40°,011	40°,059
100°	100°,000	100°,000

En supposant que l'azote et l'acide carbonique suivent la formule de Clausius (voir Tome I), on peut prolonger comme il suit le tableau précédent :

H	Az	CO^2
200°	199°,93	199°,3
500°	499°,6	498°,4.

Les résultats des expériences de Chappuis ont conduit la Commission internationale des poids et mesures à adopter la méthode de détermination de l'échelle normale que nous avons indiquée page 12.

Olszewski a comparé à de très basses températures les indications de thermomètres à gaz remplis d'hydrogène, d'azote, d'oxygène et d'acide carbonique. Il a obtenu les chiffres suivants :

H =	— 32°,5	— 102°,5	— 118°,6	— 143°,7	— 151°
Az =	— 33°	— 103°	— 119°,1	— 144°,4	— 152°.

A — 150°, pour le thermomètre à oxygène, et à — 128°, pour celui à acide carbonique, la différence d'indication relativement au thermomètre à hydrogène est de 2°.

Travers et Jaquerod (1903) ont proposé de remplacer l'hydrogène par l'*Hélium* aux très basses et aux très hautes températures. Nous reviendrons sur cette question dans la suite.

Aux thermomètres à gaz peuvent encore être rattachés les thermoscopes différentiels, dont la construction est indiquée dans les Cours de Physique élémentaire. On les utilise parfois pour obtenir la différence de température minima dans deux espaces, par exemple dans des vases renfermant des liquides où l'on plonge les deux réservoirs du thermomètre. A. Töpler a construit un thermomètre différentiel extrêmement sensible. Les avantages que procure cet appareil ont été mis en évidence dans les travaux de M. Töpler sur la détermination de la densité des vapeurs et des gaz.

3. Thermomètres à liquide. — La mesure des températures au moyen des thermomètres à liquide est basée sur l'observation du volume occupé par un liquide, dans un vase formé d'un réservoir et d'un tube capillaire soudé à ce dernier, le liquide remplissant le réservoir et une partie du tube capillaire. Le réservoir peut être sphérique, allongé, ou exceptionnellement d'une autre forme. Le tube est toujours en verre, et il en est de même le plus souvent pour le réservoir.

Le tube est muni d'une échelle tracée sur le tube lui-même ou sur une planchette particulière, enfermée, ainsi que le tube capillaire, dans un autre tube plus large.

On se sert comme liquides, pour les thermomètres, du mercure, de l'alcool et du toluol, et, dans des cas exceptionnels, d'autres substances.

L'augmentation de volume du liquide, dans le thermomètre, se manifeste par un déplacement linéaire, le long de l'échelle, de l'extrémité de la colonne liquide dans le tube ; à ce déplacement correspond une certaine variation de volume Δv, qui représente la dilatation visible ou apparente du liquide, et montre de combien le liquide s'est plus dilaté dans l'échauffement que le vase dans lequel il se trouve. Nous allons montrer que le coefficient de dilatation apparente γ du liquide est égal à la différence entre le coefficient de dilatation réelle α du liquide et le coefficient β de l'enveloppe.

Supposons qu'un accroissement Δt de température produise une augmentation Δv_2 du volume de la partie de l'enveloppe occupée par le liquide à 0^0, et qu'en outre la dilatation réelle du liquide soit Δv_1 et la dilatation apparente Δv. On a dans ce cas

$$\Delta v = \Delta v_1 - \Delta v_2.$$

Divisons les deux membres de cette égalité par $v_0 \Delta t$, où v_0 désigne le volume du liquide à 0^0, et passons à la limite ; nous obtenons

$$\frac{1}{v_0}\frac{\partial v}{\partial t} = \frac{1}{v_0}\frac{\partial v_1}{\partial t} - \frac{1}{v_0}\frac{\partial v_2}{\partial t}.$$

D'après la formule (18) de la page 16, le premier terme est γ, le second α, le troisième β, et on a par suite

$$\gamma = \alpha - \beta, \tag{11}$$

ce qu'il fallait démontrer. Il résulte de là que la loi de dilatation du liquide déduite de l'observation est en quelque sorte la résultante des deux lois suivant lesquelles se produisent la dilatation réelle du liquide et la dilatation de l'enveloppe.

Il est à remarquer que, dans l'établissement de la formule (11), nous avons négligé la dilatation du tube, qui se remplit de liquide quand on échauffe ce dernier de 0^0 à la température observée.

La construction du thermomètre à liquide est connue : le réservoir et une partie du tube étant remplis de la quantité de liquide nécessaire, on plonge l'appareil dans la glace fondante, puis dans la vapeur d'eau bouillante ; on marque les traits 0^0 et 100^0, on partage en cent parties *linéaires* égales l'intervalle qui sépare ces traits, et on prolonge l'échelle au-dessous de 0^0 et au-dessus de 100^0. Les lectures, effectuées sur l'échelle d'un thermomètre ainsi construit, donnent toutefois des résultats très inexacts, en raison de toute une série de circonstances, qui influent sur les indications de l'appareil et exigent l'introduction de *corrections* correspondantes. Ces causes d'erreur et les méthodes de correction correspondantes ont été étudiées avec un soin particulier par Guillaume ; elles peuvent se diviser en *cinq groupes*, dont quatre seront ici considérés d'une manière détaillée.

I. Propriétés géométriques de l'appareil. — Le volume du tube entre les traits 0° et 100° doit être partagé en parties d'égale *capacité*, non pas parce qu'on veut des accroissements apparents de volume du liquide égaux, pour des accroissements de température égaux d'après l'échelle normale du thermomètre à hydrogène, mais parce que seule la division du tube en parties d'égale capacité représente quelque chose de tout à fait *défini*, quand le liquide et la substance (la sorte de verre) de l'enveloppe du thermomètre sont donnés ; autrement dit, on cherche à obtenir un point de départ bien déterminé, qui permette de passer sûrement à l'échelle normale.

La division de l'intervalle compris entre 0° et 100° en parties linéaires égales ne correspond à la division du tube en parties d'égale capacité que si le canal intérieur du tube est parfaitement *cylindrique*. Le tube ne possédant jamais cette propriété géométrique avec une exactitude mathématique, il est nécessaire d'étudier ce tube et de déterminer la position de chaque division de l'échelle du thermomètre sur une échelle fictive, dont les divisions correspondraient à des parties du tube d'égale capacité. L'opération, qui consiste à étudier le canal du tube, s'appelle le *calibrage*.

II. Propriétés physiques du liquide et de l'enveloppe, indépendantes des influences extérieures sur l'appareil.

1. La *capillarité* influe sur les indications du thermomètre, quand le diamètre du tube est très petit.

2. Quand le liquide *mouille* les parois du tube (alcool), le thermomètre en se refroidissant indique des températures trop basses, parce qu'une partie du liquide reste adhérente aux parois.

3. Quand le thermomètre est plongé dans un milieu, dont la température varie continuellement et doit être déterminée à certains intervalles de temps, la *température du thermomètre* à un instant donné *retarde sur celle du milieu* et par suite donne des indications inexactes. La grandeur du retard dépend de la conductibilité calorifique de l'enveloppe et du liquide, de leur masse et de la rapidité de variation de la température.

4. La capacité du réservoir diminue parfois peu à peu, pendant très longtemps (nombreuses années), après la fabrication (soufflage) de l'ampoule. Il en résulte que les deux points fondamentaux (0° et 100°) se déplacent et que, par suite, toutes les divisions de l'échelle changent progressivement de valeur. Ceci s'explique par des déplacements moléculaires, qui se produisent pendant une longue durée dans le verre, lorsque, après avoir été ramolli, pour le soufflage de l'ampoule, il s'est refroidi. Il est donc nécessaire de contrôler le plus souvent possible la position réelle des deux points fondamentaux sur l'échelle du thermomètre.

III. Influence des causes physiques extérieures sur les indications du thermomètre. — Telles sont :

1. *L'influence des variations de température.* Tout échauffement du thermo-

mètre suivi d'un refroidissement produit un *abaissement* (*dépression*) temporaire des points fondamentaux, parce que le réservoir ne prend pas avec rapidité exactement le volume qui correspond à la température la plus basse. Ce phénomène rappelle l'effet élastique retardé (voir Tome I) et peut être désigné sous le nom d'*effet thermique retardé*.

2. *L'influence de la pression extérieure* sur le réservoir, qui *élève* les indications du thermomètre. Une pression de cette nature est exercée par un liquide dans lequel est plongé le réservoir, aussi bien que par l'air extérieur.

3. *L'influence de la pesanteur sur le liquide*, laquelle produit une *pression intérieure* sur le réservoir, qui abaisse les indications du thermomètre.

La grandeur de l'erreur qui en résulte dépend de la longueur de la colonne liquide exerçant la pression et de sa position ; elle est maximum pour la position verticale du thermomètre.

IV. Influence de la position du thermomètre dans le milieu, dont la température est à déterminer. Dans beaucoup de cas, on ne peut plonger tout le thermomètre dans le milieu, soit parce qu'il ne s'y trouve pas la place nécessaire, soit parce que cela empêcherait de voir l'extrémité de la colonne liquide et de faire les lectures. La *colonne qui fait saillie* en dehors du milieu étudié possède une autre température que le milieu ; aussi se trouve-t-elle ordinairement trop courte, et il faut, en conséquence, introduire une *correction pour la colonne faisant saillie*.

V. Influence des lois de la dilatation du liquide et de l'enveloppe sur les indications du thermomètre. Nous en avons déjà parlé à la page 26, et nous avons vu par quelles méthodes les corrections correspondantes peuvent être obtenues. *Quand un liquide déterminé a été choisi, la grandeur des corrections, pour chaque division de l'échelle du thermomètre, ne dépend plus que de la nature du verre avec lequel le thermomètre a été fait.*

Nous avons indiqué en tout *dix causes*, qui exercent une influence sur les indications des thermomètres à liquide.

4. Thermomètres à mercure ; leur fabrication. — Les avantages du mercure, sur les autres liquides employés dans la fabrication des thermomètres, sont les suivants :

1. La purification du mercure s'effectue assez facilement, de sorte qu'on peut être assuré que différents thermomètres sont remplis d'un liquide tout à fait identique.

2. Le mercure ne mouille pas le verre et ainsi disparaît l'une des dix circonstances mentionnées ci-dessus, dont il serait extrêmement difficile de tenir compte par l'introduction d'une correction correspondante.

3. Le mercure reste liquide dans des limites de température relativement très larges.

Le tube thermométrique doit être soigneusement choisi, car son canal doit différer aussi peu que possible de la forme cylindrique. Pour l'étude des propriétés géométriques du canal, on introduit dans celui-ci un index de mercure, dont on mesure la longueur en différents endroits du tube. On choisit alors des tubes, dans lesquels la longueur de cet index varie très peu, quand on le déplace d'une extrémité à l'autre du tube.

La méthode de remplissage du thermomètre à mercure se comprend à l'aide de la figure 8 ; en échauffant et en refroidissant alternativement le réservoir *t*, le mercure est introduit dans ce dernier, jusqu'à ce que l'air en soit complètement expulsé. On fait ensuite écouler le mercure en excès du vase *h*, et, en échauffant le verre au-dessous de celui-ci, on étire le tube en pointe effilée. Après avoir chauffé le thermomètre un peu au-dessus de la température maxima que doit atteindre son échelle, on soude le tube ; habituellement, il reste une petite ampoule à la partie supérieure, comme le montre la figure 9, qui représente un thermomètre achevé, dont l'échelle est tracée sur le verre même de la tige.

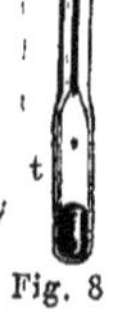

Fig. 8 Fig. 9

Dans le choix des dimensions du réservoir et du diamètre intérieur de la tige, on tient compte des considérations suivantes :

1. Pour que le thermomètre puisse déceler de petites variations de température, le tube doit être petit comparativement au réservoir.

2. Dans un tube trop étroit, le déplacement du mercure est gêné par le frottement intérieur.

3. Avec un grand réservoir, la faculté que possède le thermomètre de se mettre rapidement en équilibre de température avec le milieu ambiant diminue.

4. Avec un grand réservoir, le thermomètre enlève beaucoup de chaleur au corps dont on doit déterminer la température, et ce fait peut parfois entraîner un abaissement sensible de cette température.

Suivant la destination du thermomètre, on doit tenir compte de l'une ou l'autre de ces considérations, dans le choix des dimensions du réservoir et du tube. Dans les bons thermomètres français, par exemple, la capacité du réservoir est environ 60 fois celle du tube entre les divisions 0° et 10° ; l'épaisseur des parois du réservoir atteint $0^{mm},5$ à $0^{mm},7$ et la longueur d'un degré environ 6 millimètres.

En supposant que les points fondamentaux 0° et 100° doivent se trouver sur l'échelle du thermomètre, nous allons maintenant considérer les méthodes employées pour leur détermination initiale, qui sont d'ailleurs les mêmes que celles que l'on suit ultérieurement, pour déterminer de nouveau la position constamment variable de ces points fondamentaux (p. 34, II, 4 et III, 1). On détermine d'abord, dans tous les cas, la position du point 100°.

I. Détermination du point 100° sur l'échelle du thermomètre. — Le point 100° est la température d'ébullition de l'eau pure, sous une pression de 760 millimètres de colonne de mercure à la température de 0°, dont la densité est par suite égale à 13,59593, rapportée à la latitude de 45°. Pour réduire aux autres latitudes, on se sert de la formule :

$$g_{\varphi} : g_{45} = 1 - 0{,}00259 \cos 2\varphi.$$

La détermination du point 100° s'effectue à l'aide de l'appareil représenté par la figure 10. Il est tout entier en cuivre rouge et se compose d'un vase cylindrique A, sur lequel est fixé un gros tube B, ouvert à ses deux bouts ; un manchon C, concentrique au tube B et un peu plus long que celui-ci, l'entoure et le recouvre. La vapeur d'eau produite en A s'élève dans B, se rend ensuite entre les deux enveloppes jusqu'à la tubulure r, par où elle s'échappe dans l'atmosphère. Le manomètre r' sert à déterminer l'excès de la tension de la vapeur sur la pression atmosphérique. Le thermomètre, dont on cherche le point 100, est fixé à l'aide d'un bouchon dans la tubulure supérieure de l'appareil ; son réservoir ne doit pas toucher la surface de l'eau ; de plus, l'extrémité de la colonne de mercure ne doit que très peu émerger au dehors. Après une ébullition prolongée de l'eau, la colonne mercurielle devient stationnaire, et on note la position de son extrémité ou on la lit, quand on contrôle la position du point fondamental sur une échelle préparée. Les indications du baromètre et du manomètre m donnent la tension de la vapeur, d'où l'on déduit à l'aide de tables sa température. On doit naturellement introduire ici les corrections de pression dont il sera parlé plus loin.

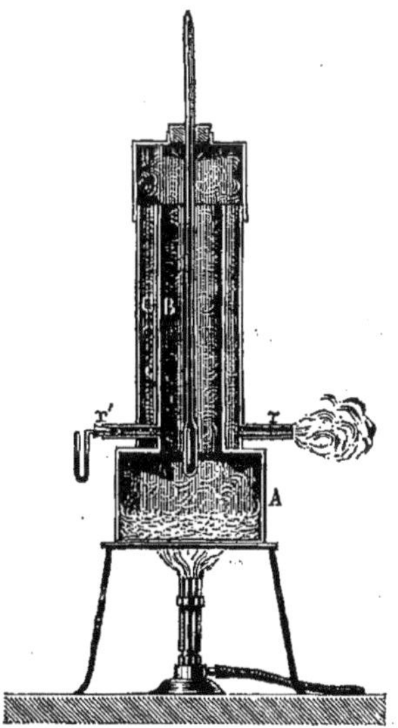

Fig. 10

On emploie des appareils plus compliqués dans les établissements qui s'occupent de la construction des meilleurs thermomètres. C'est ainsi qu'à l'Institut impérial physique et technique de Charlottenbourg, près de Berlin (Reichsanstalt), on se sert, par exemple, d'un appareil, dans lequel, en particulier, la partie supérieure du cylindre extérieur est en verre, de sorte qu'on peut faire la lecture au moment où *tout* le thermomètre se trouve dans la vapeur d'eau. La correction toujours douteuse, comme nous le verrons, sur la partie de la colonne qui déborde, est donc évitée ici. La vapeur est produite dans une bouilloire spéciale, d'où elle est conduite dans l'appareil qui renferme le thermomètre. En outre, des mesures particulières sont prises, pour déterminer le plus exactement possible l'excès de la tension de la vapeur sur la pression atmosphérique. Pernet, Jäger et Gumlich ont décrit d'une façon détaillée toutes les particularités de la préparation des thermomètres *normaux*, c'est-à-dire des thermomètres étalons, à Charlottenbourg.

L'appareil, que P. Chappuis a construit pour le Bureau international des poids et mesures de Paris, présente un grand intérêt. Il est représenté par les figures 11, 12 et 13; la figure 11 donne la vue extérieure de cet appareil, la figure 12 une coupe verticale de la partie supérieure du cylindre A et la figure 13 la coupe horizontale du tube B. L'appareil se compose de la chaudière C, dans laquelle l'eau est portée à l'ébullition. La vapeur parvient par le tube D à une pièce M_1 (*fig.* 11 et 13) en forme de cube, reliée par le tube B avec une pièce M_2 de même forme. Le tube B, qui est partagé en deux parties par une cloison, est mobile autour de son axe, entre les raccords fixes M_1 et M_2, comme le montre bien la figure 13. Au tube B est reliée la partie A for-

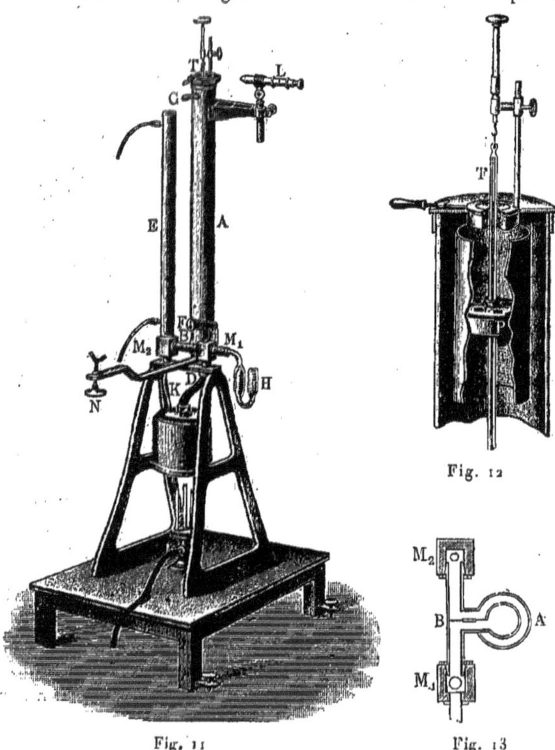

Fig. 11

Fig. 12

Fig. 13

mée d'un cylindre à doubles parois (voir la figure 12). L'espace intérieur communique avec M_1, l'espace extérieur avec M_2 (*fig.* 13). Le raccord M_2 réunit B avec le tube intérieur du condenseur E, dont l'enveloppe extérieure est parcourue par un courant d'eau froide. La vapeur condensée est conduite par le tube K au fond de la chaudière C.

Le thermomètre à étudier est suspendu par un crochet à la partie supérieure du cylindre A, et traverse le tube enchâssé dans l'ouverture du couvercle du cylindre ainsi que le guide P (*fig.* 12).

Les lectures s'effectuent au moyen d'une petite lunette L.

L'appareil peut servir dans deux positions : l'une est représentée sur la figure et l'autre s'obtient, en faisant tourner de 90° le cylindre A et le tube B autour de l'axe de ce dernier. Le cylindre A prend alors une position *horizontale* et repose sur le support en forme de fourchette N. On évite ainsi la nécessité d'introduire une correction relative à la pression intérieure de la colonne de mercure. Le manomètre H sert à déterminer l'excès de la tension de la vapeur en M_1 sur la pression atmosphérique.

La vapeur parvient par le tube D en M_1 et par B (*fig.* 13) au tube intérieur du cylindre A ; elle traverse ensuite P par des trous, redescend le long de l'enveloppe extérieure du cylindre A, parvient à M_2 par B (*fig.* 13), et finalement se condense dans E.

Cet appareil sert, comme on l'a dit, pour opérer des vérifications spéciales de la position du point fondamental supérieur sur des thermomètres achevés.

II. Détermination du point 0° sur l'échelle du thermomètre. — La position du point fondamental inférieur se détermine en plongeant le thermomètre dans de la glace fondante. L'étude soignée du phénomène de l'effet thermique retardé a conduit à la règle suivante : la détermination du point 0° doit être faite immédiatement après celle du point 100° ; le thermomètre, sorti de la vapeur d'eau bouillante, doit être plongé dans la glace fondante, aussitôt qu'il s'est refroidi jusqu'à environ 50°.

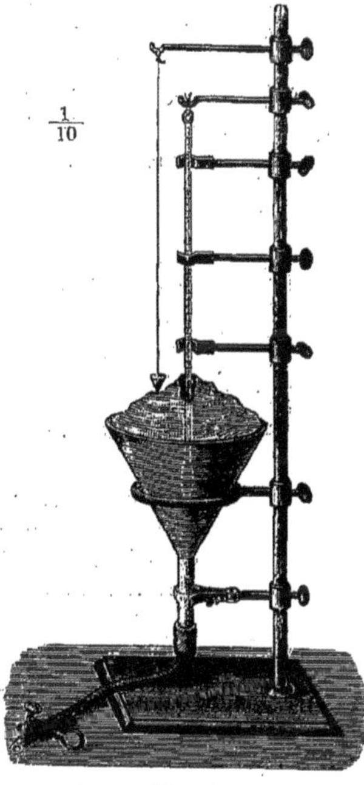

Fig 14

La figure 14 représente un appareil simple, qui sert à la détermination du point fondamental inférieur. Il se compose d'un vase en verre muni d'un dispositif d'écoulement et que l'on remplit de neige ou de glace rapée. Celle-ci doit être arrosée d'eau, pour qu'il ne reste pas d'air entre les morceaux de glace. L'eau en excès et celle qui se forme dans la fusion de la glace s'écoule latéralement par un tuyau disposé à la partie inférieure du vase.

A Charlottenbourg (Reichsanstalt), on se sert d'un appareil formé de deux cloches en verre, placées l'une dans l'autre, les ouvertures vers le haut. Toutes deux sont munies de tuyaux pour l'écoulement de l'eau. Le vase intérieur et l'espace intermédiaire entre celui-ci et le vase extérieur sont remplis de glace concassée. L'appareil du Bureau international des poids et mesures a une construction analogue, mais l'espace entre les deux vases est très étroit et renferme une couche d'air.

La glace doit être aussi propre que possible et ne renfermer aucune trace de sel.

5. Calibrage des thermomètres. — Le tube choisi pour la construction d'un thermomètre doit être le plus cylindrique possible. Pour vérifier si cette condition est remplie, on introduit, dans le canal intérieur, une colonne continue de mercure, d'environ 70 millimètres de longueur, que l'on déplace d'un bout à l'autre et dont on mesure la longueur dans différentes positions. Pour les meilleurs thermomètres, on ne choisit que des tubes dans lesquels la longueur de cette colonne ne varie pas de plus de 1 millimètre.

Le calibrage définitif (page 34) s'effectue sur les thermomètres déjà *construits*. Le calibrage du tube, avant la fabrication du thermomètre, et l'application sur celui-ci d'une échelle corrigée ne présentent aucun avantage et cette méthode est aujourd'hui tout à fait abandonnée. Il est presque impossible de calibrer les thermomètres munis d'une échelle en verre opale. Il en est de même des thermomètres non munis à l'extrémité d'un petit renflement (fig. 9, page 36) et ne renfermant aucune trace d'air, car, en l'absence complète de ce dernier, il est impossible de faire de séparation dans la colonne de mercure.

La figure 15 représente un appareil employé à Charlottenbourg pour le

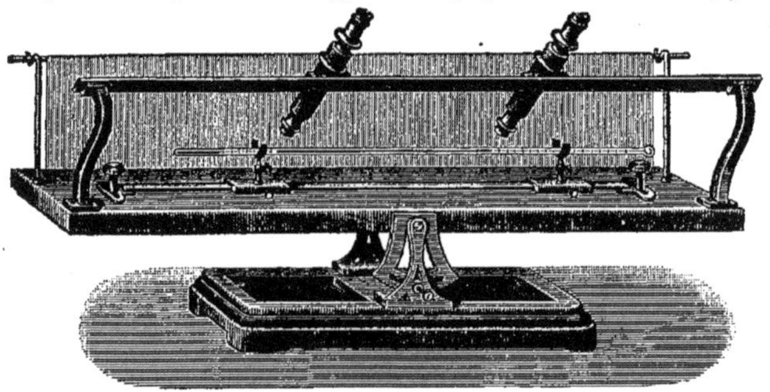

Fig. 15

calibrage. La planchette inférieure est mobile autour d'un axe horizontal et peut être inclinée d'un angle quelconque sur l'horizon, à l'aide d'une vis de serrage. Deux microscopes sont mobiles le long d'une glissière. Le thermomètre à étudier est placé sur deux supports, qui peuvent être élevés ou abaissés et sont fixés à une tige ; celle-ci peut se déplacer légèrement et pivoter sur la surface de la planchette. On peut ainsi rendre l'axe du thermomètre parallèle à la glissière ; il faut en outre que le fil horizontal du micromètre oculaire du microscope coïncide avec l'axe du tube, dont toutes les divisions doivent être également bien visibles, une fois que le microscope est au point sur l'une d'elles.

Il existe toute une série de *méthodes* diverses de *calibrage* des tubes pour thermomètres, mais nous ne pouvons les décrire ici en détail ; nous nous bornerons à indiquer quelques-unes des plus simples, qui ne peuvent d'ailleurs donner des résultats très précis. On trouvera des renseignements plus détaillés à ce sujet dans les ouvrages spéciaux sur les travaux de laboratoire, ainsi que dans ceux qui sont cités à la fin de ce Chapitre, dans la Bibliographie. Gay-Lussac, Rudberg, Hallström et Bessel ont proposé des méthodes simples de calibrage. La méthode la plus exacte, celle de Bessel, a été mise en pratique par Oettingen ; on doit également à Thiesen, Mareck, Broch, Benoît et Guillaume des travaux importants sur le calibrage. Nous nous bornerons à considérer deux méthodes dues à Gay-Lussac.

I. Première méthode de Gay-Lussac. — Il nous suffit d'indiquer le principe de cette méthode, car elle ne peut donner qu'une idée générale des propriétés géométriques du tube capillaire. On détache une colonne de mercure de quelques centimètres de longueur (nous ne décrirons pas la méthode suivie pour obtenir ce résultat) et on la déplace le long du tube, de façon qu'à chaque nouvelle position une de ses extrémités prenne la place qu'occupait auparavant l'autre extrémité. Tout le tube est ainsi divisé en parties de même volume, mais d'inégales longueurs. En partageant chacune de ces longueurs en un nombre déterminé de parties égales, on obtient une échelle, dont les divisions correspondent approximativement à des volumes intérieurs égaux. Regnault, par exemple, s'est servi de cette méthode très simple pour la fabrication des thermomètres.

II. Deuxième méthode de Gay-Lussac. — Nous allons d'abord formuler d'une manière plus précise le problème que nous avons à résoudre. Supposons que l'on ait déterminé, pour un thermomètre donné, le point de fusion de la glace et le point d'ébullition de l'eau, et que le premier se trouve à la division α_0 de l'échelle, le second à la division $100 + \alpha_{100}$. L'échelle idéale, dont nous cherchons la graduation, commence à la division α_0 et finit à la division $100 + \alpha_{100}$ de l'échelle du thermomètre ; par suite, elle possède la longueur de $100 + \alpha_{100} - \alpha_0$ divisions de cette échelle. Supposons que le volume du tube correspondant à l'échelle idéale soit partagé en 100 parties égales ; les 99 divisions, comprises entre les repères α_0 et $100 + \alpha_{100}$ de l'échelle du thermomètre qui leur correspondent, forment avec les deux divisions extrêmes l'échelle idéale cherchée. Soit N un des nombres 1, 2, 3, 4, ..., 99. Désignons par (N) la position du N^e trait de l'échelle idéale sur celle du thermomètre. On a dans ce cas, en général,

$$(N) = N + \alpha_N. \tag{12}$$

Le problème consiste donc dans la détermination des grandeurs α_N.

Les grandeurs $-\alpha_N$ s'appellent les *corrections* ; ce sont les quantités qu'il faut *ajouter* aux températures observées sur l'échelle du thermomètre, pour obtenir les températures d'après l'échelle idéale. Supposons, par exemple, que la 30e division de l'échelle idéale coïncide avec la division 30,12 de l'échelle du thermomètre : on a alors $\alpha_{30} = +0,12$; la correction est par suite égale à $-0,12$, et la température *observée* de 30° est en réalité égale à $30 + (-0,12) = 29°,88$. Si la 70e division de l'échelle idéale coïncide avec la division 69,91 de l'échelle du thermomètre, on a $\alpha_{70} = -0{,}09$; la correction est donc $+0{,}09$ et la température observée de 70^0 doit être remplacée par le nombre $70 + 0{,}09 = 70^0{,}09$.

La méthode de Gay-Lussac, qui d'ailleurs avait déjà été proposée auparavant par Hennert, consiste en ce qui suit. On détache une colonne de mercure, dont la longueur diffère peu de celle de n divisions de l'échelle, n étant contenu un nombre entier de fois k dans 100, de sorte que l'on a

$$(13) \qquad kn = 100.$$

Amenons alors successivement la colonne dans k positions, pour lesquelles l'extrémité inférieure (la plus voisine de 0^0) doit se trouver aux divisions $0, n, 2n, 3n, \ldots, (k-2)n$, $(k-1)n$ et l'extrémité supérieure *dans le voisinage* des divisions n, $2n$, $3n$, $4n$, ..., $(k-1)n$, kn ($= 100$), et admettons en outre que les positions exactes de l'extrémité supérieure soient les divisions $n + \delta_1$, $2n + \delta_2$, $3n + \delta_3$, ..., $(k-1)n + \delta_{k-1}$, $100 + \delta_k$. Désignons par δ_i une quelconque des quantités δ, cette grandeur pouvant être positive ou négative. Supposons que tous les α_N cherchés soient des grandeurs petites et que la longueur de la colonne ne varie pas du tout, quand on la déplace de la grandeur α_N, c'est-à-dire quand son origine ne se trouve pas aux divisions 0, n, $2n$, etc., mais aux divisions α_0, $(n) = n + \alpha_n$, $(2n) = 2n + \alpha_{2n}$, $(3n) = 3n + \alpha_{3n}$, etc., ou, en d'autres termes, aux divisions 0, n, $2n$, etc. de l'échelle idéale cherchée.

Il résulte de la méthode même, à l'aide de laquelle on a obtenu les grandeurs δ_i, que k fois le volume de la colonne de mercure remplissent $100 + \sum \delta_i$ divisions de l'échelle du thermomètre ; mais 100 divisions de cette échelle (de 0 à 100) sont égales à $100 + \alpha_0 - \alpha_{100}$ divisions de l'échelle cherchée, et par suite k fois le volume de la colonne de mercure remplissent $100 + \alpha_0 - \alpha_{100} + \sum \delta_i$ divisions d'égal volume de cette échelle cherchée. Il s'ensuit que le volume de la colonne est égal à la capacité de

$$\frac{100 + \alpha_0 - \alpha_{100} + \sum \delta_i}{k}$$

divisions de l'échelle cherchée. Introduisons, pour simplifier, la notation

$$(14) \qquad \frac{\alpha_0 - \alpha_{100} + \sum \delta_i}{k} = \beta.$$

En tenant compte de (13), on voit que *le volume de la colonne de mercure est égal à la capacité de*

$$n + \beta$$

divisions de l'échelle cherchée. Si β est petit, on peut considérer β divisions comme identiques pour les deux échelles ; d'où il résulte que *la longueur de la colonne de mercure, raccourcie (corrigée) de β divisions dans toutes ses positions, est égale* *à la longueur de n divisions de l'échelle cherchée.* Ceci permet de déterminer la position des divisions (n), $(2n)$, $(3n)$, etc. de l'échelle cherchée, pour laquelle l'origine $(0) = \alpha_0$ et l'extrémité $(kn) = (100) = 100 + \alpha_{100}$.

Comme nous l'avons fait remarquer plus haut, nous supposons que la longueur $n + \delta_1$ de la colonne, dans sa *première* position, ne varie pas, quand on déplace son origine du o de l'échelle du thermomètre au o de l'échelle cherchée, c'est-à-dire à la division α_0. L'extrémité de la colonne coïncide alors avec la division $\alpha_0 + n + \delta_1$, mais l'extrémité de la longueur corrigée de la colonne coïncide avec la division $\alpha_0 + n + \delta_1 - \beta$. D'après ce qui a été dit ci-dessus, la n^e division de l'échelle cherchée doit s'y trouver également ; on a donc

$$(15) \qquad (n) = n + \alpha_0 - \beta + \delta_1,$$

et par suite

$$(15') \qquad \alpha_n = \alpha_0 - \beta + \delta_1,$$

ce qui donne aussi la *correction* $-\alpha_n$ pour le passage de n^0 *observé* à $n^0 - \alpha_n$ corrigé.

La longueur $n + \delta_2$ de la colonne ne varie pas, quand on amène l'origine à la n^e division de l'échelle cherchée, c'est-à-dire à la $(n)^e$ division de l'échelle donnée. L'extrémité de la longueur corrigée coïncide alors avec la division $(n) + n + \delta_2 - \beta$, avec laquelle doit aussi coïncider la $2n^e$ division de l'échelle cherchée. On a donc $(2n) = (n) + n + \delta_2 - \beta$; si on porte ici la valeur de (n) tirée de (15), on obtient

$$(16) \qquad \begin{cases} (2n) = 2n + \alpha_0 - 2\beta + \delta_1 + \delta_2, \\ \alpha_{2n} = \alpha_0 - 2\beta + \delta_1 + \delta_2. \end{cases}$$

L'extrémité de la longueur corrigée de la colonne de mercure, dont l'origine se trouve à la division $(2n)$, se trouvera à la division $(2n) + n + \delta_3 - \beta$, avec laquelle doit coïncider la $3n^e$ division de l'échelle cherchée. On a par suite $(3n) = (2n) + n + \delta_3 - \beta$. En tenant compte de (16), il vient

$$(17) \qquad \begin{cases} (3n) = 3n + \alpha_0 - 3\beta + \delta_1 + \delta_2 + \delta_3 \\ \alpha_{3n} = \alpha_0 - 3\beta + \delta_1 + \delta_2 + \delta_3. \end{cases}$$

On voit facilement comment on continuerait. En supposant que p soit un nombre entier, nous obtenons, comme expression générale de la position de la pn^e division de l'échelle cherchée et de la grandeur α_{pn},

$$(18) \qquad \begin{cases} (pn) = pn + \alpha_0 - p\beta + \sum_1^p \delta_i, \\ \alpha_{pn} = \alpha_0 - p\beta + \sum_1^p \delta_i. \end{cases}$$

On trouve de cette manière la *correction* — α_{pn} pour les divisions n, $2n$, $3n$, etc. Posons dans (18) $p = k$, il vient

$$(kn) = kn + \alpha_0 - k\beta + \sum \delta_i,$$

où $\sum \delta_i$ sans indice est la sommation de tous les δ_i; mais on a $kn = 100$, voir (13); remplaçons β par sa valeur donnée par (14), on obtient

$$(100) = 100 + \alpha_{100},$$

comme cela doit être. Si nous désignons la *correction* pour la division pn de l'échelle du thermomètre par γ_{pn}, (18) donne

$$\gamma_{pn} = p\beta - \alpha_0 - \sum_1^p \delta_i. \tag{18, a}$$

Lorsque le thermomètre marque pn^0, la température à inscrire est $pn + \gamma_{pn}$.

W. W. Lermontoff s'est occupé de la méthode de Gay-Lussac.

Nous n'entrerons pas ici dans les détails relatifs au calibrage multiple, à l'aide de plusieurs colonnes de mercure de longueur différente (k variable) ou avec une seule colonne, un calibrage étant commencé, comme on l'a dit, à la division 0, et les autres aux divisions 5^0, 10^0, etc. par exemple.

Parmi les autres méthodes de calibrage, celle d'Hallström est intéressante par sa simplicité relative. Le principe sur lequel elle est basée est exposé dans le *Guide pour la pratique des mesures physiques* de Ph. Kohlrausch, Saint-Pétersbourg, 1891, page 75 (la méthode n'est pas nommée) et dans le Manuel bien connu de Müller (Müller-Pouillet), 8e édition, d'après la rédaction de L. Pfaundler, T. II, 2e Partie, pages 57-59 (1879).

Quand la grandeur α_N, voir (12), page 41, est trouvée pour une série de différents N, elle peut être déterminée pour les divisions intermédiaires par la méthode graphique. On trace à cet effet des axes de coordonnées sur une feuille de papier quadrillé. Sur l'axe des abscisses, on porte les divisions N de l'échelle du thermomètre; sur l'axe des coordonnées, les grandeurs α_N, à une échelle décuple, pour plus de commodité, de celle des divisions N. En joignant les points ainsi obtenus par une courbe continue, on peut admettre que les ordonnées de cette courbe donnent la grandeur α_N pour toutes les divisions de l'échelle du thermomètre.

Au Bureau international des poids et mesures de Paris, on emploie maintenant les nouvelles méthodes de Guillaume et Thiesen, qui sont décrites dans les *Travaux et Mémoires* du Bureau. Mme Tarnarider (1904), qui a travaillé au Bureau, a donné un excellent exposé des nouvelles méthodes, pour lequel Guillaume a écrit une préface.

Nous avons donné au § 3 un aperçu des dix circonstances, qui influent sur les indications des thermomètres à liquide et obligent à introduire des corrections correspondantes. Nous avons indiqué à la page que 35 l'une de ces circonstances, celle dans laquelle la paroi du tube est mouillée par le liquide, ne joue aucun rôle dans les thermomètres à mercure. Parmi les neuf autres corrections, nous n'avons considéré jusqu'ici que celle relative au calibre du tube. Nous allons maintenant passer rapidement en revue les autres.

6. Influence des propriétés du verre et du mercure, ainsi que des causes physiques extérieures sur les indications des thermomètres à mercure. — I. Capillarité. La *capillarité* produit un retard dans les indications du thermomètre et impose à sa sensibilité certaines limites, car elle ne permet pas l'emploi de tubes à canal trop étroit. La grandeur de la pression superficielle n'est pas la même dans toutes les parties du tube, c'est-à-dire aux différentes températures, la largeur du tube n'étant pas partout la même ; elle diffère en outre, suivant que le mercure monte ou descend, car la forme du ménisque et la grandeur de l'angle de raccordement (voir Tome I) en dépendent.

La capacité du réservoir change en même temps que la pression superficielle. La moindre impureté du mercure produit un retard très notable dans les indications du thermomètre. Guillaume recommande de laver le tube avec de l'eau bouillante avant d'achever le thermomètre ; on enlève ainsi presque complètement, par dissolution dans l'eau, la couche qui recouvre les parois du canal par suite de l'hygroscopie du verre.

II. Retard dans les indications d'un thermomètre, plongé dans un milieu dont la température varie continuellement. — Soit T la température variable du milieu, t la température observée que nous pouvons considérer comme une fonction connue du temps τ, quoique seulement construite graphiquement. On a alors la formule

$$T = t + \frac{1}{c}\frac{dt}{d\tau}, \tag{19}$$

où c est une constante, qui dépend des propriétés du réservoir du thermomètre. On peut la déterminer, en observant la température t du thermomètre plongé dans un milieu à température constante T_1. Si t_0 est la valeur initiale de t, on a alors

$$t = T_1 + (t_0 - T_1)\,e^{-c\tau},$$

d'où l'on tire

$$c = \frac{1}{\tau}\lg\frac{t_0 - T_1}{t - T_1},$$

déterminé par les observations. Suivant Thiesen, $\frac{1}{c}$ oscille entre 7 et 30 secondes pour différents thermomètres.

Hergesell a développé une théorie mathématique des indications d'un thermomètre exposé à de brusques variations de température, en s'appuyant sur les équations de la théorie de la propagation de la chaleur (voir plus loin).

III. Déplacement des points fondamentaux. — Nous avons indiqué dans notre aperçu des pages 34 et 35 deux causes, qui produisent un déplacement des points fondamentaux : 1. l'élévation progressive, ininterrompue, du zéro, qui se poursuit parfois pendant de nombreuses années après la fabrication du thermomètre ; 2. la dépression temporaire du zéro à chaque échauffement, suivie ensuite d'un retour progressif du zéro à sa position primitive. C'est cependant évidemment une même cause qui agit dans les deux cas, cause dont nous avons désigné l'effet à la page 35 sous le nom d'effet thermique retardé. La fabrication d'un thermomètre comprend un échauffement du verre jusqu'à ramollissement, lequel peut être considéré comme la cause d'une dépression relativement considérable du point zéro, qui se relève ensuite graduellement. Un refroidissement très rapide produit une dépression négative, c'est-à-dire une élévation temporaire du zéro. On peut dire d'une manière générale que toute variation de température produit d'abord une variation brusque, puis lente et persistante, de la capacité du réservoir du thermomètre. Ainsi, dans le refroidissement, on obtient d'abord une capacité du réservoir trop grande, de sorte que l'extrémité de la colonne de mercure à 0° se présente trop bas.

La dépression des points fondamentaux a été étudiée très soigneusement au Bureau international des poids et mesures de Paris et à Charlottenbourg (Reichsanstalt). Nous ne ferons qu'indiquer brièvement quelques résultats.

1. La dépression disparaît d'autant plus vite que la température, que possédait le thermomètre avant d'être plongé dans la glace fondante, était plus élevée. C'est la raison pour laquelle il faut, dans la détermination des points fondamentaux, porter le plus rapidement possible le thermomètre de la vapeur d'eau bouillante dans la glace fondante.

2. Les variations des points fondamentaux sont notablement diminuées, si on soumet le thermomètre terminé à un échauffement assez long (pendant plusieurs semaines), en vue de provoquer une détrempe, dans des vapeurs de soufre, de mercure ou même de cadmium. Les thermomètres français ainsi traités portent le mot *recuit*.

3. La grandeur de la variation progressive, ainsi que celle des dépressions temporaires, dépendent beaucoup de la nature du verre. Le verre appelé cristal, qui renferme du plomb, de même que tous les verres, dans la composition desquels entrent simultanément K et Na, ne conviennent pas. Les verres difficilement fusibles présentent des avantages particuliers ; tels sont, par exemple, le verre français (verre dur) et différentes sortes de verres d'Iéna, en particulier les numéros 59^{III} et 16^{III}.

4. Il n'est pas douteux qu'à toute température t corresponde une position particulière des points fondamentaux ou une dépression particulière η_t du zéro. Il en résulte la nécessité d'introduire une *correction pour la dépression du point zéro*, à chaque lecture du thermomètre. Ce n'est qu'en apportant cette correction que l'on obtient des résultats concordants, dans la mesure simultanée des températures avec des thermomètres très différents au point de vue de la composition du verre et de la grandeur de la dépression. Guillaume a donné un tableau des dépressions du zéro pour différentes valeurs de t et pour des thermomètres en verre dur ; la dépression atteint presque 0°,1 pour

$t = 100°$. THIESEN, BÖTTCHER et d'autres encore ont donné des formules empiriques, de la forme $\eta_t = at + bt^2$ par exemple ; pour le verre d'Iéna numéro 16III, BÖTTCHER a trouvé $\eta_t = 0{,}00071\,t + 0{,}000008\,t^2$.

SCHOTT (d'Iéna) a fait faire en 1897 un grand pas à la question ; il a construit un thermomètre avec un réservoir en verre, dont l'effet thermique retardé était faible (verre 16III) ; à l'intérieur du réservoir était soudée une petite baguette de verre (numéro 335III) possédant un grand effet thermique retardé. Les deux actions sur le point fixe se compensent et, comme l'ont montré les recherches d'HOFFMANN, il ne se produit, dans ces thermomètres, aucune dépression sensible, même en les portant jusqu'à 300°.

MARCHIS (1898-1901) s'est occupé d'une manière toute spéciale du déplacement et de la détermination des points fondamentaux. Il s'est appuyé sur les recherches théoriques et expérimentales très étendues qu'il a faites concernant l'influence d'échauffements et refroidissements alternatifs sur le volume d'une masse de verre donnée. Nous devons nous borner aux indications contenues à ce sujet dans la Bibliographie.

IV. INFLUENCE DE LA PRESSION SUR LES INDICATIONS DES THERMOMÈTRES A MERCURE. — La pression *extérieure*, qui se compose ordinairement de la pression de l'atmosphère et (quand on mesure la température d'un liquide) de celle de la colonne liquide située au-dessus du réservoir du thermomètre, *élève* les indications de celui-ci. L'élévation β_e, produite par une pression de 1 millimètre de colonne de mercure (0° et latitude 45°), s'appelle le *coefficient de pression extérieure*.

La pression intérieure est produite par la colonne de mercure et dépend de la longueur de cette dernière, de sa température et de son inclinaison sur l'horizon ; elle a pour effet une *diminution* des indications du thermomètre. La diminution β_i produite, comme précédemment, par une pression de 1 millimètre s'appelle le *coefficient de pression intérieure*.

La pression extérieure P, qui diffère de la pression normale de 760 millimètres, oblige à introduire une correction $\gamma_e = -\beta_e(P - 760)$.

Soient l_t la longueur de la colonne de mercure comptée à partir du milieu du réservoir à la température mesurée $t°$, δ_t la densité du mercure à $t°$ et δ_0 à 0°, α l'inclinaison de la tige sur l'horizon ; on doit introduire la correction

$$\gamma_i = \beta_i l_t \frac{\delta_t}{\delta_0} \sin\alpha.$$

La correction totale γ due à la pression est

$$\gamma = \beta_i l_t \frac{\delta_t}{\delta_0} \sin\alpha - \beta_e(P - 760). \tag{20}$$

Cette correction est plus grande, quand, dans le thermomètre, se trouvent des traces de gaz, lequel est comprimé lorsque la température croît.

Le coefficient β_e se détermine à l'aide d'appareils particuliers, dans lesquels on observe les indications du thermomètre, suspendu dans de la glycérine à l'intérieur d'un cylindre vertical mis alternativement en communication avec l'air extérieur et avec une pompe à air. La grandeur β_e oscille pour différents thermomètres entre 0°,0001 et 0°,0004. Pour les thermomètres en verre dur, on a $\beta_e = 0°,0001207$; pour le thermomètre normal numéro VII à Charlottenbourg, on a $\beta_e = 0°,0001522$.

Le coefficient β_i est un peu plus grand que β_e, car à la dilatation du réservoir s'ajoute encore la compression de la colonne même de mercure. On peut admettre que l'on a approximativement

$$\beta_i = \beta_e + 0,0000154.$$

La détermination directe de β_i s'effectue par des observations du thermomètre à 100° dans des positions verticale et horizontale, et on peut se servir aussi à cet effet de l'appareil représenté sur la figure 11, page 38. On a construit à Charlottenbourg un appareil spécial pour la détermination de β_i. Pour le thermomètre numéro VII ci-dessus mentionné, on a trouvé $\beta_i = 0,0001621$; la relation entre β_e et β_i s'est montrée conforme à celle que l'on obtient en tenant compte de la compression du mercure.

7. Correction relative à la colonne de mercure extérieure. — On ne peut pas toujours introduire tout le thermomètre dans le milieu dont on veut mesurer la température T. Dans ce cas, la température de la colonne de mercure faisant saillie à l'extérieur n'est plus T, et par suite sa longueur n'est pas la même que lorsque tout le thermomètre se trouve dans le milieu donné. Il est alors nécessaire d'introduire une correction, qui croît avec la différence entre la température T et la température ϑ de l'air extérieur, et avec la longueur de la colonne en saillie ou avec le nombre n de degrés qui se trouvent sur cette partie de la colonne. Désignons le coefficient de dilatation apparente du mercure dans le verre par α, la température moyenne de la colonne en saillie par τ, et la température que marque le thermomètre par t ; la grandeur cherchée est évidemment

$$\text{(21)} \qquad T = t + \sigma = t + n\alpha\,(T - \tau).$$

Quand la valeur de $T - \tau$ est grande, on peut écrire t à la place de T dans le dernier terme, c'est-à-dire poser

$$\text{(21, a)} \qquad T = t + n\alpha\,(t - \tau).$$

La formule (21) donne l'expression plus exacte

$$T = \frac{t - n\alpha\tau}{1 - n\alpha}.$$

La correction σ peut être très grande ; si on fait $\alpha = 0,000155$, on obtient les nombres suivants pour σ :

$t - \tau$	$n = 10$	$n = 50$	$n = 100$
10°	0°,016	0°,078	0°,155
50°	0°,078	0°,388	0°,775
100°	0°,155	0°,755	1°,550
150°	0°,233	1°,163	2°,325

On n'a malheureusement aucune méthode pour la détermination exacte de la température moyenne τ de la colonne faisant saillie. On place parfois auprès de cette colonne un autre thermomètre, de façon que son réservoir se trouve vers le milieu de la colonne, et on prend pour τ la température indiquée par ce thermomètre. Holtzmann pense que, τ ayant été ainsi déterminé, on doit prendre pour α, dans (21) ou (21, *a*), une valeur plus petite $\alpha = 0{,}000135$. Wüllner a donné une formule plus exacte pour σ ; l'établissement de cette dernière est basé sur les lois de la distribution stationnaire de la température dans un cylindre (tige) chauffé à une extrémité ; elle a la forme suivante :

$$\tau = \vartheta + \frac{N(t-\tau)}{0{,}6755\, n \sqrt{\frac{p}{q}}},$$

où ϑ est la température de l'air ambiant, N le nombre de divisions de l'échelle par unité de longueur, p le périmètre, q l'aire de la section transversale du tube du thermomètre.

Une méthode relativement simple est la suivante ; au lieu de (21, *a*), on se sert de la formule

$$T = t + 0{,}000156\,(n - \beta)\,(t - \vartheta), \tag{22}$$

où β est un nombre constant, déterminé empiriquement en comparant les températures T et t du thermomètre, d'abord plongé entièrement dans le milieu donné, ensuite présentant une colonne en saillie à l'extérieur correspondant à n divisions de l'échelle.

Guillaume a proposé une méthode très ingénieuse pour l'introduction de la correction ; elle a été perfectionnée par Mahlke.

Toutes les méthodes mentionnées ne peuvent donner de valeurs exactes pour la correction cherchée σ ; il faut donc, dans des mesures précises, chercher à éviter d'avoir une colonne en saillie, en remplaçant, par exemple, le thermomètre à mercure par un couple thermoélectrique ou, si c'est possible, par un thermomètre à échelle raccourcie (voir § 9).

8. Comparaison des thermomètres à mercure entre eux et avec le thermomètre normal à hydrogène. — Nous avons déjà dit à la page 22 qu'à chaque thermomètre, basé sur l'observation d'une certaine grandeur physique S, correspond une échelle de températures spécifique, et que toutes ces échelles, en général, ne coïncident entre elles et avec l'échelle normale du thermomètre à hydrogène qu'aux deux points fondamentaux 0° et 100°. Pour passer de l'indication t d'un thermomètre donné à l'indication T du thermomètre à hydrogène, il faut *ajouter* à t une certaine correction η [voir (6), page 23], telle que

$$\eta = T - t. \tag{23}$$

A la page 35, dans l'énumération des circonstances qui influent sur les indications des thermomètres à liquide, nous avons indiqué de nouveau dans le numéro V la nécessité d'introduire cette correction. Enfin, à la page 40, en expliquant l'importance du calibrage des tubes thermométriques, nous avons montré comment la correction de calibrage permet de ramener une échelle dont les degrés ont même longueur à une échelle parfaitement déterminée, idéale comme nous avons dit, dans laquelle les divisions correspondent à des volumes égaux du tube. Toutes les corrections, que nous avons considérées jusqu'ici, ne servent qu'à la réduction des lectures directes à cette échelle idéale.

Les *corrections* η, qui servent à réduire les indications du thermomètre, d'après son échelle idéale, à celles de l'échelle normale à hydrogène, *dépendent exclusivement, pour les thermomètres à mercure, de la nature du verre.*

On s'est occupé beaucoup de la comparaison des échelles des thermomètres à mercure entre elles et avec l'échelle des thermomètres à air et à hydrogène. Théoriquement, la différence entre ces échelles s'explique de la manière suivante. Soit V_0 le volume à 0° du réservoir et du tube jusqu'à la division 0, v_0 le volume d'une division de l'échelle (idéale) à 0°, α_{100} et α_T les coefficients moyens de dilatation du mercure entre 0° et 100° et entre 0° et T°, β_{100} et β_T les mêmes grandeurs pour le verre. La dilatation *visible* du mercure, quand on l'échauffe de 0° à 100°, c'est-à-dire le volume du mercure qui se trouve au-dessus du zéro, est évidemment égale à $100 V_0 (\alpha_{100} - \beta_{100})$; il remplit 100 divisions de l'échelle, dont chacune a une capacité de $v_0 (1 + 100\beta_{100})$; on a donc l'égalité

$$V_0 (\alpha_{100} - \beta_{100}) = v_0 (1 + 100\beta_{100}).$$

Si on chauffe le thermomètre jusqu'à la température vraie T°, le volume de mercure $V_0 T(\alpha_T - \beta_T)$ s'élève au-dessus du zéro et occupe t divisions de l'échelle, dont chacune possède une capacité égale à $v_0(1 + T\beta_T)$. Il s'ensuit que l'on a

$$V_0 T(\alpha_T - \beta_T) = v_0 t(1 + T\beta_T).$$

En divisant cette égalité par la précédente, il vient

$$T = t \, \frac{\alpha_{100} - \beta_{100}}{\alpha_T - \beta_T} \cdot \frac{1 + T\beta_T}{1 + 100\beta_{100}}. \tag{24}$$

Le dernier facteur diffère toujours très peu de l'unité, de sorte qu'on peut poser

$$T = t \, \frac{\alpha_{100} - \beta_{100}}{\alpha_T - \beta_T}. \tag{25}$$

Les coefficients de dilatation du mercure et du verre sont différents ; par suite le facteur de t n'est pas égal à l'unité et t n'est pas égal à T.

Les coefficients moyens de dilatation peuvent être mis sous la forme empirique

$$\alpha_T = \alpha_0 + \alpha_1 T + \alpha_2 T^2,$$
$$\beta_T = \beta_0 + \beta_1 T + \beta_2 T^2.$$

En introduisant ces expressions et leurs analogues pour $T = 100$ dans (25), il vient

$$T = t \frac{(\alpha_0 - \beta_0) + 100(\alpha_1 - \beta_1) + 100^2(\alpha_2 - \beta_2)}{(\alpha_0 - \beta_0) + T(\alpha_1 - \beta_1) + T^2(\alpha_2 - \beta_2)}.$$

Effectuons la division, en tenant compte que α_1 et β_1 sont petits relativement à α_0 et β_0 ; nous obtenons

$$T = t\left[1 + (100 - T)\frac{\alpha_1 - \beta_1}{\alpha_0 - \beta_0} + (100^2 - T^2)\frac{\alpha_2 - \beta_2}{\alpha_0 - \beta_0}\right].$$

On peut, dans les parenthèses, remplacer T par t, et on trouve alors pour la correction cherchée η

$$(26) \qquad \eta = T - t = t(100 - t)\frac{\alpha_1 - \beta_1}{\alpha_0 - \beta_0}\left[1 + (100 + t)\frac{\alpha_2 - \beta_2}{\alpha_1 - \beta_1}\right].$$

On peut poser pour le *mercure*

$$\alpha_0 = 18116.10^{-8}, \quad \alpha_1 = 115.10^{-10}, \quad \alpha_2 = 212.10^{-13};$$

pour le *verre de Saint-Gobain*

$$\beta_0 = 2142.10^{-8}, \quad \beta_1 = 237.10^{-10}, \quad \beta_2 = 0.$$

Il est clair par suite que, pour t compris entre 0° et 100°, la correction η est < 0, c'est-à-dire $t > T$; toutes les divisions de l'échelle idéale du thermomètre sont situées au-dessus de celles de l'échelle normale. Pour $t > 100°$, la correction devient positive, c'est-à-dire que les indications du thermomètre à mercure sont trop basses.

On se sert aujourd'hui, pour la comparaison des thermomètres à mercure entre eux, d'instruments particuliers appelés *comparateurs*, qui peuvent être horizontaux ou verticaux. Le *comparateur horizontal*, dont s'est servi Chappuis pour la comparaison des thermomètres à mercure avec le thermomètre à hydrogène et d'autres thermomètres à gaz, a été décrit à la page 38. Il peut également servir pour la comparaison des thermomètres à mercure entre eux. La constance de la température de l'eau, qui coule à travers le comparateur, est entretenue par des appareils spéciaux appelés *thermostats* (voir plus loin). A Charlottenbourg se trouvent deux comparateurs, l'un vertical et l'autre horizontal, qui ont été décrits par Thiesen, Scheel et Sell en 1895.

Regnault a comparé les indications du thermomètre à air avec celles de différents thermomètres à mercure à des températures supérieures à 100°. Nous donnons ci-dessous quelques-uns de ses chiffres :

Thermomètre à air	Thermomètres à mercure			
	Cristal Choisy-le-Roi	Verre ordinaire	Verre vert	Verre de Suède
100°	100°,00	100°,00	100°,00	100°,00
150°	150°,40	149°,80	150°,30	150°,15
200°	201°,25	199°,70	200°,80	200°,50
260°	253°,00	250°,05	251°,85	251°,44
290°	295°,10	290°,80	293°,30	—
350°	360°,50	334°,00	—	—

Isidore Pierre (1842) a montré le premier qu'entre 0° et 100° différents thermomètres à mercure ne donnent pas les mêmes indications. Plus tard, Recknagel a comparé un thermomètre à mercure (en verre de Thuringe) avec le thermomètre à air entre 0° et 100, et a trouvé qu'entre 40° et 50° le thermomètre à mercure était *plus haut* de 0°,2.

Des comparaisons méthodiques des thermomètres à mercure avec le thermomètre à gaz, et *avec détermination précise de la composition chimique du verre des premiers*, ont été effectuées par Wiebe et Böttcher, Mareck, Guillaume, Chappuis, et, dans ces derniers temps, par Thiesen, Scheel et Sell en collaboration. Wiebe a donné un tableau pour la comparaison de la marche des thermomètres en verre d'Iéna, en verre dur français et en cristal anglais. Wiebe et Böttcher, ainsi que Mareck ont comparé les thermomètres à mercure en verre d'Iéna avec le thermomètre à air. Guillaume a établi un tableau, qui indique les différences d'indication des thermomètres en cristal dur et en verre français dur.

Chappuis a fait faire un pas très important à la question, en comparant, par la méthode décrite à la page 29, les indications du thermomètre à mercure en verre dur à celles du thermomètre à hydrogène et en réduisant ainsi l'échelle du thermomètre à mercure à l'échelle normale, qui, comme on l'a déjà dit, ne diffère pas sensiblement de l'échelle absolue de Thomson (page 11). Thiesen, Scheel et Sell (à Charlottenbourg) ont en outre encore comparé entre eux les thermomètres en verre d'Iéna 16^{III} et 59^{III} (borosilicaté) et en verre dur français.

Enfin Grützmacher (1895) et en particulier Lemke (1899) ont fait une comparaison directe des thermomètres à mercure en verre d'Iéna n° 59^{III} avec le thermomètre à gaz. Lemke a trouvé entre 100° et 200° des corrections qui, à 200°, atteignent 0°,67.

On peut donc actuellement ramener à l'échelle normale de température les indications des thermomètres faits avec quatre sortes de verre : cristal français dur, verre dur, verres d'Iéna n°s 16^{III} et 59^{III}.

Nous donnons ici les plus grandes différences entre les indications de ces thermomètres :

(Cristal français dur). — (Verre dur). . . . = + 0°,031 à 50°
(Verre dur). . . . . . — (H). . . . . = — 0°,233 » — 25°
(Verre dur). . . . . . — (n° 16^III) . . . . . = {+ 0°,107 » + 40° / — 0°,0129 » 50°}
(Verre dur). . . . . . — (n° 59^III) . . . . . = + 0°,0769 » 50°
(n° 16^III) . . . . — (n° 59^III) . . . . . = + 0°,0899 » 50°.

Indiquons encore une représentation graphique des résultats de la comparaison de trois thermomètres à mercure et de deux thermomètres à gaz (Az et CO^2) avec le thermomètre normal à hydrogène faite par Chappuis. Sur la figure 16 l'axe des abscisses représente l'échelle du thermomètre à hydrogène ; les ordonnées donnent les écarts des échelles des cinq autres thermo-

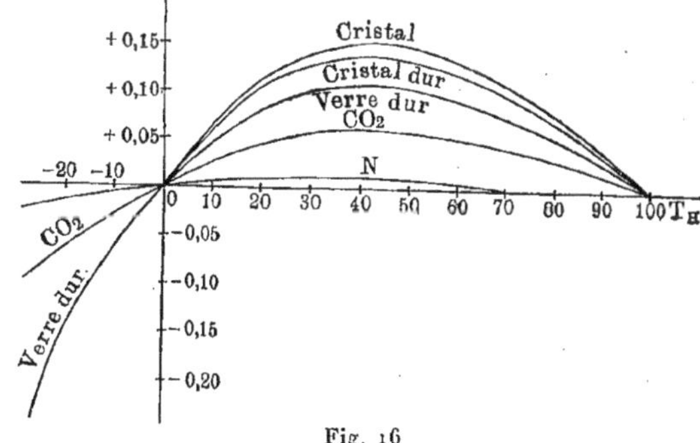

Fig. 16

mètres. Chaque division sur les abscisses correspond à 10°, sur les ordonnées à 0°,05.

9. Thermomètres à destination spéciale. — Nous allons considérer la construction de quelques thermomètres à liquide, qui se distinguent du thermomètre à mercure ordinaire que nous venons d'étudier.

I. Thermomètres à échelle raccourcie. — Le raccourcissement de la tige du thermomètre présente de nombreux avantages ; il diminue la fragilité de l'instrument et, ce qui est particulièrement important dans beaucoup de cas, la longueur de la colonne saillante.

Quand un thermomètre doit être sensible, c'est-à-dire avoir de longues divisions, et doit en même temps servir à la détermination des températures élevées (jusqu'à 300°, par exemple), sa longueur devient énorme (atteint un mètre), si l'on veut tracer sur son échelle toutes les divisions à partir de 0°. On raccourcit donc souvent les thermomètres avec lesquels on doit mesurer exclusivement des températures oscillant entre des limites restreintes.

Nous décrirons d'abord quelques formes de thermomètres raccourcis, qui présentent *les deux points fondamentaux* (0° *et* 100°) *sur leur échelle*.

1. Le thermomètre utilisé en *hypsométrie*, pour la détermination de la température d'ébullition de l'eau à de grandes altitudes, est représenté par la figure 17. Sur son échelle est porté le point fondamental 0° ; vient ensuite un ren-

flement R, qui se remplit de mercure pour une élévation de température atteignant environ 80°, après quoi l'échelle se prolonge jusqu'à 105°.

2. Le thermomètre utilisé en *calorimétrie* (dans la méthode des mélanges) sert à effectuer des mesures de température entre 15° et 25° et entre 95° et 105°. Sur son échelle sont d'abord portées les divisions autour du zéro, vient ensuite un renflement, et les divisions de 15° à 25°, puis un second renflement et enfin les divisions de 95° à 105° environ.

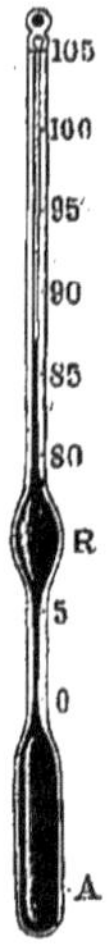

Fig. 17

3. Pour la mesure des *hautes températures*, on se sert de thermomètres qui présentent les divisions autour de 0°, ensuite un renflement, puis les divisions autour de 100° et finalement encore un ou plusieurs renflements, selon les limites à l'intérieur desquelles se trouvent les températures à mesurer. Pour la détermination des points fondamentaux au dessus de 100°, on peut se servir des températures d'ébullition de la *naphtaline* ($C^{10}H^8$) et de la *benzophénone* $(C^6H^5)^2CO$. Crafts a déterminé ces points pour différentes pressions atmosphériques ; sous la pression normale de 760 millimètres, la première de ces substances bout à 218°, la seconde à 306°.

4. *Thermomètre de* Walferdin. Walferdin a construit en 1840 un thermomètre qu'il a appelé *métastatique* et dont la partie supérieure est représentée par la figure 18. Toute l'échelle de ce thermomètre ne comprend pas plus de trois ou quatre degrés, mais si longs que les lectures peuvent descendre à 0°,001. On peut à volonté changer la signification absolue des degrés, selon la température à laquelle doit être effectuée la mesure ; on y arrive en faisant passer dans le réservoir supérieur la quantité de mercure en excès. Le tube capillaire se termine en haut par une partie étirée et courbée. Si on veut observer des températures élevées, on chauffe le thermomètre un peu au-dessus de ces températures, et du mercure s'écoule alors par la pointe dans le réservoir supérieur. Pour passer à des températures plus basses, il faut renverser le thermomètre ; l'extrémité du tube plonge alors dans le mercure qui se trouve dans le réservoir supérieur et, en laissant le thermomètre se refroidir lentement, le mercure rentre en partie, par un effet de cohésion, dans la tige qu'il remplit de nouveau. La longueur d'un degré dépend évidemment de la quantité de mercure qui prend part à la dilatation, et par suite aussi de la température que l'on observe. Les variations importantes qui en résultent, dans les indications du thermomètre, ont empêché cet instrument de se répandre beaucoup. Scheurer-Kestner a cependant montré récemment comment on peut introduire une correction correspondante, qui rend cet instrument commode et utile.

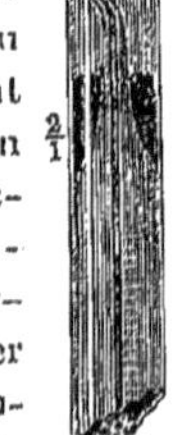
Fig. 18

Pernet et, en particulier Beckmann ont construit des variantes de ce thermomètre. La partie supérieure du thermomètre de Beckmann est représentée par la figure 19. En imprimant de petites secousses au thermomètre, on peut faire tomber des gouttes de mercure de la partie supérieure du réservoir dans la partie inférieure. Récemment Beckmann (1905) a encore modifié et perfectionné son thermomètre.

II. Thermomètres a alcool et thermomètres a autres liquides. — L'alcool possède sur le mercure l'avantage de rester liquide aux très basses températures où le mercure se congèle. Les défauts du thermomètre à alcool consistent d'abord en ce que les parois du tube sont mouillées (page 34) et ensuite en ce que le point fondamental supérieur ne peut être déterminé, l'alcool bouillant à 79°. Ce dernier défaut peut être évité, en remplaçant l'alcool par du toluol, dont le coefficient de dilatation varie peu avec la température, et qu'on peut obtenir très pur ; ce liquide bout à 111° et ne se congèle pas même à — 80°. Le toluol a été proposé pour la première fois par Louguinine. Chappuis a trouvé que différents thermomètres à toluol donnent des résultats parfaitement concordants entre eux (quelques centièmes de degré de différence jusqu'à — 70°). Il a comparé également les thermomètres à alcool et à toluol avec le thermomètre à hydrogène. Les écarts étaient très importants, mais, comme on l'a déjà fait remarquer, ils se trouvaient tout à fait constants pour le toluol. Nous donnons ci-dessous à ce sujet quelques nombres :

Fig. 19

Hydrogène	Toluol	Alcool (pur)
0°	0°	0°
— 10°	— 8°,54	— 9°,44
— 20°	— 16°,90	— 18°,45
— 40°	— 33°,15	— 36°,30
— 60°	— 48°,90	— 53°,71
— 70°	— 56°,63	— 62°,31

Jolly et White ont également comparé le thermomètre à alcool avec le thermomètre à air.

Kohlrausch a indiqué l'*éther de pétrole* (Petroläther) comme liquide thermométrique ; il ne se congèle pas encore à — 188° ; son volume à — 188° est les 4/5 du volume à 0° et les 3/4 du volume à + 30°. Holborn et Baudain (1901) se sont occupés de la construction des thermomètres à éther de pétrole. Baudain s'est servi à cet effet d'un liquide, dont la densité à 15° était égale à 0,647 ; il restait parfaitement transparent jusqu'à la température de l'air liquide (environ — 190°).

Baly et Chorley, et après eux Wiebe, ont proposé de remplacer le mercure par *un alliage de K et Na*, pour la mesure des températures élevées (jusqu'à 550°).

Marchis a construit un thermomètre à mercure avec un *réservoir en platine* ; les points fondamentaux se sont montrés en effet constants dans un tel thermomètre et on ne remarquait pas de *dépression* du zéro en chauffant jusqu'à 100°.

III. Thermomètres a maxima et a minima. — La figure 20 indique comment sont construits les thermomètres à maxima et à minima de Rutherford. La température maxima, pendant un intervalle de temps donné, se lit sur le thermomètre à mercure AB, dans lequel glisse librement un petit cylindre

Fig. 20

d'acier S. Le mercure, en se dilatant, pousse devant lui cet index ; celui-ci s'arrête aussitôt que le mercure cesse de se dilater, mais, comme il n'y a pas adhérence entre ce liquide et l'acier, l'index reste au même point de la tige (disposée horizontalement), lorsque le mercure se retire. La température minima est déterminée par le thermomètre à alcool CD, qui renferme un petit cylindre de verre g. Quand la température s'abaisse, la colonne liquide entraîne avec elle l'index, qui y adhère légèrement. Au contraire, quand la température s'élève, l'alcool se dilate et passe entre la paroi du tube et l'index, qui demeure ainsi au point correspondant à la plus grande contraction.

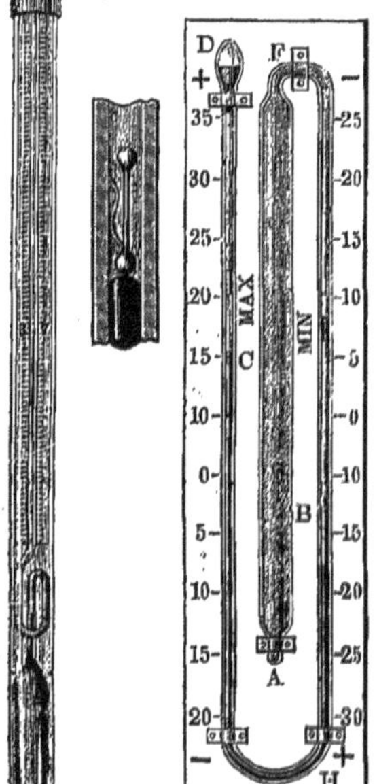

Fig. 22

La figure 21 représente le thermomètre employé en médecine pour la mesure de la température du corps humain ; il renferme une bulle d'air entre la colonne courte de mercure et le reste de la masse de mercure. Quand il y a échauffement, la colonne de mercure se déplace, et, quand il y a ensuite refroidissement, elle reste en place.

La figure 22 représente un thermomètre aujourd'hui très répandu, surtout en Allemagne. Le réservoir AF et une partie du tube FH sont remplis d'alcool (ou de créosote) ; vient ensuite une colonne de mercure BHC et enfin à nouveau de l'alcool, qui remplit en partie le réservoir D. De petits tubes étroits en verre, renfermant chacun un petit morceau de fil de fer, sont déplacés par les extrémités B et C de la colonne de mercure, et restent en place quand B ou C s'éloignent d'eux. On ramène à l'aide d'un aimant les deux index jusqu'aux extrémités B et C de la colonne de mercure, quand commence une nouvelle période de temps pour laquelle on a à déterminer les températures maxima et minima.

10. Thermomètre à poids. — Le thermomètre à poids (*fig.* 23) se compose d'un réservoir de verre *rn*, muni d'un petit tube étiré et recourbé, dont l'extrémité plonge dans une coupelle *c*. Pour plus de commodité, on place le réservoir dans un filet métallique (*fig.* 24), fixé à un anneau porté par une poignée C ; au premier anneau en est fixé un autre, qui porte la coupelle D et forme un tout avec la poignée.

On détermine d'abord le poids p de tout l'appareil (coupelle, filet et poignée seulement) sans mercure. On verse ensuite du mercure dans D et on en remplit complètement le réservoir A et tout le tube, après avoir chassé l'air par des échauffements et refroidissements alternatifs. L'appareil est alors entouré de glace fondante, l'extrémité du tube restant plongée dans le mercure qui se trouve en D. Après 20 minutes environ, on enlève le mercure en surplus de la coupelle D que l'on remet en place et on pèse *tout* l'appareil, sans tenir compte qu'à la température ambiante ordinaire une partie du mercure s'écoule dans D. Si on retranche maintenant du poids de l'appareil le poids p de l'appareil vide, on obtient le poids P_0 du mercure qui remplit le thermomètre à 0° jusqu'à l'ouverture du tube. Les quantités P_0 et p ne sont à déterminer, pour le thermomètre donné, qu'une fois pour toutes.

Fig. 23

Pour mesurer la température t d'un espace quelconque, on remplit l'appareil à 0° (le poids du mercure est alors P_0) et on le porte ensuite dans l'espace donné. Supposons que l'on ait $t > 0°$; une partie du mercure, qui remplissait le vase à 0°, s'écoule alors dans la coupelle D. On enlève ce mercure et on repèse tout l'appareil. En retranchant du poids ainsi obtenu le poids de l'appareil vide, on obtient le poids P_t du mercure qui remplissait le réservoir et le tube à $t°$.

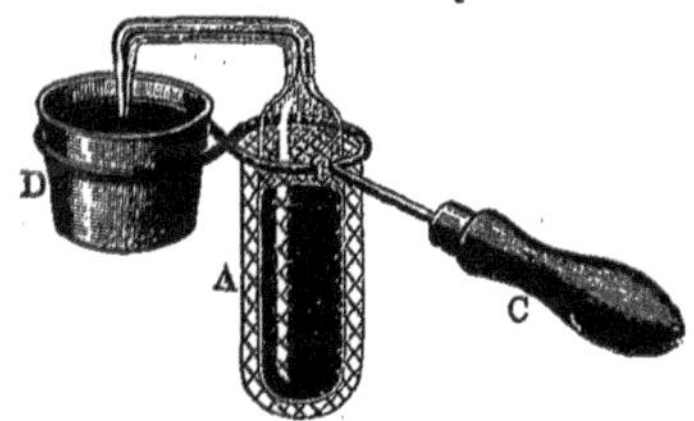

Fig. 24

Si les coefficients moyens de dilatation α_t du mercure et β_t du verre sont connus entre 0° et $t°$ en fonction de la température t, la relation entre les grandeurs p, P_0, P_t, α_t, β_t et t s'établit de la façon suivante.

Le volume V_0 du réservoir et du tube était rempli à 0° de mercure, dont le poids était P_0. Il s'ensuit que l'on a

$$V_0 = \frac{P_0}{\delta_0},$$

δ_0 étant la densité du mercure à 0°.

A $t°$ ce volume est devenu

$$V_t = V_0(1 + t\beta_t) = \frac{P_0}{\delta_0}(1 + t\beta_t).$$

Ce volume est rempli de P_t unités de poids de mercure se trouvant à la température t. Le volume de ce mercure à 0° est égal à $P_t : \delta_0$, et à $t°$ à

$$\frac{P_t}{\delta_0}(1 + \alpha_t t).$$

En égalant cette expression au volume V_t et en faisant disparaître δ_0, on obtient la relation cherchée

$$P_t(1 + t\alpha_t) = P_0(1 + t\beta_t). \tag{27}$$

Cette équation donne

$$t = \frac{P_0 - P_t}{P_t\alpha_t - P_0\beta_t}. \tag{28}$$

Nous avons supposé α_t et β_t connus en fonction de la température ; après avoir pris, pour α_t et β_t, des valeurs qui correspondent approximativement au t inconnu, nous pouvons calculer t par la formule (28), et ensuite de nouveau plus exactement, en donnant à α_t et β_t les valeurs correspondant au t trouvé. Ce calcul peut être répété une troisième fois pour plus d'exactitude.

La formule se simplifie beaucoup, si on introduit le coefficient moyen γ_t de dilatation *apparente* du mercure. Une unité de volume du mercure à 0° occupe à $t°$ un volume réel $1 + \alpha_t t$ qui, par suite de la dilatation de l'enveloppe, est diminué apparemment de $(1 + \beta_t t)$ fois et indique un volume apparent $1 + \gamma_t t$. On a donc

$$1 + \gamma_t t = \frac{1 + \alpha_t t}{1 + \beta_t t}. \tag{29}$$

On tire de là, pour de très faibles dilatations, $\gamma_t = \alpha_t - \beta_t$ [voir (11), page 33]. Au lieu de (27), nous avons maintenant

$$P_t(1 + t\gamma_t) = P_0, \tag{30}$$

d'où

$$t = \frac{P_0 - P_t}{\gamma_t P_t}. \tag{31}$$

On peut considérer approximativement γ_t comme une grandeur constante, que nous poserons égale à $\frac{1}{C}$; on a alors

$$t = C\,\frac{P_0 - P_t}{P_t}. \tag{32}$$

Le coefficient C peut être déterminé une fois pour toutes par l'observation à 100° ; si P_{100} est le poids du mercure qui reste à 100° dans l'appareil, on tire de (32), en faisant $t = 100°$,

$$C = 100\,\frac{P_{100}}{P_0 - P_{100}}.$$

Dans (32), C et P_0 sont des grandeurs constantes pour l'appareil donné ; on trouve par suite la température cherchée t en déterminant seulement le poids P_t du mercure qui remplit l'appareil à $t°$, et en calculant t par la formule (32).

11. Autres méthodes de mesure des températures qui ne sont pas très élevées. Thermoscopes. — Nous avons vu à la page 22 que, théoriquement, on peut employer, pour la mesure des températures, toute grandeur physique S, qui varie, dans des conditions données, suivant une loi déterminée, en fonction de la température vraie t. Si cette loi est entièrement connue ou si l'on a trouvé, par comparaison empirique, une méthode, pour passer de l'échelle de l'appareil avec lequel on mesure S à l'échelle normale du thermomètre à hydrogène, alors la grandeur S peut elle-même servir à la mesure des températures. Nous avons considéré jusqu'ici les cas où le rôle de la grandeur S était joué par le volume du liquide ou la pression du gaz. Nous allons maintenant considérer quelques méthodes, qui sont également employées pour la mesure des températures qui ne sont *pas très élevées*. La description des appareils servant à la mesure des températures très élevées sera donnée plus tard ; on ne peut d'ailleurs tracer à cet égard une ligne de démarcation bien tranchée.

I. Méthode thermoélectrique. — Nous avons déjà eu l'occasion dans le Tome II d'introduire la notion de thermoélectricité. Si on soude deux fils métalliques différents M et N et si on réunit leurs extrémités par des conducteurs avec un galvanomètre sensible, un courant apparaît dans le circuit ainsi fermé, quand la température t de la soudure des métaux M et N n'est pas égale à la température t_0 des points de jonction de ces métaux avec les conducteurs (ordinairement en cuivre). La force électromotrice E, et par suite aussi l'intensité du courant i qui lui est proportionnelle, pour une résistance générale invariable du circuit, peuvent être exprimées sous la forme d'une fonction quadratique déterminée des températures t et t_0 ; c'est en cela que consiste la loi d'Avenarious (de Kiew), attribuée parfois à tort à Tait. La forme de cette fonction est la suivante :

$$E = a(t - t_0) + b(t^2 - t_0^2). \tag{33}$$

Si nous supposons que les points de jonction des métaux M et N aux conducteurs se trouvent dans la glace fondante, on a $t_0 = 0$ et la formule

$$E = at + bt^2, \tag{34}$$

qui exprime en effet, pour beaucoup de couples thermoélectriques et avec une exactitude suffisante, la loi des forces thermoélectromotrices. Les coefficients a et b doivent être déterminés empiriquement par comparaison des indications du galvanomètre, qui sert à mesurer la grandeur E, avec les indications d'un autre appareil mesurant la température et déjà vérifié, comme, par exemple, un thermomètre à mercure ou à gaz.

Pour mesurer la température d'un milieu quelconque, on y place la soudure des métaux M et N, on entoure de glace fondante les points de jonction de ces métaux avec les conducteurs allant au galvanomètre et on détermine la température t à l'aide de la formule (34). Nous estimons superflu d'entrer ici dans plus de détails, d'autant que la méthode considérée est aujourd'hui très employée pour la mesure des hautes températures, dont nous parlerons plus loin au § **13**. Pour les températures ordinaires ou qui ne sont pas très élevées, entre 0° et 200°, PALMER (1905) a étudié le thermoélément formé de fer doux et d'un nouvel alliage « *Advance* » (55 °/₀ Cu, 44,4 °/₀ Ni, 0,6 °/₀ Fe). Il a trouvé qu'avec cet élément les températures à partir de 0° peuvent être déterminées avec une exactitude relative de 0,04 °/₀.

II. RÉSISTANCE ÉLECTRIQUE. — La *résistance électrique* de tous les métaux varie avec la température. Dès lors, si on connaît la relation qui lie ces deux grandeurs, même sous forme de relation empirique, de tableau ou de courbe d'interpolation, on peut utiliser, pour la mesure des températures la résistance d'un morceau de métal, d'un fil métallique par exemple, enroulé en bobine pour occuper moins de place, que l'on plonge dans le milieu dont on doit déterminer la température, en mesurant la résistance du fil. Nous reviendrons sur cette méthode dans la description des pyromètres. Le bolomètre déjà décrit dans le Tome II repose sur un principe analogue. La dépendance entre la résistance électrique et la température a été souvent utilisée pour construire des *téléthermomètres*, qui servent à mesurer la température en des points éloignés, par exemple au fond de la mer ; des appareils de ce genre sont dus à SIEMENS, BRAUN, PULUJ, KNUDSEN et d'autres encore.

III. MESLIN (1902) a proposé d'employer la force électromotrice de l'élément de LATIMER CLARK (T. IV, éléments normaux) pour mesurer la température de l'espace où se trouve cet élément.

IV. BERTHELOT a proposé une méthode intéressante pour déterminer la température d'un gaz d'après son *indice de réfraction* n ; l'avantage de cette méthode réside en ce que l'action de la température sur l'enveloppe ne joue aucun rôle. Nous avons vu dans le Tome II que, pour un gaz donné, $\frac{n-1}{d}$ (où d désigne la densité du gaz) est constant et conserve la même valeur, quand la pression et la température varient. Un rayon lumineux est divisé à l'aide d'une lame épaisse de JAMIN (Tome II) en deux rayons, qui traversent deux tubes parallèles fermés par des lames de verre et remplis du même gaz. En traversant les tubes, les rayons interfèrent (nous laissons de côté les détails) et donnent lieu à une série de franges. On note la position de la frange centrale, quand le gaz se trouve dans les deux tubes à la même pression et à la même température. On place alors la partie moyenne d'un de ces tubes dans le milieu où règne la température à mesurer, par exemple dans un vase particulier renfermant la vapeur d'un liquide quelconque en ébullition ; les extrémités des tubes sont refroidies par de l'eau. Les franges interférentielles se déplacent, mais peuvent, lorsqu'on pompe du gaz dans l'autre tube, être ramenées dans leur position primitive. La densité du gaz dans le second tube est alors égale à la densité moyenne du gaz dans le premier. BERTHELOT a donné des formules permettant de calculer la température T du milieu du premier tube, quand on connaît la température t de ses extrémités. Des expériences sur les vapeurs d'alcool, d'eau et d'aniline ont donné de bons résultats ; les températures mesurées étaient d'environ 78°, 100° et 184°.

V. Thermoscopes basés sur l'observation du point de fusion de différents mélanges et alliages facilement fusibles. — Coleman a préparé une série de mélanges d'eau et de glycérine, qui se congèlent à des températures déterminées comprises entre — 37° et 0°, et une série de mélanges de paraffine avec d'autres substances, qui fondent entre + 5° et + 38°. Suivant le numéro d'ordre du mélange qui se congèle ou devient liquide à la température cherchée, on peut juger approximativement de cette dernière.

VI. Une série d'appareils est basée sur la dilatation des corps solides et surtout sur l'*inégale dilatation de corps solides différents*. Lorsqu'on superpose

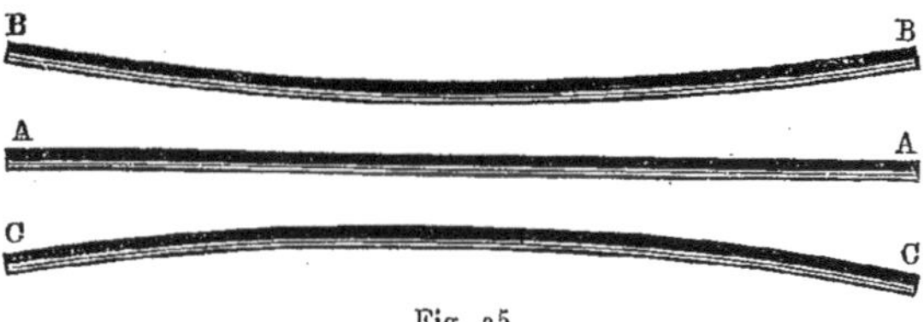

Fig. 25

deux bandes de métaux différents et qu'on les soude ou les rive ensemble sur toute leur longueur, la forme de la bande double change en même temps que la température, les deux parties qui la constituent ne se dilatant pas ou ne se contractant pas, en général, de la même façon. La bande se courbe, quand on la chauffe du côté du métal qui a le plus petit coefficient de dilatation, et du côté opposé quand on la refroidit. Sur la figure 25, AA représente une bande ainsi constituée, qui est rectiligne à une certaine température. En supposant que la bande claire représente le métal qui a le plus grand coefficient de dilatation la bande double prend, quand on la chauffe, la forme BB, quand on la refroidit, la forme CC.

Fig. 26

Au lieu de deux bandes métalliques, on peut également employer une bande en ébonite et une autre bande en ivoire.

La figure 26 représente le thermomètre métallique de Bréguet. Il est formé de trois lames superposées et soudées ensemble sur toute leur longueur, que l'on passe au laminoir de manière à n'en former qu'un ruban très mince, dans lequel une bande d'or se trouve entre une bande d'argent, plus dilatable, et une bande de platine, qui l'est moins. Tout le ruban contourné en hélice s'enroule, quand on le chauffe, du côté du platine qui occupe la face intérieure. Il est fixé, par l'une de ses extrémités, au point A, sous une cloche en verre. A l'autre extrémité est fixée une aiguille horizontale, dont la pointe se déplace, lorsque la température change, le long de l'échelle circulaire NN ; les divisions de cette dernière sont tracées par comparaison avec les indications d'un autre thermomètre, par exemple d'un thermomètre à mercure.

Il existe un grand nombre de thermomètres et de thermographes de formes diverses, qui reposent sur le même principe. On se sert des thermographes, dans les stations météorologiques, pour enregistrer d'une manière continue la température de l'air.

12. Pyromètres. Mesure des hautes températures. — Les appareils qui servent à la mesure des hautes températures (supérieures à 300° par exemple) sont appelés des *pyromètres*, et la partie correspondante de la Physique expérimentale s'appelle la *pyrométrie*. Lorsque la thermométrie ordinaire entre 0° et 100° et dans le voisinage de ces limites eut fait, grâce aux travaux de Guillaume, Chappuis, Thiesen, Pernet, Holborn et Day, etc., les progrès dont nous avons parlé, et fut arrivée à un degré de précision aussi extraordinaire, l'intérêt des physiciens se porta davantage sur la question de la mesure des hautes températures.

De nombreuses méthodes pyrométriques ont été proposées à différentes époques, mais un petit nombre d'entre elles seulement ont conduit à des résultats de quelque certitude. Nous allons donner dans ce paragraphe un court aperçu de toutes ces méthodes ; les méthodes thermoélectrique et optique seront considérées à part.

I. Pyromètre a mercure. — Comme le mercure bout à 357°, il semblerait que le thermomètre à mercure ne peut servir à mesurer des températures supérieures à 357° ; mais Person a trouvé que Hg ne bout qu'à 450°, quand il se trouve sous une pression de 4 atmosphères, et à 500°, quand la pression est de 30 atmosphères. Des thermomètres ont été construits, en partant de ce fait, dans lesquels se trouve au-dessus du mercure un gaz sans action chimique sur celui-ci, par exemple de l'azote, qui se comprime, quand la colonne de mercure monte, et empêche ce dernier de bouillir en raison de la pression exercée. Les thermomètres ainsi construits en verre difficilement fusible donnent des résultats très précis et méritent parfaitement la dénomination de pyromètres. Il a été construit au Reichsanstalt de Charlottenbourg un appareil particulier, pour la comparaison des thermomètres de ce genre ; le liquide employé est un mélange fondu de AzO^3Na et AzO^3K (point de fusion à 230° environ), qui ne commence à se vaporiser sensiblement qu'à 600°. Les recherches de Mahlke ont montré qu'en employant la méthode de Guillaume pour la correction de la température de la colonne faisant saillie (page 49), avec la modification qu'il y a apportée, on peut au moyen de thermomètres à mercure effectuer des mesures de température jusqu'à 500° et même au-dessus, à 0°,1 près.

Niehls a construit en Amérique un thermomètre à mercure, qui renferme du gaz acide carbonique sous la pression de 20 atmosphères et permet d'effectuer des mesures de température jusqu'à 550° ; ce thermomètre a été étudié au Reichsanstalt de Charlottenbourg.

La pyrométrie à mercure a fait un progrès important avec les méthodes nouvelles de travail du verre de quartz. A différentes époques, on avait cherché à utiliser le *cristal de roche*, qui se présente comme on sait en morceaux parfaitement transparents, pour la fabrication, après ramollissement à haute température, de vases qui jusqu'ici étaient exclusivement faits en verre. Mais de grandes difficultés s'étaient présentées, car le quartz se brise en petits morceaux à 570° environ. HERAÜS à Hanau, avec le concours de KÜHN à Cassel (Maison Dr SIEBERT et KÜHN) est arrivé le premier à fabriquer différents vases en verre de quartz, c'est-à-dire en cristal de roche non cristallin. Il emploie à cet effet un grand chalumeau à gaz et la température de la masse à travailler atteint environ 2000°.

Les *thermomètres en verre de quartz* ne présentent pas de dépression sensible ; ils peuvent être soumis sans danger à de hautes températures et aux variations calorifiques les plus rapides et les plus grandes. KÜHN (1903) a bien voulu me faire connaître qu'il a construit un thermomètre en quartz avec une échelle en nickel d'environ 35 centimètres de longueur allant de 300° à 750°, et dans lequel la pression de l'azote sur le mercure monte jusqu'à 60 atmosphères. Un thermomètre du même genre allant jusqu'à 710° a été essayé par le Reichsanstalt et a été trouvé exact jusqu'à cette température.

DUFOUR (1900) avait déjà auparavant construit un thermomètre, dont l'enveloppe était en quartz et remplie d'*étain*, qui pouvait servir à mesurer des températures atteignant 900°.

II. PYROMÈTRE A GAZ. — POUILLET s'est servi le premier du thermomètre à gaz (page 24) pour la détermination des températures très élevées, en remplaçant le verre assez fusible, avec lequel les réservoirs sont ordinairement faits, par du platine. REGNAULT s'est en outre servi du thermomètre à air pour la mesure des hautes températures, en apportant à celui-ci quelques modifications. Le réservoir A (fig. 27) avec le tube *ar* pouvait être séparé du manomètre *cdef* : à l'extrémité du tube se trouvait un robinet *r*. REGNAULT procédait de la façon suivante : le réservoir A et le tube *ar* étaient remplis de gaz sec ; on portait ensuite le réservoir dans le milieu dont il s'agissait de déterminer la température, le robinet *r* à l'extrémité du tube restant ouvert, de sorte que le gaz en se dilatant pouvait sortir librement du réservoir. Après quelque temps le robinet était fermé, le réservoir avec son tube enlevé du milieu, porté dans la glace fondante et mis en communication avec le manomètre. La manière dont on les réunissait à l'aide d'un collier à gorge (*b*) muni de vis se comprend sur les figures (*a*) et (*b*). Finalement le robinet était ouvert et le

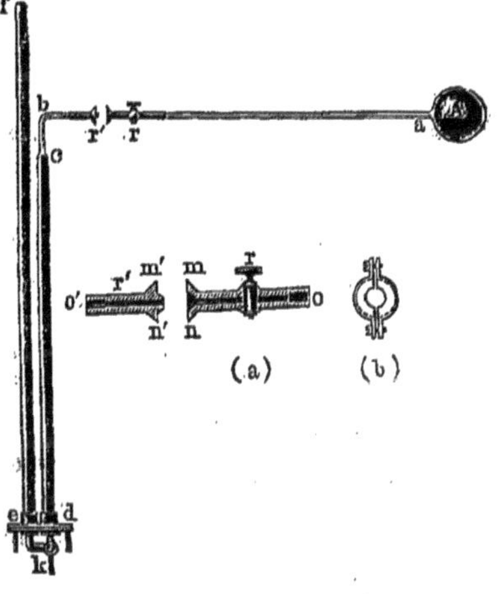

Fig. 27

mercure remontait de nouveau, dans la branche communiquant avec le réservoir, jusqu'au trait supérieur, où il parvenait avant d'être mis en communication avec le réservoir. Dans l'autre branche, il se tenait alors plus bas. Nous n'entrerons pas ici dans plus de détails et nous n'indiquerons pas la formule, qui est analogue à la formule (10) de la page 27.

Sainte-Claire Deville et Troost ont montré, dans toute une série de travaux, que le platine devient perméable aux gaz à des températures élevées et par suite ne convient pas comme substance pour le réservoir du pyromètre à gaz. Depuis cette époque, on a commencé à se servir de *réservoirs en porcelaine*. Deville et Troost se sont occupés du perfectionnement du pyromètre avec réservoir en porcelaine et ils ont étudié entre autres très soigneusement les propriétés de la porcelaine de *Bayeux*.

Les travaux de Holborn et Wien ont fait faire un pas considérable à cette question. Ils employaient en premier lieu un vase en porcelaine allongé, adapté pour recevoir un couple thermométrique (voir § **14**); en second lieu, ils étudièrent l'influence importante de la glaçure et reconnurent que sa présence était nuisible sur la face intérieure du vase parce qu'elle donne des vapeurs aux hautes températures ; la face extérieure seule était donc glacée ; enfin ils remplissaient le réservoir d'un gaz si raréfié que, même aux plus hautes températures atteintes par eux (1400°), la pression de ce gaz était moindre que la pression atmosphérique. La couverte fondue entrait donc, par suite de la pression extérieure dans les pores de la porcelaine et les bouchait, empêchant ainsi l'air extérieur de pénétrer dans l'intérieur du réservoir. Si, au contraire, la pression à l'intérieur du vase avait été supérieure à la pression atmosphérique, le gaz, passant par les pores du réservoir, aurait pu traverser facilement la couche liquide de glaçure, celle-ci fondant aux environs de 1000°.

Comme la porcelaine se ramollit complètement à 1500°, Holborn et Wien effectuèrent des expériences avec des réservoirs en terre glaise encore plus difficilement fusibles et remplis d'azote.

Plus tard, Holborn et Day (1899 à 1901) perfectionnèrent de nouveau le *pyromètre à gaz*. Ils employaient trois réservoirs différents : le premier était en verre d'Iéna 59^{III} (borosilicaté) et destiné aux températures comprises entre 200° et 500° ; le second était en porcelaine glacée, et le troisième en platine iridié. P. Chappuis (1902) a étudié d'une manière précise la dilatation thermique de la porcelaine.

Travers et Jaquerod (1903) ont trouvé que l'hydrogène aux températures élevées réduit le verre, la porcelaine et même la silice. Ils avaient en conséquence proposé de se servir, pour la mesure des très hautes températures, de l'*hélium* dans des vases de quartz ; mais, comme nous l'avons vu dans le Tome I, l'hélium se diffuse à travers le quartz, de sorte que cette méthode paraît inapplicable.

III. Détermination de la densité des vapeurs. — Au lieu d'observer la tension du gaz qui se trouve dans le réservoir du pyromètre, on peut déterminer par *pesée* la densité du gaz ou de la vapeur d'une substance quelconque introduite dans le réservoir.

Troost et Deville ont employé la méthode de Dumas (voir Tome I) ; le vase en porcelaine à ouverture étirée (de poids connu), qui renferme un peu d'iode, est placé dans le milieu dont on doit déterminer la température ; l'excès d'iode se vaporise. Au bout d'un certain temps, on soude l'ouverture du réservoir, on enlève ce dernier, on le laisse refroidir et on le pèse. Connaissant la densité normale D de la vapeur d'iode, on détermine facilement la température cherchée x à l'aide de la formule

$$d = 1{,}293 \left(\frac{H}{760} \cdot \frac{1 + kx}{1 + \alpha x} D - \frac{H'}{760} \cdot \frac{1}{1 + \alpha t} \right) v,$$

où v est le volume, k le coefficient de dilatation du réservoir ; H est la pression atmosphérique et par suite celle de la vapeur d'iode, au moment où l'on ferme l'ouverture ; H' est la pression et t la température de l'air, quand on effectue la première pesée du réservoir ; α est le coefficient de dilatation de la vapeur et d la différence exprimée en grammes entre le poids du réservoir, qui renferme la vapeur d'iode, et son poids, lorsque ce réservoir est rempli d'air.

Regnault remplaça l'iode par du mercure et, à la fin de l'expérience, le réservoir étant refroidi, il rassemblait et pesait le mercure liquide, provenant de la vapeur qui était restée dans le réservoir à la suite de son échauffement.

Regnault remplit aussi un vase cylindrique d'hydrogène ; il faisait passer la quantité d'hydrogène, qui restait dans le réservoir à la température à déterminer, à travers un tube chauffé renfermant de l'oxyde de cuivre, et envoyait la vapeur d'eau formée dans des tubes en verre remplis de pierre ponce imbibée d'acide sulfurique. D'après l'augmentation de poids de ces tubes, on déterminait la quantité d'hydrogène qui restait dans le réservoir et on déduisait la température de ce dernier.

On doit à V. Meyer et à ses élèves un procédé pyrométrique, basé sur la méthode de détermination des densités de vapeurs que nous avons considérée dans le Tome I ; ce procédé permet d'effectuer des déterminations de températures et de densités jusqu'à 1700°.

IV. Pression et dissociation des vapeurs. — Suivant Crafts, l'ébullition du soufre ou du mercure sous pression peut servir à la détermination des températures. Lamy a construit un *pyromètre en marbre*, dans lequel la tension de dissociation, c'est-à-dire la tension de CO^2 qui se sépare, sert à mesurer la température.

V. Méthode calorimétrique. — Cette méthode, sur laquelle nous reviendrons plus tard, sert ordinairement pour la détermination des capacités calorifiques à l'aide de mesures précises de températures ; mais elle peut servir inversement à la mesure des températures, quand on connaît bien la capacité calorifique des corps employés. Soit P le poids d'un corps déterminé M, par exemple d'un morceau de platine, de fer, etc , c la capacité calorifique de la substance dont se compose le corps, C la capacité calorifique du calorimètre tout entier, c'est-à-dire du vase métallique avec l'eau qu'il renferme, l'agitateur et le thermomètre, t la température de l'eau. On porte le corps M dans le milieu dont on veut déterminer la température x, et, quand il a bien pris cette température, on le plonge vivement dans l'eau du calorimètre, lequel s'échauffe jusqu'à une certaine température Θ. Nous avons dans ce cas l'égalité

$$Pc(x - \Theta) = C(\Theta - t) + A, \tag{35}$$

où A est la quantité de chaleur que le calorimètre a perdue par rayonnement jusqu'au moment de la lecture de la température Θ. Nous verrons plus tard comment cette grandeur est déterminée.

Des tentatives ont été faites depuis très longtemps déjà (depuis 1802) pour déterminer les températures élevées par cette méthode. POUILLET (1836) l'a perfectionnée le premier, en étudiant jusqu'à 1200° la capacité calorifique du platine, qui est ordinairement employé pour le corps M. PIONCHON a remplacé le platine par du fer, dont il a recherché la capacité calorifique; on a proposé également de faire M en Ni ou en quartz. Une source d'erreur essentielle réside dans la perte de chaleur inévitable subie par le corps, dans son transport du milieu, où règne la température x, dans l'eau du calorimètre.

VI. CHANGEMENT DES DIMENSIONS DES CORPS SOLIDES. — Il existe un grand nombre de pyromètres, basés sur la dilatation des corps solides par la chaleur et employés dans des buts techniques, où une précision particulière de la mesure des hautes températures n'est pas nécessaire. LE CHATELIER, PIONCHON et SÉLIWANOFF se sont occupés de cette question dans ces derniers temps. LE CHATELIER a étudié la dilatation de différents métaux, de la porcelaine, du quartz et d'autres substances à de hautes températures. PIONCHON a cherché à appliquer la méthode de FIZEAU (voir Chap. III) à la mesure des températures élevées et SÉLIWANOFF a étudié la dilatation du platine.

Le pyromètre de WEGDWOOD, basé sur la propriété des cylindres d'argile séchée (non cuite) de diminuer de diamètre par échauffement, a joui pendant un temps d'une certaine renommée. Pourtant ce pyromètre ne peut même pas donner des indications approximativement exactes, car la diminution du diamètre dépend non seulement de la température à laquelle le cylindre a été porté, mais aussi de la durée de l'échauffement.

VII. FUSION ET ÉBULLITION DES CORPS. — Une série de métaux purs, d'alliages ou d'autres corps, fondant à des températures différentes, peuvent donner des indications sur la température d'un milieu; on obtient également de telles indications en observant l'ébullition de liquides déterminés, en particulier si on fait varier la pression extérieure.

La première méthode a été appliquée par PRINSEP, qui a préparé une série d'alliages Au — Ag, Pt — Ag et Au — Pt; APPOLT s'est servi d'une série d'alliages de cuivre et d'étain. SEGER a préparé des mélanges de quartz, feldspath, craie, kaolin et oxydes divers, dont les températures de ramollissement (auxquelles des masses verticales, en forme de cônes, se déversaient latéralement) se trouvaient espacées de 25° en 25°, entre 600° et 1800°.

JOLY a proposé un intéressant procédé de détermination des points de fusion élevés au moyen d'un appareil construit par lui, qu'il a appelé *meldomètre* : un fil de platine est échauffé par un courant croissant graduellement, jusqu'à ce qu'une très petite quantité de substance posée sur lui entre en fusion. Le calibrage s'effectue à l'aide de substances dont les points de fusion sont connus. On mesure l'intensité du courant et l'allongement du fil. Ramsay et Eumorphopoulos ont montré que cet appareil est commode et donne de bons résultats.

VIII. Résistance électrique. — La *résistance électrique* d'un fil peut servir à mesurer la température à laquelle il a été porté. Toute une série de pyromètres sont basés sur ce fait. Cette méthode est étroitement liée aux travaux relatifs à la loi suivant laquelle la résistance R d'un conducteur donné varie en fonction de la température t ; cette question sera traitée plus en détail dans le Tome IV. Les recherches de Callendar ont montré qu'on peut poser pour quelques métaux

$$R_t = R_0 (1 + \alpha t + \beta t^2), \tag{36}$$

où R_0 et R_t sont les résistances à 0° et à t°, α et β des coefficients constants.

Le pyromètre de Siemens, qui est représenté par la figure 28, est particulièrement répandu. Un fil de platine est enroulé autour d'un cylindre réfractaire et soudé à des fils de cuivre ; un cylindre de platine, fermé à une extrémité, entoure le fil de platine ; ce cylindre de platine est, comme le montre la figure, posé sur un cylindre de fer. La question importante de savoir si de forts échauffements ne produisent pas de changements permanents dans la résistance du fil, a été étudiée en 1870 par une Commission spéciale de la British Association (voir plus loin). Le fil lui-même était intercalé dans l'une des branches du pont de *Wheatstone*, dont nous avons déjà parlé dans le Tome II. Siemens a adapté son appareil à la mesure des températures ordinaires dans certains cas ; son application à la mesure des températures à de grandes profondeurs dans la mer a donné de bons résultats.

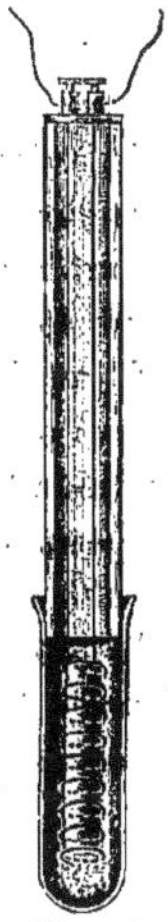

Fig. 28

La méthode précédente a été tout particulièrement étudiée par Callendar. Il a montré que des échauffements répétés ne modifient pas la résistance d'un fil en *platine parfaitement pur*, de sorte qu'à chaque retour à la même température on obtient toujours la même résistance. Callendar a comparé les indications du pyromètre à celles du thermomètre à gaz, en plaçant le fil du pyromètre à l'intérieur du réservoir du second. Il a trouvé que, si l'on remplace (36) par la fonction linéaire

$$R_t = R_0 (1 + \alpha t), \tag{37}$$

qui donne

$$t = 100 \frac{R_t - R_0}{R_{100} - R_0}, \tag{38}$$

la température vraie T s'obtient par la formule

$$T = t + \sigma \left[\left(\frac{t}{100} \right)^2 - \frac{t}{100} \right], \tag{39}$$

où σ est un nombre constant, qu'on peut déterminer pour le fil donné et qui est voisin de 1,54. GRIFFITHS a constaté que les formules (38) et (39) sont encore plus exactes que ne le supposait CALLENDAR lui-même. Le fil était, dans les pyromètres de CALLENDAR, enroulé sur du carton d'amiante. Pour la détermination de σ, CALLENDAR et GRIFFITHS recommandent l'observation dans la vapeur du soufre, dont le point d'ébullition est de 444°,53 + 0°,082 h sous une pression de $(760 + h)^{mm}$. HOLBORN et WIEN ont affirmé cependant que la formule de CALLENDAR n'est pas exacte ; CALLENDAR a protesté contre cette assertion, en s'appuyant sur de nouveaux travaux très détaillés (1899).

BRAUN a également étudié le pyromètre à platine, en le comparant avec un pyromètre à gaz dont le réservoir était en porcelaine. D'autres recherches ont été faites par DEWAR et FLEMING, HEYCOCK et NEVILLE, TORY, DICKSON (1897), CHREE (1900), THIESEN (1903), EDWARDS (1905) et CAMPBELL (1905). DICKSON a proposé une formule de la forme $(R + a)^2 = p\,(t + b)$, où a, b et p sont des nombres constants ; cette formule s'accorde bien avec les observations des divers savants précédents.

P. CHAPPUIS et HARKER (1900) ont également étudié le pyromètre à platine. Ils ont confirmé la formule (39) de CALLENDAR et ont trouvé pour σ la valeur 1,54 à des températures comprises entre — 23° et + 45° ; à des températures plus élevées, jusqu'à 100°, cette formule donne de petits écarts d'environ 0°,01. Ils ont reconnu que l'on peut utiliser très commodément, comme troisième point fondamental, la température d'*ébullition du soufre*, qui est égale à 445°,27. HARKER (1904) a ensuite étendu seul la recherche jusqu'à 1000° et a trouvé pour σ les valeurs 1,49 à 1,51. Enfin TRAVERS et GWYER (1905) ont étudié le thermomètre à platine entre + 34° et — 190° et l'ont comparé avec le thermomètre à hydrogène ; ils ont trouvé la valeur particulièrement élevée $\sigma = 1{,}9$.

HOLBORN avait déjà antérieurement (1901) comparé directement les indications du thermomètre à platine avec celles du thermomètre à hydrogène ; il avait trouvé que la résistance R s'exprime par la formule

$$R_t = R_0\,(1 + 0{,}003\,934\,t - 0{,}000\,000\,988\,t^2).$$

En 1896, APPLEYARD a construit un pyromètre à platine, dans lequel la température est mesurée par la résistance d'un fil de platine, la lecture sur le pont de WHEATSTONE donnant immédiatement cette température.

Une comparaison du pyromètre à platine de GRIFFITHS avec le thermomètre à mercure, dont s'est servi ROWLAND dans ses travaux, a été effectuée par WAIDNER et MALLORY.

IX. MÉTHODES ACOUSTIQUES. — Nous avons vu dans le Tome I que la *vitesse V du son dans les gaz* à t^o s'exprime par la formule

$$V = V_0\sqrt{1 + \alpha t},$$

où V_0 désigne la vitesse à 0° et $\alpha = 0{,}00365$ le coefficient de dilatation des gaz. Si un tuyau dont une extrémité est fermée a une longueur l_0 à 0°, il émet à 0° un son, dont le nombre de vibrations N_0 est

$$N_0 = \frac{V_0}{2 l_0}. \tag{40}$$

A t° il donne un son, dont le nombre de vibrations N est

$$N = \frac{V}{2l} = \frac{V_0 \sqrt{1 + \alpha t}}{2 l_0 (1 + \beta t)}, \tag{41}$$

où β est le coefficient de dilatation linéaire de la substance du tuyau. En mesurant N_0 et N, on peut trouver la température t cherchée. Cette méthode pyrométrique a été proposée par Cagniard-Latour, Chautard et plus tard par A.-M. Meyer. Tout récemment S. Tolver-Preston a étudié la question de la mesure acoustique des températures.

Quincke (1897) a construit un thermomètre acoustique basé sur la mesure de la longueur d'onde du son dans le tuyau dont on veut déterminer la température. La longueur d'onde est évaluée par la méthode d'interférence du son ; l'appareil lui-même rappelle par sa construction les appareils interférentiels de Quincke et de König, que nous avons décrits dans le Tome I.

13. Pyrométrie optique. — Nous comprenons, sous cette dénomination, l'ensemble des méthodes pyrométriques, dans lesquelles on détermine la température d'un corps incandescent, en observant les propriétés de la lumière qu'il émet.

Seule la méthode optique de D. Berthelot repose sur un autre principe ; elle est identique à celle dont il s'est servi pour la mesure des basses températures (page 60). L'appareil que nous avons décrit à cet endroit a dû toutefois être modifié profondément, de façon à l'approprier à la mesure des températures élevées ; Berthelot a remplacé l'un des tubes en verre mentionnés plus haut par un tube en porcelaine, auquel sont adaptés en prolongement des tubes de platine et ensuite des tubes de laiton. Ces derniers portent les plaques de verre et sont refroidis par un courant d'eau. Berthelot a pu déterminer avec cet appareil les points d'ébullition du sélénium, du cadmium et du zinc, et les points de fusion de l'argent et de l'or.

En passant aux *pyromètres optiques* proprement dits, nous parlerons d'abord de quelques travaux *anciens*, dans lesquels la *couleur* ou le *spectre* des corps, chauffés au-dessus de la température à laquelle ils commencent seulement à être lumineux, servent à indiquer leur température.

Pouillet a mesuré la température du platine incandescent à l'aide du thermomètre à air et a dressé un petit tableau, dans lequel la couleur du platine est indiquée à différentes températures.

Becquerel a cherché, dans un grand travail, à poser les fondements de la pyrométrie optique, en mesurant l'intensité de la lumière émise par un corps chauffé et transmise par un verre rouge, vert ou bleu. Il a trouvé que tous les corps opaques émettent la même lumière aux mêmes températures. Ce résultat a été confirmé plus tard par CROVA. VIOLLE, LE CHATELIER, BEZOLD et d'autres encore ont comparé entre elles la température et l'intensité lumineuse des corps chauffés. GLADSTONE et DEWAR ont comparé la température avec le caractère général du spectre, FIÉVEZ avec la longueur du spectre qui augmente quand la température croît.

Une *ère toute nouvelle* a commencé pour la pyrométrie optique en 1899, lorsque les *lois du rayonnement*, que nous avons exposées en détail dans le Tome II, ont pu être prises pour base dans les mesures de température. Rappelons brièvement les notions qui nous seront ici nécessaires. L'intensité du rayonnement E (λ, T) d'un corps absolument noir, c'est-à-dire d'un corps qui absorbe toutes les radiations, a été exprimée, pendant un certain temps, en fonction de la longueur d'onde λ et de la température absolue T, par la formule de WIEN

$$(42) \qquad E(\lambda, T) = C\lambda^{-5}e^{-\frac{c}{\lambda T}},$$

(voir Tome II). Comme nous l'avons vu, cette formule ne peut pas être considérée comme exacte, en général, et doit être remplacée par la formule de PLANCK ou par celle de LUMMER et JAHNKE. Mais, à l'intérieur du domaine des radiations *visibles* et jusqu'aux très hautes températures (jusqu'à 5000°, d'après LUMMER), la formule de WIEN peut s'appliquer sans crainte. Elle donne

$$(42, a) \qquad \lg E = \gamma - \frac{c}{\lambda T},$$

où γ est indépendant de T et où lg désigne le logarithme naturel. Nous avons également parlé dans le Tome II des lois suivantes :

Loi de WIEN :

$$(43) \qquad \lambda_m T = A = \begin{cases} 2\,940^\circ \text{ (corps absol. noir)} \\ 2\,630^\circ \text{ (platine).} \end{cases}$$

Ici λ_m désigne la longueur d'onde pour laquelle l'intensité E du rayonnement est maximum à la température T. Ce maximum E_m satisfait pour le corps *noir* à la *seconde loi de* WIEN (Tome II) :

$$(43, a) \qquad E_m = BT^5,$$

où B est une constante.

Loi de STEFAN, pour le rayonnement intégral d'un corps *absolument noir* (Tome II) :

$$(44) \qquad \int_0^\infty E(\lambda, T)\, d\lambda = CT^4.$$

Les constantes *c* et A dans (42) et (43) sont liées par la relation (Tome II)

$$(45) \qquad c = 5\lambda_m T = 5A.$$

Si nous posons pour le corps *noir* $\lambda_m T = 2\,900$, nous obtenons

(45, *a*) $$c = 5\lambda_m T = 14\,500.$$

Rappelons que *le rayonnement d'un corps quelconque, entouré d'une enveloppe imperméable, est identique à celui d'un corps absolument noir*, étant admis que l'enveloppe et tous les corps qu'elle renferme sont à la même température.

Si e est l'émission, a l'absorption d'un corps *quelconque*, nous avons, d'après la loi de Kirchhoff (Tome II),

(45, *b*) $$e = aE.$$

Ceci donne $\lg e = \lg a + \lg E$, et par conséquent, d'après (42, *a*),

(45, *c*) $$\lg e = \lg a + \gamma - \frac{c}{\lambda T}.$$

Les formules (42, *a*), (43) et (44) ne sont valables que pour le corps *noir*. Par suite, si nous appliquons *ces* formules pour un corps *quelconque*, et si nous calculons la température au moyen du rayonnement observé (pour un λ donné), nous n'obtenons pas la température *vraie* T du corps, mais la température T_n que posséderait un corps *noir*, si son rayonnement (pour le même λ) était égal à celui qui est observé. On nomme cette température T_n la *température noire* du corps (black body temperature). Nous allons établir l'équation qui lie la température noire T_n à la température vraie T. Au lieu de (42, *a*), nous devons maintenant écrire

(45, *d*) $$\lg E = \gamma - \frac{c}{\lambda T_n}.$$

Puisque nous supposons que E est aussi grand à T_n° que e à T°, $\lg E$ dans (45, *d*) est égal à $\lg e$ dans (45, *c*). Ceci donne

(45, *e*) $$\lg a = \frac{14\,500}{\lambda}\left(\frac{1}{T} - \frac{1}{T_n}\right),$$

si on introduit pour c sa valeur (45, *a*). Si on suppose que pour un λ donné l'absorption a est indépendante de la température, on obtient l'équation simple

(45, *f*) $$\frac{1}{T_n} - \frac{1}{T} = const.$$

Lorsqu'on a déterminé, pour un corps donné, *par mesure directe*, les températures T et T_n, on trouve, au moyen de (45, *b*) et (45, *e*) le rapport du rayonnement e du corps donné au rayonnement E du corps noir *à températures égales*; on a

(45, *g*) $$\lg \frac{e}{E} = \lg a = \frac{14\,500}{\lambda}\left(\frac{1}{T} - \frac{1}{T_n}\right),$$

et par suite la grandeur cherchée est

$$\frac{e}{E} = a = 1 - r, \tag{45, h}$$

où r est le *pouvoir réfléchissant* du corps.

Les expériences indiquées ici ont été effectuées pour la première fois par HOLBORN et HENNING (1905) pour Pt, Au et Ag ; mais ils ont étudié l'émission non pour un λ déterminé, mais pour de grandes portions du spectre, dont les centres de gravité se trouvaient en $0^{\mu},643$ (rouge), en $0^{\mu},550$ (vert), et en $0^{\mu},474$ (bleu). Pour le *platine*, T et T_n ont été observées pour sept températures entre $t = 681^0$ et $t = 1\,573^0$; l'équation (45, *f*) donne alors pour la lumière *rouge* :

$$\frac{1}{T_n} - \frac{1}{T} = 0{,}0000507.$$

L'absorption a est donc effectivement indépendante de T. Au moyen de (45, *g*), on obtient

$$\frac{e}{E} = 0{,}319.$$

L'émission des radiations rouges par le platine est donc égale à 0,319 de l'émission par le corps noir. HAGEN et RUBENS (Tome II) ont trouvé pour $\lambda = 0^{\mu},643$ la valeur $1 - r = 0{,}340$, laquelle s'accorde bien avec (45, *h*). Pour les radiations vertes, on a $e : E = 0{,}340$, et pour les radiations bleues, $e : E = 0{,}368$.

Pour l'*or* et l'*argent*, HOLBORN et HENNING ont obtenu les valeurs suivantes de $e : E$

Radiations :	Or	Argent
rouges	0,127	0,080
vertes	0,258	0,071.

A températures égales et dans la lumière rouge, le platine émet environ 1/3, l'or 1/8 et l'argent 1/4 du rayonnement noir.

Nous partagerons l'ensemble des travaux, qui se rapportent à la *pyrométrie optique*, en plusieurs groupes.

I. TRAVAUX DE WANNER (1900, 1901) ET PYROMÈTRE A ABSORPTION DE FÉRY (1904). — WANNER a construit un pyromètre, dont la théorie est basée sur la formule (42, *a*). Si E_0 et T_0 sont des valeurs correspondantes, cette formule donne

$$\lg \frac{E}{E_0} = \frac{c}{\lambda}\left(\frac{1}{T_0} - \frac{1}{T}\right). \tag{46}$$

En s'appuyant sur les formules (43) et (45), WANNER pose $c = 14\,500$. Son pyromètre est construit de telle façon qu'il n'y a que les rayons de longueur d'onde $\lambda = 0^{\mu},6\,563$ qui lui parviennent ; en substance, c'est un spectrophotomètre, servant à comparer directement deux intensités E et E_0. Le rayonnement E_0 est produit par une petite lampe à incandescence (de 6 volts), la constance de E_0 étant vérifiée par comparaison avec une lampe à acétate d'amyle. La température T_0 correspondant à l'intensité E_0 est déterminée, une fois pour toutes, par comparaison avec le rayonnement d'un corps absolument noir. Comme c, λ et T_0 sont connus, (46) donne la température cherchée T d'un corps, quand E : E_0 est déterminé par une méthode photométrique. Ce pyromètre peut servir, par exemple, à déterminer la température des hauts fourneaux, et être employé en général dans tous les cas où on peut admettre que le rayonnement du corps ne diffère pas essentiellement de celui d'un corps absolument noir.

Le pyromètre de WANNER ressemble dans sa forme extérieure à une lunette d'approche. La longueur de l'appareil ne s'élève en totalité qu'à 20 centi-

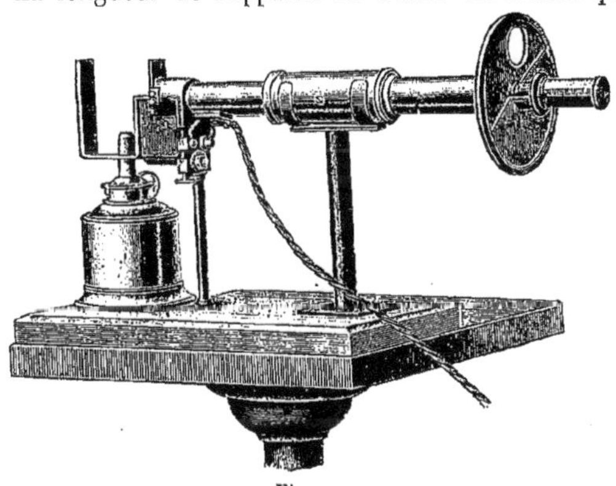

Fig. 29

mètres. La figure 29 représente l'instrument ; il repose sur deux supports pour la comparaison et la mise au point avec une lampe normale d'HEFNER.

La disposition intérieure de l'instrument est mise en évidence par les deux sections axiales représentées dans la figure 30. En S_1 se trouvent deux fentes

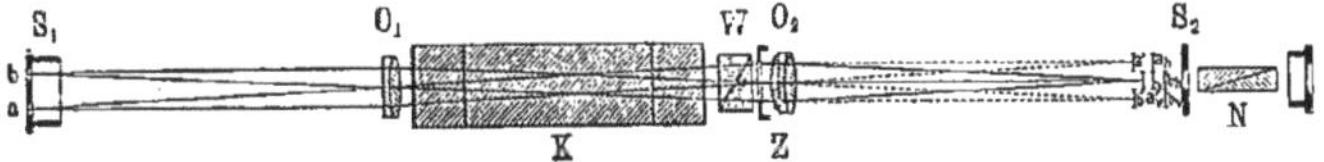

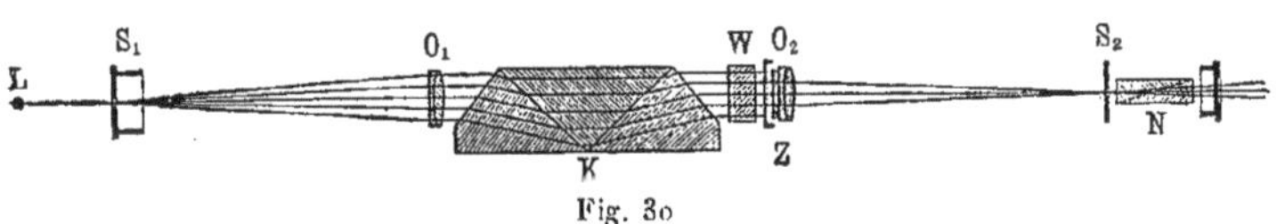

Fig. 30

a et b placées l'une au-dessus de l'autre. Les rayons pénétrant par a et b viennent tomber sur une lentille O_1, qui les rend parallèles. Au moyen du polariseur en spath calcaire W, le faisceau des rayons venant de a et b est décomposé en deux parties polarisées perpendiculairement, qui naturellement possèdent des directions différentes. K est un double prisme par lequel les rayons sont des deux côtés déviés vers l'axe. O_2 rassemble les rayons et produit directement devant la fente S_2 (fente oculaire) les images de a et de b. Le prisme K doit être construit de façon qu'une image de a (rayons ordinaires) et une image de b (rayons extraordinaires) tombent juste ensemble devant la fente. Il est évident que la moitié supérieure de K peut seule contribuer à la production de l'image de a qui se trouve devant la fente S_2, de même que celle de b ne peut être produite que par la moitié inférieure de K. Mais les deux images sont polarisées perpendiculairement. Un œil placé derrière S_2 verrait par conséquent la moitié supérieure de Z éclairée par le rayon a, et la moitié inférieure par le rayon b. A l'aide du nicol mobile N (analyseur), on peut affaiblir ou renforcer seulement l'une ou l'autre des images.

S_1 et O_1, O_2, K représentent par conséquent l'appareil spectral ; W, L, N les organes photométriques. La lumière est donc décomposée par le prisme à vision directe et ensuite éliminée, sauf la partie étroite, qui correspond à la raie C de Fraunhofer, de sorte qu'en regardant les objets ils paraissent rouges. Des prismes polarisants, dont l'un, mobile, est adapté dans l'oculaire, servent pour la détermination de l'intensité des rayons lumineux. La grandeur de la rotation est lue sur une graduation et elle sert pour la mesure de l'intensité.

Hartmann (1904) a montré que le pyromètre de Wanner ne donne pas de bons résultats pour des fils incandescents très minces, à cause des phénomènes de diffraction (Tome II).

Le *pyromètre à absorption* de Ch. Féry (1904) repose sur un principe absolument analogue au fond à celui du pyromètre de Wanner. D'après la formule (42) l'intensité J pour un λ donné (déterminé par un verre rouge) peut être mise sous la forme

$$(46, a) \qquad J = Ae^{-\frac{a}{T}}.$$

Cette intensité est rendue égale à l'intensité i d'une source de comparaison constante, par une couche absorbante d'épaisseur variable et mesurable x. La forme de i est alors

$$(46, b) \qquad i = Je^{-bx},$$

où b est le coefficient d'absorption de cette couche. Il résulte de (46, a) et (46, b) que x et $1 : T$ sont liés par une équation linéaire de la forme

$$(46, c) \qquad x = p - \frac{q}{T}.$$

Si on a déterminé p et q empiriquement, cette équation peut servir à trouver T, quand la grandeur x a été mesurée. La couche x est formée par deux lames mobiles en forme de coin, semblables à celles des compensateurs employés dans différents instruments d'optique.

L'appareil est représenté en coupe par la figure 31 ; sa vue extérieure est donnée sur la figure 32. Il se compose : 1° d'une lame absorbante d'épaisseur variable constituée, comme nous venons de le dire, par deux prismes de verre de même angle P et P′, pouvant glisser l'un sur l'autre ; 2° d'une lampe de comparaison L ; 3° de deux lentilles l et l', donnant en G des images du corps chaud et de la flamme de la lampe, un prisme R à réflexion totale renvoyant en G les rayons émis par la lampe ; 4° d'une glace à faces parallèles G inclinée

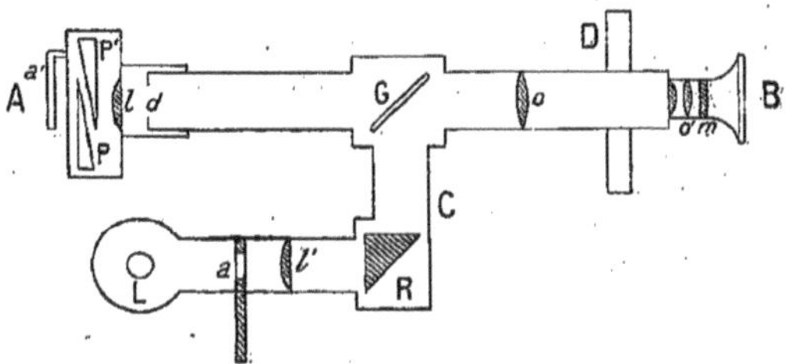

Fig. 31

de 45° sur l'axe de l'instrument et présentant en son milieu, sur la face qui regarde le prisme, une bande verticale argentée ; cette lame laisse passer le faisceau émis par le corps chaud à travers les parties latérales non argentées et réfléchit sur la bande centrale celui qui provient de la lampe ; 5° d'une lentille o, qui redresse les deux images ; 6° d'un oculaire o′, devant lequel est un verre rouge monochromatique m, ne laissant passer que les rayons voisins de $\lambda = 0^{\mu},659$.

Pour que les deux faisceaux pénètrent intégralement dans l'œil, il faut que les images des deux lentilles l et l', vues à travers l'oculaire o′ (anneaux oculaires) se superposent. Cette condition est remplie, lorsque les distances de l et l' à G sont égales ; c'est ce qui est réalisé dans l'appareil, le déplacement de l pour la mise au point n'amenant qu'une variation insignifiante de l'anneau oculaire correspondant, à cause de la distance focale très courte de o′. Un diaphragme d limite à un angle constant le cône des rayons contribuant à former en G l'image du corps chaud ; celle-ci présente donc un éclat indépendant de la distance du pyromètre.

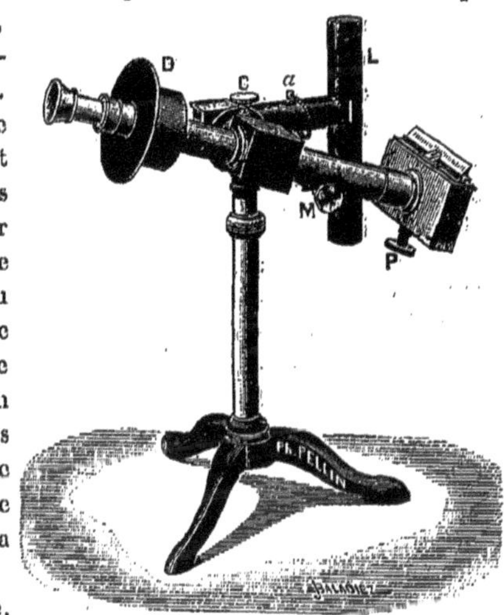

Fig. 32

La lampe est à mèche ronde, analogue comme construction à l'étalon Hefner, mais elle brûle de l'essence de pétrole. La flamme est protégée contre les courants d'air par une cheminée spéciale. On n'utilise que l'image de la partie centrale de la flamme, ce qui rend les mesures indépendantes de ses dimensions. A cet effet, on amène d'abord l'image f de la flamme (fig. 33) à être symétrique par rapport à la bande argentée, résultat que l'on obtient en faisant tourner sur elle-même la monture de la lampe, qui est excentrée.

L'instrument étant ainsi réglé, on vise le corps dont on veut déterminer la température, en faisant tourner le corps de la lunette AB autour du tube C, auquel le pied est fixé ; une pièce D, qui sert en même temps de contre-poids, protège l'œil contre les rayons extérieurs. Dans le champ de la lunette, on voit alors (fig. 34) la bande argentée *a* éclairée par la lampe-repère et de part et d'autre l'image *b* du corps chaud. On déplace l'un devant l'autre les deux prismes, jusqu'à ce que les deux images aient le même éclat. Ces prismes en se déplaçant, entraînent avec eux une échelle horizontale et on lit la division de cette échelle qui se trouve en face d'un trait de repère fixe. On cherche alors, sur une courbe tracée une fois pour toutes, la température correspondante.

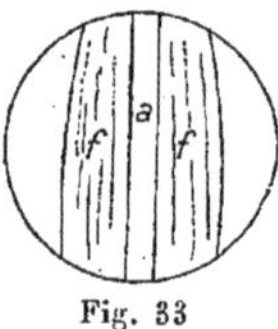

Fig. 33

Fig. 34

Pour tracer cette courbe, on porte en abscisses les déplacements de l'échelle (proportionnels aux épaisseurs de verre traversées) et en ordonnées les inverses des températures absolues ; on a ainsi une droite qui peut être extrapolée avec la plus grande facilité ; en prenant alors comme ordonnées les températures vulgaires, on obtient une hyperbole, qui est la courbe pratique de l'instrument. Deux courbes sont livrées avec chaque appareil ; l'une se rapporte aux températures de 800 à 1600° et l'autre à celles de 1300 à 2500°.

II. Méthodes basées sur l'application de la formule $\lambda_m T = A$. — W. A. Michelson de Moscou (1887) a le premier effectué une mesure de température, en déterminant la longueur d'onde λ_m qui correspond au maximum d'intensité E. Mais, comme nous l'avons vu dans le Tome II, la formule qu'il a donnée pour E (λ, T) conduit à la relation $\lambda_m{}^2 T = const.$, qui ne peut plus aujourd'hui être considérée comme exacte.

Lummer et Pringsheim (1899), Wanner (1900) et Stewart (1901) se sont servis de la formule exacte $\lambda_m T = A = const.$, pour déterminer la température T des corps rayonnants. Comme on a pour le corps absolument noir A = 2 940 et pour le platine A = 2 626, il est très probable que la relation $\lambda_m T = const.$ s'applique aussi à d'autres corps et que A possède toujours une valeur moyenne comprise entre les deux précédentes. La détermination de la valeur de λ_m permet donc de juger si un corps quelconque se rapproche du corps absolument noir ou du platine. On peut en tout cas, à l'aide des formules

$$T = \frac{2\,940}{\lambda_m}, \qquad T = \frac{2\,630}{\lambda_m},$$

trouver deux valeurs extrêmes pour T. Lummer et Pringsheim (1899) ont déterminé de cette manière des valeurs limites pour les températures *absolues* de différentes sources lumineuses (lampe à arc 3 750° à 4 200°, lampe de Nernst 2 200° — 2 450°, bec Auer 2 200° — 2 450°, etc.). Ils ont mesuré avec le bolomètre (Tome II) la répartition de l'énergie.

Dans le spectre solaire, le maximum d'intensité se trouve à peu près dans les radiations jaunes ; si l'on pose $\lambda_m = 0^\mu,5$, on obtient pour la *température du Soleil* 6 000° en chiffres ronds. SCHUSTER (1905) a trouvé de même pour la température de la Photosphère 6 700° et pour celle de la couche absorbante 5 450°. HERTZSPRUNG (1905) a obtenu pour la température de la surface intérieure du Soleil 10 000° environ, avec une erreur possible de ± 1000°.

Dans un travail plus récent (1901), LUMMER et PRINGSHEIM ont montré comment on peut combiner la méthode spectrophotométrique de WANNER (voir I, page 72) avec la méthode bolométrique que nous venons de décrire, afin d'obtenir des limites plus resserrées pour la température cherchée. Dans la même année, LUMMER construisit son *photo-pyromètre* interférentiel, qui a été représenté et décrit dans le Tome II comme photomètre. Comme on peut mesurer à l'aide de cet appareil le rapport E : E_0 dans (46), il peut évidemment servir aussi à déterminer T et jouer de cette manière le rôle de pyromètre.

LUMMER et PRINGSHEIM (1902) et STEWART (1902) ont étudié la possibilité de l'emploi de la formule $\lambda_m T = A$ pour la détermination de la température des flammes. Le dernier croit que cette formule est parfaitement applicable aux flammes ; il a trouvé pour une flamme brillante $A = 2\,280$.

III. PYROMÈTRE DE HOLBORN ET KURLBAUM. — Il se compose (fig. 35) d'une

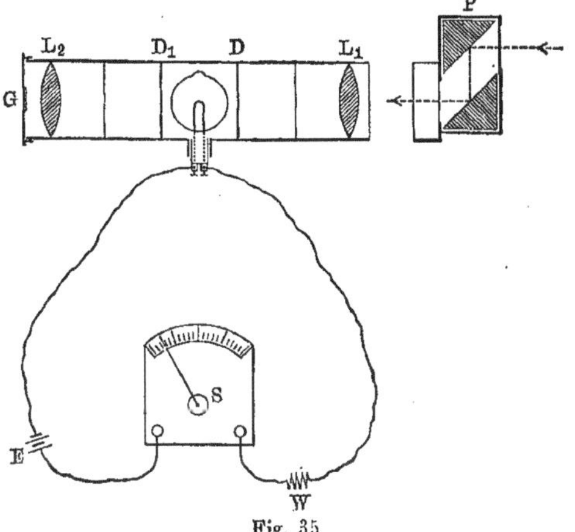

Fig. 35

lunette, dont l'objectif L_1 donne derrière l'ouverture du diaphragme D une image de la surface incandescente dont on doit mesurer la température. Au même endroit, se trouve le filament de charbon d'une petite lampe à incandescence (de 6 volts) qui, dans la figure, est représentée tournée de 90°. Le filament de charbon et la surface incandescente sont observés à travers l'oculaire L_2. En faisant varier la résistance W du circuit, dans lequel agit la force électromotrice E, on augmente l'éclat de la lampe, jusqu'à ce qu'elle disparaisse sur le fond brillant dont elle se détachait d'abord en sombre. L'intensité correspondante du courant est mesurée en S (ampèremètre de précision).

A des températures de 600° à 800° les mesures s'effectuent directement ; au-dessus de 800°, un verre rouge est placé devant l'oculaire. La résistance W est montée sur le support de la lunette et peut être modifiée simplement en faisant tourner un anneau. Le calibrage de l'appareil se fait au moyen du corps noir (Tome II), dont on mesure la température avec un couple thermo-électrique. On obtient ainsi la température, correspondant à chaque intensité de courant lue en S, jusqu'à 1 500° environ ; les températures sont portées directement sur l'échelle de S. Si la température à mesurer est plus élevée, la lumière doit être affaiblie. A cet effet, on se sert de verres fumés ou de prismes (P sur la figure 35) à double ou à triple réflexion. Le coefficient d'affaiblissement φ est déterminé une fois pour toutes par une observation sur le corps noir, à l'aide de la formule suivante, qui découle de (46),

$$\lg \varphi = \frac{c}{\lambda}\left(\frac{1}{T_0} - \frac{1}{T}\right). \tag{47}$$

On a ici $c = 14\,500$, $\lambda = 0{,}643$ (verre rouge) ; T_0 est la température *affaiblie* lue sur la lunette et T la température vraie du corps noir. Si φ est connu, la formule précédente donne la température cherchée T, lorsque la température T_0 a été lue au pyromètre. Avec deux réflexions, on peut aller jusqu'à 2 800°, avec trois jusqu'à 6 000°, alors que la petite lampe à incandescence n'est portée qu'à 1 500° (T_0). Nernst (1903) s'est servi du même principe, pour mesurer les températures élevées avec un pyromètre de construction analogue.

Kurlbaum a appliqué le pyromètre décrit ci-dessus à la mesure de la *température des flammes* (1902) ; l'exactitude de sa méthode a été contestée par Lummer, mais il a combattu les assertions de ce dernier (1903). Nous nous bornerons à indiquer à la fin de ce Chapitre la bibliographie relative à cette question.

IV. Loi de Stefan. — Stefan (1879) a cherché le premier à calculer la température T du Soleil, en s'appuyant sur la loi qui porte son nom. Warburg (1899) a effectué un nouveau calcul : il a trouvé T = 6490°.

Féry (1902) a en outre montré, dans toute une série de travaux, comment on peut effectuer, à l'aide de la loi de Stefan, des mesures de température, à condition que le rayonnement du corps considéré puisse être pris pour celui du corps absolument noir. Il a construit un pyromètre très simple en forme de lunette, dont la figure 36 donne la vue extérieure et la figure 37 des coupes transversale et longitudinale. Au foyer de l'objectif F (en spath fluor) se trouve la soudure d'un couple thermoélectrique (fer-constantan). Les extrémités du couple aboutissent aux bornes *b*, *b*, qui sont en communication avec un galvanomètre très sensible (*fig.* 36), où l'intensité du courant thermoélectrique est mesurée. Dans un poêle chauffé électriquement se trouve un morceau de chaux, dont le rayonnement, correspondant évidemment à celui du corps noir, sert pour le calibrage du pyromètre ; la température du poêle est mesurée par un couple thermoélectrique (platine — platine iridié, Tome IV) de Le Chatelier. La loi de Stefan s'est trouvée confirmée entre 900° et 1 500°. Féry a mesuré avec ce pyromètre les températures de corps incandescents, en particulier de différents oxydes, et plus tard (1903) la température des flammes. Il a mesuré en même temps le rayonnement de ces corps à l'aide d'un appareil identique à celui d'HOLBORN et KURLBAUM décrit

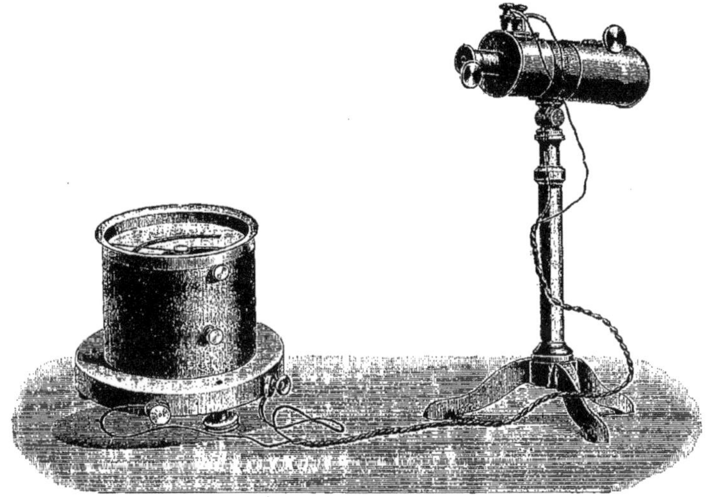

Fig. 36

ci-dessus. Il a depuis (1904) encore amélioré son propre pyromètre.

Plusieurs exposés excellents des méthodes de la pyrométrie optique ont été

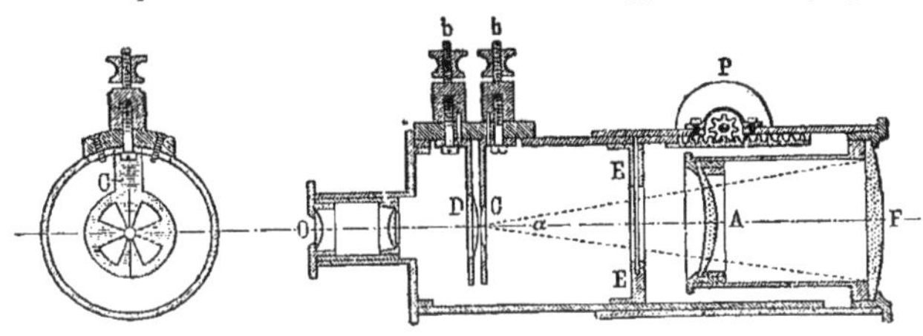

Fig. 37

donnés dans ces derniers temps, en particulier ceux de DAY et ORSTRAND (1904), de WAIDNER et BURGESS (1905) et de IKLÉ (1905).

V. ECHELLE DE TEMPÉRATURE BASÉE SUR LA THÉORIE DU RAYONNEMENT. — Au commencement de 1903, LUMMER et PRINGSHEIM ont publié un travail très intéressant, dans lequel est définitivement établi qu'à l'aide des lois du rayonnement, on peut mesurer, au moins par trois méthodes, les températures absolues jusqu'à 2 300°, *de sorte que le domaine des mesures exactes de température* (avec le thermomètre à gaz) *se trouve étendu de* 1 000°. Ils se sont servis simultanément des trois appareils de mesure suivants :

1. Un *bolomètre plan*, pour la mesure du *rayonnement intégral* (44), qui suit la loi de STEFAN.

2. Un *spectro-bolomètre*, pour déterminer la courbe d'énergie E (λ, T).

Celle-ci donne λ_m et E_m ; la valeur $\lambda = \lambda_m$, pour laquelle E atteint la valeur maxima E_m, ne peut être déterminée exactement ; aussi ne se servirent-ils pas de la formule (43) $\lambda_m T = A$, mais seulement de la formule (43, *a*) pour le *maximum d'énergie*.

3. Un *spectro-photomètre*, pour la mesure de l'*éclat* relatif à cinq λ différents $0^\mu,62$, $0^\mu,59$, $0^\mu,55$, $0^\mu,51$ et $0^\mu,49$.

La température T peut être calculée à l'aide de la formule (42) ou de l'une quelconque des formules applicables au domaine visible (voir Tome II), lorsqu'on observe l'éclat E pour un λ donné.

On commence par déterminer, pour ces trois appareils, les facteurs de proportionnalité, à l'aide d'un corps noir incandescent dont la température a été mesurée avec un couple thermoélectrique. Le corps noir est ensuite porté à une température beaucoup plus élevée (par exemple jusqu'à 2325°), qui est mesurée par ces trois méthodes.

Les mesures ont donné : celle du rayonnement intégral, en moyenne 2330° ; celle du maximum d'énergie, 2325°, et celle de l'éclat, 2320°.

Il résulte de ces expériences qu'il est possible de construire, à l'aide des lois du rayonnement, une échelle de température *pratiquement réalisable.* Si on regarde la température comme proportionnelle à la racine quatrième du rayonnement intégral du corps noir, et si on admet que la différence de température entre le point de congélation et le point d'ébullition de l'eau est de 100°, *on obtient une échelle identique à celle du thermomètre à gaz idéal et à l'échelle théorique, mais pratiquement irréalisable, de* Thomson.

Pour conclure, nous mentionnerons encore que divers savants ont appliqué les méthodes de la pyrométrie optique pour déterminer la *température de l'arc voltaïque*. Dans leurs mesures, Wanner, Very, Lummer et Pringsheim, Féry et en dernier lieu Waidner et Burgess (1904) ont appliqué trois méthodes et ont trouvé les résultats suivants :

Pyromètre de Holborn-Kurlbaum . . .	3690°
» Wanner	3680°
» Le Chatelier	3720°.

Ces nombres se rapportent à des températures absolues et en outre à des températures *noires*.

14. Pyromètres thermoélectriques. — Nous avons indiqué à la page 59 en quoi consiste la méthode thermoélectrique de mesure des températures. La possibilité de son emploi pour les températures élevées a été démontrée par les travaux de Le Chatelier, Barus, Holborn et Wien et d'autres encore. Nous avons donné à la page 59 la formule (33) d'Avenarius, qui exprime la force thermoélectromotrice, quand les soudures se trouvent aux températures t_0 et t ; à $t_0 = 0°$, on a la formule simplifiée (34), page 59.

Pouillet s'est servi le premier du couple thermoélectrique Fe — Pt pour la mesure des hautes températures. Le tube en fer *baf* (*fig.* 38) est fermé à une extrémité par le fond en fer *c* ; au milieu de ce fond est soudé un fil de platine, qui court dans l'axe du tube ; ce dernier est rempli de magnésie ou d'amiante, pour que le fil de platine ne puisse venir en contact avec la paroi interne du tube. L'extrémité du fil de platine est réunie à la vis de serrage l ; une autre vis analogue m communique avec le tube lui-même. A l'aide de ces vis, le pyromètre peut être intercalé dans un circuit renfermant un galvanomètre. L'extrémité du tube où se trouve la soudure est placée dans le milieu où règne la température à mesurer. Jolly a employé le couple Pt — Cu, Regnault et Rosetti de nouveau le couple Pt — Fe, sans obtenir de bons résultats.

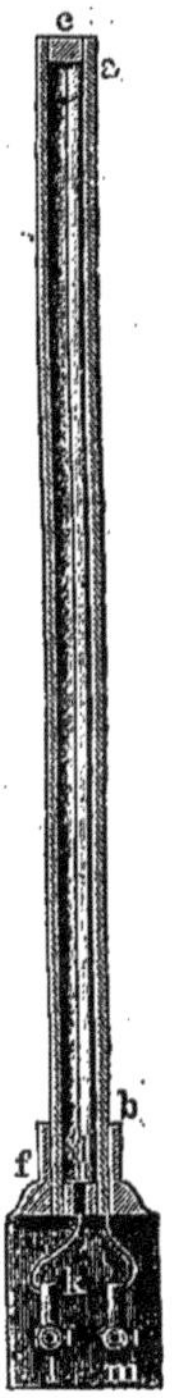

En 1863 a paru un travail important de Becquerel, qui a étudié l'élément Pt — Pd. Il plaçait un tube étroit en porcelaine *ab* (*fig.* 39) dans un autre plus large AB, également en porcelaine. Le tube étroit était traversé par un fil de palladium m et, à l'extérieur de ce tube, mais à l'intérieur du tube large, courait un fil de platine n. Les extrémités des deux fils étaient tordues ensemble. Les deux fils étaient réunis par des conducteurs à un galvanomètre, les points de jonction se trouvant à l'intérieur de tubes en verre recourbés, plongés dans un vase rempli de glace fondante. Le tube AB était placé dans un four, de façon que sa partie moyenne, où se trouvait le point de jonction des fils de Pt — Pd, fut soumise au plus fort échauffement.

Becquerel calibrait les indications de son pyromètre au moyen d'un pyromètre à air, dont le réservoir en porcelaine était introduit dans le tube AB, par l'ouverture B. Il constata que la relation entre la température t et l'intensité J du courant thermoélectrique était représentée par la formule empirique

$$\lg J = A + B \lg t + \frac{C}{t}.$$

Fig. 38

Becquerel a employé son pyromètre pour la détermination des points de fusion des métaux ; nous reviendrons plus tard sur ce sujet.

Schinz a étudié très en détail le couple thermoélectrique Fe — Pt, après avoir construit pour le calibrer un pyromètre à azote, dont le réservoir était formé par un cylindre en fer, réuni par une extrémité à un manomètre. A

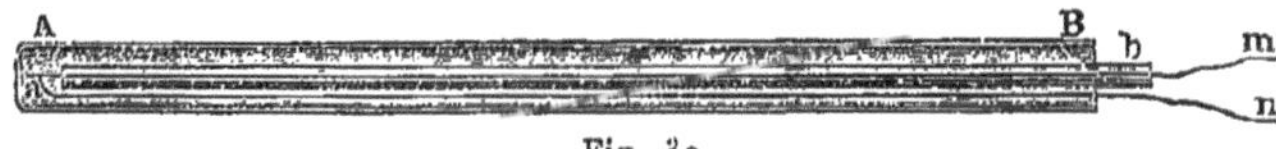

Fig. 39

l'autre extrémité était enchâssé, dans le fond du cylindre, un tube, dont l'extrémité intérieure fermée se trouvait près du centre du réservoir. Le couple Fe — Pt était introduit dans ce tube, de façon que la soudure se trouvât juste au centre du réservoir, mais non cependant dans le gaz qui le remplissait.

On pourrait encore citer, parmi d'autres travaux, les recherches de Tait, Braun, etc.

La pyrométrie thermoélectrique a reçu une impulsion nouvelle avec les travaux de LE CHATELIER, qui a étudié un couple formé de platine et d'un alliage de platine avec 10 % de rhodium. Pour le calibrer, il a utilisé une série de points de fusion et d'ébullition, en partie déterminés auparavant par VIOLLE. Ces points sont les suivants : eau 100°, plomb (fusion) 323°, Hg 358°, Zn 415°, S 448°, Se 665°, Ag 945°, Au 1 045°, Cu 1 054°, Pd 1 500° et Pt 1 775°. Il a trouvé que l'élément Pt — (Pt, Rh) se distingue par une constance particulière, c'est-à-dire qu'après des échauffements répétés il donne la même force électromotrice e, si on revient à la température primitive de la soudure. Cependant, la formule d'AVENARIUS ne lui est pas applicable ; jusqu'à 300°, la force e s'exprime par une formule plus compliquée ; mais, au contraire, entre 300° et 1 200°, on peut poser $e = A + Bt$, où A et B sont des nombres constants. LE CHATELIER estime qu'à l'aide de son élément on peut mesurer des températures jusqu'à 1 200°, à 10° près environ.

BARUS a fait une étude importante d'un pyromètre thermoélectrique, dont l'un des fils était en platine et l'autre formé d'un alliage de platine avec 20 % d'*iridium*. La moitié de son ouvrage sur la Pyrométrie est consacrée à la description et à la méthode de calibrage de ce pyromètre, et à sa comparaison avec le couple LE CHATELIER. BARUS a décrit en détail trois sortes d'appareils servant au calibrage de son élément. La première sert à l'observation des températures qui ne sont pas très élevées ; la seconde, au contraire, à l'observation des points d'ébullition élevés de différentes substances : naphtaline, camphre, diphénylamine, benzophénone, mercure et soufre d'une part, Pb, Zn, Cd, Bi, Sb et Sn de l'autre. La troisième sorte d'appareils sert au calibrage du pyromètre aux points de fusion élevés de l'aluminium, de l'or et du palladium. Dans l'énumération des avantages que présente le pyromètre thermoélectrique, BARUS indique, entre autres, les suivants : on peut mesurer la température d'un espace extrêmement petit ; on peut mesurer des températures jusqu'au point de fusion du platine et même au-dessus, en plaçant la soudure dans une enveloppe réfractaire et en se servant de métaux sous la forme liquide ; les indications du pyromètre sont constantes à 0,1 % près, pendant plusieurs années, et de plus on les obtient presque instantanément.

En 1892 et 1895 ont paru les travaux de HOLBORN et WIEN, dont il a déjà été question à la page 68. Ils ont étudié l'élément LE CHATELIER (platine et alliage de platine avec 10 % de rhodium), en comparant ses indications avec celles du thermomètre à air. Du réservoir en porcelaine de ce dernier partaient deux tubes dans des directions opposées ; les fils du pyromètre, dont la soudure se trouvait au centre du réservoir, passaient dans ces tubes. L'un d'eux était en communication avec un manomètre à mercure ordinaire. Le coefficient de dilatation de la porcelaine a été déterminé et trouvé égal à 0,0000044, et indépendant de la température. HOLBORN et WIEN se sont assurés qu'un échauffement répété du pyromètre jusqu'à 1 400° n'introduit en lui aucune modification ; la température t peut être exprimée par une fonction de la force électromotrice e de la forme

$$t = Ae - Be^2 + Ce^3, \tag{48}$$

où A, B, C sont des constantes, qui ont des valeurs différentes pour des exemplaires différents du pyromètre. En exprimant e en microvolts (voir Tome IV), il a été trouvé, pour un certain exemplaire par exemple,

$$t = 13{,}76e - 0{,}004841e^2 + 0{,}000001378e^3,$$

dans les limites de 400° à 1 440°.

Plus tard (1899 et 1900), Holborn et Day ont repris l'étude du thermoélément de Le Chatelier, et ont comparé ses indications avec celles d'un thermomètre à air. Lindeck et Rothe (1900) et Day et Allen (1904) ont étudié ce couple aux hautes températures. Comme le charbon exerce une action nuisible sur ce pyromètre, il faut le placer dans des tubes en porcelaine. L'exactitude des mesures atteint ± 5° à 1 000°. La figure 40 représente la construction intérieure du pyromètre de Le Chatelier, sous la forme qui lui a été donnée dans les ateliers de Kaiser et Schmidt à Berlin et d'Heraüs à Hanau, sur les indications d'Holborn et de Wien. Il se compose de deux fils de 0mm,6 de diamètre et d'environ 1m,50 de longueur, qui sont réunis ensemble par fusion par une de leurs extrémités et de façon qu'au point de réunion il y ait une petite boule de 0m,001 de diamètre. Les fils sont isolés l'un de l'autre par un mince tube de porcelaine. Suivant la nature de la recherche, on emploie le pyromètre nu ou dans un simple étui en porcelaine, ou bien encore, notamment pour le contrôle des foyers, etc., avec une enveloppe protectrice particulière. La disposition de détail de l'élément monté est mise en évidence par la figure 41. Un disque en caoutchouc durci A, percé dans son milieu, est appliqué par en-dessous sur le tube extérieur en porcelaine B. Le renforcement annulaire du tube en porcelaine B se loge dans un évidement du disque A. Entre A et B est placé un cordon

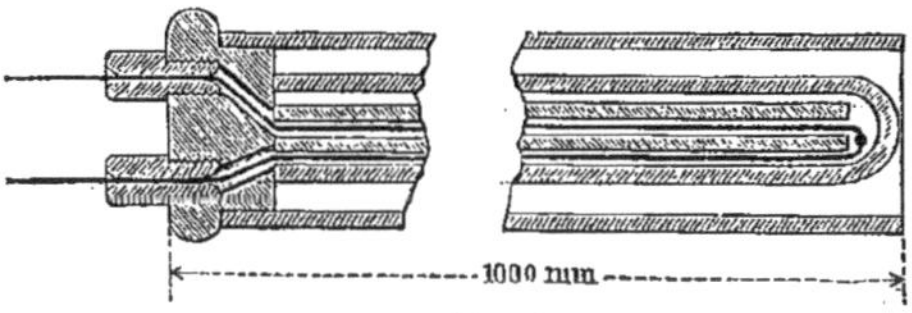

1000 mm

Fig. 40

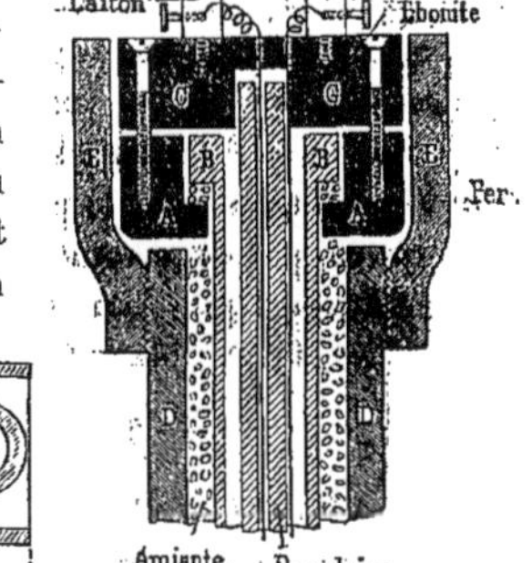

Fig. 41

d'amiante. Le petit tube intérieur en porcelaine monte un peu au-dessus de B et vient se placer par son extrémité supérieure dans une cavité, ménagée dans le disque en caoutchouc durci C, que traversent aussi les deux fils du pyromètre, lesquels sont maintenus chacun par une borne. A et C sont vissés l'un sur l'autre. Autour du tube extérieur en porcelaine est enroulé un cordon d'amiante et le tout est enfermé dans un tube de fer D. Pour de hautes températures, on remplit l'intervalle entre le tube en fer et le tube en porcelaine avec du sable quartzeux. Le tube de fer D est vissé dans un manchon E, qui est relié aux anneaux en caoutchouc durci. Après avoir desserré les trois vis qui maintiennent le manchon, on peut retirer de l'enveloppe le tube en porcelaine et se servir de l'élément pour effectuer des mesures, sans son enveloppe protectrice. L'appareil comprend également un galvanomètre de D'ARSONVAL (*fig.* 42), dont l'échelle donne directement la température de la soudure et va jusqu'à 1 500°.

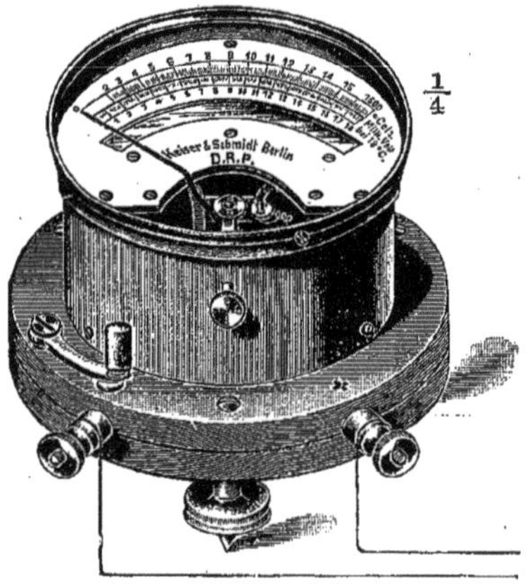

Fig. 42

JOHN MC CRAE s'est servi de l'élément LE CHATELIER pour la détermination des points de fusion de toute une série de sels inorganiques. SCHÖNTJES a construit un pyromètre transportable, comprenant le couple thermoélectrique de LE CHATELIER et un millivoltmètre de WESTON (Tome IV). DAY et ALLEN (1904) sont arrivés dans leurs recherches jusqu'à 1 600°. SIEMENS et HALSKE (1904) ont construit un pyromètre thermoélectreur.

15. Mesure des températures très basses. — On se sert, pour la mesure des températures très basses, de thermomètres à gaz et de couples thermoélectriques. WROBLEWSKI a comparé les indications du thermomètre à hydrogène à celles du couple thermoélectrique cuivre-palladium, aux températures de 100°, 0°, — 102°,9 et — 131° ; on obtient les deux dernières températures dans l'éthylène liquide, bouillant respectivement sous la pression atmosphérique et sous la pression de 30 millimètres de colonne de mercure. Il a trouvé, par cette comparaison, que la température t et les déviations du galvanomètre, que l'on pouvait regarder comme mesurant la force électromotrice e, étaient liées par l'équation

$$t = 7{,}3256e - 0{,}12749e^2 + 0{,}0073998e^3, \quad (49)$$

qui rappelle, par sa forme et même par la disposition des signes, l'équation (48), page 82. Les grandeurs e sont *négatives*, quand la température de la soudure, qui sert à la mesure des températures, est au-dessous de 0°, c'est-à-dire inférieure à la température de l'autre soudure du fil de palladium et du fil de cuivre, qui va au galvanomètre. En appliquant la formule (49), WROBLEWSKI a mesuré, à l'aide d'un thermomètre à hydrogène et d'un couple thermoélectrique, les températures de l'*oxygène* liquide et de l'*azote* liquide bouillant sous la pression atmosphérique, et il a obtenu par les deux méthodes des températures tout à fait analogues : — 184°,1 et — 193°,2. La formule (49) est donc exacte dans de larges limites, de + 100° à — 190°. Au-dessous de — 200°, les indications des deux appareils ne concordaient plus et WROBLEWSKI pensait que le thermomètre à hydrogène donnait un résultat inexact, parce que la température de — 200° se rapproche de celle à laquelle l'hydrogène peut se trouver à l'état liquide.

Olszewski est parvenu cependant à une autre conclusion, en comparant entre eux des thermomètres à gaz remplis d'hydrogène, d'azote, d'oxygène et de bioxyde d'azote. Les trois derniers thermomètres donnaient à — 150° des indications, qui ne différaient pas de plus de 1° ou 2° de celles du thermomètre à hydrogène, bien qu'on puisse liquéfier le bioxyde d'azote à — 93°,5, l'oxygène à — 118°,8 et l'azote à — 146°. Il faut en déduire que le thermomètre à hydrogène donne aussi des résultats exacts au-dessous de — 200°. Il subsiste cependant ce résultat important que le couple thermoélectrique Cu-Pd permet de mesurer la température jusqu'à — 190°.

Travers et Jaquerod (1903) ont proposé d'employer l'*hélium* pour la mesure des très basses températures. Ils ont trouvé que le thermomètre à hydrogène, à la température de l'oxygène liquide, marque 0°,1 de moins que le thermomètre à hélium, en supposant, dans les deux thermomètres, le gaz à 0° et sous une pression de 1 000 millimètres. Olszewski avait d'ailleurs déjà auparavant (1896) comparé entre eux les thermomètres à hydrogène et à hélium ; il avait trouvé qu'ils sont parfaitement d'accord jusqu'à — 210°.

Witkowski a construit un appareil pour la mesure des températures très basses. La partie principale de cet appareil consiste en un fil de platine argenté (diamètre 0mm,06, longueur 2 à 3 mètres), dont on mesure la *résistance électrique*. Il a établi, par comparaison avec le thermomètre à hydrogène, un tableau des résistances R en fonction de la température *t*. Nous donnons ici quelques-uns de ses chiffres :

t	R	t	R
+ 50°	1 105,9	— 100°	778,9
0°	1 000,0	— 150°	661,5
— 50°	891,4	— 180°	588,0

R est exprimé en ohms ; Witkowski affirme que l'exactitude des mesures atteint $\frac{1}{20}$ de degré.

Kamerlingh Onnes s'est servi, pour la mesure des très basses températures, du couple thermoélectrique cuivre-palladium, dont il comparait soigneusement les indications avec celles du thermomètre à hydrogène. Plus tard (1903) il a employé le thermoélément constantan-acier et est arrivé à la température — 210°.

Dewar (1905) a étudié le thermoélément palladium-platine aux températures les plus basses qu'on ait atteintes, c'est-à-dire jusqu'à la température de 14°,4 abs. (— 258°,6) de l'hydrogène solide se vaporisant sous faible pression. Il a trouvé qu'une équation de la forme $E = aT + bT^2$, où E est la force électromotrice et T la température absolue, peut servir à mesurer les températures entre 6° abs. et 35° abs., quand le point de soudure se trouve dans l'hydrogène en ébullition (20°,5 abs.).

Holborn et Wien ont cherché comment variaient, en fonction de la température t du thermomètre à hydrogène, la résistance w d'un fil de platine et la grandeur e de la force électromotrice du couple fer-constantan (alliage) ; ils ont obtenu entre 0° et — 190°

$$t = -258,3 + 5,0567w + 0,005855w^2,$$

où w est exprimé en ohms (pour le fil étudié). Ils ont trouvé en outre entre 0° et — 190°

$$t = -0,0178e - 0,0000008784e^2,$$

où e est exprimé en microvolts (Tome IV).

Ladenburg et Krügel se sont servis, au lieu d'une équation quadratique, d'une équation cubique, qui naturellement exprime plus exactement la dépendance entre les grandeurs t et e. Meilink (1905) a trouvé qu'une équation cubique est satisfaisante jusqu'à — 197°, mais qu'il n'en est pas de même pour les températures encore plus basses.

Pellat (1901) a utilisé le phénomène de Peltier (Tome IV) pour la mesure des basses températures. Rothe (1902) a montré qu'un thermomètre renfermant du *pentane du commerce* est très commode pour mesurer des températures peu élevées. Dans un travail plus récent (1904), il a fait connaître les résultats d'autres recherches sur ce thermomètre. Il a reconnu qu'avec un thermomètre à pentane, on peut mesurer vers — 190° des différences de température à ± 0°,02 près environ. La maison Dr Siebert et Kühn construit de tels thermomètres, qui vont jusqu'à — 200°.

Nous avons déjà parlé à la page 55 de l'emploi de l'*éther de pétrole* comme liquide thermométrique.

Pour déterminer la température d'ébullition de l'*air liquide*, qui varie selon la teneur en oxygène entre — 182°,4 et — 195°,7, Behn et Kiebitz (1903) se sont servis, suivant la méthode indiquée dans le Tome I, d'une série de flotteurs en verre de densité moyenne différente. Cette méthode apparaît comme très commode, car le poids spécifique de l'air liquide varie dans de larges limites, entre 0,791 et 1,131 entre les températures ci-dessus indiquées.

Shearer a publié un exposé de tous les travaux relatifs à la mesure des basses températures, qui ont paru entre 1890 et 1902.

16. Thermostats. — On appelle thermorégulateurs ou thermostats des appareils à l'aide desquels on maintient, pendant un temps parfois très long, une température constante déterminée dans un milieu donné, ordinairement liquide. On trouvera des détails sur la construction des thermostats, entre autres, dans l'ouvrage d'Ostwald-Luther, *Hand-und Hülfsbuch zur Ausführung physiko-chemischer Messungen*, Leipzig, 1902, pages 60-78. Bodenstein a donné une description détaillée et une étude de différents thermostats, pour des températures comprises entre 100° et 700°. Nous nous bornerons à décrire l'un des thermostats, qui règlent l'arrivée du gaz au brûleur chargé de réchauffer le milieu donné. La figure 43 donne le schéma de l'appareil. Dans le milieu à chauffer, par exemple dans un vase renfermant de l'eau, sous lequel se trouve un brûleur à gaz allumé, est placé un réservoir L rempli d'air et communiquant avec un tube R en U, dont la partie inférieure contient du mercure. Le gaz s'écoule par le tube étroit intérieur, dont l'ouverture inférieure débouche à une faible distance du mercure, quand la température T du réservoir L est celle que l'on désire maintenir ; il se rend ensuite au brûleur. Quand la température du milieu est supérieure à T, l'air se dilate dans L ; le mercure monte alors dans la branche de droite et ferme l'ouverture du tube d'arrivée du gaz. Pour que la flamme ne s'éteigne pas, on l'alimente encore par un autre tuyau, muni d'un robinet à peine ouvert. Lorsque le milieu se refroidit, l'ouverture redevient libre et la flamme du brûleur augmente.

D'autres travaux relatifs aux *thermostats* sont indiqués dans la Bibliographie.

Les thermostats jouent un grand rôle dans les recherches bactériologiques. Les appareils de ce genre dus à D'ARSONVAL, LAUTENSCHLÄGER, ALTMANN,

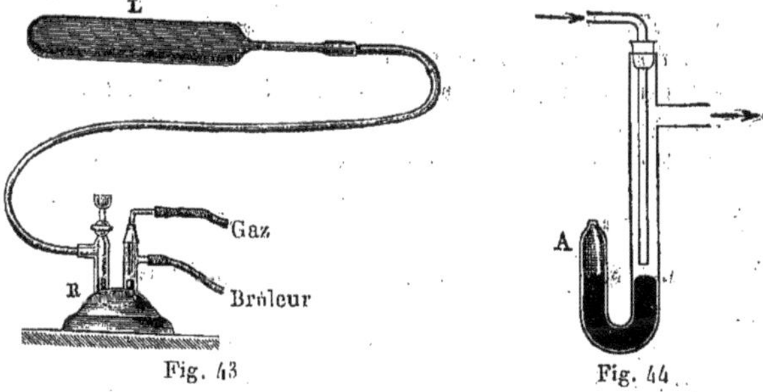

Fig. 43 Fig. 44

OGNIANNIKOW (*Le Docteur*, n° 32, 1890), KRASSILTSCHIK (*Ann. de l'Inst. Pasteur*, 3, p. 166, 1889), KOURTSCHINSKI (*Le Docteur*, n° 30, 1892), REICHERT, etc., sont en partie décrits dans les ouvrages : GEISSLER, *Cours de bactériologie clinique*, St-Pétersbourg, 1893, p. 8-11, et GABRITSCHEWSKI, *Guide de bactériologie clinique*, St-Pétersbourg, 1893, p. 59-63.

Si la température T est égale à la température d'ébullition d'une substance quelconque, on peut se servir du thermostat d'ANDREAE représenté sur la figure 44, qui est placé directement dans le milieu. La substance considérée est placée dans la branche fermée A au-dessus du mercure ; quand la température du milieu devient supérieure à T, la substance commence à bouillir, elle presse sur le mercure qui monte dans la branche de droite et ferme ainsi l'arrivée du gaz. On peut à l'aide de ce thermostat maintenir la température constante à 0°,04 près.

BIBLIOGRAPHIE

Ouvrages généraux sur la thermométrie.

W. F. Louguinine. — *Leçons sur la thermométrie* (en russe), Moscou, 1892, (lithograph.).

N. Iégoroff. — *L'état actuel de la thermométrie* (en russe). *Annales du Bureau principal des poids et mesures*, **2**, p. 55, 1895.

Guillaume. — *Traité pratique de la thermométrie de précision*, Paris, 1889.

Articles de Benoît, Marek, Guillaume et Chappuis dans *Travaux et Mém. du Bureau international des poids et mesures*, **1-6** et **10**.

Articles de Pernet, Jäger, Gumlich, etc. dans *Abhandl. der phys.-tech. Reichsanstalt.*, **1**. Berlin, 1894.

Waldo. — *Modern Meteorology*, Chap. II.

1. — Problème de la thermométrie.

W. Thomson (Lord Kelvin). — *Edinb. Trans.*, **20**, p. 270, 1851.

2. — Thermomètre à gaz.

Regnault. — *Mém. de l'Acad.*, **21**, p. 168, 1847.

Kapp. — *D. A.*, **5**, p. 905, 1901 ; *Diss.*, Königsberg, 1901.

I. Lébédeff. — *Annales du Bureau principal des poids et mesures*, **4**, p. 57, 1898.

Jolly. — *Pogg. Ann. Jubelbd.*, p. 82, 1874.

Rudberg. — *Pogg. Ann.*, **44**, p. 119, 1838.

Magnus. — *Pogg. Ann.*, **55**, p. 1, 1842.

Recknagel. — *Pogg. Ann.*, **123**, p. 155, 1864.

Weinhold. — *Progr. d. Chemnitzer Gewerbeschule*, 1873.

P. Chappuis. — *Travaux du Bur. int. des poids et mesures*, **6**, 1888 ; *Phil. Mag.*, (5), **50**, p. 433, 1900.

Pernet. — *Abhandl. d. phys.-tech. Reichsanst.*, **1**, 1894.

Olszewski. — *W. A.*, **31**, p. 58, 1887.

A. Töpler. — *W. A.*, **56**, p. 609, 1895 ; **57**, p. 325; 1896.

M. Töpler. — *W. A.*, **57**, p. 310, 1896.

3. — Thermomètres à liquide.

Guillaume. — *Traité pratique de la thermométrie de précision*, Paris, 1889 ; *Trav. du Bur. int. des poids et mesures*, **5** et **6**.

4, 5. — Thermomètres à mercure. Calibrage.

Pernet, Jäger et Gumlich. — *Abhandl. d. phys.-tech., Reichsanstalt*, **1**, 1894 ; *Instr.*, **15**, pp. 2, 41, 81, 117, 1895.

Calibrage des thermomètres.

Thorpe et Rücker. — *Rep. of British Assoc.*, Southampton, 1882 ; renferme un exposé des méthodes.

Bessel. — *Pogg. Ann.*, **6**, p. 287, 1826.

Thiesen. — *Carls Repert.*, **15**, p. 285, 677, 1879 ; Voir également *Instr.*, **15**, p. 46, 1895.

Marek. — *Carls Repert.*, **15**, p. 300, 1879 ; *Trav. et Mém. du Bur. int. des poids et mesures*, **2**, p. 35 ; **4**, p. 18 ; **5**, p. 1.

A. v. Öttingen. — *Korrektion der Thermometer*, Dorpat, 1865.

Wild. — *Bericht über d. Arbeiten zur Reform der schweiz. Urmasse*, Zurich, 1868.

Dorn. — *Schrift. d. phys.-ökonom. Gesellsch. zu Königsberger*, **13**, 1872.

Hennert. — *Traité des Thermomètres*, p. 184, 1758.

Benoît. — *Trav. et Mém. du Bureau int. des poids et mes.*, **2**, p. 35, 1882.

Broch. — *Trav. et Mém. du Bur. int. des poids et mes.*, **5**, 1886.

Mme Tarnarider. — *Description des méthodes de calibrage*, avec un avant-propos de Guillaume, Moscou, 1904 (en russe).

Hansen. — *Abhandl. d. sächs. Ges. d. Wiss.*, **15**, 1874.

Carl. — *Carls Repert.*, **1**.

Lermontow. — *Journ. de la Soc. russe phys.-chim.*, **10**, p. 244, 1878.

6. — Influence des propriétés du verre et du mercure, etc.

Thiesen. — *Vergleichung der Quecksilberthermometer. Metronomische Beiträge*, **3**, Berlin, 1881.

Hergesell. — *Meteorolog. Zeitschr.*, **14**, p. 433, 1897.

Guillaume. — *Traité de la Thermométrie*, p. 328.

Böttcher. — *Instr.*, **8**, p. 409, 1888.

Marchis. — *C. R.*, **124**, p. 443, 1897 ; *Zeitschr. phys. Chem.*, **29**, p. 1, 1899 ; **37**, pp. 553, 605, 1901 ; *Journ. de phys.*, (3), **7**, p. 573, 1898 ; **8**, p. 193, 1899.

Hoffmann. — *Instr.*, **17**, p. 257, 1897.

7. — Colonne de mercure extérieure.

Holtzmann. — *Liebigs Handwörterbuch der Chemie*, **7**, p. 368.

Guillaume. — *Séances de la Soc. fr. de phys.*, 1891, p. 17.

Mahlke. — *Instr.*, **13**, p. 85, 1893 ; **14**, p. 76, 1894.

8. — Comparaison des thermomètres.

Regnault. — *Mém. de l'Acad.*, **21**, p. 239, 1847.

Is. Pierre. — *Ann. de chim. et phys.*, (3), **5**, p. 427, 1842.

Recknagel. — *Pogg. Ann.*, **123**, p. 115, 1864.

Wiebe et Böttcher. — *Instr.*, **10**, p. 233, 1890.

Chappuis. — *Trav. et Mém. du Bur. int. des poids et mes.*, **6**, 1888.

Marek. — *Instr.*, **10**, p. 283, 1890.

Thiesen, Scheel et Sell. — *Instr.*, **15**, p. 433, 1895 ; *W. A.*, **58**, p. 168, 1896 ; *Wiss. Abh. phys.-techn. Reichsanst.*, **2**, p. 1, 1895.

Lemke. — *Instr.*, **19**, p. 33, 1899.

9. — Thermomètres à destination spéciale.

Crafts. — *Chem. Ber.*, **20**, p. 709, 1887 ; *Nature* (en anglais), **26**, p. 466, 1882.

Walferdin. — *Bull. de la Soc. géolog. de France*, **13**, p. 118, 1841-1842; *Compt. rend.*, 1840, p. 292; 1842, p. 63; *Pogg. Ann.*, **57**, p. 541, 1842.
Scheurer-Kestner. — *C. R.*, **121**, p. 553, 1895.
Pernet. — *Abhandl. der Reichsanst.*, **1**, p. 14, 1894; *Instr.*, **15**, p. 7, 1895.
Beckmann. — *Zeitschr. f. phys. Chem.*, **2**, p. 638, 1888; **15**, p. 672, 1894; **21**, p. 252, 1896; **40**, p. 142, 1902; **44**, p. 193; 1903; **51**, p. 329, 1905.
Grützmacher. — *Instr.*, **16**, p. 171, 1896.
Chappuis. — *Arch. des Sc. phys.*, (3), **28**, p. 293, 1892.
Jolly. — *Pogg. Ann. Jubelbd.*, p 82, 1874.
White. — *Proc. Acad. of Art and Sciences*, **21**; pp. 1, 45, 1885.
Kohlrausch. — *W. A.*, **60**, p. 463, 1897.
Holborn. — *D. A.*, **6**, p. 255, 1901.
Baudain. — *C. R.*, **133**, p. 1207, 1901.
Baly et Chorley. — *Berl. Ber.*, **27**, p. 470, 1894.
Wiebe. — *Zeitschr. d. Glasinstrum.-Industrie*, **4**, p. 1, 1894.
Marchis. — *J. de phys.*, (3), **4**, p. 217, 1895.
Rutherford. — *Edinb. Trans.*, **3**, 1794; *Gilberts Ann.*, **17**.

11. — Thermoscopes.

Palmer. — *Phys. Rev.*, **21**, p. 65, 1905.
Siemens. — *Lum. électr.*, **28**, p. 602. 1888.
Braun. — *Electrotechn. Zeitschr.*, 1888, n° 8.
Puluj. — *Wien. Ber.*, **98**, p. 1502, 1889; *Report. d. Phys.*, **26**, p. 733, 1890; **27**, p. 301, 1891.
Berthelot. — *Journ. de Phys.*, (3), **4**, p. 357, 1895; *C. R.*, **120**, p. 831, 1895; **126**, p. 410, 1898.
Coleman. — *Proc. Phil. Soc.*, Glasgow, **15**, p. 94, 1884.

12. — Pyromètres.

Barus. — *Messung hoher Temperaturen*, Leipzig, 1892 (Monographie comprenant toute la bibliographie de la pyrométrie).
Barus. — *Les progrès de la pyrométrie*. Rapp. prés. au Congrès int. de phys., I, p. 148, Paris, 1900.
Le Chatelier et Boudouard. — *Mesure des températures élevées*, Paris, 1900.
Person. — *C. R.*, **19**, p. 757, 1844.
Mahlke. — *Instr.*, **12**, p. 402, 1892; **14**, p. 73, 1894; *Chem. Ber.*, **26**, p. 1815, 1893.
Niehls. — *J. Amer. Chem. Soc.*, **16**, p. 396, 1894.
Heraeus. — *Deutsche Mechanikertztg.*, 1903, p. 13.
A. Dufour. — *C. R.*, **130**, p. 775, 1900.
Pouillet. — *C. R.*, **3**, p. 782, 1836.
Regnault. — *Relation des expériences*, etc., **1**, p. 168, 1847.
Deville et Troost. — *C. R.*, **45**, p. 821, 1857; **49**, p. 239, 1859; *Ann. de chim. et phys.*, (3), **58**, p. 257, 1860; *Berl. Ber.*, 1857, p. 73.
Holborn et Day. — *W. A.*, **68**, p. 817, 1899; *D. A.*, **2**, p. 505, 1900; *Amer. J. of Sc.*, (4), **8**, p. 165, 1899.
P. Chappuis. — *Phil. Mag.*, (6) **3**, p. 243, 1902.
Regnault. — (§ **11**, III). *Ann. de chim. et phys.*, (3), **63**, p. 39, 1861.
V. Meyer. — *Berl. Ber.*, **11**, pp. 1867, 2253, 1878; **12**. p. 1426, 1879; *Dinglers Journ.*, **231**, p. 380, 1878; **232**, p. 418, 1879.

Crafts. — *Nature* (en anglais), **26**, p. 466, 1882.

Lamy. — *C. R.*, **69**, p. 347, 1869 ; **70**, p. 393, 1870 ; *Dinglers Journ.*, **194**, p. 209, 1869 ; **195**, p. 525, 1870.

Pouillet. — *C. R.*, **3**, p. 782, 1836.

Pionchon. — *C. R.*, **102**, p. 1454, 1886 ; *Ann. de chim. et phys.*, (6), 41, p. 33, 1887.

Le Chatelier. — *C. R.*, **107**, p. 862, 1888 ; **108**, pp. 1046, 1096, 1889 ; **111**, p. 123, 1890.

Pionchon. — (§ **11**, VI). *C. R.*, **108**, p. 992, 1889.

Séliwanow. — *Journ. de la Soc. russe phys.-chim.*, **23**, p. 152, 1891.

Daniel. — *Journ. Roy. Soc. London*, **11**, p. 309 ; *Phil. Mag.*, (2), **10**, pp. 191, 268, 297, 350, 1831 ; (3), **1**, pp. 197, 261, 1832.

Prinsep. — *London Trans.*, 1827 ; *Ann. chim. et phys.*, (2), **41**, p. 247, 1829 ; *Pogg. Ann.*, **13**, p. 576, 1828 ; **14**, p. 529, 1828.

Appolt. — *Mitteil. d. Gewerbevereins zu Hannover*, 1855, p. 345.

Seger. — *Thonindustriezeitung*, 1885, p. 121 ; 1886, pp. 135, 229.

Callendar. — *Proc. R. Soc.*, **41**, p. 231, 1886 ; *Trans. R. Soc.*, **178** A, p. 161, 1887 ; **182** A, p. 119, 1891 ; *Phil. Mag.*, (5), **32**, p. 104, 1891 ; **33**, p. 220, 1892 ; **47**, p. 191, 1898 ; **48**, p. 519, 1899.

Siemens. — *Phil. Mag.*, (5), **42**, p. 150, 1871 ; *Proc. R. Soc.*, **19**, p. 443, 1871 ; *Dinglers Journ.*, **198**, p. 394, 1870 ; **209**, p. 419, 1873 ; **217**, p. 291, 1875.

Griffiths. — *Proc. R. Soc.*, 1890 (Décembre) ; *Trans. R. Soc.*, **179** A, p. 119, 1891.

Holborn et Wien. — *W. A.*, **47**, p. 107, 1892 ; **56**, p. 360, 1895.

Braun. — *Elektrotechn. Zeitschr.*, **9**, p. 421, 1888.

Dewar et Fleming. — *Phil. Mag.*, (5), **40**, p. 97, 1870.

Tory. — *Phil. Mag.*, (5), **50**, p. 421, 1900.

Chree. — *Proc. R. Soc.*, **57**, p. 3, 1900.

Edwards. — *Contrib. Jeff. Phys. Lab.*, **2**, n° 8 ; *Proc. Amer. Acad. of Arts and Sci.*, **40**, p. 549, 1905.

Campbell. — *Phil. Mag.*, (6), 9, p. 713, 1905.

Thiesen. — *Instr.*, **23**, p. 363, 1903.

P. Chappuis et Harker. — *Phil. Trans.*, **194** A, p. 37, 1900 ; *Trav. et Mém. du Bur. int. des poids et mes.*, **12**, 1900 ; *J. de phys.*, (3), **10**, p. 20, 1901.

Harker. — *Phil. Trans.*, **203**, p. 343, 1904 ; *Proc. R. Soc.*, **73**, p. 217, 1904.

Travers et Gwyer. — *Ztschr., f. phys. Chem.*, **52**, p. 437, 1905.

Holborn. — *D. A.*, **6**. p. 242, 1901.

Heycock et Neville. — *Trans. Chem. Soc.*, 1895.

Dickson. — *Phil. Mag.*, (5), **44**, p. 445, 1897 ; **45**, p. 525, 1898.

Appleyard. — *Phil. Mag.*, (5), **41**, p. 62, 1896.

Waidner et Mallory. — *Phil. Mag.*, (5), **44**, p. 165, 1897.

Cagniard-Latour. — *C. R.*, **4**, p. 28, 1837.

A. M. Meyer. — *Pogg. Ann.*, **148**, p. 287, 1873.

Chautard. — *C. R.*, **78**, p. 128, 1874 ; *Pogg. Ann.*, **153**, p. 158, 1874.

Tolver Preston. — *Phil. Mag.*, (5), **32**, p. 58, 1891.

Quincke. — *W. A.*, **63**, p. 67, 1897.

Jolly. — *Proc. R. Irish Acad.*, (3), **2**. p. 98.

Ramsay et Eumorphopoulos. — *Phil. Mag.*, (5), **41**, p. 360, 1896.

13. — Pyrométrie optique.

Berthelot. — *Ann. de chim. et phys.*, (7), **26**, p. 58, 1902.

Pouillet. — *C. R.*, **3**, p. 782, 1836.
Becquerel. — *C. R.*, **57**, p. 681, 1863 ; *Ann. chim. et phys.*, (4), **1**, p. 120, 1864.
Crova. *C. R.*, **87**, pp. 322, 979, 1878 ; **90**, p. 252, 1880 ; *Ann. de chim. et phys.*, (5), **19**, p. 472, 1880 ; *Journ. de phys.*, (1), **8**, p. 196, 1879.
Violle. — *C. R.*, **92**, pp. 866, 1204, 1881 ; **96**, p. 1033, 1883 ; *Ann. de chim. et phys.*, (**10**), p. 289, 1877.
Le Chatelier. — *Journ. de Phys.*, (3), **1**, p. 185, 1892.
Bezold. — *W. A.*, **21**, p. 175, 1884.
Dewar et Gladstone. — *Chem. News*, **28**, p. 174, 1873.
Fiévez. — *Bull. Ac. R. de Belgique*, (3), **7**, p. 348, 1885.
Holborn et Henning. — *Berl. Ber.*, 1905, p. 311.
I. Wanner. — *Phys. Zeitschr.*, **1**, p. 226, 1900 ; **3**, p. 112, 1901.
Hartmann. — *Phys. Rev.*, **19**, p. 452, 1904.
II. Wanner. — *D. A.*, **2**, p. 141 (voir p. 157), 1900.
Stewart. — *Phys. Rev.*, **13**, p. 257, 1901 ; **15**, p. 306, 1902 ; *Phys. Zeitschr.*, **4**, p. 1, 1902.
Lummer et Pringsheim. — *Verhandl. deutsch. phys. Ges.*, **1**, p. 230, 1899 ; **3**, p. 36, 1901 ; *Phys. Zeitschr.*, **3**, pp. 97, 233, 1901-1902.
Lummer. — *Verh. deutsch. phys. Ges.*, **3**, p. 142, 1901 ; *Phys. Zeitschr.*, **3**, p. 219, 1902.
Schuster. — *Astrophys. J.*, **21**, p. 258, 1905.
Hertzsprung. — *Ztschr. f. wissensch. Photographie*, **3**, p. 173, 1905.
III. Holborn et Kurlbaum. — *Berl. Ber.*, 1901, p. 712 ; *Instr.*, **22**, p. 55, 1902 ; *D. A.*, **10**, p. 225, 1903.
Lummer et Pringsheim. — *Phys. Zeitschr.*, **3**, p. 234, 1902.
Kurlbaum. — *Phys. Zeitschr.*, **3**, pp. 186, 332, 1902.
Nernst. — *Phys. Zeitschr.*, **4**, p. 733, 1903.
IV. Stefan. — *Sitzungsber. Wien. Akad.*, **79** II, p. 391, 1879.
Warburg. — *Verhandl. deutsch. phys. Ges.*, **1**, p. 50, 1899.
Féry. — *C. R.*, **134**, p. 977, 1201, 1902 ; **137**, p. 909, 1903 ; *Ann. de chim. et phys.*, (7), **27**, p, 433, 1902 ; *Journ. de phys.*, (4), **2**, p. 97, 1903 ; **3**, p. 32, 701, 1904.
Day et Van Orstrand. — *Astrophys. J.*, **19**, p. 1, 1904.
Waidner et Burgess. — *Phys. Rev.*, **19**, p. 422, 1904.
Iklé. — *Phys. Zeitschr.*, **6**, pp. 450, 528, 1905.
Waidner et Burgess. — (Arc voltaïque). *Phys. Rev.*, **19**, p. 241, 1904.
V. Lummer et Pringsheim. — *Verhandl. deutsch. phys. Ges.*, **5**, p. 3, 1903.

14. — Pyromètres thermoélectriques.

Le Chatelier. — *C. R.*, **102**, p. 819, 1886 ; *Bull. Soc. chim.*, Paris, **44**, p. 482, 1886 ; **47**, pp. 2, 300, 1887 ; *Journ. de phys.*, (2), **6**, p. 23, 1887 ; 6e Congrès Industrie du gaz, Paris, juin 1888.
Barus. — *Messung hoher Temperaturen*, Leipzig, 1892, pp. 41-92 ; *Phil. Mag.*, (5), **29**, p. 141, 1890 ; *Sill. Journ.*, **39**, p. 478, 1890.
Holborn et Wien. — *W. A.*, **47**, p. 107, 1892 ; **56**, p. 360, 1895.
Pouillet. — *C. R.*, **3**, p. 782, 1836.
Jolly. — *Phil. Mag.*, (3), **19**, p. 391, 1841.
Regnault. — *Rel. des Expér.*, **1**, p. 246, (1845), Paris, 1847.
Rosetti. — *Ann. de chim. et phys.*, (5), **17**, p. 177, 1879.
E. Becquerel. — *Ann. de chim. et phys.*, (3), **68**, p. 49, 1863.

Schinz. — *Dinglers Journ.*, **175**, p. 85, 1865 ; **179**, p. 436, 1866.
Tait. — *Trans. R. Soc., Edinb.*, **27**, p. 125, 1872-73.
Braun. — *Phil. Mag.*, (5), **19**, p. 495, 1885.
Heräus et Kaiser et Schmidt. — *Instr.* **15**, p. 373, 1895.
Holborn et Day. — Voir Bibliographie du § **12**.
Lindeck et Rothe. — *Instr.*, **20**, p. 285, 1900.
Day et Allen. — *Phys. Rev.*, **19**, p. 177, 1904.
Siemens et Halske. — *Instr.*, **24**, p. 350, 1904.
John Mc Cree. — *W. A.*, **55**, p. 95, 1895.
Schöntjes. — *Arch. Sc. phys.*, (4), **5**, p. 136, 1898.

15. — Mesure des températures très basses.

Wroblewski. — *W. A.*, **25**, p. 371, 1885.
Olszewski. — *W. A.*, **31**, p. 58, 1887 ; **59**, p. 191, 1896.
Travers et Jaquerod. — *Proc. Roy. Soc.*, **70**, p. 484, 1902 ; *Zeitschr. phys. Chem.*, **45**, p. 385, 1903.
Witkowski. — *Phil. Mag.*, (5), **41**, p. 312, 1896.
Kamerlingh Onnes. — *Zittingsversl. Kon. Akad. v. Wet.*, Amsterdam, 1896-97, pp. 37, 79 ; **12**, p. 625, 1903 ; *Comm. from the Lab. Physics*, Leiden, n° 27 ; *Beibl.*, **21**, p. 21, 1897 ; **28**, p. 759, 1904.
Holborn et Wien. — *Berl. Ber.*, 1896, p. 673 ; *W. A.*, **59**, p. 213, 1896 ; *Instr.*, **16**, p. 344, 1896 ; **17**, p. 142, 1897.
Ladenburg et Krügel. — *Chem., Ber.*, **32**, p. 1818, 1899.
Milink. — *Versl. k. Ak. van Wet.*, 1904-1905, pp. 212, 221 ; *Comm. Phys. Lab.*, Leiden, n° 93.
Dewar. — *Proc. R. Soc.*, **76**, p. 315, 1905.
Behn et Kiebitz. — *D. A.*, **12**, p. 421, 1903.
Shearer. — *Phys. Rev.*, **15**, p. 243, 1902.
Rothe. — *Instr.*, **19**, p. 143, 1899 ; **22**, p. 192, 1902 ; **24**, p. 47, 1904.
Pellat. — *C. R.*, **133**, p. 921, 1901.

16. — Thermostats.

Andreä. — *W. A.*, **4**, p. 614, 1878.
Gumlich. — *Instr.*, **18**, p. 317, 1898.
Rothe. — *Inst.*, **19**, p. 143, 1899 ; **20**, pp. 14, 33, 1902.
Bodenstein. — *Zeitschr. phys. Chem.*, **30**, p. 113, 1899.
Gouy. — *J. de phys.*, (3), **6**, p. 479, 1897.
Ostwald. — *Periodische Erscheinungen bei der Auflösung des Chroms. Abhandl. sächs. Ges.*, **26**, n° 2, p. 40.
Galitzine. — *Zeitschr. für komprim. u. flüssige Gase*, **3**, n° 4.
Weinhold. — *D. A.*, **5**, p. 943, 1901.
Bradley et Browne. — *J. phys. Chem.*, **6**, p. 118 ; 1902.
Geer. — *Journ. phys. Chem.*, **6**, p. 85, 1902.

CHAPITRE III

—

VARIATION DES DIMENSIONS ET DE LA PRESSION DES CORPS EN FONCTION DE LA TEMPÉRATURE

1. Coefficients thermiques des dimensions des corps solides. — Nous avons établi à la page 14 la formule générale (6) pour le coefficient thermique moyen entre deux températures données t_1 et t_2 et la formule (7, *a*) pour le coefficient thermique à une température définie t ; ces formules se rapportaient à une grandeur physique quelconque z, variant avec la température *dans des conditions déterminées.*

Dans le présent Chapitre, nous considérerons le cas où z représente l'une des grandeurs qui déterminent la forme géométrique d'un corps *solide*, par exemple la longueur l, la surface s ou le volume v ; on ajoute ordinairement alors la condition supplémentaire que la pression extérieure agissant sur le corps est constante. Quant à l'influence, mentionnée dans le titre de ce chapitre, de la température sur la *pression* exercée par le corps sur l'enveloppe qui le limite, nous ne l'envisagerons que pour les corps à l'état gazeux ou liquide.

Nous supposerons que le corps solide considéré est isotrope (Tome I) et que par suite l'action de la température sur les dimensions linéaires ne dépend pas de la direction de ces dernières. Nous considérerons plus tard le cas d'un corps anisotrope. Soient l_0 et l_t (ou simplement l) la distance à 0° et à t° entre deux points d'un corps solide, c'est-à-dire ce qu'on peut appeler souvent la longueur de ce corps solide. Nous pouvons écrire

$$l = f(t). \tag{1}$$

Cette fonction peut s'exprimer empiriquement sous la forme

$$l = l_0(1 + At + Bt^2 + Ct^3 + \ldots). \tag{2}$$

D'après la formule générale (6), page 14, nous avons, pour le *coefficient moyen de dilatation linéaire* l'expression

$$\alpha_{1,2} = \frac{1}{l_0}\frac{l_2 - l_1}{t_2 - t_1}, \tag{3}$$

où l_1 et l_2 sont les valeurs de la longueur l aux températures t_1 et t_2. On a, d'après (2) et (3),

(4) $$\alpha_{1,2} = A + B(t_1 + t_2) + C(t_1^2 + t_1 t_2 + t_2^2) + \dots.$$

Si $t_1 = 0$ et $t_2 = t$, on obtient, pour le *coefficient moyen entre* 0° *et* t°,

(5) $$\alpha_t = A + Bt + Ct^2 + \dots.$$

Pour le coefficient de dilatation linéaire à t^0, on a, d'après (16), page 16,

(6) $$\alpha = A + 2Bt + 3Ct^2 + \dots,$$

valeur qui se déduit de (4) en faisant $t_2 = t_1 + \Delta t_1$, et ensuite $\Delta t_1 = 0$ et $t_1 = t$, ou plus simplement $t_1 = t_2 = t$. Si le coefficient $\alpha = f(t)$, donné en fonction de la température, est en particulier de la forme

(7) $$\alpha = \alpha_0 + \alpha_1 t + \alpha_2 t^2 + \dots,$$

on a, en général,

(8) $$l = l_0 \left[1 + \int_0^t \alpha dt\right],$$

et par suite en particulier

(9) $$l = l_0 \left(1 + \alpha_0 t + \frac{1}{2}\alpha_1 t^2 + \frac{1}{3}\alpha_2 t^3 + \dots\right).$$

Pour l'accroissement de longueur $l_2 - l_1$, correspondant à l'accroissement de température de t_1 à t_2, nous avons $l_2 - l_1 = l_0 \int_{t_1}^{t_2} \alpha dt$, et en particulier

$$l_2 - l_1 = l_0 (t_2 - t_1)\left[\alpha_0 + \frac{1}{2}\alpha_1 (t_1 + t_2) + \frac{1}{3}\alpha_2 (t_1^2 + t_1 t_2 + t_2^2) + \dots\right].$$

La comparaison de (9) avec (2) montre que $\alpha_0 = A$, $\frac{1}{2}\alpha_1 = B$, $\frac{1}{3}\alpha_2 = C$, etc., et par suite (4) donne

(10) $$l_2 - l_1 = l_0 \alpha_{1,2} (t_2 - t_1).$$

En faisant de nouveau $t_1 = 0$ et $t_2 = t$, nous obtenons

$$l - l_0 = l_0 \alpha_t t,$$

ou

(11) $$l = l_0 (1 + \alpha_t t).$$

On peut établir, pour la surface s et pour le volume v, des formules entièrement analogues aux formules (2) à (11), avec la seule différence qu'au lieu des différents α, se présentent les coefficients β et γ de dilatation superficielle ou cubique. Pour un milieu *isotrope*, on a, comme nous l'avons dit à la page 16, $\beta = 2\alpha$ et $\gamma = 3\alpha$.

On envisage parfois, au lieu des grandeurs (16) et (18), page 16, que nous écrirons sous la forme

$$\alpha = \frac{1}{l_0}\frac{\partial l}{\partial t}, \qquad \gamma = \frac{1}{v_0}\frac{\partial v}{\partial t}, \tag{12}$$

les grandeurs

$$\alpha' = \frac{1}{l}\frac{\partial l}{\partial t}, \qquad \gamma' = \frac{1}{v}\frac{\partial v}{\partial t}, \tag{13}$$

qui sont intéressantes au point de vue mathématique. Si $\gamma' = 3\alpha' = const.$, on a

$$l = l_0 e^{\alpha' t}, \qquad v = v_0 e^{\gamma' t}. \tag{14}$$

Nous devons faire, au sujet de la dilatation thermique des corps solides, la remarque importante suivante. La dilatation d'un corps solide *homogène* M (*fig.* 45) s'effectue, dans toutes ses parties, avec une entière liberté, sans qu'il apparaisse de tensions ou de pressions intérieures. Ainsi, par exemple, la dilatation d'une portion intérieure A, que l'on peut isoler par la pensée, n'entraîne aucun effort sur le reste du corps BBB. Ceci s'explique facilement, si l'on observe qu'il est possible de séparer artificiellement d'un corps solide homogène, à toute température qui n'est pas trop voisine du point de fusion, une portion intérieure quelconque de ce corps, sans qu'il en résulte pour la portion restante BBB aucun changement de forme (nous supposons cette opération pratiquement réalisable). Si la portion A exerçait un effort sur la portion BBB à une température quelconque, l'enlèvement de cette portion A aurait pour effet un changement dans la cavité intérieure, ce qu'on n'observe pas. Il s'ensuit que la masse BBB en s'échauffant occupe d'elle-même l'espace limité à l'intérieur et à l'extérieur en pointillé, sans y être contrainte par la dilatation de la partie A : la masse BBB en s'échauffant éprouverait exactement le même changement, si la partie A manquait totalement. C'est ce qu'on peut encore exprimer en disant que la déformation thermique que nous considérons est *homogène* (voir Tome I). Il résulte de ce qui précède que, *dans l'échauffement d'un corps creux, la cavité se dilate autant que si elle était remplie de la même substance que son enveloppe (corps creux)*. Nous nous sommes déjà servi plusieurs fois de cette proposition.

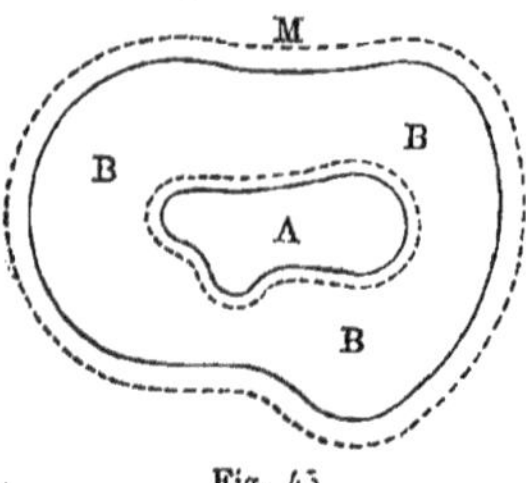

Fig. 45

2. Méthodes pour la détermination des coefficients de dilatation des corps solides. — I. MÉTHODE DE LAPLACE ET DE LAVOISIER. Parmi les premières mesures précises du coefficient de dilatation linéaire des corps solides, il faut placer celles effectuées par LAPLACE et LAVOISIER. Leur méthode se comprend d'elle-même sur la figure schématique 46. La barre kl, faite avec la substance à étudier, repose sur deux rouleaux dans une caisse métallique, sous laquelle se trouve un fourneau. L'extrémité k s'appuie sur une traverse verticale fixe, non représentée sur la figure. L'extrémité l s'appuie sur une lame de verre verticale ol, invariablement liée à la lunette ab, mobile autour du point o. On peut voir, à travers cette lunette, les divisions d'une règle graduée verticale, placée à une distance de 200 mètres, et déterminer le point f, dont la position coïncide avec le fil de l'oculaire b.

On remplit d'abord de glace fondante la caisse, dans laquelle se trouve kl; on amène ol en contact avec kl et, quand les thermomètres placés en plusieurs endroits du bain sont invariables, on fait la lecture sur l'échelle. La caisse est ensuite remplie d'huile ou d'eau et on chauffe le liquide jusqu'à une certaine température,

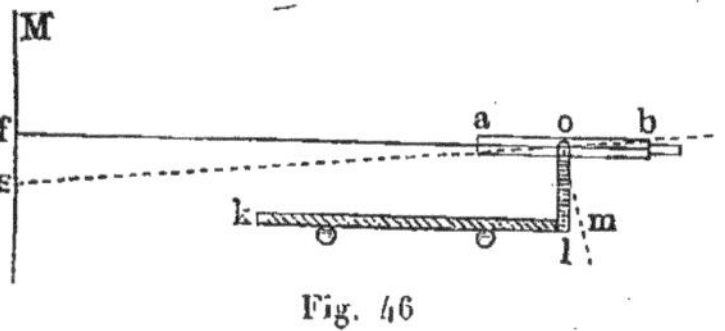

Fig. 46

que l'on détermine à l'aide des thermomètres à mercure. La barre kl, en se dilatant, amène ol dans la position om, de sorte que la lunette ab tourne de l'angle lom autour de l'axe o. L'observateur voit alors au lieu de f une autre division s de l'échelle. Si on désigne par Δ l'allongement lm de la barre kl, il est clair que $fs : \Delta = fo : ol$. On obtient ainsi l'allongement Δ à une échelle considérablement agrandie. Connaissant la longueur de la barre, l'allongement Δ et l'accroissement de température, il est facile de déterminer le coefficient moyen de dilatation entre 0° et la température t de l'eau ou de l'huile.

Lavoisier et Laplace se sont servis de l'appareil représenté par la figure 47.

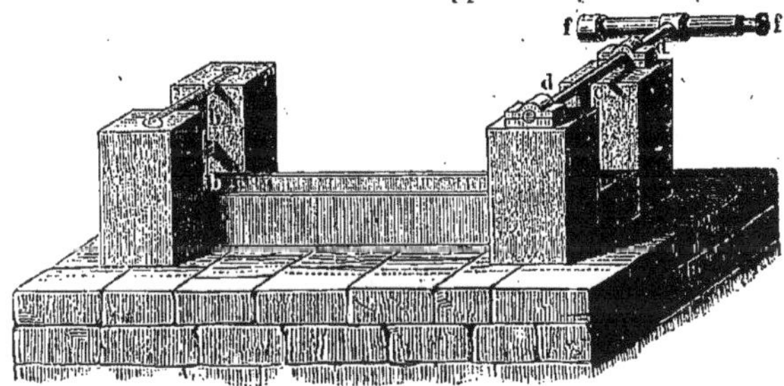

Fig. 47

La barre à étudier a était soutenue par des lames verticales de glace de Saint-Gobain portant des rouleaux, de manière à ne point opposer de résistance à l'allongement ou au raccourcissement de la barre. Une lame de verre ou de glace b, placée verticalement et solidement fixée par des traverses de fer à des cubes en pierre de taille, servait de point fixe à l'une des extrémités de la barre a, tandis que l'autre extrémité s'appuyait sur une lame de verre semblable c, pouvant tourner en même temps que la lunette f autour de l'axe horizontal d.

Lavoisier et Laplace ont déterminé, à l'aide de cet appareil, les coefficients de dilatation linéaire de différents métaux, ainsi que de différentes sortes de verre.

II. Méthode de Fuess et Glatzel. — L'appareil construit par le mécanicien Fuess, à l'aide duquel Glatzel a déterminé les coefficients de dilatation de différents corps solides, présente un certain intérêt. Une barre verticale de la substance à étudier est placée dans un tube de cuivre, entouré d'un vase, dont on peut faire varier rapidement la température, en y faisant passer un courant de vapeur ou un courant d'eau. La tige appuie en bas sur une vis micrométrique et en haut sur la branche la plus courte d'un levier, dont l'autre branche, en forme d'aiguille, parcourt les divisions d'un arc gradué vertical. Après chaque échauffement ou chaque refroidissement, on amène, au moyen de la vis micrométrique, la barre dans une position telle que l'aiguille soit sur le zéro de l'échelle. Le nombre de révolutions de la tête de vis donne la variation cherchée de la longueur de la tige. Vandevyver (1898) s'est servi d'une méthode analogue.

III. Méthode différentielle. — Borda a adopté, pour l'étude des règles employées dans la mesure de la méridienne française, une méthode proposée par De Luc. Une règle en platine AB (*fig.* 48) de 12 pieds de long était

Fig. 48

placée auprès d'une règle en cuivre A'B'. A son extrémité B, la règle AB était munie d'une graduation, et A'B' portait aussi des divisions à son extrémité B', formant vernier avec les précédentes. Le cuivre se dilatant plus que le platine, l'extrémité B' se déplaçait dans un échauffement le long de AB et la lecture sur le vernier changeait. Les lectures étaient effectuées de 0° à 100°. Connaissant le coefficient de dilatation du platine, celui du cuivre pouvait s'en déduire. Dulong et Petit se sont servis de cette méthode, dans l'étude de la dilatation thermique de différents corps; la longueur des tiges, dans leurs expériences, était de 1m,2.

IV. Méthode du thermomètre a poids. — Nous avons décrit le thermomètre à poids, dans le § **10** du chapitre précédent, et montré comment on peut s'en servir pour la mesure d'une température t, quand on connaît, pour l'intervalle 0°, t°, les coefficients moyens de dilatation *cubique* α_t et β_t du liquide (mercure), qui remplit le thermomètre, et de la substance (verre) avec laquelle celui-ci est fait; les formules (28) et (31), page 58, servent à cet effet. Supposons maintenant que le coefficient de dilatation α_t du liquide ait été déterminé par une méthode quelconque et que nous mesurions la température t, jusqu'à laquelle l'appareil est échauffé, à l'aide d'un autre thermomètre, par exemple d'un thermomètre à air; la méthode décrite à la page 57 nous donne alors le *coefficient de dilatation cubique* β_t *de l'enveloppe* au moyen de la formule (27), page 58,

$$P_t(1 + t\alpha_t) = P_0(1 + t\beta_t), \tag{15}$$

dans laquelle P_0 et P_t désignent les poids du mercure remplissant le thermomètre à 0° et à $t°$. On tire de la formule (15)

$$(16) \qquad \beta_t = \frac{P_t(1 + t\alpha_t) - P_0}{P_0 t}.$$

L'appareil, dont la construction est identique à celle du thermomètre à poids, peut servir également à la détermination du coefficient de dilatation cubique de tout corps solide qu'on peut y introduire (voir figure 49), en lui donnant la forme d'un cylindre ou d'un parallélépipède. Le poids p de ce corps et sa densité d_0 à 0° doivent être connus, ainsi que les coefficients de dilatation α_t et β_t du mercure et du verre ; β_t est déterminé au préalable par la méthode exposée ci-dessus pour la nature de verre donnée. Désignons de nouveau par P_0 et P_t les poids de mercure remplissant à 0° et à $t°$ l'espace libre dans l'appa-

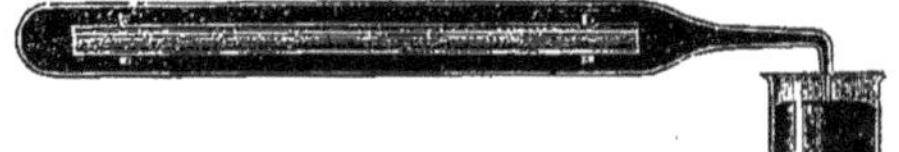

Fig. 49

reil, et par δ_0 la densité du mercure à 0°. Le volume occupé dans l'appareil par le corps étudié et par le mercure à 0° est égal à $\frac{p}{d_0} + \frac{P_0}{\delta_0}$, et par suite ce volume devient à $t°$

$$\left(\frac{p}{d_0} + \frac{P_0}{\delta_0}\right)(1 + \beta_t t).$$

L'appareil renferme alors le corps et le mercure restant P_t. Le volume à $t°$ du corps est égal à $\frac{p}{d_0}(1 + x_t t)$, où x_t est le coefficient moyen cherché de dilatation cubique du corps entre 0° et $t°$; le volume du mercure est égal à $\frac{P_t}{\delta_0}(1 + \alpha_t t)$. Nous avons l'égalité suivante

$$(17) \qquad \left(\frac{p}{d_0} + \frac{P_0}{\delta_0}\right)(1 + \beta_t t) = \frac{p}{d_0}(1 + x_t t) + \frac{P_t}{\delta_0}(1 + \alpha_t t),$$

au moyen de laquelle on détermine la grandeur cherchée x_t. Cette méthode a été adoptée par Dulong et Petit, pour la détermination des coefficients de dilatation cubique de différents métaux. Le mercure peut être remplacé par un autre liquide.

V. Méthode de Matthiesen et de Kopp. — On obtient le coefficient de dilatation cubique d'un corps solide, en déterminant sa densité à des températures différentes, la densité étant inversement proportionnelle au volume. Les densités d_0 et d_t correspondant aux températures 0° et $t°$ sont liées par l'équation suivante

$$(18) \qquad d_t = \frac{d_0}{1 + x_t t},$$

où α_t représente le coefficient moyen de dilatation cubique entre 0° et t°. Tel est le fondement de la méthode de MATTHIESEN et de KOPP. MATTHIESEN procédait de la façon suivante : il déterminait d'abord les coefficients de dilatation linéaire de tiges de verre, puis, par la méthode d'ARCHIMÈDE, en se servant de morceaux du même verre, la densité de l'eau à différentes températures. Enfin, il déterminait la perte de poids des corps étudiés dans l'eau chauffée aux températures considérées, c'est-à-dire qu'il déterminait par la méthode d'ARCHIMÈDE la densité d_t de ces corps à ces températures. KOPP déterminait la densité de toute une série de métaux, minéraux et verres à des températures différentes par la méthode du pyknomètre.

VI. MÉTHODE DE FIZEAU. — La méthode ingénieuse de FIZEAU, qui est aujourd'hui très employée grâce aux travaux de BENOÎT et ABBE, repose sur un principe que fait comprendre la figure 50, représentant l'appareil de FIZEAU sous une forme simple. Trois vis, dont deux seulement sont visibles sur la figure, traversent une plaque circulaire dans le voisinage des bords, et forment avec celle-ci une tablette à trois pieds, sur laquelle on pose le corps dont on veut déterminer le coefficient de dilatation *linéaire*. Les vis sont faites aujourd'hui en un alliage de platine avec 10 % d'iridium. Sur les pointes supérieures mousses des vis repose une lame de verre, et on règle la longueur de ces pieds filetés au-dessus de la tablette, de façon qu'il reste entre la surface inférieure de la lame de verre et la face supérieure du corps une mince couche d'air. La surface du corps n'est pas parfaitement plane (dans la méthode primitive de FIZEAU), mais légèrement convexe par exemple. Si on éclaire l'appareil par en haut avec une lumière homogène (monochromatique), des franges interférentielles apparaissent dans la couche d'air interposée, sous forme d'anneaux de NEWTON par exemple, lorsque la surface du corps est convexe au milieu : en général ces franges se présentent sous forme de courbes obscures et brillantes. Quand les surfaces de la lame de verre et du corps sont parfaitement planes, mais non absolument parallèles, les franges forment des lignes droites parallèles à l'intersection des deux plans.

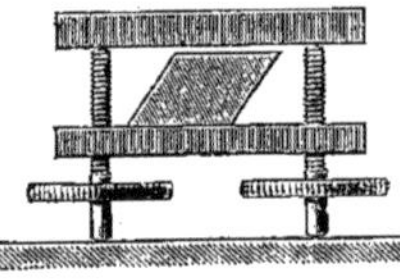

Fig. 50

Une frange *sombre* se forme aux endroits où l'épaisseur d de la couche d'air est égale à $m\,\frac{\lambda}{2}$, m étant un nombre entier et λ désignant la longueur d'onde de la lumière homogène employée ; pour la frange voisine, d'un côté de celle considérée, il faut prendre $m - 1$ au lieu de m et, pour celle qui se trouve de l'autre côté, $m + 1$.

Si la température t commence à croître, l'épaisseur d de la couche d'air change de la quantité Δ, qui est égale à la différence des dilatations linéaires des pieds filetés surmontant la tablette et du corps qui repose sur celle-ci. Par suite de la variation incessante de l'épaisseur d, il se produit un déplacement continu de tout le système de franges des endroits où d est plus grand vers ceux où il est plus petit, lorsque d augmente par échauffement ; si, au contraire, d diminue par échauffement, c'est-à-dire si le corps se dilate plus que les pieds, le mouvement des franges a lieu en sens contraire. En comptant le nombre N de franges, qui passent, dans un échauffement de l'appareil de t_1^0 à t_2^0, devant une marque quelconque faite sur la surface inférieure du verre ou devant le point de croisement des fils de l'oculaire de la lunette, on peut obtenir facilement le coefficient cherché α de dilatation linéaire du corps. Supposons que le coefficient de dilatation linéaire des pieds filetés soit égal à β (nous verrons, plus loin, comment on le détermine) ; désignons par L la longueur des pieds filetés au-dessus de la surface de la tablette, par l la hauteur du corps étudié ; L est évidemment un peu plus grand que l. Supposons enfin que la température ait varié de $\tau^\circ = t_2 - t_1$.

La variation Δ de l'épaisseur d est évidemment égale à $N\frac{\lambda}{2}$; on en déduit immédiatement que

$$\pm \Delta = \pm N\frac{\lambda}{2} = L\beta\tau - l\alpha\tau, \tag{19}$$

ce qui permet de déterminer la grandeur cherchée α. Le double signe $\pm$ signifie que $N\frac{\lambda}{2}$ est égal à la différence $L\beta\tau - l\alpha\tau$ ou à la différence contraire $l\alpha\tau - L\beta\tau$, suivant que l'une ou l'autre est positive.

Lorsqu'on se sert de la lumière jaune d'une flamme de sodium, on a $\frac{\lambda}{2} = 0^{mm},000294$; une telle variation de l'épaisseur d produit déjà un déplacement des franges si grand qu'une frange vient prendre la place de sa voisine. On peut observer un déplacement des franges de 0,1 de leur distance mutuelle ; il s'ensuit que la grandeur Δ peut être déterminée à $0^{mm},00003$ près. Fizeau avait gravé sur la surface du verre 10 points et Benoît 25, qui servaient à la détermination exacte des petits déplacements de toute une série de franges. La moyenne de toutes les mesures donnait la grandeur du déplacement des franges jusqu'à une certaine fraction de leur distance mutuelle.

La formule (19) n'est pas tout à fait exacte, car nous n'avons pas tenu compte en l'établissant de ce que la longueur d'onde λ dans l'air change en même temps que la température. Il est facile d'introduire la correction correspondante.

Pour déterminer la grandeur β, on élève la tablette plus haut et on observe les franges d'interférence, qui apparaissent entre la surface de la tablette (sur laquelle ne repose aucun corps) et la surface inférieure du verre.

Benoît a étudié soigneusement la méthode de Fizeau et l'a beaucoup perfectionnée ; les résultats de ses travaux sont exposés dans deux mémoires importants.

Il obtint, pour le coefficient moyen de dilatation linéaire des vis en alliage de Pt avec 10 % d'iridium,

$$\alpha_t = (8539,6 + 2,298t)\,10^{-9}.$$

La méthode de Fizeau modifiée par Abbe présente un grand intérêt. L'appareil d'Abbe a été décrit et ensuite perfectionné (1898) par Pulfrich. Abbe a employé comme source lumineuse deux ou trois raies émises par un tube de Geissler incandescent et possédant des longueurs d'onde différentes. Ceci permettait d'éviter le dénombrement fatigant des franges, qui passent devant les marques pendant l'échauffement de l'appareil, c'est-à-dire parfois durant plusieurs heures. Dans la méthode d'Abbe, il suffit de mesurer aux températures t_1 et t_2 les distances de la marque à la ligne médiane la plus voisine entre deux franges, pour deux ou mieux pour trois λ différents.

Nous ne pouvons entrer dans plus de détail, et nous nous bornerons à décrire brièvement la construction de l'appareil d'Abbe. L'appareil interférentiel est représenté par la figure 51 ; O est une lame de la substance étudiée ; P est la lame de verre, dont les faces ne sont pas tout à fait parallèles (elles forment un angle de 20′), de sorte que les rayons, tombant d'en haut perpendiculairement à la face inférieure de la lame et réfléchis par la face supérieure, sont déviés latéralement et ne se mêlent pas aux rayons interférents, réfléchis par la face inférieure de la lame P et la face supérieure du corps O. Un cercle argenté *m* sert de repère. La figure 52 *a* donne la *coupe verticale* de tout l'appareil, et la figure 52 *b* la *coupe horizontale* de sa partie supérieure. L'appareil

Fig. 51

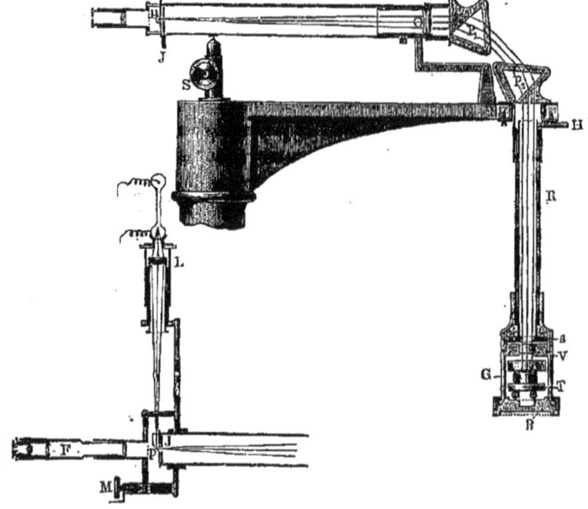

Fig. 52 *a*, *b*.

interférentiel T se trouve dans le vase G, dont on peut faire varier la température. Les rayons d'un tube de Geissler sont réfléchis par le petit prisme *p* dans la direction *p*O et sont renvoyés ensuite verticalement en bas à l'aide des prismes P_1 et P_2. Ils parviennent dans leur retour à la lunette F, qui sert à l'observation des franges interférentielles. Ces franges forment un système de lignes droites parallèles, la couche d'air entre P et O (*fig.* 51) étant limitée par deux plans non absolument parallèles (Tome II).

En dehors de Pulfrich, Weidmann, Reimerdes, Scheel, et d'autres encore ont employé l'appareil d'Abbe. Récemment, Abbe a introduit un nouveau perfectionnement, en remplaçant la tablette par un cylindre creux, taillé dans du quartz parallèlement à l'axe optique. La hauteur du cylindre (ou plus exactement de l'anneau) est de 10^{mm}, son diamètre intérieur de 25^{mm}. Il repose sur une lame de quartz et une autre lame identique lui sert de couvercle. A l'intérieur de l'anneau sont placées les lames à étudier. Tout le reste se comprend d'après ce qui précède. L'emploi du quartz rend nécessaire la détermination aussi précise que possible de la dilatation thermique de cette substance. Nous indiquerons dans le prochain paragraphe les travaux qui se rapportent à cette détermination. Scheel (1904) et Ayres (1905) ont donné à l'appareil une disposition telle qu'il est possible aussi d'effectuer des mesures à la température de l'air liquide.

Tutton a modifié la méthode Fizeau-Abbe, en posant sur la face supérieure du corps étudié une lame d'aluminium, dont l'épaisseur était égale à 0,4 environ de la longueur des vis au-dessus de la tablette. La dilatation de la lame d'aluminium et celle des vis étant les mêmes, le déplacement des franges interférentielles n'était dû qu'à la dilatation du corps étudié.

Morley et Rogers ont mesuré la dilatation thermique de tiges métalliques, au moyen d'une méthode interférentielle qui rappelle celle de Michelson (Tome II).

3. Résultats des mesures de dilatation des corps solides. — Nous allons donner quelques-uns des résultats des mesures, qui ont été effectuées sur les corps solides isotropes, à l'aide des méthodes considérées dans le § **2**.

Hallström a déterminé le premier le coefficient de dilatation en fonction de la température ; il exprimait la longueur l_t de tiges de verre et de laiton au moyen de fonctions empiriques de la forme (2), page 94, qui, comme nous l'avons vu, donnent facilement le coefficient de dilatation α [voir formules (6) ou (7), page 95].

Matthiesen a déterminé les constantes A et B de la formule (2) pour une série de métaux et en a déduit par le calcul les coefficients moyens de dilatation linéaire α_{100} entre 0° et 100°. Matthiesen a donc posé

$$l_t = l_0 (1 + At + Bt^2). \tag{20}$$

Nous donnons ci-dessous quelques-uns de ses chiffres :

Substances	A 10^8	B 10^{10}	$10^8 \alpha_{100}$
Cadmium	2693	466	3159
Plomb.	2726	74	2800
Cuivre	1481	185	1666
Palladium.	1011	93	1104
Platine	851	35	886

Le Chatelier a déterminé le coefficient moyen de dilatation linéaire α_T entre 0° et une *température élevée* T ; nous indiquons quelques valeurs numériques, en les comparant aux valeurs de α_{40} trouvées par Fizeau :

Substances	$10^7 \alpha_{40}$	$10^7 \alpha_T$	T
Fer doux.	120	145	1000°
Acier dur	110	149	1000°
Fonte grise	106	175	1000°
Cuivre	170	200	1000°
Nickel.	127	182	1000°
Platine	90	113	1000°
Aluminium	231	315	600°
Argent	192	205	900°

Léméray (1900) a fait remarquer que le produit αT, où T est la *température absolue de fusion*, possède à peu près la même valeur pour tous les *métaux* (0,02 environ). Une dépendance analogue avait déjà été indiquée antérieurement par Pictet, et l'a été depuis par Panayeff (1905).

Glatzel a trouvé que si un fil métallique, tel qu'on le trouve dans le commerce, subit des *échauffements* et des *refroidissements répétés*, les premiers échauffements donnent de trop petites valeurs et les premiers refroidissements de trop grandes valeurs du coefficient α_t. Ces valeurs tendent peu à peu l'une vers l'autre et ce n'est qu'après plusieurs échauffements et refroidissements qu'elles deviennent égales entre elles. Ainsi, pour l'acier, le premier échauffement a donné $\alpha = 0{,}00101$, le premier refroidissement $\alpha = 0{,}00132$; le troisième refroidissement $\alpha = 0{,}00129$ et le quatrième échauffement $\alpha = 0{,}00122$. Ce phénomène s'explique par l'existence d'une tension intérieure, due au mode de préparation du fil, et par la tendance à une diminution de longueur qui en résulte.

Holborn et Day (1900) ont effectué une détermination très précise des coefficients de dilatation de Pt, Pd, Ag, Ni, Fe, de l'acier, du constantan (alliage) et d'un alliage de Pt et Ir.

Scheel (1902) a déterminé par la méthode Fizeau-Pulfrich la dilatation linéaire du *quartz* dans la direction de son axe (voir plus loin), du *quartz* amorphe (voir plus loin), de Pt, Pd, de la porcelaine de Berlin et du verre d'Iéna 59[III] (borosilicaté). Nous réunissons ici quelques-uns des résultats obtenus :

Platine :

SCHEEL :	$l_t = l_0\,(1 + 8{,}806.10^{-6}\,t + 0{,}00195.10^{-6}\,t^2)$,
HOLBORN et DAY :	$l_t = l_0\,(1 + 8{,}868.10^{-6}\,t + 0{,}001324.10^{-6}\,t^2)$,
BENOÎT :	$l_t = l_0\,(1 + 8{,}901.10^{-6}\,t + 0{,}00121.10^{-6}\,t^2)$.

Palladium :

SCHEEL :	$l_t = l_0\,(1 + 11{,}612.10^{-6}\,t + 0{,}00323.10^{-6}\,t^2)$,
HOLBORN et DAY :	$l_t = l_0\,(1 + 11{,}670.10^{-6}\,t + 0{,}002187.10^{-6}\,t^2)$.

Porcelaine :

SCHEEL : $l_t = l_0\,(1 + 2{,}721.10^{-6}\,t + 0{,}00306.10^{-6}\,t^2)$.

Verre d'Iéna 59[III] :

SCHEEL : $l_t = l_0\,(1 + 5{,}608.10^{-6}\,t + 0{,}00290.10^{-6}\,t^2)$.

La dilatation de Al et Ag aux basses températures a été étudiée par AYRES et SIMPSON (1905).

DAHLANDER a recherché l'*influence de l'extension* des fils métalliques sur leur coefficient de dilatation thermique linéaire ; il a constaté que ce coefficient est *plus grand*, quand le fil a été soumis à un allongement. Mais DAHLANDER a montré que ce changement peut être regardé comme la conséquence directe de la diminution du module d'YOUNG (Tome I), c'est-à-dire de l'augmentation de dilatabilité dans un accroissement de température. Si on chauffe un fil étendu, à l'allongement dû à l'échauffement s'ajoute celui qui résulte de l'augmentation de dilatabilité, d'où accroissement apparent du coefficient de dilatation. DAHLANDER a donné la formule suivante, qui s'établit facilement,

$$\alpha_2 - \alpha_1 = \frac{P}{s(t' - t)}\left(\frac{1}{E_{t'}} - \frac{1}{E_t}\right). \tag{21}$$

Dans cette formule, α_1 désigne le coefficient moyen de dilatation entre les températures t et t' pour un fil non tendu, α_2 pour un fil tendu par un poids P ; s est l'aire de la section transversale du fil ; E_t et $E_{t'}$ sont les modules de YOUNG aux températures t et t'. Il est clair que l'on a $\alpha_2 > \alpha_1$, si $E_{t'} < E_t$.

Le *caoutchouc* possède une propriété remarquable. Une bande (ou un tube) de caoutchouc étendue se raccourcit quand on la chauffe, c'est-à-dire que son coefficient de dilatation linéaire α est *négatif, dans la direction de la dilatation*. Ce phénomène a été découvert par JOULE. Si l'on fait passer à travers un tube de caoutchouc fortement étendu un courant de vapeur très chaude, il se raccourcit d'une quantité sensible. BJERKEN a montré que, déjà pour une tension relativement faible, lorsque l'allongement est égal à 0,1 de la longueur primitive, le coefficient α est négatif ; on a $\alpha = -0{,}00012$. Quand la longueur est 2,3 fois plus grande que la longueur normale, on a $\alpha = -0{,}00051$.

Si on pouvait appliquer la formule (21) de DAHLANDER au caoutchouc, pour lequel $\alpha_2 < \alpha_1$, puisque $\alpha_1 > 0$ et $\alpha_2 < 0$, on serait amené à conclure que $E_{t'} > E_t$ pour le caoutchouc, c'est-à-dire que le module de YOUNG croît avec la température. Mais les expériences de RUSSNER ont établi que l'allongement du caoutchouc tendu par un poids augmente considérablement avec la température. Il est donc clair que le module de YOUNG, comme il fallait s'y attendre, décroît quand la température augmente et qu'en conséquence la formule de DAHLANDER n'est pas applicable au caoutchouc.

L'explication du phénomène précédent a été donnée par les expériences de LÉBÉDEW, qui a trouvé que la densité du caoutchouc étiré *diminue* quand la température croît, malgré la diminution de sa longueur. Il en résulte que le caoutchouc étiré a un coefficient de dilatation positif, normalement à sa longueur, c'est-à-dire à la direction de la force qui produit l'extension. Ceci indique que le caoutchouc étiré est un corps *anisotrope*, de sorte qu'on peut le ranger parmi les corps que nous considérerons dans le § **4**, qui possèdent des coefficients de dilatation différents dans des directions différentes. M. CANTONE et G. CONTINO ont montré également que le volume du caoutchouc étiré a un coefficient thermique toujours positif. KUNDT a en outre trouvé que le caoutchouc étiré possède la propriété du dichroïsme, ce qui établit déjà directement son anisotropie.

SCHUMACHER, POHRT et MORITZ (de Poulkowo) ont trouvé en 1849 que la *glace* en se refroidissant au-dessous de 0° se contracte et que par suite H^2O ne se dilate que de + 4° à 0°, avec une dilatation brusque au moment de sa congélation. Ils ont obtenu, pour le coefficient de dilatation *linéaire* de la glace, la valeur 0,0000518. Des études plus récentes de PLÜCKER et de GEISSLER ont donné le nombre 0,0000528. DEWAR (1902), qui a déterminé pour un grand nombre de corps la dilatation entre — 188°,7 (air liquide) et + 17°, a trouvé, pour le coefficient de dilatation linéaire de la *glace* dans cet intervalle de température, $\alpha = 0{,}000027$, c'est-à-dire à peu près la moitié de la valeur correspondant à l'intervalle 0° — 20°. Il a obtenu en outre, pour le *mercure solide*, entre — 38°,8 et — 188°,7, $3\alpha = 0{,}0000887$.

REGNAULT a déterminé les coefficients de *dilatation cubique* de différentes sortes de verre ; il a trouvé des valeurs oscillant entre 0,00002144 et 0,00002758 selon la composition, le procédé de fabrication et même la forme du verre. SCHOTT trouva plus tard que du verre rapidement refroidi et présentant par suite des tensions intérieures, a un coefficient de dilatation plus grand que du verre refroidi lentement et en conséquence plus isotrope.

En 1894 a été publiée une étude importante de SCHOTT et de WINKELMANN sur le coefficient de dilatation cubique α du verre en fonction de sa composition. Ils ont étudié 30 sortes de verre d'Iéna et ont trouvé que les valeurs de α oscillent dans des limites très larges, entre $\alpha = 0{,}0000110$ (41 B^2O^3 et 59 ZnO) et $\alpha = 0{,}0000337$ (57SiO^2, 13K^2O, 13Na^2O, 12Al^2O^3 et 5ZnO). Ils ont reconnu que α peut se calculer approximativement, pour chaque sorte de verre, à l'aide d'une formule telle que

$$\alpha = a_1x_1 + a_2x_2 + a_3x_3 + \ldots,$$

où a_1, a_2, a_3, ... sont les quantités en poids des substances entrant dans une unité de poids du verre et x_1, x_2, x_3, ... des constantes caractéristiques de ces substances. Ainsi, on a, par exemple, $10^7 x = 10{,}0$ pour Na^2O, 8,5 pour K^2O, 5,0 pour Al^2O^3, 3,0 pour PbO, 1,8 pour ZnO, 0,1 pour MgO, etc. La présence de Na^2O et K^2O produit un accroissement particulièrement grand du coefficient de dilatation du verre.

Nous avons parlé plus haut de l'effet thermique retardé observé dans le verre, qui a été particulièrement étudié par MARCHIS.

MATTHIESEN s'est occupé de la dilatation thermique des *alliages* ; il a reconnu que la dilatation d'un alliage était à toutes les températures égale à la somme des dilatations de ses parties constituantes prises séparément aux mêmes températures, ou, en d'autres termes, que le coefficient de dilatation cubique α d'un alliage, dont le volume v renferme les volumes v_1, v_2, v_3, ..., v_i, ... des parties constituantes, ayant comme coefficients de dilatation α_1, α_2, α_3, ..., α_i, ..., est la moyenne des grandeurs α_i calculée par ce qu'on appelle la formule des mélanges

$$\alpha = \frac{\sum \alpha_i v_i}{\sum v_i} = \frac{\sum \alpha_i v_i}{v},$$

$$v\alpha = \sum v_i \alpha_i.$$

L'exactitude de ce fait a été confirmée par exemple par STADTHAGEN pour le *magnalium* (alliage de Al et Mg). LE CHATELIER a étudié la dilatation thermique des alliages de Cu — Sb et Cu — Al.

Quelques substances présentent, dans leur dilatation, des particularités :

SVEDELIUS a trouvé pour Fe et l'acier des anomalies dans le voisinage de 660° et de 730° : une contraction anomale pendant l'échauffement et une dilatation également anomale pendant le refroidissement. La position de ces deux points critiques dépend de la teneur en carbone de l'acier. LE CHATELIER (1899) a effectué également des recherches analogues sur la dilatation anomale du fer.

GUILLAUME a étudié la dilatation thermique de différents alliages de Ni et d'acier. L'alliage renfermant 35,7 °/₀ de Ni est celui qui possède le coefficient de dilatation minimum (10 fois plus petit que celui de Pt) ; le coefficient moyen entre 0° et t° est $(0{,}877 + 0{,}00127t)\,10^{-6}$; la densité de cet alliage est 8,098. Guillaume a réussi, par un travail mécanique, à obtenir un fil, dont la dilatation entre 0° et 26° est 61 fois plus petite que celle du platine. Ces résultats ont été confirmés par CHARPY et GRENET (1902).

Les coefficients de dilatation α de l'*ébonite* et de la *gutta-percha* croissent très rapidement avec la température. KOHLRAUSCH a obtenu pour l'ébonite $= 7700.10^{-8}$ entre 17° et 25°, et $\alpha = 8420.10^{-8}$ entre 25° et 30°. RÜSSNER a trouvé pour la gutta-percha :

t	10°	20°	30°	40°
$10^8\alpha$	18200	19830	21500	23200.

L'iodure d'argent fondu et de nouveau solidifié possède, comme Fizeau l'a montré, un coefficient de dilatation cubique α négatif à toutes les températures entre — 10° et + 70°, c'est-à-dire qu'il se contracte quand on le chauffe et se dilate quand on le refroidit. Fizeau a trouvé que $10^8\alpha = -417$ et $10^8 \frac{\partial\alpha}{\partial t} = -4,2$. Ce dernier nombre montre que, la température s'abaissant, α croît (en se rapprochant de 0), et que, pour $t = -60°$, on a probablement $\alpha = 0$, c'est-à-dire qu'à cette température la densité de l'*iodure d'argent* est *minima*. Rodwell a montré que la diminution de volume continue jusqu'à 142° ; à cette température, la densité de l'iodure d'argent atteint son *maximum* ; en élevant encore la température, il se dilate de nouveau et cette dilatation se produit au-dessus du point de fusion (527°).

Les cristaux du système régulier (Tome I) étant isotropes, nous n'avons pas besoin de considérer en détail comment ils se comportent, quand on les chauffe ; nous ne ferons qu'indiquer les particularités que manifestent deux substances appartenant à ce système.

D'après les recherches de Fizeau, le coefficient de dilatation cubique α du *diamant* est

$$10^9\alpha = 1686 + 43,4t.$$

Pour $t = -38°,8$, on obtient $\alpha = 0$, et pour $t < -38°,8$ on a $\alpha < 0$. Il en résulte que le diamant atteint son *maximum* de densité pour $t = -38°8$.

Fizeau a trouvé pour le *protoxyde de cuivre* :

$$10^9\alpha = -284 + 69,2t.$$

Pour $t > 4°,1$, on a $\alpha > 0$; pour $t = 4°,1$, $\alpha = 0$, et enfin pour $t > 4°,1$, $\alpha < 0$. Il en résulte que le protoxyde de cuivre possède son maximum de densité à 4°,1, c'est-à-dire presque à la même température que l'eau.

La dilatation thermique du quartz *amorphe* (fondu) est très faible. Holborn et Henning (1903) ont trouvé entre 0° et 1000°

$$10^6\alpha = 0,54.$$

Scheel (1903) a donné, pour la longueur l_t à t^0 entre 0° et 1000°, l'expression

$$l_t = l_0\,(1 + 0,332.10^{-6}t + 0,00147.10^{-6}t^2),$$

tandis que P. Chappuis (1903) a trouvé

$$l_t = l_0\,(1 + 0,385.10^{-6}t + 0,00115.10^{-6}t^2).$$

Pour en terminer avec la dilatation thermique des corps solides isotropes, nous mentionnerons encore qu'une série de déterminations des coefficients de dilatation de différentes sortes de verre, de métaux, etc., a été entreprise au Reichsanstalt à Charlottenbourg.

4. Influence de la température sur le volume des corps anisotropes. Dilatation des cristaux.— Mitscherlich a observé le premier que les cristaux anisotropes, c'est-à-dire tous les cristaux en dehors du système régulier, se dilatent inégalement par la chaleur dans des directions différentes. Il a fait cette découverte en mesurant à différentes températures l'angle dièdre de l'une des arêtes d'un cristal de spath calcaire ; il a constaté ainsi que cet angle variait, quand la température s'élevait. Ce fait prouve que le cristal, en se dilatant, ne reste pas semblable à lui-même, ce qui ne serait possible que si le cristal se dilatait également dans toutes les directions. Pour déterminer les coefficients de dilatation eux-mêmes, Mitscherlich a déterminé en commun avec Dulong le coefficient γ de dilatation cubique du cristal. Pour mieux comprendre les calculs de Mitscherlich, nous allons brièvement considérer la question de la dilatation des corps anisotropes et donner quelques formules.

Supposons qu'il existe, dans un milieu anisotrope, trois directions rectangulaires, auxquelles correspondent les coefficients de dilatation *linéaire* α_1, α_2, α_3, qui possèdent cette particularité importante que les molécules disposées le long d'une droite géométrique parallèle à l'une de ces directions restent sur cette droite ; admettons, en d'autres termes, que la file de molécules considérée ne change pas de direction avec la température, si elle est parallèle à l'une de ces trois directions. Nous appellerons α_1, α_2, α_3 *coefficients principaux*.

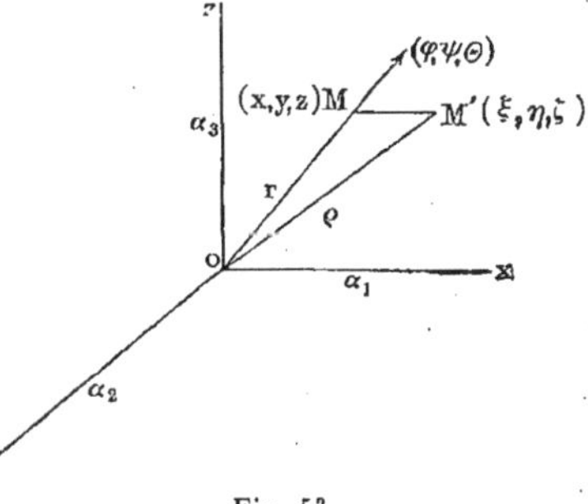

Fig. 53

Menons par un point quelconque o (*fig.* 53) trois axes de coordonnées suivant les trois directions mentionnées, et soit $M(x, y, z)$ la position d'un point quelconque à 0^0. A t^0 il occupe une nouvelle position $M'(\xi, \eta, \zeta)$, dont les coordonnées sont déterminées par les équations de condition

$$(22) \qquad \begin{cases} \xi = x(1 + \alpha_1 t), \\ \eta = y(1 + \alpha_2 t), \\ \zeta = z(1 + \alpha_3 t). \end{cases}$$

La droite $OM = r$ se change en $OM' = \rho$; il s'ensuit que lorsque la température varie, non seulement la longueur de la file OM de molécules *change*, mais aussi sa *direction*. Posons

$$(23) \qquad \rho = r(1 + \beta t) ;$$

nous appellerons β le coefficient de dilatation linéaire *dans la direction* OM, qui forme avec les axes de coordonnées les angles φ, ψ et Θ. Si on prend la somme des carrés des grandeurs (22) et si l'on pose $x = r \cos \varphi$, $y = r \cos \psi$, $z = r \cos \Theta$, on obtient

$$\rho^2 = r^2 \left[(1 + \alpha_1 t)^2 \cos^2 \varphi + (1 + \alpha_2 t)^2 \cos^2 \psi + (1 + \alpha_3 t)^2 \cos^2 \Theta\right].$$

Comme les grandeurs αt sont petites, on peut négliger leurs carrés, et il vient

$$\rho^2 = r^2 + 2r^2 t\,(\alpha_1 \cos^2\varphi + \alpha_2 \cos^2\psi + \alpha_3 \cos^2\Theta).$$

L'égalité (23) élevée au carré donne de la même manière

$$\rho^2 = r^2 + 2r^2\beta t.$$

La comparaison des deux dernières formules conduit à la relation

$$\beta = \alpha_1 \cos^2\varphi + \alpha_2 \cos^2\psi + \alpha_3 \cos^2\Theta. \tag{24}$$

Considérons trois directions rectangulaires avec les coefficients de dilatation linéaire β_1, β_2, β_3, formant avec les axes de coordonnées les angles φ_1, ψ_1, Θ_1; φ_2, ψ_2, Θ_2; φ_3, ψ_3, Θ_3, et écrivons pour les trois β des expressions de la forme (24). En les ajoutant, il vient

$$\beta_1 + \beta_2 + \beta_3 = \alpha_1 + \alpha_2 + \alpha_3. \tag{25}$$

La somme des coefficients de dilatation linéaire suivant trois directions rectangulaires quelconques a une valeur constante, égale à la somme des trois coefficients principaux.

Menons par O une droite formant avec les axes de coordonnées des angles égaux ω, de sorte que $\varphi = \psi = \Theta = \omega$. Comme $\cos^2\varphi + \cos^2\psi + \cos^2\Theta = 1$, nous avons $3\cos^2\omega = 1$ ou $\cos\omega = \frac{1}{\sqrt{3}}$, d'où $\omega = 54°44'$. Nous déduisons de (24) le coefficient de dilatation linéaire β' correspondant à cette direction, en faisant $\cos^2\varphi = \cos^2\psi = \cos^2\Theta = \frac{1}{3}$; on obtient

$$\beta' = \frac{1}{3}(\alpha_1 + \alpha_2 + \alpha_3). \tag{26}$$

Le coefficient de dilatation suivant la direction ω est égal à la valeur moyenne des trois coefficients de dilatation suivant trois directions rectangulaires quelconques.

Découpons dans le corps un parallélépipède rectangulaire, dont les côtés à $0°$ sont égaux à l_1, l_2, l_3; son volume V_0 à $0°$ est $V_0 = l_1 l_2 l_3$. Soit V le volume à $t°$ et posons

$$V = V_0(1 + \gamma t), \tag{27}$$

γ désignant le coefficient de dilatation cubique. A $t°$ les dimensions l_1, l_2, l_3 deviennent $l_1(1 + \beta_1 t)$, $l_2(1 + \beta_2 t)$, $l_3(1 + \beta_3 t)$, dont le produit est égal à V. En remplaçant V et V_0 par leurs valeurs dans (27), on obtient

$$(1 + \gamma t) = (1 + \beta_1 t)(1 + \beta_2 t)(1 + \beta_3 t).$$

Développons le second membre, en négligeant les produits des petites quantités $\beta_i t$, et divisons par t ; nous avons $\gamma = \beta_1 + \beta_2 + \beta_3$, ce qui donne, en tenant compte de (25) et (26),

$$(28) \qquad \gamma = \beta_1 + \beta_2 + \beta_3 = \alpha_1 + \alpha_2 + \alpha_3 = 3\beta'.$$

Le coefficient de dilatation cubique est une grandeur déterminée, pour un corps anisotrope donné, égale à la somme des coefficients de dilatation linéaire suivant trois directions rectangulaires, ou à trois fois le coefficient moyen β' suivant la direction ω mentionnée plus haut.

Dans un milieu anisotrope *uniaxe*, le coefficient de dilatation a la même valeur suivant toutes les directions perpendiculaires à l'axe. Si on prend cet axe pour Ox, on peut choisir arbitrairement les directions Oy et Oz. Il existe alors seulement *deux coefficients de dilatation principaux*, α_1 dans la direction de l'axe du milieu et α_2, perpendiculairement à cet axe. Les formules se simplifient, puisque $\alpha_2 = \alpha_3$; au lieu de (24), nous avons maintenant

$$(29) \qquad \beta = \alpha_1 \cos^2\varphi + \alpha_2 \sin^2\varphi,$$

l'axe Oy pouvant être placé dans le plan qui passe par Ox et la direction OM, et au lieu de la formule (28), nous obtenons

$$(30) \qquad \gamma = \beta_1 + \beta_2 + \beta_3 = \alpha_1 + 2\alpha_2 = 3\beta'.$$

Revenons aux expériences de Mitscherlich, qui a trouvé que l'angle dièdre, dans le cristal de spath calcaire, varie par échauffement de 0° à 100°, et qui a ensuite déterminé le coefficient de dilatation cubique γ. Il résultait de la variation de l'angle dièdre que le cristal se dilatait plus fortement dans la direction de l'axe du cristal que perpendiculairement à celui-ci ; on avait en effet

$$\frac{1 + 100\alpha_1}{1 + 100\alpha_2} = 1{,}00342,$$

ou plus simplement, α_1 et α_2 étant petits, $1 + 100(\alpha_1 - \alpha_2) = 1{,}00342$, c'est-à-dire

$$\alpha_1 - \alpha_2 = 0{,}0000342.$$

La mesure de γ donnait la seconde équation

$$\gamma = \alpha_1 + 2\alpha_2 = 0{,}0000196.$$

On déduit de ces deux équations

$$\alpha_1 = 0{,}0000293,$$
$$\alpha_2 = -0{,}00000487.$$

D'après ces valeurs, le spath calcaire se dilate donc par la chaleur dans la direction de l'axe du cristal, mais se contracte dans toute direction perpendiculaire à cet axe.

Après Mitscherlich, Pfaff, en particulier, s'est occupé de la dilatation thermique des cristaux. L'appareil, dont il s'est servi, est représenté sur la figure 54. Sur le cristal à étudier, un ressort J appuie l'extrémité du bras le plus court d'un levier mobile autour de l'axe F ; à l'extrémité du bras le plus long H est fixé un miroir G. L'axe F du levier repose sur la partie saillante E du curseur D, coulissant le long de la colonne B ; celle-ci porte des divisions, qui permettent de déterminer la hauteur de l'axe F au-dessus de la base A de l'appareil. L'angle de rotation du miroir G autour de l'axe F s'obtient à l'aide de la méthode de déviation d'un miroir (Tome I) ; cette rotation donne la différence entre les dilatations du cristal L et de la colonne B, qui sont produites par l'échauffement de tout l'appareil. La dilatation de la colonne B,

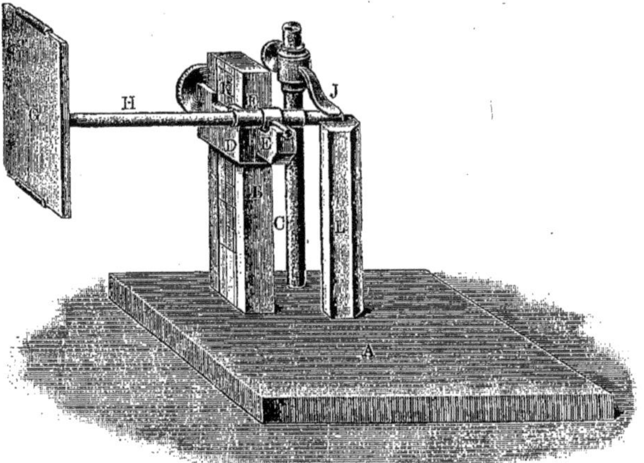

Fig. 54

est déterminée une fois pour toutes ; on peut donc déduire des observations le coefficient de dilatation linéaire cherché du cristal L.

Pfaff a confirmé les résultats de Mitscherlich ; il a trouvé que certains cristaux se dilatent plus que n'importe quel métal et que pour d'autres, le coefficient de dilatation est négatif dans des directions déterminées. Nous remarquerons que, pour de tels cristaux, la *dilatation thermique* est *égale à zéro*, dans toutes les directions parallèles aux génératrices d'un cône ayant pour équation [voir (24)]

$$\alpha_1 \cos^2 \varphi + \alpha_2 \cos^2 \psi + \alpha_3 \cos^2 \theta = 0.$$

Pour les cristaux uniaxes, dans lesquels l'une des grandeurs α_1 ou α_2 est négative, la dilatation thermique est nulle dans toutes les directions faisant avec l'axe un certain angle φ, tel que

$$\alpha_1 \cos^2 \varphi + \alpha_2 \sin^2 \varphi = 0,$$

[voir (29)], d'où l'on tire

$$\operatorname{tg} \varphi = \sqrt{-\frac{\alpha_1}{\alpha_2}}.$$

La contraction est, dans tous les cas, très faible ; aussi Pfaff pensait-il que la grandeur γ est toujours positive, c'est-à-dire que le volume d'un cristal augmente toujours avec la température. Pfaff a trouvé en outre qu'il existe, dans les cristaux du système *hexagonal*, un rapport constant entre leurs propriétés optiques et thermiques : les cristaux négatifs (Tome II) se dilatent plus suivant l'axe que perpendiculairement à celui-ci, tandis que l'inverse a lieu pour les cristaux positifs. Dans les cristaux du système quadratique, on n'observe pas de rapport de ce genre.

L'étude la plus précise de la dilatation thermique des cristaux a été faite par Fizeau, suivant sa méthode exposée à la page 100. Nous indiquerons ici quelques-uns de ses résultats.

Dans les cristaux du système régulier (corps isotropes), la dilatation est la même dans toutes les directions ; nous avons déjà mentionné à la page 108 les particularités que présentent le diamant et le protoxyde de cuivre.

Dans les cristaux uniaxes (systèmes hexagonal et quadratique), on a $\alpha_2 = \alpha_3$. Fizeau a mesuré α_1, α_2, et β' ; la dernière de ces grandeurs pouvait être calculée à l'aide de la formule (30), qui donne $\beta' = \frac{1}{3}(\alpha_1 + 2\alpha_2)$. Voici quelques exemples des valeurs trouvées :

Cristal	$10^8\alpha_1$	$10^8\alpha_2$	$18^8\beta'$ (observé)	$10^8\beta'$ (calculé)
Zircon.	4430	2330	3040	3030
Emeraude	— 106	137	57	56
Spath calcaire . . .	2621	— 540	507	514
Quartz	781	1419	1206	1206

Benoît a étudié par la méthode de Fizeau la dilatation du spath calcaire et du quartz et a déterminé comment variaient les coefficients α_1 et α_2 en fonction de la température, en les mettant sous la forme $\alpha_1 = a_1 + b_1 t$, $\alpha_2 = a_2 + b_2 t$.

Nous avons dit à la page 103, dans la description de l'appareil de Pulfrich, que la connaissance exacte de la dilatation thermique du *quartz* présentait actuellement une grande importance. Il s'agissait de la dilatation du quartz *parallèlement à l'axe optique*, l'axe du cylindre mentionné à la page 103 possédant une telle direction. Cette dilatation a été mesurée par Fizeau (1866), Benoît (1888), Reimerdes (1896), Scheel (1902) et Randall (1905). Soient l_t la longueur à $t°$ et l_0 la longueur à 0° d'une tige de *quartz, parallèle à l'axe optique*, et $l_t = l_0\,(1 + \alpha t)$. Dans le tableau suivant sont rassemblées les expressions trouvées pour α par les savants précédents ; on a indiqué les températures entre lesquelles les observations ont été faites et les formules sont valables :

Fizeau (2° — 60°). . . $\alpha = (7{,}10 + 0{,}00885\,t) \cdot 10^{-6}$,
Benoît (6° — 80°). . . $\alpha = (7{,}161 + 0{,}00801\,t) \cdot 10^{-6}$,
Reimerdes (5° — 220°) . $\alpha = (6{,}925 + 0{,}00819\,t) \cdot 10^{-6}$,
Scheel (16° — 100°) . . $\alpha = (7{,}144 + 0{,}00815\,t) \cdot 10^{-6}$,
Randall (16° — 250°). . $\alpha = (7{,}170 + 0{,}00810\,t) \cdot 10^{-6}$.

Si nous posons $\alpha = \alpha_0 + \beta t$, le coefficient de dilatation α_t à t^o est $\alpha_t = \alpha_0 + 2\beta t$; nous ferons remarquer que quelques-uns de ces physiciens ont donné d'autres α_t. Entre 16° et 250°, on a donc d'après RANDALL $\alpha_t = (7,170 + 0,01620\,t) \cdot 10^{-6}$; entre 250° et 470°, RANDALL donne l'expression

$$\alpha_t = [11,25 + 0,0165\,(t - 250) + 0,0000566\,(t - 250)^2 + 0,000000134\,(t - 250)^3] \cdot 10^{-6}\,;$$

entre 470° et 505°, α_t croît extrêmement vite et la dernière formule n'est plus valable. Nous avons déjà parlé à la page 108 de la dilatation du *quartz amorphe* (fondu).

Nous avons parlé également à la page 108 des propriétés particulières de l'iodure d'argent. FIZEAU a trouvé à 40°, pour les *cristaux d'iodure d'argent* qui appartiennent au système hexagonal,

$$\alpha_1 = -0,00000397, \qquad \alpha_2 = +0,00000065.$$

Ces nombres donnent pour le coefficient de dilatation cubique γ

$$\gamma = \alpha_1 + 2\alpha_2 = -0,00000267.$$

Il s'ensuit que l'iodure d'argent cristallin se contracte aussi par la chaleur.

Nous n'entrerons pas ici dans la question complexe de la position des trois axes de dilatation principaux α_1, α_2, α_3 dans les cristaux biaxes.

FÉDOROW s'est occupé de la théorie de la dilatation thermique des cristaux. Il indique à la page 338 de son *Cours de Cristallographie* (St-Pétersbourg, 1901) une méthode optique nouvelle pouvant servir à la mesure de la dilatation thermique. Elle consiste à recouvrir la surface polie du cristal d'une mince couche de métal précieux, sur laquelle est gravé un *réseau de diffraction* (Tome II). En chauffant le cristal, il se produit un déplacement des spectres de diffraction, à l'aide duquel on peut déterminer la dilatation thermique.

La dilatation du caoutchouc étiré peut être regardée (comme on l'a dit à la page 106) comme un cas spécial de la dilatation thermique des corps anisotropes. On peut encore rattacher à celle-ci la dilatation de quelques corps *non homogènes*, en quelque sorte anisotropes, comme le *bois* par exemple. VILLARI a trouvé que, pour différentes sortes de bois, la dilatation transversale est de 5 à 25 fois plus grande que la dilatation longitudinale.

5. Méthodes de détermination de la dilatation thermique des liquides. Dilatation du mercure. — Dans les liquides, on n'a à considérer que la dilatation cubique ; aussi doit-on toujours entendre par coefficient de dilatation α des liquides, le coefficient de dilatation *cubique*. Les méthodes pour la détermination de la grandeur α se partagent en deux groupes.

I. Dans les méthodes du premier groupe, on observe directement la différence entre la dilatation du liquide et celle du vase qui le renferme ; *le coefficient de dilatation de ce vase doit être connu.*

A ce groupe appartiennent les méthodes suivantes :

1. La méthode thermométrique ordinaire ; le liquide remplit le réservoir et une partie du tube, qui est exactement calibré ; on observe la variation de niveau de la colonne liquide dans le tube, quand la température change.

2. La méthode du thermomètre à poids.

3. La méthode du pyknomètre (flacon), qui ne se distingue pas essentiellement de la précédente, les deux méthodes étant basées sur la détermination de la variation de densité du liquide, lorsque la température change.

II. Au second groupe appartiennent les méthodes de détermination de la grandeur α, que l'on peut appeler méthodes hydrostatiques. Telles sont :

4. La méthode des vases communicants, dans lesquels, comme on sait, les hauteurs des liquides sont inversement proportionnelles aux densités de ces liquides.

5. La méthode basée sur la mesure de la perte de poids d'un corps déterminé M dans un liquide à différentes températures. Le coefficient de dilatation du corps M doit être connu.

Des cinq méthodes mentionnées, la méthode des vases communicants est la *seule* qui permette de déterminer *directement* la dilatation thermique des liquides, sans exiger la détermination préalable du même coefficient pour une autre substance. L'importance très grande de cette méthode réside en ce qui suit : à l'exception de la cinquième méthode, très rarement employée, les trois autres, dont en fait, on se sert le plus souvent, exigent qu'on détermine d'abord le coefficient de dilatation β du vase, ordinairement en verre. Cette détermination ne peut cependant être faite que par l'observation de la dilatation d'un liquide contenu dans ce vase, et dont on connaît déjà le coefficient de dilatation α. Pour sortir de ce cercle vicieux, on doit au moins pour *un* liquide quelconque, déterminer α par une autre méthode ; on sera alors en mesure, à l'aide de ce liquide, de déterminer la grandeur β pour le vase et finalement α aussi pour tout autre liquide.

La *méthode des vases communicants*, connue aussi sous le nom de méthode de Dulong et Petit, a été employée par ces savants, ainsi que par d'autres après eux, *exclusivement pour le mercure et pour l'eau*. La théorie de cette méthode est la suivante.

On peut évidemment appliquer aux liquides la formule (18), page 99, qui lie les densités d_0 et d_t à 0° et à t°.

$$d_t = \frac{d_0}{1 + \alpha_t t}, \tag{31}$$

où α_t est le coefficient moyen de dilatation cubique du liquide entre 0° et t°.

Supposons qu'un même liquide se trouve dans deux vases communicants at et $a't'$ (*fig.* 55), la température du liquide dans le vase at étant égale à 0°, dans l'autre à t°. Les hauteurs h_0 et h_t des colonnes liquides sont inversement proportionnelles aux densités d_0 et d_t du liquide, c'est-à-dire que l'on a

$$\frac{h_t}{h_0} = \frac{d_0}{d_t}.$$

Cette égalité et la formule (31) donnent

$$\frac{h_t}{1 + \alpha_t t} = h_0. \tag{32}$$

La formule (32) exprime qu'une colonne de liquide de hauteur h_t à la température t fait équilibre à une colonne à la température 0°, si la hauteur h_0 de cette dernière est égale à $h_t : (1 + \alpha_t t)$. On peut appeler la hauteur h_0, *hauteur réduite à 0° de la colonne liquide* h_t. On peut encore dire que les colonnes liquides h_0 à 0° et h_t à t° sont hydrostatiquement équivalentes et peuvent être remplacées l'une par l'autre, sans changement de la pression qu'elles exercent.

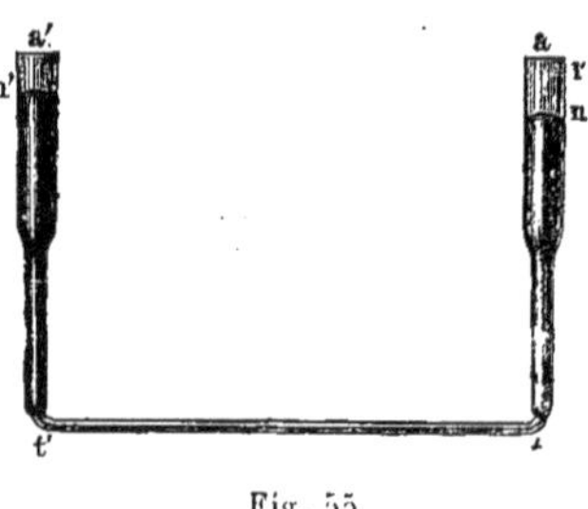

Fig. 55

Il est important de remarquer qu'il ne s'agit pas ici de la *réduction à* 0° habituelle : h_0 et h_t sont des grandeurs *linéaires*, tandis que α_t est le coefficient moyen de dilatation *cubique* entre 0° et t°.

Si les colonnes dans les vases communicants ont les températures t et T et les hauteurs h_t et h_T, on a

$$\frac{h_T}{1 + \alpha_T T} = \frac{h_t}{1 + \alpha_t t}. \tag{33}$$

Ces hauteurs, qui déterminent la pression hydrostatique, doivent êtres égales.

L'appareil, dont se sont servis Dulong et Petit, est représenté par la figure 56 ; A et C sont les vases communicants, qui renferment le mercure ; C est entouré de glace fondante, A se trouve dans un large cylindre J rempli d'huile ; on peut régler la température de l'huile, en forçant ou en ralentissant la combustion dans le fourneau FF. La température t dans le vase J est déterminée à l'aide d'un thermomètre à air, muni d'un manomètre GS. L'appareil comprend encore un thermomètre à poids à mercure E, mais qui ne peut évidemment servir à mesurer la température, puisque la connaissance du coefficient de dilatation α_t est nécessaire à son utilisation et que l'expérience a précisément pour but l'évaluation de cette grandeur. Le thermomètre E ne sert que de témoin.

On peut appliquer immédiatement aux expériences de Dulong et Petit la formule (32), qui donne

$$\alpha_t = \frac{h_t - h_0}{t h_0}. \tag{34}$$

La différence $h_t - h_0$ des hauteurs en C et A, ainsi que la hauteur h_0 étaient mesurées avec un cathétomètre (Tome I) spécialement construit dans ce but par Dulong et Petit.

Nous donnons dans le tableau suivant les résultats qu'ils ont obtenus :

Température t d'après le thermomètre à air	Coefficient moyen de dilatation α_t pour le mercure	Température d'après le thermomètre à poids	Température d'après un thermomètre à mercure fictif
0°	—	0°	0°
100°	0,0001802	100°	100°
200°	0,0001843	202°,99	204°,61
300°	0,0001887	307°,48	314°,15

La seconde colonne montre que α_t croît avec la température. Les nombres de la troisième colonne sont calculés en supposant que la dilatation *apparente* du

Fig 56

mercure dans le verre reste la même au-dessus de 100° que celle qui est observée entre 0° et 100°, les températures étant mesurées au moyen du thermomètre à air. Enfin, dans la quatrième colonne, sont données les températures qu'indiquerait un thermomètre à mercure, dans lequel on observerait la dilatation *absolue* du mercure, en supposant de nouveau $\alpha_t = \alpha_{100}$.

Nous ne nous arrêterons pas sur les expériences de Militzer, qui ont donné entre 1°,5 et 22° la valeur trop petite $\alpha = 0{,}000174$, et nous passerons aux expériences classiques de Regnault, qui ont été effectuées suivant deux méthodes.

L'appareil, dont s'est servi Regnault, pour ses expériences suivant la *première méthode*, est représenté par la figure 57. Deux tubes *ta* et *ta'*, renfermant du mercure et ouverts par en haut, sont réunis entre eux par un tube horizontal, qui présente en *o* une ouverture sur sa face supérieure. Des extrémités inférieures des tubes verticaux partent deux tubes horizontaux allant l'un vers l'autre ; à leurs extrémités sont fixés des tubes verticaux en verre, réunis entre eux par les tubes courbés *v* et en outre par un tuyau avec le réservoir V ; dans celui-ci est refoulé de l'air comprimé, au moyen d'une pompe, jusqu'à une pression d'environ deux atmosphères. Cette pression est réglée de façon à correspondre au poids des colonnes de mercure dans les tubes *ta* et *ta'* et à ce qu'en même temps de petites colonnes de mercure restent dans les deux tubes verticaux situés au-dessous de *v*. Le tube de droite *ta* est entouré d'un large vase, parcouru sans cesse par un courant d'eau venant du tuyau figuré en haut et à droite ; l'eau se rend, par un tube particulier muni d'un entonnoir, au fond du vase et s'écoule d'en haut par le siphon *cc*.

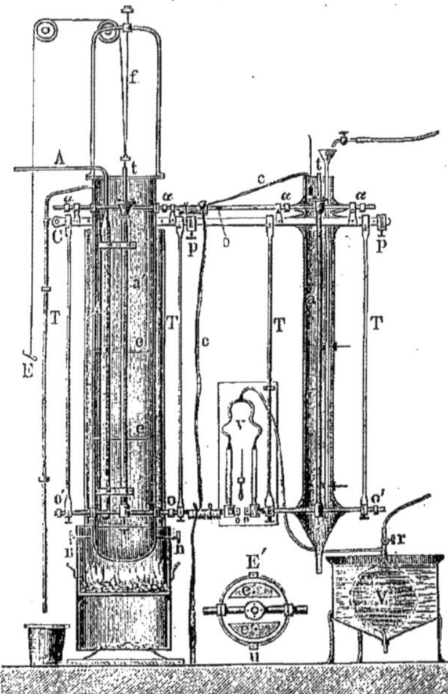

Fig. 57

Le tube de gauche *ta'* se trouve dans un vase encore plus large, rempli d'huile, que l'on chauffe par en bas avec un fourneau. Un agitateur, formé par un système d'ailettes horizontales et mis en mouvement à l'aide d'une ficelle passant sur des poulies, sert à mélanger constamment l'huile. La température est déterminée au moyen du thermomètre à gaz, dont on voit à gauche le long réservoir ; celui-ci est en communication par le tube A avec un manomètre qui n'est pas représenté sur la figure. La coupe horizontale du large vase de gauche a été figurée séparément en E'*u*, où l'on voit aussi les ailettes de l'agitateur.

Tout l'appareil est supporté par une barre de fer CPP, mobile autour d'un axe C encastré dans une muraille en pierres; cette barre traverse librement deux anneaux P, P, également fixés au mur et s'appuie sur les vis, dont on voit les têtes en P, P. Ces vis permettent d'amener la barre CPP dans une position horizontale. Les tubes passent par des anneaux, placés aux extrémités des quatre tiges TT..., et peuvent également être amenés au moyen de vis dans une position horizontale.

Les niveaux des colonnes de mercure en t et t se trouvent à la même hauteur, les tubes, comme nous l'avons déjà dit, communiquant entre eux par en haut. La pression dans V et la quantité de mercure sont réglées de façon qu'une goutte de mercure soit visible dans l'ouverture o au milieu du tube horizontal supérieur.

Désignons les températures du mercure dans le tube de droite par t, dans celui de gauche par T et dans les deux tubes en verre au-dessous de v par τ. D'autre part dénotons de la manière suivante les hauteurs des colonnes de mercure, mesurées à partir de l'axe du tube horizontal inférieur : H pour la colonne de gauche, H′ pour celle de droite ; ces grandeurs sont presque égales ; désignons en outre, dans les tubes en verre au-dessous de v, la colonne du côté gauche par h, du côté droit par h'.

La pression de l'air dans le vase V fait équilibre d'une part à la différence des pressions des colonnes H et h, d'autre part à la différence des pressions des colonnes H′ et h'. Si on ramène les hauteurs de toutes ces colonnes à 0°, en se servant de la formule (32), les différences des hauteurs réduites des colonnes à gauche et à droite doivent être égales. Nous obtenons donc l'équation

$$\frac{H}{1+\alpha_T T} - \frac{h}{1+\alpha_\tau \tau} = \frac{H'}{1+\alpha_t t} - \frac{h'}{1+\alpha_\tau \tau}. \tag{35}$$

Ici α_T, α_t et α_τ sont les coefficients moyens de dilatation cubique du mercure entre 0° et T°, 0° et t°, 0° et τ°. Regnault calculait α_T par la *méthode des approximations successives* ; il remplaçait d'abord α_t et α_τ par les valeurs de Dulong et Petit, et obtenait ainsi une série de valeurs pour α_T à différentes températures T. De ces nombres, il déduisait des valeurs plus exactes des coefficients α_t et α_τ, et, en les portant dans une suite d'équations de la forme (35), il répétait tout le calcul et arrivait alors aux valeurs définitives de α_T pour différents T.

La *seconde méthode* de Regnault se rapproche plus de celle de Dulong et Petit ; la figure schématique 58 la fait comprendre aisément. Les colonnes de mercure qui se trouvent en AB et A′B′ aux températures T et t, sont réunies par le tube CC′D′D ; la partie moyenne C′D′ de ce dernier est flexible, de façon que la dilatation du tube en fer chauffé AB ne soit pas gênée par en bas. Les tubes horizontaux latéraux EF et JG se terminent par des tubes verticaux en verre, dans lesquels se trouvent les extrémités

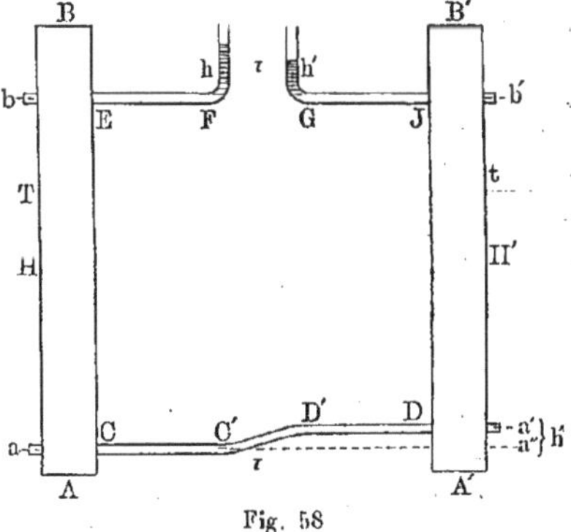

Fig. 58

supérieures des colonnes de mercure. Nous dénoterons les hauteurs des colonnes de la manière suivante : $ab = H$, $a'b' = H'$. Au-dessus de F et G se trouvent les colonnes h et h' ; h'' sera la distance verticale entre les points a et a', c'est-à-dire $a''a'$; c'est la hauteur de la colonne de mercure qui se trouve en C'D'. Les températures des trois colonnes de mercure h, h' et h'' (en C'D') peuvent être considérées comme égales ; nous désignerons leur température commune par τ. Les pressions hydrostatiques à gauche et à droite sur le mercure qui se trouve en CC' sont égales ; par suite, les sommes des hauteurs des colonnes de mercure d'un côté et de l'autre, ramenées à 0°, doivent être aussi égales. On a donc l'égalité

$$(36) \qquad \frac{H}{1 + \alpha_T T} + \frac{h}{1 + \alpha_\tau \tau} = \frac{H'}{1 + \alpha_t t} + \frac{h'}{1 + \alpha_\tau \tau} + \frac{h''}{1 + \alpha_\tau \tau}.$$

Regnault a déterminé à l'aide de cette égalité les valeurs α_T, par la même méthode des approximations successives que celle que nous avons indiquée à propos de la formule (35). Il a donné, comme résultat de toutes ses observations, la formule empirique suivante, pour le coefficient *moyen* de dilatation du mercure entre 0° et T° :

$$(37) \qquad \alpha_T = 0{,}000\,179\,05 + 0{,}000\,000\,025\,2\ T.$$

On en déduit, pour le coefficient moyen entre 0° et 100°,

$$\alpha_{100} = 0{,}000\,181\,57,$$

tandis que Dulong et Petit avaient trouvé la valeur 0,000 180 18.

Si l'on a $\alpha_T = a + bT$, le coefficient de dilatation α *à la température* T est $\alpha = a + 2bT$.

Nous donnons ci-dessous quelques valeurs tirées du tableau dressé par Regnault :

Température d'après le thermomètre à air T	Coefficient moyen de dilatation entre 0° et T° α_T	Coefficient de dilatation à la température T α	Température d'après le thermomètre à mercure
0°	—	0,000 179 05	0°,000
20°	0,000 179 51	180 01	19°,776
50°	180 27	181 52	49°,650
80°	181 02	183 04	79°,777
100°	181 53	184 05	100°,000
140°	182 54	186 06	140°,776
200°	184 05	189 09	202°,782
240°	185 06	191 11	244°,670
280°	186 07	193 13	287°,005
300°	186 58	194 13	308°,340

Dans la dernière colonne sont portées les températures qu'indiquerait un thermomètre basé uniquement sur l'observation de la dilatation du mercure, en supposant $\alpha = \alpha_T = const. = \alpha_{100}$, c'est-à-dire en supposant que la dilatation du mercure est à toutes les températures la même que celle qui est observée, quand on chauffe de 0° à 100°.

Les travaux de Regnault ont été soumis à un examen critique de la part de Recknagel, Bosscha, Wüllner, Mendéléieff, Levy et Broch.

Recknagel arrive à cette conclusion que α_T doit être mis sous la forme d'une expression à trois termes

$$\alpha_T = a + bT + cT^2, \tag{38}$$

et il pose, au lieu de (37),

$$\alpha_T = 0{,}000\,180\,18 + 0{,}000\,000\,009\,4\,T + 0{,}000\,000\,000\,05\,T^2.$$

Bosscha estime notamment qu'il serait préférable de considérer, pour le mercure, le coefficient de dilatation

$$\alpha' = \frac{1}{v}\frac{\partial v}{\partial t}, \tag{39}$$

c'est-à-dire de remplacer v_0 par v au dénominateur du premier facteur ; autrement dit, la dilatation dv à chaque échauffement très petit (dt) ne doit pas être comparée au volume v_0 que le mercure aurait à 0°, mais au volume qu'il a à la température donnée t; c'est ce que nous avons déjà mentionné à la page 96, voir la formule (13), où la grandeur (39) était désignée par γ'. Bosscha pense que $\alpha' = const.$ pour le mercure et que par suite son volume v est une fonction exponentielle de la température T de la forme

$$v = v_0 e^{\alpha' T};$$

voir la formule analogue (14), page 96. Suivant Bosscha les observations de Regnault donnent

$$\alpha' = 0{,}000\,180\,77.$$

Wüllner arrive à la même conclusion que Recknagel, à savoir qu'il faut prendre pour α_T une formule telle que (38), avec

$$a = 0{,}000\,181\,163,$$
$$b = 0{,}000\,000\,011\,504,$$
$$c = 0{,}000\,000\,000\,021\,187.$$

Ces valeurs conduisent pour α_T et α à des nombres, qui diffèrent un peu des nombres précédents donnés par Regnault lui-même ; cependant les écarts ne sont pas grands. Ainsi Wüllner trouve, par exemple,

$$\alpha_{100} = 0{,}000\,182\,53.$$

Mendéléieff a proposé la formule à deux termes

$$\alpha_T = 0{,}000\,180\,1 + 0{,}000\,000\,02\,T,$$

qui diffère très peu de celle (37) de Regnault. Levy a en outre déduit des expériences de Regnault une formule à trois termes telle que (38). Enfin Broch a introduit en 1883 toute une série de corrections dans les calculs de Regnault; Broch a proposé également une expression à trois termes de la forme (38), en prenant

$$a = 0{,}000\,181\,792,$$
$$b = 0{,}000\,000\,000\,175,$$
$$c = 0{,}000\,000\,000\,035\,116;$$

plus tard, Broch a encore apporté une nouvelle correction, d'ailleurs très petite, et il a trouvé, après cette correction, pour le coefficient moyen,

$$\alpha_{100} = 0{,}000\,182\,16.$$

Parmi les déterminations de la dilatation du mercure, effectuées après Regnault et indépendamment de lui, nous mentionnerons d'abord les travaux de Thiesen, Scheel et Seel, qui ont étudié cette dilatation dans des vases en verre, dont ils déterminaient au préalable le coefficient de dilatation sur des tubes fabriqués avec le même verre. Ils ont trouvé $\alpha_{100} = 0{,}000\,182\,45$. En supposant la température T exprimée en degrés du thermomètre à hydrogène, ils ont obtenu

$$\alpha_T = 0{,}000\,181\,61 + 0{,}000\,000\,007\,8\,T.$$

Un travail particulièrement remarquable, effectué au Bureau international des poids et mesures, est dû à Chappuis, qui a employé la méthode du thermomètre à poids. Le vase en verre dur avait une longueur de 106 centimètres, un diamètre extérieur de 40 millimètres et un diamètre intérieur de 36 millimètres. Chappuis a étudié d'abord la dilatation longitudinale de ce vase entre 0° et 100° et en a déduit par le calcul la dilatation cubique du verre. Il a ensuite déterminé la dilatation du mercure en pesant la quantité de Hg qui s'écoule dans l'échauffement (à partir de 0°). Il a trouvé finalement une expression de la forme (38) :

$$\alpha_T = 0{,}000\,181\,690 + 0{,}000\,000\,002\,591\,T + 0{,}000\,000\,000\,114\,56\,T^2.$$

Chappuis a en outre *calculé* la dilatation du mercure au moyen de sa comparaison antérieure entre les indications d'un thermomètre à mercure en verre dur (voir page 52) et celles du thermomètre à hydrogène, en admettant comme exacts pour la dilatation du verre dur les résultats obtenus maintenant pour un autre vase. Il est arrivé à la formule suivante valable entre — 20° et + 100° :

$$\alpha_T = 1{,}815405.10^{-4} + 0{,}195130.10^{-8}T + 1{,}00917.10^{-10}T^2 - 2{,}03862.10^{-13}T^3.$$

La première de ces deux formules donne, pour le volume v du mercure ($v_0 = 1$), les valeurs suivantes :

T	v	T	v
— 20°	0,996 364	50°	1,009 091
— 10°	0,998 183	60°	1,010 916
0°	1,000 000	70°	1,012 743
10°	1,001 817	80°	1,014 575
20°	1,003 634	90°	1,016 412
30°	1,005 451	100°	1,018 254
40°	1,007 270		

La seconde formule (à quatre termes) donne des nombres qui diffèrent de ceux-ci au plus de 4 unités dans la dernière décimale.

Les mesures de THIESEN, SCHEEL et SELL, et celles de CHAPPUIS appartiennent au premier des deux groupes mentionnés à la page 114, puisqu'on mesurait directement la différence entre la dilatation du liquide et celle du vase où il se trouvait. Nous allons maintenant considérer ce premier groupe.

Si on désigne le coefficient de dilatation vraie du liquide par α, le coefficient de dilatation apparente par γ et le coefficient de dilatation du vase par β, et si on rapporte les trois coefficients à une même température t, on a, comme on l'a montré à la page 33, voir formule (11),

$$\alpha = \gamma + \beta. \tag{40}$$

On peut démontrer que la même relation existe aussi entre les coefficients de dilatation moyens α_t, β_t et γ_t. En effet, supposons que l'on observe la dilatation du liquide par la méthode thermométrique ordinaire. Nous avons donc un appareil qui, par sa forme, est entièrement semblable à un thermomètre à mercure ordinaire, c'est-à-dire se compose d'un vase en verre de forme sphérique ou allongée et d'un tube, muni d'une échelle et très soigneusement calibré. Quand le vase et une partie du tube sont remplis du liquide à étudier, on détermine la position de l'extrémité de la colonne liquide dans le tube aux températures 0° et t°. Des pesées préalables de l'appareil vide, puis rempli de mercure à 0°, donnent le volume V_0 du vase et de la partie du tube, qui étaient remplis à 0° du liquide étudié ; on obtient de la même manière, par pesée, le volume v_0 d'une division de l'échelle à 0°. Supposons que l'extrémité de la colonne se déplace de n divisions de l'échelle en chauffant le liquide de 0° à t°, et qu'en outre V_0 et v_0 se changent en V_t et v_t à t°.

Le coefficient moyen γ_t de dilatation *apparente* est déterminé, en supposant que les parois du vase et du tube ne se dilatent pas du tout, et que par suite le volume V_0 du liquide n'augmente que de la quantité nv_0 ; nous avons donc

$$V_0 + nv_0 = V_0 (1 + \gamma_t t). \tag{41}$$

En réalité, le liquide à t° occupe le volume

$$V_t + nv_t = V_0 (1 + \beta_t t) + nv_0 (1 + \beta_t t) = (V_0 + nv_0)(1 + \beta_t t).$$

Le coefficient moyen α_t de dilatation vraie est par suite déterminé par l'égalité

$$(V_0 + nv_0)(1 + \beta_t t) = V_0 (1 + \alpha_t t).$$

Si on remplace le premier facteur par sa valeur (41) et si on divise par V_0, on obtient

$$1 + \alpha_t t = (1 + \beta_t t)(1 + \gamma_t t),$$

d'où l'on tire

(42) $$\alpha_t = \beta_t + \gamma_t + \beta_t \gamma_t t.$$

Dans cette formule rigoureuse, on peut négliger le dernier terme et poser

(43) $$\alpha_t = \beta_t + \gamma_t,$$

formule tout à fait analogue à (40).

Comme β_t est connu pour l'appareil donné, il suffit de mesurer n et de calculer γ_t par la formule $\gamma_t = \frac{nv_0}{V_0 t}$, pour trouver le coefficient cherché α_t.

La grandeur β_t se détermine par des expériences préalables avec du mercure, au moyen de la formule (43), dans laquelle α_t est connu par les expériences sur du mercure considérées ci-dessus et γ_t est calculé par la même formule en s'appuyant sur des observations.

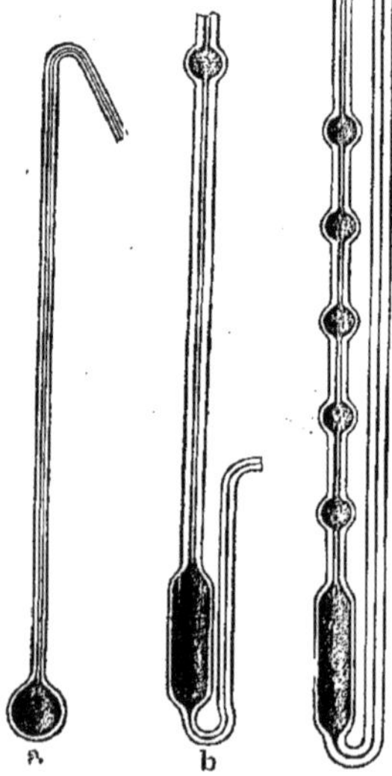

Fig. 59, *a b* Fig. 60

La figure 59, *a* représente un *dilatomètre* ordinaire, et la figure 59, *b* le dilatomètre d'Ostwald avec un tube latéral servant à remplir rapidement l'appareil du liquide étudié ; on plonge l'extrémité supérieure de l'appareil renversé dans le liquide et on en chasse l'air en aspirant par le tube latéral ; ce dernier, une fois que le liquide en excès s'est écoulé, est fermé avec de la cire, avec un robinet particulier ou avec une plaque pressée contre l'ouverture ; on remplit ainsi très facilement le tube jusqu'à la division voulue. Pour éviter d'avoir une longue colonne en saillie, pendant l'échauffement de l'appareil à $t°$, Ostwald ménageait le long du tube une série de renflements, dont les volumes cependant doivent être connus ; ce dilatomètre est représenté par la figure 60.

En effectuant des mesures à différentes températures t, on peut déterminer α_t en fonction de la température, sous la forme

$$\alpha_t = \alpha_0 + \alpha_1 t + \alpha_2 t^2,$$

lorsque β_t est lui-même connu en fonction de la température. Le coefficient de dilatation α à $t°$ est déterminé par la formule

$$\alpha = \alpha_0 + 2\alpha_1 t + 3\alpha_2 t^2.$$

Le *dilatomètre à poids* est identique par sa construction et son mode d'emploi au thermomètre à poids, considéré à la page 57. Nous avons établi pour celui-ci à la page 58 la formule (27)

$$P_t(1 + \alpha_t t) = P_0(1 + \beta_t t),$$

où P_0 et P_t désignent les poids du liquide remplissant le vase à 0° et à $t°$, et α_t et β_t les coefficients moyens de dilatation du liquide et du verre entre 0° et $t°$. En faisant l'expérience avec du mercure, pour lequel α_t est connu, on trouve β_t ; en répétant ensuite l'expérience avec le liquide étudié, on obtient α_t pour ce dernier.

Nous avons énuméré aux pages 114 et 115 les méthodes de détermination de la dilatation thermique des liquides. Parmi ces méthodes, nous avons particulièrement considéré la première, la seconde et la quatrième ; nous ne nous arrêterons pas sur la troisième et la cinquième, la théorie en étant évidente et très simple.

6. Dilatation thermique et coefficient thermique de pression de l'eau. — La question de la variation de volume d'une quantité d'eau donnée, ou, en d'autres termes, la question de la variation de la densité de l'eau en fonction de la température présente un très grand intérêt. Cet intérêt vient, en premier lieu, de ce que l'eau est employée dans beaucoup d'études métrologiques, par exemple dans la détermination du poids spécifique par la méthode hydrostatique (Tome I), en second lieu, du rôle important qu'elle joue dans la nature, et enfin, en troisième lieu, de la particularité remarquable que présente la dilatation de l'eau, qui a son maximum de densité à 4° C., c'est-à-dire qui se dilate aussi bien par refroidissement que par échauffement, lorsqu'on part de cette température.

Sutherland, J. van Laar, dont nous avons mentionné les travaux dans le Tome I, et d'autres encore ont cherché à expliquer la dilatation de l'eau au-dessous de 4° par certaines conceptions moléculaires sur la constitution de l'eau.

Les académiciens de Florence avaient déjà découvert, vers l'année 1670, la propriété que possède l'eau d'atteindre à une certaine température un maximum de densité ; mais c'est au commencement du XIXe siècle qu'ont été entreprises, pour la première fois, des déterminations précises de cette température. Ces déterminations ont été effectuées suivant trois méthodes différentes.

I. Méthode de Hallström. — Cette méthode est basée sur la détermination de la densité de l'eau à différentes températures, par mesure de la perte de poids dans l'eau d'un corps, dont on connait aux mêmes diverses températures le coefficient de dilatation et par suite aussi la densité. Hallström déterminait la perte de poids d'une sphère en verre dans l'eau ; il cherchait en outre la dilatation thermique d'un tube fait du même verre que la sphère.

Le volume V_t de cette dernière à $t°$ pouvait être exprimé sous la forme

$$V_t = V_0(1 + at + bt^2),$$

et la perte de poids P_t de la même sphère dans l'eau à $t°$ sous la forme

$$P_t = P_0(1 + At + Bt^2 + Ct^3).$$

En divisant P_t par V_t, Hallström obtenait la densité d_t de l'eau à $t°$, exprimée en fonction de la densité $d_0 = P_0 : V_0$ à 0° et de la température. Il trouva

$$d_t = d_0(1 + 0{,}000\,052\,939\, t - 0{,}000\,006\,532\,2\, t^2 + 0{,}000\,000\,014\,43\, t^3).$$

En faisant $d_0 = 1$, cette formule donne le maximum de densité 1,000 108 24 à 4°,108.

Matthiesen a employé la même méthode, mais il évitait l'une des sources d'erreurs possibles dans les expériences d'Hallström, en déterminant la perte de poids dans l'eau d'un morceau de verre, pris sur la tige en verre elle-même, dont il avait mesuré le coefficient de dilatation.

II. Méthode de Hope et Rumford. — Voici en quoi consiste cette méthode : dans la paroi (*fig.* 61) d'un vase vertical, rempli d'eau sont fixés des thermomètres disposés horizontalement ; leurs réservoirs se trouvent dans l'eau, les uns au-dessus des autres suivant l'axe du vase ; l'un d'entre eux est placé non loin du fond, un autre près de la surface de l'eau. Tout l'appareil est refroidi lentement et on suit, pendant ce temps, les indications de tous les thermomètres. Les couches d'eau se disposent toujours de façon que les plus denses descendent au fond du vase, et que les moins denses s'élèvent vers la surface ; quand les températures t des couches sont toutes supérieures à la température x du maximum de densité de l'eau, on trouve en bas la couche la plus froide et à la surface la plus chaude ; lorsque les températures t deviennent inférieures à la température x cherchée, l'eau la plus froide vient au contraire à la surface et la plus chaude au fond. En suivant le passage d'une distribution des températures à une autre, on peut déterminer la température x, comme on le voit sur la figure 62, dans laquelle sont indiqués les résultats des expériences de Despretz. Les ordonnées représentent les températures de quatre thermomètres en fonction du temps ; le n° 1 est le plus bas et le n° 4 le plus élevé ; oA est la température commune initiale de tous les thermomètres. La figure montre clairement les change-

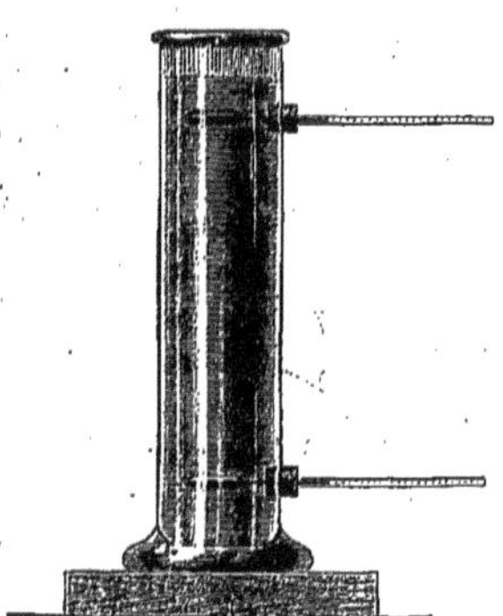

Fig. 61

ments dans la distribution des températures : tout d'abord le thermomètre n° 1 a la température la plus basse, ensuite le n° 4. Pour déterminer la température x cherchée, DESPRETZ procédait de la manière suivante : il prenait, en premier lieu, la moyenne des températures auxquelles les courbes offrent une première inflexion brusque et deviennent presque parallèles à l'axe des abscisses, en second lieu, la moyenne des ordonnées des points d'intersection des courbes entre elles, en troisième lieu, la moyenne des ordonnées des points d'intersection des quatre courbes avec la courbe (non tracée sur la figure) de la température moyenne de toute la masse d'eau, et enfin, en quatrième lieu la moyenne des trois valeurs ainsi obtenues. DESPRETZ a obtenu finalement, pour la température x du maximum de densité de l'eau, $x = 3°,987$.

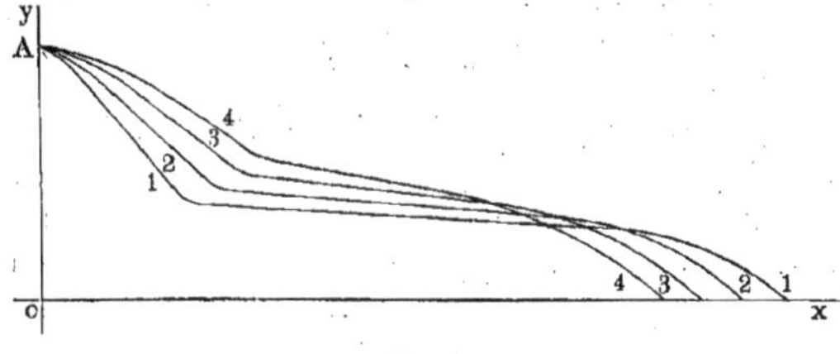

Fig. 62

Cette méthode a été suivie par TRALLES, RUMFORD, HALLSTRÖM et, plus tard, par F. EXNER, L. WEBER et COPPET. EXNER a mesuré les températures des couches d'eau au moyen de couples thermoélectriques ; il a trouvé ainsi $x = 3°,945$. WEBER a obtenu pour x une valeur trop élevée selon toute vraisemblance et comprise entre 4°,08 et 4°,09 ; COPPET (1893 et 1904), après avoir écarté soigneusement différentes sources d'erreurs, a trouvé

$$x = 3°,98$$

à l'échelle *du thermomètre à hydrogène*, ce qui correspond à 4°,005 du thermomètre à mercure.

III. MÉTHODE DU DILATOMÈTRE. — C'est la méthode ordinaire d'étude de la dilatation des liquides dans un vase de forme thermométrique, que nous avons considérée à la page 123. DESPRETZ, PIERRE, KOPP, WEIDNER, JOLLY, ROSETTI, MUNKE, et tout récemment SCHEEL ont étudié la dilatation de l'eau par cette méthode. Le coefficient de dilatation du vase doit être connu. Pour déterminer la température x du maximum de densité, DESPRETZ s'est servi de la méthode graphique suivante. Sur l'axe *od* (fig. 63) on porte la température de l'eau, et en ordonnées les volumes apparents de l'eau dans le vase thermométrique. On obtient ainsi une courbe, qui ressemble à une parabole. Les volumes réels s'obtiennent en ajoutant aux volumes apparents les augmentations de capacité du vase. A cet effet, on mène une droite *oc* telle que ses ordonnées *dc* soient

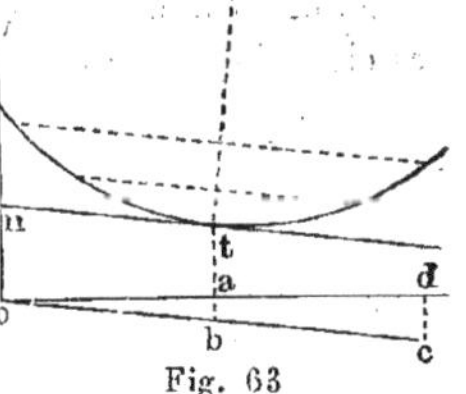

Fig. 63

égales aux augmentations de volume du vase aux températures correspondantes. Le point de contact t de la tangente nd, parallèle à oc, détermine par son abscisse oa la température cherchée x, car la plus petite ordonnée tb lui correspond sur les axes yoc. DESPRETZ menait une série de cordes parallèles à oc, puis la droite qui passe par leurs milieux, en admettant que le point d'intersection de la courbe avec cette droite est le point cherché t.

KOPP, qui a étudié très soigneusement la dilatation de l'eau, a trouvé $x = 4°,08$.

Des recherches plus précises ont été faites récemment par KREITLING et en particulier par SCHEEL, d'après la méthode du dilatomètre ; le premier a trouvé 3°,973 et le second 3°,960 (à l'échelle du thermomètre à hydrogène). Ces nombres diffèrent peu de la valeur 3°,98 obtenue par COPPET (voir plus haut).

L'influence de *substances dissoutes dans l'eau* sur la température x du maximum de densité a été étudiée par DESPRETZ, KARSTEN, ROSETTI, BENDER, R. LENZ, RÜDORF, LUSANNA, BUZZOLLA, COPPET, PETTINELLI et MAROLLI, NORT (éther), CINELLI (alcool), MORETTO (alcool) et d'autres encore. La présence de substances dissoutes dans l'eau *abaisse* la température du maximum de densité. DESPRETZ par exemple a trouvé les valeurs suivantes (p désigne le nombre de grammes de la substance dans 997gr,45 d'eau) :

Substances	p	x	Substances	p	x
Eau de mer . .	—	— 3°,67	CO^3K^2	37,039	— 3°,95
NaCl.	12,346	+ 1,19	CO^3K^2	74,078	— 12,41
NaCl.	37,039	— 4,75	CO^3Na^2. . . .	37,039	— 7,01
NaCl.	74,078	— 16,00	CO^3Na^2. . . .	74,078	— 17,30
$CaCl^2$	6,173	+ 3,24	Alcool	74,078	+ 2,30
$CaCl^2$	24,692	+ 0,06	SO^4H^2	12,346	+ 0,60
$CaCl^2$	74,078	— 10,43	SO^4H^2	24,692	— 1,92
SO^4K^2	74,078	— 8,37	SO^4H^2	37,039	— 5,02
SO^4Na^2. . . .	37,039	— 4,33			

L'abaissement (*dépression*) Δx de la température x est à peu près proportionnel à la quantité p de la substance dissoute, comme le montrent les nombres ci-après de ROSETTI, qui se rapportent à des dissolutions de Na Cl. Ici p désigne le nombre de grammes dissous dans 100gr d'eau.

p	Δx	$\frac{\Delta x}{p}$	p	Δx	$\frac{\Delta x}{p}$
0,5	1	2,00	4	9,63	2,41
1	2,23	2,23	6	15,07	2,51
2	4,58	2,29	7	17,69	2,53
3	7,24	2,41	8	20,62	2,58

Les valeurs moyennes $\frac{\Delta x}{p}$ sont pour différents sels :

	NaCl	CaCl²	KO³C²	CO³Na³	SO⁴K²	SO⁴Na²
$\frac{\Delta x}{p}$ =	2,40	1,61	2,21	2,93	1,70	2,27.

Coppet (1899-1903) a déterminé l'abaissement *moléculaire* de la température du maximum de densité, c'est-à-dire la grandeur D : *m*, où D désigne l'abaissement observé et *m* le nombre de *molécules-grammes* du sel dissous dans 1 000 grammes d'eau. Il a obtenu pour KCl, NaCl et RbCl les valeurs moyennes 11,7, 13,3 et 11,7 de D : *m* ; LiCl a donné, au contraire, une valeur 6,0 moitié moins grande et AzH^4Cl, 7,2. Les bromures donnent une plus forte dépression que les chlorures, et les iodures que les bromures. Le tableau suivant indique symboliquement le rapport des dépressions :

	Rb	K	Na	Li	AzH^4
$\frac{Cl}{Br}$	0,89	0,91	0,91	0,86	0,83
$\frac{Br}{I}$	0,85	0,83	0,85	0,84	0,78.

R. Lenz a déterminé la température x pour des solutions diversement concentrées de *mélanges* des sels $MgCl^2$, KCl, $CaSO^4$, SO^4Mg et NaCl formant une sorte d'eau de mer artificielle. Il a trouvé que, pour des densités de ces solutions oscillant entre 1,00710 et 1,03812, la température x varie de $+2°,2$ à $-5°,3$.

Lusanna et Buzzola ont trouvé, pour l'eau pure, la valeur probablement trop élevée $x = 4°,15$, et, pour des solutions de AzO^3K, AzO^3Na, $(AzO^3)^2Ba$ etc. diverses températures plus basses. Ainsi, par exemple, ils ont obtenu, pour une dissolution de $3^{gr},3365$ de $(AzO^3)^2Ba$ dans 100 grammes d'eau, dont la densité était 1,02803, $x = 0°,52$.

Van der Waals a reconnu théoriquement que la température x du maximum de densité doit décroître, *quand la pression extérieure augmente*, la compressibilité de l'eau augmentant lorsqu'on la refroidit au-dessous de 4°. En se servant des valeurs de Grassi (Tome I), il a trouvé, par exemple, $x = 3°,4$ sous une pression de $10^{at},5$. Les expériences d'Amagat ont confirmé ce résultat ; voici quelques-uns des nombres qu'il a trouvés (p pression en atmosphères) :

$p =$	41,6	93,3	144 8
$x =$	3°,3	2°,0	0°,6.

On a représenté sur la figure 64 les isothermes de l'eau, données par Amagat, pour les températures de 0° à 10° ; sur l'axe des abscisses sont portés les volumes, sur l'axe des ordonnées les pressions. Pour $p = 1$ (dans le voisinage de l'axe des abscisses), le plus petit volume correspond à l'isotherme 4° ; les isothermes se coupent alors deux à deux, les volumes étant les mêmes à 3° et à 5°, à 2° et à 6°, à 0° et à 8° ; mais à mesure que la pression p augmente (il faut supposer tracées des droites parallèles à l'axe des abscisses), l'ordre des isothermes change. Le plus petit volume v correspond à une température décroissant de plus en plus, et, pour la plus grande pression, représentée par le bord supérieur de la figure, le plus petit volume correspond à la température 0°.

Lusanna a fait une série d'expériences, pour établir l'influence de la pression p (en atmosphères) sur la température x de diverses dissolutions. Nous donnons ci-dessous quelques résultats de ses recherches :

Eau pure	$x = 4°,10 - 0°,0225\,(p - 1)$
1gr,30 de AzO^3K dans 100 grammes de H^2O	$x = 1°,84 - 0°,0124\,(p - 1)$
1gr,44 de NaCl dans 100 grammes de H^2O	$x = 0°,77 - 0°,0110\,(p - 1)$
5gr,20 de SO^4Cu dans 100 grammes de H^2O	$x = -0°,14 - 0°,0053\,(p - 1)$.

Plus x est bas pour $p = 1$, plus l'influence de la pression sur x est faible.

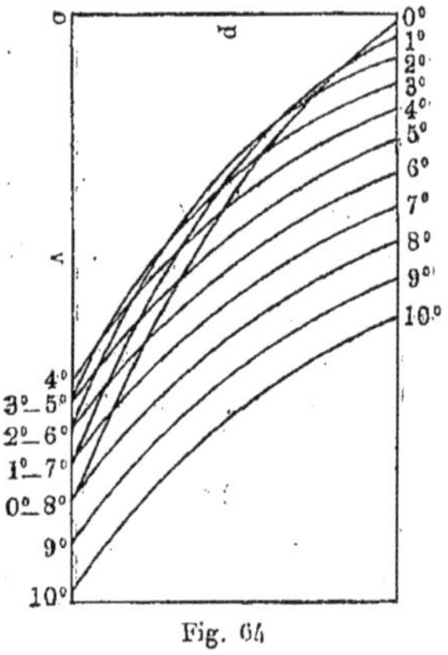

Fig. 64

Après en avoir terminé avec la question de la température du maximum de densité de l'eau, passons aux travaux qui se rapportent à la *dilatation de l'eau* en général. La dilatation de l'eau entre 0° et 30° présente un intérêt pratique particulier. Nous avons déjà cité à la page 126 la formule empirique de Hallström, pour la densité d_t de l'eau en fonction de la température t. Kopp a trouvé que le volume v_t de l'eau, entre $t = 25°$ et $t = 100°$, ne peut être exprimé par une seule fonction empirique de la forme

$$V_t = 1 + at + bt^2 + ct^3, \tag{44}$$

et il a donné des valeurs numériques différentes aux coefficients a, b et c pour les trois intervalles de température de 25° à 50°, de 50° à 75° et de 75° à 100°. Henrici a indiqué de même trois valeurs des coefficients pour les intervalles de 28° à 50°, de 50° à 80°, et de 80° à 100°. Rosetti a fait des mesures très soignées entre les limites 0° et 100°.

Toute une série de nouvelles recherches sur la dilatation de l'eau par Thiesen, Marek, Scheel, Chappuis, Kreitling, de Lannoy, etc. ont été récemment publiées. Dans ces travaux, la température est rapportée au thermomètre à hydrogène. Thiesen ainsi que Marek ont effectué leurs expériences par la méthode hydrostatique ; tous les deux ont pris le cristal de roche pour le corps à peser. Les autres physiciens que nous avons cités se sont servis de la méthode du dilatomètre.

En prenant le volume et la densité à 3°,960 égaux à 1, SCHEEL a trouvé,

$$V_{100} = 1,043466, \quad d_{100} = 0,958345 ;$$

pour l'intervalle de 0° à 33°, il a obtenu

$$V_t = V_0 (1 + at + bt^2 + ct^3 + et^4),$$

où $a = -6427.10^{-8}$, $b = 85053.10^{-10}$, $c = -67898.10^{-12}$, $e = 50024.10^{-14}$.

Les valeurs de THIESEN, MAREK, SCHEEL et KREITLING sont très voisines les unes des autres, comme le montre le tableau suivant, dans lequel le volume à 4° est pris égal à 1.

Température	MAREK	THIESEN	SCHEEL	KREITLING
0°	1,000 123	1,000 132	1,000 125	1,000 128
1	069	072	069	071
2	030	030	030	030
3	007	006	007	008
4	000	000	000	000
5	008	008	008	008
10	267	270	269	270
15	866	873	866	868
20	1 769	1 771	1 764	1 766
25	2 940	2 934	2 930	2 935
30	4 347	4 346	4 344	4 350
33	—	—	—	5 313

SCHEEL a trouvé, pour le minimum de volume à 3°,960, la valeur 0,9998748, le volume à 0° étant pris égal à 1.

Le tableau suivant est relatif à la *densité de l'eau.*

Températures	THIESEN	MAREK	SCHEEL	CHAPPUIS 1892	CHAPPUIS 1897
0°	0,999 8696	0,999 8767	0,999 8748	0,999 8681	0,999 8674
5	0,999 9916	0,999 9919	0,999 9918	0,999 9916	0,999 9918
10	0,999 7296	0,999 7327	0,999 7309	0,999 7285	0,999 7272
15	0,999 1290	0,999 1347	0,999 1347	0,999 1289	0,999 1285
20	0,998 2327	0,998 2339	0,998 2399	0,998 2327	0,998 2328
25	0,997 0749	0,997 0683	0,997 0781	0,997 0741	0,997 0726
30	0,995 6731	0,995 6720	0,995 6746	0,995 6787	0,995 6755
40	—	—	—	0,992 2443	0,992 2471

IV. MÉTHODE DES VASES COMMUNICANTS. — En 1897 a paru un travail de THIESEN, SCHEEL et DIESSELHORST sur la dilatation de l'eau déterminée d'après la méthode de DULONG et PETIT, c'est-à-dire d'après la méthode des vases communicants. Ils ont obtenu, pour la densité δ et pour le volume v, les valeurs suivantes (1900) :

t	δ	v	t	δ	v
0°	0,999 8676	1,000 1324	25°	0,997 0715	1,002 9378
3,98	1,000 0000	1,000 0000	30	0,995 6736	1,004 3456
10	0,999 7270	1,000 2730	35	0,994 0576	1,005 9777
15	0,999 1263	1,000 8744	40	0,992 2418	1,007 8194
20	0 998 2299	1,001 7728			

Ils ont donné pour δ la formule empirique suivante :

$$1 - \delta = \frac{(t - 3{,}98)^2}{503\,570} \cdot \frac{t + 283}{t + 67{,}26}. \tag{44,a}$$

Thiesen (1904) a publié de nouvelles études faites suivant la même méthode; elles se rapportent à des températures comprises entre 25° et 100°. Il a reconnu que la formule

$$1 - \delta = \frac{(t - 3{,}98)^2}{568\,920} \cdot \frac{t + 343}{t + 72{,}74}$$

est valable pour tout l'intervalle de température compris entre 25° et 100°. La formule

$$1 - \delta = \frac{(t - 3{,}982)^2}{466\,700} \cdot \frac{t + 273}{t + 67} \cdot \frac{350 - t}{365 - t}$$

s'adapte encore mieux aux observations.

Thiesen a donné comme résultat final de toutes les recherches entreprises au Reichsanstalt un tableau, dont nous extrayons les nombres suivants :

t	$(1 - \delta)\,10^6$	t	$(1 - \delta)\,10^6$	t	$(1 - \delta)\,10^6$
0°	133	25°	2 931	70°	22 192
1	74	30	4 328	75	25 114
2	32	35	5 942	80	28 169
3	8	40	7 756	85	31 351
4	0	45	9 756	90	34 657
5	8	50	11 930	95	38 082
10	273	55	14 269	100	41 625
15	874	60	16 763	102	43 074
20	1 771	65	19 406		

Guglielmo (1899) a également employé la méthode des vases communicants, pour étudier la dilatation thermique des liquides.

Plus récemment ont paru de nouveaux travaux sur la dilatation de l'eau par PLATO, DOMKE et HARTING (1900), entre 0° et 60°, suivant la méthode hydrostatique, et par LANDESEN (1902), entre 30° et 80°, suivant la méthode du dilatomètre. LANDESEN prend pour unité le volume à 0° et donne les volumes pour chaque degré dans l'intervalle indiqué ; voici quelques-uns de ses nombres :

30° . . .	1,00421	50° . . .	1,01194	70° . . .	1,02254
35 . . .	583	55 . . .	1434	75 . . .	2560
40 . . .	767	60 . . .	1691	80 . . .	2882
45 . . .	970	65 . . .	1965		

Beaucoup de physiciens ont cherché à exprimer le volume de l'eau en fonction de la température par des formules empiriques. En dehors du polynôme algébrique ordinaire (44) (page 130), d'autres expressions plus compliquées ont encore été proposées. Ainsi, MATTHIESEN a donné la formule

$$V_t = 1 - a(t-4) + b(t-4)^2 - c(t-4)^3,$$

où les constantes ont les valeurs $a = 253.10^{-8}$, $b = 54724.10^{-10}$, $c = 7173.10^{-11}$, pour t compris entre 4° et 32°. ROSETTI a proposé la formule plus générale

$$V_t = 1 + a(t-4)^\alpha + b(t-4)^\beta + c(t-4)^\gamma,$$

où a, b, c, α, β, γ sont des nombres constants.

D. I. MENDÉLÉIEFF s'est beaucoup occupé de la question de la dilatation de l'eau. Dans son mémoire *Sur la variation de densité de l'eau par échauffement*, il a proposé une formule, qui donne la densité d_t de l'eau pour les températures de — 10° à + 200° (nous exposerons plus loin les expériences faites pour déterminer cette densité au-dessous de 0° et au-dessus de 100°) :

$$d_t = 1 - \frac{(t-4)^2}{A(B+t)(C-t)}; \tag{45}$$

les constantes ont les valeurs suivantes : A = 1,9, B = 94,1 et C = 703,5.

Dans son dernier travail, MENDÉLÉIEFF considère les dernières recherches que nous avons mentionnées (sauf celles de KREITLING) et trouve que la *densité d_t de l'eau entre les limites 0° et 30°* peut être exprimée par la formule

$$d_t = 1 - \frac{(t_H - 4)^2}{A + Bt_H}, \tag{46}$$

où t_H est la température d'après le thermomètre à hydrogène, A = 122 420, B = 1 130,2, de sorte que

$$d_t = 1 - \frac{(t_H - 4)^2}{122\,420 + 1\,130{,}2\,t_H} = 1 - \frac{0{,}0008848\,(t_H - 4)^2}{108{,}325 + t_H}. \tag{46,a}$$

MENDÉLÉIEFF trouve, en admettant qu'un décimètre est égal à la dixième partie du mètre international et qu'un litre est égal au volume d'un kilogramme d'eau à 4°, les valeurs suivantes pour le poids d'un décimètre cube d'eau et pour le poids d'un litre d'eau à différentes températures (en grammes) :

t	Poids d'un décimètre cube	Poids d'un litre
0°	999,716	999,869
4	999,847	1 000,000
10	999,578	999,731
15	998,979	999,132
20	998,082	998,235

Entre 0° et 30°, le poids d'un litre d'eau est plus grand que celui d'un décimètre cube de 0^{gr},153.

L'étude de Thiesen, Scheel et Diesselhorst, dont nous avons parlé, a conduit Mendéléieff à la formule

$$d_t = 1 - \frac{(t-4)^2}{A + B + Ct}, \tag{46,b}$$

où A = 118 932, B = 1 366,75 et C = — 4,13.

Si on refroidit progressivement de l'eau, on peut, comme nous le verrons plus loin, amener sa température jusqu'à — 10°, sans qu'elle se congèle. Despretz, Pierre et Weidner ont étudié la *variation de volume dans une telle surfusion de l'eau au-dessous de 0°* ; ils ont constaté que la dilatation, observée dans le refroidissement de l'eau de 4° à 0°, *se poursuit* lorsqu'on continue à refroidir l'eau, comme le montrent les grandeurs suivantes de son volume :

t	Despretz	Pierre	Weidner
+ 4°	1,0000000	1,0000000	1,0000000
0	1,0001269	1,0001183	1,0001360
— 2	1,0003077	1,0003172	1,0003010
— 4	1,0005619	1,0005565	1,0005490
— 6	1,0009184	1,0008448	1,0008910
— 8	1,0013734	1,0012709	1,0013487
— 10	—	1,0018034	1,0019070

A — 10°, l'eau possède le même volume qu'à + 20°,5.

Waterston a étudié la dilatation de l'eau, dans un tube à parois épaisses, à des températures variant entre 100° et 320°, en introduisant une correction relative à la perte de liquide par vaporisation. Hirn a étudié la dilatation de l'eau de 100° à 200°, en produisant la pression nécessaire au moyen de colonnes de mercure allant jusqu'à 10 mètres de hauteur. Dans les deux expériences on avait affaire à la dilatation de l'eau sous une pression considérable. En prenant le volume de l'eau à 4° égal à 1, WATERSTON a trouvé, pour le volume V_t de l'eau aux températures t, les nombres suivants :

t	V_t	t	V_t
100°	1,0433	220°	1,1986
140	1,0813	260	1,2896
180	1,1309	300	1,4281
200	1,1612	320	1,5098

HIRN, dont les résultats méritent plus de confiance, a exprimé le volume V_t entre 100° et 200° par la formule empirique

$$V_t = 1 + at + bt^2 + ct^3 + dt^4,$$

où

$$a = 0,0_3 1086 7875, \quad b = 0,0_6 3007 3653,$$
$$c = 0,0_8 2873 0422, \quad d = -0,0_{11} 6645 703.$$

On en déduit ($V_0 = 1$) :

t	V_t	t	V_t
100°	1,043 15	160°	1,101 49
120	1,059 92	180	1,126 78
140	1,079 49	200	1,157 77

Les nombres de HIRN montrent que le coefficient de dilatation α de l'eau croît rapidement en même temps que la température. Entre 100° et 120°, on a $\alpha = 0,00080$; entre 180° et 200°, on a $\alpha = 0,00155$, ce qui fait déjà presque la moitié du coefficient de dilatation des gaz.

Dans toutes les expériences précédentes, on suppose l'eau pure et sans air. *La densité de l'eau renfermant de l'air* est, entre 0° et 20°, un peu plus petite que la densité de l'eau pure ; au-dessus de 20°, cette différence devient insensible ; la plus grande différence, à 8°, est de 0,0000034.

La *dilatation thermique des dissolutions* a été étudiée par GERLACH, MARIGNAC, KREMERS, R. LENZ et N. BIÉZTSOFF, FORCH, DE LANNOY, LANDESEN, BAUMHAUER, KREITLING et d'autres encore. La plupart de ces savants ont étudié des dissolutions de sels, d'acides et de sucre, les deux derniers seulement des mélanges d'eau et d'alcool. Aucune loi ou règle n'a pu être établie, en dehors du fait que les dissolutions des sels acides SO^4KH et SO^4NaH se dilatent plus et celles des sels basiques SO^4K^2 et SO^4Na^2 moins que les dissolutions de SO^4H^2. Pour les phosphates, la dissolution du sel basique possède le plus grand coefficient de dilatation et celle de l'acide le plus petit. R. LENZ et N. RIÉZTSOFF ont étudié la dilatation de l'eau de mer.

Nous donnerons ici quelques résultats de KREITLING : p désigne le pourcentage de l'alcool dans le mélange ; la densité de l'eau à 15° est prise pour unité. Les nombres désignent les densités des mélanges à différentes températures.

p	0°	10°	20°	30°	35°
0	1,000 74	1,000 60	0,999 10	0,996 53	0,994 90
10	0,985 72	0,984 79	0,982 81	0,979 73	0,977 77
25	0,971 87	0,967 53	0,962 60	0,957 05	0,954 04
50	0,930 14	0,922 50	0,914 72	0,906 64	0,902 54
75	0,873 28	0,864 93	0,856 41	0,847 75	0,843 36
90	0,835 84	0,827 35	0,818 73	0,809 96	0,805 55
100	0,806 99	0,798 53	0,789 99	0,781 41	0,777 10

LANDESEN (1904) a étudié les solutions de KCl, K^2SO^4, $MgSO^4$, CH^3COONa, LiCl, $C^{12}H^{22}O^{11}$ (sucre de canne) et $CO(AzH^2)^2$ (urée).

Nous passons maintenant à la question de *l'influence de la pression sur la dilatation thermique de l'eau*, dont nous avons déjà parlé dans le Tome I. Nous montrerons tout d'abord comment le coefficient de dilatation qui dépend de la pression et le coefficient de compression qui dépend de la température sont liés entre eux.

Désignons par α_p le coefficient moyen de dilatation entre les températures 0° et $t°$, sous une pression de p atmosphères, de sorte que α_1 désigne le coefficient ordinaire de pression pour $p = 1$ atmosphère ; désignons en outre par β_t le coefficient de compression à la température $t°$ et par β_0 le coefficient de compression à 0°. Soit $V_{p,t}$ le volume sous la pression p et à la température $t°$, et $V_{1,0}$ le volume sous la pression normale et à 0°. Nous considérerons deux façons de passer de $V_{1,0}$ à $V_{p,t}$.

1. Echauffons un liquide donné de 0° à $t°$ sous une pression de 1 atmosphère ; le volume devient $V_{1,0}(1 + \alpha_1 t)$; élevons la pression jusqu'à p atmosphères à la température $t°$, nous obtenons le volume

$$V_{p,t} = V_{1,0}(1 + \alpha_1 t)(1 - \beta_t p).$$

2. Elevons la pression jusqu'à p atmosphères à 0°, de sorte que le volume se change en $V_{1,0}(1 - \beta_0 p)$, et échauffons ensuite le liquide de 0° à $t°$ sous la pression constante p ; son volume devient alors

$$V_{p,t} = V_{1,0}(1 - \beta_0 p)(1 + \alpha_p t).$$

En égalant les deux expressions de $V_{p,t}$, on a :

$$\frac{1 + \alpha_1 t}{1 + \alpha_p t} = \frac{1 - \beta_0 p}{1 - \beta_t p}. \tag{47}$$

Il résulte de cette égalité que si $\beta_t > \beta_0$, on a $\alpha_p < \alpha_1$, et inversement, si $\beta_t < \beta_0$, on a $\alpha_p > \alpha_1$.

Si le coefficient de compression augmente (diminue), quand la température croît, le coefficient de dilatation thermique diminue (augmente), lorsque la pression croît.

Nous aurions pu évidemment prendre, au lieu de 0°, une température initiale $t°$ quelconque, et, au lieu d'une atmosphère, une pression initiale p_0 quelconque.

Nous avons déjà vu dans le Tome I que, pour tous les liquides, sauf l'eau, la compressibilité croît en même temps que la température ; il s'ensuit que *le coefficient de dilatation de tous les liquides, à l'exception de l'eau, diminue quand la pression croît.*

Pour l'eau, β diminue de 0° à 60° et commence ensuite à croître ; par conséquent *le coefficient de dilatation de l'eau croît entre* 0° *et* 60°, *et décroît au dessus de* 60°, *quand la pression augmente.*

Les résultats des expériences d'Amagat concordent parfaitement avec ce qui précède ; nous avons décrit dans le Tome I l'appareil dont il s'est servi. Nous indiquons, dans le tableau suivant, les valeurs de $\alpha \cdot 10^6$ qu'il a obtenues relativement à l'*eau*, pour différents intervalles de température et à différentes pressions p (en atmosphères) :

$\alpha \cdot 10^6$ *pour l'eau :*

p	0—10°	10—20°	20—30°	30—40°	40—50°	50—60°	60—70°	70—80°
1	—14	149	257	334	422	490	556	—
100	43	165	265	345	422	485	548	—
200	72	183	276	350	426	480	539	600
400	124	221	298	363	429	478	527	575
600	169	250	319	372	429	484	520	557
800	213	272	339	378	438	480	518	546
900	229	289	338	389	437	479	514	550
1000	—	—	343	396	437	474	512	554

Le coefficient α croît donc, quand la pression augmente, tant que $t < 55°$ environ, et décroît aux températures plus élevées. Amagat a observé l'accroissement de α, à des températures inférieures à 49°, jusqu'à la pression de 3.000 atmosphères.

Landesen a trouvé qu'à 50°, la valeur de α est indépendante de la pression.

Les expériences d'Amagat permettent de résoudre l'intéressante question du *coefficient thermique de pression de l'eau*, qui caractérise *l'accroissement de pression de l'eau chauffée sous volume constant.* Nous avons déjà parlé de ce coefficient aux pages 16 et 17, où il a été désigné par α_p, voir (22), pour les gaz ; nous reviendrons encore sur ce sujet en Thermodynamique.

Nous avons montré à la page 17 que le coefficient thermique de pression des gaz parfaits est une grandeur constante, égale au coefficient thermique de volume. Pour les liquides, *à l'exception de l'eau*, le coefficient thermique de pression est à peu près inversement proportionnel à la pression initiale, sous laquelle se trouvait le liquide avant l'échauffement. Pour expliquer ce fait, désignons par γ_t le coefficient thermique moyen de pression entre 0° et $t°$, de sorte que, si la pression initiale à 0° est égale à p_0, elle est à $t°$

$$p = p_0(1 + \gamma_t t), \tag{48}$$

d'où l'on tire

$$\gamma_t = \frac{p - p_0}{p_0 t}. \tag{49}$$

Le coefficient thermique de pression à la température t est

$$\gamma = \frac{1}{p_0}\left(\frac{dp}{dt}\right)_{v = const.} \tag{58}$$

La formule (48) donne pour l'accroissement de pression

$$p - p_0 = p_0 \gamma_t t. \tag{51}$$

Nous verrons, dans le paragraphe suivant, que *pour les liquides que l'on a étudiés, à l'exception de l'eau, cette augmentation de pression est proportionnelle à t et ne dépend pas de la pression initiale*; autrement dit, on peut poser approximativement

$$p_0 \gamma_t = C, \tag{52}$$

où C est un nombre constant, et γ_t est ainsi inversement proportionnel à la pression initiale p_0. Pour les liquides, ce n'est donc pas la grandeur γ_t, mais plutôt la grandeur C, qui est intéressante, de sorte qu'au lieu de (48), il faut considérer l'égalité

$$p = p_0 + Ct. \tag{53}$$

Pour les gaz parfaits, on a $\gamma_t = const. = \frac{1}{273}$, et par suite l'accroissement de pression $p - p_0$ est proportionnel à la pression initiale p_0 ou inversement proportionnel au volume v du gaz, sous lequel se produit l'échauffement. On obtient, en effet, en soustrayant l'égalité $p_0 v = R.\ 273$ de l'égalité $pv = R(273 + t)$,

$$p - p_0 = \frac{Rt}{v} = p_0 \frac{t}{273}.$$

La grandeur C peut être calculée, si on connaît le coefficient moyen de dilatation α_t entre 0° et $t°$ et le coefficient de compression β_t à $t°$. Désignons par V_0 le volume du liquide à 0° et sous la pression initiale p_0. Echauffons le liquide jusqu'à $t°$, sans changer la pression ; le volume devient égal à $V_0(1 + \alpha_t t)$. Soumettons-le maintenant à une certaine pression p, sans changer la température t ; le volume devient

$$V_0(1 + \alpha_t t)\left[1 - \beta_t(p - p_0)\right].$$

Choisissons la pression p de façon que l'on obtienne le volume primitif V_0 ; on a alors

$$(1 + \alpha_t t)\left[1 - \beta_t (p - p_0)\right] = 1.$$

Mais p est la pression du liquide échauffé de 0° à t° sous le volume constant V_0 ; on a par suite

$$p = p_0 (1 + \gamma_t t) = p_0 + Ct.$$

L'égalité précédente donne donc

$$(1 + \alpha_t t)\,(1 - \beta_t Ct) = 1,$$

d'où l'on tire

$$C = p_0 \gamma_t = \frac{\alpha_t}{\beta_t (1 + \alpha_t t)}. \tag{54}$$

La grandeur α_t sous différentes pressions initiales p_0 et la grandeur β_t à différentes températures t sont connues ; par conséquent, on peut calculer la grandeur C et la pression p du liquide à différentes températures t, si l'échauffement se produit *sous volume constant* et si la pression initiale p_0 à 0° est donnée. Nous reproduisons ci-dessous un tableau intéressant des valeurs de p (en atmosphères) calculées par AMAGAT *pour l'eau* :

V	p_0(0°)	5°	10°	20°	30°	40°	50°	60°	70°	80°	90°	100°
1,0000	1,0	—	3,7	34,5	92,4	171,5	272,2	395,5	512,0	665,0	820,5	986,5
0,9995	10,5	8,4	13,8	45,3	103,7	183,0	284,5	405,2	535,0	678,5	833,5	1000,0
0,9985	29,7	28,0	34,2	66,9	126,5	207,0	309,5	427,5	560,0	705,0	860,0	—
0,9975	49,0	48,0	54,5	89,0	149,5	231,0	333,5	453,0	586,6	731,0	887,0	—
0,9950	99,0	100,2	107,5	145,0	207,5	291,5	396,5	517,0	651,6	798,0	956,0	—
0,9900	201,0	205,7	216,8	260,0	327,0	415,0	522,5	647,0	784,5	934,5	—	—
0,9800	416,0	427,6	445,0	500,0	578,0	674,0	790,0	932,0	—	—	—	—
0,9700	647,0	666,0	691,5	758,0	847,0	954,0	—	—	—	—	—	—
0,9600	895,5	923,5	954,5	—	—	—	—	—	—	—	—	—
0,9500	1170,0	—	1247,0	1344,0	1450,0	1596,0	1716,0	—	—	—	—	—

Dans la première colonne sont indiqués les volumes constants sous lesquels s'effectuait l'échauffement ; ils diminuent, quand la pression initiale p_0, sous laquelle se trouvait l'eau à 0°, augmente. Les irrégularités que présente l'eau soumise à un échauffement et à une compression apparaissent avec netteté dans ce tableau. Ainsi, par exemple, la pression p diminue dans un échauffement de 0° à 5°, quand la pression initiale p_0 n'est pas très grande, et elle croît pour de grandes valeurs de p_0. On voit que, si on échauffe jusqu'à 100°, sous volume constant, de l'eau qui se trouve à 0° et sous la pression $p_0 = 1$, la pression monte jusqu'à 986^at^,5.

Les nombres précédents montrent que, pour l'eau,

$$C = p_0 \gamma_t = (p - p_0) : t$$

est loin d'être une grandeur constante ; l'accroissement $p - p_0$ de la pression n'est pas proportionnel à t et dépend de la pression initiale p_0 à 0°, comme le fait voir le tableau suivant :

Valeurs de $C = p_0\gamma_t = \frac{p - p_0}{t}$ *pour l'eau :*

p_0	0—5°	0—10°	0—20°	0—30°	0—40°	0—50°	0—60°	0—70°	0—80°	0—90°	0—100°
1,0	—	0,27	1,67	3,05	4,26	5,42	6,58	7,30	8,30	9,10	9,85
10,5	—	0,33	1,74	3,11	4,31	5,50	6,58	7,49	8,35	9,14	9,87
29,7	—	0,45	1,86	3,28	4,43	5,60	6,63	7,58	8,44	9,22	—
49,0	—	0,55	2,00	3,35	4,55	5,69	6,73	7,67	8,52	9,31	—
99,0	0,24	0,85	2,30	3,62	4,81	5,97	6,97	7,90	8,74	9,50	—
210,0	0,94	1,58	2,95	4,20	5,35	6,43	7,43	8,33	9,17	—	—
416,0	2,36	2,90	4,20	5,40	6,45	7,48	8,32	—	—	—	—
647,0	3,80	4,45	5,55	6,66	7,54	—	—	—	—	—	—
895,5	5,60	5,90	—	—	—	—	—	—	—	—	—
1170,0	—	7,62	8,53	9,51	10,53	11,17	—	—	—	—	—

Ces nombres donnent l'accroissement moyen de pression de l'eau, pour un échauffement de 1°, de 0° à $t°$ (la pression initiale étant p_0). On voit nettement combien la grandeur C est peu constante pour de petites valeurs de t et des valeurs de p_0 suffisamment faibles. Pour de grandes valeurs de t, C commence à devenir constant.

7. Dilatation thermique et coefficient thermique de pression des liquides autres que l'eau. — Despretz, Pierre, Kopp, Hirn, Frankenheim, Louguinine, Zander et beaucoup d'autres physiciens ont étudié la dilatation thermique de divers liquides autres que l'eau. La constatation générale est qu'on peut exprimer le volume V d'un liquide par une formule empirique telle que

$$V = 1 + at + bt^2 + ct^3 \tag{55}$$

entre 0° et le point d'ébullition sous pression normale. Les constantes a, b, c possèdent, suivant les liquides, des valeurs très différentes, et on n'a pas réussi jusqu'ici à trouver de relation simple entre ces nombres et la composition chimique de la substance. On a reconnu, comme règle générale, que *la dilatation des liquides croît en même temps que la température*, c'est-à-dire que b et c sont des grandeurs positives.

Nous indiquerons plus loin quelques règles se rapportant aux volumes moléculaires des liquides à leurs points d'ébullition.

Hirn a mesuré les coefficients de dilatation de quelques liquides à des températures supérieures aux points d'ébullition, en employant la méthode mentionnée à la page 134 ; il a étudié l'alcool jusqu'à 160°, l'éther éthylique jusqu'à 120°, l'essence de térébenthine jusqu'à 160°, le sulfure de carbone et le chlorure d'éthylène (C^2Cl^4) jusqu'à 150°. Il exprimait les volumes par une formule empirique telle que

$$V = 1 + at + bt^2 + ct^3 + dt^4.$$

Les coefficients de dilatation des liquides aux températures élevées sont en général très grands et dépassent parfois le coefficient de dilatation des gaz (0,0036). Ainsi MENDÉLÉIEFF avait déjà trouvé avant HIRN que le coefficient de dilatation de l'éther méthylique atteint la valeur 0,0054 à 190°.

Le coefficient moyen de dilatation de CS^2 entre 40° et 80° est égal à 0,00141 ; entre 120° et 160°, il est déjà égal à 0,00226.

Les gaz liquéfiés possèdent des coefficients de dilatation encore plus grands, comme l'ont montré les expériences de DRION, ANDRÉIEFF, THILORIER, GRIMALDI et PICTET. Nous citerons ici les *coefficients de dilatation moyens* trouvés par ANDRÉIEFF pour SO^2, AzH^3, CO^2, et Az^2O liquides.

Entre les températures	SO^2	AzH^3	CO^2	Az^2O
— 10° et — 5°	0,00190	0,00190	0,00475	—
— 5 » 0	194	200	492	0,00428
0 » 5	198	210	540	422
5 » 10	202	220	629	484
10 » 15	206	230	769	656
15 » 20	210	240	975	872

La dilatation de CO^2 et Az^2O à l'état liquide est plus grande que celle correspondant à l'état gazeux, même aux basses températures. THILORIER a trouvé que le coefficient moyen de dilatation de CO^2 liquide, entre 0° et 30°, est égal à 0,017 (le volume augmente de moitié). DRION a trouvé que le coefficient de dilatation de SO^2 liquide à 0° est 0,001734 et atteint 0,009571 à 130° (température critique 156°). Enfin PICTET a obtenu, pour le coefficient de dilatation de l'acétylène liquide, la valeur considérable 0,01.

Nous avons indiqué à la page 137 que *le coefficient de dilatation α des liquides (à l'exception de l'eau) diminue, quand la pression augmente*, ce qui a été confirmé par les expériences d'AMAGAT sur 11 liquides ; mais on a constaté en même temps qu'aux fortes pressions, *le coefficient de dilatation α devient indépendant de la température*. Nous donnerons, à titre d'exemple, un tableau pour l'éther éthylique, analogue à celui de la page 137 pour l'eau ; la pression p est exprimée en atmosphères.

$\alpha \cdot 10^6$ *pour l'éther éthylique.*

p	0 — 20°	20 — 40°	40 — 60°	60 — 80°	80 — 100°	100 — 138°	138 — 198°
50	1511	1687	1779	1947	2112	—	—
100	1445	1523	1649	1782	1904	—	—
200	1319	1390	1469	1522	1614	1749	2156
400	1153	1193	1225	1250	1305	1327	1436
600	1045	1060	1074	1086	1098	1115	1165
800	958	961	985	981	962	983	1008
900	926	931	940	926	928	923	946
1000	900	900	905	894	888	880	890

La série suivante d'expériences montre encore plus clairement la règle mentionnée :

$\alpha \cdot 10^6$ *pour l'éther éthylique.*

p	0 — 20°	20 — 50°
1000	894	905
1500	752	788
2000	680	699
2500	633	620
3000	579	571

Nous avons fait remarquer à la page 138 que la grandeur $C = p_0 \gamma_t = \frac{p - p_0}{t}$ (où γ_t désigne le coefficient thermique moyen de pression pour l'échauffement du liquide *sous volume constant* de 0° à $t°$, p_0 la pression initiale et p la pression à $t°$) est presque constante pour les liquides (sauf pour l'eau). La formule 54 page 139, permet de calculer la grandeur C et la pression p. Voici un tableau des pressions p en atmosphères pour l'éther éthylique, qui est analogue à celui que nous avons donné pour l'eau à la page 139.

v	$p_0(0°)$	10°	20°	30°	40°	50°	60°	70°	80°	90°	100°
1,000	1	101	200	299	396	493	588	684	778	870	962
0,990	71	176	280	383	484	584	683	781	878	—	—
0,980	150	258	365	472	577	681	784	886	988	—	—
0,970	239	351	462	572	681	790	899	1005	—	—	—
0,960	338	455	570	684	797	911	—	—	—	—	—
0,950	448	569	690	809	927	—	—	—	—	—	—

On forme à l'aide de ces nombres le tableau suivant des valeurs de C :

$$C = p_0\gamma_t = \frac{p - p_0}{t} \text{ pour l'éther éthylique.}$$

p_0	0 — 10°	0 — 20°	0 — 30°	0 — 40°	0 — 50°	0 — 60°	0 — 70°	0 — 80°	0 — 90°	0 — 100°
1	10,00	9,95	9,93	9,90	9,86	9,80	9,76	9,71	9,66	9,61
71	10,50	10,45	10,40	10,33	10,26	10,20	10,14	10,09	—	—
150	10,80	10,75	10,73	10,65	10,62	10,57	10,51	—	—	—
239	11,20	11,15	11,10	11,05	11,02	11,00	10,93	—	—	—
338	11,70	11,60	11,53	11,48	11,46	—	—	—	—	—
448	12,10	12,10	12,03	12,00	—	—	—	—	—	—

Ce tableau met en évidence que l'accroissement de pression $p - p_0$ de l'éther est à peu près proportionnel à l'élévation t de la température et dépend peu de la pression initiale ; le tableau de la page 139 pour l'eau nous a donné un résultat tout autre.

Cornazzi (1903) a calculé le coefficient de dilatation *moyen* α du mercure, entre 22°,8 et t°, pour des pressions s'élevant jusqu'à 3000 atmosphères. Voici quelques valeurs de la grandeur $\alpha . 10^4$ pour différentes températures t.

p	52°,8	101°	150°,3	191°,8
1^atm.	1,809	1,817	1,827	1,830
1000	1,769	1,785	1,781	1,782
2000	1,692	1,752	1,723	1;732
3000	1,574	1,721	1,651	1,681

Beaucoup de tentatives ont été faites pour remplacer la formule (55) par une autre avec un nombre moindre de constantes, basée autant que possible sur des considérations théoriques ou se distinguant par une plus grande simplicité. C'est ainsi qu'on a proposé, par exemple, la formule

$$V = e^{at}$$

où la constante a varie suivant les liquides ; mais cette formule ne s'accorde pas avec les résultats d'expériences.

La formule de Mendéléieff.

$$V = \frac{1}{1 - kt}, \tag{56}$$

par rapport à laquelle les liquides présentent à peu près les mêmes écarts que les gaz relativement à la loi de Gay-Lussac, offre un grand intérêt. Elle s'applique à ce qu'on peut appeler des *liquides parfaits*, et elle est en quelque sorte une première approximation pour les liquides réels. Mendéléieff a trouvé que la valeur de k oscille, pour différents liquides, entre 0,00080 et 0,00155. KONOWALOFF et LUTHER ont établi théoriquement la formule (56).

D. BERTHELOT (1899) a donné, pour le volume moléculaire V (volume d'un gramme-molécule) d'un liquide la formule

$$V = \frac{11{,}1 T^2}{P_c (2T_c - T)} \text{ litres,} \tag{56, a}$$

dans laquelle T_c désigne la température critique absolue et P_c la pression critique (Chap. XIII) en atmosphères. Cette formule s'est montrée exacte pour toute une série de liquides. Il est facile de voir que, dans cette formule, V dépend de $t = T - 273$ exactement comme dans la formule (56) de MENDÉLÉIEFF. WÜLLNER a proposé pour quelques liquides (alcool, CS^2, $ZnCl^2$) une formule analogue à (56), entre des limites étroites de température, de 10° à 30° par exemple. AVENARIUS a proposé la formule

$$V = a - b\lg (T_c - t), \tag{57, a}$$

où T_c désigne la température critique du liquide. JOUK a trouvé que les observations sur l'alcool éthylique (C^2H^6O) concordent bien avec cette formule. GRIMALDI est arrivé à une formule analogue.

MALLET et FRIEDERICH (1902) ont donné à la formule d'AVENARIUS la forme suivante :

$$V = a - b\lg (A - t), \tag{57, b}$$

où a, b et A sont trois constantes. Il a été constaté que cette formule est exacte pour 25 liquides et un grand intervalle de température jusqu'à 30°—40° au-dessous de la température critique. La constante A est toujours *plus élevée* de quelques degrés que la température critique. Le rapport $a : b$ est égal en moyenne à 3,78 ; l'écart moyen relatif à ce nombre ne dépasse pas 1,05 %.

HEILBORN a établi théoriquement la formule

$$V = \frac{1}{\left[1 - k\lambda \left(e^{\frac{t}{k}} - 1\right)\right]^3}, \tag{58}$$

où k et λ sont des grandeurs constantes. JÄGER a proposé la formule

$$V = A + B \frac{1 + \alpha t}{1 + \varepsilon t}, \tag{59}$$

où A et B désignent deux constantes, α le coefficient de dilatation des gaz et ε le coefficient thermique de la constante capillaire (Tome I). Pour le mercure, on a $A = 0{,}95262$, $B = 0{,}04738$, $\varepsilon = 0{,}00013$.

RANKINE a donné la formule

$$\lg V = -A + BT - \frac{C}{T}, \tag{60}$$

où T est la température absolue, c'est-à-dire $T = 273 + t$.

8. Dilatation thermique et coefficient thermique de pression des gaz. Théorie. — Nous avons donné le nom de gaz parfait à un gaz qui suivrait rigoureusement les lois de Boyle et de Gay-Lussac ; l'équation d'état, qui lie le volume v, la pression p et la température t, a reçu pour ces gaz la forme $pv = RT$, où $T = \frac{1}{\alpha} + t$ est la température absolue, α le coefficient de dilatation thermique du gaz parfait. *Nous conservons encore ici cette signification de* α, c'est-à-dire que nous désignons par α la valeur limite, dont le coefficient de dilatation thermique α_v (sous pression constante) et le coefficient thermique de pression α_p (sous volume constant) se rapprochent d'autant plus que les propriétés du gaz sont plus voisines de celles d'un gaz parfait (voir plus loin).

Nous changerons maintenant l'ancienne signification de la lettre R, et nous désignerons par là une grandeur égale à l'ancienne quantité $R : \alpha$; l'équation d'état d'un gaz parfait prend alors la forme

$$pv = R(1 + \alpha t). \tag{61}$$

Quand le gaz est échauffé sous pression constante p, c'est-à-dire *se dilate librement*, son volume v est une fonction de la température ; nous appellerons alors la grandeur

$$\alpha_v = \frac{1}{v_0}\left(\frac{dv}{dt}\right)_{p = const.} \tag{62}$$

simplement *coefficient de dilatation du gaz à la température* t. Quand le gaz est échauffé sous volume constant, sa pression p est une fonction de la température ; nous appellerons dans ce cas la grandeur

$$\alpha_p = \frac{1}{p_0}\left(\frac{dp}{dt}\right)_{v = const.} \tag{63}$$

coefficient thermique de pression du gaz à la température t. Pour un *gaz parfait*, on a, comme on l'a montré à la page 17,

$$\alpha_v = \alpha_p = \alpha. \tag{64}$$

Dans les gaz réels, α_v et α_p diffèrent l'un de l'autre et sont des fonctions de l'état du gaz, c'est-à-dire dépendent, par exemple, de p et t.

Pour les coefficients *moyens*, nous n'introduirons pas de désignations particulières, c'est-à-dire que nous poserons

$$\left\{\begin{aligned} v &= v_0(1 + \alpha_v t), \\ p &= p_0(1 + \alpha_p t), \end{aligned}\right. \tag{65}$$

où α_v et α_p sont les coefficients moyens entre 0° et t° ; il est clair que ce sont aussi des fonctions d'état, par exemple des fonctions des grandeurs p et t.

Il faut se rappeler que α_v (coefficient de volume) se rapporte à p constant et α_p (coefficient de pression) à v constant. Il est facile de faire ici une confusion, car d'habitude, dans l'étude de la capacité calorifique des gaz, c_v est relatif à v constant, c_p à p constant.

Dans quelques expériences dont nous parlerons plus loin, bien qu'elles ne présentent plus aujourd'hui qu'un intérêt historique, v aussi bien que p variaient simultanément. Les valeurs comprises entre α_v et α_p, qui ont été ainsi obtenues, seront désignées par α'.

Avant de passer aux déterminations expérimentales des grandeurs α_v et α_p, nous allons examiner à un point de vue théorique comment elles dépendent de v et de p.

On peut facilement démontrer que l'on a $\alpha_p >$ ou $< \alpha_v$, selon le sens dans lequel le gaz s'écarte de la loi de Boyle. Supposons que le volume et la pression soient v_0 et p_0 à 0° ; échauffons le gaz jusqu'à t° sous pression constante p_0, le volume devient

$$v = v_0 (1 + \alpha_v t) ;$$

si on échauffe au contraire le gaz de 0° à t° sous volume constant v_0, on a

$$p = p_0 (1 + \alpha_p t).$$

Nous obtenons donc à une même température t d'abord les grandeurs p_0, v, et ensuite p, v_0, avec $p > p_0$. D'après la loi de Boyle, $pv_0 = p_0 v$; les deux expressions précédentes donnent par conséquent

$$\frac{pv_0}{p_0 v} = \frac{1 + \alpha_p t}{1 + \alpha_v t}. \tag{66}$$

Pour tous les gaz, sauf pour l'hydrogène, le produit de la pression par le volume diminue quand la pression croît, c'est-à-dire que l'on a $pv_0 < p_0 v$; pour H, au contraire, $pv_0 > p_0 v$. Il s'ensuit que *pour tous les gaz, sauf l'hydrogène*, on a $\alpha_p < \alpha_v$; *pour l'hydrogène*, $\alpha_p > \alpha_v$.

Il est très intéressant de chercher quelles indications sur les propriétés des grandeurs α_v et α_p donnent les équations d'état des gaz réels, qui ont été proposées au lieu de la formule (61). Parmi ces équations, la première place appartient à l'équation de Van der Waals (Tome I) :

$$\left(p + \frac{a}{v^2}\right)(v - b) = \mathrm{R}\,(1 + \alpha t). \tag{67}$$

Ici a, b, R et α sont des nombres constants : a dépend des forces agissant entre les molécules du gaz, b du volume occupé par ces molécules (de leurs sphères d'activité moléculaire) ; R est une constante qui diffère suivant le gaz, α une constante qui est la même pour tous les gaz et est égale au coefficient de dilatation d'un gaz parfait. Pour $a = b = 0$, la formule (67) se change dans (61). Cela posé, cherchons à déterminer α_p et α_v, pour un gaz dont l'équation d'état a la forme (67).

En supposant que v_0 et p_0 se rapportent à 0°, (67) donne

$$\left(p_0 + \frac{a}{v_0^2}\right)(v_0 - b) = \mathrm{R}. \tag{68}$$

Dans un échauffement jusqu'à t^0, la pression croît jusqu'à p, le volume restant v_0 ; (67) donne dans ce cas

(69) $$\left(p + \frac{a}{v_0^2}\right)(v_0 - b) = \mathrm{R}\,(1 + \alpha t).$$

Mais si on échauffe le gaz jusqu'à t^0 sous pression constante p_0, v_0 se change en v et (67) prend la forme

(70) $$\left(p_0 + \frac{a}{v^2}\right)(v - b) = \mathrm{R}\,(1 + \alpha t).$$

Les grandeurs cherchées sont

$$\alpha_p = \frac{p - p_0}{p_0 t}, \qquad \alpha_v = \frac{v - v_0}{v_0 t}.$$

En divisant (69) par (68), on obtient

$$p + \frac{a}{v_0^2} = \left(p_0 + \frac{a}{v_0^2}\right)(1 + \alpha t),$$

d'où l'on tire

(71) $$\alpha_p = \left(1 + \frac{a}{p_0 v_0^2}\right)\alpha.$$

Dans le second terme, on peut poser $p_0 v_0 = \mathrm{R}$, quand p_0 n'est pas très grand ; on a alors

(72) $$\alpha_p = \left(1 + \frac{a p_0}{\mathrm{R}^2}\right)\alpha.$$

En divisant (70) par (68), et en faisant passer p_0 en dénominateur, il vient

$$\left(1 + \frac{a}{p_0 v^2}\right)(v - b) = \left(1 + \frac{a}{p_0 v_0^2}\right)(v_0 - b)(1 + \alpha t).$$

Développons les parenthèses, simplifions et ramenons les termes semblables à un dénominateur commun, nous obtenons

$$v + \frac{a v_0}{p_0 v v_0} - \frac{b a v_0^2}{p_0 v^2 v_0^2} = v_0 + \frac{a v}{p_0 v v_0} - \frac{b a v^2}{p_0 v^2 v_0^2} + \alpha t v_0 \left(1 + \frac{a}{p_0 v_0^2}\right)\left(1 - \frac{b}{v_0}\right).$$

En faisant passer les trois premiers termes du second membre dans le premier et en mettant $(v - v_0)$ en facteur, on obtient, pour le coefficient α_v cherché, la formule compliquée :

(73) $$\left\{\begin{aligned} &\alpha_v = \frac{\mathrm{M}}{\mathrm{N}}\,\alpha, \\ &\text{où} \\ &\mathrm{M} = \left(1 + \frac{a}{p_0 v_0^2}\right)\left(1 - \frac{b}{v_0}\right), \\ &\mathrm{N} = 1 - \frac{a}{p_0 v_0 v}\left(1 - b\,\frac{v + v_0}{v v_0}\right). \end{aligned}\right.$$

Si on fait $v = v_0 (1 + \alpha_v t)$ dans N et si on néglige le dernier terme, on a

$$(74) \qquad N = 1 - \frac{a}{p_0 v_0^2 (1 + \alpha_v t)}.$$

En négligeant tous les termes, dans lesquels entre le produit ab, et en divisant M par N, on obtient l'expression approchée

$$(75) \qquad \alpha_v = \left[1 + \frac{a}{p_0 v_0^2}\left(1 + \frac{1}{1 + \alpha_v t}\right) - \frac{b}{v_0}\right]\alpha.$$

Si nous comparons cette formule avec (71), nous voyons que

$$(76) \qquad \alpha_v = \alpha_p + \left[\frac{a}{p_0 v_0^2 (1 + \alpha_v t)} - \frac{b}{v_0}\right]\alpha.$$

Les formules (72), (75) et (76) conduisent à toute une série de déductions, que nous comparerons plus tard avec les résultats des expériences.

Pour $a = b = 0$, on a $\alpha_v = \alpha_p = \alpha$, comme cela doit être.

Quand $a = 0$ et $b > 0$, on a

$$(77) \qquad \begin{cases} \alpha_p = \alpha, \\ \alpha_v = \left(1 - \frac{b}{v_0}\right)\alpha, \\ \alpha_v < \alpha_p. \end{cases}$$

Pour $a = 0$, on a, voir (67),

$$pv = R(1 + \alpha t) + bp,$$

c'est-à-dire que le produit pv croît en même temps que la pression.

1. *Quand* $a = 0$, *le produit* pv *croît en même temps que la pression ; on a* $\alpha_p = \alpha$ *et* $\alpha_v < \alpha_p$; α_p *est une grandeur constante* ; α_v *diminue lorsque la pression augmente* (v_0 diminuant). *Pour l'hydrogène*, on peut poser $a = 0$; pour ce gaz, pv croît en même temps que la pression (Tome I) ; *d'après la formule de* Van der Waals, *on doit donc s'attendre à ce que, pour l'hydrogène,* $\alpha_p =$ *const.*, $\alpha_v < \alpha_p$, *et à ce que* α_v *diminue, quand la pression croît.*

Supposons maintenant que l'on ait $b = 0$ et $a > 0$ pour un gaz déterminé ; on a alors

$$(78) \qquad \begin{cases} \alpha_p = \left(1 + \frac{a}{p_0 v_0^2}\right)\alpha, \\ \alpha_v = \alpha_p + \frac{a}{p_0 v_0^2 (1 + \alpha_v t)}\alpha, \\ \alpha_v > \alpha_p > \alpha. \end{cases}$$

La formule (67) donne

$$pv = R(1 + \alpha t) - \frac{a}{v},$$

ce qui montre que le produit pv décroît lorsque la pression croît (v diminuant).

2. *Si $b = 0$, pv diminue quand la pression croît ; les grandeurs α_v et α_p satisfont aux inégalités $\alpha_v > \alpha_p > \alpha$.*

Dans le cas où $a > 0$ et $b > 0$, on obtient les résultats suivants : la grandeur α_p est tout à fait indépendante de b, et, pourvu que a ne soit pas nul, α_p doit, comme le montrent (71) et (72), croître en même temps que la pression et être plus grand que α.

3. *Pour tous les gaz, à l'exception de l'hydrogène ($a = 0$), on a $\alpha_p > \alpha$; en outre, pour tous les gaz, α_p croît en même temps que la pression.*

La température t n'entre pas dans l'expression de α_p, pourvu que a ne dépende pas de la température, ce qui indiquerait que la formule de Van der Waals n'est pas assez complète.

4. *Le coefficient α_p est, pour tous les gaz, indépendant de la température t, pourvu que la grandeur a ne dépende pas de cette dernière.*

La formule (75) montre que α_v diminue, lorsque t augmente et lorsque l'on a en même temps $a > 0$.

5. *Le coefficient α_v diminue pour tous les gaz, à l'exception de l'hydrogène ($a = 0$), quand la température croît. Pour l'hydrogène, α_v est indépendant de la température.*

En général, la grandeur α_v dépend de p d'une manière très complexe ; pour l'hydrogène ($a = 0$), α_v diminue quand la pression croît, voir (77), 1. Pour des pressions qui ne sont pas très élevées, où l'on peut appliquer (75) et où l'influence de la grandeur a est plus grande que celle de la grandeur b, la grandeur α_v doit augmenter en même temps que la pression, c'est-à-dire lorsque v_0 diminue. Il est cependant facile de voir qu'aux *pressions élevées*, le coefficient α_v doit décroître, quand p croît. Considérons, en effet, la formule exacte (73). On peut écrire M sous la forme :

$$M = \left(1 + \frac{ap_0}{(p_0v_0)^2}\right)\left(1 - \frac{bp_0}{p_0v_0}\right) = (1 + Ap_0)(1 - Bp_0).$$

Cette quantité atteint son maximum pour $A > B$, et commence à décroître pour une certaine valeur de p_0. Si on fait, pour simplifier, $v = v_0$, il vient :

$$N = 1 - \frac{ap_0}{(p_0v_0)^2}\left(1 - \frac{2\,bp_0}{p_0v_0}\right) = 1 - Ap_0(1 - 2\,Bp_0).$$

Cette grandeur possède un minimum et commence à croître pour une certaine valeur de p_0. Il est clair, d'après ce qui a été dit, qu'il faut s'attendre à ce que pour une certaine pression p_0, α_v commence à décroître.

6. *Pour l'hydrogène, α_v décroît lorsque la pression croît ; pour les autres gaz, α_v croît probablement pour les pressions non élevées ; mais, la pression croissante α_v commence forcément à diminuer à partir d'une certaine pression.*

On peut résumer de la manière suivante tous les résultats qui découlent de la formule de Van der Waals :

I. Pour l'hydrogène, $\alpha_p = \alpha =$ *const.*, α_v est plus petit que α_p, indépendant de t et diminue lorsque p croît.

II. Pour tous les gaz, excepté l'hydrogène, $\alpha_v > \alpha_p > \alpha$; α_p est indépendant de t (si a n'en dépend pas) et croît en même temps que p ; α_v diminue, quand t croît ; la pression augmentant, α_v croît pour les pressions non élevées, si a est grand comparativement à b, mais il décroît en tout cas aux pressions élevées.

Quelques physiciens (Andrews, Amagat) ont envisagé des coefficients un peu différents de α_v et α_p que nous venons de considérer, qui sont déterminés par les formules (65), dans lesquelles v_0 et p_0 se rapportent toujours à 0°. Supposons qu'à $t°_1$ le volume et la pression soient v_1 et p_1, que le volume v_1 devienne v_2 quand on chauffe jusqu'à $t°_2$ sous pression constante p_1, et que la pression p_1 devienne p_2 sous v_1 constant. Les nouveaux coefficients α'_v et α'_p sont alors déterminés par les équations suivantes :

$$(79) \qquad \begin{cases} v_2 = v_1 \left[1 + \alpha'_v (t_2 - t_1) \right], \\ p_2 = p_1 \left[1 + \alpha'_p (t_2 - t_1) \right]. \end{cases}$$

On peut facilement trouver l'expression de α'_p à l'aide de la formule (67) ; en désignant le volume constant par v (sans indice), cette formule donne

$$\left(p_1 + \frac{a}{v^2}\right)(v - b) = R(1 + \alpha t_1),$$

$$\left(p_2 + \frac{a}{v^2}\right)(v - b) = R(1 + \alpha t_2).$$

Si on divise la seconde égalité par la première, on obtient, à l'aide de la seconde égalité (79),

$$(80) \qquad \alpha'_p = \left(1 + \frac{a}{p_1 v^2}\right) \frac{\alpha}{1 + \alpha t_1}.$$

Pour $t_1 = 0$, cette formule se change dans (71).

On doit à Leduc (1898) une étude très détaillée des différents coefficients de dilatation et de pression et des relations qui existent entre eux.

Nous verrons plus loin que certaines expériences, sur CO^2 en particulier, conduisent à des résultats incompatibles avec la formule de Van der Waals. Nous avons déjà mentionné dans le Tome I la formule de Clausius, qui peut être considérée comme une généralisation de celle de Van der Waals. Si on introduit la température absolue $T = \frac{1}{\alpha} + t$ et si l'on remplace αR par R, la formule de Van der Waals peut être mise sous la forme.

$$p = \frac{RT}{v - b} - \frac{a}{v^2}.$$

Clausius admet que la grandeur a est inversement proportionnelle à T et remplace v^2 par $(v + c)^2$, de sorte qu'on obtient la formule

$$(81) \qquad p = \frac{RT}{v - b} - \frac{d}{T(v + c)^2}.$$

qui renferme, en dehors de R, trois constantes b, c et d.

Dans la suite, CLAUSIUS s'est arrêté à l'équation d'état

(82) $$\frac{p}{RT} = \frac{1}{v - b} - \frac{AT^{-n} - B}{(v + c)^2},$$

qui renferme, en dehors de R, cinq constantes b, c, n, A et B.

SARRAU a proposé, pour CO^2, l'équation d'état

(83) $$p = \frac{RT}{v - b} - \frac{KE^{-T}}{(v + c)^2},$$

avec quatre constantes b, c, K, E.

Nous nous bornerons à établir l'expression de α_p qui résulte de la première équation de CLAUSIUS (81). Elle donne, en désignant le volume constant par v_0,

$$p_0 = \frac{RT_0}{v_0 - b} - \frac{d}{T_0 (v_0 + c)^2},$$
$$p_0 = \frac{RT}{v_0 - b} - \frac{d}{T (v_0 + c)^2}.$$

En retranchant la première égalité de la seconde, en posant $T - T_0 = t$ et en divisant par $p_0 t$, il vient

(84) $$\alpha_p = \frac{p - p_0}{p_0 t} = \frac{R}{p_0 (v_0 - b)} + \frac{d}{p_0 T_0 (v_0 + c)^2} \cdot \frac{1}{T}.$$

La formule de CLAUSIUS *conduit à ce résultat que α_p diminue quand la température T croît.*

Il est clair que la même conséquence découle de la formule (71), si on admet, avec CLAUSIUS que la grandeur a est inversement proportionnelle à T.

Ces équations sont loin de représenter, dans toute l'étendue des pressions et des températures, les données expérimentales. AMAGAT (1899) a donné une formule, malheureusement compliquée et dont les coefficients ont été calculés seulement pour l'acide carbonique, qui représente le réseau entier de ce gaz (1 000 atmosphères et 260°), état gazeux, état liquide et courbe de saturation. Cette formule est la suivante :

$$\left\{ p + \frac{v - \left[a + m(v - b) + \frac{c}{v - b} \right] T}{k^{2,85} - \alpha + n\sqrt{(v - \beta)^2 + d^2}} \right\} v = RT.$$

9. Dilatation thermique et coefficient thermique de pression des gaz. Expériences. — Les premières déterminations précises du coefficient de dilatation α_v d'un gaz ont été effectuées par GAY-LUSSAC. Il remplissait un ballon en verre muni d'un tube gradué (*fig.* 65) du gaz sec à étudier, qui était séparé de l'air extérieur par une goutte de mercure. On observait la position de cet index, quand le ballon et le tube jusqu'à la goutte de mercure étaient plongés d'abord dans de la glace fondante, ensuite dans de l'eau bouillante ; la température de cette dernière était mesurée au moyen de deux thermomètres. Le volume du ballon et des divisions du tube étaient connus. Les expériences de Gay-Lussac ont donné

$$\alpha_v = 0{,}00375 \tag{85}$$

pour tous les gaz, ainsi que pour les vapeurs (éther) ; ce dernier résultat n'est même pas approximativement exact, comme l'avaient déjà montré les expériences de Flaugergues, qui trouva que l'air humide se dilate plus que l'air

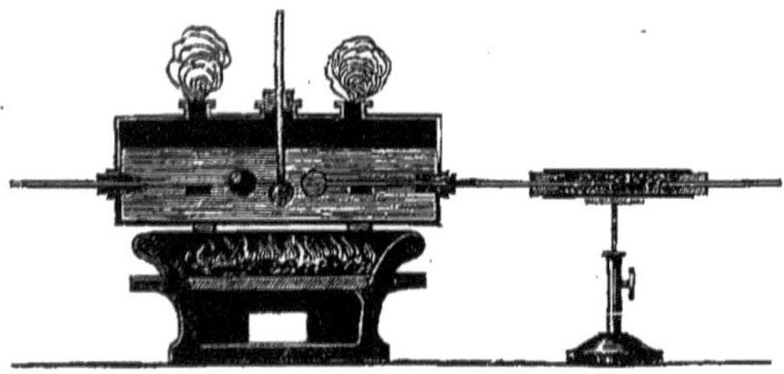

Fig. 65

sec. Dalton a trouvé presque le même nombre que Gay-Lussac, $\alpha_v = 0{,}00373$; Dulong et Petit ont en outre vérifié indirectement la valeur (85), par leurs expériences sur la dilatation du mercure (page 115).

En réalité, la valeur (85) est trop grande, comme Rudberg (1837) l'a montré le premier. Magnus (1842) a indiqué la source d'erreur dans les expériences de Gay-Lussac ; elle vient de ce que l'index de mercure ne forme pas une fermeture hermétique pour le gaz étudié ; suivant qu'il y a un excès de pression à l'intérieur ou à l'extérieur, une partie du gaz doit s'échapper à l'extérieur entre le mercure et la paroi du tube, ou une certaine quantité d'air extérieur doit rentrer dans l'appareil.

Rudberg a fait ses expériences d'après deux méthodes. La première donne une certaine grandeur α', comprise entre α_v et α_p ; nous ferons connaître plus loin cette méthode, sous la forme que lui a donnée Regnault. La seconde méthode de Rudberg donne la grandeur α_p ; son appareil est identique au thermomètre à gaz (Regnault), décrit à la page 24. L'appareil de Rudberg se distingue de celui de Regnault par sa construction plus simple ; en outre, Rudberg n'introduisait pas de correction pour le volume d'air contenu dans le tube, qui réunit le réservoir au manomètre. Dans la formule exacte (9), page 27, les deux termes entre parenthèses n'étaient pas envisagés par Rudberg. Le réservoir était d'abord placé dans la glace fondante, ensuite dans la vapeur d'eau bouillante, de sorte que la température désignée par x dans l'égalité (9) était connue. En désignant par t cette température, en faisant $v = 0$ et en divisant par V, il vient, au lieu de (9),

$$H(1 + \alpha_p t) = H_1(1 + \gamma t),$$

d'où l'on tire α_p. RUDBERG a trouvé, suivant les deux méthodes, la même valeur pour α' et α_p,

$$\alpha' = \alpha_p = 0{,}003646,$$

au lieu de la valeur 0,00375 obtenue par GAY-LUSSAC.

MAGNUS a effectué des mesures suivant la seconde méthode de RUDBERG et a trouvé

$$\alpha_p = 0{,}003668.$$

Nous arrivons maintenant aux travaux classiques de REGNAULT sur la dilatation des gaz. REGNAULT a déterminé les coefficients qui nous intéressent par trois méthodes, mais a modifié ensuite deux d'entre elles, de sorte qu'il s'agit en réalité de cinq séries d'observations, effectuées suivant des méthodes différentes.

MÉTHODE I, A. — Elle est identique à la première méthode de RUDBERG et

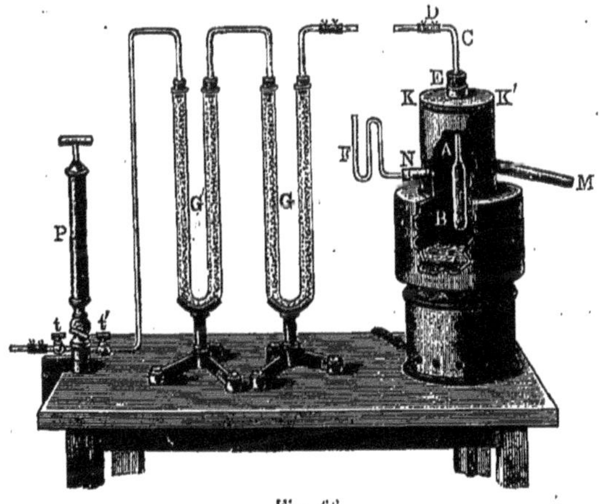

Fig. 66

donne une certaine grandeur moyenne α', le gaz possédant dans les deux états comparés des v et p différents. Le principe de cette méthode se comprend facilement à l'aide des figures 66 et 67. Le réservoir cylindrique AB (sphérique avec RUDBERG) est muni d'un tube capillaire courbé à angle droit et se terminant en D. Le réservoir était d'abord porté dans de la vapeur d'eau bouillante, qui se formait dans l'appareil décrit à la page 37. Le tube AC était relié à des tubes desséchants G et G', remplis de pierre ponce imbibée d'acide sulfurique concentré ; P représente la pompe. Pour dessécher le réservoir et le remplir de gaz sec, REGNAULT faisait le vide, laissait rentrer l'air, et, après avoir recommencé cette opération jusqu'à trente fois, remplissait lentement le réservoir de gaz frais. Une demi-heure environ après le dernier remplissage, on enlevait le tube de jonction en D et on fermait l'ouverture D du tube ACD au moyen d'un chalumeau ; on notait à ce moment la pression barométrique H et la température t correspondante de la vapeur d'eau bouillante. L'appareil était ensuite enlevé de l'étuve et renversé ; on plongeait son extrémité CD dans du mercure (fig. 67) et on le fixait à l'aide du cadre MNQQ′, de la tablette EE′ et de la vis V. L'extrémité D fermée à la lampe du tube était cassée sous le mercure et le réservoir AB entouré de neige et de glace fondante, placée sur la tablette EE′ ; le gaz se contractait et le mercure montait. Au bout d'une heure, l'ouverture D était fermée au moyen d'une petite cuiller K renfermant de la cire et fixée à mn, et on notait la pression barométrique H′. La glace était ensuite enlevée et on mesurait avec un cathétomètre la hauteur h de la colonne de mercure dans l'appareil. On se servait à cet effet de la tige t, dont la pointe inférieure était amenée au contact de la surface du mercure. La longueur de la tige était connue, de sorte qu'il n'y avait qu'à mesurer la distance verticale entre la pointe supérieure et le niveau du mercure dans AB. La pression, sous laquelle se trouvait le gaz à 0°, était donc $H' - h$, essentiellement différente de H. L'appareil était pesé avec le mercure de poids P′ qui y était entré ; le coefficient de dilatation γ du verre était enfin déterminé par la méthode connue, et on avait également à déterminer le poids P de mercure remplissant tout l'appareil à 0°. Soit δ la densité du mercure à 0° ; nous avons d'abord le gaz sous

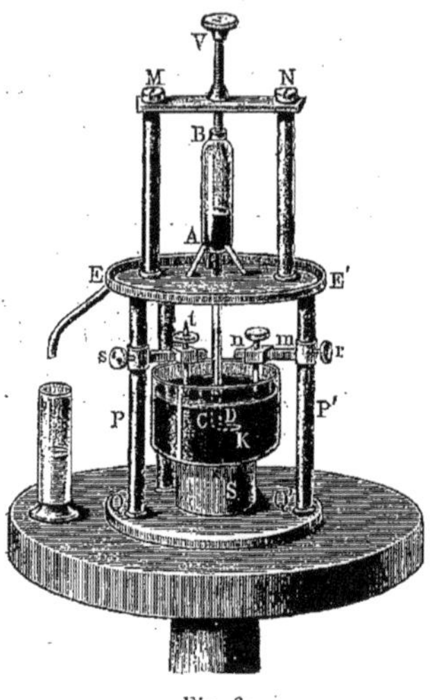

Fig. 67

$$\text{le volume } \frac{P}{\delta}(1 + \gamma t), \quad \text{la pression H}, \quad \text{la température } t^{\circ},$$

ensuite le même gaz sous

$$\text{le volume } \frac{P - P'}{\delta}, \quad \text{la pression } H' - h, \quad \text{la température } 0^{\circ}.$$

Désignons dans ce cas le coefficient de dilatation par α' ; on obtient

$$\frac{P(1 + \gamma t)}{\delta(1 + \alpha' t)} H = \frac{P - P'}{\delta}(H' - h),$$

ou

$$(86) \qquad 1 + \alpha' t = \frac{P(1 + \gamma t) H}{(P - P')(H' - h)},$$

d'où l'on tire α'.

Méthode I, B. — Elle se distinguait de la précédente en ce que les volumes du gaz à 0° et à t° différaient peu l'un de l'autre. On parvenait à ce résultat en prenant un tube plus long, de sorte que le mercure en s'élevant n'atteignait pas le réservoir sphérique. La figure 68 représente l'appareil modifié. Le tube présentait en son milieu une partie élargie, où se trouvait le niveau supérieur de la colonne de mercure ; il fallait introduire, dans la mesure de la longueur de la colonne h, une correction relative à la dépression capillaire. La formule est la même que (86), mais elle donne une valeur que l'on peut supposer égale à α_p.

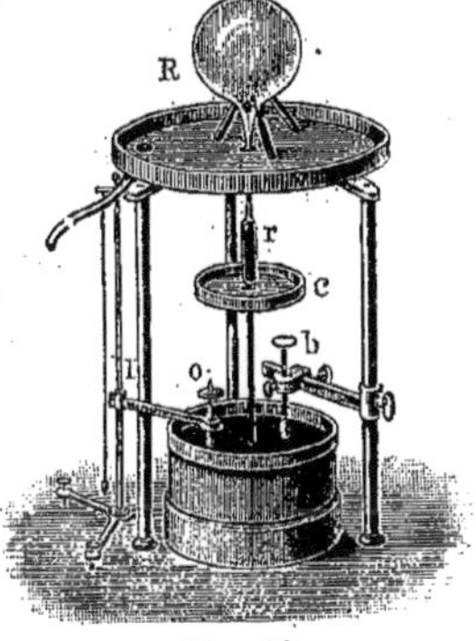

Fig. 68

Méthode II, a. — Elle est un perfectionnement de la seconde méthode de Rudberg. L'appareil n'est pas autre chose que le thermomètre à gaz décrit à la page 25 et représenté par la figure 1. Les mêmes manipulations décrites à cet endroit conduisent à la formule (9), où cependant il faut remplacer x par la température connue T de la vapeur d'eau bouillante dans le réservoir M. On obtient ainsi la formule

$$(87)\qquad \left(V + v\,\frac{1+\gamma_1 t}{1+\alpha_p t}\right)H = \left(V\,\frac{1+\gamma T}{1+\alpha_p T} + v\,\frac{1+\gamma_1 t_1}{1+\alpha_p t_1}\right)H_1,$$

(au sujet de la signification des lettres, voir pp. 26 et 27). Introduisons, comme à la page 27, la grandeur

$$\sigma = \frac{v}{V}\left(H_1\,\frac{1+\gamma_1 t_1}{1+\alpha_p t_1} - H\,\frac{1+\gamma_1 t}{1+\alpha_p t}\right);$$

nous avons, en posant $x = T$,

$$(88)\qquad \alpha_p = \frac{H_1(1+\gamma T) - H + \sigma}{(H-\sigma)T},$$

qui correspond à la formule (10), page 27.

La grandeur α_p est contenue dans σ lui-même ; mais, comme σ est petit, il suffit, en le calculant, de prendre $\alpha_p = 0{,}00367$ et de déterminer ensuite, à l'aide de (88), une valeur plus exacte de ce coefficient.

Méthode II, b. — Elle ne se distinguait de la précédente que par l'emploi d'un manomètre construit différemment.

Méthode III. — Elle donne le coefficient de dilatation α_v, le gaz se dilatant sous volume constant ou à peu près constant. L'appareil employé par Regnault se distinguait de celui qui est décrit à la page 25 et est représenté par la figure 1, en ce que le manomètre avait une construction différente. Le tube p (*fig.* 69) relie le réservoir au manomètre, qui est plongé dans l'eau : celle-ci est continuellement agitée à l'aide du brassoir oo' et sa température est mesurée avec un thermomètre. La branche gauche du manomètre présente un élargissement, muni de divisions et soigneusement calibré. À la partie inférieure des deux branches du manomètre se trouvent des robinets

r et r' ; on a figuré séparément en B′ une coupe transversale du dernier. Il permet, selon sa position, soit de réunir seulement entre elles les deux branches (canal latéral en haut), d'ouvrir d'un seul coup les deux branches (canal à droite), soit d'ouvrir seulement celle de gauche (à gauche) ou seulement celle de droite (en bas). Quand le réservoir est porté dans la glace fondante, on amène le mercure dans la branche de gauche jusqu'au trait $\alpha\alpha'_1$; on prend une quantité de gaz telle que la pression du gaz diffère peu de la pression atmosphérique, de sorte que le mercure se trouve presque au même niveau dans les deux branches. Soient V le volume du réservoir et v le volume du tube de jonction jusqu'au trait $\alpha\alpha$, les deux volumes étant pris à 0° ; soit en outre γ le coefficient de dilatation du verre du réservoir et du tube, H la pression du gaz à 0°, qui diffère peu de la pression barométrique, les niveaux du mercure dans les deux branches étant presque à la même hauteur ; enfin soit t la température de la partie du tube au-dessus du trait $\alpha\alpha$. Le gaz occupe le volume V_0 à 0° et $v(1+\gamma t)$ à t°. Si tout le gaz se trouvait à 0°, il aurait un volume

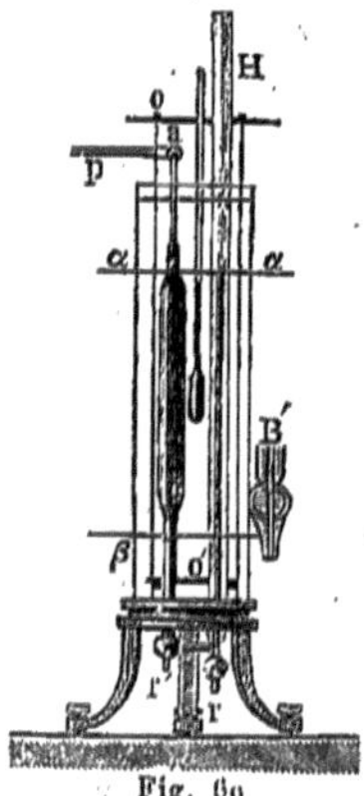

Fig. 69

$$V_0 + v\,\frac{1+\gamma t}{1+\alpha_v t}, \text{ sous la pression H.}$$

En échauffant le réservoir dans de la vapeur d'eau bouillante jusqu'à une certaine température T, on laisse le gaz se dilater librement, en faisant écouler du mercure par les deux branches du manomètre, de façon que les niveaux y restent autant que possible les mêmes. Le gaz, en se dilatant, parvient dans la branche gauche du manomètre et la remplit finalement jusqu'à un certain trait β, à la hauteur duquel le niveau du mercure se trouvera aussi approximativement dans la branche droite. Soit v' le volume du tube de communication et de la branche gauche du manomètre jusqu'au trait β à 0°, H′ la pression sous laquelle se trouve le gaz, qui diffère peu de la pression barométrique, par suite aussi de H. Le gaz occupe, dans la seconde partie de l'expérience, le volume $V_0(1+\gamma T)$ à T° et $v'(1+\gamma t_1)$ à la température t_1 ; si la température du gaz était égale à 0°, son volume serait

$$V_0\,\frac{1+\gamma T}{1+\alpha_v T} + v'\,\frac{1+\gamma t_1}{1+\alpha_v t_1}, \text{ sous la pression H}'.$$

D'après la loi de Boyle, on a

$$\left(V_0 + v\,\frac{1+\gamma t}{1+\alpha_v t}\right) H = \left(V_0\,\frac{1+\gamma T}{1+\alpha_v T} + v'\,\frac{1+\gamma t_1}{1+\alpha_v t_1}\right) H',$$

d'où l'on tire

$$(89) \qquad 1+\alpha_v T = \frac{H'(1+\gamma T)}{H\left[1+\dfrac{v}{V}\dfrac{(1+\gamma t)}{(1+\alpha_v t)}\right] - H'\,\dfrac{v'}{V}\dfrac{(1+\gamma t_1)}{(1+\alpha_v t_1)}}.$$

On peut également ici prendre à droite pour α_v d'abord une valeur approchée, par exemple $\alpha_v = 0{,}00367$ et calculer α_v, puis substituer la valeur plus exacte obtenue et répéter le calcul.

Les cinq séries d'expériences, effectuées par REGNAULT suivant les méthodes indiquées, ont donné pour l'air les résultats suivants :

Air.

MÉTHODE I, A $\alpha' = 0{,}003\,662\,3$ ... v et p changent.
MÉTHODE I, B $\alpha_p = 0{,}003\,663\,3$ ... v est presque constant.
MÉTHODE II, A $\alpha_p = 0{,}003\,667\,9$ ... v est constant.
MÉTHODE II, B $\alpha_p = 0{,}003\,665\,0$ ... v est constant.
MÉTHODE III, $\alpha_v = 0{,}003\,670\,6$ ... p est constant.

Si on prend la moyenne des trois valeurs de α_p, on a, avec le dernier nombre,

$$\text{90)} \qquad \left\{ \begin{aligned} \alpha_p &= 0{,}003\,665\,3, \\ \alpha_v &= 0{,}003\,670\,6. \end{aligned} \right.$$

REGNAULT a encore étudié, en dehors de l'air, une série d'autres gaz et a obtenu pour α_p et α_v les valeurs suivantes :

Gaz étudié	Coefficient thermique de pression (v = *const.*) α_p	Coefficient de dilatation thermique (p = *const.*) α_v
Azote	0,003 6682	—
Hydrogène	3 6678	0,003 6613
Oxyde de carbone	3 6667	3 6688
Acide carbonique	3 6896	3 7099
Cyanogène	3 6821	3 8767
Protoxyde d'azote	3 6763	3 7195
Acide sulfureux	3 6696	3 9028
Acide chlorhydrique	3 6812	—
Air	3 6653	3 6706

Comme la grandeur α_v n'a presque pas été l'objet de mesures directes après REGNAULT, nous indiquerons encore que RICHARDS et MARK (1903) ont fait une détermination très précise de cette grandeur pour H^2, Az^2 (impur) et CO^2, entre 0° et 32°, 383, température constante, mentionnée à la page 11, de transformation du sulfate de soude. Ils ont trouvé aux pressions p suivantes :

	H^2	Az^2 (impur)	CO^2
p ...	743mm.	745mm.	738mm.
α_v ...	0,003 659	0,003 660	0,003 727.

Nous allons maintenant considérer de plus près les résultats obtenus pour α_p.

Regnault avait déjà montré par une expérience démonstrative que le coefficient α_p n'est pas le même pour les différents gaz. Trois tubes h, h' et t (*fig.* 70) sont réunis entre eux. En B et B′ les tubes se prolongent horizontalement (non figuré) et parviennent à deux réservoirs de même capacité, renfermant des gaz différents en quantités telles que le mercure en hB et h'B′ atteigne la même hauteur oo′, quand les deux réservoirs se trouvent à 0°. En chauffant les deux réservoirs et en versant dans t assez de mercure pour que celui-ci atteigne de nouveau le niveau o dans hB, le mercure se tient dans h'B′ au-dessus ou au-dessous de ce niveau. On a représenté sur la figure le cas où de l'air se trouve à droite, de l'acide carbonique à gauche; ce dernier se dilate plus que le premier.

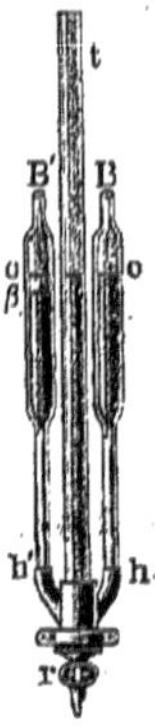

Fig. 70

Les nombres de Regnault montrent que l'on a, pour l'hydrogène, $\alpha_p > \alpha_v$, tandis que, pour tous les autres gaz, $\alpha_v > \alpha_p$. Nous avons vu dans le paragraphe précédent (page 150, I et II) qu'il faut s'attendre à ces inégalités, d'après la formule de Van der Waals. Ceci confirme en même temps qu'on peut négliger la constante a dans cette formule, pour l'hydrogène.

Jolly a trouvé les valeurs suivantes de α_p, en se servant de l'appareil représenté par les figures 2 et 3 :

	α_p		α_p
Hydrogène. . .	0,0036562	Oxygène. . . .	0,0036743
Azote	36677	Acide carbonique.	37060
Air	36695	Protoxyde d'azote.	37067

Chappuis a étudié H, Az et CO^2 à l'aide de l'appareil décrit à la page 29 (*fig.* 6 et 7) et a trouvé :

	α_p
Hydrogène.	0,00366254
Azote.	367466
CO^2.	372477

W. Hoffmann (1898) a trouvé *pour l'air* la valeur suivante de la différence $\alpha_v - \alpha_p$

$$\alpha_v - \alpha_p = 0{,}000\,005\,89.$$

D. I. Mendéléieff a montré que les valeurs de α_p trouvées pour l'air par Magnus, Regnault et Jolly deviennent très voisines, quand on fait la correction relative à la mesure de la pesanteur pour la latitude géographique du lieu d'observation et en outre une autre petite correction. On obtient alors les nombres suivants :

	α_p pour l'air	
	non corrigé	corrigé
Magnus	0,0036678	0,0036700
Regnault.	36650	36694
Jolly.	36696	36702.

Recknagel a trouvé $\alpha_p = 0{,}003\,668\,2$ pour l'air, en se servant de l'appareil de Jolly légèrement modifié.

A l'aide de la formule (71), page 147,

$$\alpha_p = \left(1 + \frac{a}{p_0 v_0^2}\right)\alpha,$$

on peut calculer le coefficient α pour les gaz parfaits. Prenons, par exemple, la valeur α_p pour l'azote ; la moyenne des nombres de Régnault et de Jolly est $\alpha_p = 0{,}003\,668$. Si on prend, pour unité de volume, le volume v_0 d'un kilogramme du gaz à 0° et sous une pression de 1 000^{mm}, on obtient, d'après les expériences de Regnault et d'Amagat (Tome I) sur la compressibilité de l'azote, $a = 0{,}003\,03$. En mesurant la pression en atmosphères et en prenant pour unité de volume le volume du gaz à 0° et sous la pression de 760^{mm}, on a $a = 0{,}76 \,.\, 0{,}003\,03 = 0{,}0023$. Dans ce cas, on a $p_0 = 1$, $v_0 = 1$, et par suite $\alpha_p = (1 + a)\alpha$, d'où l'on tire

$$\alpha = \frac{\alpha_p}{1 + a} = \frac{0{,}003\,668}{1{,}0023} = 0{,}003\,660\,9.$$

Pour l'*hydrogène*, on doit avoir $\alpha_p = \alpha$ (page 150, I), et en effet, la moyenne des nombres de Magnus, de Regnault et de Jolly est égale à 0,003 661. Mais de nouvelles recherches ont donné, pour cette grandeur importante, une valeur un peu différente ; nous avons déjà mentionné à cet égard les recherches de Chappuis. Les nouvelles valeurs obtenues sont :

	α_p pour H^2		
Chappuis (1888).	0,003 662 54	à 0° sous une pression de	1000^{mm}
Kammerlingh Onnes (1901) .	0,003 662 7	»	1000^{mm}
Travers et Jacquerod (1903).	0,003 662 55	»	700^{mm}
Travers et Jacquerod (1903).	0,003 662 7	»	500^{mm}
	pour l'*hélium*		
Travers et Jacquerod (1903).	0,003 662 55	»	700^{mm}.

La concordance entre les résultats de Chappuis et ceux de Travers et Jacquerod pour l'hydrogène est très remarquable ; de même, l'identité des nombres obtenus pour l'*hydrogène* et l'*hélium* par ces derniers savants. Ils pensent que le même nombre convient pour toutes les pressions initiales (à 0°) *inférieures* à 1 000 millimètres.

Considérons maintenant les résultats des recherches expérimentales faites en vue de déterminer comment les grandeurs α_p et α_v dépendent de la pression et de la température. Des prévisions théoriques, basées sur les formules de Van der Waals et de Clausius, ont été données page 150, I et II.

A. Relation entre α_p ou α_v et la pression p. — Regnault a étudié comment α_p varie en fonction de la pression initiale p_0 à 0°. Nous indiquons ici quelques-uns de ses nombres pour l'air et pour CO^2 :

Air.

Pression initiale p_0 à 0°	$100\alpha_p$	Pression initiale p_0 à 0°	$100\alpha_p$
109^mm^,72	0,364 82	760^mm^,00	0,366 50
174^mm^,36	0,365 13	1678^mm^,40	0,367 60
266^mm^,07	0,365 42	2144^mm^,14	0,368 94
374^mm^,67	0,365 87	3655^mm^,56	0,370 91

Acide carbonique.

Pression initiale p_0 à 0°	$100\alpha_p$
758^mm^,47	0,368 56
901^mm^,09	0,369 43
1742^mm^,73	0,375 23
3589^mm^,07	0,385 98

Les nombres, pour l'air sous de faibles pressions, sont peu vraisemblables ; mais, en tout cas, ces expériences montrent que α_p croît en même temps que la pression p, ce qui concorde avec la formule (71), page 147, et le résultat II trouvé à la page 150.

Melander a étudié α_p pour l'air, CO^2 et H^2 sous des pressions inférieures à la pression atmosphérique. Il a observé que, pour l'air et CO^2, la grandeur α_p décroît en même temps que p, mais qu'après avoir atteint un minimum (pour l'air à 170 millimètres, pour CO^2 à 56 millimètres), elle commence à croître, lorsque la pression continue à diminuer. Pour H^2, Melander a trouvé une diminution continuelle de α_p, quand la pression décroît depuis la pression atmosphérique jusqu'à 9^mm^,3. Ces résultats demandent à être vérifiés ; ils sont en contradiction avec nos conclusions théoriques ($\alpha_p = const.$ pour H^2, et α_p décroissant en même temps que p pour les autres gaz). Il est possible que, dans les expériences de Melander, l'influence de la couche de gaz, adhérant aux parois du réservoir (Tome I) et se libérant peu à peu aux faibles pressions, se faisait sentir. Chappuis a indiqué l'influence de cette couche. Kaiser a appelé l'attention sur l'influence de la poussière dans les expériences où l'on détermine les grandeurs α_p et α_v ; chaque particule de poussière est entourée d'une couche de gaz condensé, qui redevient libre par échauffement.

Regnault a également étudié comment α_v varie en fonction de la pression. Les premières expériences sous de faibles pressions ont montré α_v presque constant pour l'hydrogène ; on a observé, pour l'air, CO^2 et SO^2, que α_v croit en même temps que la pression :

CO^2		SO^2	
p	α_v	p	α_v
760^{mm}	0,0037099	760^{mm}	0,0037099
2520^{mm}	0,0038455	987^{mm}	0,0039804.

Pour la détermination de α_v aux *pressions plus élevées*, Regnault employait une méthode particulière. Deux vases en laiton A et B (*fig*. 71), dont les volumes sont V_1 et V_2 à 0^0, communiquent avec un réservoir V renfermant de l'air comprimé. Le vase A est placé dans la glace fondante, le vase B dans la vapeur d'eau bouillante. Après quelque temps, les robinets r et r' sont fermés, les vases A et B sont dévissés et pesés. Le poids des vases vides est

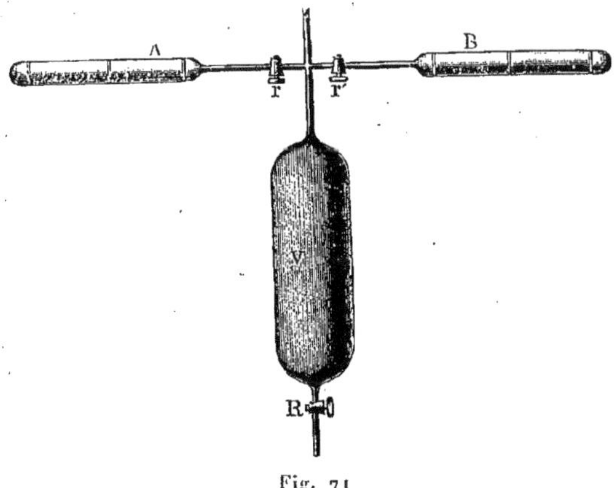

Fig. 71

connu ; on obtient par suite les poids P_1 et P_2 du gaz, contenu dans A à 0^0 et dans B à t^0 (environ 100^0). Désignons la pression commune dans A et dans B par p ; soit en outre γ le coefficient de dilatation du laiton et δ le poids d'un centimètre cube de gaz à 0^0 et à 760 millimètres. On a alors

$$P_1 = V_1 \delta \frac{p}{760},$$

$$P_2 = V_2 \delta \frac{p}{760} \cdot \frac{1 + \gamma t}{1 + \alpha_v t}.$$

d'où l'on tire

$$\alpha_v = \left[\frac{P_1}{P_2} \cdot \frac{V_2}{V_1}(1 + \gamma t) - 1\right]\frac{1}{t}.$$

La pression p, obtenue à l'aide de la première équation, doit être corrigée pour tenir compte de l'écart du gaz à l'égard de la loi de Boyle. Regnault a trouvé ainsi :

Air		Acide carbonique	
Pression p	α_v	Pression p	α_v
3 844^{mm},3	0,003 724 2	4 167^{mm},7	0,003 995 6
6 505^{mm},3	3 768 8	4 333^{mm},9	4 006 1
10 335^{mm},4	3 782 5	7 115^{mm},6	4 226 9
10 879^{mm},7	3 798 4	8 545^{mm},5	4 406 4
12 833^{mm},2	3 797 9	8 784^{mm},8	4 408 1
14 248^{mm},5	3 842 2	12 271^{mm},4	4 857 7

Ces nombres confirment parfaitement aussi que α_v croît en même temps que p, tant que p n'est pas très grand, comme l'exigent nos considérations théoriques antérieures (page 150).

Passons maintenant aux travaux remarquables d'ANDREWS et d'AMAGAT, qui ont étudié les grandeurs α_p et α_v jusqu'à des pressions très élevées. ANDREWS a déterminé α_p et α_v pour l'*acide carbonique*. Donnons d'abord les valeurs de α_p pour différentes pressions initiales p et pour différents échauffements de 0° à t^0 :

p_0 atmosph.	$t = 6^0,5$		$t = 64^0$		$t = 100^0$	
	α_p	a	α_p	a	α_p	a
16,42	—	—	0,004 754	0,010 18	0,004 700	0,009 65
21,48	0,005 37	0,011 04	0,005 237	0,010 19	0,005 138	0,009 55
25,87	0,005 88	0,010 80	0,005 728	0,010 07	0,005 610	0,009 50
30,37	—	—	0,006 357	0,009 96	0,006 177	0,009 30
33,53	0,007 34	0,011 11	0,006 973	0,010 00	0,006 741	0,009 31

Les valeurs de a sont calculées par la formule (71), où on a fait $\alpha = 0,00366$.

Pour de plus hautes pressions, ANDREWS a déterminé l'accroissement de pression dans une élévation de température de $t_1 = 64^0$ à $t_2 = 100^0$ (à 0° le gaz se liquéfiait) ; il s'est servi en conséquence de la formule (79), page 150, et a déterminé la grandeur α_p', c'est-à-dire la valeur moyenne du coefficient entre 64° et 100°, *rapportée à la pression à 64°*.

p_1	α_p'	a	p_1	α_p'	a
21,42	0,003 526	0,009 99	48,40	0,004 367	0,009 16
28,65	3 718	9 56	67,65	5 392	9 21
35,29	3 956	9 68	94,27	7 029	7 83
42,74	4 166	9 18			

Les valeurs de a sont calculées au moyen de la formule (80), page 150.

Tous les nombres cités confirment que α_p croît en même temps que p.

Nous donnons ci-après les valeurs du coefficient α_v relatives à CO^2, d'après les observations d'Andrews pour différentes pressions p (en atmosphères) et différentes élévations de température de 0° à t°.

p	$t = 7°,5$	$t = 64°$	$t = 100°$
12,01	0,004 620	—	—
16,22	5 200	—	—
17,09	—	0,005 136	0,004 994
20,10	6 070	5 533	5 324
24,81	7 000	6 204	5 922
27,69	7 820	6 737	6 369
31,06	8 950	7 429	6 968
34,39	10 970	8 450	7 762

Pour des pressions élevées, Andrews a déterminé la grandeur α_v' à l'aide de la formule (79), page 150, et aussi entre les limites de température $t_1 = 64$ et $t_2 = 100°$, c'est-à-dire les valeurs moyennes entre ces températures *rapportées au volume à 64°*. Il a obtenu les nombres suivants :

p	α_v'	p	α_v'	p	α_v'
19,09	0,003 572	31,60	0,004 187	64,96	0,006 512
20,10	3 657	34,49	4 266	81,11	8 033
22,26	3 808	40,54	4 596	106,9	13 150
24,81	3 892	46,54	4 946	145,5	18 220
27,69	4 008	54,33	5 535	223,0	8 402

Ces nombres montrent que la grandeur α_v' croît en même temps que la pression p ; mais le dernier nombre indique qu'aux très fortes pressions α_v commence à décroître. On voit, en comparant α_v et α_p pour des valeurs identiques de p et de t, que l'on a toujours $\alpha_v > \alpha_p$. Tout ceci concorde pleinement avec les conséquences que nous avons tirées de la formule de Van der Waals (page 150, II).

Amagat a cherché comment α_v variait en fonction de la pression p, pour l'air, O, Az, H, CO^2 et l'éthylène. Pour l'*hydrogène*, α_p est constant jusqu'à $p = 700$ atmosphères ; α_p décroît ensuite lentement jusqu'à 1 800 atmosphères et reste alors de nouveau constant jusqu'à $p = 2\,800$ atmosphères. Pour O, Az, CO^2 et l'éthylène, α_p croît en même temps que p *jusqu'à un certain maximum*, à partir duquel α_p diminue quand la pression continue à augmenter. Cette décroissance s'explique par le fait que le produit $p_0 v_0$ au dénominateur de l'expression (71) atteint un minimum à une certaine pression élevée. Le maximum de α_p a lieu pour CO^2 à 155 atmosphères, pour l'azote à 400 atmosphères et pour l'oxygène à 600 atmosphères environ.

Amagat a en outre déterminé α_v pour les mêmes gaz. Pour l'hydrogène, α_v décroît constamment, quand la pression augmente, et arrive à la valeur 0,00218 pour 1 000 atmosphères, entre 0° et 100°. Pour les autres gaz, on constate d'abord un accroissement avec p, mais ensuite une diminution. Ainsi, par exemple, pour CO^2 entre 40° et 50°, la grandeur α_v' (rapportée au volume à 40°) atteint la valeur énorme 0,07566 pour $p_{40} = 90$ atmosphères, et décroît ensuite jusqu'à 0,00191 à $p_{40} = 1\,000$ atmosphères. Ces résultats sont aussi pleinement d'accord avec nos déductions théoriques de la page 150.

B. Relation entre α_p ou α_v et la température t. — Les expériences de Regnault ont conduit à cette conclusion que, pour l'air et pour CO^2, α_p est indépendant de la température. Pour SO^2, il a trouvé que α_p diminue quand la température augmente, tandis que, d'après la formule de Van der Waals, α_p devrait être indépendant de t (page 150). Van der Waals pensait que ce résultat pouvait s'expliquer par un dégagement du gaz adhérent aux parois du réservoir, au moment de l'échauffement. Mais les expériences d'Andrews sur CO^2 ont montré que α_p diminue certainement lorsque la température croît. On a, par exemple,

entre 0° et	6°,5	$\alpha_p = 0{,}00537$
» 0° »	64°	$= 0{,}00524$
» 64° »	100°	$= 0{,}00497.$

Ce fait est en contradiction avec la formule de Van der Waals, mais d'accord, comme nous l'avons vu à la page 151, avec la formule de Clausius, qui a trouvé que les expériences d'Andrews donnent pour CO^2 les valeurs suivantes des constantes dans sa formule (81) :

$$R = 0{,}003688, \quad b = 0{,}000843, \quad d = 2{,}0935, \quad c = 0{,}000977,$$

de sorte que l'équation d'état de l'acide carbonique est de la forme

$$p = \frac{0{,}003688\ T}{v - 0{,}000843} - \frac{2{,}0935}{T(v + 0{,}000977)^2}.$$

Chappuis a reconnu également que α_p décroît pour Az et CO^2, quand la température augmente :

	Az	CO^2
entre 0° et 20°	0,00367641	0,00373275
» 0° » 40°	567	3029
» 0° » 100°	466	2477.

Ces nombres concordent aussi avec la formule de Clausius (84), page 151. Les expériences d'Andrews (page 163) montrent que α_v diminue lorsque la température croît, ce qui est de nouveau d'accord avec nos conclusions, page 150. Les expériences d'AMAGAT sur CO^2 et SO^2 à la pression d'une atmosphère conduisent au même résultat ; elles donnent pour α_p :

	SO^2		CO^2
de 10° à 60°	0,003904	de 0° à 50°	0,003714
» 10° » 150°	3832	» 0° » 150°	3706
» 10° » 250°	3798	» 0° » 250°	3703.

WITKOWSKI a étudié α_v *pour l'air* jusqu'à une très basse température (— 145°) et à différentes pressions. Il a trouvé que, conformément à ce qui précède, α_v croît aussi aux basses températures quand la température diminue. Citons quelques-uns des nombres donnés par WITKOWSKI pour $\alpha_v \cdot 10^5$:

p atm.	100°	16°	—35°,0	—78°,5	—103°,5	—130°	—140°	—145°
15	379	382	—	—	—	—	420	427
25	388	392	—	411	422	443	463	479
30	392	398	—	420	434	462	492	519 ($p = 29$)
40	402	408	—	438	461	508	632	—
50	410	419	430	457	487	569	—	—
80	431	446	467	512	557	607	—	—
100	441	458	489	537	579	—	—	—
120	449	465	501	550	577	—	—	—
130	—	468	—	551	571	—	—	—

BALY et RAMSAY ont trouvé que α_v décroît pour H^2, quand la pression diminue, tandis qu'il croît pour O^2 ; sous une pression de $1^{mm},4$, on obtient $\alpha_v = \frac{1}{233}$ pour l'oxygène, et, au-dessous de $0^{mm},7$, α_v semble encore augmenter. Pour Az^2, on a $\alpha_v = \frac{1}{304}$ entre 5 millimètres et 1 millimètre de pression, c'est-à-dire une valeur inférieure à la valeur normale $\frac{1}{273}$.

JACQUEROD et PERROT (1904-1905) ont déterminé, pour Az^2, O^2, l'air, CO et CO^2 la valeur moyenne de α_p entre 0° et la température de fusion de l'or, qu'ils ont trouvée égale à 1067°,4. Leurs résultats sont indiqués dans le tableau suivant :

Substance	Valeur moyenne de α_p entre 0° et 1067°,4	Pression initiale à 0°
Azote.	200 — 230mm	0,0036643
Oxygène	180 — 230	0,0036652
Air	230	0,0036663
Oxyde de carbone	230	0,0036638
CO^2	240	0,0036756
	170	0,0036713

BIBLIOGRAPHIE

2. Coefficient de dilatation des corps solides.

Lavoisier et Laplace. — Voir Biot, *Traité de Physique*, **1**, p. 151, Paris, 1816 ; *Schweiggers Journ.*, **25**, p. 355, 1819.
Roy. — *Phil. Trans.*, 1875 ; traduction française de Prony, Paris, 1787 (édit. Didot).
Glatzel. — *Pogg. Ann.*, **160**, p. 497, 1877.
Vandevyver. — *Journ. de physique*, (3), **7**, p. 408, 1898.
Borda. — Voir Biot, *Traité de Physique*, **1**, p. 164, Paris, 1816.
De Luc. — *Phil. Trans.*, **88** ; *J. de Phys.* de Delamétherie, **18**, p. 363.
Dulong et Petit. — *Ann. de chim. et phys.*, (2), **2**, p. 254, 1816 ; **7**, p. 113, 1818 ; *Gilb. Ann.*, **58**, p. 254, 1818.
Matthiesen. — *Phil. Trans.*, **1**, p. 231, 1866 ; *Phil. Mag.*, (4), **31**, p. 149, 1866 ; **32**, p. 472, 1866 ; *Pogg. Ann.*, **128**, p. 512, 1866 ; **130**, p. 50, 1867.
Kopp. — *Lieb. Ann.*, **81**, p. 1, 1852 ; *Phil. Mag.*, (4), **3**, p. 268, 1852 ; *Ann. de chim. et phys.*, (3), **54**, p. 338, 1858.
Fizeau. — *Ann. de chim. et phys.*, (4), **2**, p. 143, 1864 ; **8**, p. 335, 1866 ; *Pogg. Ann.*, **123**, p. 515, 1864 ; **128**, p. 571, 1866.
Benoît. — *Trav. et Mém. du Bur. int. des Poids et Mesures*, **1**, 1881 ; **6**, p. 3, 1888 ; *Journ. de Phys.*, (2), **8**, p. 253, 1889.
Pulfrich. — *Instr.*, **13**, p. 365, 1893 ; **18**, p. 261, 1898.
Tutton. — *Proc. R. Soc.*, **63**, p. 208, 1898 ; *Zeitschr. f. Krystallogr.*, **30**, p. 529, 1898.
Weidmann. — *W. A.*, **38**, p. 474, 1889.
Reimerdes. — *Ausdehnung des Quarzes, Diss.*, Iéna, 1896.
Scheel. — *D. A.*, **9**, p. 837, 1902 ; *Instr.*, **23**, p. 90, 1903 ; **24**, p. 285, 1904.
Ayres. — *Phys. Rev.*, **20**, p. 38, 1905.
Morley et Rogers. — *Phys. Rev.*, **4**, pp. 1, 106, 1896.

3. Résultats des mesures de dilatation des corps solides.

Hallström. — *Gilb. Ann.*, **36**, p. 60, 1810.
Matthiesen. — Voir § **2**.
Lémeray. — *C. R.*, **131**, p. 1291, 1900.
Pictet. — Voir Mousson, *Lehrbuch der Physik*, 3e éd., **2**, p. 335, 1880 et C. L. Weber, *D. A.*, **18**, p. 868, 1905.
Panayeff. — *D. A.*, **18**, p. 210, 1905.
Ayres. — *Phys. Rev.*, **20**, p. 38, 1905.
Simpson. — Voir Shearer, *Phys. Rev.*, **20**, p. 52, 1905.
Le Chatelier. — *C. R.*, **108**, p. 1096, 1889 ; **128**, p. 1444, 1899 ; **129**, p. 331, 1899.
Glatzel. — Voir § **2**.
Holborn et Day. — *Berl. Ber.*, 1900, p. 1009 ; *D. A.*, **4**, p. 104, 1901 ; *Sill. Journ.*, (4), **11**, p. 374, 1901.

DAHLANDER. — *Pogg. Ann.*, **140**, p. 672, 1868.
BJERKEN. — *W. A.*, **43**, p. 817, 1891.
LÉBÉDEFF. — *Journ. de la Soc. russe phys.-chim.* (en russe), **13**, p. 246, 1881.
M. CANTONE et G. CONTINO. — *Rend. R. Ist. Lomb. di sc. e lett.*, (2), **33**, p. 215, 1900.
SCHUMACHER, POHRT et MORITZ. — *Mém. de l'Acad. de St-Pétersb.*, **4**, p. 297, 1850.
DEWAR. — *Proc. R. Soc.*, **70**, p. 237, 1902.
PLÜCKER et GEISSLER. — *Pogg. Ann.*, **86**, p. 238, 1852.
REGNAULT. — *Ann. de chim. et phys.*, (3), **4**, 1842; *Mém. de l'Acad.*, **21**, p. 205, 1847.
WINKELMANN et SCHOTT. — *W. A.*, **51**, p. 736, 1894.
MATTHIESEN. — (Alliages). *Pogg. Ann.*, **130**, p. 50, 1867.
STADTHAGEN. — *Mechan. Ztg.*, 1901, p. 21.
SVEDELIUS. — *Kritische Längen und Temperaturänderungen des Eisens*, Upsala, 1896; *Phil. Mag.*, (5), **46**, p. 173, 1898.
GUILLAUME. — *C. R.*, **124**, pp. 176, 752, 1897; **125**, p. 235, 1897; **136**, pp. 303, 356, 1903; *Archiv. Sc. phys.*, (4), **15**, pp. 253, 403, 1903; *Journ. de phys.*, (3), **7**, p. 264, 1898.
CHARPY et GRENET. — *C. R.*, **134**, p. 540, 1902.
RODWELL. — *Proc. R. Soc.*, **25**, p. 280, 1877; **31**, p. 291, 1881; **32**, p. 540, 1881; **33**, p. 143, 1882.
FIZEAU. — *C. R.*, **64**, pp. 314, 771, 1867; *Pogg. Ann.*, **132**, p. 292, 1867.
THIESEN et SCHEEL. — *Instr.*, **12**, p. 293, 1892.
HOLBORN et HENNING. — *D. A.*, **10**, p. 446, 1903.
P. CHAPPUIS. — *Verh. Naturf. Ges. Basel.*, **16**, p. 173, 1903.

4. Dilatation des cristaux.

MITSCHERLICH. — *Pogg. Ann.*, **1**, p. 125, 1824; **10**, p. 137, 1827; **41**, pp. 213, 448, 1837; *Ann. chim. et phys.*, (2), **25**, p. 108, 1824; **32**, p. 111, 1826.
PFAFF. — *Pogg. Ann.*, **104**, p. 171, 1858; **107**, p. 148, 1859.
FIZEAU. — *C. R.*, **60**, p. 1161, 1865; **62**, p. 1101, 1866; **64**, pp. 314, 771, 1867; *Pogg. Ann.*, **126**, p. 611, 1865; **128**, p. 565, 1866; **132**, p. 292, 1867.
BENOÎT. — *Trav. et Mém. du Bur. int. des Poids et Mesures*, **6**, p. 1, 1888.
SCHEEL. — *D. A.*, **9**, p. 837, 1902; *Instr.*, **23**, p. 90, 1902.
RANDALL. — *Phys. Rev.*, **20**, p. 10, 1905.
FÉDOROFF. — *Zeitschr. für Krystallogr.*, **28**, p. 483, 1897.

5. Dilatation du mercure.

DULONG et PETIT. — *Ann. de chim. et phys.*, **7**, p. 127, 1818.
MILITZER. — *Pogg. Ann.*, **80**, p. 55, 1850.
REGNAULT. — *Recueil des expériences*, etc., **1**, p. 271, 1847; *Mém. de l'Acad.*, **21**, 1847.
BOSSCHA. — *Pogg. Ann. Ergbd.*, **5**, p. 276, 1871.
WÜLLNER. — *Pogg. Ann.*, **153**, p. 440, 1874.
MENDÉLÉIEFF. — *Journ. de la Soc. russe phys.-chim.*, **7**, p. 75, 1875; *Journ. de phys.*, **5**, p. 259, 1876.
LEVY. — *Ausdehnung des Quecksilbers*, *Diss.*, Halle, 1881.
BROCH. — *Trav. et Mém. du Bur. int. des Poids et Mesures*, **2**, 1883.
RECKNAGEL. — *Pogg. Ann.*, **123**, p. 115, 1864.

Thiesen, Scheel et Sell. — *Instr.*, **16**, p. 49, 1896; *Wiss. Abhandl. d. phys.-techn. Reichsanstalt*, **2**, p. 73, 1895; **3**, p. 1, 1900.
Chappuis. — *Trav. et Mém. du Bur. int. des Poids et Mesures*, **13**, 1903; *J. de Phys.*, (4), **4**, p. 12, 1905.

6. Dilatation de l'eau.

Hallström. — *Pogg. Ann.*, **1**, p. 129, 1824.
Matthiesen. — *Pogg. Ann.*, **128**, p. 512, 1866.
Rumford. — *Gilb. Ann.*, **20**, p. 369, 1805.
Hope. — *Ann. chim. et phys.*, (1), **53**, p. 272, 1805.
Despretz. — *Ann. chim. et phys.*, (2), **62**, p. 5, 1836; **68**, p. 296, 1838; **70**, p. 5, 1839.
Tralles. — *Gilb. Ann.*, **27**, p. 263, 1807.
Exner. — *Wien. Ber.*, **68**, p. 463, 1873.
L. Weber. — III. *Ber. der Kommis. zur Unters. der deutschen Meere*, p. 1; *Beibl.*, **2**, p. 696, 1878.
Coppet. — *Ann. chim. et phys.*, (7), **3**, p. 246, 1894; **28**, p. 145, 1903.
Pierre. — *Ann. chim. et phys.*, (3), **15**, p. 325, 1845; voir *Frankenheim*, *Ann. chim. et phys.*, (3), **37**, p. 74, 1873; *Pogg. Ann.*, **86**, p. 451, 1852.
Kopp. — *Pogg. Ann.*, **72**, pp. 1, 223, 1847; **92**, p. 42, 1854.
Weidner. — *Pogg. Ann.*, **29**, p. 300, 1866.
Jolly. — *Ber. Münch. Akad.*, 1864, p. 141.
Rosetti. — *Pogg. Ann. Ergbd.*, **5**, p. 273, 1871; *Atti del Ist. Veneto*, (3), **13**, 1868; *Ann. chim. et phys.*, (4), **17**, p. 370, 1869.
Muncke. — Voir Gehlers *phys. Wörterbuch*, articles: *Wärme*, *Ausdehnung*.
Scheel. — *W. A.*, **47**, p. 441, 1892; *Instr.*, **17**, p. 331, 1897.
Kreitling. — *Ausdehnung des Wassers*, *Diss.*, Berlin, 1892; *Beibl.*, **18**, p. 58, 1894.

Maximum de densité des solutions

Despretz. — *Ann. chim. et phys.*, (2), **62**, p. 5, 1836; **70**, p. 49, 1839; **73**, p. 296, 1839.
Karsten. — *Karstens Archiv. f. Mineral.*, **19**, p. 1, 1846; **20**, p. 3, 1846.
Rosetti. — Voir ci-dessus.
Bender. — *W. A.*, **22**, p. 179, 1884; **31**, p. 872, 1887.
R. Lenz. — *Mém. de l'Acad. de St-Pétersb.*, (7), **29**, n° 4, 1882.
Rüdorff. — *Pogg. Ann.*, **114**, p. 63, 1861.
Lusanna et Buzzola. — *Nuovo Cimento*, (3), **35**, p. 31, 1894.
Coppet. — *Ann. chim. et phys.*, (7), **3**, p. 268, 1894; *C. R.*, **124**, p. 533, 1897; **128**, p. 1561, 1899; **132**, p. 1218, 1901; *Ann. chim. et phys.*, (7), **28**, p. 203, 1903.
Pettinelli et Marolli. — *Riv. Scient.-Industr.*, **28**, p. 64, 1896; *Beibl.*, **21**, p. 182, 1897.
Nort. — *Maandbl. v. Natuurw.*, **20**, p. 79, 1896.
Cinelli. — *Nuov. Cim.*, (4), **2** et **3**, 1895-1896.
Moretto. — *Nuov. Cim.*, (4), **6**, p. 198, 1897.

Influence de la pression sur la température du maximum de densité

Van der Waals. — *Kontinuität des gasf. u. flüss. Zust.*, Leipzig, 1881; *Beibl.*, **1**, p. 511, 1877.

AMAGAT. — *C. R.*, **116**, pp. 779, 946, 1893 ; *Ann. Chim. et Phys.*, **29**, 1893, p. 559 et suiv.
LUSANNA. — *Nuovo Cimento*, (4), **2**, p. 233, 1895.

RECHERCHES NOUVELLES SUR LA DILATATION DE L'EAU

THIESEN. — *Rapport de la Confér. gén. des Poids et Mesures*, Sept. 1889, p. 111.
MAREK. — *W. A.*, **44**, p. 170, 1891.
SCHEEL. — Voir ci-dessus.
KREITLING. — Voir ci-dessus.
DE LANNOY. — *C. R.*, **120**, p. 866, 1895.
CHAPPUIS. — *Trav. et Mém. du Bur. int. des Poids et Mesures*, **6**, 1888 ; *Arch. Sc. phys.*, (3), **20**, p. 1, 1888 ; *W. A.*, **63**, p. 202, 1897.
GUGLIELMO. — *Rend. R. Acc. dei Lincei*, (5), **8**, 2ᵉ sem., pp. 271, 310, 1899.
THIESEN, SCHEEL et DIESSELHORST. — *W. A.*, **60**, p. 340, 1897 ; *Instr.*, **17**, p. 87, 1897 ; *Abhandl. der phys.-techn. Reichsanstalt*, **3**, pp. 1 à 70, 1900 ; *Instr.*, **20**, p. 345, 1900.
THIESEN. — *Wiss. Abhandl. d. phys.-techn. Reichsanstalt*, **4**, p. 1, 1904.
PLATO, DOMKE et HARTING. — *Wiss. Abh. d. K. Norm.-Aichungskommission* 1900, Heft 2.
LANDESEN. — *Travaux de la Soc. des naturalistes de l'Univ. Imp. d'Iourieff (Dorpat)*, XI, 1902 (en russe).
MENDÉLÉIEFF. — *Journ. de la Soc. russe phys.-chim.* (en russe), **13**, p. 183, 1891 ; *Phil. Mag.*, (5), **33**, p. 99, 1892 ; *Annales*, **2**, p. 133, 1895 ; **3**, p. 133, 1896 (en russe).
WATERSTON. — *Phil. Mag.*, (4), **21**, p. 401, 1861 ; **26**, p. 116, 1863.
HIRN. — *Ann. chim. et phys.*, (4), **10**, p. 32, 1867.

DILATATION DES SOLUTIONS

GERLACH. — *Spec. Gew. der gebräuchl. Salzlösungen*, Freiberg, 1859.
MARIGNAC. — *Arch. Sc. phys.*, (2), **39**, pp. 217, 273, 1870 ; *Liebigs Ann. Suppl.*, **8**, p. 370, 1872.
KREMERS. — *Pogg. Ann.*, **105**, p. 367, 1858.
R. LENZ et RIÉZTSOFF. — *Nouvelles de l'Inst. techn. de St-Pétersb.* (en russe), 1880 et 1881, p. 239.
FORCH. — *Zeitschr. phys. Chem.*, **18**, p. 675, 1895 ; *W. A.*, **55**, p. 101, 1895.
DE LANNOY. — *Zeitschr. phys. Chem.*, **18**, p. 443, 1895.
BAUMHAUER. — *Pogg. Ann.*, **110**, p. 659, 1860.
KREITLING. — *Ausdehnung des Wassers*, etc., *Diss.*, Erlangen, 1892.
AMAGAT. — *Ann. chim. et phys.*, (6), **29**, p. 559, 1893.
LANDESEN. — *Travaux de la Soc. des naturalistes de l'Univ. Imp. d'Iourieff (Dorpat)*, **14**, 1904 (en russe).

7. Autres liquides que l'eau.

DESPRETZ. — *Ann. chim. et phys.*, (2), **70**, 1839.
KOPP. — *Pogg. Ann.*, **72**, pp. 1, 223, 1847 ; *Lieb. Ann.*, **93**, p. 129 ; **94**, p. 257 ; **95**, p. 307, 1855 ; **98**, p. 367, 1856 ; *Ann. chim. et phys.*, (3), **47**, p. 412, 1855.
PIERRE. — *Ann. chim. et phys.*, (3), **15**, p. 325, 1845 ; **19**, p. 193, 1847 ; **21**, p. 336, 1847 ; **30**, p. 5, 1850 ; **31**, p. 118, 1851 ; **33**, p. 199, 1851 ; *Liebigs Ann.*, **56**, p. 139, 1845 ; **64**, p. 159, 1848 ; **80**, p. 225, 1851.
FRANKENHEIM. — *Pogg. Ann.*, **72**, p. 422, 1847.

LOUGUININE. — *Ann. chim. et phys.*, (4), **11**, p. 453, 1867; *Lieb. Ann. Suppl.*, **5**, p. 295, 1867.
ZANDER. — *Lieb. Ann.*, **214**, p. 138, 1882; **223**, p. 56, 1884.
HIRN. — *Ann. chim. et phys.*, (4), **10**, p. 32, 1867.
MENDÉLÉIEFF. — *Journal des mines* (en russe), 1861; *Lieb. Ann.*, **119**, p. 1, 1861.
DRION. — *Ann. chim. et phys.*, (3), **56**, p. 5, 1859.
ANDRÉIEFF. — *Lieb. Ann.*, **110**, p. 1, 1859; *Ann. chim. et phys.*, (3), **56**, p. 317, 1859.
THILORIER. — *Ann. chim. et phys.*, (2), **60**, p. 427, 1835.
GRIMALDI. — *Journ. de phys.*, (2), **5**, p. 29, 1886; *Atti dei Lincei*, (4). *Rend.*, **2**, I, p. 231, 1885-1886; *Atti dell' Accad. Catania*, (3), **18**, p. 273, 1885.
PICTET. — *Arch. Sc. phys.*, **34**, p. 362, 1895.
AMAGAT. — *Ann. chim. et phys.*, (6), **29**, p. 529, 1893.
CARNAZZI. — *N. Cim.*, **5**, p. 180, 1903.
MENDÉLÉIEFF. — (Loi de dilatation des liquides). *Journ. de la Soc. russe phys.-chim.* (en russe), **6**, *Section chim.*, p. 1, 1882; **16**, *Section phys.*, pp. 292, 474, 1884; *Chem Ber.*, **17**, p. 129, 1884; *Phil. Mag.*, (5), **33**, p. 29, 1892; *Ann. chim. et phys.*, (6), **2**, p. 271, 1884.
KONOWALOFF. — *Journ. de la Soc. russe phys.-chim.* (en russe), **18**, *Sect. chim.*, p. 395, 1886.
LUTHER. — *Zeitschr. phys. Chem.*, **12**, p. 524, 1893.
D. BERTHELOT. — *C. R.*, **128**, p. 606, 1899.
WÜLLNER. — *Pogg. Ann.*, **133**, p. 1, 1868.
AVENARIUS. — *Bull. de l'Acad. de St-Pétersb.*, **10**, p. 697, 1877; *Journ. de la Soc. russe phys.-chim.* (en russe), **16**, pp. 242, 400, 1884.
JOUK. — *J. de la Soc. russe phys.-chim.* (en russe), **13**, p. 239, 1881; **16**, p. 304, 1884; **17**, p. 13, 1885.
MALLET et FRIEDERICH. — *Arch. Sc. phys.*, (4), **15**, p. 50, 1902.
HEILBORN. — *Zeitschr. phys. Chem.*, **7**, p. 367, 1891.
RANKINE. — *Edinb. New. Phil. Journ.*, Octobre 1849; *Scient. Papers*, p. 13.
AMAGAT. — *C. R.*, **128**, 358, 469, 1899.

8. Dilatation des gaz. Théorie.

VAN DER WAALS. — *Kontinuität des gazförmigen und flüssigen Zustandes*, Leipzig, 1881.
LEDUC. — *Ann. chim. et phys.*, (15), **7**, p. 95, 1898.
CLAUSIUS. — *W. A.*, **9**, p. 337, 1880; **14**, pp. 279, 692, 1881.
SARRAU. — *C. R.*, **101**, p. 1145, 1885.

9. Dilatation des gaz. Expériences.

GAY-LUSSAC. — *Ann. chim. et phys.*, (1), **43**, p. 137, 1802 (an X); *Gilb. Ann.*, **12**, 1802; voir BIOT, *Traité de Physique*, **1**, p. 182, 1816.
FLAUGERGUES. — Voir GEHLERS *phys. Wörterbuch*, **1**, p. 625, 1825.
DALTON. — *Mem. of the Manchester Phil. Soc.*, **5**, pp. 3, 599.
DULONG et PETIT. — *Ann. chim. et phys.*, (2), **2**, p. 240, 1816; **7**, p. 117, 1818.
RUDBERG. — *Pogg. Ann.*, **41**, p. 271, 1837; **44**, p. 119, 1838.
MAGNUS. — *Pogg. Ann.*, **55**, p. 1, 1842.
REGNAULT. — *Mém. de l'Acad.*, **21**, p. 1, 1847; *Ann. chim. et phys.*, (3), **4**, p. 5, 1842; **5**, p. 52, 1842; *Pogg. Ann.*, **55**, pp. 141, 391, 557, 1842; **57**, p. 115, 1842

JOLLY. — *Pogg. Ann. Jubelbd.*, p. 82, 1874.
RICHARDS et MARK. — *Zeitschr. phys. Chem.*, **43**, p. 475, 1903; *Proc. Amer. Ass.*, **38**, p. 417, 1903.
CHAPPUIS. — *Trav. et Mém. du Bur. int. des Poids et Mesures*, **6**, 1888.
W. HOFFMANN. — *W. A.*, **66**, p. 224, 1898.
KAMMERLINGH ONNES. — *Communic. Leiden Labor.*, n° 60, 1901.
TRAVERS et JAQUEROD. — *Zeitschr. f. phys. Chemie*, **45**, p. 385, 1903.
D. I. MENDÉLÉIEFF. — *Ber. Chem. Ges.*, **10**, p. 81, 1877.
RECKNAGEL. — *Pogg. Ann.*, **123**, p. 127, 1864.
AMAGAT. — *Ann. chim. et phys.*, (4), **28**, p. 274, 1873.
MELANDER. — *La dilatation des gaz*, Helsingfors, 1889; *W. A.*, **47**, p. 135, 1892.
CHAPPUIS. — (Influence de la poussière). *W. A.*, **8**, p. 1, 1879.
KAISER. — *W. A.*, **34**, p. 607, 1888.
REGNAULT. — (Pressions élevées). *Mém. de l'Acad.*, **26**, p. 567, 1862.
ANDREWS. — *Phil. Mag.*, (5), **3**, p. 63, 1877.
AMAGAT. — (Pressions élevées). *Ann. chim. et phys.*, (4), **29**, p. 252, 1873; (5), **22**, p. 353, 1881; (6), **29**, p. 121, 1893,
CLAUSIUS. — *W. A.*, **9**, p. 337, 1880.
WITKOWSKI. — *Extrait du Bull. de l'Acad. de Cracovie*, 1891, p. 181; *Beibl.*, **16**, p. 176, 1892.
BALY et RAMSAY. — *Phil. Mag.*, (5), **37**, p. 301, 1894.
JACQUEROD et PERROT. — *C. R.*, **138**, p. 1032, 1904; **140**, p. 1542, 1905; *Arch. des Sc. phys. et nat.*, (4), **20**, pp. 28, 128, 506, 1905.

CHAPITRE IV

CAPACITÉ CALORIFIQUE

1. Introduction. — La chaleur est une forme de l'énergie et *comme telle* est quantitativement invariable; mais elle peut avoir pour origine la transformation d'autres formes d'énergie, et inversement disparaître elle-même en tant que chaleur, pour prendre de nouvelles formes de l'énergie. La chaleur qui apparaît ou disparaît ainsi, de même que celle qui passe d'un corps à un autre ou d'une partie d'un corps donné à une autre partie du même corps, représente une grandeur physique que l'on peut comparer quantitativement à une autre grandeur de même espèce; on se rend compte par là de la possibilité de mesurer une quantité de chaleur, qui se forme, disparaît ou passe d'un corps à un autre. Il faut choisir à cet effet une unité déterminée de quantité de chaleur et établir des méthodes pour la comparaison d'une quantité de chaleur donnée avec cette unité.

Nous traiterons deux questions dans ce chapitre : la question du choix d'une *unité de chaleur* d'un emploi pratique et celle des quantités de chaleur nécessaires pour échauffer des corps différents d'une température initiale donnée à une température finale également donnée, c'est-à-dire la question de la *capacité calorifique* des corps.

La partie de la Physique, qui traite de la mesure des quantités de chaleur jouant un rôle dans les différents phénomènes physiques, s'appelle la *calorimétrie* ; les appareils employés dans ce but s'appellent des *calorimètres*. On trouvera un historique du développement de la calorimétrie dans l'ouvrage de MACH, *Prinzipien der Wärmelehre*, Leipzig, 1896, pp. 153 à 182.

Les grandeurs les plus importantes que l'on mesure en calorimétrie sont les suivantes :

1. Capacité calorifique ; 2. Chaleur latente de fusion ou de solidification ; 3. Chaleur latente de vaporisation ou de liquéfaction ; 4. Chaleur latente de modification de la structure moléculaire des corps solides, par exemple dans le passage du soufre prismatique au soufre octaédrique ; 5. Chaleur de mélange de deux liquides, indifférents l'un par rapport à l'autre ou agissant chimiquement l'un sur l'autre (alcool et eau) ; 6. Chaleur de dissolution ou de dilution des solutions ; 7. Chaleur dégagée ou absorbée dans les différentes réactions chimiques, entre autres chaleur de combustion ; 8. Chaleur résultant d'un travail déterminé ; 9. Chaleur obtenue par transformation d'autres formes de l'énergie : énergie rayonnante, énergie électrique (charge, courant), etc.

La calorimétrie ne peut servir qu'à la mesure des quantités de chaleur, qui disparaissent, apparaissent, ou changent de siège dans des conditions déterminées. Elle ne peut évaluer la provision complète d'énergie calorifique que renferme un corps donné, dans des conditions déterminées données.

Nous avons expliqué aux pages 18 et 19 tout ce qui se rapporte à la terminologie que nous emploierons. Nous distinguerons la *capacité calorifique d'un corps* (par exemple, du calorimètre) de la *capacité calorifique de la substance de ce corps*, par exemple, du cuivre, de l'eau, de l'azote, etc. Les formules (27) à (30), pages 18-19, déterminent la capacité calorifique moyenne, la capacité calorifique à une température donnée, la quantité de chaleur Q nécessaire pour échauffer un corps, ainsi que la relation qui lie la capacité calorifique C d'un corps composé aux poids p_i de ses parties constituantes et aux capacités calorifiques c_i des substances dont sont formées ces parties, voir (30), page 19.

$$C = \sum p_i c_i. \tag{1}$$

Si l'on prend à l'origine, sans plus d'explications, la capacité calorifique de l'eau comme unité, on voit que $\sum p_i c_i$ est égal au poids d'eau, qui absorbe par échauffement la même quantité de chaleur qu'un corps composé donné. C'est pour cette raison que l'on appelle souvent la grandeur C, d'une manière très heureuse, *l'équivalent en eau* ou la *valeur en eau* du corps donné.

Si la capacité calorifique c d'un corps est une fonction de la température, à laquelle on peut donner la forme

$$c = c_0 + at + bt^2, \tag{2}$$

la quantité de chaleur Q, nécessaire pour échauffer un corps de t_1^0 à t_2^0, est

$$Q = \int_{t_1}^{t_2} cdt = c_0 (t_2 - t_1) + \frac{a}{2} (t_2^2 - t_1^2) + \frac{b}{3} (t_2^3 - t_1^3). \tag{3}$$

La capacité calorifique moyenne c' entre les températures t_1^0 et t_2^0 est

$$c' = \frac{Q}{t_2 - t_1} = c_0 + \frac{a}{2} (t_2 + t_1) + \frac{b}{3} (t_2^2 + t_2 t_1 + t_1^2) ; \tag{4}$$

on en déduit pour la capacité moyenne c_t entre o° et $t°$,

$$c_t = c_0 + \frac{1}{2} at + \frac{1}{3} bt^2. \tag{5}$$

Pour échauffer un corps de o° à $t°$, il faut une quantité de chaleur

$$Q_t = c_t t = c_0 t + \frac{1}{2} at^2 + \frac{1}{3} bt^3. \tag{6}$$

On appelle *capacité calorifique atomique* c_A *d'une substance*, la capacité calorifique de la quantité de substance qui correspond à son poids atomique. Soit c la capacité calorifique de la substance, A son poids atomique ; la capacité calorifique atomique est alors

$$c_A = Ac. \tag{7}$$

D'une manière analogue, la grandeur

$$c_\mu = \mu c, \tag{8}$$

où μ désigne le poids moléculaire de la substance, s'appelle la *capacité calorifique moléculaire* de la substance.

La chaleur Q cédée à un corps se divise, en général, en trois parties. La première Q_1 est employée à un travail intérieur ; elle est particulièrement grande aux températures de fusion ou de vaporisation et dans leur voisinage. La seconde partie Q_2 est dépensée en travail extérieur, dans la dilatation du corps supposé soumis sur sa surface à une pression normale uniforme. La troisième partie Q_3 sert à l'élévation de la température, c'est-à-dire à l'accroissement de la force vive du mouvement des molécules et des atomes.

Clausius a proposé d'appeler *capacité calorifique vraie* la grandeur mesurée par la quantité de chaleur, qui sert *uniquement à élever la température* d'un corps de 1°.

La dénomination *capacité calorifique* est due à Irvine, un élève de Black ; Gadoline (d'Âbo) introduisit en 1784 l'expression *chaleur spécifique*.

Nous arrivons maintenant à la question fondamentale du *choix d'une unité de quantité de chaleur*. L'unité *théorique* de quantité de chaleur, qu'on peut encore appeler *unité mécanique*, est une quantité de chaleur équivalente à *une* unité de travail. Dans le système C. G. S. (Tome I), l'unité de travail est l'erg ; la quantité de chaleur, qui lui est équivalente, peut être prise pour unité de quantité de chaleur et s'appelle dans ce cas *erg*. Un million d'ergs forment 1 *mégaerg*, 10 mégaergs = 1 *joule*.

Il n'est pas toujours possible pratiquement de mesurer la chaleur par le travail qui lui est équivalent. Nous devons donc choisir une unité *pratique* de chaleur, que nous désignons par q. Nous verrons que jusqu'ici on n'est malheureusement pas encore parvenu à donner à la définition de cette unité fondamentale toute la précision désirable. Autrefois, quand la mesure des différentes grandeurs physiques n'avait pas encore atteint le degré d'exactitude qu'elle possède aujourd'hui, on pouvait se contenter de la définition usuelle des unités pratiques de chaleur, la grande et la petite calorie, respectivement égales aux quantités de chaleur nécessaires pour augmenter de 1° la température d'*un* kilogramme ou d'*un* gramme d'eau pure. Nous avons vu dans le Tome I que si l'on prend 426 kilogrammètres de travail comme équivalents à une grande calorie, une petite calorie est *approximativement* égale à 41,6 mégaergs et que 1 joule = 0,24 petite calorie.

Une difficulté particulière, et par suite aussi une certaine *indétermination* dans les résultats expérimentaux, vient de ce qu'il n'a pas encore été donné de définition précise de la calorie ; cette circonstance tient à ce que, *au moins en partie, nous sommes toujours dans l'incertitude concernant la dépendance qui existe entre la capacité calorifique de l'eau et la température*.

On pourrait, si l'on voulait, s'arrêter à l'une des définitions suivantes de la calorie :

Une *grande* calorie est la quantité de chaleur nécessaire pour échauffer 1 kilogramme d'eau pure

1. de 0° à 1° (Regnault),

ou 2. de 4° à 5° ou de 14°,5 à 15°,5 (Maxwell),

ou 3. de 15° à 16° (les mesures calorimétriques sont ordinairement faites à ces températures),

ou 4. de 0° à 100°, divisée par 100 (Bunsen, Schuller, Wartha).

On pourrait encore définir la calorie, en la prenant égale à un nombre déterminé de joules, par exemple à 4,2 joules, et déterminant ensuite la température de l'eau à laquelle correspond cette calorie, c'est-à-dire la température à laquelle 1 gramme d'eau s'échauffe de 1°. Une proposition de ce genre a été effectivement faite et a paru longtemps très pratique. Nous verrons pour quelles raisons il a fallu y renoncer.

La proposition de Richards (1901) de choisir les unités, de façon que le produit de la capacité calorifique par la différence de température soit égale à une quantité de chaleur *en joules*, devait trouver peu de succès. Il faudrait à cet effet ou compter la température par degrés égaux à $^{10}/_{42}$ °C. environ, ou choisir, comme unité de capacité calorifique, celle d'un corps dont 1 joule élèverait la température de 1°. Ce serait, par exemple, 1 gramme de Mg à — 50°, ou 1 gramme de Al à + 290°, ou 1 gramme d'un alliage de Mg avec 5,5 % environ de Zn à la température ordinaire.

Laissant tout d'abord de côté l'examen des méthodes employées pour la détermination de la capacité calorifique des différents corps, nous nous occuperons de la question, fondamentale en calorimétrie comme nous venons de le voir, de la *capacité calorifique de l'eau.*

2. Capacité calorifique de l'eau. — Nous possédons actuellement un très grand nombre de travaux se rapportant à la dépendance entre la capacité calorifique c de l'eau et la température ; néanmoins la question ne peut pas encore être considérée comme définitivement résolue, à cause du désaccord entre les résultats de ces recherches.

De Luc, Flaugergues et Ure ont observé les premiers que c diminue, lorsque t croît. Plus tard, F. Neumann a déduit de ses observations qu'au contraire c croît en même temps que t, et que la capacité calorifique moyenne entre 27° et 100° est 1,0127, en prenant $c = 1$ pour $t = 27°$.

Les premières mesures étendues de la grandeur c ont été faites par Regnault ; ses expériences allaient jusqu'à 190°. Il employa la méthode des mélanges ; bien que les détails relatifs à cette méthode ne doivent être exposés que plus tard, nous décrirons cependant ici l'appareil de Regnault, dont le principe est d'ailleurs indiqué dans la Physique élémentaire.

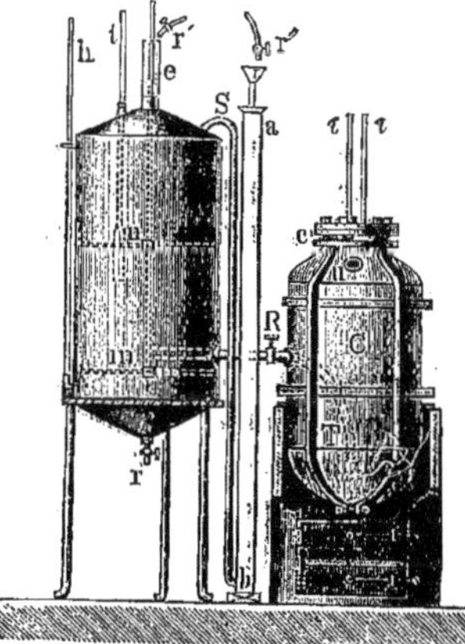

Fig. 72

L'appareil de Regnault consiste en un calorimètre *re* (*fig.* 72) et en un vase C à parois épaisses, dans lequel a lieu l'échauffement de l'eau jusqu'à de très hautes températures. Dans le calorimètre se trouve un agitateur *mn* et le réservoir d'un thermomètre t ; le calorimètre se termine en haut par un tube e muni d'une échelle graduée. La capacité du calorimètre jusqu'à la division zéro en e, ainsi que la capacité des divisions du tube, sont connues. La température de l'eau en C est mesurée à l'aide des thermomètres τ, τ ; le tube T avec le robinet R met le vase C en communication avec le calorimètre ; il traverse la paroi *ab*, constamment parcourue par un courant d'eau à une température déterminée, pour empêcher un échauffement direct du calorimètre par le vase C. Le robinet r sert pour l'écoulement de l'eau du calorimètre. L'expérience est conduite de la manière suivante : le calorimètre est rempli d'eau jusqu'à un trait déterminé ; la quantité d'eau en poids est donc connue ; on fait ensuite écouler une certaine quantité d'eau par le robinet r et on la pèse ; on en déduit le poids d'eau restant dans le calorimètre. Le robinet R est alors fermé et on verse une quantité d'eau chaude suffisante pour ramener le niveau à une division quelconque du tube e ; en même temps, l'eau dans le calorimètre est agitée sans cesse. Les thermomètres t et τ indiquent les températures initiales des deux quantités d'eau mélangées et la température finale du mélange. Il va sans dire que toutes les corrections nécessaires, dont il sera question plus loin, doivent être faites. REGNAULT déduisit de ses observations que la capacité calorifique c de l'eau à la température t est

$$c = 1 + 0,000\,04t + 0,000\,000\,9t^2.$$

La capacité calorifique moyenne c_t entre 0° et t° est donc, voir (2) et (5), page 173,

$$c_t = 1 + 0,000\,02t + 0,000\,000\,3t^2.$$

BOSSCHA a trouvé que, si on rapporte les déterminations de température de REGNAULT aux indications du thermomètre à air, les résultats de REGNAULT peuvent s'exprimer par la formule plus simple

$$c = 1 + 0,000\,22t,$$

qui donne $c = 1,022$ à 100° et $c = 1,044$ à 200°. Il paraîtra tout à fait singulier que VELTEN ait affirmé que presque tous les nombres de REGNAULT sont inexactement calculés d'après les expériences exposées en détail dans ses mémoires, et que, dans beaucoup de cas, on obtient une décroissance de la capacité calorifique, lorsque la température augmente, au lieu d'un accroissement.

En 1870, ont été publiées presque simultanément les recherches de HIRN, de PFAUNDLER et PLATTNER, et de JAMIN et AMAURY.

HIRN a employé une méthode que nous décrirons plus loin ; il a trouvé une variabilité de la grandeur c, qui est 50 fois plus grande que celle observée par REGNAULT. En prenant $c = 1$, pour $t = 1°$, il obtint, par exemple, $c = 1,050$ pour $t = 9°$, $c = 1,033$ pour $t = 12°$, $c = 1,071$ pour $t = 13°,5$, etc. PFAUNDLER et PLATTNER ont observé un maximum de la capacité calorifique vers 7°. JAMIN et AMAURY (méthode du courant électrique, voir plus loin) ont déterminé c entre 0° et 75° ; ils ont obtenu l'expression

$$c = 1 + 0,001\,10t + 0,000\,001\,2t^2,$$

qui donne, par exemple,

$t =$ 0°	10°	50°	75°	100°
$c =$ 1	1,011	1,053	1,089	1,122.

Ces valeurs augmentent aussi incomparablement plus vite que celles données par REGNAULT.

Parmi les déterminations plus récentes de la grandeur c, nous mentionnerons d'abord celles de MÜNCHHAUSEN, HENRICHSEN, BAUMGARTNER, GEROSA, RAPP, JOHANNSON et Mme STAMO. Citons en premier lieu les formules empiriques par lesquelles ces physiciens ont exprimé les résultats de leurs observations :

MÜNCHHAUSEN : $c = 1 + 0,000\,425\,t$, entre 17° et 64°.
HENRICHSEN : $c = 1 + 0,000\,315\,6\,t + 0,000\,004\,045\,t^2$ entre 23° et 99°.
BAUMGARTNER : $c = 1 + 0,000\,307\,t$, entre 1° et 98°.
GEROSA : $c = 1 + 0,001\,1\,t + 0,000\,006\,t^2$, entre 0° et 24° ; entre 2° et 5°,5, il donne une autre formule plus compliquée.
Mme STAMO : $c = 1 + 0,001\,255\,t$.

Nous donnons ci-dessous un tableau d'ensemble des résultats d'observation pour différentes températures, c étant posé partout égal à 1 pour 0°.

Observateurs	5°	10°	20°	40°	60°	80°	100°
REGNAULT. . .	1,000 22	1,000 49	1,001 16	1,003 04	1,005 64	1,008 96	1,013 00
BOSSCHA . . .	1,001 10	1,002 20	1,004 40	1,008 80	1,013 20	1,017 60	1,022 00
JAMIN et AMAURY	1,005 54	1,011 12	1,022 48	1,045 92	1,070 32	1,095 68	1,122 00
BAUMGARTNER. .	1,001 54	1,003 07	1,006 14	1,012 28	1,018 42	1,024 56	1,030 70
HENRICHSEN . .	1,001 68	1,003 56	1,007 93	1,019 10	1,033 49	1,051 14	1,072 01
MÜNCHHAUSEN. .	1,001 51	1,003 02	1,006 04	1,012 08	1,018 12	1,024 15	1,030 19
Mme STAMO . .	1,006 28	1,012 55	1,025 10	1,050 20	1,075 30	1,100 40	1,125 51
GEROSA. . . .	1,005 65	1,011 60	1,024 40	—	—	—	—
RAPP	0,971 6	0,949 99	0,933 5	0,957 6	0,998 9	0,985 2	0,840 9
JOHANNSON . .	1,000 0	1,000 9	1,017 0	1,039	—	—	—

La comparaison de ces nombres montre combien les déterminations de ces divers savants diffèrent fortement entre elles. D'autres recherches sont dues à PETTINELLI, NEESEN, VELTEN et BRÜSCH. Ce dernier a trouvé que c tombe de 1 à 0,998001, lorsque la température s'élève de 0° à 3°,4 ; c croît ensuite jusqu'à 1,000094 à 12° et redescend de nouveau jusqu'à 0,987002 à 30°. Ces résultats n'ont été confirmés jusqu'ici par personne.

VELTEN a déduit de ses expériences la formule empirique

$$c = 1 - 0,001\,46\,255\,t + 0,000\,023\,80\,t^2 - 0,000\,000\,107\,2\,t^3 ;$$

elle donne un minimum de 0,9734 à 43°,5 et un maximum à 104°,5.

Occupons-nous maintenant d'un autre groupe de recherches nouvelles faites par ROWLAND, LIEBIG, BARTOLI et STRACCIATI, GRIFFITHS, DIETERICI, LUDIN, BARNES et CALLENDAR, SCHUSTER et GANNON, et enfin REYNOLDS et MOORBY.

ROWLAND a effectué une série remarquable de déterminations de l'équivalent mécanique de la chaleur E, que nous considérerons en détail plus tard. Il a trouvé que la grandeur E, équivalente à la quantité de chaleur nécessaire pour élever de 1° la température de 1 *kilogramme* d'eau, dépend de la température même de l'eau. Il est clair que la grandeur E est proportionnelle à la capacité calorifique c. Il a obtenu, pour la grandeur E exprimée en *kilogrammètres* (et rapportée à la latitude de Baltimore), les nombres suivants déduits de ses expériences :

$t =$	5°	10°	15°	20°	25°	30°
E =	429,8	428,5	427,4	426,4	425,8	425,6.

Une *petite* calorie exprimée *en joules* (10^7 ergs) donne :

$t =$	14°	16°	18°	20°	22°	24°	25°
E =	4,192	4,187	4,183	4,179	4,176	4,174	4,173.

Ces nombres montrent que *la grandeur c diminue, lorsque la température augmente, et atteint un minimum vers 30°*. Des mesures directes par la méthode des mélanges ont confirmé ce résultat et montré qu'entre 30° et 100° la grandeur *c croît très lentement*. Si on pose la capacité calorifique moyenne entre 0° et 10° égale à 1, la capacité calorifique moyenne entre 28° et 100° est égale à 0,9933. Les résultats de Rowland ont été confirmés sur son appareil par Liebig. Les nombres publiés par Rowland, indiqués en partie ci-dessus, ont été soumis à des corrections par Day, Pernet et enfin Waidner et Mallory. Day, ainsi que Waidner et Mallory, ont comparé plus ou moins directement les thermomètres employés par Rowland avec le thermomètre à azote du Bureau international des Poids et Mesures. Le tableau suivant rapproche les nombres primitifs et les nombres corrigés.

Températures	Nombres de Rowland Joules	Calculés par Day, d'après l'échelle à hydrogène de Paris Joules	Calculés par Day, d'après l'échelle à azote de Paris Joules	Calculés par Waidner et Mallory, d'après l'échelle à azote de Paris Joules
5°	4,212	—	—	—
10	4,200	4,196	4,194	4,195
15	4,189	4,188	4,186	4,187
20	4,179	4,181	4,180	4,181
25	4,173	4,176	4,176	4,176
30	4,171	4,174	4,174	4,175
35	4,173	4,175	4,175	4,177

Entre 15° et 25° les nombres corrigés peuvent s'exprimer par la formule

$$c_t = c_{15}\left[1 - 0{,}000\,26\,(t - 15)\right].$$

Si on pose $c_{15} = 1$, on obtient les nombres suivants :

Températures	Rowland	Corrigés par Pernet	Corrigés par Day
5°	1,0056	1,0054	1,0042
10	1,0026	1,0019	1,0019
15	1,0000	1,0000	1,0000
20	0,9977	0,9979	0,9983
25	0,9963	0,9972	0,9972
30	0,9958	0,9969	0,9967
35	0,9963	0,9981	0,9969
	Température du minimum de c		
	29°	28°	32°

Bartoli et Stracciati ont effectué des mesures très soignées de la grandeur c entre 0° et 30°. En prenant $c = 1$ à 15°, ils ont trouvé que $c = a - bt - dt^2 + et^3 - ft^4$, où $a = 1{,}00688$, $b = 556 . 10^{-6}$, $d = 615 . 10^{-8}$, $e = 1015 . 10^{-9}$, $f = 13 . 10^{-9}$. Ces nombres donnent un minimum pour c dans le voisinage de 20°.

Griffiths (méthode électrique, voir plus loin) a déduit de ses mesures de la grandeur E qu'entre 15° et 25°, $c = 10{,}000\,266\ (t - 15°)$, si on pose $c = 1$ à 15°. Après introduction de différentes corrections, Griffiths a trouvé finalement les valeurs suivantes de E :

15°	20°	25°
4,198	4,192	4,187 joules.

Ames, dans son rapport au Congrès de 1900, a donné les nombres

4,190   4,184   4,179 joules,

en apportant encore d'autres corrections.

Dieterici a trouvé, d'après des déterminations analogues, que c présente un minimum égal à 0,9872 vers 30° (en prenant $c = 1$ à 0°) et croît ensuite jusqu'à 1,0306 à 100°. La capacité calorifique moyenne entre 0° et 100° est égale à 1,0045.

Ludin a été conduit à la formule

$$c = 1 - 0{,}0007\,667t + 0{,}0000\,196\,t^2 - 0{,}000000\,116\,t^3,$$

qui donne le minimum 0,9914 à 25°, ensuite $c = 1$ à 62°, le maximum $c = 1{,}0053$ à 85° et enfin $c = 1{,}0033$ à 100°. Plus tard (1896) Ludin a apporté encore quelques corrections à ses calculs et a trouvé que la capacité calorifique moyenne entre 0° et 100° est égale à la capacité calorifique entre 0° et 1°.

En 1899 a paru un travail de Callendar et Barnes, qui établissaient un courant d'eau dans un tube étroit ; suivant l'axe du tube était tendu un fil, parcouru par un courant électrique. La quantité de chaleur dégagée dans le fil pouvait être calculée très exactement ; l'échauffement de l'eau était mesuré avec un couple thermoélectrique et on pouvait déduire ainsi la capacité calorifique de l'eau. CALLENDAR et BARNES ont trouvé de 0° à 60°,

$$c = 0{,}9\,982 + 0{,}0\,000\,045\,(t - 40)^2,$$

c'est-à-dire *un minimum* à 40°. Plus tard BARNES, ainsi que CALLENDAR, ont publié d'autres études et ont apporté à leurs résultats diverses corrections. Ainsi, par exemple, BARNES a donné une formule indiquant un minimum à 37°,5 :

$$c = 0{,}99\,733 + 0{,}0\,000\,035\,(37{,}5 - t)^2 \pm 0{,}000\,000\,10\,(37{,}5 - t)^3.$$

De 5° à 37°,5 il faut prendre le signe + et de 37°,5 à 55° le signe — ; c est pris égal à 1 pour $t = 16°$. Au-dessus de 55°, la formule est

$$c = 0{,}998\,50 + 0{,}000\,120\,(t - 55) + 0{,}000\,000\,25\,(t - 55)^2.$$

SCHUSTER et GANNON ont déterminé E pour la calorie de 19°,1 et ont trouvé E = 4,1905 joules. Mais AMES a indiqué que différentes corrections étaient nécessaires et a trouvé que le nombre précédent devait être remplacé par E = 4,185 joules.

DIETERICI (1904) a publié une intéressante étude sur la capacité calorifique de l'eau *entre 100° et 300°*. Il a employé le calorimètre à glace de BUNSEN (voir § 4) et a échauffé l'eau dans un tube de quartz, qu'il chauffait ensuite vide à la même température pour déduire la chaleur cédée au tube. En prenant la calorie moyenne entre 0° et 100° égale à un, il a obtenu, pour la chaleur spécifique moyenne c_m de l'eau entre 0° et $t°$ et pour la chaleur spécifique c_t à $t°$, les expressions suivantes, *valables entre 35° et 300°*.

$$c_m = 0{,}998\,27 - 0{,}000\,051\,84t + 0{,}000\,691\,2t^2,$$
$$c_t = 0{,}998\,27 - 0{,}000\,103\,68t + 0{,}000\,002\,073\,6t^2.$$

Ces expressions donnent les valeurs :

t	c_m	c_t	t	c_m	c_t
100°	1,0000	1,0086	220°	1,0203	1,0758
140	1,0046	1,0244	260	1,0315	1,1115
180	1,0113	1,0468	300	1,0449	1,1538

Nous avons fait connaître les recherches les plus importantes sur la capacité calorifique de l'eau, et la question, qui se pose maintenant, est de savoir quels sont les résultats positifs et *précis* qui en découlent. En 1900 et 1901 ont été publiés quatre mémoires ayant pour but d'établir ces résultats d'après les meilleures recherches. Ces mémoires sont les suivants : Rapport de WARBURG sur l'unité de quantité de chaleur, Leipzig, 1900 ; Rapport de AMES et rapport de GRIFFITHS au Congrès international de Physique, Paris, 1900 ; enfin, dans l'ouvrage *The thermal measurement of energy*, Cambridge, 1904, GRIFFITHS a réuni, après les avoir complétés, quatre rapports présentés à Leeds.

Il s'agit principalement de résoudre les problèmes suivants :

I. *Quelle est la valeur de l'équivalent mécanique d'une calorie déterminée quelconque ?* Cette question paraît actuellement résolue pour la calorie de 15° (thermomètre à *hydrogène*). AMES, GRIFFITHS et WARBURG obtiennent, comme résultat des meilleures recherches effectuées jusqu'ici,

$$E_{15} = 4,188 \text{ joules},$$

la dernière décimale ne pouvant varier que d'une unité.

II. *Comment varie la capacité calorifique c de l'eau, dans l'intervalle particulièrement important compris entre 10° et 25° ?* — Cette question peut également être considérée comme résolue. GRIFFITHS donne, dans le tableau suivant, les résultats des meilleures recherches :

Températures	BARTOLI et STRACCIATI	LUDIN	ROWLAND	GRIFFITHS	CALLENDAR et BARNES
10°	1,0018	1,0010	1,0019	—	1,0021
11	13	08	14	—	16
12	09	06	10	—	11
13	05	04	07	1,0006	07
14	02	02	03	03	03
15	1,0000	1,0000	1,0000	1,0000	1,0000
16	0,9998	0,9998	0,9996	0,9997	0,9997
17	97	97	93	94	94
18	96	96	90	91	90
19	95	95	86	88	88
20	94	94	83	85	85
21	93	93	81	82	83
22	93	93	79	79	80
23	94	92	76	76	77
24	95	92	74	73	75
25	97	93	72	70	74
30	1,0010	0,9996	0,9967	—	0,9969
35	—	1,0003	0,9969	—	0,9967

La concordance entre les nombres des trois dernières colonnes est particulièrement remarquable, car il convient de tenir compte de ce que les recherches correspondantes ont été effectuées suivant trois méthodes totalement différentes.

WARBURG, qui n'a considéré que les quatre premières recherches, prend comme valeur moyenne :

$$\begin{array}{cccc} & 10^\circ & 15^\circ & 20^\circ \\ c = & 1{,}0016 & 1 & 0{,}9989, \end{array}$$

et pose, entre $+10^\circ$ et $+20^\circ$:

$$c = 1 - 2{,}7.10^{-4}\,(t - 15) + 10^{-5}\,(t - 15)^2.$$

III. *Comment varie la capacité calorifique c de l'eau entre 0° et 100° ?* Ici s'ajoutent des problèmes particuliers : à quelle température c atteint-il son *minimum*, et quelle est la valeur de la *capacité calorifique moyenne* de l'eau entre 0° et 100° ? Aucune réponse satisfaisante n'a été jusqu'à présent donnée à la question principale ; les valeurs de c obtenues par plusieurs savants aux hautes températures diffèrent beaucoup entre elles. Si on pose $c_0 = 1$, on a par exemple :

VELTEN... $c_{100} = 0{,}9946$, DIETERICI... $c_{100} = 1{,}0306$;

La différence atteint 4 1/2 %. Les recherches de CALLENDAR et de BARNES ont donné pour E les nombres suivants (ramenés par GRIFFITHS au thermomètre à hydrogène) :

	Joules		Joules		Joules
5°	4,2130	40°	4,1769	75°	4,1912
10	4,1999	45	4,1776	80	4,1946
15	4,1912	50	4,1785	85	4,1979
20	4,1851	55	4,1806	90	4,2014
25	4,1805	60	4,1828	95	4,2050
30	4,1780	65	4,1854		
35	4,1774	70	4,1881	Moyenne .	4,1887

La température t à laquelle c atteint son *minimum*, est, comme toujours en pareil cas, très incertaine. Nous avons vu plus haut que, d'après les nombres de ROWLAND, t était voisin de 30°. CALLENDAR et BARNES ont obtenu d'abord $t = 40°$, tandis que plus tard BARNES a trouvé $t = 37°{,}5$ (voir page 180).

WARBURG a donné, pour le rapport de la capacité calorifique moyenne c_{0-100} de l'eau entre 0° et 100° à la valeur c_{15} à 15°, les nombres suivants :

D'après les expériences de LUDIN $\dfrac{c_{0-100}}{c_{15}} = 1{,}0052$

» » DIETERICI $\dfrac{c_{0-100}}{c_{15}} = 1{,}0103$

» » JOLY et GRIFFITHS $\dfrac{c_{0-100}}{c_{15}} = 0{,}9957$

REYNOLDS et MOORBY ont donné, comme valeur moyenne entre 0° et 100°, $E = 4{,}1833$ joules. Si on admet la valeur de ROWLAND pour E à 15°, on obtient

$$\frac{c_{0-100}}{c_{15}} = 0{,}9988$$

BEHN (1905) a déduit par le calcul de ses expériences

$$\frac{c_{0-100}}{c_{15}} = 0,9997.$$

GRIFFITHS, en introduisant une correction, a trouvé $E = 4,1836$ joules et

$$\frac{c_{0-100}}{c_{17,5}} = 1,008.$$

Il a obtenu, d'après les nombres de CALLENDAR et BARNES, la valeur moyenne $E = 4,1854$ joules. BARNES lui-même a trouvé que $c_{0-100} = c_{16}$. Il semble donc que l'on peut affirmer que *la capacité calorifique moyenne* c_{0-100} *de l'eau entre 0° et 100° est équivalente à 4,184 joules, avec une erreur ne dépassant pas* 0,05 %, et que c_{0-100} est approximativement égal à c_{16}.

IV. *Quelle grandeur faut-il prendre comme unité de chaleur et quelle nomenclature doit-on adopter en calorimétrie ?* — GRIFFITHS (1896) a d'abord fait les propositions suivantes :

1. *L'unité mécanique de chaleur est le joule* $= 10^7$ *ergs.* — Cette détermination est évidemment purement théorique.

2. *L'unité thermométrique de chaleur est égale à 4,2 joules.*

3. *La quantité de chaleur, qui élève la température de 1 gramme d'eau de* $9° \frac{1}{2}$ *à* $10° \frac{1}{2}$, *est égale à l'unité thermométrique de chaleur.*

Il a proposé en outre de désigner sous le nom de *therme* la quantité de chaleur qui élève de 1° la température de 1 gramme d'eau ; le *therme* est donc une fonction de la température. Un *therme normal* déterminé (standard therm) doit être appelé *rowland*. D'après ce qui précède, un rowland serait égal au therme de 10°.

Mais GRIFFITHS (1901) a plus tard modifié essentiellement ses propositions 2 et 3. Ses dernières recherches, mentionnées plus haut, l'ont conduit à ce résultat que 4, 2 joules correspondent au therme de 7°,5 ; cette température n'a pas d'importance pratique, car elle est trop basse. Aussi s'est-il écarté du nombre *rond* 4, 2 et a-t-il fait, au lieu de 2 et 3, les *propositions nouvelles* suivantes :

2. *L'unité thermométrique de chaleur est la quantité de chaleur, qui élève la température de 1 gramme d'eau de 17° à 18°, d'après l'échelle à hydrogène de Paris.*

3. *Cette unité de chaleur est égale à 4,184 joules.*

4. *La même unité de chaleur correspond à la capacité calorifique moyenne de l'eau entre 0° et 100°.*

GRIFFITHS n'emploie plus la dénomination de *rowland*, bien qu'il paraisse très commode de conserver à la fois les mots therme et rowland (therme de 17°).

La capacité calorifique *c* de l'eau *au-dessous de* 0° a été étudiée d'abord par TOMMASINI et CARDANI, et ensuite par MARINETTI ; les premiers sont descendus jusqu'à — 10° et le dernier jusqu'à — 6°. Ces recherches ont montré qu'au-dessous de 0°, c augmente lorsque la température t diminue. Les nombres de Marinetti présentent une concordance satisfaisante avec la formule empirique de Bartoli et Stracciati donnée à la page 179 : c croît approximativement de 0,0005 pour un abaissement de 1° de la température t ($c = 1$, pour $t = 0°$) ; pour $t = -6°,2$, on a $c = 1,0032$. Plus récemment Barnes et Cooke (1902) ont déterminé c jusqu'à — 5°,5 ; ils ont trouvé que la courbe, qui représente $c = f(t)$ entre 0° et 100°, se continue régulièrement au-dessous de 0°. Pour $t = -5°$, ils ont obtenu $c = 1,0159$, en posant $c_{16} = 1$.

La capacité calorifique c, que nous avons considérée jusqu'ici, représente, pour les corps solides et pour les liquides, la capacité calorifique sous *pression constante* ; elle correspond à la grandeur c_p pour les gaz, les mesures de c s'effectuant à la pression atmosphérique, qui est presque constante. Le calcul de la capacité calorifique c_v sous volume constant s'effectue, pour les corps solides et pour les liquides, à l'aide d'une formule théorique, qui sera établie plus loin. Pour compléter notre exposé de la question de la capacité calorifique de l'eau, nous citerons encore les valeurs de c_v pour l'eau, d'après les calculs de Bartoli et Stracciati ; on a posé ici comme précédemment $c = 1$ (plus exactement $c_p = 1$) à 15°,

$t =$	0°	5°	10°	15°	20°	25°	30°	35°
$c_v =$	1,00592	1,00380	1,00046	0,99683	0,99320	0,98984	0,98697	0,98490.

A 40° on a évidemment $c_v = c_p$; à *toutes* les autres températures, on a $c_v < c_p$, comme le montre la comparaison de ces nombres avec ceux qui ont été donnés précédemment.

3. Méthode de Lavoisier et de Laplace. — Nous commencerons l'exposé des méthodes employées pour la détermination de la capacité calorifique des divers corps, en étudiant d'abord les méthodes qui s'appliquent aux *corps solides* et aux *liquides*.

La méthode de fusion de la glace, employée par Lavoisier et Laplace, est basée sur la mesure de la chaleur cédée par un corps qui se refroidit, au moyen de la quantité de glace fondue (à 0°) par cette chaleur. L'appareil de Lavoisier et de Laplace se compose de trois vases métalliques, placés l'un dans l'autre (*fig.* 73). Dans le vase intérieur c, constitué par un grillage, se trouve le corps à étudier à la température t ; désignons par c la capacité calorifique cherchée du *corps*. L'intervalle b entre ce vase et le suivant est rempli de glace concassée, ainsi que l'intervalle a et les couvercles des deux vases intérieurs. L'enveloppe extérieure de glace est destinée à empêcher la chaleur extérieure de pénétrer dans l'appareil. L'eau, qui se forme par la fusion de la glace et qui s'écoule par e, est pesée. Soit p son poids ; la chaleur latente de fusion de la *glace* est 80 ; nous avons donc $ct = 80p$.

En divisant c par le poids du corps, on obtient la *capacité calorifique de la substance* dont se compose le corps, s'il est homogène. La glace dans b doit être à l'avance saturée d'eau, mais cela ne permet cependant pas de compenser l'eau qui reste dans les interstices formés par les morceaux de glace ; aussi cette méthode ne peut donner de résultats exacts, et elle ne présente plus guère qu'un intérêt historique.

On doit à Tyndall une expérience ingénieuse, qui montre les différences de capacité calorifique de diverses substances : on pose sur une plaque de cire CD (*fig.* 74) de petites sphères ayant le même poids, formées de métaux différents et chauffées à une même température. La cire fond sous les sphères ; la sphère en fer traverse la plaque de cire et tombe plus tôt que les autres ;

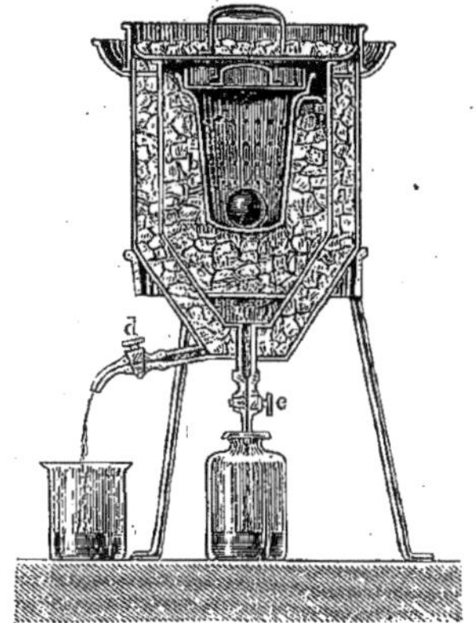

Fig. 73

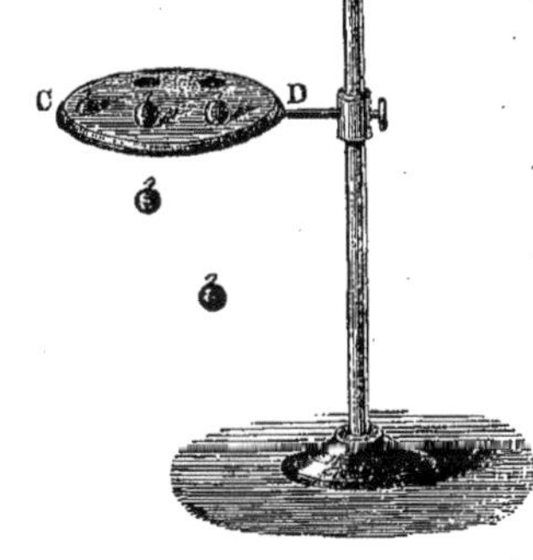

Fig. 74

elle est suivie un peu après par la sphère de cuivre ; la sphère en étain sort en partie de la face inférieure du gâteau de cire, mais ne tombe pas ; enfin les sphères de bismuth et de plomb s'enfoncent moins que les autres dans la cire, leur capacité calorifique étant plus faible. On peut objecter à cette expérience que les sphères, ayant des volumes inégaux, fondent des quantités de cire inégales pour le même enfoncement. C'est pourquoi D. Latschinow a remplacé les sphères pleines par des sphères creuses, les rayons des cavités intérieures étant choisis de façon que toutes les sphères aient le même rayon extérieur et le même poids.

4. Méthode du calorimètre à glace d'Hermann et de Bunsen. — Cette méthode repose également sur la mesure de la quantité de glace fondue par la chaleur, que le corps étudié cède en se refroidissant de la température initiale connue t^0 jusqu'à 0^0. La quantité de glace fondue n'est pas toutefois mesurée par pesée de l'eau de fusion, mais *en déterminant la diminution de volume* qui accompagne la fusion de la glace. Cette diminution de volume v peut être déterminée par deux méthodes : volumétriquement d'une manière directe, ou par pesée du mercure qui remplit le vide v (méthode de Schuller et Wartha).

Quand 1 gramme de glace fond à 0^0, il se produit une diminution de volume de $0^{cc},09070$; la glace absorbe en même temps 80,025 petites calories. Il s'ensuit que la diminution w de volume due à une petite calorie est

$$w = \frac{0,09070}{80,025} = 0^{cc},0011334.$$

Si on a observé une diminution de volume v, le nombre Q de petites calories cédées par le corps est égal à $v : w$; on a d'autre part $Q = c_t t$, où c_t désigne la capacité calorifique moyenne du corps entre 0° et t°. L'égalité $c_t t = v : w$ donne

$$(9) \qquad c_t = \frac{v}{wt} = \frac{v}{0,0011334\, t} = \frac{882,304\, v}{t}.$$

Ici v doit être exprimé en *centimètres cubes*. En divisant c_t par le poids du corps (en grammes), on obtient la capacité calorifique moyenne de la substance, quand le corps est homogène. Si on détermine le poids P du mercure qui remplit le volume v, on a $P = v\delta$, δ désignant la densité du mercure. A une petite calorie correspond le poids $p = w\delta$, c'est-à-dire

$$p = 0^{gr},01544 \text{ de mercure,}$$

en prenant comme petite calorie 0,01 de la quantité de chaleur qui élève la température de 1 gramme d'eau de 0° à 100°. On a évidemment $Q = P : p = c_t t$, d'où

$$(10) \qquad c_t = \frac{P}{pt} = \frac{P}{0,01544\, t}.$$

Si, au lieu du corps à étudier, on prend d'abord de l'eau, la grandeur p peut aussi être déterminée directement à l'avance. Bunsen prenait $p = 0^{mgr},01541$, tandis que Velten (1884) a trouvé $p = 0,01547$. Warburg pense cependant que le nombre de Schuller et Wartha indiqué plus haut mérite la préférence. Dieterici (1905) a employé le nombre particulièrement grand $p = 0,01549$.

L'idée du calorimètre à glace est due au savant moscovite Hermann, qui a décrit en 1834, dans un travail : *Sur la proportion dans laquelle la chaleur est liée aux éléments chimiques*, l'appareil représenté par la figure 75. Nous empruntons les indications qui suivent, sur le travail d'Hermann, le dessin et la description de son appareil, à l'ouvrage de W. F. Louguinine, *Description de différentes méthodes pour la détermination de la chaleur de combustion des composés organiques*, Moscou, 1894, page 73 (en russe).

L'appareil d'Hermann se compose du vase en verre AA (*fig.* 75), dont le couvercle est traversé par le cylindre en laiton à parois minces BB, par un tube muni d'un piston DD et par le tube CC gradué et calibré. Le vase AA est rempli en entier d'un mélange de glace et d'eau. Le corps à étudier est chauffé au préalable dans le vase EE jusqu'à la température indiquée par le thermomètre, et introduit ensuite rapidement dans le vase BB, comme le montre la figure. Le piston DD sert à amener, avant le début de l'expérience, l'eau dans

CC jusqu'à la division zéro, en haut. Quand le corps à étudier se refroidit jusqu'à 0°, une partie de la glace dans AA fond et la diminution correspondante v du volume se manifeste par l'abaissement du niveau de l'eau dans le tube CC.

En 1847, HERSCHELL, qui ignorait le travail d'HERMANN, a indiqué une méthode analogue pour la détermination de la capacité calorifique, et enfin, en 1870, BUNSEN a construit son calorimètre à glace, qui est représenté par la figure 76 sous l'une de ses formes les plus récentes. Il se compose du réservoir en verre WW, qui communique avec le tube QQF; le réservoir WW est rempli d'eau pure, le tube QQ de mercure, qui remplit également FhR. Dans le réservoir WW, auquel il est soudé sur son pourtour, pénètre le

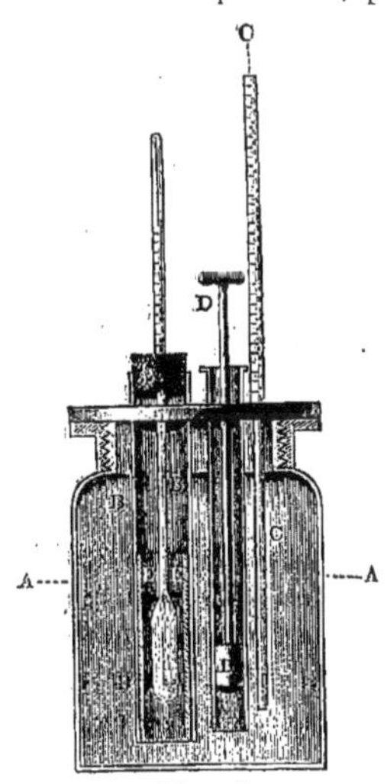

Fig. 75

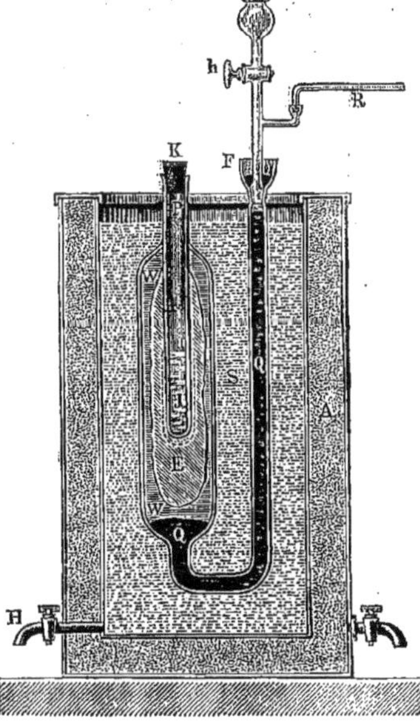

Fig. 76

tube PJ ouvert en haut et fermé par un bouchon K. Le tube horizontal R, qui n'est représenté qu'en partie sur la figure, est muni d'une échelle graduée et calibrée très soigneusement. On peut, au moyen du robinet h, ajouter du mercure, et on amène ainsi ce dernier, avant l'expérience, jusqu'à la division zéro du tube R, c'est-à-dire jusqu'au point qui se trouve dans le voisinage de l'extrémité de droite. Tout l'appareil est placé dans le vase S, qui est rempli de neige pure ou d'un mélange d'eau et de glace. Le vase S se trouve dans un second vase A, renfermant des corps mauvais conducteurs de la chaleur ou de la glace concassée.

Avant tout, il faut changer en glace une partie de l'eau dans WW. Il suffit de verser à cet effet un peu d'alcool dans le tube PJ, et d'y introduire ensuite une petite éprouvette renfermant un mélange de $CaCl^2$ et de neige. Après quelque temps, il se forme une masse de glace E; on enlève alors l'éprouvette et on sèche le tube PJ au moyen de papier buvard. On peut encore procéder autrement, et faire passer pendant un certain temps dans PJ un courant d'alcool refroidi. On se sert pour cela de l'appareil représenté par la figure 77. Le tube $C\alpha$ est le tube PJ de la figure 76 ; il est réuni aux vases A et B par des tubes, comme le montre la figure 77. Le vase A renferme de l'alcool ; le vase B est d'abord vide ; les deux vases sont entourés d'un mélange réfrigérant (sel marin et neige). En aspirant l'air alternativement par les tubes a et b, on force l'alcool froid à passer plusieurs fois par le tube $C\alpha$, jusqu'à ce qu'il se forme autour de lui une masse de glace E (*fig.* 76). Quand la formation de cette glace est réalisée d'une manière ou de l'autre, on verse dans PJ une certaine quantité d'eau, de sorte qu'il se forme autour de J une mince couche d'eau communiquant avec WW. Au fond de J est placé un morceau d'ouate, afin que le corps étudié, en tombant dans PJ, ne brise pas le fond du tube. L'eau versée dans J est encore utile à un autre point de vue : ses couches inférieures, en enlevant de la chaleur au corps étudié, s'échauffent un peu au début, mais jamais jusqu'à 4° : elles restent donc *en bas* et de leur côté cèdent la chaleur qu'elles ont reçue au contenu du vase WW.

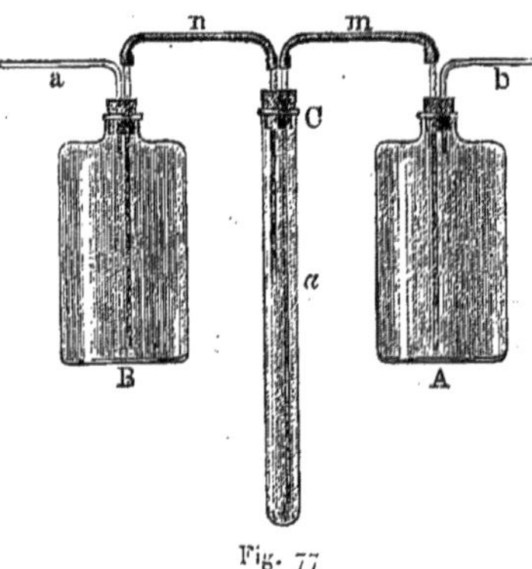

Fig. 77

Quand l'eau est versée dans J et le mercure amené dans R à la division voulue, on fait tomber dans PJ le corps à étudier, préalablement échauffé jusqu'à t^0. Une partie de la glace E fond alors, le volume diminue et l'extrémité de la colonne de mercure se déplace dans R de n divisions vers la gauche. Si le volume correspondant à une division est ω, on a $v = n\omega$, et on obtient par suite, d'après la formule (9),

$$c_t = \frac{882{,}304\, n\omega}{t}.$$

La jonction du tube large avec le tube capillaire a été construite un peu autrement que ne le représente la figure 76, dans l'appareil employé par Bunsen ; le tube capillaire s (*fig.* 78) traversait le bouchon k, que l'on pouvait élever ou abaisser un peu, ce qui permettait d'amener l'extrémité de la colonne de mercure, dans la partie horizontale du tube s, à la position initiale voulue. On avait, dans cet appareil, $\omega = 0^{cc}{,}00007733$, de sorte que c_t était calculé par la formule

$$c_t = \frac{0{,}068213\, n}{t}.$$

La sensibilité de l'appareil de Bunsen est très grande : c'est ainsi qu'un poids de 0gr,4 de laiton, chauffé jusqu'à 37° et jeté dans PJ, produit un déplacement de la colonne de mercure dans R de 20,3 divisions.

Schuller et Wartha ont modifié la construction du calorimètre de Bunsen et, en particulier, ont remplacé le tube horizontal R par un tube recourbé AB (*fig.* 79) ; celui-ci est rempli de mercure jusqu'à l'extrémité B, qui plonge dans une coupelle plate contenant du mercure. Le poids de cette coupelle est mesuré avant et après l'expérience, ce qui détermine le poids P de mercure aspiré par le calorimètre. La formule (10), page 186, donne dans ce cas la capacité calorifique cherchée c_i. Cette méthode est, comme Louguinine l'a montré, trois fois plus précise que celle de Bunsen.

La méthode de Schuller et Wartha a été aussi employée par v. Than, qui a modifié d'une manière importante la construction du calorimètre. D'autres modifications ont été proposées par Dieterici, Boys, Kunz (1904) et Crémieu (1905).

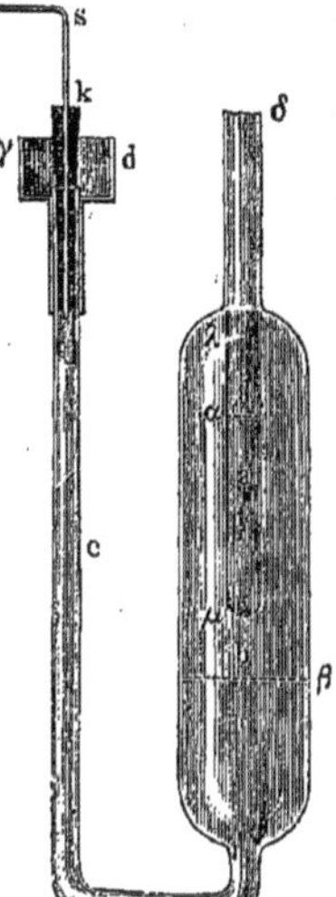

Fig. 78

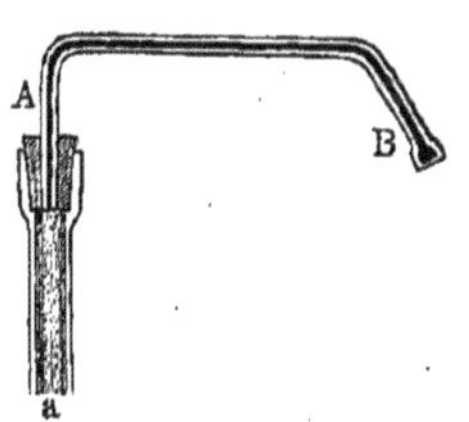

Fig. 79

Crémieu a construit un appareil commode pour les expériences de cours.

Bontschew a fait remarquer que, dans certaines circonstances, le calorimètre à glace peut donner des résultats très inexacts. Lindner (1903) a fait connaître d'une manière détaillée comment il faut se servir du calorimètre à glace, pour éviter une série de sources d'erreurs possibles et obtenir des résultats d'une exactitude certaine.

5. Méthode de Favre et de Silbermann. — Le calorimètre à mercure de ces physiciens est représenté par la figure 80. Il se compose d'un grand vase A en fonte ou en verre, communiquant avec un tube horizontal gradué et calibré *tt*. En haut se trouve un tube large avec un piston en acier, portant un pas de vis et pouvant être élevé ou abaissé au moyen d'une manette. Latéralement pénètre dans l'intérieur du vase un tube métallique *m*, qui est représenté à part dans la figure 81. A l'intérieur de *m* se trouve un tube en verre mince ; l'intervalle renferme du mercure. Le vase est complètement rempli de mercure, qui entre aussi dans le tube *tt*. Au début de chaque expérience, le mercure est amené, au moyen du piston en acier, à une certaine division du tube *tt*, non loin de son extrémité de *droite*. Tout l'appareil est placé dans une caisse et entouré de corps mauvais conducteurs de la chaleur.

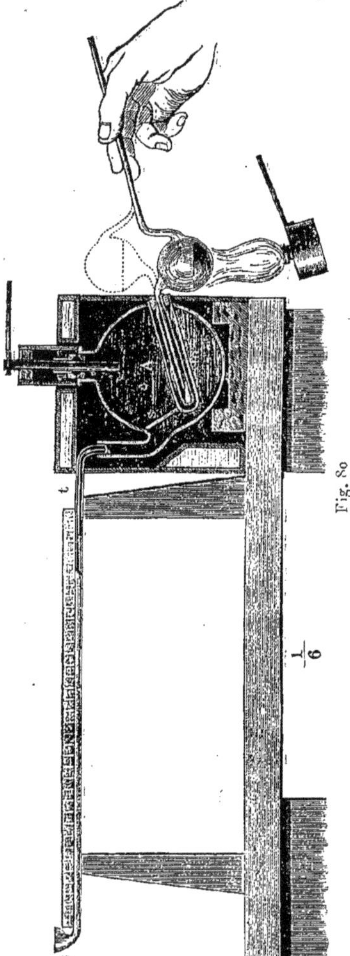

Fig. 80

Si on introduit dans le tube *m* un corps, qui forme une source de chaleur ou dont la température est plus élevée que celle du mercure dans A, ce mercure se dilate et l'extrémité de la colonne de mercure dans *tt* se déplace vers la gauche d'un certain nombre de divisions, que nous désignerons par *n*. Le nombre de divisions N, correspondant à une calorie dégagée dans le tube *m*, doit être connu. Pour déterminer N, on introduit, comme le montre la figure 80, dans *m*, l'extrémité d'une pipette renfermant une quantité d'eau déterminée, que l'on chauffe jusqu'à son point d'ébullition avec une petite lampe à alcool. La pipette est ensuite retournée, en lui imprimant une rotation autour du tube introduit dans le calorimètre (voir le tracé en pointillé), de sorte que l'eau s'écoule dans le tube *m*. Aussitôt qu'elle s'est refroidie, on détermine, au moyen d'un petit thermomètre, sa température *t*, et on lit le nombre n_0 de divisions dont s'est déplacé le mercure dans *tt* ; si *p* est le poids d'eau et T la température d'ébullition, l'eau a cédé *p*

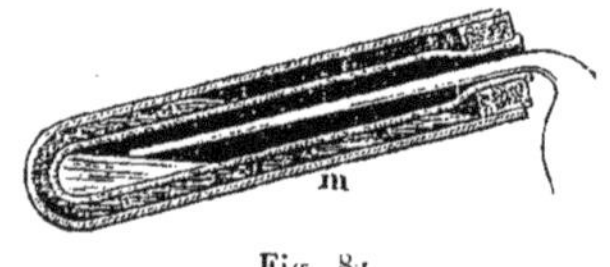

Fig. 81

(T — *t*) unités de chaleur. Il s'ensuit qu'une unité de chaleur produit un déplacement du mercure dans *tt* de

$$N = \frac{n_0}{p(T - t)}$$

divisions. Si, dans une autre expérience, le mercure s'est déplacé dans D de

n divisions, on en conclut qu'il s'est dégagé dans le tube m un nombre Q d'unités de chaleur

$$(10, a) \qquad Q = \frac{n}{N} = \frac{np\,(T - t)}{n_0}.$$

Cet appareil peut servir à la détermination de la capacité calorifique, bien que la détermination de la température t, à laquelle s'est refroidi le corps dans m, ne soit pas toujours commode. Il a surtout été employé pour la mesure des quantités de chaleur Q dégagées dans différents phénomènes tels que les phénomènes chimiques.

Jamin a modifié l'appareil de Favre et Silbermann, en lui donnant une forme plus pratique. Le calorimètre de Jamin est décrit dans son *Cours de Physique*, 4e édition, T. II, page 18*.

6. Méthode des mélanges. — La plus importante de toutes les méthodes de détermination de la capacité calorifique est la méthode des mélanges ; c'est celle qu'on emploie le plus souvent. Elle a été appliquée pour la première fois par Richmann à St-Pétersbourg (1750). Le principe de cette méthode est le suivant. Le calorimètre se compose d'un vase cylindrique en métal, dans lequel est versée une quantité d'eau de poids p ; dans l'eau se trouvent un agitateur et un thermomètre. Le corps à étudier est échauffé jusqu'à une température déterminée T, et on le plonge ensuite le plus rapidement possible dans l'eau du calorimètre, qui est constamment agitée. Soit t la température initiale de l'eau et θ sa température finale, ou, suivant l'expression usuelle, la température du mélange. Désignons par x_0^T la capacité calorifique moyenne du corps entre 0° et T°, par c_t^θ la capacité calorifique moyenne de l'eau entre t^0 et θ^0, par c_1, c_2, c_3 les capacités calorifiques du vase calorimétrique, de l'agitateur et du thermomètre, par c' la capacité calorifique du petit panier ou du petit vase, dans lequel se trouve le corps à étudier, suivant qu'il est en poudre ou liquide ; si le corps est solide, une enveloppe spéciale n'est pas nécessaire et on a par suite $c' = 0$. Désignons en outre par q la quantité de chaleur perdue par le calorimètre, par suite de l'inégalité entre sa température et celle de l'air ambiant, depuis le moment où la température t de l'eau a été déterminée, jusqu'à celui où a été faite la lecture de la température θ. On a parfois $T < t$, $\theta < t$, et q peut alors être aussi une quantité négative ; il peut arriver également que $q < 0$, bien que $T > t$, mais il faut pour cela que t soit beaucoup plus petit que la température de l'air. En égalant la quantité de chaleur perdue par le corps et celle reçue par le calorimètre, on a

$$(11) \qquad \left(x_0^T + c'\right)\left(T - \theta\right) = \left(pc_t^\theta + c_1 + c_2 + c_3\right)\left(\theta - t\right) + q.$$

Laissons pour le moment de côté la question des méthodes à employer pour déterminer certaines grandeurs entrant dans cette égalité, en particulier la plus importante q, et étudions d'abord la construction de quelques calorimètres. Les figures 82, *a* et 82, *b* représentent l'appareil de REGNAULT, qui comprend un calorimètre D et un dispositif servant à l'échauffement préalable du corps à étudier jusqu'à la température T. Le calorimètre D se compose d'un vase en laiton qui, dans l'appareil de REGNAULT, est soutenu sur des fils entre trois colonnettes. On se sert maintenant de calorimètres formés par plusieurs vases en laiton placés les uns dans les autres, entre lesquels existe une couche d'air. La figure 83 montre la disposition intérieure d'un tel calorimètre ; les vases sont séparés l'un de l'autre par trois morceaux de bois ou de liège en forme de prismes triangulaires. Parfois encore, le calorimètre est placé dans un vase à doubles parois, l'intervalle entre ces parois étant rempli d'eau.

Le calorimètre D (*fig.* 82, *a*) est séparé du reste de l'appareil par l'écran

Fig. 82, *a*

mobile *h*. L'échauffement du corps est produit par de la vapeur d'eau bouillante qui, de l'alambic B, passe par le tube *a* dans l'étuve et ensuite, par le tube *e*, dans un serpentin entouré d'eau où elle se condense. L'étuve est représentée en coupe séparée dans la figure 82, *b*. Le corps à étudier A est suspendu par des fils dans le canal vertical au milieu de l'appareil, et dans une enveloppe spéciale ou non, selon sa nature, comme on l'a dit plus haut. La température T du corps est quelquefois déterminée au moyen d'un thermomètre particulier ; mais elle peut aussi être calculée au moyen de tables, donnant la température d'ébullition de l'eau, quand on connaît la pression barométrique. La vapeur d'eau remplit l'espace BB, qui est séparé de l'enveloppe extérieure *bb* par une couche d'une substance mauvaise conductrice de la chaleur. Quand l'échauffement du corps est suffisant, on lève l'écran *h*, on glisse le calorimètre sous l'étuve, on ouvre le registre qui ferme en bas le compartiment central, on laisse tomber le corps dans le calorimètre, et on retire vivement celui-ci latéralement ; on abaisse alors l'écran *h*, on met en mouvement l'agitateur (enlevé dans la *fig.* 82, *a*) et on observe la température du thermomètre, plongé dans l'eau du calorimètre.

L'appareil décrit a subi plusieurs modifications. Ainsi, par exemple, le calorimètre a été placé sur des glissières ou des rails, pour pouvoir le déplacer plus commodément dans un sens ou dans l'autre. Il doit être soigneusement poli à l'extérieur, pour diminuer les pertes de chaleur par rayonnement ; il est utile à cet effet de dorer sa surface extérieure.

L'appareil de Regnault (*fig.* 82, *a*) ne permet d'échauffer le corps que jusqu'à une certaine température T voisine de 100°. Regnault a construit, pour la

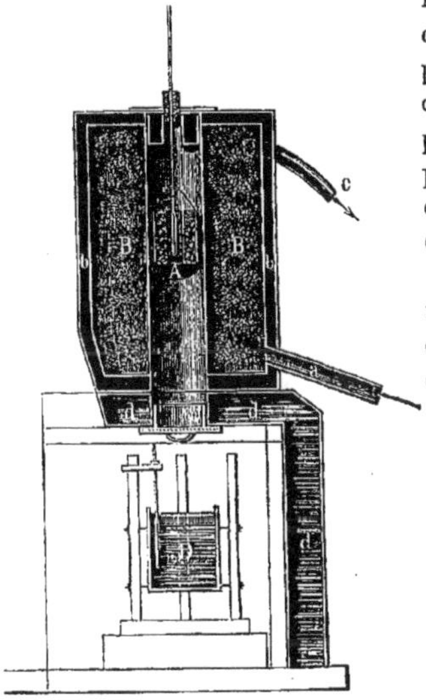

Fig. 82. *b*

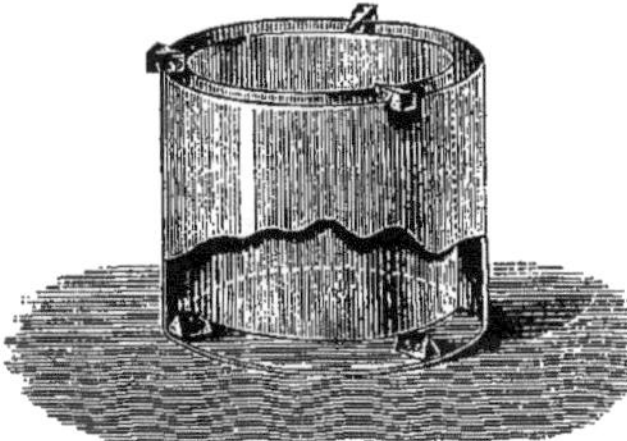

Fig. 83

détermination de la capacité calorifique moyenne entre d'autres limites de

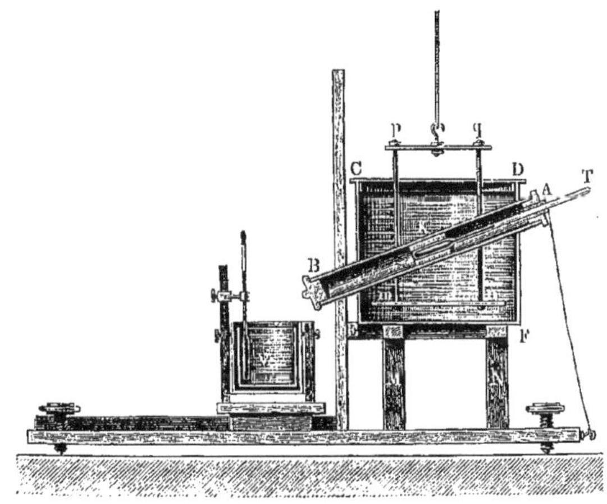

Fig. 84

température, l'appareil représenté par la figure 84. Le corps à étudier K se trouve dans le tube incliné AB, entouré d'eau ou d'un mélange réfrigérant ; *pqmn* représente l'agitateur, V le calorimètre. Ayant enlevé le bouchon B et détaché le cordon que l'on voit à droite, on laisse tomber le corps K dans le calorimètre. La température initiale du corps est déterminée au moyen du thermomètre T.

W. F. Louguinine a construit plusieurs appareils très commodes pour l'application de la méthode des mélanges. L'un d'eux se distingue de ceux que nous venons de décrire en ce que ce n'est pas le calorimètre qui est déplacé, mais l'étuve. Il est représenté sous sa forme la plus récente (1896) par la figure 85. Cet appareil est spécialement destiné à la détermination de la capacité calorifique des liquides entre une température voisine de leur point d'ébullition

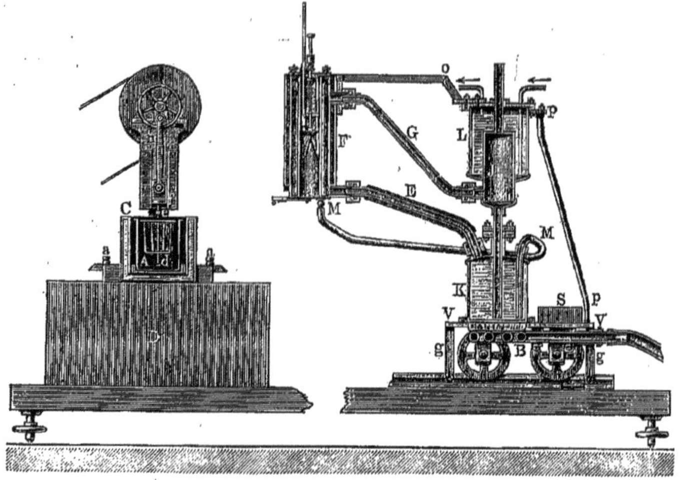

Fig. 85

et la température ordinaire. L'échauffement a lieu dans les vapeurs de différents liquides convenablement choisis. Le calorimètre A (d'une capacité d'environ 200 centimètres cubes) est placé à demeure sur un triangle en ébonite, à l'intérieur d'un vase à double paroi C rempli d'eau ; D représente un bloc de bois reposant sur des vis calantes. L'agitateur est formé par une plaque horizontale, ayant la forme d'un anneau non complètement fermé ; cette plaque est percée de trous et munie d'une tige, dans laquelle est fixé un morceau d'ivoire *e* ; la tige est reliée en *f* à une bielle *n*, mise en mouvement à l'aide d'un excentrique *l* ; un petit électromoteur fait tourner la roue supérieure. A l'intérieur du calorimètre se trouve un petit panier en fil métallique, dans lequel tombe le corps à étudier ; celui-ci reste ainsi au centre du calorimètre et ne gêne pas le mouvement de l'agitateur. La capacité calorifique c_4 de ce filet doit être ajoutée au polynôme entre parenthèses au second membre de l'égalité (11). L'étuve mobile repose sur quatre roues, se déplaçant sur des rails ; les tiges *gg* sont également munies de roulettes. Sur l'ouverture circulaire de la plateforme VV est placé le vase K avec le liquide, qui est chauffé par un double brûleur à gaz en forme d'anneau. La vapeur parvient par le tube E dans l'espace qui entoure le canal central de l'étuve F, et ensuite par G dans le condenseur J, d'où le liquide retourne en K ; le condenseur est parcouru par un courant d'eau continu. Le liquide, qui se forme en particulier au commencement de l'expérience dans E, s'écoule par le tube M jusqu'au fond du vase K. Le tube E et le vase F sont entourés de feutre et, à l'extérieur, d'une enveloppe en laiton nickelé. Les tiges *o* et *pp* servent à donner plus de rigidité à l'ensemble de l'appareil. Le morceau de plomb S sert de contrepoids.

Le corps à étudier est placé dans le canal central de l'étuve, qui est fermé en haut et en bas. L'extrémité inférieure s'ouvre automatiquement et instantanément une fraction de seconde avant la chute du corps, qui est tenu par une pince en forme de cuiller ; cette pince est munie d'une tige, qui sort par le fond supérieur du canal central. Si on presse sur le bouton qui forme l'extrémité supérieure de la tige, la pince s'ouvre (c'est dans cette position qu'elle est représentée sur la figure) et le corps tombe ; en même temps un registre est ouvert, qui ferme le fond inférieur.

Les corps solides sont tenus directement par la pince ; pour les liquides, on emploie des enveloppes ovoïdes en verre ou en argent. La température à laquelle a été porté le corps est déterminée par un thermomètre particulier représenté sur la figure.

En 1901 Louguinine a apporté à son appareil de nouveaux perfectionnements, que l'on trouvera exposés dans l'ouvrage qu'il a publié en 1908 avec

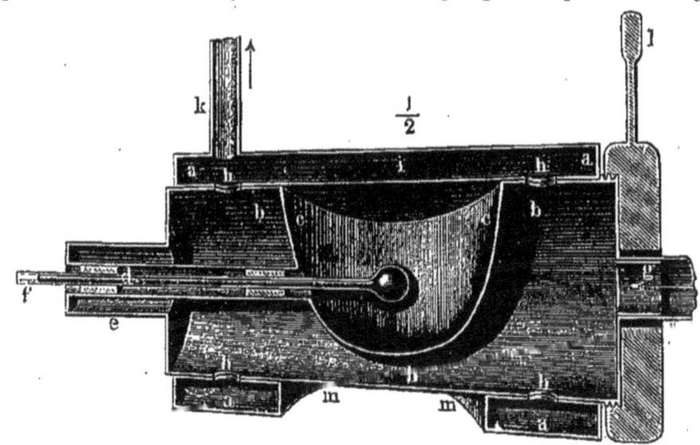

Fig. 86

A. Schtschoukarew, *Méthodes de calorimétrie usitées au Laboratoire thermique de l'Université de Moscou*.

La figure 86 représente une étuve de Neumann, employée par Pape dans ses travaux. Elle se compose du vase tronconique à double paroi *aaaa*, qui présente en bas une entaille circulaire *mn* et quatre ouvertures intérieures *hhhh*. Un second vase tronconique *bbb* se trouve dans le premier : dans ce second vase est soudée une marmite *cc*, mobile autour de l'axe *fg* et présentant également quatre ouvertures h, situées en regard de celles du vase extérieur, dans la position qui est représentée sur la figure. Suivant l'axe passe le thermomètre f. La vapeur passe par le tube g dans le vase bbb, parvient ensuite par les ouvertures h dans le vase extérieur a et s'échappe par le tube k. Le corps à étudier se trouve dans la marmite cc. Aussitôt que le corps a atteint une température constante, on fait tourner la partie intérieure bbb de 180°, de sorte que le corps tombe de la marmite cc par l'entaille mn dans le calorimètre, avancé sous l'étuve.

Une étuve très simple et un calorimètre ont été construits par Kopp, pour des substances dont on ne possède que de faibles quantités.

N. A. Héséhous a proposé en 1889 un nouveau principe calorimétrique, d'après lequel il a établi son *calorimètre à air*. On opère avec cet appareil de la manière suivante : le calorimètre, qui renferme une certaine quantité d'eau est introduit dans le réservoir d'un thermomètre à air muni d'un manomètre. Le corps échauffé à la température T° est plongé dans l'eau du calorimètre, dont la température est t^0 ; on ajoute aussitôt autant d'eau froide qu'il en faut pour que la température du mélange reste égale à t, ce qui se reconnaît par l'invariabilité des indications du manomètre. Si p désigne le poids, τ la température et c la capacité calorifique de l'eau ajoutée (à t^0), on obtient la capacité calorifique x du corps à l'aide de l'équation

$$x\,(T - t) = pc\,(t - \tau).$$

On n'a pas besoin de connaître le poids de l'eau dans le calorimètre, ni la capacité calorifique des différentes parties de celui-ci. L'appareil de N. A. Hésénous est représenté par la figure 87. La méthode d'Hésénous a été perfectionnée par Watermann. W. Préobrajenski a construit un calorimètre à air différentiel.

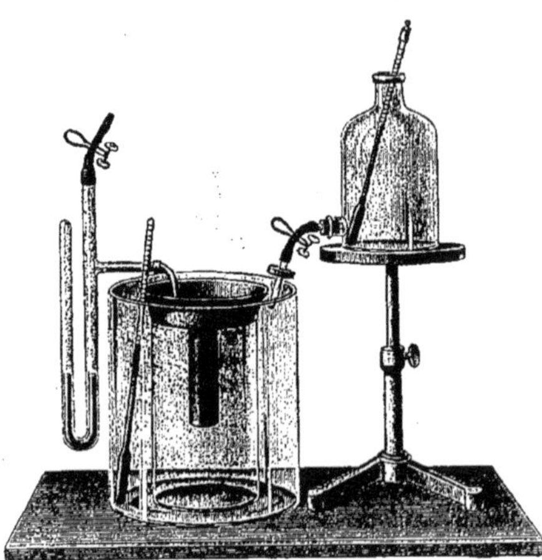

Fig. 87

Pour déterminer la *température du calorimètre*, il est commode d'employer un *thermomètre* construit sur le principe de Walferdin (page 54), dans lequel la quantité de mercure du réservoir inférieur peut être changée.

Un perfectionnement très important est dû à Jäger et Steinwehr (1903). Ils ont montré que l'exactitude des mesures calorimétriques est considérablement augmentée, lorsqu'on mesure la température du calorimètre non avec un thermomètre à mercure, mais avec un *thermomètre à platine*. Ils ont déterminé en outre la *valeur en eau* du calorimètre par une méthode électrique, en mesurant son échauffement par un courant électrique.

Berthelot a proposé un *agitateur* de forme hélicoïdale, que l'on n'a pas besoin d'élever et d'abaisser, mais seulement de faire tourner autour d'un axe vertical.

Nous avons supposé jusqu'ici que le liquide calorimétrique est l'eau. Mais Dewar (1904) a construit des calorimètres où l'eau est remplacée par l'*acide carbonique solide* (— 78°), par l'*air liquide* (— 188°), et par l'*hydrogène liquide* (— 252°,5). La capacité calorifique du corps introduit est obtenue au moyen du volume du gaz qui prend naissance et de la chaleur de vaporisation de la substance utilisée.

On a d'ailleurs aussi cherché à remplacer l'eau par d'autres liquides, le *toluol*, le *mercure*, etc., par exemple.

Pour déterminer les grandeurs c_1, c_2 et c' dans l'égalité (11), on peut se servir de tables, dans lesquelles sont indiquées les capacités calorifiques des substances avec lesquelles sont faits le calorimètre, l'agitateur et l'enveloppe ; le poids des différentes parties doit être connu séparément. Une grande précision n'est pas nécessaire dans la détermination de c_1 et de c_2. La capacité calorifique c_3 du thermomètre peut être déterminée directement, en le plongeant dans un petit calorimètre particulier, après l'avoir échauffé. On peut encore calculer c_3 par la formule $c_3 = 0{,}46\,v$, où v désigne le volume de la partie du thermomètre plongée dans le calorimètre. Cette formule est basée sur ce que, par une rencontre fortuite, il se trouve que les unités de *volume* du mercure et du verre possèdent presque la même capacité calorifique, voisine de 0,46. Le volume v est déterminé d'après l'*accroissement* de poids d'un petit verre d'eau, posé sur le plateau d'une balance, quand on plonge dans l'eau la partie v du thermomètre.

Il est utile de déterminer le poids p d'eau dans le calorimètre *après* l'expérience (en le pesant en même temps que le corps, dont on connait le poids), car il est difficile d'éviter, dans la chute du corps dans l'eau, une certaine perte d'eau résultant des projections.

Occupons-nous maintenant de la question de la détermination de la quantité de chaleur q perdue par le calorimètre, voir l'équation (11), page 191. Nous remarquerons que la température du calorimètre, qui varie de t à θ, ne doit pas différer de la température τ de l'air ambiant de plus de 5° ; ce n'est que dans le cas où le calorimètre renferme beaucoup d'eau (500 à 1 000 grammes) qu'une plus grande différence de température peut être admise.

Rumford a proposé la méthode suivante pour diminuer la perte de chaleur q. Supposons que des expériences préliminaires ou un calcul approché aient donné pour l'échauffement $\theta - t$ attendu une certaine grandeur η. On refroidit alors le calorimètre jusqu'à la température $t = \tau - \frac{1}{2}\eta$, de façon que sa température finale soit $\theta = \tau + \frac{1}{2}\eta$; l'expérience présente ensuite deux phases : dans la première, l'enceinte a sur le calorimètre un excès de température qui varie de $\frac{1}{2}\eta$ à zéro et lui cède de la chaleur ; dans la seconde, le calorimètre présente le même excès sur l'enceinte et lui rend de la chaleur. Toutefois ces deux quantités de chaleur ne sont pas égales, et par suite q n'est pas nul ; cela tient à ce que l'échauffement du calorimètre se produit d'abord très rapidement, ensuite beaucoup plus lentement. La cession de chaleur à l'air dure beaucoup plus longtemps que le phénomène inverse et il y a plus de chaleur perdue que de chaleur gagnée : on a donc $q > 0$. Il est bien préférable de prendre $t = \tau - \frac{2}{3}\eta$, pour que la température finale du calorimètre soit $\theta = \tau + \frac{1}{3}\eta$.

Cette méthode ne peut cependant donner de résultats certains, d'autant que la notion de température θ du mélange n'est pas en pratique très nette et bien déterminée. En effet, quand on introduit le corps échauffé dans le calorimètre, dont l'eau possède la température initiale t, le thermomètre plongé dans cette eau monte en général très rapidement, atteint une certaine température maxima, puis se met à descendre. Cette chute est d'abord irrégulière, mais après un certain temps se régularise. On a donc affaire à une température qui varie continuellement, et le choix de la grandeur θ dans l'équation (11) est difficile. Procédons de la manière suivante : désignons par Θ la température à laquelle serait échauffé le calorimètre, s'il ne perdait pendant l'expérience aucune chaleur par conduction et rayonnement ($q = 0$). L'équation (11) prend dans ce cas la forme

$$(12) \qquad (x_{\Theta}^{T} + c')(T - \Theta) = (p_t^{\Theta} + c_1 + c_2 + c_3)(\Theta - t),$$

et toute la question revient à la détermination de Θ. Considérons la figure 88, qui est empruntée à l'ouvrage de MÜLLER-POUILLET-PFAUNDLER ; supposons que les ordonnées de la courbe OBC (l'axe des abscisses se trouve au-dessous de OA) représentent en fonction du temps les températures du calorimètre, qui seraient observées en l'absence de toute perte de chaleur par rayonnement. La courbe monte d'abord, puis, à partir d'un certain point B, devient parallèle à l'axe des abscisses. Les ordonnées de tous les points de la droite BC représentent évidemment la température cherchée Θ. La courbe ODEF exprime la marche *observée* de la température. Le maximum en D correspond à l'instant où le calorimètre reçoit autant de chaleur du corps qu'il contient, qu'il en perd par rayonnement. A partir de ce moment, la perte l'emporte sur le gain, et on obtient à partir du point E la partie de la courbe EF que l'on peut considérer comme une droite ; ici l'apport de chaleur est nul et le calorimètre se refroidit régulièrement en même temps que le corps. On voit clairement sur la figure que la température maxima observée (ordonnée du point D) ne peut nullement servir à la détermination de la grandeur Θ de l'ordonnée du point B. Désignons par θ_n l'ordonnée du point E, c'est-à-dire la température observée au début de la série des températures décroissant

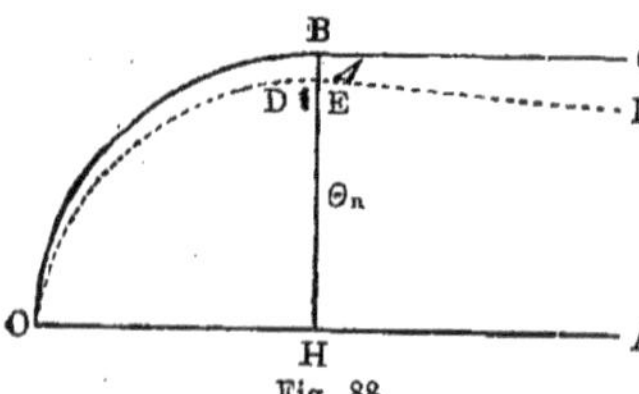

Fig. 88

uniformément ; soit en outre BE $= \Delta$ la diminution de température du calorimètre résultant du rayonnement et de l'*évaporation*, depuis le moment où le corps est plongé dans le calorimètre jusqu'au moment de la lecture de la température θ_n. Nous avons alors évidemment

$$\Theta = \theta_n + \Delta, \tag{13}$$

et il ne s'agit plus que de déterminer la grandeur Δ. Nous considérerons deux méthodes pour la détermination de Δ.

Méthode I. — Elle nécessite l'observation de la température τ de l'air ambiant. Nous appellerons première période le temps OH, seconde période le temps après H. On observe les indications du thermomètre, à partir de l'introduction du corps échauffé, par intervalles de temps égaux, par exemple toutes les 10, 20, 30 ou 60 secondes selon les circonstances ; désignons par σ un tel intervalle de temps. Soient $\theta_0, \theta_1, \theta_2, \ldots, \theta_{n-1}, \theta_n$ les températures observées dans la première période, de sorte que $\theta_0 = t$ est la température du calorimètre au moment de la plongée du corps, et θ_n l'ordonnée du point E. Désignons les températures dans la seconde période par $\vartheta_0, \vartheta_1, \vartheta_2, \ldots, \vartheta_{m-1}, \vartheta_m$; on a évidemment $\vartheta_0 = \theta_n$ et, d'après ce qui précède,

$$\vartheta_0 - \vartheta_1 = \vartheta_1 - \vartheta_2 = \ldots = \vartheta_{m-1} - \vartheta_m = \eta,$$

η étant la chute de température observée pendant les intervalles égaux σ.

Soient en outre $\tau_1, \tau_2, \ldots, \tau_n$ les températures observées de l'air ambiant au milieu des intervalles σ de la première période, τ la température moyenne de l'air pendant la seconde période, et enfin ϑ la moyenne des grandeurs ϑ_0 à ϑ_m.

Comme dans la seconde période, l'excès $\vartheta - t$ de la température du calorimètre sur la température de l'air a produit dans le temps σ l'abaissement de température η du calorimètre, on en conclut qu'un excès de température de 1° produit dans le temps σ un abaissement

$$\rho = \frac{\eta}{\vartheta - \tau},$$

et qu'un excès de x^0 produirait un abaissement de ρx^0. Les grandeurs

$$\frac{\theta_0 + \theta_1}{2} - \tau_1, \quad \frac{\theta_1 + \theta_2}{2} - \tau_2, \quad \frac{\theta_2 + \theta_3}{2} - \tau_3, \quad \ldots, \quad \frac{\theta_{n-1} + \theta_n}{2} - \tau_n \tag{14}$$

représentent l'excès moyen pour les intervalles σ de la première période ; en multipliant ces différences par ρ, on obtient les pertes de température du calorimètre pour chaque intervalle σ ; en prenant la somme de ces pertes, on a la grandeur cherchée Δ, qui entre dans (13) et qui est égale à la perte totale de température du calorimètre pour la première période. Nous avons donc

$$= \left(\frac{\theta_0 + \theta_1}{2} - \tau_1 + \frac{\theta_1 + \theta_2}{2} - \tau_2 + \ldots + \frac{\theta_{n-1} + \theta_n}{2} - \tau_n\right) \frac{\eta}{\vartheta - \tau}.$$

Introduisons cette expression dans (13), nous trouvons Θ qui entre dans l'équation (12).

Citons ici un exemple donné par Pfaundler, dans lequel on a $t = 10^0$, $n = 10$, $m = 5$, $\sigma = 1^{\text{min}}$. Les observations et les résultats sont consignés dans le tableau suivant :

Période	Temps	Lectures sur le thermomètre du calorimètre	Températures moyennes dans les intervalles σ	Température moyenne de l'air	Excès	Perte de température calculée
1re période	0	$\theta_0 = t = 10{,}00$	10,90	$\tau_1 = 12{,}05$	− 1,15	− 0,023
	1	$\theta_1 = 11{,}80$	12,25	$\tau_2 = 12{,}05$	+ 0,20	+ 0,040
	2	$\theta_2 = 12{,}70$	13,05	$\tau_3 = 12{,}05$	1,00	0,020
	3	$\theta_3 = 13{,}40$	13,65	$\tau_4 = 12{,}05$	1,60	0,032
	4	$\theta_4 = 13{,}90$	14,08	$\tau_5 = 12{,}05$	2,03	0,041
	5	$\theta_5 = 14{,}25$	14,38	$\tau_6 = 12{,}05$	2,38	0,047
	6	$\theta_6 = 14{,}50$	14,55	$\tau_7 = 12{,}05$	2,50	0,050
	7	$\theta_7 = 14{,}60$	14,63	$\tau_8 = 12{,}03$	2,60	0,052
	8	$\theta_8 = 14{,}65$	14,62	$\tau_9 = 12{,}02$	2,60	0,052
	9	$\theta_9 = 14{,}63$	14,62	$\tau_{10} = 12{,}02$	2,60	0,052
						$\Delta = 0{,}396$
2e période	10	$\theta_{10} = \vartheta_0 = 14{,}60$				
	11	$\vartheta_1 = 14{,}55$	$\vartheta = 14{,}50$			
	12	$\vartheta_2 = 14{,}50$		$\tau = 12{,}00$	$\vartheta - \tau = 2{,}50$	$\rho = \dfrac{\eta}{\vartheta - \tau} = 0^\circ{,}02$
	13	$\vartheta_3 = 14{,}45$	$\eta = 0{,}05$			
	14	$\vartheta_4 = 14{,}40$				

Dans la seconde période, l'abaissement est de $0^0{,}05$ dans une minute pour un excès moyen $\vartheta - \tau = 2^0{,}50$; l'abaissement ρ pour un excès de 1^0 est donc $\rho = 0^0{,}02$. En multipliant les *excès*, c'est-à-dire les grandeurs (14), données dans la cinquième colonne, par ρ, on obtient les nombres de la dernière colonne, c'est-à-dire les pertes de température dans le cours des dix intervalles de la première période. Leur somme donne la grandeur cherchée $\Delta = 0^0{,}396$. Dans le cas considéré, on a $\theta_n = \theta_{10} = 14^0{,}60$; par suite, la grandeur cherchée $\Theta = 14^0{,}60 + 0^0{,}396 = 15^0{,}00$.

Méthode II. — Elle est due à Regnault et a été publiée pour la première fois par Pfaundler. Cette méthode est la plus exacte et a de plus l'avantage de n'exiger aucune observation de température de l'air ambiant. La température du calorimètre doit être observée dans le cours d'un certain nombre k d'intervalles de temps σ *avant* la plongée du corps chauffé, de sorte qu'il existe en tout *trois périodes*, formées de $k + n + m$ intervalles de temps égaux σ. Désignons par t_0, t_1, t_2, ..., t_{k-1} les températures observées dans la première période ; la dernière température de la première période $t_k = t = \theta_0$ ne peut pas être observée et s'obtient par le calcul. Les températures t_i et ϑ_i dans la première période et la troisième forment des progressions arithmétiques. Posons en outre

$$t_0 - t_1 = t_1 - t_2 = t_2 - t_3 = \ldots = t_{k-2} - t_{k-1} = \eta_1 = \frac{t_0 - t_{k-1}}{k - 1},$$

$$\vartheta_0 - \vartheta_1 = \vartheta_1 - \vartheta_2 = \vartheta_2 - \vartheta_3 = \ldots = \vartheta_{m-1} - \vartheta_m = \eta_2 = \frac{\vartheta_0 - \vartheta_m}{m}.$$

La température t de l'eau, au moment de la plongée du corps échauffé, est calculée par la formule

$$(15) \qquad t = t_k = \theta_0 = t_{k-1} - \frac{t_{k-1} - t_0}{k - 1} = t_{k-1} - \eta_1.$$

Soit maintenant t' la moyenne des grandeurs $t_0, t_1, t_2, \ldots, t_{k-1}, t_k$ et ϑ' la moyenne des grandeurs $\vartheta_0, \vartheta_1, \ldots, \vartheta_{m-1}, \vartheta_m$.

A la variation de température de t' à ϑ' correspond la variation de la perte de température pendant un intervalle de temps σ, égale à la différence des grandeurs η_1 et η_2. Si donc la température du calorimètre varie de 1°, la perte de température pour le temps σ varie de la quantité

$$(16) \qquad \rho = \frac{\eta_2 - \eta_1}{\vartheta' - t'}.$$

Si, dans un intervalle quelconque, la température du calorimètre est z^0 par exemple, c'est-à-dire dépasse la température moyenne t' de $z - t'$ degrés, la perte η_z de température dans le temps σ doit dépasser la perte η_1 à la température t' de la quantité $(z - t')\rho$; autrement dit, la perte η_z doit être

$$(17) \qquad \eta_z = \eta_1 + (z - t')\rho = \eta_1 + \frac{\eta_2 - \eta_1}{\vartheta' - t'}(z - t').$$

Calculons à l'aide de la formule (17) les pertes de température dans les différents intervalles de la seconde période, durant lesquels les températures sont

$$(18) \qquad \frac{\theta_0 + \theta_1}{2}, \quad \frac{\theta_1 + \theta_2}{2}, \quad \frac{\theta_2 + \theta_3}{2}, \ldots, \quad \frac{\theta_{n-1} + \theta_n}{2},$$

avec $\theta_0 = t_k = t$. En portant ces expressions dans (17) à la place de z, on obtient les pertes de température, dont la somme forme la grandeur cherchée Δ dans (13). On trouve ainsi facilement

$$(19) \quad \Delta = \left(\theta_1 + \theta_2 + \theta_3 + \ldots + \theta_{n-1} + \frac{\theta_n + \theta_0}{2} - nt'\right)\frac{\eta_2 - \eta_1}{\theta' - t'} + n\eta.$$

Cette formule est parfois appelée formule de Regnault-Pfaundler.

Nous donnerons ici un exemple de calcul de la grandeur Δ. La première période comprend 10 intervalles σ ; pendant les 9 premiers, la température *monte* régulièrement de 14°,645 à 14°,660 ; on en déduit

$$\eta_1 = \frac{14,645 - 14,660}{9} = -0°,0017.$$

La formule (15) donne

$$t = \theta_0 = 14,660 + 0,0017 = 14,662.$$

Dans la seconde période, les températures

$$\theta_0 = 14,662,\ \theta_1 = 15,08,\ \theta_2 = 17,92,\ \theta_3 = 18,06,\ \theta_4 = 18,065,\ \theta_5 = 18,065$$

sont observées (la première est celle que nous venons de calculer).

La troisième période commence ensuite et la température tombe pendant six intervalles de $\vartheta_0 = \theta_5 = 18,065$ à $\vartheta_6 = 18,02$. On en déduit

$$\eta_2 = \frac{18,065 - 18,02}{6} = +0^{\circ},0075.$$

Les températures moyennes du premier intervalle et du troisième sont

$$t' = 14^{\circ},65, \quad \vartheta' = 18^{\circ},04.$$

Si on introduit les grandeurs trouvées et $n = 5$ dans (19), il vient

$$\Delta = \left(15,08 + 17,92 + 18,06 + 18,065 + \frac{18,065 + 14,662}{2} - 5 \times 14,65\right) \frac{0,0075 + 0,0017}{18,04 - 14,65} - 5 \times 0,0017$$

ou $\Delta = 0,0245$. Finalement (13) donne

$$\theta = 18,065 + 0,0245 = 18,0895.$$

Pfaundler conseille de refroidir suffisamment le calorimètre avant l'expérience, pour que la température *monte* dans les trois périodes. Dans ces derniers temps Holbein et en particulier Wadsworth (1897) se sont occupés de la question du refroidissement du calorimètre.

Il n'y a pas de doute que l'erreur provenant de la perte de chaleur par le calorimètre ne peut jamais être entièrement éliminée. Holman (1895) a proposé le premier *de mettre complètement de côté la perte de chaleur*, en entourant le calorimètre d'une enveloppe où l'on produit simultanément le même échauffement que celui qui a lieu dans le calorimètre ; mais Holman n'a fait aucun essai expérimental de cette méthode. Indépendamment d'Holman, cette idée a été pratiquement réalisée par Richards et Lamb (1905) ; elle a été améliorée depuis par Richards, Henderson et Forbes et utilisée dans plusieurs mesures calorimétriques. L'échauffement dans l'enveloppe peut être obtenu de différentes manières, par exemple en y versant de l'eau chaude ; mais une méthode *chimique* est préférable : le calorimètre est enveloppé d'une solution de soude, dans laquelle on verse une quantité d'acide sulfurique telle que le liquide s'échauffe exactement comme l'eau du calorimètre. L'expérience a montré qu'on obtient de cette manière des résultats remarquablement constants.

Marignac a proposé une variante de la méthode des mélanges pour les *liquides* ; cette méthode a été employée notamment par Perrot.

7. Méthode du refroidissement. — Nous établirons plus loin la formule déterminant en fonction du temps la température d'un corps qui se refroidit. Nous pouvons cependant utiliser dès maintenant cette formule, d'autant que le résultat auquel elle conduit apparaît *a priori* comme assez probable et presque évident. Plaçons un corps, de surface s et de température t_0, dans un espace dont la température est τ, et comptons le temps z à partir de ce moment. Soit en outre c la capacité calorifique du *corps* et h le pouvoir rayonnant de sa surface, mesuré par la quantité de chaleur que rayonne l'unité d'aire dans l'unité de temps, quand la différence entre la température du corps et celle de l'espace environnant est égale à 1°. Après un temps z, compté depuis le début du refroidissement du corps, la température de ce dernier sera

$$t = \tau + (t_0 - \tau) e^{-\frac{sh}{c} z}, \tag{20}$$

où e désigne la base des logarithmes naturels. La formule (20) donne $t = t_0$ pour $z = 0$ et $t = \tau$ pour $z = \infty$. Pour un autre corps, nous obtenons le même abaissement de température de t_0 à t dans le temps z_1, déterminé par la formule

$$t = \tau + (t_0 - \tau) e^{-\frac{s_1 h_1}{c_1} z_1},$$

où s_1, h_1 et c_1 désignent la surface, le pouvoir rayonnant et la capacité calorifique du second corps. On tire des deux dernières formules

$$\frac{shz}{c} = \frac{s_1 h_1 z_1}{c_1}, \text{ d'où } \frac{c}{c_1} = \frac{shz}{s_1 h_1 z_1}.$$

Si les surfaces des deux corps sont géométriquement identiques et possèdent les mêmes propriétés physiques, on a $h = h_1$, $s = s_1$, et par suite

$$\frac{c}{c_1} = \frac{z}{z_1};$$

autrement dit, les capacités calorifiques des corps sont proportionnelles aux temps nécessaires pour un même refroidissement des deux corps de t_0 à t; ce résultat se comprend facilement, car pour les mêmes températures t_0 et t, les capacités calorifiques c et c_1 sont proportionnelles aux quantités de chaleur q et q_1, que doivent perdre les corps par rayonnement.

Pour faire $s = s_1$ et $h = h_1$, il faut placer les deux corps l'un après l'autre dans le même vase en métal ou en verre à parois minces et observer le refroidissement dans ce vase. Si γ est la capacité calorifique du vase, on doit remplacer c dans (20) par $c + \gamma$; au lieu de c_1, nous avons $c_1 + \gamma$, de sorte que la dernière équation prend la forme suivante

$$\frac{c + \gamma}{c_1 + \gamma} = \frac{z}{z_1}, \text{ d'où } c_1 = \frac{z_1}{z} c + \frac{z_1 - z}{z} \gamma. \tag{21}$$

Lorsque le second corps est homogène, on obtient la capacité calorifique de la substance, en divisant c_1 par le poids du corps.

La méthode du refroidissement a été proposée en 1796 par Tobias Mayer ; elle a été employée par Dulong et Petit, Delarive et Marcet, et, en particulier, par Regnault. L'appareil de Regnault est représenté sur la figure 89. Le corps à étudier (en poudre) remplit un cylindre en argent doré v, à l'intérieur duquel se trouve le réservoir d'un thermomètre. Le cylindre v est placé dans un cylindre métallique p, noirci à l'intérieur, et entouré pendant l'expérience de glace fondante ou d'eau à température constante. On fait le vide plusieurs fois dans le vase p pour en enlever l'air et on le remplit chaque fois d'air sec. Finalement, on fait le vide une dernière fois, de façon que la pression de l'air complètement sec qui reste ne dépasse pas 1^{mm}. Tout l'appareil est d'abord plongé dans de l'eau chaude ; quand le thermomètre dans v marque une température stable, on enlève l'appareil de l'eau pour le plonger dans un milieu plus froid (ordinairement dans de la glace fondante), et on observe la décroissance de la température à intervalles de temps égaux. En répétant la même expérience avec une quantité d'eau de poids déterminé dans v, on obtient c et par suite c_1 au moyen de (21). Pour l'étude des liquides, on peut, au lieu du vase v, employer le vase en verre ad, qui est représenté à part sur la figure 89.

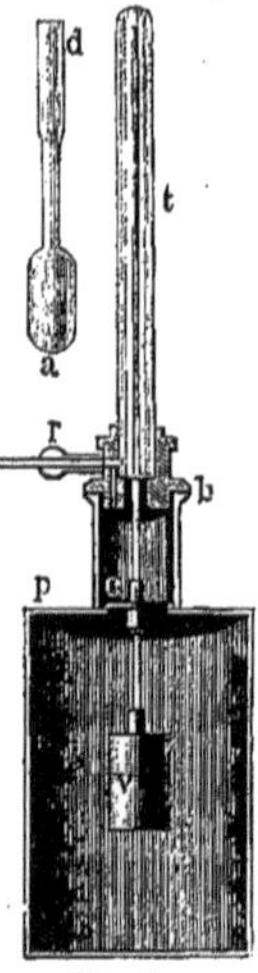

Fig. 89

Dans des appareils plus simples, l'air du cylindre p n'est pas enlevé ; le cylindre est plongé, avant l'expérience, dans un grand vase rempli de glace fondante, ou contenant plus simplement de l'eau à la température ambiante. Le vase v avec le corps à étudier est échauffé séparément dans de l'eau bouillante et replacé dans le cylindre p, après avoir été séché.

Pour diverses raisons, la méthode du refroidissement ne donne pas de résultats sûrs. C'est ainsi que, pour les corps en poudre, on constate que la vitesse de refroidissement dépend de leur densité, c'est-à-dire de la façon dont on a effectué le remplissage (en comprimant ou non). En outre, le thermomètre donne la température de la partie centrale de la substance étudiée ; si celle-ci conduit mal la chaleur, cette température peut différer notablement de celle de la surface, et dans ce cas les formules ne fournissent pas de résultats exacts. Il faut encore tenir compte de ce que la perte de chaleur du corps qui se refroidit, ne s'effectue pas seulement par rayonnement, mais aussi par l'effet des courants d'air dus à la différence de température entre v et p, c'est-à-dire par *convection* ; enfin la chaleur est aussi transmise directement par l'air, qui possède une certaine conductibilité. On peut diminuer la convection, en raréfiant l'air, mais sa conductibilité, comme nous le verrons plus tard, ne change pas avec la raréfaction. Hirn s'est servi de la méthode du refroidissement pour la détermination de la capacité calorifique des liquides aux hautes températures. La formule (20) n'est pas applicable, quand la différence entre la température du corps et celle de l'enceinte est grande. Hirn a exprimé par suite la température t du corps soumis au refroidissement, par une certaine fonction empirique du temps z, déterminée par des observations ; il en a déduit la vitesse v de refroidissement par la formule $v = \frac{dt}{dz}$, pour différentes températures t. Si, pour un second corps placé dans la même enlevoppe à la même température t, la vitesse de refroidissement est v_1, on a $(c + \gamma) v = (c_1 + \gamma) v_1$, où c, c_1 et γ ont la même signification que ci-dessus.

Regnault a construit un appareil appelé *thermocalorimètre*, qui a été également employé pour la détermination de la capacité calorifique des corps par la méthode du refroidissement. Regnault lui-même n'en a pas donné de description détaillée, mais on en trouvera une dans le *Cours de Physique* de Jamin et Bouty, 4e édition, Tome II, page 30.

Téreschine (1899) a indiqué une modification intéressante de la méthode du refroidissement, qui est applicable aux fils métalliques. Le fil tendu horizontalement est échauffé par un courant électrique ; un poids, appliqué en son milieu, permet de déterminer, par son abaissement, la température du fil. Au moyen de la vitesse de refroidissement du fil après ouverture du courant, on peut trouver la capacité calorifique. Mme Sserdobinskaïa et Mme Eméljanowa ont déterminé par cette méthode la capacité calorifique du platine et de l'or.

8. Méthode de la condensation des vapeurs. — En introduisant un corps, dont la capacité calorifique est c et la température t, dans un espace rempli de vapeur saturée d'un liquide quelconque et dont la température est $T > t$, une partie de la vapeur se dépose à l'état liquide sur la surface du corps, tant que celui-ci ne s'est pas échauffé jusqu'à la température T. Si on désigne la chaleur latente de vaporisation par λ et le poids du liquide déposé par p, le corps prend $p\lambda$ unités de chaleur, et on a par suite

$$c\,(T - t) = p\lambda. \tag{22}$$

Lorsqu'on connaît T, t et λ, c se détermine en mesurant l'accroissement de poids p du corps plongé dans la vapeur. C'est sur ce principe que repose le *calorimètre à vapeur*, proposé simultanément par Joly et Bunsen. Joly a construit en outre un calorimètre à vapeur différentiel, dont nous parlerons plus loin. D'autres perfectionnements du calorimètre à vapeur sont dus à Wirtz, A. Schtschoukarew (de Moscou) et Hart ; l'appareil de Neesen est basé sur un principe un peu différent.

Nous allons décrire le calorimètre à vapeur de Bunsen, qui est représenté par la figure 90. La vapeur d'eau, au sortir de la chaudière A, traverse un filet, qui retient les gouttelettes d'eau, et parvient dans la chambre à vapeur B ; à la partie supérieure de cette chambre se trouve un cône en pierre ponce avec un canal pour la sortie de la vapeur. Un tube latéral r est relié à un tube vertical, dans lequel brûle une grande flamme de gaz. Le courant d'air ainsi formé force la vapeur sortant de B à passer dans le tuyau r, car si elle s'échappait vers le haut elle aurait une influence nuisible sur la balance C située au-dessus. Le corps à étudier se trouve dans un filet cylindrique en fils de platine ; la partie inférieure de ce cylindre est formée par une coupelle en tôle de platine, dans laquelle se rassemble le liquide qui se dépose à la surface du corps. Le corps est suspendu par un fil fin de platine au plateau d'une balance sensible. On détermine son poids P_0 et sa température t et on l'introduit ensuite vivement dans la chambre B déjà remplie de vapeur saturée. Au moyen du poids h et du crochet o, on donne au corps et au fil la position figurée en pointillé ; le fil touche alors la pierre ponce et celle-ci absorbe les gouttelettes d'eau qui peuvent se précipiter sur le fil près de l'ouverture supérieure de la chambre B. Après un certain temps, le poids h est enlevé et le corps pesé ; on répète cette opération plusieurs fois, jusqu'à ce que l'on obtienne un poids P constant ; on a alors $P - P_0 = p$, c'est-à-dire égal au poids du liquide qui s'est formé sur la surface du corps.

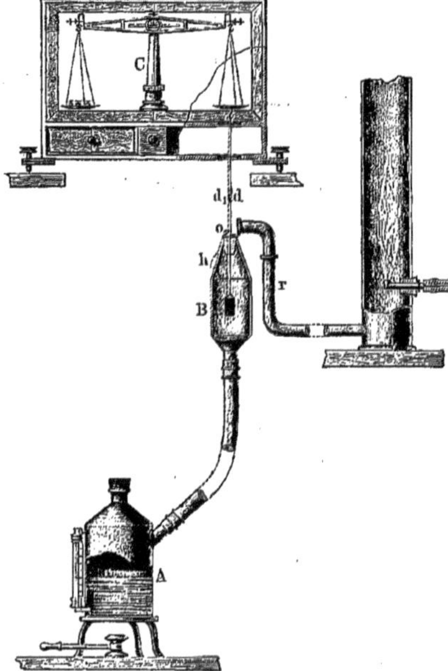

Fig. 90

On détermine la température T de la vapeur d'après la pression barométrique ; on peut prendre pour la chaleur latente de vaporisation la valeur $\lambda = 536,5 + 0,7\,(100 - T)$.

Une correction est à introduire dans la détermination de P, parce que le poids P_0 a été déterminé dans l'air et le poids P dans la vapeur d'eau, qui est moins dense que l'air. Du poids directement obtenu, il faut retrancher $0^{gr},000636\,v$, où v désigne le volume du corps en centimètres cubes.

L'expérience s'effectue d'abord avec le cylindre de platine vide pour déterminer sa capacité calorifique, ensuite avec le corps à étudier introduit dans le cylindre.

On trouvera une description détaillée des calorimètres à vapeur de Joly, Bunsen et Wirtz et de leur mode d'emploi, dans les leçons (lithographiées) de W. F. Louguinine, Moscou 1893 ; A. Schtschoukarew a simplifié beaucoup le calorimètre de Joly.

9. Méthodes diverses pour la détermination de la capacité calorifique. — Nous considérerons encore quelques méthodes de détermination de la capacité calorifique, qui sont rarement employées, mais qui présentent néanmoins un certain intérêt.

1. Méthode du courant électrique. — Si on fait passer dans un fil, dont la résistance est de w ohms, un courant de i ampères, il s'y dégage par seconde i^2w joules, un joule étant équivalent à 10^7 ergs. En prenant la capacité calorifique de l'eau à 15° comme unité, on sait, d'après Rowland, qu'un joule = 0,2387 petite calorie. La quantité q de chaleur dégagée par le fil est donc

$$q = 0{,}2387\ i^2w \text{ petites calories.}$$

Au lieu de cette formule, on peut écrire

$$q = 0{,}2387\ ie \text{ petites calories,}$$

e désignant la différence des potentiels exprimés en volts aux extrémités du fil. On peut se servir de ce dégagement de chaleur pour déterminer la capacité calorifique des liquides. On introduit, dans le vase (calorimètre) renfermant le liquide à étudier, un fil enroulé en spirale; on envoie un courant dans ce fil et on observe l'élévation de température du liquide. Les grandeurs i et w doivent être observées d'une manière continue, car w change pendant l'expérience, par suite de la variation de température du liquide. Il faut tenir compte de ce que la chaleur se partage entre le liquide (poids p, capacité calorifique x), le calorimètre, l'agitateur, le thermomètre et le fil, et de ce que pendant la durée de l'expérience une partie de la chaleur est perdue par rayonnement. Si c désigne la somme des capacités calorifiques des corps précédents, à l'exception du liquide lui-même, t la température initiale, T la température finale corrigée, on a

$$qz = (px + c)\,(\mathrm{T} - t),$$

où z est la durée d'action (en secondes) du courant. Cette équation donne la capacité calorifique cherchée x du liquide. Pour comparer les capacités calorifiques de deux liquides, dont l'un peut être de l'eau, on envoie un même courant dans deux fils identiques reliés en série, plongés dans deux calorimètres contenant les liquides à étudier. On a pour les deux liquides

$$(px + c)\,(\mathrm{T} - t) = 0{,}2387\ i^2wz$$
$$(p_1x_1 + c_1)\,(\mathrm{T}_1 - t_1) = 0{,}2387\ i^2w_1z,$$

d'où l'on tire le rapport $x : x_1$. Les températures initiales t et t_1, peuvent aussi être égales. Pfaundler s'est servi de cette méthode pour comparer la capacité calorifique de divers liquides à celle de l'eau. Son appareil est représenté dans la figure 91 par deux coupes verticales, qui suffisent pour montrer comment il est construit. Dans la suite, il a remplacé les fils par des tubes en verre en forme de spirales, qui étaient remplis de mercure, afin d'éviter des dérivations latérales du courant dans le liquide lui même.

Cette méthode a été également employée par Jamin et Johannson (dans l'étude de la capacité calorifique de l'eau, page 177) et par Schlamp. Negreano

(1899) a mesuré les temps nécessaires pour le *même* échauffement de différents liquides.

II. Méthode d'Andrews et de Hirn. — Les capacités calorifiques de deux liquides différents peuvent être comparées en observant les élévations de température qu'y produit une même quantité de chaleur q. La méthode proposée par Andrews en 1845 et employée par Hirn pour déterminer la capacité calorifique de l'eau (page 176) repose sur ce principe. L'appareil de Hirn se compose d'un grand vase en forme de thermomètre renfermant de l'eau, qui remplit aussi une partie du tube sur lequel sont tracés deux traits. Le vase

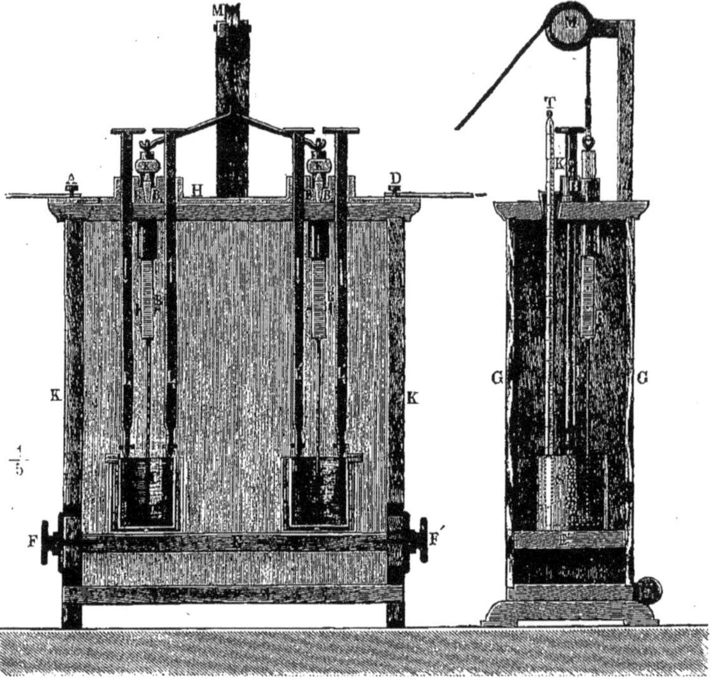

Fig. 91

est au préalable chauffé jusqu'à ce que l'eau s'élève dans le tube au-dessus du trait supérieur ; on le laisse ensuite se refroidir ; au moment où l'extrémité de la colonne liquide atteint le trait supérieur, on plonge le vase dans le liquide étudié, on agite celui-ci, on enlève le vase quand l'extrémité de la colonne atteint le trait inférieur et on note l'élévation de température du liquide. Pfaundler a construit un appareil semblable qui, au lieu d'eau, renferme du mercure. Marignac a choisi les quantités des liquides à étudier de façon que l'élévation de leur température soit la même ; il évitait ainsi la nécessité d'introduire la correction relative à la perte de chaleur q' par rayonnement : tous les liquides recevaient la même quantité de chaleur

$q - q'$. GUMLICH et WIEBE (1898) et PFAUNDLER (1899) ont encore perfectionné cette méthode par l'introduction de certaines corrections.

III. MÉTHODE DE BLACK ET THOMSEN. — Le principe est le même que dans la méthode précédente, mais les quantités de chaleur identiques s'obtiennent en brûlant une quantité de gaz déterminée. THOMSEN remplissait le calorimètre d'environ un litre de liquide et brûlait au centre la même quantité d'hydrogène dans toutes les expériences. Comme l'échauffement se produit ici uniformément, THOMSEN pouvait éviter toute perte de chaleur par rayonnement, en employant la méthode de compensation de RUMFORD (page 197). KONOWALOW (1898) s'est servi comme source de chaleur d'un mélange d'eau et d'acide sulfurique et BIRON a fait une étude très soignée de cette méthode.

10. Capacité calorifique des corps solides et des liquides. — Le nombre des recherches sur la capacité calorifique des différentes substances solides ou liquides est très grand. On trouvera les résultats de ces recherches, ainsi que de nombreux renseignements bibliographiques, dans les *Tabellen* de LANDOLT et BÖRNSTEIN. Nous allons considérer quelques-uns des résultats obtenus par divers physiciens, *en laissant pour le moment de côté tout ce qui se rapporte à la dépendance entre la capacité calorifique de la substance et sa composition chimique, son poids atomique ou moléculaire, etc.* (lois de DULONG et PETIT, de NEUMANN, de KOPP, etc.). Nous nous occuperons de cette dernière question, après avoir étudié la capacité calorifique des gaz.

C'est l'hydrogène qui possède la plus grande capacité calorifique parmi tous les corps étudiés jusqu'à présent. DEWAR a trouvé pour lui environ

$$c = 6.$$

Un même corps simple n'a pas en général, sous des *formes allotropiques différentes* (Tome I) la même capacité calorifique ; c'est ainsi que REGNAULT a trouvé, par exemple, pour les diverses modifications de *carbone* les capacités calorifiques suivantes :

Charbon animal. . .	0,260 85	Graphite naturel . .	0,201 87
Charbon de bois. . .	0,241 50	Graphite de haut fourn.	0,197 02
Coke (de houille) . .	0,200 85	Charbon de cornue. .	0,203 60
Coke (d'anthracite). .	0,201 71	Diamant	0,146 87

DELARIVE et MARCET ont même obtenu pour le diamant la valeur 0,1192. WÜLLNER a trouvé pour le graphite 0,2019, pour le diamant 0,1468, en outre

Arsenic cristallisé. . .	0,0830	Sélénium cristallisé . .	0,0840
Arsenic amorphe. . .	0,0758	Sélénium amorphe . .	0,0953

REGNAULT a obtenu pour du *soufre* fraîchement fondu la capacité calorifique $c = 0{,}1844$; dans l'espace de deux années, la capacité calorifique est tombée peu à peu jusqu'à 0,1764 ; il a obtenu pour le soufre naturel cristallisé 0,1776. Le phosphore rouge et le phosphore blanc possèdent presque la même capacité calorifique $c = 0{,}251$. DUSSY a trouvé que le soufre mou (au-dessus de 157°) possède une plus grande capacité calorifique que le soufre liquide, pour lequel on a $c = 0{,}232$. Ainsi, par exemple, entre 160° et 264° la valeur moyenne de c est égale à 0,300, et entre 232°,8 et 264° elle est même égale à 0,324.

La *densité* (dureté) d'une substance donnée influe également sur sa capacité calorifique c. Ainsi Regnault a obtenu pour un morceau de cuivre recuit $c = 0{,}0950$, et après écrouissage au marteau $c = 0{,}0936$; pour l'acier doux (recuit) $c = 0{,}1165$, pour l'acier dur (trempé) $c = 0{,}1175$; pour le verre dur rapidement refroidi (trempé) $c = 0{,}1923$, pour le verre mou (recuit) $c = 0{,}1937$. Un accroissement de densité produit en général une *diminution* de capacité calorifique de la substance.

Une même substance possède à l'état solide et à l'état liquide une capacité calorifique très différente, comme le montrent les nombres suivants, auxquels on a ajouté la capacité calorifique c pour l'eau et le brome à l'état de vapeur :

Substance	Solide	Liquide	Vapeur
H^2O	0,502	1,000	0,477
Br.	0,1843	0,1051	0,0555
Hg.	0,0314	0,0333	—
S	0,203	0,234	—
$CaCl^2$.	0,345	0,555	—
Sn.	0,0562	0,0637	—
Pb.	0,0314	0,0402	—
Naphtaline	0,3992	0,4834	—
Benzine	0,319	0,322	—
AzO^3Na	0,278	0,413	—

La chaleur spécifique c de différentes *sortes de verre* a été étudiée par Winkelmann (1893) et par Soubow (1896) ; le premier s'est servi de la méthode des mélanges, le second de la méthode du calorimètre à glace. Ces deux auteurs donnent la composition des verres étudiés. Les valeurs de c oscillent entre de larges limites. Ainsi Winkelmann a trouvé pour le verre d'Iéna S 163 la valeur $c = 0{,}08174$, et pour S 185 la valeur $c = 0{,}2318$. Pour le verre de thermomètre normal (16^{III}) Winkelmann a obtenu $c = 0{,}1988$, Soubow $c = 0{,}1936$.

A. Tsinguer et J. Schtschégliaieff ont trouvé les valeurs intéressantes suivantes pour l'ébonite, le liège et le bois de palmier, qui entrent dans la construction de quelques calorimètres :

	Ebonite.	Liège.	Bois de palmier.
$c =$	0,3387	0,4852	0,4194.

Ces capacités calorifiques sont, comme on le voit, exceptionnellement grandes.

La *température* a une très grande influence sur la capacité calorifique des corps. Nous avons parlé à la page 173 de la dépendance entre les formules empiriques pour la capacité calorifique c à une température donnée, la capacité calorifique moyenne c_t entre 0° et t^0 et la capacité calorifique moyenne c' entre t_1^0 et t_2^0 ; nous avons trouvé

$$(23)\quad \begin{cases} c = c_0 + at + bt^2, \\ c_t = c_0 + \frac{1}{2}at + \frac{1}{3}bt^2, \\ c' = c_0 + \frac{a}{2}(t_1 + t_2) + \frac{b}{3}(t_1^2 + t_1t_2 + t_2^2). \end{cases}$$

La dépendance entre ces grandeurs et la température a été considérée pour l'eau dans le § 2.

Dulong et Petit avaient déjà trouvé que la capacité calorifique de beaucoup de corps augmente en même temps que la température ; ils avaient obtenu les valeurs suivantes de c_{100} et c_{300} :

	c_{100}	c_{300}		c_{100}	c_{300}
Fe. . . .	0,1098	0,1218	Ag. . . .	0,0559	0,0611
Cu. . . .	0,0949	0,1013	Pt. . . .	0,0335	0,0355
Zn. . . .	0,0927	0,1015	Verre. . .	0,1770	0,1900

Bède a déterminé les capacités calorifiques moyennes pour trois intervalles de température, approximativement de 15° à 100°, à 170° (pour Fe 142°) et à 210° (pour Fe et Cu 247°) ; à l'aide de la formule (23) pour c' il pouvait en déduire c_0, a et b. Il trouva $b = 0$, c'est-à-dire $c = c_0 + at$, c_0 et a ayant les valeurs suivantes :

	c_0	a		c_0	a
Fe. . .	0,1053	0,000071	Pb. . .	0,0286	0,000019
Cu. . .	0,0910	0,000023	Zn. . .	0,0865	0,000044
Sn. . .	0,0500	0,000044	Sb. . .	0,04603	0,000021

On en tire, pour Fe à diverses températures t, les valeurs suivantes :

$t =$	0°	100°	200°	400°
$c =$	0,1053	0,1195	0,1337	0,1479
$c_t =$	0,1053	0,1124	0,1195	0,1266.

Byström a déterminé la capacité calorifique moyenne c_t jusqu'à $t = 300°$ pour quelques métaux et a trouvé les nombres suivants :

t	Fonte	Acier fondu	Fer (pur)	Argent	Platine
0°	0,127 68	0,117 82	0,111 641	0,056 98	0,032 386
150	0,131 40	0,121 90	0,115 949	0,058 00	0,032 950
300	0,140 70	0,132 16	0,126 719	0,060 55	0,034 750

La question importante de la variation de la capacité calorifique du *platine* en fonction de t a été étudiée par beaucoup de physiciens. POUILLET a trouvé $c_t = 0{,}0323 + 0{,}0000041\,t$.

WEINHOLD a observé que pour Pt la grandeur c_t croît jusqu'à $t = 250^0$, décroît ensuite, augmente de nouveau faiblement et enfin reste constante entre 700^0 et 950^0. VIOLLE a obtenu, pour des températures allant jusqu'à $t = 1\,177^0$,

$$c_t = 0{,}0317 + 0{,}000006\,t,$$

et par suite $c = 0{,}0317 + 0{,}000012\,t$; ceci donne $c = 0{,}0317$ à 0^0 et $c = 0{,}0557$ à $t = 2\,000^0$.

Pour Pd, VIOLLE a trouvé $c = 0{,}05820 + 0{,}00002\,t$ jusqu'à $1\,265^0$; il a reconnu en outre que la capacité calorifique de l'or varie peu avec la température ; les capacités calorifiques moyennes c_t sont les suivantes :

$$c_{100} = 0{,}0324, \quad c_{600} = 0{,}0326, \quad c_{900} = 0{,}0345, \quad c_{1000} = 0{,}0352.$$

PIONCHON a également étudié une série de métaux jusqu'à des températures élevées et a obtenu pour la capacité calorifique c :

t	Ag	Fe	Ni	Co
0°	0,057 58	0,110 12	0,108 36	0,105 84
100	0,058 54	0,116 82	0,112 83	0,111 07
500	0,066 48	0,176 23	0,132 74	0,146 16

La dépendance entre c et t est très remarquable pour le *fer* ; jusqu'à 600^0, on observe un accroissement régulier de c conforme à la formule

$$c = 0{,}11012 + 0{,}000050633\,t + 0{,}000000164\,t^2 ;$$

de 600^0 à 720^0 la capacité calorifique varie suivant une autre loi ; elle croît fortement jusqu'à 700° et diminue ensuite rapidement : à 700^0 on a $c = 0{,}3243$ et à 720^0, $c = 0{,}218$ seulement : cette dernière valeur se maintient entre 720^0 et $1\,000^0$; de $1\,000^0$ à $1\,200^0$, on a $c = 0{,}1989$. Il est remarquable que c'est précisément à 700^0 que le fer perd son pouvoir magnétique. HARTLEY et plus récemment HARKER (1905) se sont occupés de cette question. HARKER a trouvé les valeurs suivantes pour la capacité calorifique *moyenne* c_m du fer :

t	c_m	t	c_m	t	c_m
200°	0,1175	600°	0,1396	900°	0,1644
300	0,1223	700	0,1487	1000	0,1557
400	0,1282	800	0,1597	1100	0,1534
500	0,1338				

BEHN a étudié la capacité calorifique de divers métaux et du graphite à de *très basses températures* (jusqu'à — 186^0). Il a observé en particulier pour le *graphite* une décroissance très rapide de c lorsque la température diminue, comme le montrent les nombres suivants :

$t =$	$+ 18^0$	0^0	$- 79^0$	$- 186^0$
$c =$	0,1730	0,1610	0,111	0,041.

Dewar (1905), qui a employé le calorimètre mentionné ci-dessus avec CO^2 solide (— 78°), air liquide (— 188°) et hydrogène liquide (— 252°,5), a été encore plus loin. Il a étudié le *diamant*, le *graphite* et le *fer*. Le tableau suivant donne les capacités calorifiques *moyennes* entre les températures indiquées :

Substances	+ 18° à — 78°	— 78° à — 188°	— 188° à — 252°,5
Diamant.	0,0794	0,0190	0,0043
Graphite.	0,1341	0,0599	0,0133
Fer	0,463	0,285	0,146

Nous verrons au § **15** qu'on a obtenu, pour le diamant à 985°, $c = 0,459$: ce nombre est *cent fois* plus grand que la plus petite valeur trouvée par Dewar. Avec le même calorimètre, Dewar a encore étudié 19 autres substances (Argent, Laiton, Fe, S, Se, NaCl, $CaCl^2$, AzH^4Cl, Naphtaline, Paraffine, AgI, AgBr, AgCl, etc.) et il a déterminé c_m entre — 188° et différentes températures. Tilden a aussi déterminé c pour de basses températures, et l'a exprimé par la formule

$$c = c_0 + \frac{bt^3}{1 + at^3},$$

où a et b sont deux constantes.

D'autres recherches sur la variation de c en fonction de la température ont été faites récemment, pour les *métaux*, par Gäde (1902), Adler (Chrome, 1902), Schmitz (1903) et Stücker (1905).

La capacité calorifique du *quartz* croît, d'après Pionchon, de 0,1737 à 0,305 pour une élévation de température de 0° à 400° ; elle reste constante et égale à 0,305 de 400° à 1 200°.

H. F. Weber a étudié la dépendance entre c et t, pour C, B et Si ; voici quelques-uns de ses nombres :

Bore		Silicium		Graphite		Diamant	
t	c	t	c	t	c	t	c
— 39°,6	0,1965	— 39°,8	0,1360	— 50°,3	0,1138	— 50°,5	0,0635
+ 26,6	0,2382	+ 21,6	0,1697	— 10,7	0,1437	— 10,6	0,0955
76,7	0,2737	57,1	0,1833	+ 10,8	0,1604	+ 10,7	0,1128
125,8	0,3069	86,0	0,1901	61,3	0,1990	58,3	0,1532
177,2	0,3378	128,7	0,1964	138,5	0,2542	140,0	0,2218
233,2	0,3663	232,4	0,2029	249,3	0,3250	247,0	0,3026
				641,9	0,4454	606,7	0,4408
				977,9	0,4670	985,0	0,4589

La capacité calorifique du *diamant* augmente du sextuple, quand la température croît ; la différence entre c pour le graphite et c pour le diamant atteint 80 % à — 50° et est seulement de 1,7 % à 980°. VIOLLE a trouvé qu'au-dessus de $t = 1\,000°$, la capacité calorifique moyenne du graphite entre 0° et $t°$ est $c = 0{,}355 + 0{,}00006\,t$.

KUNZ (1904) a étudié c pour le *charbon de bois* à des températures élevées ; il a obtenu $c = 0{,}243$ à 435°, $c = 0{,}363$ à 1 000° et $c = 0{,}382$ à 1 297°.

LINDNER (1903) a trouvé, pour une série de *minéraux*, un accroissement de c avec la température ; cet accroissement est notamment très important pour la smithsonite, l'adulaire, la topaze et la pyrrhotine ou pyrite magnétique ; pour cette dernière $c = 0{,}1459$ à 50° et $c = 0{,}1987$ à 250°.

DE HEEN, BATELLI, HESS et BOGOIAWLEWSKY (1904) ont étudié les substances *organiques* solides. Ce dernier a trouvé que de très faibles quantités de matières étrangères exercent une grande influence sur la capacité calorifique c des substances organiques cristallisées, surtout dans le voisinage du point de fusion ; c devient de plus en plus petit en purifiant progressivement la substance. Lorsque la *substance* est pure, c dépend peu de la température et $c = f(t)$ est une fonction linéaire.

REGNAULT, HIRN, DE HEEN, REIS, SCHIFF, SCHÜLLER et beaucoup d'autres encore ont étudié la capacité calorifique c de différents *liquides*. En général, dans les liquides, c augmente aussi en même temps que la température. HIRN a été dans ses recherches jusqu'à 160°, DE HEEN jusqu'à des températures plus élevées que les températures critiques. Pour l'*alcool*, HIRN a trouvé les nombres suivants :

$t =$	0°	80°	120°	160°
$c =$	0,42292	0,71123	0,85942	1,11388.

DE HEEN a constaté une diminution brusque de la capacité calorifique au passage par la température critique, comme le montrent les nombres suivants :

	t	c
Ether	180°	1,041
»	185	0,547
Amylène	170	1,500
»	175	0,773
Ethylène bromé.	215	0,852
»	220	0,233

Nous ne citerons pas ici d'autres résultats, que l'on trouvera dans les *Tabellen* de LANDOLT et BÖRNSTEIN.

SCHIFF a énoncé cette proposition que, pour les liquides, c est une fonction linéaire de la température t, et que, pour les homologues, elle peut être représentée graphiquement par des droites parallèles. KOURBATOW (1903) a montré que cette proposition n'est pas rigoureusement exacte ; il a trouvé que, pour les liquides normaux, $c = f(t)$ est représenté par une courbe à faible courbure ; pour les homologues à poids moléculaire presque identique, $c = f(t)$ s'exprime par des formules différant très peu entre elles.

Griffiths a étudié très soigneusement la grandeur c pour *l'aniline*, dont il a recommandé l'emploi, au lieu de l'eau, comme liquide calorimétrique. Il a trouvé

$$c = 0{,}5156 + 0{,}0004\,(t - 20) + 0{,}000\,002\,(t - 20)^2,$$

en prenant pour unité de chaleur un *rowland* c'est-à-dire un *therme* à 15° (voir page 183). Mais Bartoli a obtenu pour c des nombres qui diffèrent sensiblement de ceux de Griffiths ; il ne juge pas pratique la proposition d'utiliser l'aniline comme liquide calorimétrique, parce qu'elle possède la propriété d'absorber de grandes quantités d'eau dans l'air humide. Kourbatow (1902) a étudié également l'*aniline* et a trouvé pour c une fonction très compliquée de la température. La chaleur spécifique moyenne entre 22° environ et t° croît jusqu'à $t = 137°$, diminue jusqu'à $t = 158°$ et ensuite augmente de nouveau.

Le *mercure* présente cette particularité étrange que sa capacité calorifique c *décroît quand la température augmente*. Ce fait a été reconnu par Winkelmann, qui a donné pour c, entre 19° et 142°, la formule $c = 0{,}03336 - 0{,}0000069\,t$. Petterson et Hedelius ont exprimé des doutes sur l'exactitude de ce résultat, mais il a été pleinement confirmé par des expériences de Naccari et de Milthaler. En prenant pour $t = 0°$ la valeur 0,033 266 de Petterson, Milthaler a donné la formule $c = 0{,}033\,266 - 0{,}0\,000\,092\;t$. Les valeurs moyennes des nombres de Winkelmann (jusqu'à 140°), de Naccari et de Milthaler sont les suivantes :

	0°	20°	60°	100°	140°	180°	200°
$c =$	0,03333,	0,03319,	0,03290,	0,03262,	0,03233,	0,03203,	0,03189.

De nouvelles déterminations de Bartoli et de Stracciati (entre 0° et 30°) concordent bien avec les nombres de Winkelmann et de Naccari. Barnes et Cooke (1903) ont trouvé pour le *mercure* entre 0° et 84° (d'après l'échelle du thermomètre à azote) ;

$$c = 0{,}0333458 - 1{,}074.10^{-5}\,t + 0{,}00385.10^{-5}\,t^2,$$

en prenant comme unité la calorie de 15°,5.

La capacité calorifique de quelques liquides surfondus a été étudiée par L. Brunner.

Dewar (1901) et Alt (1904) ont déterminé c pour les gaz liquifiés. Dewar a trouvé pour l'azote liquide $c = 0{,}43$; pour l'*hydrogène liquide*, il avait d'abord indiqué (1901) la valeur $c = 6$; mais des recherches ultérieures (1905) l'ont conduit à la valeur $c = 3{,}4$. Alt a trouvé

pour l'oxygène, entre — 200° et — 183°, $c = 0{,}35$
» l'azote, » — 280° » — 196°, $c = 0{,}43$.

Regnault a étudié la capacité calorifique des *alliages* ; il a reconnu que la capacité calorifique C de beaucoup d'alliages peut être calculée par la formule des mélanges, c'est-à-dire en supposant que les parties constituantes de l'alliage conservent la capacité calorifique qu'elles possèdent à l'état libre. Si c_i et p_i désignent respectivement les capacités calorifiques et les poids des parties constituantes de l'alliage, on a :

$$(24) \qquad C = \frac{\sum p_i c_i}{\sum p_i} = \frac{p_1 c_1 + p_2 c_2 + p_3 c_3 + \dots}{p_1 + p_2 + p_3 + \dots}.$$

La loi exprimée par cette formule porte quelquefois le nom de NEUMANN. Elle s'applique, par exemple, aux alliages PbSn, $PbSn^2$, PbSb, BiSn, $BiSn^2$, $BiSn^2Sb$, $BiSn^2SbZn^2$. SPRING a trouvé que la formule (24) est applicable aux alliages liquides de composition Pb^pSn^q (p et q étant égaux à 1, 2, ..., 6), à des températures dépassant considérablement la température de fusion. Au contraire, entre les limites 100° et 360°, la formule (24) ne convient pas ; la valeur moyenne observée de C s'est montrée beaucoup plus élevée que celle calculée par la formule (24). SPRING a remarqué aussi quelque chose d'analogue pour des alliages facilement fusibles et des amalgames. Ainsi, il a trouvé par exemple, pour l'alliage de LIPPOWITZ, des valeurs qui à 28° atteignaient $c = 0{,}0634$, tandis que la formule (24) donne $c = 0{,}0365$. Cependant, MAZZOTTO a obtenu pour cet alliage $c = 0{,}0354$. AUBEL explique l'écart des nombres de SPRING par le fait que ce dernier s'est servi de la méthode du refroidissement inapplicable aux corps solides.

SCHÜZ a étudié une série d'alliages facilement fusibles et d'amalgames des métaux Sn, Pb, Zn, Na et K. Il a constaté, comme on pouvait s'y attendre, qu'aux basses températures C est plus conforme à la formule (24) ; selon lui, cette formule est applicable, entre les limites — 80° et + 20°, aux alliages facilement fusibles. Il en est de même pour les amalgames Zn^2Hg, Pb^7Hg, ainsi que pour les amalgames à 10 % de sodium et à 10,58 % de potassium. Pour d'autres amalgames, on obtient seulement à des températures $t > -40°$ des valeurs de C voisines de celles calculées par la formule (24). Au-dessous de — 40°, on trouve des écarts qui montrent qu'à de telles températures une partie du mercure se solidifie en dégageant de la chaleur latente. LABORDE a étudié la capacité calorifique de quelques alliages de Fe et Sb, ainsi que de Fe et de Al, et a trouvé que la formule (24) se vérifiait.

N. N. BÉKÉTOFF a déterminé la capacité calorifique du *palladium* (25^{gr},094), après absorption de 710 fois son volume *d'hydrogène* (0^{gr},1418). Si on applique la formule (24) à cet alliage de palladium et d'hydrogène, on obtient, pour la capacité calorifique c de l'hydrogène, à l'état où il se trouve dans le palladium, le nombre $c = 5{,}88$. DEWAR (1873) a trouvé le nombre beaucoup plus petit $c = 3{,}5$. Ayant obtenu, comme nous l'avons vu, pour l'hydrogène liquide, $c = 3{,}4$, et également pour l'hydrogène à l'état de gaz (voir § **12**) $c_p = 3{,}4$, DEWAR en a conclu que la capacité calorifique de l'hydrogène possède une seule et même valeur pour les états gazeux, liquide et occlus.

BUSSY et BUIGNET ont montré les premiers que la formule (24) donne en général des valeurs trop petites pour les mélanges de liquides. SCHÜLLER a fait voir cependant que la formule (24) est applicable aux mélanges des liquides indifférents l'un pour l'autre, par exemple aux mélanges de chloroforme et de CS^2, de chloroforme et de benzine, de CS^2 et de benzine. Au contraire, elle ne s'applique pas du tout aux *mélanges renfermant de l'alcool*, comme l'ont établi presque simultanément Schüller, Dupré et Page. Ainsi pour les mélanges d'alcool et de chloroforme, il arrive que la valeur observée de C est plus élevée de 15 % que celle calculée. Pour les mélanges *d'alcool et d'eau*, on obtient quelquefois $C > 1$, c'est-à-dire que la capacité calorifique du mélange est plus grande que celle de chacune des parties constituantes. Nous donnons ci-dessous quelques nombres de Schüller (entre 18° et 40°) :

p	C (observé)	C′ (calculé)	$\frac{C}{C'}$
14,90	1,0391	0,9424	1,1026
20,00	1,0456	0,9227	1,1331
28,56	1,0354	0,8896	1,1639
35,22	1,0076	0,8638	1,1665
54,09	0,8826	0,7909	1,1159
73,90	0,7771	0,7172	1,0771
83,00	0,7168	0,6817	1,0515

Ici p est le nombre d'unités de poids d'alcool contenues dans 100 unités de poids du mélange avec l'eau. Lecher, Pagliani et Zettermann ont obtenu des résultats analogues pour les mélanges des alcools méthylique, propylique et isobutylique avec l'eau.

La *capacité calorifique des dissolutions* a été étudiée par Person, Schüller, J. Thomson, Marignac, Winkelmann, Mathias, Wrewski, Biron, Tammann, Magie, Puschl, Helmreich, Kalikinsky et d'autres encore. Il a été constaté que la capacité calorifique des dissolutions ne doit pas être calculée par la formule (24). Soit c la capacité calorifique d'une substance, par exemple un sel solide, et supposons que p grammes de cette substance se dissolvent dans 100 grammes d'eau. La formule

$$C' = \frac{100 + pc}{100 + p} \tag{25}$$

nous donnerait la capacité calorifique de la dissolution calculée d'après la règle des mélanges. La valeur observée de C est *plus petite* que la valeur calculée C′ ; dans quelques cas, la capacité calorifique de $(100 + p)^{gr}$ de la dissolution se montre plus petite que le nombre 100, c'est-à-dire plus petite que la capacité calorifique des 100 grammes d'eau qui entrent dans la dissolution. Ainsi, par exemple, Schüller a trouvé pour les solutions de NaCl ($c = 0{,}214$) :

p	C	C′	$(100+p)$C
5	0,9309	0,9626	97,71 } < 100
10	0,8901	0,8285	97,99 } < 100
20	0,8304	0,8690	99,64 } < 100
30	0,7897	0,8186	102,66

J. Thomsen est arrivé à un résultat analogue pour les solutions étendues de toute une série de sels. Marignac a trouvé que la formule (25) donne des valeurs exactes pour les solutions de sucre, si on introduit pour c la capacité calorifique du sucre à l'état liquide (0,460) ; il a trouvé pour quelques *acétates* $C > C'$.

Mathias a proposé la formule $C = \frac{a+n}{b+n}c$, où c désigne la capacité calorifique du dissolvant (pour l'eau, $c = 1$), n le nombre d'équivalents du dissolvant renfermant 1 équivalent de la substance dissoute, a et b des constantes dont la valeur dépend de la *nature de la substance dissoute* ; on a par exemple :

	a	b		a	b
SO^4H^2. . . .	2,5	7,4	NaCl	11,45	20
HCl.	1,97	9,23	AzH^4Cl . . .	5,33	12,55
NaOH. . . .	24,0	31,4	Sucre. . . .	8,78	19,77

Mathias a montré que sa formule revient à (25), si on admet que la capacité calorifique c de la substance dissoute donne dans la solution $c' = \frac{a}{b}c$, et que son équivalent est alors b fois plus grand. D. P. Konovaloff a mesuré les capacités calorifiques de mélanges d'aniline et de diméthylaniline avec les acides acétique, butyrique et propionique ; Biron a étudié les mélanges d'acide sulfurique et d'eau.

Berthelot, Tammann, Pusch et d'autres encore ont étudié théoriquement la capacité calorifique des dissolutions. Pusch pense que, dans les dissolutions, une partie de l'eau est modifiée de façon que sa capacité calorifique devient celle de la glace (0,5).

Magie est arrivé à ce résultat important que la formule (25) doit s'appliquer à toutes les dissolutions de *non électrolytes*, et l'a confirmé par toute une série de recherches. Il a donné pour les dissolutions d'électrolytes la formule

$$c = c_0 + a - bp, \quad (26)$$

où c_0 désigne la capacité calorifique du dissolvant pur, a et b deux constantes et p le degré de dissociation de l'électrolyte dissous. Cette formule concorde parfaitement avec les résultats obtenus par Thomsen.

Nous indiquerons pour terminer que Van't Hoff a établi dans ses *Leçons de Chimie théorique et physique*, partie III, une formule due à Bakker, qui permet de calculer la capacité calorifique c d'un liquide, connaissant la capacité calorifique sous volume constant (voir plus loin) de sa vapeur, la chaleur de vaporisation et le coefficient de dilatation à la température de vaporisation. Pour le mercure et l'éther, on obtient, à l'aide de cette formule, des valeurs très voisines de celles observées.

11. Capacité calorifique des gaz. — La quantité de chaleur nécessaire pour l'échauffement d'un gaz dépend en général, beaucoup plus que pour les corps à l'état solide ou liquide, des conditions dans lesquelles a lieu l'échauffement lui-même. Ceci s'explique par la propriété que possèdent les gaz d'être librement dilatables. Nous verrons dans la suite que la chaleur Q, absorbée par un corps, est employée d'une part à produire son échauffement, c'est-à-dire à accroître l'énergie *cinétique* du mouvement de ses molécules et de ses atomes, d'autre part à accomplir un travail intérieur et un travail extérieur. Dans les corps à l'état solide ou liquide, le travail extérieur est en général très petit et, en pratique, l'échauffement s'effectue presque toujours dans les mêmes conditions, à savoir sous pression constante. Dans les gaz, surtout si la température est très éloignée du point de liquéfaction, le travail intérieur est très faible, mais au contraire la chaleur dépensée pour accomplir le travail extérieur peut être nulle ou avoir une grandeur positive très grande lorsque le gaz se dilate, ou être négative quand le gaz est comprimé.

Parmi les différentes valeurs que peut prendre la capacité calorifique d'un gaz, les grandeurs c_p et c_v des capacités calorifiques sous pression constante et sous volume constant, dont nous avons déjà parlé maintes fois, présentent un intérêt particulier. Pour les gaz *parfaits*, dont nous étudierons dans la suite plus complètement la théorie, nous avons établi déjà quelques formules dans le Tome I, que nous avons utilisées par exemple dans l'Acoustique. Si on désigne la tension, le volume et la température absolue de l'unité de poids par p, v et T, on a, pour les gaz parfaits,

$$pv = RT, \tag{27}$$

où R désigne une grandeur constante, c'est-à-dire indépendante de l'état du gaz. Si on prend comme unités de volume et de pression, le mètre cube et la pression de 1 kilogramme sur 1 mètre carré de surface, on a

$$R = \frac{29,27}{\delta}, \tag{27, a}$$

où δ désigne le poids spécifique du gaz par rapport à l'air. Nous avons établi dans le Tome I la formule

$$c_p - c_v = AR, \tag{28}$$

dans laquelle A est l'équivalent thermique du travail, c'est-à-dire approximativement $\frac{1}{425}$; c_p et c_v se rapportent à 1 kilogramme de substance. Si on porte (27, a) dans (28), on obtient

$$(29) \qquad c_p - c_v = \frac{29,27A}{\delta} = \frac{0,0688}{\delta}.$$

Les produits $c_p\delta$ et $c_v\delta$ représentent les capacités calorifiques d'un volume du gaz égal au volume d'un kilogramme d'air. En désignant ce dernier par v_0, $c_p\delta : v_0$ et $c_v\delta : v_0$ représentent les *capacités calorifiques de l'unité de volume du gaz*, que nous désignerons par γ_p et γ_v. La formule (29) donne

$$(30) \qquad \gamma_p - \gamma_v = \frac{0,0688}{v_0};$$

autrement dit, *la différence des capacités calorifiques sous pression constante et sous volume constant, rapportées à l'unité de volume, est une grandeur constante pour tous les gaz parfaits, pris à la même pression et à la même température.* A 0° et 760^{mm}, on a $v_0 = 0,7733$, et par suite

$$(31) \qquad \gamma_p - \gamma_v = \frac{0,0688}{0,7733} = 0,0889.$$

Lorsqu'on n'a pas choisi les unités de volume et de pression, on a la formule générale

$$\gamma_p - \gamma_v = \frac{AR_0}{v_0},$$

dans laquelle R_0 est la constante de la formule (27) et v_0 le volume de l'*unité de poids* d'air à la pression et à la température de l'unité de volume considérée du gaz.

On tire de la formule (29) pour les gaz parfaits

$$(32) \qquad c_v = c_p - \frac{0,0688}{\delta};$$

à l'aide de cette formule, c_v peut être calculé quand on a trouvé c_p.

Nous avons vu dans le Tome I que le poids moléculaire μ d'un gaz est $\mu = 28,88\delta$. En multipliant (29) par μ, on obtient à droite la différence $c_{\mu,p} - c_{\mu,v}$ des capacités moléculaires et à gauche un nombre constant :

$$(33) \qquad c_{\mu,p} - c_{\mu,v} = 0,0688 \times 28,88 = 1,987.$$

La différence des capacités calorifiques moléculaires à pression constante et à volume constant est, pour les gaz parfaits, une grandeur constante, voisine de deux petites ou de deux grandes calories, suivant qu'on prend μ grammes ou μ kilogrammes de gaz, μ désignant le poids moléculaire du gaz ($\mu = 2$ pour l'hydrogène).

Désignons le rapport $c_p : c_v$ par k. Cette grandeur entre dans la formule de la vitesse V du son, voir Tome I,

$$V = \sqrt{\frac{p}{d} k}, \tag{34}$$

où d désigne la masse de l'unité de volume du gaz.

Nous avons établi, dans le Tome I, la formule de Poisson

$$pv^k = const., \tag{35}$$

qui se rapporte au cas du changement *adiabatique* d'état d'un gaz parfait, c'est-à-dire du changement dans lequel il n'y a pas d'échange calorifique entre le gaz et les corps environnants. Tel est le cas d'une compression ou d'une détente brusque du gaz. Le volume v et la température T sont alors liés par l'équation (Tome I)

$$Tv^{k-1} = const. \tag{36}$$

Désignons par J la provision totale d'énergie cinétique contenue dans l'unité de poids d'un gaz donné. Cette provision se compose de l'énergie J_u du mouvement de translation des molécules, de l'énergie de leur mouvement de rotation et de l'énergie des mouvements intramoléculaires des atomes ou groupes d'atomes dont est formée la molécule. Nous avons établi, dans le tome I, la relation

$$\frac{J_u}{J} = \frac{3}{2}(k - 1), \tag{37}$$

qui donne le rapport de l'énergie du mouvement de translation à la provision totale d'énergie dans le gaz ; J_u ne peut évidemment pas être supérieur à J, et par suite $k - 1$ ne peut être plus grand que $\frac{2}{3}$; on a donc

$$k \leqslant \frac{5}{3} = 1,666. \tag{38}$$

La grandeur k ne peut dépasser le nombre 1,666.

Nous devons poser $J_u = J$ pour les gaz *monoatomiques* ; nous avons alors

$$k = \frac{5}{3}, \tag{39}$$

et inversement si on trouve pour de tels gaz $k = \frac{5}{3}$, cela montre que $J_u = J$, c'est-à-dire que l'énergie du mouvement de rotation des atomes ou bien n'existe pas (est nulle ou infiniment petite), ou bien est indépendante de la température.

Pour les gaz biatomiques ou polyatomiques, on a $J_u < J$, et par suite $k < \frac{5}{3}$. Maxwell, Boltzmann et d'autres encore ont cherché à établir théoriquement comment la grandeur k dépend du nombre n d'atomes dont se compose la molécule. Pour les gaz *biatomiques*, on obtient

$$(40) \qquad k = \frac{7}{5} = 1,40,$$

en supposant que la distance des deux atomes entrant dans la composition de la molécule ne peut pas changer ; dans le cas contraire, nous devons avoir

$$(41) \qquad k = \frac{4}{3} = 1,33.$$

Plus le nombre n est grand, plus le rapport $J_u : J$ doit diminuer et par suite aussi le nombre k. Dans les gaz monoatomiques, on a $J_u = J$; dans les gaz biatomiques $J_u = \frac{3}{5}$ J, si $k = \frac{7}{5}$, mais lorsque $k = \frac{4}{3}$ on a $J_u = \frac{1}{2}$ J. La formule (37) montre que si k est indépendant de la température pour un gaz quelconque, le rapport $J_u : J$ reste constant dans un échauffement du gaz. Cela signifie que la chaleur absorbée se partage dans un rapport constant entre l'énergie du mouvement de translation des molécules et l'énergie des autres mouvements qui existent dans le gaz, par exemple dans le rapport $\frac{3}{5} : \frac{2}{5} = 3 : 2$ pour les gaz biatomiques à l'égard desquels $k = 1,40$, ou en deux parties égales lorsque $k = 1,33$. Nous reviendrons sur cette question dans le § 15.

12. Capacité calorifique des gaz sous pression constante. — Les premières déterminations de la capacité calorifique c_p pour différents gaz ont été faites par CRAWFORD, LESLIE, LAVOISIER et LAPLACE, CLÉMENT et DESORMES, GAY-LUSSAC. Les résultats obtenus par ces savants avaient toutefois très peu de précision. En 1812 parut le travail classique de DELAROCHE et BÉRARD, qui ont donné les premiers résultats méritant confiance. L'appareil dont ils se sont servis est représenté par la figure 92. Le gaz à étudier remplit deux vessies b et c et un système de tubes, situés sur la figure à droite des points m et p. A ce système de tubes appartiennent le tube en spirale du calorimètre s et le tube e, entouré de vapeur d'eau bouillante et servant à l'échauffement du gaz qui le parcourt. Tout l'appareil est construit de façon qu'une même quantité de gaz passe plusieurs fois dans le calorimètre, après échauffement préalable dans le tube e. On y arrive comme il suit. Les vessies c et b sont suspendues à l'intérieur des vases C et D hermétiquement fermés ; elles sont reliées directement aux tubes m et p, dont les prolongements forment les tubes n et e, qui conduisent au calorimètre s et traversent une paroi verticale destinée à protéger ce dernier contre un échauffement direct par le système Me. Entre le tube e et le calorimètre s se trouve une partie verticale un peu élargie, renfermant un thermomètre. Les tubes pn et me sont réunis entre eux au moyen de tubes v et w disposés en croix ; cette partie du système présente quatre robinets appartenant respectivement aux tubes p, m, v, et w. Les tubes q partent des ballons C et D et viennent déboucher dans les flacons a et *d*, après s'être divisés chacun en deux branches, dont l'une pénètre presque jusqu'au fond du vase, tandis que l'autre, courte, se termine sous le couvercle lui-même ; ces branches sont également munies de robinets. Aux flacons *a* et *b* sont réunis, par des tubes verticaux munis en bas de robinets, de larges vases A et B ; deux tubes ouverts aux deux extrémités traversent les couvercles de A et B et parviennent à peu près jusqu'à leurs ouvertures inférieures. Les vases A et B sont remplis d'eau, qui peut se déverser dans les flacons *a* et *d*, et s'écouler de ceux-ci par des robinets latéraux *h*.

Le gaz est chassé plusieurs fois de *b* en *c* et inversement, et chaque fois il s'échauffe dans *e* et cède sa chaleur dans *s*. Considérons la disposition représentée par la figure, où le gaz se trouve dans *b*. L'eau versée dans A a été enlevée de *a* et se trouve dans *d* depuis la période précédente de l'expérience ; les robinets de *p* et *m* sont ouverts, ceux de *w* et *v* fermés ; l'un des robinets latéraux *h*, celui du vase *a*, est fermé, et l'autre, celui de *d*, est ouvert ; le robinet du tube

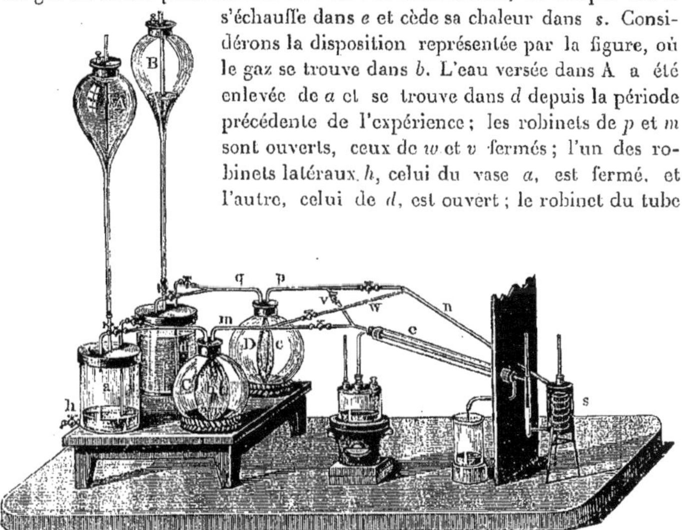

Fig. 92

vertical *d*B est ouvert, celui de *a*A fermé ; le robinet du branchement de droite (vu de *s*) au-dessus de *d* est ouvert, son voisin est fermé ; inversement, au-dessus du vase *a* le robinet du branchement de gauche est ouvert L'appareil étant ainsi disposé, l'eau s'écoule uniformément de A (vase de Mariotte) dans le vase *a*, d'où elle chasse l'air et l'envoie par le tube analogue à *q* dans C. La vessie *b* se trouve ainsi comprimée et le gaz qu'elle renferme s'écoule suivant la direction *mesnp* dans la vessie *c*, qui se dilate et chasse l'air du vase D ; cet air s'échappe par *q*, s'élève en bulles à travers l'eau du flacon *d* qu'il remplit peu à peu, en comprimant l'eau qui s'échappe par le robinet latéral correspondant à *h*. Quant tout le gaz est passé de *b* en *c*, A et *d* sont presque vides, tandis que *a* renferme de l'eau. On verse alors de l'eau fraîche dans B et on dispose tous les robinets de façon que, par exemple, ceux de *m* et *p* soient fermés, ceux de *w* et *v* ouverts. L'eau se déverse maintenant de B dans *d* ; l'air de *d* passe dans D, le gaz de la vessie *c* dans la vessie *b* en suivant la direction *pvesmwm*, et enfin l'air de C dans le flacon *a* par le branchement de droite ; l'eau s'échappe de ce flacon par le robinet latéral h.

On voit par ce qui a été dit que, dans les deux cas, le gaz passe d'abord dans e, ensuite dans le calorimètre s. Le manchon e est échauffé par de la vapeur d'eau, qui se forme dans un vase représenté sur la figure, et, après condensation, s'écoule dans un verre. Le thermomètre placé verticalement entre e et s indique la température du gaz immédiatement avant son entrée dans le calorimètre. Ce thermomètre perd cependant de la chaleur par rayonnement, de sorte que sa température est inférieure à la température T que l'on doit considérer. Delaroche et Bérard prenaient T, un peu arbitrairement, égal à la moyenne des températures de la vapeur du manchon et du thermomètre. Par exemple, dans le cas où le thermomètre marquait 92°,6 et où la température de la vapeur était de 95°,6, ils prenaient T = 94°,1.

Le calorimètre reçoit aussi de la chaleur par le tube e, en raison de la conductibilité des parties intermédiaires. Des expériences, effectuées avec échauffement du manchon e, mais sans courant de gaz, ont montré que le calorimètre s'échauffait de 2°,7.

Nous nous bornerons à exposer brièvement les diverses mesures que Delaroche et Bérard ont faites avec l'appareil que nous venons de décrire. Avant tout, ils ont déterminé le *rapport* des capacités calorifiques de différents gaz par deux méthodes distinctes, la méthode des *températures stationnaires* et celle des *températures variables*.

La *première méthode* consiste dans la détermination de l'*élévation maxima* de température du calorimètre, qui peut être atteinte en faisant circuler indéfiniment dans celui-ci un gaz déterminé avec une vitesse constante. Soit P la quantité de gaz en poids qui s'écoule à travers le calorimètre dans un intervalle de temps déterminé (10 minutes, par exemple), c_p la capacité calorifique du gaz, T sa température à l'entrée dans le calorimètre, θ la température stationnaire de ce dernier, τ la température de l'air ambiant, et w la quantité de chaleur qui arrive au calorimètre par suite de la conductibilité des tubes. On a alors $Pc_p(T-\theta)+w=a(\theta-\tau)$, où a est un facteur de proportionnalité, le flux de chaleur qui parvient au calorimètre, dont la température θ est stationnaire, étant égal à la perte que l'on peut prendre proportionnelle à $\theta-\tau$. Des expériences préliminaires avec $P=0$ ont donné, comme nous l'avons dit, $\theta-\tau=2°,7$; on a par suite $w=2{,}7\,a$ et

$$(42)\qquad Pc_p(T-\theta)=a(\theta-2{,}7-\tau).$$

Pour un second gaz, on obtient $P'c_p'(T'-\theta')=a(\theta'-2{,}7-\tau')$, d'où l'on tire le rapport cherché $c_p' : c_p$.

La *seconde méthode* consiste dans la détermination du poids P de gaz nécessaire pour échauffer le calorimètre de 4°. En employant la méthode de compensation de Rumford (page 197), c'est-à-dire en refroidissant au préalable le calorimètre de 2° au-dessous de la température de l'air ambiant, Delaroche et Bérard ont complètement évité la nécessité d'introduire une correction relative à la perte de chaleur du calorimètre par rayonnement, l'échauffement de ce dernier s'effectuant uniformément. Nous avons maintenant

$$P c_p (T - \theta) + w = 4 C, \tag{43}$$

où θ désigne la température moyenne du calorimètre et C la capacité calorifique de l'ensemble de ce calorimètre. Pour un second gaz, on a $P' c_p' (T' - \theta') + w = 4 C$, d'où

$$\frac{c'_p}{c_p} = \frac{P (T - \theta)}{P' (T' - \theta')}.$$

Delaroche et Bérard ont déterminé la capacité calorifique c_p de l'*air* par trois méthodes :

1. Au moyen de la formule (42), en déterminant le coefficient a d'après des observations sur le refroidissement du calorimètre abandonné à lui-même ; ils ont obtenu $c_p = 0,2898$.

2. Au moyen de la formule (43), en déterminant la grandeur C et en négligeant w : ils ont obtenu $c_p = 0,2697$.

3. Par comparaison des échauffements maxima produits d'abord par un courant d'air, ensuite par un courant d'eau chaude, dans la méthode des températures stationnaires ; ils ont trouvé ainsi $c_p = 0,2498$.

La moyenne des trois nombres précédents est $c_p = 0,2669$.

Nous indiquons ci-dessous quelques valeurs de c_p pour différents gaz, d'après les déterminations de Delaroche et Bérard :

	c_p		c_p
Air	0,2669	Azote.	0,2754
Oxygène	0,2361	Acide carbonique. . .	0,2210
Hydrogène.	3,2936	Oxyde de carbone. . .	0,2884
Protoxyde d'azote. . .	0,2369	Ethylène	0,4207

Les causes d'imperfection des expériences de Delaroche et Bérard proviennent de la détermination inexacte de la température T du gaz entrant dans le calorimètre, de l'emploi de vessies à travers lesquelles les gaz peuvent se diffuser, l'air humide qui se trouve dans les ballons C et D se mélangeant au gaz intérieur, enfin de l'emploi de la formule de Newton pour de grandes différences de températures, voir (42).

Après Delaroche et Bérard et avant Regnault, des déterminations de la capacité calorifique des gaz ont été faites par Haycraft, Delarive et Marcet, Apjohn, Suermann et Joule.

En 1862, a paru le travail classique de Regnault, dont nous allons maintenant parler. L'appareil employé par Regnault comporte de légères modifications, suivant qu'il s'agit de déterminer c_p pour des gaz sous une forte pression ou sous une faible pression. La figure 93 représente l'appareil employé pour les *pressions élevées*. Une pompe aspire le gaz à sa sortie des appareils où il est produit ; une fois purifié et desséché, on l'amène dans un grand réservoir métallique que nous appellerons A, qui peut contenir environ 35 litres de gaz sous forte pression. Quand cette pression est jugée suffisante, on fait écouler le gaz d'une façon continue par des tubes dans un serpentin plongé

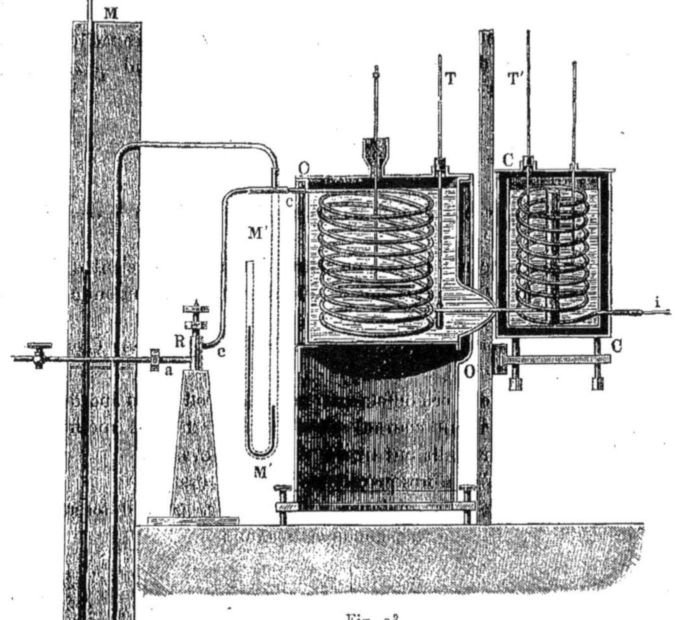

Fig. 93

dans un bain d'huile O, ensuite dans un calorimètre C, d'où il s'échappe librement dans l'air. Le réservoir A se trouve dans un grand vase rempli d'eau, dont la température reste constante pendant l'expérience. Le poids P de gaz, qui s'écoule à travers le calorimètre, est déterminé au moyen de la chute de pression du gaz dans A. Si la loi de Mariotte était applicable et si la capacité du réservoir ne variait pas avec h, le poids du gaz contenu dans A sous une pression H serait proportionnel à cette pression ; mais, chacune des conditions précédentes n'étant réalisée qu'approximativement, Regnault déterminait par des expériences préliminaires comment la quantité Ω de gaz contenue dans le réservoir dépend de sa pression H ; cette dépendance peut être exprimée par une formule empirique telle que

$$\Omega = a + bH + cH^2,$$

où a, b, c sont des constantes. La pression H dans le réservoir A diminuant, la vitesse d'écoulement du gaz à travers l'appareil doit en même temps diminuer. Pour obtenir un courant uniforme de gaz pendant toute la durée de l'expérience, REGNAULT intercalait en R sur le courant un régulateur particulier représenté à part (*fig.* 94) et branchait peu après sur le tube *cc* un manomètre à mercure M. Le régulateur R se compose d'une vis *r* terminée en bas par une pointe conique et en haut par un tambour divisé, sur lequel on effectue des lectures à l'aide d'un index latéral. En faisant tourner la tête de vis, on augmente plus ou moins l'ouverture que traverse le gaz, et on peut ainsi régler sa pression avant son entrée dans le réchauffeur O, pression qui est mesurée au moyen du manomètre M : les indications de ce dernier doivent rester constantes pendant l'expérience. Dans l'appareil destiné aux mesures avec des basses pressions, M est remplacé par M'.

Le serpentin plongé dans le bain d'huile est formé par un tube de 10 mètres de longueur et de 8 millimètres de diamètre intérieur. REGNAULT s'assurait, par des expériences directes, que le gaz, dans son parcours à travers le serpentin, prenait exactement la température du liquide qui l'entoure et qui est destiné à l'échauffer. L'huile est chauffée par une lampe à alcool placée sous le bain et un agitateur circulaire, mis en mouvement mécaniquement, rend constamment la température uniforme. La température de l'huile, et par suite celle du gaz, se détermine à l'aide d'un thermomètre T. Au sortir du serpentin, le gaz traverse par un tube un écran vertical et se rend dans le calorimètre C, renfermant également un serpentin. Dans l'appareil destiné aux basses pressions, le serpentin est remplacé par quatre boîtes plates, cylindriques, en laiton, communiquant entre elles par des tubes verticaux. Chacune de ces quatre boîtes est divisée à l'intérieur par des cloisons, de manière à former un canal en spirale. Le gaz, en parcourant soit le serpentin, soit ces boîtes, c'est-à-dire toutes les circonvolutions qu'elles présentent, prend exactement la température de l'eau du calorimètre ; celui-ci renferme d'ailleurs un agitateur et un thermomètre. L'huile dans O est chauffée jusqu'à 100° ou 200° ; pour la détermination de la capacité calorifique aux basses températures, REGNAULT remplaçait l'huile par un mélange réfrigérant, dont la température était de — 30°.

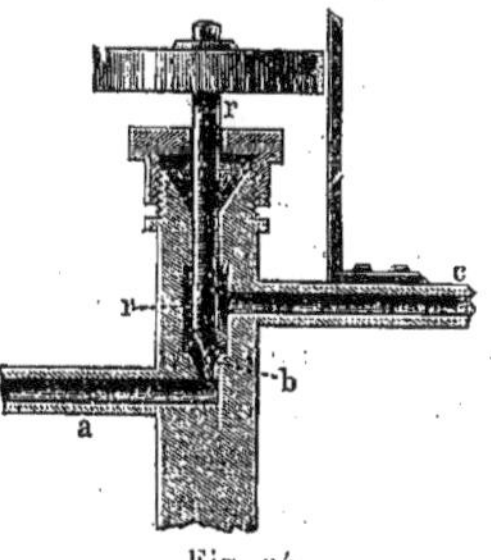

Fig. 94

Dans les expériences à haute pression, REGNAULT adaptait un tube capillaire à l'extrémité *i* du tube sortant du calorimètre. Il amenait ainsi la pression *p* du gaz parcourant l'appareil jusqu'à 4 atmosphères ; cette pression reste constante dans O et C, car le passage de la pression du gaz à la pression atmosphérique ne s'effectue qu'à l'intérieur du tube capillaire et dans le voisinage de son ouverture, par laquelle le gaz s'échappe.

Dans quelques expériences, REGNAULT plaçait le régulateur R non sur le trajet du gaz entre A et O, mais à la sortie du gaz du calorimètre : il obtenait ainsi un courant uniforme de gaz à travers l'appareil. La pression *p* du gaz est alors égale à la pression H dans le réservoir et par suite diminue constamment. Mais la dilatation du gaz correspondant à cette diminution de pression se produit dans A ; le gaz s'écoule à travers le calorimètre sous pression constante, de sorte que, dans ce cas encore, c'est la grandeur c_p qui est mesurée.

Il faut tenir compte, dans le calcul de la capacité calorifique c_p, de ce que le calorimètre, pendant l'expérience, perd de la chaleur par rayonnement et en gagne par conductibilité des parties qui le relient au bain d'huile O. La marche de l'observation complète est donc la suivante : quand la température du bain O est devenue constante, on observe toutes les minutes, pendant 10 minutes, la température θ du calorimètre et celle τ de l'air ambiant ; soient θ_0 et τ_0 les valeurs moyennes des dix lectures de ces grandeurs et $\delta\theta_0$ la variation moyenne de température du calorimètre, qui est positive lorsque θ croît. On peut poser dans ce cas $\delta\theta_0 = K + a(\tau_0 - \theta_0)$, où K désigne l'accroissement de température du calorimètre résultant de l'afflux de chaleur par conductibilité. Après la dixième observation, on lance le gaz dans l'appareil, et on observe, chaque minute, la température du calorimètre ainsi que celle de l'air ambiant. En prenant les moyennes arithmétiques de deux lectures successives, on obtient les températures moyennes $\theta_1, \theta_2, \theta_3, \ldots, \theta_n$ du calorimètre et les températures moyennes $\tau_1, \tau_2, \tau_3, \ldots, \tau_n$ de l'air ambiant, pour chacune des n minutes pendant lesquelles a lieu le courant de gaz à travers le calorimètre. Lorsqu'on interrompt ce courant, les observations sont encore poursuivies pendant 10 minutes ; soient maintenant θ_0', τ_0' les valeurs moyennes et $\delta\theta_0'$ la variation moyenne de la température du calorimètre pendant une minute. L'équation $\delta\theta_0' = K + a(\tau_0' - \theta_0')$ correspond à celle de la première phase. Ces deux équations permettent de déterminer les grandeurs constantes K et a. On calcule alors, pour chacune des n minutes pendant lesquelles le gaz a traversé le calorimètre, les grandeurs $\delta\theta_i = K + a(\tau_i - \theta_i)$, $(i = 1, 2, 3, \ldots, n)$. La somme des grandeurs $\delta\theta_i$, c'est-à-dire $\sum_1^n \delta\theta_i$, donne l'accroissement de température du calorimètre qui ne provient pas de l'écoulement du gaz. Cette somme, qui peut d'ailleurs être aussi une grandeur négative, doit être retranchée de la température Θ_2 observée à la fin de la n^e minute quand a cessé le courant de gaz, pour connaître l'accroissement de température du calorimètre produit par le gaz. Soit Θ_1 la température du calorimètre au moment où a commencé le courant de gaz et C la capacité calorifique du calorimètre. Le calorimètre a reçu du gaz la chaleur $C(\Theta_2 - \Sigma\delta\theta_i - \Theta_1)$; d'autre part, le poids P de gaz s'est refroidi depuis la température initiale T du réchauffeur jusqu'à la température du calorimètre, qui est $\theta_1, \theta_2, \ldots, \theta_n$ dans chacune des n minutes de l'écoulement ; le gaz a donc cédé autant de chaleur que si toute sa masse s'était refroidie jusqu'à la moyenne $\frac{\Sigma\theta_i}{n}$ de ces n températures. Nous obtenons ainsi l'équation

$$Pc_p\left(T - \frac{\Sigma\theta_i}{n}\right) = C(\Theta_2 - \Sigma\delta\theta_i - \Theta_1),$$

qui détermine c_p.

Nous reviendrons plus loin sur les résultats des expériences de Regnault.

E. Wiedemann (1876) a réussi à déterminer c_p pour différents gaz et à différentes températures, en se servant d'un appareil de dimensions très réduites. Le trait essentiel de cet appareil consiste dans ce que le réchauffement et le refroidissement du gaz ne s'effectuent plus dans de longs serpentins, mais dans des vases relativement petits, remplis de copeaux de cuivre ou d'argent : le gaz se trouve ainsi en contact avec une surface considérable, qui sert à son échauffement ou à son refroidissement. L'appareil de Wiedemann est représenté par la figure 95. Le gaz est enfermé dans une grande

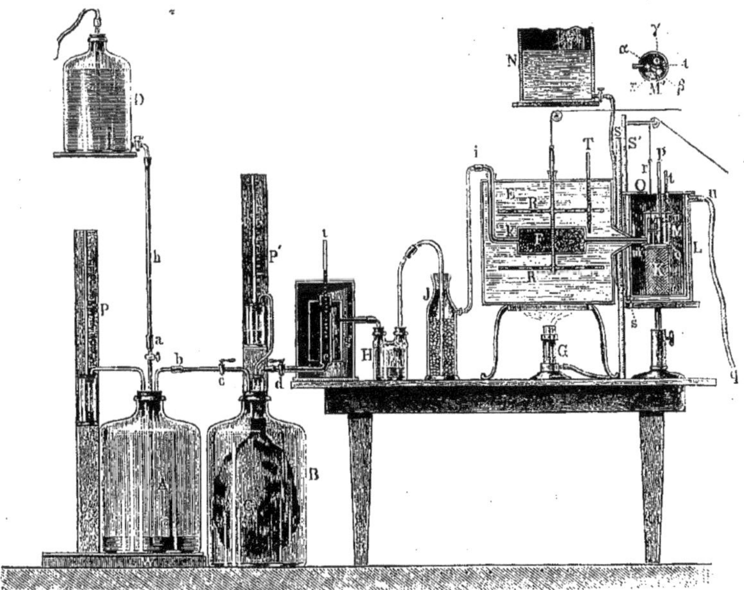

Fig 95

vessie en caoutchouc épais de 20 litres de capacité, d'où il est chassé par la méthode de Delaroche et Bérard : de l'eau se déverse de D dans A, faisant passer l'air de A en B. Les manomètres à eau P et P′ servent à déterminer la pression dans A et dans B. La quantité de gaz, qui s'échappe de C, se détermine au moyen du poids d'eau passé dans A, des indications des manomètres P et P′, et de la température du gaz qui est mesurée dans l'appareil efg par le thermomètre t. Le gaz traverse le flacon en verre H, qui renferme de l'acide sulfurique ou du mercure et permet de suivre plus facilement la vitesse d'écoulement du gaz, ensuite le vase J rempli de perles de verre, chargées de retenir les traces d'acide qui auraient pu se mélanger au gaz dans H. Le gaz parvient alors au réchauffeur F, formé par un tube de cuivre de 11 centimètres de longueur et de 4 centimètres de diamètre et rempli de copeaux de cuivre ; ce réchauffeur est entouré d'eau ou de paraffine fondue ; R est un agitateur, T un thermomètre. Le gaz, à la sortie du réchauffeur, se rend dans un petit calorimètre en argent M, installé sur le cylindre en filet métallique K et placé dans le vase L, entre les doubles parois duquel coule, dans la direction N*ssuq*, un courant d'eau venant de N. La hauteur du calorimètre est de 5^{cm},5, sa largeur de 4^{cm},2, et l'épaisseur de sa paroi en argent de 0^{mm},35 ; il ne renferme que 60 grammes d'eau.

La section transversale du calorimètre est dessinée à part en M' dans la figure. Il contient un petit agitateur r et trois cylindres verticaux en argent α, β et γ de 41 millimètres de hauteur et 9 millimètres de largeur ; ces cylindres sont complètement remplis de copeaux d'argent. Le gaz pénètre par en bas dans le cylindre α, ensuite par en haut dans le cylindre β, de nouveau par en bas dans le cylindre γ et s'échappe enfin à l'extérieur par le tube p.

Regnault a trouvé les valeurs suivantes pour la capacité calorifique moyenne de différents gaz entre 20° et 200°.

Gaz	Capacité calorifique sous pression constante rapportée	
	à des poids égaux ($c_p = 1$ pour l'eau) c_p	à des volumes égaux $c_p\delta$
Air	0,2375	0,2375
Azote	0,2438	0,2365
Oxygène	0,2175	0,2405
Hydrogène	3,4090	0,2359
Oxyde de carbone	0,2450	0,2376
Bioxyde d'azote	0,2317	0,2406
Protoxyde d'azote	0,2262	0,3447
Chlore	0,1210	0,2964
Acide carbonique	0,2169	0,3307
Ammoniac	0,5084	0,2996
Acide sulfureux	0,1544	0,3414
Méthane	0,5929	0,3277
Ethylène	0,4045	0,3909
Ether chlorhydrique C^2H^5Cl	0,2238	0,6096

La dernière colonne renferme les valeurs $c_p\delta$, où δ désigne la densité du gaz par rapport à l'air, c'est-à-dire les *capacités calorifiques de volumes égaux de gaz*, ces volumes étant choisis égaux au volume de l'unité de poids d'air.

Les nombres de la dernière colonne, qui se rapportent à des gaz très éloignés de leur point de liquéfaction, tels que Az^2, O^2, H^2, CO et AzO, sont presque égaux entre eux. Ceci nous permet d'énoncer la loi suivante : *Des volumes égaux de gaz parfaits possèdent, sous une pression donnée, la même capacité calorifique.* Ces volumes égaux renferment, d'après la loi d'Avogadro (Tome I), le même nombre de molécules ; il en résulte donc que *la capacité calorifique moléculaire est la même pour tous les gaz parfaits*. On en déduit, pour les gaz biatomiques élémentaires, que *la capacité calorifique atomique de tous les gaz parfaits biatomiques élémentaires est la même.*

Gaz	c_p	Poids atomique	Capacité calorifique atomique
O^2.	0,2175	16	3,480
Az^2.	0,2438	14	3,413
H^2.	3,4090	1	3,409

Les nombres obtenus par Wiedemann se rapprochent beaucoup, pour la plupart, de ceux de Regnault, si on fait la correction relative à l'influence de la température sur la capacité calorifique de l'eau, la température n'étant pas la même chez les deux observateurs.

Après introduction de cette correction, on obtient les nombres suivants :

Gaz	c_p entre 0° et 200°	
	Regnault	E. Wiedemann
Air	0,2386	0,2391
Hydrogène	3,424	3,413
Oxyde de carbone	0,2426	0,2461
Acide carbonique	0,2171	0,2175
Protoxyde d'azote	0,2272	0,2271
Ethylène.	0,4058	0,4186
Gaz ammoniac	0,5106	0,5314

Tumlirz (1900) a obtenu $c_p = 0,4741$ pour la *vapeur d'eau*.

E. Wiedemann a trouvé que les substances, qui possèdent à l'état liquide une grande chaleur spécifique, ont aussi à l'état gazeux un grand c_p. Il a reconnu en outre que l'influence de la température sur la chaleur spécifique c dépend peu de l'état d'agrégation et qu'elle croît avec la grandeur c.

L'influence de la *température* sur la capacité calorifique c_p a été étudiée par Regnault et E. Wiedemann. Regnault a trouvé que c_p *est indépendant de la température* pour l'*air* et l'*hydrogène*. Ainsi, il a obtenu pour l'air les capacités calorifiques moyennes suivantes :

$$\begin{array}{lll} -30° \text{ à } +10° & c_p = 0,23771 \\ 0° \text{ à } 100° & 0,23741 \\ 0° \text{ à } 200° & 0,23751. \end{array}$$

E. Wiedemann a trouvé également que c_p est indépendant de la température pour l'air, l'hydrogène et l'oxyde de carbone. Ce résultat a été confirmé pour l'air à de très basses températures par Witkowski, en suivant une méthode semblable à celle de Regnault et de E. Wiedemann ; le premier, il a employé un thermoélément pour mesurer la température, et il a ainsi trouvé, pour l'air, que c_p ne dépend pas de t jusqu'à — 140°. Depuis, Holborn et Austin (1905), qui se sont également servis d'un thermoélément, ont mis pour la première fois en évidence d'une manière manifeste une dépendance entre la grandeur c_p et la température, pour Az, O et l'air. Les valeurs *moyennes* de c_p qu'ils ont trouvées sont les suivantes :

Température	Azote	Oxygène	Air
entre 20° et 440°	0,2419	0,2240	0,2377
» 20 » 630	0,2464	0,2300	0,2426
» 20 » 800	0,2497	—	—

Entre 0° et t°, la valeur *moyenne* de c_p est

$$c_p = c_0 (1 + 0,00004\, t). \qquad (43, a)$$

On obtient un résultat tout autre avec les gaz facilement liquéfiables. Regnault a trouvé pour CO^2 :

entre — 30° et + 10° $c_p = 0,1843$
+ 10° et 100° 0,2025
+ 10° et 210° 0,2169.

On en déduit les valeurs suivantes de la capacité calorifique c_p à différentes températures pour CO^2 :

0° $c_p = 0,1870$
100° 0,2145
200° 0,2396.

La grandeur c_p croît rapidement quand la température s'élève. E. Wiedemann donne les résultats suivants :

Gaz	c_p à la température t	0°	100°	200°
Acide carbonique. . .	$0,1952 + 0,000\,229\, t$	0,1952	0,2169	0,2387
Ethylène	$0,3364 + 0,000\,825\, t$	0,3364	0,4189	0,5015
Protoxyde d'azote. . .	$0,1983 + 0,000\,230\, t$	0,1983	0,2212	0,2442
Gaz ammoniac. . . .	$0,5009 + 0,000\,310\, t$	0,5009	0,5319	0,5629

La différence des grandeurs c_p à 0° et à 200° atteint 49 % pour l'éthylène.

HOLBORN et HENNING ont également étudié CO^2 et ont trouvé pour sa capacité calorifique *vraie* les valeurs suivantes :

$$
\begin{array}{lcccccc}
t = & 0^\circ & 100^\circ & 200^\circ & 400^\circ & 600^\circ & 800^\circ \\
c_p = & 0{,}2028 & 0{,}2161 & 0{,}2285 & 0{,}2502 & 0{,}2678 & 0{,}2815.
\end{array}
$$

Ces nombres donnent la formule

$$c_p = 0{,}2028 + 0{,}0001384\, t - 0{,}00000005\, t^2.$$

HOLBORN et HENNING (1905) ont déterminé le rapport des capacités calorifiques *moyennes* de la vapeur d'eau ($p = 1$ atmosphère) et de l'air et ont calculé la capacité calorifique moyenne de la vapeur d'eau, en adoptant pour l'air la formule (43, a) et en prenant 0,2355 pour le nombre de REGNAULT entre 20° et 200°. Ils ont obtenu les nombres suivants :

Température	Vapeur d'eau / air	Vapeur d'eau
entre 110° et 270°	1,940	0,4639
» 110 » 440	1,958	0,4713
» 110 » 620	1,946	0,4717
» 110 » 820	1,998	0,4881

L'influence de la *pression* p sur la capacité calorifique c_p a été étudiée par REGNAULT pour l'air, l'hydrogène et CO^2. Il a constaté que *la capacité calorifique c_p de ces gaz est indépendante de la pression.* Les expériences de JOLY, dont il sera question plus loin, ont conduit déjà à douter de l'exactitude de ce résultat. Les conclusions que l'on tire des expériences de LUSSANA, publiées à partir de 1894 dans une série de mémoires, contredisent complètement celle qu'avait formulée REGNAULT. L'appareil de LUSSANA se compose de deux cylindres en fer A et B, dont le premier renferme le gaz à étudier et le second est rempli de mercure. En élevant et abaissant alternativement les deux cylindres, on fait passer le gaz de A en B et inversement, et, sur le trajet de A en B, il traverse le réchauffeur et le calorimètre ; à son retour de B en A, l'écoulement se fait directement. Dans ses premières expériences, LUSSANA a amené la pression du gaz dans l'appareil à 45 atmosphères et il a étudié ainsi l'air, l'hydrogène, le méthane, l'acide carbonique, l'éthylène et le bioxyde d'azote. Il a trouvé que la capacité calorifique c_p croît très vite pour tous les gaz, quand la pression p augmente, et que c_p peut être exprimé par la formule empirique

$$c_p = a + b\,(p - 1). \tag{44}$$

La valeur numérique des constantes a et b est la suivante :

Gaz	a	b
Air	0,237 07	0,001 498
Hydrogène	3,402 5	0,013 300
Méthane	0,591 5	0,003 463
Acide carbonique	0,201 30	0,001 9199
Ethylène.	0,403 87	0,001 6022
Bioxyde d'azote.	0,224 80	0,001 8364

La pression p est exprimée en atmosphères. Ces nombres donnent l'accroissement pour cent suivant de la grandeur c_p pour un accroissement de la pression de 1 à 41 atmosphères :

Air.	21 %	Acide carbonique. . .	38 %
Hydrogène.	15 »	Ethylène	12 »
Méthane.	23 »	Bioxyde d'azote . . .	33 »

Lussana a donné pour la capacité calorifique γ_p de l'unité de volume la formule

$$\gamma_p = a' + b'(p - 1) + c'(p - 1)^2, \tag{45}$$

où on a, pour l'air par exemple,

$$a' = 0,00039078, \quad b' = 0,00027523, \quad c' = 0,0000020614.$$

Ayant modifié légèrement la construction de son appareil, Lussana a étudié c_p sous des pressions allant jusqu'à 106 atmosphères et à des températures variant de 73° à 210°. La première série d'expériences, à 78° et sous des pressions de $31^{atm},5$ à $103^{atm},25$, a donné pour l'*air* la formule

$$c_p = 0,23702 + 0,0015504\,(p - 1) - 0,0000019591\,(p - 1)^2.$$

Si les résultats de ces travaux sont vérifiés, ils auront une très grande importance. Lussana (1896) a également étudié c_p pour l'acide carbonique à différentes températures t et pressions p. Nous donnerons quelques-unes des valeurs numériques de c_p (p en atmosphères) :

p	13°,2	38°,0	67°,6	98°,1	114°,9
24,25	—	0,2882	0,2465	—	—
54,10	0,7301	0,3257	0,2753	—	—
61,70	0,8900	0,4384	0,3227	0,3172	0,3133
75,80	1,4713	0,7315	0,4842	0,4615	0,3854
85,40	2,1096	0,9954	—	0,5972	0,5324
86,90	—	—	0,6832	—	—

Dans un travail plus récent (1897), Lussana a obtenu une influence de p sur c_p en général un peu moindre.

Les *capacités calorifiques moléculaires* $c_{\mu,p}$ et $c_{\mu,v}$ sont respectivement égales à μc_p et μc_v, où μ désigne le poids moléculaire. Nous avons déjà dit à la page 231 que les gaz parfaits possèdent la même capacité calorifique moléculaire. En multipliant par 2 les capacités calorifiques atomiques de l'oxygène, de l'azote et de l'hydrogène, nous obtenons les capacités calorifiques moléculaires sous pression constante :

	O^2	Az^2	H^2
$c_{\mu,p} =$	6,96	6,83	6,82.

D'autres valeurs numériques seront citées plus loin. La grandeur $c_{\mu,p} = \mu c_p$ croît en même temps que la température, de même que c_p. LE CHATELIER pense qu'on peut poser pour tous les gaz et pour toutes les vapeurs

$$c_{\mu,p} = 6,5 + a\mathrm{T}, \tag{46}$$

où T désigne la température absolue et a une constante qui, pour H^2, Az^2, O^2 et CO, est voisine de 0,0010 ; pour les gaz, dont les molécules ont une structure plus complexe, a est plus grand que ce nombre, par exemple :

	AzH^3	CO^2	C^2H^4	$CHCl^3$	C^6H^6	$(C^2H^5)^2O$ (éther)
$a =$	0,0071,	0,0084,	0,0137,	0,0305,	0,0510,	0,0738.

La formule (46) donne aux températures très élevées de très grandes valeurs pour la capacité calorifique moléculaire. Nous ferons connaître, dans le paragraphe suivant, les expériences qui ont effectivement donné de grandes valeurs pour $c_{\mu,v}$ à de très hautes températures. La relation entre $c_{\mu,p}$ et $c_{\mu,v}$ est, au moins pour les gaz parfaits, donnée par la formule (33), page 220.

13. Capacité calorifique des gaz sous volume constant. — Toutes les méthodes de détermination de la capacité calorifique c_v peuvent être rangées en trois groupes. Au groupe I appartient la détermination de c_v par le calcul, au moyen de la formule qui détermine la grandeur de la différence $c_p - c_v$; cette formule donne c_v, connaissant c_p. Le groupe II est formé par les mesures expérimentales directes de la grandeur c_v. Nous rattachons au groupe III toutes les méthodes de détermination expérimentale de la grandeur $k = c_p : c_v$; connaissant k et c_p, on trouve c_v. Nous ne considérerons dans ce paragraphe que les deux premiers groupes.

I. DÉTERMINATION DE c_v A L'AIDE DE LA FORMULE QUI DONNE $c_p - c_v$. — Pour les gaz *parfaits*, nous avons la formule, voir (28) et (29), pages 219 et 220.

$$c_v = c_p - \mathrm{AR} = c_p - \frac{0,0688}{\delta}, \tag{47}$$

où δ désigne la densité rapportée à l'air. En prenant $c_p = 0,2388$ pour l'air, on a, dans le cas de ce gaz ($\delta = 1$), $c_v = 0,2388 - 0,0688 = 0,1700$.

On peut déterminer c_v de la même manière pour quelques autres gaz, et, connaissant c_p et c_v, calculer $k = c_p : c_v$, par suite aussi le rapport de l'énergie J_n du mouvement de translation à la provision totale d'énergie J dans le gaz, au moyen de la formule (37), page 221. On obtient ainsi les nombres suivants par exemple :

Gaz	δ	c_p	c_v	$k = \frac{c_p}{c_v}$	$\frac{J_u}{J} = \frac{2}{3}(k-1)$
Air.	1	0,2388	0,1700	1,404	0,606
Oxygène.	1,1056	0,2185	0,1563	1,398	0,597
Azote	0,9713	0,2446	0,1738	1,407	0,611
Hydrogène.	0,0693	3,4240	2,4269	1,408	0,614
Oxyde de carbone. . .	0,9678	0,2442	0,1732	1,410	0,615

Regnault et E. Wiedemann ont trouvé que c_p est indépendant de la température pour l'air, l'hydrogène et l'oxyde de carbone. La formule (47) montre que *c_v est aussi indépendant de la température pour les gaz dits permanents*. Pour CO^2 et d'autres gaz c_p croît en même temps que la température : c_v doit en conséquence croître aussi, pourvu que la formule (47) soit applicable aux gaz considérés. Les nombres de E. Wiedemann cités à la page 231 donnent

Gaz	Température	c_v	k	$\frac{J_u}{J}$
Acide carbonique. .	0°	0,1493	1,303	0,4545
	100	0,1722	1,263	0,3945
Bioxyde d'azote . . .	0	1,1530	1,295	0,442
	100	1,1760	1,256	0,384
Gaz ammoniac . . .	0	0,3853	1,299	0,448
	100	0,4163	1,277	0,413
Ethylène.	0	0,2658	1,266	0,399
	100	0 3483	1,202	0,303

Si c_p est effectivement indépendant de p, comme l'a trouvé Regnault, c_v doit, d'après la formule (47), être aussi indépendant de p. *Si les résultats trouvés par* Lussana *sont exacts, c_v doit croître en même temps que la pression p.*

La formule (33) donne approximativement

$$c_{\mu,v} = c_{\mu,p} - 2.$$

Les valeurs numériques de $c_{\mu,p}$ indiquées à la page 235 donnent, pour la *capacité calorifique moléculaire à volume constant :*

	O^2	Az^2	H^2
$c_{\mu,v} =$	4,96	4,83	4,82.

La formule (46) n'est applicable qu'aux gaz s'écartant peu des lois de Boyle et de GAY-LUSSAC. Nous établirons plus tard la formule suivante, qui s'applique à tous les corps naturels,

$$c_p - c_v = \mathrm{AT}\,\frac{\partial v}{\partial t}\,\frac{\partial p}{\partial t}, \tag{48}$$

où A désigne, comme dans (47), l'équivalent thermique de la chaleur, T la température absolue. Pour les gaz parfaits, on a $pv = \mathrm{RT}$, d'où $v = \frac{\mathrm{RT}}{p}$, $p = \frac{\mathrm{RT}}{v}$, $\frac{\partial v}{\partial t} = \frac{\mathrm{R}}{p}$, $\frac{\partial p}{\partial t} = \frac{\mathrm{R}}{v}$, et par suite $c_p - c_v = \mathrm{AT}\,\frac{\mathrm{R}^2}{pv} = \mathrm{AR}$ (puisque $\mathrm{RT} = pv$), c'est-à-dire que l'on obtient de nouveau la formule (47). Conformément aux notations que nous avons adoptées, nous avons

$$\frac{\partial v}{\partial t} = v_o \alpha_v, \qquad \frac{\partial p}{\partial t} = p_o \alpha_p,$$

où v_o et p_o se rapportent à 0° et où α_v désigne le coefficient de dilatation cubique, α_p le coefficient thermique de pression. Au lieu de (48), nous pouvons écrire

$$c_p - c_v = \mathrm{AT}\, v_o p_o \alpha_v \alpha_p. \tag{49}$$

On peut, au moyen des formules (48) ou (49), calculer l'une des capacités calorifiques c_p ou c_v, connaissant l'autre et les grandeurs $\frac{\partial v}{\partial t}$ et $\frac{\partial p}{\partial t}$. C'est ainsi qu'ont procédé AMAGAT et WITKOWSKI, comme nous le verrons plus loin.

II. DÉTERMINATION EXPÉRIMENTALE DIRECTE DE LA GRANDEUR c_v. — Des déterminations de ce genre ont été faites par JOLY à des températures moyennes, par MALLARD et LE CHATELIER et d'autres encore à des températures très élevées.

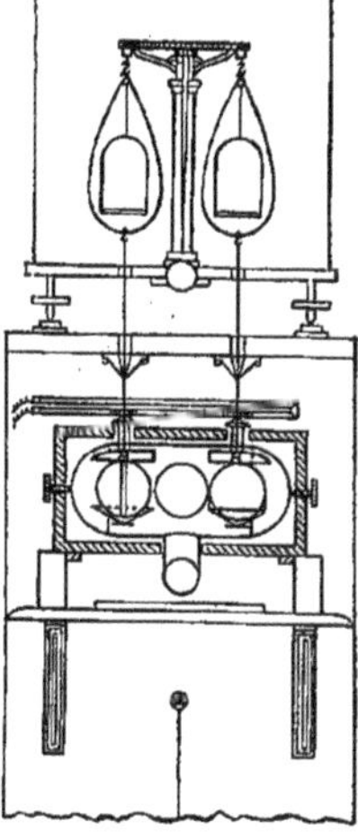

Fig. 96

A. *Expériences de* JOLY. Nous avons exposé à la page 205 le principe du calorimètre à vapeur et décrit l'appareil de BUNSEN. En s'appuyant sur le même principe, JOLY a construit son calorimètre à vapeur différentiel, au moyen duquel il a mesuré la capacité calorifique c_v des gaz, en déterminant la quantité de chaleur nécessaire pour leur échauffement, lorsqu'ils se trouvent dans un espace clos, en particulier dans une sphère métallique creuse. L'appareil de JOLY est représenté par la figure 96. Au fléau d'une balance très sensible sont suspendues deux sphères de cuivre à parois épaisses, dont chacune a une capacité d'environ 158 centimètres cubes et un poids de 92gr,2. Les capacités calorifiques de ces sphères sont rendues parfaitement égales à l'aide de petits morceaux de cuivre que l'on ajoute à celle des deux sphères dont la capacité calorifique est trouvée d'abord plus petite que celle de l'autre. Dans l'une des sphères, on comprime du gaz jusqu'à une pression de 27 mètres de mercure ; on fait le vide dans l'autre sphère ou on la remplit de gaz à la pression normale. Les deux sphères sont introduites dans une chambre à vapeur et on détermine ensuite la différence p des poids d'eau qui se déposent sur les sphères. Cette différence donne la chaleur latente $p\lambda$ employée à l'échauffement du gaz, puisqu'il faut pour l'échauffement de chaque sphère et des autres parties de l'appareil la même quantité de chaleur d'un côté et de l'autre. Si t désigne la température initiale des sphères, T la température de la vapeur et q la différence des poids du gaz contenu dans les deux sphères, nous avons, voir (22), page 205, $qc_v(T - t) = p\lambda$, d'où on tire la capacité calorifique c_v cherchée. JOLY a obtenu, pour l'air et l'acide carbonique, un accroissement assez rapide de la grandeur c_v avec la pression. Pour *l'air*, il a donné la formule empirique $c_v = 0{,}17151 + 0{,}02788\,\rho$, où ρ désigne la densité de l'air par rapport à l'*eau*, de sorte que $\rho = 0{,}001293$ pour une pression de une atmosphère. Pour CO^2, JOLY a d'abord donné la formule $c_v = 0{,}16577 + 0{,}2064\,\rho$, mais ensuite la formule plus compliquée $c_v = 0{,}1650 + 0{,}2125\,\rho + 0{,}3400\,\rho^2$, où ρ désigne la densité du gaz par rapport à l'eau. Sous une pression de 1 atmosphère, on obtient $c_v = 0{,}1654$; pour $21^{atm},66$, la capacité calorifique $c_v = 0{,}17386$. Des expériences sur l'hydrogène ont mis en évidence une faible influence de la pression sur c_v.

Nous avons mentionné à la page 237 qu'AMAGAT et WITKOWSKI se sont servis de la formule (48) pour le calcul de la grandeur c_p. Les expériences de JOLY donnent c_v à des pressions élevées, pour lesquelles il n'est pas facile de déterminer c_p. En employant la formule empirique de c_v établie par JOLY pour CO^2 et ses propres déterminations des grandeurs $\frac{\partial v}{\partial t}$ et $\frac{\partial p}{\partial t}$, AMAGAT a calculé c_p et $k = c_p : c_v$ à différentes températures (jusqu'à 100°) et sous des pressions allant jusqu'à 200 atmosphères. Il a trouvé qu'à 50° la grandeur c_p a un maximum pour 100 atmosphères environ, qui est égal à 1,4161. A la même température et sous la même pression, la grandeur k atteint la valeur très grande $k = 4{,}633$. WITKOWSKI a calculé c_p pour l'*air* sous différentes pressions p, en se servant de la formule

$$\frac{\partial c_p}{\partial p} = - AT \frac{\partial^2 v}{\partial t^2}, \tag{50}$$

qui sera établie dans le Chapitre consacré aux principes de la Thermodynamique. Il a trouvé ensuite c_v au moyen de la formule (48), et enfin k pour différentes températures t et différentes densités δ de l'air rapportées à la densité normale (0° et 760 millimètres). Nous donnons ci-dessous quelques-unes de ses valeurs numériques pour k :

$\delta =$	10	30	60	100
0°	1,43	1,44	1,53	1,60
— 80	1,42	1,49	1,58	1,72
— 100	1,44	1,53	1,71	2,10
— 120	1,45	1,56	1,79	—
— 140	1,38	1,46	1,54	1,80

Comme on le voit, k atteint un maximum à — 120°.

LINDE a également calculé c_p pour l'*air* à de basses températures et sous de fortes pressions. En posant $c_p = 0,237$ pour $t = 0°$ et $p = 1^{atm}$, il a obtenu par exemple $c_p = 0,846$ pour $t = -100°$ et $p = 70^{atm}$.

B. *Expériences de* MALLARD *et* LE CHATELIER. MALLARD et LE CHATELIER ont déterminé la capacité calorifique c_v à de très hautes températures, en observant la pression maxima de mélanges explosifs de gaz durant l'explosion. Cette pression permet de calculer la température, d'où l'on déduit la capacité calorifique du mélange, la quantité de chaleur dégagée dans l'explosion étant connue d'après des considérations thermochimiques. Le mélange de volumes égaux de O^2, Az^2, H^2 ou CO, qui constitue un mélange explosif de gaz (gaz tonnant, par exemple), produit un même abaissement de la température maxima, d'où résulte que la capacité calorifique c_v de ces gaz est la même jusqu'à 2 700°. A la *température ordinaire*, la capacité calorifique moléculaire de ces gaz est approximativement (voir page 236)

$$c_{\mu,v} = 4,9.$$

MALLARD et LE CHATELIER ont trouvé que c_v est indépendant de la pression, même quand cette dernière atteint 6 000 atmosphères. La capacité calorifique $c_{\mu,v}$ croît rapidement avec la température t conformément aux formules suivantes :

O^2, Az^2, H^2, CO . . . . $c_{\mu,v} = 4,76 + 0,002\,44\,t$
CO^2 . . . . $c_{\mu,v} = 6,50 + 0,007\,74\,t$
H^2O (vapeur) . . . . . $c_{\mu,v} = 5,78 + 0,005\,72\,t$.

VIEILLE et BERTHELOT (1884) et LANGEN (1903) ont en général confirmé ces résultats ; ils ont trouvé à de hautes températures ($t > 2\,000°$)

pour CO^2 . . . $c_{\mu,v} = 19,1 + 0,0030\,(t - 2\,000)$
pour H^2O (vapeur) $c_{\mu,v} = 16,2 + 0,0038\,(t - 2\,000)$.

La formule de MALLARD et LE CHATELIER donne pour CO^2

à 2 000° . . . . $c_{\mu,v} = 21,98$
à 3 000° . . . . $c_{\mu,v} = 29,72$,

tandis qu'on obtient aux mêmes températures, avec la formule de VIEILLE et BERTHELOT, les nombres 19,1 et 22,1.

Les expériences de E. WIEDEMANN (page 229) donnent pour CO^2 à 0° et à 100° les capacités calorifiques $c_{\mu,v} = 6,54$ et 7,48, ce qui concorde bien avec la formule de MALLARD et LE CHATELIER, les nombres obtenus avec celle-ci étant 6,50 et 7,27.

14. Détermination expérimentale de la grandeur $k = c_p : c_v$. — Lorsque, pour un gaz donné, on peut déterminer la grandeur k par des expériences directes, on obtient c_v connaissant c_p.

On peut aussi trouver directement c_p et c_v, lorsque k est connu et quand on peut admettre que le gaz ne s'écarte pas trop par ses propriétés d'un gaz parfait. Nous avons vu que $c_p - c_v = \frac{0,0688}{\delta}$, voir (29), page 220, où δ est la densité du gaz par rapport à l'air. Nous savons en outre que le poids moléculaire $\mu = 28,88\delta$ (Tome I) ; on a par suite

$$c_p - c_v = \frac{0,0688 \times 28,88}{\mu} = \frac{1,987}{\mu}.$$

En combinant cette formule avec l'équation $c_p = kc_v$, on obtient

$$(51) \qquad \begin{cases} c_v = \dfrac{1,987}{\mu(k-1)}, \\ c_p = \dfrac{1,987\,k}{\mu(k-1)}. \end{cases}$$

Au moyen de ces formules, on peut calculer c_p et c_v, lorsque k est connu. Le calcul de c_p et de c_v pour la vapeur de mercure nous servira plus loin d'exemple.

Il existe plusieurs méthodes pour la détermination expérimentale de la grandeur k.

I. Méthode de Clément et Desormes. — Maneuvrier a donné un historique détaillé de cette méthode. Supposons donnée une certaine quantité de gaz sous le volume initial v_0, la pression p_0, et la température absolue T_0. *Modifions brusquement* le volume du gaz, de manière à pouvoir considérer comme adiabatique son passage dans le nouvel état déterminé par les grandeurs v, p, T. Ramenons ensuite le gaz à sa température initiale T_0, en l'échauffant ou en le refroidissant à volume constant v. Nous avons ainsi les trois états du gaz

$$\begin{array}{llll} \text{I} & v_0 & p_0 & T_0 \\ \text{II} & v & p & T \\ \text{III} & v & p_1 & T_0 \end{array} \quad \begin{array}{l} \}\ \text{modification adiabatique} \\ \}\ \text{modification à volume constant.} \end{array}$$

La nouvelle pression dans le troisième état est désignée par p_1. Si on observe les trois pressions p_0, p, p_1, on peut calculer k. Mais il faut distinguer deux cas, suivant qu'une compression ou une détente a eu lieu dans la modification adiabatique. Dans le premier cas, on a $v < v_0$, par suite $p > p_0$ et $p_1 > p_0$, les températures étant les mêmes dans I et III ; on a en outre $T > T_0$, le gaz s'échauffant dans une compression, et par suite $p_1 < p$. En posant alors $p_0 = p - h$ et $p_1 = p - h_1$, on obtient le tableau suivant :

A. *Le gaz a été comprimé* :

$$(A) \qquad \begin{cases} \text{I} & v_0 & p_0 = p - h & T_0 & \\ & \vee & & \wedge & \\ \text{II} & v & p & T & h > h_1 \\ & & & \vee & \\ \text{III} & v & p_1 = p - h_1 & T_0 & p_0 < p_1 < p. \end{cases}$$

L'inégalité $h < h_1$ résulte de $p_0 < p_1$, c'est-à-dire de $p - h < p - h_1$.

Il est facile de voir que, dans le second cas, on a le tableau :

B. *Le gaz s'est détendu* :

$$
\text{(B)} \qquad \left\{
\begin{array}{lllll}
\text{I} & v_0 & p_0 = p + h & T_0 & \\
 & \wedge & & \vee & \\
\text{II} & v & p & T & h > h_1 \\
 & & & \wedge & \\
\text{III} & v & p_1 = p + h_1 & T_0 & p_0 > p_1 > p.
\end{array}
\right.
$$

Nous allons établir par trois méthodes différentes la formule au moyen de laquelle on calcule k d'après les pressions observées. La première méthode donne une formule exacte ; elle est très simple et repose sur l'emploi de la formule de Poisson. La seconde méthode n'utilise pas cette dernière formule ; c'est celle qui est ordinairement donnée par les auteurs et elle est assez compliquée. Enfin, nous proposons une troisième méthode de calcul, plus simple que la seconde et qui donne, semble-t-il, une analyse utile, quand on étudie la question pour la première fois.

Méthode I. — La modification I — II est adiabatique ; on a donc d'après la formule de Poisson, voir (35) page 221, $p_0 v_0^k = p v^k$. Les états I et III sont caractérisés par la même température T_0, et on a par suite, d'après la loi de Boyle, $p_0 v_0 = p_1 v$. Ces deux égalités donnent

$$\left(\frac{v_0}{v}\right)^k = \frac{p}{p_0}, \qquad \frac{v_0}{v} = \frac{p_1}{p_0},$$

d'où

$$\frac{p}{p_0} = \left(\frac{p_1}{p_0}\right)^k,$$

et par suite

$$k = \frac{\log \dfrac{p}{p_0}}{\log \dfrac{p_1}{p_0}} = \frac{\log p - \log p_0}{\log p_1 - \log p_0}. \tag{52}$$

Cette formule permet de calculer exactement la grandeur k. En la simplifiant, nous distinguerons les cas (A) et (B) considérés ci-dessus.

A. *Compression du gaz* : $p_0 = p - h$, $p_1 = p - h_1$; par suite $p = p_0 + h$, $p_1 = p_0 + h - h_1$; nous avons donc

$$k = \frac{\log \dfrac{p_0 + h}{p_0}}{\log \dfrac{p_0 + h - h_1}{p_0}} = \frac{\log\left(1 + \dfrac{h}{p_0}\right)}{\log\left(1 + \dfrac{h - h_1}{p_0}\right)}.$$

En développant les logarithmes en séries et en se limitant aux premiers termes, on obtient $k = \dfrac{h}{p_0} : \dfrac{h - h_1}{p_0}$, ou

$$k = \frac{h}{h - h_1}. \tag{53}$$

B. *Dilatation du gaz* : $p_0 = p + h$, $p_1 = p + h_1$; par suite $p = p_0 - h$, $p_1 = p_0 + h_1 - h$. On trouve en procédant comme dans le cas précédent

$$k = \frac{h}{h_1 - h}. \tag{54}$$

MÉTHODE 2. — Elle est habituellement donnée par les auteurs. Désignons par x l'accroissement de température du gaz dans une diminution brusque $\frac{1}{T_0}$ de son volume, T_0 étant la température absolue du gaz ; une telle diminution de volume est précisément l'accroissement de volume dû à un échauffement de 1° sous pression constante. En ajoutant à 1 kilogramme de gaz à T_0 la quantité de chaleur c_v, sans changer son volume, on l'échauffe jusqu'à $(T_0 + 1)°$, c'est-à-dire de 1 degré. En lui ajoutant la quantité de chaleur c_p, p restant constant, on l'échauffe également de 1 degré, mais son volume augmente de $\frac{1}{T_0}$ de sa valeur. Comprimons maintenant le gaz de $\frac{1}{T_0}$, de manière qu'il reprenne son volume primitif ; il s'échauffe encore de $x°$, c'est-à-dire en tout de $(1 + x)°$. Le volume du gaz est resté le même, mais le gaz a reçu la quantité de chaleur c_p. Les accroissements de température doivent être entre eux comme les quantités de chaleur reçues ; on a donc $c_p : c_v = (1 + x) : 1$, d'où

$$k = 1 + x. \tag{α}$$

Occupons-nous maintenant du cas (A), dont le tableau a été donné à la page 240. Les états I et III donnent, d'après la loi de BOYLE, $\frac{v}{v_0} = \frac{p_0}{p_1}$, d'où

$$\frac{v_0 - v}{v_0} = \frac{p_1 - p_0}{p_1}. \tag{β}$$

Le passage de II à III s'est effectué sous $v = const.$; par suite $\frac{T}{T_0} = \frac{p}{p_1}$, et l'on a

$$\frac{T - T_0}{T_0} = \frac{p - p_1}{p_1}. \tag{γ}$$

Dans le passage de I à II a eu lieu une compression relative $\frac{v_0 - v}{v_0}$, qui a produit l'accroissement de température $T - T_0$, tandis que la compression relative $\frac{1}{T_0}$ produit une élévation de température de $x°$. On peut regarder approximativement de petits accroissements de température comme proportionnels aux diminutions relatives de volume et par conséquent poser $(T - T_0) : x = \frac{v_0 - v}{v_0} : \frac{1}{T_0}$. On en déduit

$$x = \frac{T - T_0}{T_0} \cdot \frac{v_0}{v_0 - v};$$

d'après (α), (β) et (γ), on a donc $x = k - 1 = \frac{p - p_1}{p_1 - p_0}$, d'où

$$k = \frac{p - p_0}{p_1 - p_0}.$$

Mais dans le cas considéré, on a $p_0 = p - h$, $p_1 = p - h_1$, et par suite $k = \frac{h}{h - h_1}$.

Nous avons ainsi établi la formule (53) pour le cas (A) ; il serait facile d'établir d'une manière analogue la formule (54) pour le cas B.

MÉTHODE 3. — Considérons de nouveau le cas (A), où on échauffe d'abord le gaz par compression, et où on le refroidit ensuite jusqu'à sa température initiale. Soit Q la quantité totale de chaleur cédée par le gaz dans son passage de l'état initial I à l'état final III. On peut trouver facilement deux expressions pour Q. Le passage de I à II s'effectue adiabatiquement, c'est-à-dire sans échange de chaleur entre le gaz et les corps environnants. Dans le passage de II à III, le gaz se refroidit de T à T_0 sous $v = const.$; on a donc

$$(\alpha) \qquad Q = c_v (T - T_0).$$

On peut passer directement de I à III, en comprimant le gaz qu'on ramène du volume v_0 au volume v à température constante T_0 Admettons d'abord que cette petite compression a eu lieu approximativement sous pression constante p_0 ; le travail r, qui a été ainsi effectué, est $r = (v_0 - v)\, p_0 = \frac{v_0 - v}{v_0} p_0 v_0 = \frac{v_0 - v}{v_0} RT_0$, R étant la constante de la formule $pv = RT$. On a donc aussi

$$Q = Ar = ART_0 \frac{v_0 - v}{v_0}.$$

D'après la loi de BOYLE, $\frac{v}{v_0} = \frac{p_0}{p_1}$, d'où $\frac{v_0 - v}{v_0} = \frac{p_1 - p_0}{p_1}$. En substituant cette valeur et en faisant $AR = c_p - c_v$, on a

$$(\beta) \qquad Q = (c_p - c_v)\, T_0 \frac{p_1 - p_0}{p_1}.$$

En comparant avec (α), il vient

$$c_v (T - T_0) = (c_p - c_v)\, T_0 \frac{p_1 - p_0}{p_1},$$

d'où

$$k - 1 = \frac{T - T_0}{T_0} \cdot \frac{p_1}{p_1 - p_0}.$$

Mais on a $\frac{T}{T_0} = \frac{p}{p_1}$; par suite

$$\frac{T - T_0}{T_0} = \frac{p - p_1}{p_1},$$

et

$$(\gamma) \qquad k - 1 = \frac{p - p_1}{p_1} \cdot \frac{p_1}{p_1 - p_0} = \frac{p - p_1}{p_1 - p_0};$$

on trouve donc

$$k = \frac{p - p_0}{p_1 - p_0} = \frac{h}{h - h_1}.$$

Si on prend pour le travail l'expression plus exacte

$$r = p_0 v_0 \log \frac{p_1}{p_0} = \mathrm{RT}_0 \log \frac{p_1}{p_0},$$

on en déduit l'expression approchée

$$r = \mathrm{RT}_0 \log \left(1 + \frac{p_1 - p_0}{p_0}\right) = \mathrm{RT}_0 \frac{p_1 - p_0}{p_0},$$

et on a pour Q, au lieu de (β),

$$\mathrm{Q} = (c_p - c_v)\, \mathrm{T}_0 \frac{p_1 - p_0}{p_0}.$$

Ceci donne, au lieu de (γ),

$$k - 1 = \frac{p - p_1}{p_1 - p_0} \cdot \frac{p_0}{p_1} = \frac{h_1}{h - h_1} \cdot \frac{p - h}{p - h_1}.$$

Le second facteur peut être égalé à l'unité, h et h_1 étant petits relativement à p (nous négligeons dans la multiplication les quantités hh_1 et h_1^2 relativement à ph et ph_1) ; on obtient alors pour k l'expression précédente.

H. Hertz a donné une analyse plus approfondie des expériences de Clément et Desormes, en considérant un cas plus général que celui qui correspond à ces expériences. Swyngedauw s'est aussi occupé de la théorie de la méthode de Clément et Desormes. La figure 97 représente l'appareil de Clément et Desormes, dans lequel s'effectuent approximativement les deux changements d'état indiqués dans le tableau (A), page 240, de sorte que k peut être calculé par la formule (53), page 241. Il se compose d'un grand ballon en verre A, dont le col est muni d'un robinet H très large avec monture métallique. Le ballon peut être mis en communication avec l'air extérieur par le robinet H ; il porte en outre un tube latéral raccordé avec un manomètre à eau ou mieux à acide sulfurique M. On commence par faire un vide partiel dans A et on ferme ensuite H ; la colonne d'eau monte alors dans le manomètre M jusqu'à la hauteur h. L'air possède maintenant le volume v_0, égal à la capacité du ballon, la température T_0 de l'air ambiant et la pression $p_0 = p - h$, où p désigne la pression barométrique exprimée en colonne d'eau. D'ailleurs p n'entre pas dans la formule finale, sur laquelle il est visible que h et h_1 peuvent être mesurés en unités arbitraires. On ouvre ensuite le ro-

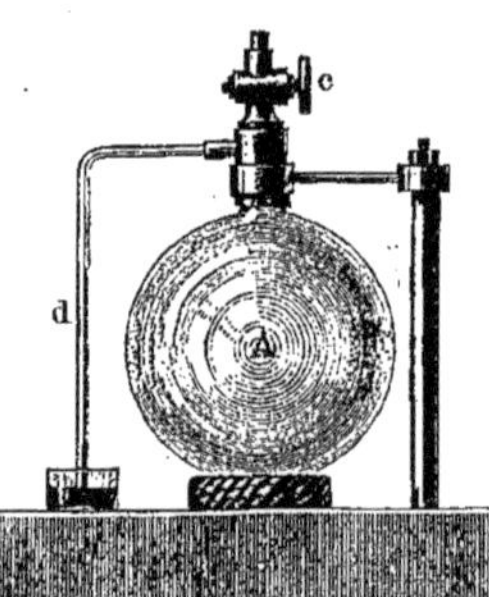

Fig. 97

binet H ; l'air extérieur pénètre dans l'intérieur du ballon et on le laisse rentrer jusqu'à ce que se rétablisse la pression barométrique p, c'est-à-dire jusqu'à ce que la hauteur d'eau dans le manomètre devienne nulle ; le gaz qui était dans le ballon est alors comprimé, son volume devient v et sa température croît jusqu'à T. Peu à peu le gaz revient à la température ambiante T_0, sans changement du volume v ; la pression devient $p_1 = p - h_1$, h_1 étant indiqué de nouveau par le manomètre,

Clément et Desormes ont observé, dans l'une de leurs expériences, les valeurs $h = 188$ millimètres, $h_1 = 49$ millimètres, ce qui donne, d'après la formule (53),

$$k = \frac{188}{188 - 49} = \frac{188}{139} = 1,356.$$

Pour plusieurs raisons, cette méthode ne peut donner de résultats exacts. La compression ne s'effectue pas d'une manière parfaitement adiabatique et le gaz perd une certaine quantité de chaleur jusqu'au moment de la fermeture du robinet H. Il entre par suite, dans le ballon, une trop grande quantité d'air, et on obtient une pression $p_1 = p - h_1$ trop grande, par suite h_1 et aussi k *trop petits*. De plus la formule (53) n'est, comme nous l'avons vu, qu'approchée : on constate qu'elle donne également une valeur de k trop petite. Enfin il est très difficile de saisir le moment où la pression à l'intérieur du ballon est égale à la pression barométrique p. Quand on ouvre le robinet et lorsque l'air extérieur se précipite dans le ballon, il se produit dans celui-ci une condensation du gaz, suivie immédiatement d'une dilatation et l'équilibre ne s'établit qu'après une série de mouvements oscillatoires, Or, si on attend un certain temps avant de fermer le robinet, le refroidissement peut alors atteindre un degré plus ou moins considérable.

La méthode de Clément et Desormes a été employée par Gay-Lussac et Welter, Weissbach, Hirn, Masson et Dreser. Ils se sont servis de la méthode (B) (page 241), dans laquelle la pression initiale p_0 du gaz est plus grande que la pression atmosphérique p, de sorte qu'il se produisait une détente adiabatique du gaz. Le calcul était effectué par la formule exacte (52), qui donne dans ce cas

$$k = \frac{\log p_0 - \log p}{\log p_0 - \log p_1} = \frac{\log (p + h) - \log p}{\log (p + h) - \log (p + h_1)}.$$

Gay-Lussac et Welter ont ainsi trouvé pour l'air $k = 1,376$, Weissbach $k = 1,4024$, Hirn $= 1,3845$; Masson a obtenu $k = 1,419$ pour l'air, $k = 1,30$ pour l'acide carbonique. Dreser a trouvé $k = 1,425$ pour l'air ; il se servait d'un manomètre à mercure.

Cazin a remarqué que la valeur numérique de k dépend du temps τ pendant lequel reste ouvert le robinet, qui met le vase en communication avec l'air extérieur. En faisant croître τ peu à peu à partir de très petites valeurs, il observe qu'on obtient d'abord pour k des valeurs oscillant irrégulièrement, ensuite des valeurs constantes, et que finalement τ continuant encore à croître les valeurs de k commencent à diminuer. CAZIN a pris pour k les valeurs qui restent constantes pendant un certain temps τ. Il a trouvé de cette manière

	k		k
Air	1,41	Gaz ammoniac	1,328
Oxygène	1,41	Acide carbonique	1,291
Azote	1,41	Protoxyde d'azote	1,285
Hydrogène	1,41	Acide sulfureux	1,262
Oxyde de carbone	1,41	Ethylène	1,257

KOHLRAUSCH et RÖNTGEN ont mesuré la pression constamment variable dans le vase à l'aide d'un appareil reposant sur le principe du baromètre métallique ; les indications de cet appareil muni d'un miroir étaient suivies par RÖNTGEN au moyen d'une lunette et d'une échelle. Les expériences très précises de RÖNTGEN ont donné $k = 1,4053$ pour l'air, $k = 1,3052$ pour CO^2.

Les expériences de PAQUET, qui comprimait l'air par du mercure introduit brusquement dans le vase, représentent une modification de cette méthode. Elles ont donné $k = 1,4083$ pour l'air.

II. **Méthode d'Assmann et de P. Müller.** — Considérons un tube en U, dont les deux branches renferment du mercure ; faisons exécuter au mercure, à l'intérieur du tube maintenu immobile, de petites oscillations et soit T la durée d'une oscillation. Si on pose sur les deux branches du tube des sphères creuses en verre, ouvertes à la partie inférieure, de façon que l'air au-dessus du mercure et l'air dans la sphère correspondante forment une seule masse de gaz contenue dans un espace fermé, la durée d'oscillation changera, car chaque oscillation sera accompagnée d'une compression et d'une raréfaction alternatives de chacune des deux masses d'air situées au-dessus du mercure. Soit T_1 la nouvelle durée d'oscillation. Si on admet que la compression et la raréfaction de l'air se produisent adiabatiquement, il est facile de démontrer que l'on a

$$k = \left(\frac{T^2}{T_1^2} - 1\right)\frac{v}{pq},$$

où v désigne le volume de l'air dans chacune des branches, p sa pression, q l'aire de la section droite du tube. Lorsque les volumes v_1 et v_2 ne sont pas égaux des deux côtés, il faut remplacer v par $2\,v_1v_2 : (v_1 + v_2)$. Les expériences de P. MÜLLER ont donné $k = 1,4046$ pour l'air, 1,265 pour l'acide carbonique, 1,398 pour HCl, 1,256 pour SO^2, 1,276 pour SH^2, 1,262 pour AzH^3, 1,243 pour C^2H^4. Une étude théorique et expérimentale très complète de cette méthode a été faite par B. HARTMANN (1905).

III. **Méthode de Lummer et Pringsheim.** — Nous avons établi, pour les changements adiabatiques d'état d'un gaz, les formules $pv^k = p_1v_1^k$ et $Tv^{k-1} = T_1v_1^{k-1}$ (voir Tome I). De ces deux formules, on déduit la relation suivante entre la pression et la température absolue :

$$\left(\frac{p}{p_1}\right)^{k-1} = \left(\frac{T}{T_1}\right)^k.$$

laquelle donne

$$(55) \qquad k = \frac{\log \frac{p}{p_1}}{\log \frac{p}{p_1} - \log \frac{T}{T_1}}.$$

Lummer et Pringsheim placent une sphère creuse en cuivre (de 90 litres de capacité) dans un grand vase avec de l'eau ; à l'intérieur de la sphère se trouve un bolomètre très sensible (Tome II) pour la mesure de la température. La température T du gaz qui remplit la sphère est connue (température de l'eau), ainsi que sa pression p qui est supérieure à la pression atmosphérique p_1. La sphère est ouverte brusquement, la pression s'abaisse à p_1 et la température, mesurée au bolomètre, devient T_1. Après introduction de toutes les corrections nécessaires, Lummer et Pringsheim (1898) ont trouvé pour k, calculé par la formule (55), les valeurs numériques suivantes :

	Air	Oxygène	Acide carbonique	Hydrogène
$k =$	1,4025	1,3977	1,2995	1,4084.

Makower (1903) a obtenu par cette méthode $k = 1,305$ pour la *vapeur d'eau* et $k = 1,401$ pour l'air.

IV. **Méthode de Jamin et Richard.** — Une quantité de gaz déterminée, dont la température absolue est T_0, le volume v_0 et la pression p_0, est échauffée par un fil de platine, parcouru par un courant électrique pendant un temps défini, une première fois sous volume constant, la température obtenue étant T_1 et la pression p_1 (volume v_0), et une seconde fois sous pression constante, la température devenant alors T_2 et le volume v_1 (pression p_0). La quantité de chaleur cédée par le fil au gaz est la même dans les deux cas ; nous avons donc $c_v (T_1 - T_0) = c_p (T_2 - T_0)$, d'où

$$k = \frac{T_1 - T_0}{T_2 - T_0};$$

mais on a $T_0 = \frac{p_0 v_0}{R}$, $T_1 = \frac{p_1 v_0}{R}$, $T_2 = \frac{p_0 v_1}{R}$, et on en déduit

$$k = \frac{(p_1 - p_0)\, v_0}{(v_1 - v_0)\, p_0}.$$

Jamin et Richard ont trouvé les valeurs numériques suivantes :

	Air	Hydrogène	Acide carbonique
$k =$	1,41	1,41	1,29.

V. **Méthode fondée sur la détermination de la vitesse du son.** — Nous avons établi, dans le Tome I, la formule donnant la vitesse du son

$$V = \sqrt{\frac{p}{\delta} k},$$

dans laquelle p est la tension du gaz, c'est-à-dire sa pression par unité d'aire exprimée en unités de poids (force), δ la masse de l'unité de volume du gaz et $k = c_p : c_v$. Connaissant la vitesse du son dans un gaz, on peut donc trouver k par la formule

$$k = \frac{\delta}{p} V^2 = \frac{D}{gp} V^2, \tag{56}$$

où g désigne l'accélération due à la pesanteur, D le poids de l'unité de volume du gaz. Pour l'*air* à 0° et 760 millimètres de pression, on a, en prenant le mètre et le kilogramme comme unités de longueur et de poids, $g = 9{,}81$, $p = 10\,333$ kilogrammes (pression par mètre carré), $D = 1^{kg},293$ (poids d'un mètre cube) ; nous adopterons, pour la vitesse du son, la moyenne des meilleures observations, $V = 331{,}74 \frac{\text{mèt.}}{\text{sec.}}$ à 0°. Portons ces valeurs dans (56) et nous obtenons $k = 1{,}4047$ pour l'air. Si on prend $c_p = 0{,}2350$, on a $c_v = c_p : k = 0{,}1673$.

Les valeurs numériques de Regnault, pour la vitesse du son dans d'autres gaz, donnent

	H^2	CO^2	Az^2O	AzH^3
$k =$	1,396	1,368	1,361	1,239.

Dulong a comparé les vitesses du son dans différents gaz, en faisant résonner un même tube (longueur d'onde $\lambda = const.$) qu'il remplissait avec ces gaz, et en déterminant le rapport des nombres de vibrations des sons obtenus ; ce dernier est égal au rapport des vitesses V et V_1. Dulong a trouvé de cette manière $k = 1{,}405$ pour l'air, $k = 1{,}394$ pour l'hydrogène, $k = 1{,}326$ pour l'acide carbonique, $k = 1{,}228$ pour l'éthylène.

Le rapport $V : V_1$ peut aussi être déterminé par la méthode des figures de poussière de Kundt (Tome I) ; c'est cette méthode qui est employée le plus souvent aujourd'hui pour la détermination de la grandeur k et parfois aussi pour celle des grandeurs c_p et c_v au moyen des formules (51), page 240.

Kundt et Warburg ont déterminé k par cette méthode pour les *vapeurs de mercure* et ont trouvé $k = 1{,}666$ ou $k = 1{,}675$, si on apporte une correction indiquée par Strecker. Au moyen des formules (51), page 240, où l'on doit faire $\mu = 200$, on trouve pour les vapeurs de mercure

$$c_p = 0{,}0247, \qquad c_v = 0{,}0148.$$

Nous avons vu à la page 221 que l'on a $k = 1{,}666$ pour les gaz monoatomiques. La densité des vapeurs de mercure indique, comme on sait, leur monoatomicité, et nous verrons que les expériences de Kundt et de Warburg confirment pleinement cette conclusion. Il s'ensuit que, dans les vapeurs de mercure, toute l'énergie cinétique consiste dans l'énergie du mouvement de translation des atomes. L'énergie du mouvement de rotation des atomes ou bien n'existe pas du tout, ou est excessivement petite, ou est indépendante de la température.

Kaiser s'est servi de la méthode des figures de poussière de Kundt, pour étudier l'influence des dimensions transversales d'un tube sur la vitesse du son dans ce tube ; cette influence était encore sensible même avec un diamètre du tube de 82 millimètres. En effectuant des expériences avec des tubes d'ouvertures différentes, KAISER a pu éliminer l'influence des dimensions transversales. Il a trouvé $k = 1,4106$ pour l'air.

WÜLLNER a déterminé k par la même méthode pour l'air, CO, CO^2, Az^2O, AzH^3 et C^2H^4 à 0° et à 100°. Il a obtenu les nombres suivants :

	Air	CO	CO^2	Az^2O	AzH^3	C^2H^4
0°	1,40526	1,4032	1,3113	1,3106	1,3172	1,2455
100°	1,40513	1,3970	1,2843	1,2745	1,2791	1,1889.

Dans tous les cas, k diminue lorsque la température augmente ; pour l'air, k paraît presque indépendant de la température.

STRECKER a étudié K, Cl, Br, HCl, HBr, HI, ICl, IBr et a déterminé k pour ces corps, ainsi que c_p et c_v, en se servant pour ces deux dernières grandeurs des formules (51), page 240. Il a trouvé $k = 1,293$ pour les vapeurs de Br, ce qui donne $c_p = 0,05480$, tandis que REGNAULT avait obtenu directement 0,0555.

CAPSTICK a déterminé k pour un grand nombre de vapeurs et de gaz, en introduisant une correction relative à l'écart qu'ils manifestent à l'égard de la loi de BOYLE. Il a trouvé entre autres les nombres suivants :

	k		k	Diff.
CH^4	1,313	CH^3Cl	1,279	0,060
C^2H^6	1,182	CH^2Cl^2	1,219	0,065
C^2H^4	1,250	$CHCl^3$	1,154	
CS^2	1,239			

WITKOWSKI, qui a déterminé k pour l'air à $t = 0°$ et à $t = -78°,5$ et sous des pressions $p = 10$ à 100 atmosphères, est arrivé à des résultats très remarquables. Il a obtenu les valeurs suivantes :

p atm.	$t = 0°$	$t = -78°,5$
10	$k = 1,43$	$k = 1,48$
50	1,53	1,79
100	1,64	2,30

STEVENS (1901) a mesuré la vitesse du son dans l'*air* jusqu'à des températures de 1 000° et dans différentes *vapeurs* à 100° et au-dessus ; il a ainsi trouvé pour k les valeurs ci-dessous :

Air.	0°	$k = 1,4006$	CS^2	99°,7	$k = 1,234$
»	100	1,3993	Benzine. . . .	99,7	1,105
»	950	1,34	Chloroforme . .	99,8	1,150
Ether.	99,7	1,112	Acide acétique. .	136,5	1,147
Alcool méthylique.	99,7	1,256	Iode.	185,5	1,303
Alcool éthylique. .	99,8	1,134			

En combinant ses résultats avec ceux de CAPSTICK, STEVENS a obtenu

	k	Diff.
C^2H^6.	$k = 1,182$	0,048
C^2H^5OH	1,134	
CH^4.	1,313	0,047
CH^3OH.	1,256	

Le résultat de STEVENS pour l'*air n'a pas été confirmé* par KALÄHNE (1903). Ce dernier a trouvé à 900° la valeur $k = 1,39$, c'est-à-dire *une indépendance presque complète à l'égard de la température.*

VALENTINER (1903) a déterminé k pour la *vapeur d'azote à la température de l'air liquide* (— 192° environ). Il a trouvé à basse pression la même valeur pour k qu'à la température ordinaire. Lorsque la vapeur est presque saturée, sa pression étant d'environ 2 atmosphères, k est plus grand de 5 %. Il a obtenu pour c_p et c_v à cette basse température

$$c_v = 0,1769 + 0,000322\,p - \frac{0,0346}{s}\,p,$$

$$c_p = 0,2476 + 0,000451\,p - \frac{0,0346}{s}\,p,$$

où s est égal à la pression de la vapeur d'azote saturée.

Enfin TREITZ (1903) a aussi mesuré k pour différentes vapeurs et a trouvé les nombres suivants :

		k
Vapeur d'eau saturée.	(100°)	1,3290
Vapeur d'eau surchauffée	(110)	1,3301
» »	(120)	1,3129
» »	(130)	1,3119
Vapeur d'alcool saturée	(78)	1,1390
Vapeur d'éther saturée	(35)	1,1122

VI. **Méthode de Maneuvrier.** — Considérons un volume v de gaz sous la pression p ; modifions *adiabatiquement* ce volume d'une petite quantité Δv et désignons par Δp_q la variation correspondante de la pression p. La formule $pv^k = const.$ donne $v^k \Delta p_q + kpv^{k-1}\Delta v = 0$, ou

$$(\alpha) \qquad v\Delta p_q + kp\Delta v = 0.$$

Réalisons la même modification Δv du volume d'une manière isothermique, c'est-à-dire à température constante, et soit Δp_t la variation correspondante de la pression. L'égalité $pv = const.$ donne

$$(\beta) \qquad v\Delta p_t + p\Delta v = 0.$$

En faisant passer dans (α) et (β) les seconds termes à droite et en divisant ces égalités membre à membre, on obtient

$$(57) \qquad k = \frac{\Delta p_q}{\Delta p_t}.$$

On peut montrer que la formule (57) s'applique à tous les corps ; elle est appelée formule de REECH.

MANEUVRIER a construit un appareil, qui permet de mesurer la grandeur Δp_q correspondant à une petite compression adiabatique Δv ; la grandeur Δp_t est déterminée par le calcul. Il a trouvé

	Air	CO^2	H^2
$k =$	1,3924	1,298	1,348.

Plus tard MANEUVRIER et FOURNIER (1897) ont trouvé $k = 1,273$ pour l'*acétylène*.

Nous signalerons en terminant ce paragraphe l'excellent exposé que MANEUVRIER a donné des méthodes de détermination de la grandeur k et des résultats obtenus par les différents physiciens qui se sont occupés de la question (pour la période qui s'étend entre 1812 et 1895).

15. Relation entre la capacité calorifique des corps et leur poids moléculaire ou atomique. — DULONG et PETIT ont déterminé la capacité calorifique c pour une série de métaux et pour le soufre ; en multipliant les nombres obtenus par les poids atomiques A correspondants, ils ont reconnu que le produit Ac est une grandeur constante à peu près égale à 3. Ils ont étudié Bi, Pb, Pt, Au, Sn, Ag, Zn, Cu, Ni, Fe et S. Nous indiquerons ici quelques-uns des nombres donnés par DULONG et PETIT :

Substance	c	A	cA
Pb	0,0293	103,5	3,032
Au	0,0298	98,5	2,935
Ag	0,0557	54	3,007
Cu	0,0949	31,7	3,008
Fe	0,1100	28	3,080
S.	0,1880	16	3,008

L'égalité approchée des produits cA exprime la célèbre *loi* (plus exactement règle) de DULONG et PETIT : *Pour tous les corps simples à l'état solide, le produit du poids atomique par la capacité calorifique est un nombre constant.*

Le produit Ac peut être considéré comme la quantité de chaleur nécessaire pour échauffer A kilogrammes d'une substance de 1°, par exemple (en prenant pour A les nombres de DULONG et PETIT) $98^{kg},5$ d'or, 28 kilogrammes de fer, 16 kilogrammes de soufre, etc. Ces poids sont chimiquement équivalents, c'est-à-dire renferment le même nombre d'atomes. Il en résulte que, pour élever de 1° la température d'un atome des substances précédentes, il faut une même quantité de chaleur, qui sert de mesure à la capacité calorifique atomique. On peut par suite formuler de la façon suivante la loi de DULONG et PETIT : *La capacité calorifique atomique est la même pour tous les corps simples à l'état solide.*

Les expériences étendues de REGNAULT sur la capacité calorifique des corps ont permis d'apprécier plus exactement le caractère de cette loi.

La nécessité de doubler les poids atomiques, dont se sont convaincus les chimistes après DULONG et PETIT, a conduit à doubler le nombre constant auquel est approximativement égal le produit Ac.

Nous donnons, dans le tableau suivant, les valeurs numériques de c, A et Ac pour une série d'éléments

Substance	c	A	Ac
Argent	0,0570	108,0	6,16
Aluminium	0,2143	27,4	5,87
Bismuth	0,0308	210,0	6,47
Cobalt	0,1067	58,8	6,27
Cuivre	0,0949	63,4	6,02
Fer	0,1138	56,0	6,37
Iode	0,0541	127,0	6,87
Lithium	0,9408	7,0	6,59
Manganèse	0,1217	55,0	6,69
Sodium	0,2934	23,0	6,75
Plomb	0,0314	207,0	6,50
Platine	0,0325	197,4	6,42
Soufre	0,1776	32,0	5,68
Etain	0,0548	118,0	6,46
Zinc	0,0956	65,2	6,23
		Moyenne	6,36

Le *carbone*, le *silicium* et le *bore* surtout présentent des exceptions à cette règle à la température ordinaire. On a pour ces corps les nombres suivants :

Substance	c	A	Ac
Carbone :			
Charbon de bois	0,241	11,96	3,13
Graphite	0,2018	—	2,42
Diamant	0,1128	—	1,35
Silicium :			
Graphitoïde	0,181	28,3	5,12
Cristallisé	0,165	—	4,67
Fondu	0,138	—	3,89
Bore :			
Amorphe	0,254	10,9	2,77
Graphitoïde	0,235	—	2,56
Cristallisé	0,230	—	2,51

Toutefois, les recherches de H. F. WEBER ont montré que les capacités calorifiques de ces trois substances augmentent rapidement avec la température et que le produit Ac se rapproche alors du nombre 6, comme le montre le tableau suivant :

Substance	Température	c	Ac
Diamant	985°,0	0,4589	5,49
Graphite	985,0	0,4674	5,60
Bore	233,2	0,3663	3,99
»	rouge	0,50	5,45
Silicium cristallisé	232°,4	0,2029	5,74

Le beryl donne lieu à des résultats analogues.

Le Chatelier a obtenu, pour la capacité calorifique atomique du *carbone*, les expressions suivantes :

De 0° à 250° . . . . $Ac = 1,92 + 0,0077\,t$,
De 250° à 1 000° . . . . . $Ac = 3,84 + 0,00246\,t$.

Nous avons déjà parlé à la page 214 des nouvelles recherches de Kundt. Moissan et Gautier ont montré que la capacité calorifique atomique du *bore pur* à 400° est égale à 6,4. Pour le *soufre* et le *phosphore*, on obtient des nombres différents suivant l'état de ces substances. Pour le soufre, c oscille entre 0,163 (cristaux naturels, d'après Kopp) et 0,1844 (soufre fondu récemment, d'après Regnault) ; en conséquence Ac oscille entre 5,22 et 5,90. Pour le phosphore jaune, Regnault a trouvé $c = 0,1740$ entre 10° et $-78°$, $A = 30,96$, de sorte que $Ac = 5,39$; toutefois Kopp a obtenu entre 13° et 36° la valeur $c = 0,202$, d'où résulte $Ac = 6,26$.

Un travail très intéressant relatif à l'*influence de la température sur la capacité calorifique atomique* Ac a été publié par Behn. Il a trouvé pour Ac les valeurs suivantes entre différentes limites de température :

Substance	+ 100° à + 18°	+ 18° à − 79°	− 79° à − 186°
Pb	6,4	6,2	6,0
Pt.	6,3	6,1	5,4
Ir	6,2	5,8	5,1
Pd	6,3	6,0	5,2
Cu	6,0	5,6	4,5
Ni.	6,4	5,8	4,3
Fe.	6,3	5,6	4,0
Al.	6,0	5,3	4,2
Sb.	6,0	5,8	5,5
Sn	6,5	6,1	5,8
Cd	6,3	6,0	5,6
Ag	6,0	5,9	5,4
Zn	6,1	5,8	5,2
Mg	6,1	5,7	4,6
C.	2,4	1,7	0,9

Si nous prenons pour le *carbone* la plus petite valeur trouvée par DEWAR (page 213), savoir la capacité calorifique moyenne du diamant entre — 188° et — 252°,5 qui est égale à 0,0043, nous obtenons $Ac = 0,052$, valeur qui est plus de 100 fois plus petite que celle exigée par la règle de DULONG et PETIT.

BONTSCHEW a trouvé (en partie par le calcul) que Ac possède, pour l'*aluminium*, les valeurs suivantes :

$t =$	600°	300°	0°	— 100°	— 200°	— 250°
$Ac =$	8,10	6,58	5,64	5,12	4,35	3,86.

De nombreuses recherches sur la grandeur de la chaleur atomique des métaux et sur la chaleur moléculaire des combinaisons, dont nous parlerons plus loin, sont dues à TILDEN.

La règle de DULONG et PETIT peut être souvent utilisée pour déterminer le poids atomique d'un élément. Pour le *chlorure d'indium*, on a proposé la formule $InCl^2$, et celle-ci a donné $In = 76$. Mais ce nombre ne rentre pas dans le système périodique et MENDÉLÉIEFF a adopté la formule $InCl^3$, qui donne $In = 114$. On a $c = 0,057$ pour l'indium ; $A = 76$ donne $Ac = 4,3$, tandis que $A = 114$ donne la valeur $Ac = 6,5$. La règle de DULONG et PETIT indique donc ici qu'il faut prendre $In = 114$.

Occupons-nous maintenant de l'interprétation théorique de la loi de DULONG et PETIT. Nous avons indiqué à différentes reprises (page 173) que la chaleur c absorbée par un corps, quand on l'échauffe de 1°, est employée à accroître la force vive du mouvement des molécules et à effectuer un travail intérieur et un travail extérieur ; ce dernier est très faible dans les corps solides et dans les liquides, et nous pouvons le négliger. Nous avons alors $c = \Delta J + \Delta H$, ou $Ac = A\Delta J + A\Delta H$, ΔJ étant employé à augmenter la force vive, ΔH à effectuer le travail intérieur. La grandeur ΔJ est, conformément à la terminologie de CLAUSIUS (page 173), la capacité calorifique *vraie* C, de sorte que l'on a

$$Ac = AC + A\Delta H. \tag{58}$$

Nous avons vu (Tome I) que les molécules des différents gaz possèdent à la même température la même force vive, qui est proportionnelle à la température absolue. L'absence d'échange d'énergie, entre des corps en contact dont la température est la même, peut s'étendre aux corps liquides et solides. Dans ce cas, pour l'échauffement de 1° d'une substance quelconque, la même quantité de chaleur est dépensée à accroître la force vive d'un atome de cette substance ; autrement dit *la capacité calorifique atomique vraie de tous les corps simples est la même.* Il est clair par suite que *le produit* AC *doit aussi être le même pour tous les corps simples*, AC étant la quantité de chaleur nécessaire pour augmenter la force vive des atomes, lorsqu'on élève de 1° la température de quantités équivalentes de substance, qui renferment le même nombre d'atomes.

Le produit de la capacité calorifique vraie par le poids atomique doit être constant pour tous les corps simples.

CLAUSIUS admet qu'en général la grandeur C est tout à fait constante pour un élément donné, c'est-à-dire qu'elle ne change ni avec la température, ni dans le passage d'un état de l'élément à un autre ; il attribue toutes les variations de la capacité calorifique c, ou plus exactement c_v, à la variation du travail intérieur.

La loi de DULONG et PETIT, d'après laquelle Ac est approximativement le même pour tous les corps simples solides, conduit à admettre que, *dans les éléments solides, le travail intérieur accompli entre le même nombre d'atomes ou à l'égard d'un seul atome est approximativement le même* ; c'est en cela que consiste la signification théorique de la loi mentionnée. La raison des écarts indiqués à la page 252 (pour C, Si, B) est inconnue.

BOLTZMANN (1871), RICHARZ et STAIGMÜLLER ont essayé d'établir théoriquement que $Ac = 6$ pour les éléments solides. RICHARZ a montré que Ac doit être exactement deux fois plus grand pour l'état solide que pour l'état gazeux, quand le gaz se compose d'atomes isolés et qu'on a par suite $k = 5 : 3$; on doit alors poser $c = c_v$. Nous avons en outre l'égalité (page 240)

$$c_p - c_v = \frac{1,987}{\mu},$$

où μ est le poids moléculaire et par suite est identique à A pour les gaz monoatomiques. En faisant $\mu = A$ et $c_p = \frac{5}{3} c_v$, nous déduisons de ces deux égalités *exactement* $Ac = 6$; il en résulte que $Ac = 6$ pour l'état solide. Ceci doit s'appliquer par exemple à tous les métaux dont la vapeur, comme celle du mercure, est monoatomique. RICHARZ a trouvé qu'en général Ac est approximativement égal à 6, lorsque les déplacements des atomes sont petits relativement à leurs distances mutuelles. Dans le cas contraire, de grands écarts sont possibles ; c dépend alors particulièrement de la température. Les corps, qui possèdent un faible volume atomique (poids atomique divisé par la densité), comme Be, Bo et C, ainsi que les corps de faible poids atomique donnent pour Ac de trop petites valeurs. Dans le premier cas, les distances entre les atomes sont petites ; dans le second, les déplacements peuvent être grands en raison de la faible masse des atomes. Ce résultat théorique est confirmé par les faits. D'autres recherches théoriques sont dues à PUSCHL (1903), etc.

LAEMMEL (1905) a indiqué qu'en raison de la forte dépendance qui existe entre la capacité calorifique et la température, la valeur $Ac = 6,2$ est valable pour divers éléments à des températures très différentes et qu'*il est justifié de remplacer le nombre* 6,2 *par un nombre quelconque compris entre* 3, 5 et 9, 5, en changeant les températures correspondantes suivant le nombre adopté. En prenant pour les éléments solides la *température de fusion*, on obtient le tableau intéressant qui suit :

Elément	Température de fusion	Capacité calorifique c à la température de fusion	A	Ac
Li	190°	1,3	7	9,45
Al	700	0,35	27	9,45
Na	100	0,36	23	8,28
S	120	0,25	32	8,00
Cu	1100	0,145	64	9,28
Ni	1600	0,166	59	9,79
Zn	420	0,142	65	9,23
Br	— 7	0,114	80	9,12
Ag	1040	0,082	108	8,87
Cd	315	0,066	112	7,39
Pb	330	0,0413	207	8,55
			Moyenne. . . .	8,85

Les nombres Ac s'écartent ici de la moyenne à peu près de même que les nombres du tableau de la page 252.

F.-E. Neumann a trouvé en 1831 la loi suivante, qui est en quelque sorte une généralisation de la loi de Dulong et Petit :

Loi de Neumann : *Pour tous les corps composés de constitution chimique semblable, le produit de la capacité calorifique par le poids moléculaire est approximativement constant.*

Regnault, Pape et Kopp ont confirmé cette loi pour des groupes de composés chimiques nombreux. Nous indiquons ci-dessous quelques-uns de ces groupes ; c est la capacité calorifique, μ le poids moléculaire.

Composés du type RO.

Composé	c	μ	μc
MgO	0,24394	40,3	9,83
MnO	0,15701	70,8	11,14
NiO	0,15880	74,6	11,86
CuO	0,14201	79,2	11,27
ZnO	0,12480	81,1	11,13
HgO	0,05179	215,8	11,19
PbO	0,05119	222,4	11,38
		Moyenne. . . .	10,97

Composés du type R^2O^3.

Composé	c	μ	μc
Fe^2O^3	0,17000	159,8	27,2
Cr^2O^3	0,17960	152,0	27,4
As^2O^3	0,12768	197,8	25,3
Sb^2O^3	0,09009	287,8	25,9
Bi^2O^3	0,06053	464,8	28,1
		Moyenne	26,8

Composés du type RCl^2.

Composé	c	μ	μc
$MgCl^2$	0,19460	95,1	18,5
$CaCl^2$	0,16420	110,7	18,2
$SrCl^2$	0,11990	158,1	19,0
$BaCl^2$	0,08957	207,7	18,6
$ZnCl^2$	0,13618	135,9	18,6
$SnCl^2$	0,10161	189,6	19,3
$HgCl^2$	0,06889	270,6	18,7
$PbCl^2$	0,06641	277,2	18,4
$MnCl^2$	0,14250	125,6	17,9
		Moyenne	18,58

Composés du type AzO^3R.

Composé	c	μ	μc
AzO^3K	0,23875	101,0	24,1
AzO^3Na	0,27821	85,0	23,6
AzO^3Ag	0,14352	169,7	24,4
		Moyenne	24,03

Composés du type SO^4R^2.

Composé	c	μ	μc
SO^4K^2	0,10910	174,0	33,1
SO^4Na^2	0,23115	142,0	32,8
		Moyenne	32,95

Nous donnons maintenant les valeurs moyennes des capacités calorifiques moléculaires μc pour des composés de différents types :

Type	μc	Type	μc
RO.	11,0	RI^2	19,4
RO^2	14,0	AzO^3R	24,0
RO^3	18,8	Az^2O^6R	38,2
R^2O^3	26,9	SO^4R.	26,4
RS.	11,9	SO^4R^2	32,9
RS^2.	18,1	CO^3R.	21,4
RCl.	12,7	CO^3R^2	29,1
RCl^2	18,7	$SO^4R + 5H^2O$. . . .	78,3
RI.	13,4	$SO^4R + 7H^2O$. . . .	97,4

Beaucoup de physiciens se sont occupés de l'influence de la composition des corps sur la grandeur μc. Joule en 1844 a trouvé le premier une loi simple ; Woestyn l'a indiquée de nouveau en 1848 ; mais ce n'est qu'en 1864 qu'elle a été formulée d'une façon définitive par Kopp, qui l'a vérifiée par des résultats extrêmement nombreux dus à ses propres recherches.

Loi de Joule et de Kopp : *La capacité calorifique moléculaire d'un composé solide est égale à la somme des capacités calorifiques atomiques des éléments qui entrent dans sa composition.*

On a

$$\mu c = \sum n_i a_i c_i \; ; \tag{59}$$

μ et c se rapportent au composé, c_i est la capacité calorifique, a_i le poids atomique, et par suite $a_i c_i$ la capacité calorifique atomique d'un des éléments, qui entre dans la composition du composé ; n_i est le nombre des atomes de cet élément dans une molécule du composé ; on a donc $\mu = \sum n_i a_i$. Kopp admet que la capacité calorifique atomique de tous les éléments, à l'exception de O, H, Fl, B, Si, C, S et P, est égale à 6,4.

Les composés du type RS donnent pour S la capacité calorifique 11,9 — 6,4 = 5,5 ; mais les composés du type RS^2 donnent (18,1 — 6,4) : 2 = 11,7 : 2 = 5,85. Kopp a pris finalement le nombre 5,4 pour S. On déduit la capacité calorifique de l'oxygène des composés du type (voir le dernier tableau) :

SO^4R^2.	(32,9 — 6,4 × 2 — 5,4) : 4 .	3,7
RO.	11,0 — 6,4	4,6
RO^2	(14,0 — 6,4) : 2	3,8
RO^3	(18,8 — 6,4) : 3	4,1
R^2O^3	(26,9 — 6,4 × 2) : 3 . . .	4,7.

Kopp a pris le nombre 4 comme valeur moyenne pour la capacité calorifique atomique de l'oxygène *solide*, c'est-à-dire de l'oxygène qui entre dans des composés chimiques solides. Il a adopté pour C le nombre 1,8 trouvé pour le diamant. En résumé, KOPP s'est arrêté aux nombres suivants, pour les éléments dont la capacité calorifique n'est pas égale à 6,4 :

	Capacité calorifique		Capacité calorifique
O	4,0	C.	1,8
H	2,4	Si.	3,8
Fl	5,0	S.	5,4
B	2,7	P.	5,4

Si on prend ces nombres, et, pour tous les autres éléments, le nombre 6,4, on peut *calculer la capacité calorifique* c des différents composés solides au moyen de la formule (59). Les résultats se trouvent approximativement exacts.

STEPHAN MEYER (1900) a indiqué que la loi que nous venons d'énoncer — capacité calorifique moléculaire égale à la somme des capacités calorifiques atomiques — est vérifiée d'une manière d'autant plus exacte que le composé considéré suit de plus près cette autre loi : volume moléculaire égal à la somme des volumes atomiques. VAN AUBEL (1901) a combattu cette affirmation.

Pour les composés *liquides*, la loi de JOULE et de KOPP ne se vérifie pas du tout.

WINKELMANN a trouvé qu'on peut calculer la capacité calorifique c des différentes sortes de verre par la formule $cp = \sum c_i p_i$, dans laquelle p_i désigne les quantités en poids et c_i la capacité calorifique des *substances* (ZnO, SiO^2, K^2O, CaO, etc., par exemple) qui entrent dans la composition du verre, et où $p = \sum p_i$; autrement dit, le calcul est conforme à la formule des alliages (page 257).

GARNIER était déjà arrivé en 1852 à ce résultat, confirmé plus tard par KOPP, que la capacité calorifique de l'eau solide entrant dans la composition des sels hydratés est égale à la capacité calorifique de la glace. Le tableau de la page 216 donne en effet

$$(SO^4R + 7H^2O) - SO^4R = 97,4 - 26,4 = 71 = 7H^2O,$$

d'où $\mu c = 10,1$ pour H^2O, et

$$(SO^4R + 7H^2O) - (SO^4R + 5H^2O) = 97,4 - 78,319 = 19,1 = 2H^2O,$$

d'où $\mu c = 9,6$ pour H^2O. La moyenne est $\mu c = 9,85$; mais on a $\mu = 18$ pour l'eau ; par suite $c = 0,55$. Or on a $c = 0,5$ pour la glace.

Nous avons cité à la page 216 les recherches de N. N. BÉKÉTOW, qui a trouvé, pour la capacité calorifique atomique de l'hydrogène solide absorbé par le palladium, le nombre 5,88 ; il diffère d'une manière très importante du nombre 2,3 admis par KOPP.

REIS et SCHIFF sont arrivés à quelques résultats intéressants relativement à la capacité calorifique des *liquides organiques*. Reis a trouvé que les capacités calorifiques moléculaires des substances formant une série homologue ont entre elles approximativement les mêmes différences. Ainsi, par exemple, dans la série des alcools $C^nH^{2n+2}O$, la capacité calorifique moléculaire μc augmente en moyenne de 9,69, quand n augmente d'une unité ; dans la série des acides $C^nH^{2n}O^2$, cet accroissement est de 8,38, de sorte que l'addition de CH^2, quand on passe d'une série à une autre, change l'accroissement de la capacité calorifique moléculaire.

Schiff a découvert toute une série de faits intéressants concernant la grandeur de la capacité calorifique c, et, en particulier, la dépendance qui existe entre elle et la température. Si on exprime c sous la forme $c = c_0 + bt$, on constate que c_0, et à un degré plus grand encore b, sont communs à des séries entières de composés organiques. Nous nous bornerons à deux exemples :

Hydrocarbures aromatiques.

Corps	Capacité calorifique
Benzine	$c = 0{,}3834 + 0{,}001\,043\,t$
Toluène	
Métaxylène	
Paraxylène	
Ethylbenzine	$c = 0{,}3929 + 0{,}001\,043\,t$
Pseudocumène	
Mésitylène	
Propylbenzine	$c = 0{,}4000 + 0{,}001\,043\,t$
Cymène	

Acides gras.

Corps	Capacité calorifique
Acide formique	$c = 0{,}4966 + 0{,}000\,709\,t$
Acide acétique	$c = 0{,}4440 + 0{,}001\,418\,t$
Acide propionique	
Acide butyrique	
Acide isobutyrique	$c = 0{,}4352 + 0{,}001\,418\,t$
Acide valérianique	

Il est remarquable que, pour l'acide formique, b soit exactement la moitié de la valeur que ce coefficient possède pour les autres acides.

A. Nadiéjdine a indiqué une relation plus compliquée entre la capacité calorifique des liquides et d'autres grandeurs physiques. Nous reviendrons plus loin sur son travail.

Mache (1901) a montré que *la capacité calorifique c d'un liquide doit être à peu près égale au double de la capacité calorifique vraie de sa vapeur*. La mesure de cette dernière est la grandeur c_v, et c se trouve en effet, pour une série de liquides, à peu près égal à $2c_v$.

En ce qui concerne les *corps gazeux*, il semble *a priori* qu'on doive trouver pour eux des relations particulièrement simples entre la capacité calorifique et le poids atomique ou moléculaire. On est notamment porté à penser que la capacité calorifique c_v sous volume constant représente aussi la capacité calorifique *vraie* au sens de Clausius, c'est-à-dire la grandeur qui, multipliée par le poids moléculaire, donne un nombre constant. Cette conclusion repose, comme nous l'avons vu, sur ce que le travail intérieur est petit dans les gaz. La capacité calorifique vraie multipliée par le *poids atomique* doit, d'après cette vue théorique, être une grandeur constante pour tous les gaz, et on est par suite conduit à présumer que le produit de la capacité calorifique c_v par le poids moléculaire μ est une grandeur proportionnelle au nombre n d'atomes entrant dans la composition d'une molécule de gaz. Le produit μc_v est égal à la capacité calorifique moléculaire sous volume constant ; il semble donc que l'on doit avoir pour tous les gaz :

$$\frac{\mu c_v}{n} = \frac{c_{\mu,v}}{n} = const. \tag{60}$$

Ainsi, par exemple, pour tous les gaz et les vapeurs biatomiques, tels que H^2, O^2, Az^2, Cl^2, Br^2, I^2, CO, AzO, HCl, BrCl, on aurait $c_{\mu,v} = const.$; il en serait de même pour les gaz et les vapeurs triatomiques : CO^2, Az^2O, SO^2, H^2S, etc. La grandeur $c_{\mu,v} : n$ peut s'appeler la capacité calorifique *atomique* moyenne sous volume constant. Comme les poids de gaz correspondant aux poids moléculaires μ occupent des volumes égaux, ou, ce qui revient au même, comme un même nombre de molécules (loi d'Avogadro, Tome I) est contenu dans des volumes égaux de gaz, l'égalité présumée des capacités calorifiques moléculaires μc_v, pour les gaz avec le même nombre n d'atomes dans la molécule, conduit à l'égalité des capacités calorifiques γ_v de volumes égaux de ces gaz ; il résulterait de la formule (60) que $\gamma_v : n$ doit être le même pour *tous* les gaz.

D'après la formule (31), page 220, la différence $\gamma_p - \gamma_v$ est identique pour tous les gaz, et sa valeur est

$$\gamma_p - \gamma_v = 0,0688, \tag{61}$$

si on pose $v_0 = 1$, c'est-à-dire si on prend des volumes de tous les gaz égaux au volume de l'unité de poids d'air à une température et à une pression données, ce volume étant pris égal à 1 pour plus de commodité. Avec un tel choix de l'unité de volume, nous avons, voir (29), page 220,

$$\gamma_v = \delta c_p, \qquad \gamma_v = \delta c_v. \tag{62}$$

Mais les capacités calorifiques moléculaires sont

$$c_{\mu,p} = \mu c_p = 28,88\gamma_p, \qquad c_{\mu,v} = \mu c_v = 28,88\gamma_v, \tag{63}$$

puisque $\mu = 28,88\delta$. On obtient donc, pour la différence des deux capacités calorifiques moléculaires, la formule (33), page 220,

$$c_{\mu,p} - c_{\mu,v} = 1,987. \tag{64}$$

Nous devons nous attendre à ce que $\gamma_v : n$ soit le même pour tous les gaz ; les formules (60), (62) et (63) montrent qu'alors $c_{\mu,v} : n$ doit être aussi le même pour *tous* les gaz, et qu'en outre $\gamma_p : n$ et $c_{\mu,p} : n$ doivent avoir même valeur pour *les* gaz qui suivent les lois de Boyle et de Gay-Lussac.

D'après tout ce qui précède, *il paraît justifié de prévoir que la capacité calorifique atomique moyenne sous volume constant, c'est-à-dire la grandeur* $\mu c_v : n = c_{\mu,v} : n$, *où n désigne le nombre d'atomes entrant dans la composition d'une molécule de gaz, est la même pour tous les gaz, ou que* $\gamma_v : n$, γ_v *étant la capacité calorifique d'une unité de volume du gaz à volume constant, est une même grandeur pour tous les gaz. Pour les gaz qui suivent les lois de* Boyle *et de* Gay-Lussac, *on doit s'attendre à ce que les capacités calorifiques correspondantes sous pression constante, c'est-à-dire les grandeurs* $\mu c_p : n = c_{\mu,p} : n$ *et* $\gamma_p : n$ *soient égales pour tous ces gaz.*

En particulier :

Les capacités calorifiques γ_v *et* γ_p *des gaz biatomiques, tels que* H^2, O^2, Az^2, CO, AzO, *rapportées à des volumes égaux, doivent être égales entre elles ; il en est évidemment de même pour les capacités calorifiques moléculaires* $c_{\mu,v}$ *et* $c_{\mu,p}$, *qui sont* 28,88 *fois plus grandes que* γ_v *et* γ_p *(si ces dernières sont rapportées au volume de l'unité de poids d'air), ou pour les capacités calorifiques atomiques, égales à* $\frac{1}{2} c_{\mu,v}$ *et* $\frac{1}{2} c_{\mu,p}$.

Cette dernière conclusion a seule été confirmée par l'expérience pour quelques gaz, comme nous l'avons déjà vu à la page 231. Les observations de Regnault donnent, pour les grandeurs $c_p\delta = \gamma_p$, voir (62), des valeurs que nous indiquons ici de nouveau, en ajoutant celles relatives à CO et AzO :

Composé	γ_p	$\frac{1}{2} c_{\mu,p} = \frac{1}{2} \mu c_p$
O^2	0,2405	3,480
Az^2	0,2365	3,413
H^2	0,2359	4,409
CO	0,2376	3,430
AzO	0,2406	3,476

La capacité calorifique moléculaire moyenne $c_{\mu,p}$ sous pression constante est égale à 6,88 pour ces cinq gaz ; la capacité calorifique atomique moyenne $\frac{1}{2} c_{\mu,p}$ est égale à 3,44. De la formule (64), ou en tenant compte des grandeurs c_v trouvées expérimentalement, on déduit la capacité calorifique moléculaire moyenne $c_{\mu,v}$ sous volume constant, égale à 4,90 ; la capacité calorifique atomique moyenne $\frac{1}{2} c_{\mu,v}$ est égale à 2,45.

C'est à peu près à cela toutefois que se borne la concordance entre les données expérimentales et les résultats théoriques auxquels nous sommes arrivés plus haut. Il suffit seulement de considérer les nombres qui se rapportent à Cl^2, Br^2, I^2, HCl, HBr, etc., pour remarquer des écarts considérables ; ainsi pour Cl^2, nous obtenons la valeur $\frac{1}{2} c_{\mu,v} = 3,10$.

De même, la constance de la grandeur $c_{\mu, v} : n$ pour tous les gaz ne se vérifie pas du tout, comme le montre le tableau suivant :

Substances	n	μ	c_v	$c_{\mu, v} = \mu c_v$	$c_{\mu, v} : n$	$k = \frac{c_p}{c_v}$
Hg	1	200,0	0,0147	2,94	2,94	1,66
O^2	2	32,0	0,1544	4,95	2,47	1,405
Az^2	2	28,0	0,1735	4,86	2,43	1,405
H^2	2	2,0	2,4263	4,85	2,43	1,405
CO	2	28,0	0,1748	4,89	2,44	1,403
AzO	2	30,0	0,1662	4,99	2,49	1,394
Cl^2	2	71,0	0,0873	6,20	3,10	1,323
Br^2	2	160,0	0,0428	6,84	3,42	1,292
I^2	2	254,0	0,0257	6,52	3,26	1,307
HCl	2	36,5	0,1392	5,08	2,54	1,394
HBr	2	81,0	0,0573	4,64	2,32	1,431
HI	2	128,0	0,0394	5,04	2,52	1,397
ClI	2	162,5	0,0389	6,32	3,16	1,317
BrI	2	207,0	0,029	6,14	3,07	1,33
CO^2 0°	3	44,0	0,1486	6,54	2,18	1,311
CO^2 100°	3	44,0	0,1695	7,48	2,49	1,284
Az^2O 0°	3	44,0	0,1513	6,66	2,22	1,311
Az^2O 100°	3	44,0	0,1737	7,64	2,55	1,274
SO^2	3	64,0	0,1237	7,92	2,64	1,248
H^2S	3	34,0	0,1933	6,57	2,19	1,258
AzH^3 0°	4	17,0	0,3803	6,46	1,61	1,317
AzH^3 100°	4	17,0	0,4159	7,07	1,77	1,279
CH^4	5	16,0	0,4495	7,19	1,44	1,319
C^2H^4 0°	6	28,0	0,2702	7,57	1,26	1,245
C^2H^4 100°	6	28,0	0,3523	9,86	1,64	1,189

E. Wiedemann a déterminé les capacités calorifiques des *vapeurs* de différents liquides. Ses observations ramenées à 0° conduisent au tableau suivant :

Vapeurs : 0°	n	μ	c_v	$c_{\mu, v} = \mu c_v$	$c_{\mu, v} : n$	$k = \frac{c_p}{c_v}$
Sulfure de carbone, CS^2	3	76,0	0,1054	8,01	2,67	1,248
Chloroforme, $CHCl^3$	5	119,4	0,1178	14,05	2,81	1,139
Bromure d'éthylène, C^2H^5Br	8	109,0	0,1168	12,70	1,59	1,159
Acétone, C^3H^6O	10	58,0	0,2636	15,29	1,53	1,132
Benzine, C^6H^6	12	78,0	0,1981	15,46	1,29	1,129
Ether acétique, $C^4H^8O^2$	14	88,0	0,2394	21,07	1,50	1,094
Ether, $C^4H^{10}O$	15	74,0	0,3455	25,57	1,70	1,078

Les nombres de l'avant-dernière colonne de ces deux tableaux montrent que la capacité calorifique atomique moyenne sous volume constant n'est pas du tout la même pour les différents gaz ; elle oscille entre 1,26 et 3,42. Les corps simples se partagent pour ainsi dire en deux groupes : H, O, Az et Hg, Cl, Br, I ; le second groupe présente des valeurs numériques de $c_{\mu,v} : n$ plus grandes que le premier.

Il en résulte que pour les gaz aussi la capacité calorifique vraie ne coïncide pas avec la capacité calorifique c_v et que par suite *le point de départ de nos raisonnements précédents n'est pas juste.*

Berthelot pense que les éléments (gaz et vapeurs) forment *quatre* groupes, pour lesquels $c_{\mu,p}$ et $c_{\mu,v}$ ont les valeurs suivantes :

	$c_{\mu,p}$	$c_{\mu,v}$
1er groupe, gaz monoatomiques	5,0	3,0
2e groupe, gaz biatomiques non-dissociables	6,8	4,8
3e groupe, gaz biatomiques dissociables (Cl, Br, I). .	8,6	6,6
4e groupe, vapeurs tétratomiques (P, As, etc.)	13,4	11,4

On a approximativement $c_{\mu,v} : n = 3$.

D'après Sohncke, les variations de la capacité calorifique avec la température s'expliquent par le travail *intramoléculaire* : le fait que la capacité calorifique de la vapeur monoatomique de Hg est indépendante de t, concorde parfaitement avec cette manière de voir.

Nous avons mentionné à la page 261, les tentatives faites pour déterminer l'influence du nombre n d'atomes sur la grandeur k. Ces tentatives ne pouvaient réussir, car la dernière colonne (page 263) montre que la grandeur k prend différentes valeurs pour la même valeur de n. Si la loi de Dulong et Petit était applicable aux gaz, au sens que la grandeur $\mu c_v : n$ est constante, l'influence de n sur k serait très simple. On peut en effet écrire (64) sous la forme $c_p - c_v = \frac{2}{\mu}$ (nous écrivons 2 au lieu de 1,987). En ajoutant $\frac{\mu c_v}{n} = B$, où B est un nombre constant, on obtient

$$c_p = \frac{2 + nB}{\mu}, \qquad c_v = \frac{nB}{\mu},$$

et

$$k = 1 + \frac{2}{nB}.$$

Pour la vapeur de mercure, on a $n = 1$ et $k = 1,666 = \frac{5}{3}$ (page 248) : on en déduit $B = 3$, et par suite on aurait en général pour les gaz

$$k = 1 + \frac{2}{3n}.$$

Cette formule conduirait pour les gaz biatomiques à la valeur $k = \frac{4}{3} = 1,33$; mais l'observation donne, pour la plupart de ces gaz, $k = \frac{7}{5} = 1,40$, et pour

Cl^2 et BrI une valeur voisine de 1,33. Pour $n = 3$, nous devrions avoir $k = 1,22$, ce qui ne concorde pas non plus avec les résultats d'expérience. Staigmüller et Fischer (1905) ont fait des recherches dans une voie analogue ; ce dernier est arrivé à la formule

$$k = 1 + \frac{5}{6n}.$$

Naumann a établi, en s'appuyant sur certaines considérations que nous n'envisagerons pas, la formule

$$k = \frac{n+5}{n+3},$$

qui donne pour $n = 2$, $k = \frac{7}{5}$, pour $n = 3$, $k = \frac{4}{3}$, et pour $n = 4$, $k = \frac{9}{7} = 1,286$. Boltzmann a cherché comment k pouvait dépendre de la forme des atomes dans un gaz monoatomique.

L'ignorance dans laquelle nous nous trouvons, à l'égard du caractère des mouvements intramoléculaires et de la dépendance qui existe entre ces mouvements et la structure de la molécule, ne nous permet pas de résoudre théoriquement la question de la capacité calorifique des corps composés. Il existe, certainement, pour ces derniers, une diversité de cas possibles plus grande que pour les corps simples solides, dans lesquels l'hypothèse probablement exacte et au moins approchée d'un même travail intérieur simplifie beaucoup la question. De récentes études théoriques sur ce sujet sont dues à Boynton (1901) et à Jeans (1901).

BIBLIOGRAPHIE

—

1. — Introduction.

Mach. — *Die Principien der Wärmelehre*, Leipzig, 1896, p. 153-210.

Nous empruntons à cet ouvrage les indications relatives à l'origine de la calorimétrie.

Richmann. — *Novi Comment. Acad. Petrop.*, **1**, p. 152, 1750 ; **3**, p. 309, 1753 ; **4**, p. 241, 1758.

Krafft. — *Comment. Acad. Petrop.*, **14**. pp. 218, 233, 1744-1746.

Boerhave. — *Elem. Chem.*, **1**, p. 268, 1732.

Black. — *Lectures on the Elements of Chemistry*, Edinburgh, 1803 ; trad. allem. de Crell, Hambourg, 1804.

IRVINE. — *Essay on chemical subjects*, London, 1805.
WILKE. — *Kong. Vetensk. Acad. Nya. Handl.*, 1772, 1781.
CRAWFORD. — *Experiments and Observations on Animal Heat*, London, 1778.
LAMBERT. — *Tentamen de vi caloris. Acta Helvetica*, **2**, Basilæ, 1775 ; *Pyrométrie*, Berlin, 1779.
GADOLIN. — *Nov. Acta R. Soc. Upsaliens*, **5**, 1784.
RICHARDS. — *Ztschr. phys. Chem.*, **36**, p. 356, 1902.

2. — Capacité calorifique de l'eau.

DE LUC. — Voir GEHLERS *physikal. Wörterbuch*, 2e éd., **9**, p. 844.
FLAUGERGUES. — *Journ. de phys.* (DE LA METTERIE), **77**, p. 283.
URE. — *Annals of philos.*, **10**, p. 273, 1817.
F. NEUMANN. — *Pogg. Ann.*, **23**, p. 40, 1831.
REGNAULT. — *Ann. chim. et phys.*, (2), **73**, p. 35, 1840 ; *Mém. de l'Acad.*, **21**, p. 730, 1847.
BOSSCHA. — *Pogg. Ann. Jubelbd.*, p. 549, 1874.
VELTEN. — *W. A.*, **21**, p. 45, 1884.
HIRN. — *C. R.*, **70**, pp. 592, 831, 1870.
PFAUNDLER et PLATTNER. — *Pogg. Ann.*, **140**, p. 574 ; **141**, p. 537, 1870.
JAMIN et AMAURY. — *C. R.*, **70**, p. 661, 1870.
MÜNCHHAUSEN. — *W. A.*, **1**, p. 592, 1877 ; **10**, p. 284, 1880 (dans les mémoires de WÜLLNER).
HENRICHSEN. — *W. A.*, **8**, p. 83, 1879.
BAUMGARTNER. — *W. A.*, **8**, p. 648, 1879 (dans le mémoire de PFAUNDLER).
GEROSA. — *R. Ac. dei Lincei*, (3, a), **10**, p. 75, 1881 ; *Beibl.*, **6**, p. 222, 1882.
RAPP. — *Diss.*, Zürich, 1883.
JOHANNSON. — *Öfversigt of K. Vet. Acad. Förhandl.*, **48**, p. 325, 1891 ; *Beibl.*, **16**, p. 508, 1892.
MARIE STAMO. — *Diss.*, Zurich, 1877 ; *Beibl.*, **3**, p. 344, 1879.
ROWLAND. — *Proc. of the Amer. Acad. of arts and sc.*, **15**, p. 75, 1879-1880 ; **16**, p. 38, 1880-1881 ; *Proc. R. Soc.*, **61**, p. 479, 1897.
LIEBIG. — *Sill. J.*, **26**, p. 57, 1883.
VELTEN. — *W. A.*, **21**, p. 31, 1884 ; *Diss.*, Bonn, 1883.
BARTOLI et STRACCIATI. — *Nuov. Cim.*, (3), **32**, pp. 19, 97, 215, 1892 ; **34**, p. 64, 1893 ; *Rendic. del R. Ist. Lombardo*, (2), **26**, 1893 ; **28**, 1895.
NEESEN. — *W. A.*, **18**, p. 369, 1883.
GRIFFITHS. — *Trans. R. Soc. London*, **184** A, p. 361, 1893 ; **186** A, p. 268, 1895.
DIETERICI. — *W. A.*, **33**, p. 417, 1888 ; **37**, p. 414, 1889 ; *Verhandl. d. d. phys. Ges.*, **6**, p. 228, 1904 ; *Phys. Ztschr.*, **5**, p. 661, 1904 ; *D. A.*, **16**, pp. 593, 907, 1905.
WAIDNER et MALLORY. — *Phys. Rev.*, **8**, p. 193, 1899 ; *Proc. R. Soc.*, **61**, p. 479, 1897.
PERNET. — *Vierteljahrsschr. d. Naturf.-Ges. in Zürich*, **41**, p. 140, 1896.
JOLY. — *Phil. Trans.*, **186** A, p. 322, 1895.
PETTINELLI. — *Ann. del R. Ist. Tecnico di Bari*, **17**, 1898.
AMES. — *Rapports prés. au Congrès internat. de physique*, **1**, p. 181, Paris, 1900.
GRIFFITHS. — *Rapports prés. au Congrès internat. de physique*, **1**, p. 214, Paris, 1900 ; *The thermal measurement of Energy*, Cambridge, 1901.
REYNOLDS et MOORBY. — *Phil. Trans.*, **190** A, p. 301, 1897 ; *Proc. R. Soc.*, **61**, p. 293, 1897.

Behn. — *Berl. Ber.*, 1905, p. 72 ; *D. A.*, **16**, p. 653, 1905.
Schuster et Gannon. — *Phil. Trans.*, **186** A, p. 415, 1895 ; *Proc. R. Soc.*, **57**, p. 25, 1894.
Day. — *Phys. Rev.*, **6**, p. 193, 1898 ; *Phil. Mag.*, (5), **46**, p. 1, 1898.
Ludin. — *Diss.*, Zurich, 1895 ; *Arch. Sc. phys.*, **34**, p. 507.
Bruesch. — *Diss.*, Rostock, 1894.
Callendar et Barnes. — *Rapp. Brit. Assoc.*, 1899, Sect. A ; *Electrician*, **43**, p. 775, 1899 ; *Phys. Rev.*, **10**, p. 202, 1899 ; *Proc. R. Soc.*, **67**, p. 233, 1900 ; *Ztschr. f. phys. Chem.*, **32**, p. 153, 1900.
Callendar. — *Rep. Brit. Assoc.*, Glasgow, 1901, p. 34.
Barnes. — *Proc. R. Soc.*, **67**, p. 238, 1900.
Barnes et Lester Cooke. — *Phys. Rev.*, **15**, p. 65, 1902.
Griffiths. — (Choix de l'unité de chaleur), *Phil. Mag.*, (5), **40**, p. 431, 1895.
Bartoli et Stracciati. — (Eau au-dessous de 0°), *Nuov. Cim.*, (3), **31**, p. 133, 1892 ; **36**, p. 127, 1894.
Martinetti. — *Atti d. R. Accad. di Torino*, **25**, pp. 565, 827, 1890.
Tommasini et Cardani. — *Nuov. Cim.*, (3), **21**, p. 185, 1887.
Bartoli et Stracciati. — (Grandeur c_0), *Nuov. Cim.*, **36**, p. 127, 1894 ; *Rendic. R. Ist. Lombardo*, (2), **27**, 1894 ; *Beib.*, **19**, p. 47, 1895.
Warburg. — *Referat über die Wärmeeinheit*, Leipzig, 1900 ; *Phys. Ztschr.*, **1**, p. 171, 1900.

3. — Méthode de Lavoisier et de Laplace.

Lavoisier et Laplace. — *Mém. de l'Acad. Royale*, Paris, 1780 ; *Œuvres de* Lavoisier, **2**, p. 283.
L. Latschinow. — *Journ. de la Soc. russe phys.-chim.*, **12**, p. 131, 1880.

4. — Méthode du calorimètre à glace.

Hermann. — *Mémoires de la Soc. Imp. Mosc. des naturalistes*, **3**, 1834.
Bunsen. — *Pogg. Ann.*, **141**, p. 1, 1870 ; **142**, p. 616, 1871.
Schuller et Wartha. — *W. A.*, **2**, p. 359, 1877.
Louguinine. — *Méthodes de détermination de la chaleur de combustion*, Moscou, 1894, p. 73 ; traduction allemande, Berlin, 1897.
Dieterici. — *W. A.*, **33**, p. 417, 1888.
Boys. — *Phil. Mag.*, (5), **21**, p. 214, 1886.
Kunz. — *D. A.*, **14**, p. 315, 1904.
Crémieu. — *Journ. de phys.*, (4), **4**, p. 105, 1905.
Than. — *W. A.*, **13**, p. 84, 1881.
Bontschew. — *Diss.*, Zurich, 1900 ; *Beiblätter*, 25, pp. 178-182, 1901.
Lindner. — *Phys. Ztschr.*, **3**, p. 237, 1902.

5. — Méthode de Favre et Silbermann.

Favre. — *Ann. chim. et phys.*, (3), 36, p. 5, 1852 ; **37**, p. 416, 1852 ; **40**, p. 293, 1854 ; (4), **26**, p. 385 ; **27**, p. 265, 1872 ; **29**, p. 87, 1873 ; (5), **1**, p. 438, 1874.

6. — Méthode des mélanges.

Richmann. — *Novi Comment. Akad. Petropol.*, **1**, p. 152, 1750.
Regnault. — *Ann. chim. et phys.*, (2), **73**, p. 5, 1840 ; (3), **63**, p. 1, 1861 ; *Pogg. Ann.*, **122**, p. 272, 1864.

LOUGUININE. — *J. de la Soc. russe phys.-chim.*, **16**, section chim., p. 569, 1884 (en russe); *Instr.*, **16**, p. 130, 1896; *J. de phys.*, (3), **10**, p. 5, 1901; *Méthode de calorimétrie du laboratoire de Moscou*, Paris, 1908.
F. NEUMANN. — *Pogg. Ann.*, **23**, p. 1, 1831.
PAPE. — *Pogg. Ann.*, **120**, p. 351, 1863.
KOPP. — *Lieb. Ann. Suppl.*, **3**, 1864-1865.
N.-A. HÉSÉHOUS. — *J. de la Soc. russe phys.-chim.*, **19**, p. 432, 1887; *J. de phys.*, (2), **7**, p. 489, 1888.
WATERMAN. — *Phil. Mag.*, (5), **40**, p. 413, 1895; *Phys. Rev.*, **4**, p. 161, 1896; *Instr.*, **16**, p. 121, 1896.
JÄGER et STEINWEHR. — *Verh. deutsch. phys. Ges.*, **5**, p. 353, 1903.
W. PRÉOBRAJENSKY. — *J. de la Soc. russe phys.-chim.*, **15**, p. 67, 1883.
DEWAR. — *Proc. R. Soc.*, **74**, p. 123, 1904; **76**, p. 325, 1905; *Proc. R. Instit.*, **14**, p. 398, 1894.
Mme CURIE. — *Recherches sur les substances radioactives*, 2e édit., p. 100.
PFAUNDLER. — *Pogg. Ann.*, **129**, p. 102, 1866.
HOLBEIN. — *Ztschr. phys. Chem.*, **21**, p. 178.
WADSWORTH. — *Sill. J.*, (4), **3**, p. 265, 1897.
HOLMANN. — *Proc. Amer. Acad.*, **31**, p. 252, 1895.
RICHARDS et LAMB. — *Proc. Amer. Acad.*, **40**, p. 657, 1905.
RICHARDS, HENDERSON et BURGESS. — *Zeitschr. f. phys. Chemie*, **52**, p. 551, 1905.
MARIGNAC. — *Arch. Sc. phys.*, (2), **39**, p. 217, 1870; **55**, p. 113, 1876.
PERROT. — *Arch. Sc. phys.*, (3), **32**, pp. 145, 254, 337, 1894.

7. — Méthode de refroidissement.

TOBIAS MAYER. — *Gesetze und Modifikationen des Wärmestoffes*, Erlangen, 1796.
DULONG et PETIT. — *Ann. chim. et phys.*, (2), **10**, 1819.
DELARIVE et MARCET. — *Ann. chim. et phys.*, (2), **75**, 1840; (3), **2**, 1841.
REGNAULT. — *Ann. chim. et phys.*, (2), **73**, p. 5, 1840; (3), **9**, p. 327, 1843; *Pogg. Ann.*, **62**, p. 55, 1844.
HIRN. — *Ann. chim. et phys.*, (4), **10**, 1867.
TÉRESCHINE. — *Mémoires de l'Inst. des ponts et chaussées à St-Pétersb.*, 1899 (en russe).
SERDOBINSKAÏA et EMÉLIANOWA. — *J. de la Soc. russe phys.-chim.*, **33**, p. 23, 1901; Suppléments, **25**, p. 680, 1901.

8. — Méthode de la condensation des vapeurs.

JOLY. — *Proc. R. Soc.*, **41**, p. 352, 1887; **47**, p. 218, 1889.
BUNSEN. — *W. A.*, **31**, p. 1, 1887.
WIRTZ. — *W. A.*, **40**, p. 438, 1890.
NEESEN. — *W. A.*, **39**, p. 131, 1890.
SCHTSCHOUKAREW. — *W. A.*, **59**, p. 229, 1896.

9. — Méthodes diverses.

PFAUNDLER. — *Wien. Ber.*, **59**, p. 145, 1869; **100**, p. 352, 1891.
NEGREANO. — *C. R.*, **128**, p. 875, 1899.
SCHLAMP. — *W. A.*, **58**, p. 759, 1896.
ANDREWS. — *Ann. chim. et phys.*, (3), **14**, p. 92, 1845.
HIRN. — *C. R.*, **70**, pp. 592, 831, 1870.
MARIGNAC. — Voir § **6**.

GUMLICH et WIEBE. — W. A., **66**, p. 530, 1898.
PFAUNDLER. — W. A., **67**, p. 439, 1899.
BLACK. — Voir FISCHER, *Geschichte der Physik*, t. VII.
THOMSEN. — *Pogg. Ann.*, **142**, p. 337, 1871 ; *J. de phys.*, **1**, p. 35, 1873.
KONOWALOW. — *J. de la Soc. russe phys.-chim.*, **30**, p. 353, 1898 ; *Chem. Ctrbl.*, **2**, p. 699, 1898.
BIRON. — *J. de la Soc. russe phys.-chim.*, **30**, p. 355, 1898 ; *Chem. Centralblatt*, **2**, p. 700, 1898.

10. — Capacité calorifique des corps solides et des liquides.

REGNAULT. — *Ann. chim. et phys.*, (3), **1**, 1841 ; *Pogg. Ann.*, **53**, pp. 60, 243, 1841.
DELARIVE et MARCET. — *Pogg. Ann.*, **52**, p. 120, 1841.
WÜLLNER et BETTENDORF. — *Pogg. Ann.*, **133**, p. 293, 1868.
DUSSY. — *C. R.*, **123**, p. 305, 1896.
REGNAULT. — (Densité de la substance), *Ann. chim. et phys.*, (2), **73**, 1840 ; (3), **9**, 1843 ; *Pogg. Ann.*, **51**, p. 44, 1840 ; **62**, p. 53, 1844.
WINKELMANN. — *W. A.*, **49**, p. 401, 1893.
ZOUBOFF. — *J. de la Soc. russe phys.-chim.*, **28**, p. 22, 1896.
TSINGER et SCHTSCHÉGLIAIEFF. — *J. de la Soc. russe phys.-chim.*, (en russe), **27**, p. 30, 1895.
DULONG et PETIT. — *Ann. chim. et phys.*, **7**, p. 113, 1818.
BÈDE. — *Mém. couronnés de l'Acad. de Bruxelles*, **27**.
BYSTRÖM. — *Öfvers. K. Vet. Ak. Forhandl.*, **17**, p. 307, 1860.
POUILLET. — *C. R.*, **21**, p. 782, 1845.
WEINHOLD. — *Pogg. Ann.*, **149**, p. 186, 1873.
VIOLLE. — *C. R.* **85**, p. 543, 1877, (Pt) ; **87**, p. 981, 1878, (Pd) ; **89**, p. 702, 1879, (Ir et Au) ; **120**, p. 868, 1895, (graphite).
PIONCHON. — *C. R.*, **102**, p. 1122, (1886), métaux ; **106**, p. 1344, 1888, (quartz).
GAEDE. — *Dissert. Freiburg i. Br.*, 1902 ; *Phys. Zeitschr.*, **4**, p. 105, 1902.
ADLER. — *Diss.*, Zurich, 1902.
HARKER. — *Phil. Mag.*, (6), **10**, p. 430, 1905.
SCHMITZ. — *Proc. R. Soc.*, **72**, p. 177, 1903.
STÜCKER. — *Wien. Ber.*, **114**, p. 657, 1905.
BEHN. — *W. A.*, **66**, p. 236, 1898 ; *D. A.*, **1**, p. 257, 1900.
TILDEN. — *Proc. R. Soc.*, **66**, p. 244, 1900.
H.-F. WEBER. — *Pogg. Ann.*, **154**, p. 367, 1875.
LINDNER. — *Diss.*, Erlangen, 1903.
KUNZ. — *D. A.*, **14**, p. 309, 1904.
DE HEEN. — *Bull. Acad. R. belg.*, **5**, p. 757, 1883.
BATELLI. — *Atti R. Ist. Venet.*, (3), **3**, p. 35, 1886.
HESS. — *W. A.*, **35**, p. 410, 1888.
BOGOIAWLENSKI. — *Mém. de la Soc. naturaliste de l'Univ. d'Iourieff* (en russe), **13**, 1904.

CAPACITÉ CALORIFIQUE DES LIQUIDES.

REGNAULT. — *Mém. de l'Acad.*, **26**, p. 270, 1862.
HIRN. — *Ann. chim. et phys.*, (4), **10**, p. 32, 1867.
DE HEEN. — *Bull. Acad. R. de Belg.*, (3), **15**, p. 522, 1888 ; *Beibl.*, **12**, p. 650, 1888.
REIS. — *W. A.*, **13**, p. 447, 1881.
SCHIFF. — *Lieb. Ann.*, **234**, p. 300, 1886 ; *Ztschr. f. phys. Chem.*, **1**, p. 376, 1887.

SCHÜLLER. — *Pogg. Ann. Ergbd.*, **5**, pp. 116, 192, 1871.
GRIFFITHS. — *Phil. Mag.*, (5), **39**, p. 47, 1895.
KOURBATOW. — *Journ. de la Soc. russe phys.-chim.*, **34**. sect. chim., p. 766, 1902 ; **35**, sect. chim., p. 119, 1903.
BARTOLI. — *Rendic. R. Ist. Lombard.*, (2), **28**, 1895 ; *Nuov. Cim.*, (4), **2**, p. 347, 1895.
WINKELMANN. — *Pogg. Ann.*, **159**, p. 163, 1876.
BARTOLI et STRACCIATI. — *Nuov. Cim.*, (4), **1**, p. 291, 1895.
NACCARI. — *Mem. d. R. Accad. di Torino*, **23**, p. 594.
PETTERSON et HEDELIUS. — *J. f. prakt. Chem. Neue Folge*, **24**, p. 135, 1881.
MILTHALER. — *W. A.*, **36**, p. 897, 1889.
BARNES et COOKE. — *Phys. Rev.*, **16**, p. 65, 1903 ; *Rep. Brit. Assoc. Belfast* (1902), p. 530, 1903.
BRUNNER. — *C. R.*, **120**, p. 912, 1895.
ALT. — *D. A.*, **13**, p. 1010, 1904.
DEWAR. — *Proc. R. Soc.*, **68**, p. 361, 1901 ; **76**, p. 325, 1905 ; (H^2 dans Pd), *Trans. R. Soc. Edinb.*, 1873.
REGNAULT. — (Alliages), *Ann. chim. et phys.*, (3), **1**, p. 129, 1841 ; *Pogg. Ann.*, **53**, pp. 60, 88, 243, 1841.
SCHÜZ. — *W. A.*, **46**, p. 177, 1892.
AUBEL. — *Phys. Zeitschr.*, **1**, p. 452, 1900.
LABORDE. — *J. de phys.*, (3), **5**, p. 547, 1896 ; *C. R.*, **123**, p. 227, 1896.
N.-N. BÉKÉTOW. — *J. de la Soc. russe phys.-chim.*, **11**, sect. chim., p. 2, 1879 ; *Chem. Ber.*, **12**, p. 686, 1879.
BUSSY et BUIGNET. — *Ann. chim. et phys.*, (4), **4**, p. 5, 1865.
DUPRÉ et PAGE. — *Phil. Mag.*, (4), **38**, 1869 ; *Pogg. Ann. Ergbd.*, **5**, p. 221, 1871.
LECHER. — *Wien. Ber.*, **76**, p. 1, 1877.
PAGLIANI. — *Nuov. Cim.*, (3), **12**, p. 229, 1883.
ZETTERMANN. — *J. de phys.*, **10**, p. 312, 1881.

CAPACITÉ CALORIFIQUE DES DISSOLUTIONS.

SCHÜLLER. — *Pogg. Ann.*, **136**, p. 70, 1869.
J. THOMSEN. — *Pogg. Ann.*, **142**, p. 337, 1871.
MARIGNAC. — *Ann. chim. et phys.*, (4), **22**, p. 385, 1871 ; (5), **8**, p. 410, 1876.
WINKELMANN. — *Pogg. Ann.*, **149**, p. 1, 1873.
WREWSKI. — *J. de la Soc. russe phys.-chim.*, **31**, p. 164, 1899.
BIRON. — *J. de la Soc. russe phys.-chim.*, **31**, p. 171, 1899.
MATHIAS. — *J. de phys.*, (2), **8**, p. 204, 1889 ; *C. R.*, **107**, p. 524, 1888.
MAGIE. — *Phys. Rev.*, **9**, p. 65, 1899 ; **13**, p. 91, 1901 ; **14**, p. 193, 1902 ; **17**, p. 105, 1903 ; *Phys. Ztschr.*, **1**, p. 233, 1900 ; **3**, p. 21, 1901 ; **4**, p. 156, 1902.
PUSCHL. — *Wien. Ber.*, **109**, p. 981, 1901.
HELMREICH. — *Diss.*, Erlangen, 1903.
KALIKINSKI. — *J. de la Soc. russe phys.-chim.*, **25**, p. 6, 1893 ; **35**, p. 1215, 1903.
TAMMANN. — *Zeitschr. f. phys. Chem.*, **18**, p. 625, 1895.
D. KONOWALOW. — *J. de la Soc. russe phys.-chim.*, (en russe), **25**, sect. chim., p. 216, 1893.
BERTHELOT. — *Ann. chim. et phys.*, (5), **4**, p. 43, 1875.

11. — Capacité calorifique des gaz.

CL. MAXWELL. — *Nature* (en anglais), **11**, p. 357, 1875 ; **16**, p. 242, 1877 ; *Scientific Papers*, **2**, p. 418.

Boltzmann. — *Pogg. Ann.* **160**, p. 175, 1877.

12. — Capacité calorifique des gaz sous pression constante.

Crawford. — Voir Gehlers *Phys. Wörterb.*, **10**, 1 Abt., p. 683, 1841.
Lavoisier et Laplace. — *Œuvres de Lavoisier*, **2**.
Clément et Desormes. — *Journ. de phys.* (de la Metterie), **39**.
Gay-Lussac. — *Ann. chim. et phys.*, **81**, p. 98, 1812.
Delaroche et Bérard. — *Ann. chim. et phys.*, **85**, p. 72, 1813.
Haycraft. — *Gilb. Ann.*, **76**, 1824 ; *Edinb. Phil. Trans.*, **10**, 1824-1826.
Delarive et Marcet. — *Pogg. Ann.*, **10**, p. 363, 1827 ; **16**, p. 340, 1829 ; **52**, p. 126, 1841 ; *Ann. chim. et phys.*, (2), **75**, 1840.
Suermann. — *Pogg. Ann.*, **41**, p. 474, 1837.
Joule. — *Phil. Trans.*, 1852, p. 65.
Regnault. — *Mém. de l'Acad.*, **26**, p. 58, 1862.
E. Wiedemann. — *Pogg. Ann.*, **157**, p. 1, 1876 ; *W. A.*, **2**, p. 213, 1877.
Witkowski. — *J. de phys.*, (3), **5**, p. 123, 1896 ; *Phil. Mag.*, (5), **42**, p. 1, 1896.
Holborn et Austin. — *Berl. Ber.*, 1905, p. 175 ; *Wiss. Abhandl. d. phys.-techn. Reichsanstalt.*, **4**, p. 133, 1905 ; *Phys. Rev.*, **21**, p. 209, 1905.
Tumlirz. — *Wien. Ber.*, **108**, p. 1395, 1900.
Lussana. — *Nuov. Cim.*, (3), **36**, pp. 5, 70, 130, 1894 ; (4), **2**, p. 327, 1895 ; **3**, p. 92, 1896 ; **6**, p. 81, 1897 ; **7**, pp. 61, 365, 1898.
Le Chatelier. — *C. R.*, **104**, p. 1780, 1887 ; *Ztschr. phys. Chem.*, **1**, p. 456, 1887.

13. — Capacité calorifique des gaz sous volume constant.

Regnault. — Voir § **12**.
E. Wiedemann. — Voir § **12**.
Joly. — *Proc. R. Soc.*, **41**, p. 352, 1886 ; **47**, p. 218, 1889 ; **55**, p. 390, 1894 ; *Phil. Trans.*, **182** A, p. 73, 1892 ; **185**, p. 943, 1894 ; *Chem. News*, **58**, p. 271, 1888.
Amagat. — *C. R.*, **121**, p. 863, 1895 ; **122**, p. 120, 1896 ; *J. de phys.*, (3), **5**, p. 114, 1896.
Witkowski. — Voir § **12**.
Linde. — *Münch. Ber.*, 1897, p. 485.
Mallard et Le Chatelier. — *C. R.*, **93**, pp. 962, 1014, 1076, 1881 ; *Ann. des mines*, (8), **4**, p. 274, 1883.
Vieille. — *C. R.*, **96**, p. 1358, 1883.
Berthelot et Vieille. — *C. R.*, **98**, pp. 545, 601, 770, 852, 1884 ; *Ann. de chim. et de phys.*, (6), **4**, p. 13, 1885.
Langen. — *Forschungsarbeiten des Vereins deutscher Ingenieure*, Heft 8, p. 1, 1903.

14. — Détermination expérimentale de $k = c_p : c_v$.

Clément et Desormes. — *J. de phys.*, (de La Metterie), **89**, pp. 321, 428, 1819.
Maneuvrier. — (Historique de la méthode de Clément et Desormes), *J. de phys.*, (3), **4**, p. 341, 1895.
H. Hertz. — Voir Wüllner, *Lehrb. d. Experimentalphysik*, **2**, p. 541, 1896, (5e éd.).
Swyngedauw. — *J. de phys.*, (3), **6**, p. 129, 1897.
Gay-Lussac et Welter. — *Ann. chim. et phys.*, (1), **20**, 1822.
Weissbach. — *Zivilingenieur. Neue Folge*, **5**, p. 46, 1859.
Hirn. — *Théorie mécanique de la chaleur*, **1**, p. 103, Paris, 1875, (3e éd.).

Masson. — *Ann. chim. et phys.*, (3), **53**, 1858.
Assmann. — *Pogg. Ann.*, **85**, p. 1, 1852.
Hartmann. — *D. A.*, **18**, p. 252, 1905.
Dreser. — Voir *Lehrb. der Experim.-Physik von* Kuelp, p. 4.
Cazin. — *Ann. chim. et phys.*, (3), **67**, 1862 ; (4), **20**, 1869.
Kohlrausch. — *Pogg. Ann.*, **136**, p. 618, 1869.
Röntgen. — *Pogg. Ann.*, **141**, p. 552, 1870 ; **148**, p. 580, 1873.
Paquet. — *J. de phys.*, (2), **4**, p. 30, 1885.
P.-A. Müller. — *W. A.*, **18**, p. 94, 1883.
Lummer et Pringsheim. — *W. A.*, **64**, p. 555, 1898.
Makower. — *Phil. Mag.*, (6), **5**, p. 226, 1903.
Jamin et Richard. — *C. R.*, **71**, p. 336, 1870.
Kundt. — *Pogg. Ann.*, **127**, p. 487, 1865 ; **135**, p. 347, 1868.
Kundt et Warburg. — *Pogg. Ann.*, **157**, p. 353, 1876.
Strecker. — *W. A.*, **13**, p. 20, 1881 ; **17**, p. 85, 1882.
Kaiser. — *W. A.*, **2**, p. 218, 1877.
Wüllner. — *W. A.*, **4**, p. 321, 1878.
Capstick. — *Proc. R. Soc.*, **57**, p. 322, 1895 ; *Phil. Trans.*, **185** A, p. 1, 1894 ; **186** A, p. 567, 1895 ; *Chem. News*, **68**, p. 39, 1893.
Kalähne. — *D. A.*, **11**, p. 225, 1903.
Witkowski. — *Bull. intern. de Cracovie*, 1899, p. 138.
Stevens. — *Verh. d. deutsch. phys. Ges.*, **3**, p. 56, 1901 ; *D. A.*, p. 285, 1902.
Valentiner. — *Münch. Sitzungsber.*, 1903, p. 691 ; *D. A.*, **15**, p. 74, 1904.
Treitz. — *Inaugur. Diss. Bonn*, 1903.
Maneuvrier. — (Nouvelle méthode), *C. R.*, **120**, p. 1398, 1895 ; *Ann. chim. et phys.*, (7), **6**, p. 321, 1895 ; *Instr.*, **16**, p. 91, 1896.
Maneuvrier et Fournier. — *C. R.*, **123**, p. 228, 1896 ; **124**, p. 183, 1897.
Maneuvrier. — (Exposé des méthodes), *J. de phys.*, (3), **4**, p. 445, 1895.
Battelli. — *Rapp. prés. au Congrès intern. de phys.*, **1**, p. 682, Paris, 1900.

15. — Relation entre la capacité calorifique et le poids atomique ou moléculaire.

Dulong et Petit. — *Ann. chim. et phys.*, **10**, p. 395, 1819.
Regnault. — *Ann. chim. et phys.*, (2), **73**, p. 5, 1840 ; (3), **1**, p. 125, 1841 ; **9**, p. 322, 1843 ; *Pogg. Ann.*, **51**, pp. 44, 213, 1840 ; **53**, pp. 60, 243, 1841 ; **62**, p. 50, 1844.
Richards. — *Chem. News.*, **65**, p. 97.
Behn. — *W. A.*, **66**, p. 236, 1898 ; *D. A.*, **1**, p. 257, 1900.
Bontschew. — *Dissert.*, Zurich, 1900 ; *Beibl.*, **25**, p. 178, 1901.
Tilden. — *Proc. R. Soc.*, **66**, p. 244, 1900 ; **71**, p. 220, 1903 ; **73**, p. 226, 1904 ; *Chem. News*, **89**, p. 165, 1904.
Violle. — *C. R.*, **89**, p. 702, 1879.
Bunsen. — *Pogg. Ann.*, **141**, p. 1, 1870.
Schüz. — *W. A.*, **46**, p. 177, 1892.
Kopp. — *Lieb. Ann. Supp.*, **3**, pp. 1, 290, 307, 1864-1865.
Lorenz. — *W. A.*, **13**, p. 422, 1881.
Winkelmann. — *Pogg. Ann.*, **159**, p. 152, 1876.
H.-F. Weber. — *Pogg. Ann.*, **154**, p. 367, 1875.
Le Chatelier. — *C. R.*, **116**, p. 1051, 1893.
Moissan et Gautier. — *Ann. chim. et phys.*, (7), **7**, p. 568, 1896.

Clausius. — *Pogg. Ann.*, **116**, p. 100, 1862.

Richarz. — *W. A.*, **48**, p. 708, 1893; **67**, p. 704, 1899; *Verh. deutsch. phys. Ges.*, **1**, p. 47, 1899; *Naturwiss. Rundschau*, **9**, pp. 221, 237, 1894; *Festschr. d. phil. Fakultät zu Greisswald* (zu Ehren von H. Limpricht), 1900; *Sitzungsber. der Ges. zur Befoerd. d. Naturwiss.*, Marburg, 1904, p. 61.

Streintz. — *D. A.*, **8**, p. 847, 1902.

Stef. Meyer. — *Wien. Ber.*, **109**, p. 405, 1901; *D. A.*, **2**, p. 135, 1900.

Boltzmann. — *Wien. Ber.*, **63**, p. 731, 1871.

Laemmel. — *D. A.*, **16**, p. 551, 1905.

F.-E. Neumann. — *Pogg. Ann.*, **23**, p. 32, 1831.

Pape. — *Pogg. Ann.*, **120**, pp. 337, 579, 1863; **122**, p. 408, 1864; **123**, p. 277, 1864.

Joule. *Phil. Mag.*, (3), **25**, p. 334, 1844.

Woest[illegible]. — *Ann. chim. et phys.*, (3), **23**, p. 295, 1848; *Pogg. Ann.*, **76**, p. 129, 1849.

Van Aubel. — *J. de phys.*, (3), **10**. p. 36, 1901.

Winkelmann. — (Loi de Joule et de Kopp), *W. A.*, **49**, p. 401, 1893.

Garnier. — *C. R.*, **35**, p. 278, 1852.

Reis. — *W. A.*, **13**, p. 447, 1881.

Schiff. — *Lieb. Ann.*, **234**, p. 300, 1886.

A. Nadiéjdine. — *J. de la Soc. russe phys.-chim.*, (en russe), **16**, p. 222, 1884.

Mache. — *Wien. Ber.*, **110**, p. [illegible]6, 1901.

Berthelot. — *C. R.*, **124**, p. 119, 1897.

Sohncke. — *Münch. Ber.*, **27**, p. 337, 1897.

Naumann. — *Lieb. Ann.*, **162**, 1872.

Boltzmann. — *C. R.*, **127**, p. 1009, 1898.

Staigmüller. — *W. A.*, **65**, pp. 655, 670, 1899.

Puschl. — *Wien. Ber.*, **112**, p. 1230, 1903.

Fischer. — *Zeitschr. f. Math. u. Phys.*, **51**, p. 426, 1905.

E. Wiedemann. — *W. A.*, **2**, p. 195, 1877.

Boynton. — *Phys. Rev.*, **12**, p. 353, 1901.

Jeans. — *Phil. Mag.*, (1), **2**, p. 638, 1901.

CHAPITRE V

TRANSFORMATION DES DIFFÉRENTES FORMES D'ÉNERGIE EN ÉNERGIE CALORIFIQUE. PHÉNOMÈNES THERMOCHIMIQUES.

1. Sources de chaleur. — La chaleur, étant une forme d'énergie, ne peut être engendrée que par la transformation d'une provision d'énergie d'autre forme déjà existante, et la chaleur q qui prend ainsi naissance doit être quantativement équivalente à la forme d'énergie disparue e. Si on mesure q et e avec des unités équivalentes, c'est-à-dire telles qu'en dépensant ces unités d'énergie on obtient des quantités de travail égales, on a l'égalité très simple $q = e$. Les différentes formes d'énergie, qui donnent naissance à l'énergie calorifique, sont ce qu'on appelle des *sources de chaleur*. Il s'est introduit, à l'égard de ces sources de chaleur, une terminologie qui n'est pas très juste et qui consiste à désigner parfois sous le nom de *sources de chaleur* les phénomènes formant la *condition même* de la transformation de l'énergie e dans l'énergie calorifique q, ou *accompagnant* cette transformation. Ainsi, on range constamment le *choc* et le *frottement*, par exemple, parmi les sources de chaleur, bien qu'il s'agisse alors de la transformation de l'énergie du mouvement d'ensemble des corps en énergie calorifique, qui a lieu *dans* le choc et *dans* le frottement ; c'est l'énergie cinétique des corps qui est ici en réalité la source de chaleur. Il n'est pas correct non plus d'indiquer comme sources de chaleur *la combustion des corps, les réactions chimiques* ; la véritable source de chaleur est, dans ce cas, l'énergie potentielle chimique de corps de nature différente. La *compression* qui est produite artificiellement dans le briquet à air, ou la *condensation* qui résulte de l'attraction mutuelle des particules des corps (corps célestes), ne doivent pas non plus être comptées parmi les sources de chaleur. Dans le premier cas, la source calorifique est l'énergie de mouvement du piston compresseur, ou, si on remonte plus haut, l'énergie qui a servi à mettre le piston en mouvement ; dans le second cas, on a affaire à l'énergie potentielle de masses qui s'attirent, laquelle se transforme d'abord dans l'énergie de mouvement de ces masses.

Nous avons déjà considéré plusieurs cas où la chaleur est produite à partir d'autres formes d'énergie, et nous en reparlerons dans les Parties de cet ouvrage qui traitent de ces formes d'énergie. Nous donnerons seulement, dans ce Chapitre, un *aperçu* des diverses circonstances où apparaît l'énergie calorifique, en insistant surtout sur un cas que nous n'avons pas encore considéré, celui où l'énergie chimique se transforme en énergie calorifique, c'est-à-dire où il s'agit de ce qu'on appelle les phénomènes *thermochimiques*.

Nous supposons connues les notions d'équivalence de la chaleur et du travail, d'équivalent mécanique E de la chaleur et d'équivalent thermique du travail $A = 1 : E$. Nous avons déjà défini ces notions dans le Tome I et nous nous en sommes servi plusieurs fois dans les Chapitres précédents de ce volume. Nous parlerons plus loin des méthodes de détermination de la grandeur E.

En considérant les divers cas de transformation d'une forme d'énergie en une autre, nous laisserons de côté, dans ce Chapitre comme dans le suivant, tout ce qui se rapporte au second principe de la Thermodynamique.

I. Énergie de mouvement des corps. — Lorsque la masse m se meut avec la vitesse v, l'énergie de mouvement e est égale à $\frac{1}{2}mv^2$; si les éléments dm de la masse m se meuvent avec des vitesses différentes, on a $e = \frac{1}{2}\int v^2 dm$, l'intégrale s'étendant à toute la masse en mouvement. Dans le cas d'une rotation, on a la formule $e = \frac{1}{2}K\omega^2$, où K désigne le moment d'inertie du corps par rapport à l'axe de rotation, ω la vitesse angulaire (Tome I). Quand m et v sont exprimés en unités C. G. S., e se trouve exprimé en ergs ; 10^7 ergs $= 0,24$ petite calorie. Dans le cas du mouvement de translation d'un corps, on a donc

$$q = \frac{1}{2}mv^2.10^{-7}.0,24 \text{ pet. cal.} = \frac{12mv^2}{10^9} \text{ pet. cal.} \tag{1}$$

Dans le cas d'un corps animé d'un mouvement de rotation,

$$q = \frac{1}{2}K\omega^2.10^{-7}.0,24 \text{ pet. cal.} = \frac{12K\omega^2}{10^9} \text{ pet. cal.} \tag{2}$$

Dans le cas général de mouvement d'un corps

$$q = \frac{12\int v^2 dm}{10^9} \text{ pet. cal.} \tag{3}$$

Si une partie seulement de l'énergie de mouvement se transforme en énergie calorifique, les vitesses v_0 ou ω_0 se changeant en v ou ω, q se calcule par les formules suivantes :

$$q = \frac{12m(v_0^2 - v^2)}{10^9} \text{ pet. cal.}$$

$$q = \frac{12K(\omega_0^2 - \omega^2)}{10^9} \text{ pet. cal.}$$

$$q = \frac{12\int(v_0^2 - v^2)dm}{10^9} \text{ pet. cal.}$$

II. Énergie rayonnante. — Quand l'énergie rayonnante de l'éther libre parvient, en se propageant, à l'éther engagé dans les intervalles entre les éléments de la matière (conformément à la terminologie que nous avons adoptée dans le Tome II), elle se transforme partiellement, et parfois totalement, en énergie calorifique ; on dit alors que l'énergie rayonnante est *absorbée* par le corps considéré. Cette absorption peut cesser à une très petite distance de la surface du corps, mais aussi durer sur tout le parcours des radiations à travers le corps. Dans le premier cas, on dit qu'il y a *absorption superficielle* (*à la surface*), dans le second, *absorption intérieure* (*à l'intérieur*). De même que dans tout apport d'énergie calorifique à un corps, une partie de l'énergie rayonnante absorbée est employée à un travail intérieur, et, plus généralement, à un travail intérieur et à un travail extérieur. En outre, une partie de l'énergie rayonnante peut se transformer directement en d'autres formes d'énergie, en énergie chimique par exemple.

La fraction de l'énergie rayonnante absorbée par un corps dépend des propriétés spéciales de ce dernier, de ce qu'on appelle son pouvoir absorbant. Cette question a été traitée dans le Tome II. Il n'existe aucune méthode qui permette une mesure directe de l'énergie rayonnante. Pour mesurer cette dernière, il faut la transformer, autant que possible entièrement, en énergie calorifique que l'on évalue ensuite.

Fig. 98

Un intéressant exemple de transformation de l'énergie rayonnante en énergie calorifique, dont une partie est convertie sur place en travail, se présente dans le *radiomètre* imaginé en 1873 par Crookes. Le radiomètre se compose ordinairement d'un vase en verre sphérique ou piriforme (*fig.* 98), dans lequel l'air a été raréfié au plus haut degré possible. A l'intérieur de ce vase, est placé, sur une pointe verticale, un petit chapeau en verre, auquel sont fixées quatre lamelles en mica ou en aluminium ; ces lamelles ou ailettes sont disposées verticalement et recouvertes de noir de fumée sur une face seulement. Si on fait tomber sur l'appareil les rayons solaires ou ceux d'une autre source d'énergie rayonnante, la partie mobile se met à tourner rapidement, et, dans ce mouvement, les faces non noircies vont en avant. On trouvera plus loin un aperçu de la bibliographie de cette question, qui est très riche et s'étend presque exclusivement aux années 1874 à 1879 (voir aussi Tome II).

On a cherché à expliquer par différentes hypothèses la rotation des ailettes du radiomètre. Ainsi, Reynolds pensait qu'il se produit sur la face noircie une vaporisation de traces de liquide (eau, mercure) et que le mouvement était produit par la tension de la vapeur qui se formait. Zöllner admettait une vaporisation du verre lui-même, de l'aluminium ou du noir de fumée sous l'action des rayons incidents. Quelques savants, enfin, croyaient qu'un rôle est joué, dans le radiomètre, par les phénomènes électriques. Toutes ces hypothèses ont été abandonnées, et on attribue aujourd'hui le mouvement observé à l'influence de traces de gaz subsistant à l'intérieur du radiomètre. La face noircie s'échauffe plus fortement que la face brillante, de sorte que les molécules de gaz rebondissent sur la première avec une plus grande vitesse que sur la seconde. Elles reçoivent pour ainsi dire un choc du côté noirci, lequel, d'après la loi de l'égalité de l'action et de la réaction est ainsi soumis à une pression qui le fait reculer en arrière. On démontre que les forces, qui mettent le radiomètre en mouvement, sont bien des forces intérieures, en faisant flotter le radiomètre ; les ailettes tournent d'un côté et l'enveloppe en verre du côté opposé.

Doule (1899) a mesuré la grandeur de la pression agissant sur les ailettes du radiomètre ; il se servait d'une suspension bifilaire (Tome I) et mesurait la rotation produite par cette pression. Il a trouvé les pressions suivantes, exprimées en 10^{-5} dynes par centimètre carré, dans le cas où la source lumineuse se trouve à 50 centimètres de *distance* du radiomètre : lampe d'Hefner-Alteneck (Tome II) 7 à 8 ; bougie de stéarine (6 dans 500 grammes) 10 à 14 ; bec d'Argand 70 à 80 ; bec Auer 40 à 50. La tension du gaz dans le radiomètre était moindre que $0^{mm},0027$; pour une tension du gaz plus forte, on avait une pression due à la radiation plus faible. Riecke est aussi arrivé à des résultats quantitatifs analogues.

III. Energie du courant électrique. — Nous considérerons, dans le Tome IV, la transformation en énergie calorifique de l'énergie du courant électrique. Pour que notre exposition actuelle soit complète, nous donnons dès maintenant la formule qui régit cette transformation :

$$(5) \qquad q = 0,24\, i^2rt = 0,24\, iet = 0,24\, \frac{e^2}{r}\, t \text{ pet. cal.},$$

i désignant l'intensité du courant exprimée en ampères, r la résistance en ohms du conducteur dans lequel se dégage la quantité de chaleur q, e la force électromotrice qui agit sur ce conducteur ou la différence de potentiel à ses extrémités exprimée en volts, et enfin t le temps (en secondes) pendant lequel le courant passe dans le conducteur.

IV. — Energie potentielle des corps qui s'attirent suivant la loi de la

GRAVITATION. — Deux masses m et m', dont la distance mutuelle est ρ, s'attirent avec une force

$$f = C \frac{mm'}{\rho^2} \text{ dyn.,} \tag{6}$$

où $C = 1 : 14900000$, si m et m' sont exprimés en grammes, et ρ en centimètres (Tome I). Leur potentiel mutuel W (Tome I) est

$$W = C \frac{mm'}{\rho}. \tag{7}$$

Lorsque la distance varie de ρ_0 à ρ et par suite le potentiel de W_0 à W, l'énergie *perdue* e, qui correspond au travail effectué r, est

$$e = r = W - W_0 = C\left(\frac{mm'}{\rho} - \frac{mm'}{\rho_0}\right). \tag{8}$$

Quand on considère deux masses isolées m et m', l'énergie potentielle se change d'abord dans l'énergie de mouvement de ces masses, et, en l'absence de milieu résistant, ne se transforme en énergie calorifique que dans le choc des masses. Quand deux sphères homogènes (ou dont la densité est fonction de la distance au centre) de rayons R_1 et R_2 ont leurs centres à une distance ρ, la quantité de chaleur q qui peut prendre naissance, par suite de leur attraction mutuelle, lorsqu'elles viennent en contact, est

$$q = C\left(\frac{mm'}{R_1 + R_2} - \frac{mm'}{\rho}\right) \text{ ergs} = \frac{0{,}24\, Cmm'}{10^7}\left(\frac{1}{R_1 + R_2} - \frac{1}{\rho}\right) \text{ pet. cal.} \tag{9}$$

Nous avons appelé *self-potentiel* d'un système la grandeur

$$W = \frac{1}{2} C \sum\sum \frac{mm'}{s}, \tag{10}$$

où le signe $\sum\sum$ signifie que *chaque* masse du système doit être combinée avec toutes les autres masses. Si, le système passant de sa situation initiale dans une nouvelle position, son self-potentiel varie de W_0 à W, les forces d'attraction mutuelle des masses effectuent le travail $W - W_0$. Lorsque tout le système se compose de masses isolées, qui s'entrechoquent constamment, et rappelle par suite par sa structure un gaz ou une vapeur, on peut admettre que tout le travail $W - W_0$ produit la chaleur q, de sorte que

$$q = (W - W_0) \text{ ergs} = \frac{24\,(W - W_0)}{10^9} \text{ pet. cal.} \tag{11}$$

En désignant par W_m la plus grande valeur du self-potentiel d'un système, la provision e d'énergie potentielle dans le système est en général

$$e = W_m - W. \tag{12}$$

Cette expression s'annule lorsque $W = W_m$, c'est-à-dire quand le système a atteint la plus grande condensation possible. Pour une dispersion initiale infiniment grande du système, on a $W_0 = 0$, de sorte que toute la chaleur dégagée dans la *formation* du système à partir de l'état infiniment dispersé est

$$(13) \qquad q = W_m \text{ ergs} = \frac{24 W_m}{10^9} \text{ pet. cal.},$$

en ne tenant pas compte de la chaleur produite aux dépens d'autres formes d'énergie, telle par exemple que l'énergie chimique.

Pour une *sphère homogène*, on a la formule $W = \frac{16}{15} C\pi^2 k^2 R^5$ (Tome I). En introduisant la masse $M = \frac{4}{3}\pi k R^3$, il vient

$$(14) \qquad W = \frac{3CM^2}{5R}.$$

On déduit de la formule (13), pour *la chaleur qui se dégage dans la formation d'une sphère homogène à partir de l'état de dispersion infinie :*

$$(15) \qquad q = \frac{72\,CM^2}{5.10^9 R} \text{ pet. cal.},$$

où la masse M de la sphère doit être exprimée en grammes, le rayon R en centimètres ; $C = 1 : 14\,900\,000$.

Si la sphère de rayon R éprouve une condensation, et si on désigne par R′ le nouveau rayon, il se dégage dans cette condensation une quantité de chaleur

$$(16) \qquad q = \frac{72\,CM^2}{5.10^9}\left(\frac{1}{R} - \frac{1}{R'}\right) \text{ pet. cal.}$$

Lorsque le rayon diminue de $\frac{1}{n}$, c'est-à-dire quand $R' = \frac{n-1}{n} R$, on a

$$(17) \qquad q = \frac{72\,CM^2}{5.10^9.(n-1)R} \text{ pet. cal.}$$

Si on remplace C par sa valeur numérique, et si on exprime q en grandes calories, on obtient

$$(18) \qquad q = \frac{0,967\,M^2}{10^{18}(n-1)R} \text{ grand. cal.}$$

Il est très vraisemblable qu'il faut chercher la source principale de la *chaleur solaire* précisément dans la condensation persistante de la masse du Soleil. Au moyen de la formule (18), on peut calculer approximativement quelle quantité de chaleur doit se dégager, lorsque le rayon du Soleil diminue par exemple de 0,0001 de sa grandeur ; on a alors $n = 10000$. Si on remplace M par la masse du Soleil en grammes et R par le rayon du Soleil en centimètres, on obtient une quantité de chaleur qui pourrait échauffer de 2860° une masse d'eau égale à la masse solaire. Cette quantité de chaleur assurerait, pendant

2290 années, un rayonnement calorifique égal à celui que possède actuellement le Soleil.

V. Energie d'une charge électrique. — Nous étudierons dans le Tome IV la transformation de l'énergie d'une charge électrique en énergie calorifique. Pour être complet ici, nous donnerons l'expression de la quantité de chaleur q qui est dégagée, quand l'énergie électrique de la charge se convertit entièrement en chaleur :

$$(19) \qquad q = 0,12\,\mathrm{VE} = 0,12\,\frac{\mathrm{E}^2}{c} = 0,12\,c\mathrm{V}^2 \text{ pet. cal.},$$

où V désigne le potentiel de la charge du conducteur en volts, c la capacité de ce conducteur en farads, et E sa charge en coulombs.

VI. Energie chimique. — Nous consacrerons les paragraphes suivants de ce Chapitre à la transformation de l'énergie chimique en énergie calorifique.

VII. — Energie moléculaire. — On peut indiquer toute une série de cas, qui ne peuvent se ranger parmi les précédents, où il se forme de la chaleur aux dépens de l'énergie potentielle des molécules. Nous allons en indiquer quelques-uns.

1. Quand un corps à l'état gazeux prend d'abord l'état de vapeur saturée, puis l'état liquide, ou quand un corps à l'état liquide se solidifie, la *chaleur latente de vaporisation* ou la *chaleur latente de fusion* se dégagent. Nous parlerons plus tard en détail de ce phénomène.

2. Lorsque l'*aire* de la surface d'une masse liquide *diminue*, les forces moléculaires qui sont nécessaires à l'existence de la tension superficielle (Tome I) effectuent un travail, et une partie de l'énergie superficielle moléculaire se transforme en chaleur. Nous développerons plus loin la théorie de ce phénomène et nous montrerons que, par exemple, pour une diminution d'aire de la surface d'une masse d'eau donnée de 1 centimètre carré, il se dégage environ 10^{-6} petite calorie.

3. *Le changement de volume ou de forme d'un corps solide* sous l'influence de forces extérieures peut également être accompagné d'une transformation d'énergie potentielle moléculaire en chaleur.

4. On observe un cas remarquable de dégagement de chaleur, *quand on mélange une poudre sèche avec un liquide*. Nous avons mentionné brièvement ce phénomène dans le Tome I (*L'état liquide des corps*, Chap. V, § 9). Il a été découvert par Pouillet (1822) et a été étudié depuis par beaucoup de physiciens, sans que la cause véritable de ce dégagement de chaleur ait pu encore être complètement élucidée. Parmi ces physiciens, nous citerons Jungk (1865), Meissner, Cantoni (1866), Lagergren (1899), Wiedemann et Lüdeking (1885), Martini (1896 à 1904), Bellati (1900), Linebarger (1901), Parks (1902), Bellati et Tenazzi (1902), Schwalbe (1905), etc. Une bibliographie complète se trouve dans le travail de Schwalbe. Une exposition détaillée de toutes les théories est contenue dans le dernier travail de Martini (1904). La cause de ce phénomène doit, d'après quelques auteurs, résider dans une compression du liquide produite par les forces moléculaires. Martini pense qu'une couche de liquide se solidifie à la surface des corpuscules solides et que la chaleur

latente de fusion se dégage. Parks a trouvé que si l'on mouille, avec de l'eau à 7° environ, de l'acide silicique, du sable ou de la poudre de verre, il se dégage une quantité de chaleur proportionnelle à la surface des grains et égale en moyenne à 0,00105 petite calorie par centimètre carré. Les recherches de Bellati et Tenazzi ont conduit à des résultats en contradiction avec l'hypothèse de Martini. Jungk avait remarqué le premier que l'eau à une température inférieure à 4° ne provoque pas un échauffement du sable, mais un refroidissement, et cela était favorable à la théorie de la compression, puisque, comme nous le verrons plus tard (Chap. IX, § 8) l'eau s'échauffe dans une compression au-dessus de 4°, se refroidit en dessous de 4°. Schwalbe (1905) a confirmé cette observation pour le sable et l'acide silicique. A 4°, il a trouvé que le mouillage ne produisait aucun changement de température. Le maximum du développement de chaleur a lieu pour une proportion déterminée de mélange. Il a trouvé le plus grand effet dans le mélange de 10 grammes d'acide silicique avec 20 grammes d'eau à 16°,3 ; la chaleur dégagée s'élevait à 6,16 cal.-gr.

VIII. Energie intraatomique (?). — Les composés du *radium* possèdent la propriété remarquable de dégager continuellement de la chaleur, de sorte que leur température est toujours plus élevée que celle de l'enceinte. D'après les mesures de P. Curie et A. Laborde (1903), 1 gramme de chlorure de radium dégage en une heure environ 100 petites calories. Pendant ce temps, la fraction de radium transformée ne peut être que très petite. On a calculé sur certaines bases hypothétiques que la vie moyenne du radium serait de 3000 ans environ ; il en résulterait que l'énergie totale de 1 gramme de chlorure de radium atteindrait 3 milliards de calories, quantité équivalente à celle que dégage la combustion de plusieurs tonnes de charbon. On a essayé d'expliquer l'émission spontanée et continue d'énergie que manifestent les substances radio-actives, par deux hypothèses. Dans la première, on suppose que l'énergie est fournie par l'extérieur, sous forme d'un rayonnement spécial. Ce rayonnement, de nature inconnue, provoquerait dans les substances radio-actives un phénomène analogue à celui qui semble se produire avec les substances phosphorescentes. Dans la seconde hypothèse, on suppose que l'énergie est empruntée à la substance active elle-même ; l'émission d'énergie doit donc être accompagnée d'une modification de cette substance. P. Curie et Mme Curie ont supposé que la transformation doit porter sur l'atome radio-actif lui-même, qui subit ainsi une véritable désagrégation et une transmutation qui aboutit à des atomes différents. Autrement dit, on suppose que la chaleur dégagée se produit aux dépens d'une énergie intraatomique, l'atome chimiquement simple possédant dans la réalité une structure complexe et une provision considérable d'énergie *intraatomique*.

2. Fondements de la thermochimie. — L'ensemble de deux substances ou plus, différentes au point de vue chimique, capables de réagir chimiquement l'une sur l'autre et prises en quantités telles qu'elles entrent entièrement en jeu dans cette réaction, possède une certaine provision d'énergie chimique potentielle, qui peut être mesurée par la quantité de chaleur q

dégagée pendant la réaction. La *thermochimie* s'occupe de l'étude des phénomènes calorifiques, qui accompagnent les réactions chimiques. Elle forme une partie de la Chimie et elle est exposée en détail dans les Traités de Chimie, ainsi que dans des ouvrages spéciaux. Cependant ses fondements généraux, les méthodes dont elle se sert et certains des résultats acquis présentent aussi un grand intérêt pour la Physique, et nous estimons nécessaire pour cette raison d'en parler au moins brièvement.

La thermochimie a une grande importance pour la technique, qui se procure les provisions d'énergie qui lui sont utiles par la combustion des diverses matières inflammables, et pour la physiologie, qui regarde les différents phénomènes calorifiques, dont le corps des animaux est le siège, comme le résultat de réactions chimiques déterminées.

Les phénomènes de *dissolution*, placés à la limite séparative des phénomènes chimiques et physiques, sont également accompagnés de dégagement ou d'absorption de chaleur; ils sont étroitement liés à beaucoup de réactions chimiques, et c'est pourquoi on les étudie aussi dans les traités de thermochimie. Nous ne nous arrêterons pas cependant actuellement sur ces phénomènes, car nous aurons à les considérer dans les Chapitres de ce volume consacrés d'une manière générale au passage de l'état d'un corps dans un autre. De même, nous parlerons plus tard (Chap. XIV, § 7) des phénomènes calorifiques qui se manifestent dans le *mélange des liquides*.

Nous montrerons d'abord comment les résultats des recherches thermochimiques sont représentés sous forme d'*équations*. On écrit à gauche les formules chimiques des substances qui entrent en jeu dans la réaction, à droite les formules des substances qui apparaissent après la réaction, plus la quantité de chaleur q dégagée par cette dernière; par exemple :

$$C + O^2 = CO^2 + q. \tag{20, a}$$

Parfois, les formules sont mises entre parenthèses :

$$(C) + (O^2) = (CO^2) + q. \tag{20, b}$$

Quand la marche de la réaction ne présente aucun doute, on écrit les formules des substances qui entrent en réaction à la suite l'une de l'autre et entre parenthèses, en les séparant par des virgules, par exemple :

$$(HCl, NaOH) = q. \tag{20, c}$$

Lorsqu'on utilise les résultats des recherches thermochimiques exprimés en valeurs numériques, il faut bien observer avec quelles unités la chaleur q est évaluée et *à quelles quantités* de substances réagissantes elle se rapporte. La quantité de chaleur q s'exprime en petites ou en grandes calories; Ostwald exprime q avec une unité particulière, qu'il désigne par K et qui est égale à la quantité de chaleur nécessaire pour élever de 0° à 100° la température de 1 gramme d'eau. On a approximativement K = 100 petites calories = 0,1 grande calorie.

La chaleur q est rapportée soit à un poids déterminé et toujours le même de l'*une* des substances entrant en réaction, soit à une *molécule-gramme* de toutes ces substances, c'est-à-dire à μ grammes de chacune d'elles, μ désignant le poids moléculaire. Ainsi, on peut, par exemple, caractériser les phénomènes calorifiques qui accompagnent l'oxydation ou la combustion des corps, en indiquant la quantité de chaleur q qui se dégage dans l'oxydation de l'unité de poids du corps ou dans la dépense de l'unité de poids d'oxygène, ou dans l'oxydation de μ grammes de la substance, μ étant le poids moléculaire de cette dernière. C'est ainsi que, par exemple, la chaleur de combustion de l'éthylène (C^2H^4) est, d'après certains auteurs, 11,88 grandes calories, d'après d'autres 333,3 grandes calories. Le premier nombre se rapporte à 1 gramme d'éthylène, le second à 28 grammes, le poids moléculaire μ de l'éthylène étant 28.

Dans les *Tabellen* de Landolt et Börnstein, les chaleurs de combustion sont données en grandes calories et rapportées à 1 kilogramme de substance. Dans les tableaux de W.-F. Louguinine, les nombres sont donnés en petites calories, rapportés à 1 gramme, et en grandes calories, rapportés à 1 molécule-gramme (μ grammes) de la substance. Dans les traités de Chimie (Ostwald, Nernst, etc.), dans l'ouvrage de Berthelot, *Thermochimie, Données et lois numériques*, 1897, et dans l'*Annuaire du Bureau des Longitudes* (voir année 1908), q est rapporté à une *molécule-gramme* et exprimé en grandes calories ; il en est de même quand le résultat d'une réaction thermochimique est écrit sous forme d'équation, voir (20, a, b, c) ; ainsi dans (20, a), C et O^2 désignent 12 grammes de carbone et 32 grammes d'oxygène : dans (20, c), HCl et NaOH indiquent que la réaction a lieu entre $36^{gr},4$ d'acide chlorhydrique et 40 grammes de soude caustique.

On appelle *effet thermique* d'une réaction chimique la quantité de chaleur q, qui se dégage dans cette réaction entre des *molécules-grammes* des différentes substances.

L'effet thermique de beaucoup de réactions dépend de la *quantité d'eau* dans laquelle les substances sont dissoutes. Il existe un cas particulier important où cette quantité d'eau est si grande qu'une nouvelle addition n'exerce plus d'influence sur l'effet thermique de la réaction. On ajoute alors aux formules des substances les lettres Aq (aqua). Ainsi, par exemple, l'égalité

$$\mathrm{KOHA}q + \mathrm{HClA}q = \mathrm{KClA}q + 13{,}7 \text{ grandes calories}$$

signifie que dans le mélange de 56 grammes de KOH et de $36^{gr},4$ de HCl, pris tous deux sous la forme de solutions étendues, il se dégage 13,7 grandes calories ; il est superflu d'écrire H^2O à droite, car l'eau qui se forme ne produit aucun effet thermique, en se mélangeant à la grande quantité (Aq).

L'effet thermique de la réaction dépend de l'état solide, liquide ou gazeux dans lequel se trouvaient les substances ; Ostwald a proposé, pour cette raison, d'écrire les formules pour les liquides avec des caractères romains ordinaires, pour les gaz en caractères italiques, et pour les solides en caractères gras.

Une réaction chimique peut se produire avec dégagement ou avec absorption de chaleur. Dans le premier cas, elle est dite *exothermique*, dans le second *endothermique* ($q < 0$). Aux réactions endothermiques appartient par exemple la formation de CS^2 :

$$C + S^2 = CS^2 - 19 \text{ grandes calories},$$

c'est-à-dire que 12 grammes de carbone s'unissent à 64 grammes de soufre, en absorbant 19 grandes calories. La formation de O^3 (ozone), Cl^2O, HI, Az^2O, AzO^2, AuI, etc. s'effectue également d'une manière endothermique.

La thermochimie a pour fondement la *loi de* Hess (1840), d'après laquelle *la quantité totale de chaleur, dégagée dans le passage d'un groupe A de substances à un groupe B, est indépendante de la nature de ce passage, c'est-à-dire de la nature et de la suite des réactions intermédiaires, pourvu que l'état physique (au sens large du mot) des groupes A et B soit le même dans tous les cas.* Il est remarquable que cette loi, qui est évidemment une forme particulière du principe de la conservation de l'énergie, ait été trouvée et formulée d'une manière très précise avant la découverte de ce principe.

L'importance considérable de la loi de Hess tient à ce qu'elle permet de *calculer* l'effet thermique d'une réaction, lorsqu'il est impossible de mesurer directement cet effet. Donnons quelques exemples.

Proposons-nous de déterminer la chaleur dégagée dans la formation de CO à partir du carbone et de l'oxygène. La chaleur de formation de CO^2 à partir de C et de CO est donnée par l'observation directe, et on a

$$C + 2O = CO^2 + 97,$$
$$CO + O = CO^2 + 68,$$

(nous exprimerons dorénavant toutes les quantités de chaleur en *grandes* calories). D'après la loi de Hess, la chaleur de formation de CO^2 à partir de C et de O^2 doit être égale à la chaleur de formation de CO à partir de C et de O, plus la chaleur de formation de CO^2 à partir de CO et de O. Il en résulte que

$$C + O = CO + 29.$$

On est arrivé à déterminer aussi ce nombre par voie directe et on a trouvé des valeurs qui se rapprochent beaucoup de celle calculée. Nous remarquerons que la dernière égalité s'obtient en retranchant les deux précédentes. D'une manière générale, la loi de Hess permet d'effectuer sur les équations thermochimiques les mêmes opérations que sur les équations ordinaires ; on peut les ajouter, les retrancher et faire passer les termes d'un membre dans l'autre.

Voici encore un exemple intéressant relatif à l'anhydride SO^3. Si on brûle un mélange de PbO et de S dans l'oxygène, il se forme SO^4Pb et il se dégage $q = 165,5$. On a donc

$$PbO + S + 3O = SO^4Pb + 165,5.$$

Si on dissout PbO dans SO^4H^2 dilué, on obtient

$$PbO + SO^4H^2Aq = SO^4Pb + Aq + 23,3.$$

En retranchant cette égalité de la précédente, il vient

$$S + 3O + Aq = SO^4H^2Aq + 142,2.$$

Enfin, on a, dans la dissolution de SO^3 dans l'eau,

$$SO^3 + Aq = SO^4H^2Aq + 41,1.$$

Si on retranche cette égalité de la précédente, il vient

$$S + 3O = SO^3 + 101,1.$$

On obtient de cette manière la chaleur de formation de SO^3 à partir de S et de O^3.

La loi de Hess permet de *calculer la chaleur de formation q des substances organiques, quand leur chaleur de combustion Q est connue.* Soit en effet Q' la somme des chaleurs de combustion des parties constituantes du composé ; on a, d'après la loi de Hess, $Q' = q + Q$; il s'ensuit que

$$q = Q' - Q. \tag{21}$$

La grandeur Q' se calcule facilement, si on admet pour chaque atome H, C et S du composé les quantités de chaleur suivantes :

H	C	S
33,75	94,3	71,1.

Ainsi, par exemple, dans la combustion d'une molécule-gramme d'alcool éthylique C^2H^6O, dont le poids moléculaire est 46, on obtient le nombre 340 comme chaleur de combustion d'une molécule-gramme, tandis que la chaleur de combustion des parties constituantes est

$$Q' = 94,3 \times 2 + 33,75 \times 6 = 391.$$

La chaleur de formation d'une molécule-gramme d'alcool éthylique est par suite

$$q = Q' - Q = 391 - 340 = 51.$$

En calculant de cette manière la chaleur de formation q, on trouve parfois des valeurs négatives, ce qui indique que la formation de la substance considérée s'effectue endothermiquement. Ainsi, par exemple, la chaleur de combustion de CS^2, C^2H^4 est supérieure à la somme des chaleurs de combustion des parties constituantes.

Citons encore un exemple, qui fournit une confirmation expérimentale directe de la loi de Hess. Supposons données 1 molécule-gramme de AzH^3, 1 molécule-gramme de HCl et une grande quantité d'eau ; on peut les transformer en une dissolution de 1 molécule-gramme de AzH^4Cl dans la même quantité d'eau, et cela de deux manières : 1° on peut effectuer la combinaison des gaz AzH^3 et HCl et dissoudre dans l'eau le sel ammoniac solide formé ; 2° on peut dissoudre séparément dans l'eau AzH^3 et HCl et effectuer ensuite la combinaison dans la dissolution. Les effets thermiques sont indiqués ci-après :

Premier procédé	Deuxième procédé
$(AzH^3, HCl) = 42,1$	$(AzH^3, aq) = 8,4$
$(AzH^4Cl, aq) = -3,9$	$(HCl, aq) = 17,3$
	$(AzH^3aq, HClaq) = 12,3$
$(AzH^3, HCl, aq) = 38,2$	$(AzH^3, HCl, aq) = 38,0.$

On obtient donc effectivement presque les mêmes valeurs.

Connaissant la chaleur de formation de différents composés, on peut calculer la quantité de chaleur qui est dégagée ou absorbée dans une réaction déterminée. Prenons, par exemple, la réaction qui donne Mg par action de Na sur $MgCl^2$, laquelle s'effectue suivant la formule

$$MgCl^2 + 2Na = 2NaCl + Mg.$$

Le dégagement de chaleur dans la formation de $MgCl^2$ est égal à 151,0 ; pour NaCl, il est égal à 195,4 ; il en résulte que, dans la formation de 2NaCl + Mg à partir de 2Na, 2Cl et Mg, il se dégage plus de chaleur que dans la formation de $MgCl^2$ + 2Na, et la différence en plus est $195,4 \times 2 - 151,0 = 239,8$; cette quantité de chaleur doit se dégager dans la réaction considérée.

L'effet thermique, qui accompagne une réaction chimique déterminée et que l'on observe directement dans les expériences, ne peut pas en général servir à mesurer l'énergie chimique potentielle disparue dans la réaction. La réaction elle-même est presque toujours accompagnée par toute une série de phénomènes physiques, qui ont lieu également avec dégagement ou absorption de chaleur. On peut tenir compte de quelques-uns de ces phénomènes, ce qui rend possible l'introduction d'une *correction* correspondante dans la détermination de l'effet thermique qui correspond seul au phénomène chimique. Mais il existe aussi des cas où l'introduction d'une correction est impossible, et où la grandeur trouvée expérimentalement est la résultante de plusieurs phénomènes que l'on ne peut séparer avec les moyens actuels. Nous allons considérer de plus près ces phénomènes, qui accompagnent les réactions chimiques et influent sur l'effet thermique observé.

I. Lorsque les corps se trouvent avant la réaction à l'état solide et qu'on obtient après la réaction des liquides ou des gaz, plus généralement quand l'état d'agrégation des corps *n'est pas le même avant et après la réaction*, le passage des corps d'un état à l'autre est accompagné d'effets thermiques, dont on ne peut très souvent séparer la valeur numérique de celle de l'effet thermique total. Nous avons vu à la page 284 que l'on a

$$C + O = CO + 29, \quad CO + O = CO^2 + 68.$$

Il se dégage, dans la combinaison du premier atome O avec C, 29 grandes calories, et au contraire 68 par l'introduction du second. Il est très vraisemblable que le premier nombre est plus petit que le second, parce que C passe de l'état solide à l'état gazeux.

II. L'effet thermique q dépend de l'état dans lequel se trouvent les corps avant la réaction. Ceci s'applique entre autres aux modifications *allotropiques*, quand il en existe. Ainsi, par exemple, on obtient dans la combustion du carbone :

Carbone amorphe	97	(Favre et Silbermann)
Graphite.	94,8	(Berthelot)
Diamant.	94,3	(Berthelot).

Nous avons déjà adopté le dernier nombre à la page 285 pour le calcul des chaleurs de formation de différentes substances. On obtient, comme chaleur de combustion du soufre :

Soufre récemment fondu.	69,3
Soufre prismatique	71,7.

III. La grandeur q dépend de l'état d'agrégation des produits de la réaction. Ainsi, par exemple, dans la combinaison de 2 grammes d'hydrogène avec 16 grammes d'oxygène, il se dégage 67,52 grand. cal., lorsque le produit de la réaction H^2O est obtenu à l'état liquide. Si le résultat de la combinaison est de la vapeur d'eau à la température de l'eau précédente, q doit évidemment être plus petit.

IV. Les réactions sont souvent accompagnées d'une *désagrégation des molécules* qui réagissent l'une sur l'autre. L'effet thermique de cette désagrégation reste inconnu. La combinaison de l'hydrogène avec l'oxygène, par exemple, est accompagnée d'une désagrégation de la molécule O^2, et l'effet thermique $q = 67,52$ est le résultat de deux réactions : $O^2 = O + O + x$ et $H^2 + O = H^2O + y$. La grandeur q est égale à $67,52 = y + x$, où x est vraisemblablement une grandeur négative. De même, dans la combinaison de 1 gramme d'hydrogène avec 35gr,4 de chlore, il se produit une décomposition des molécules H^2 et Cl^2 avec un dégagement de 22 grandes calories. Ordinairement on écrit (H, Cl) = 22, mais il serait plus exact d'écrire :

$$(H^2, Cl^2) - (H, H) - (Cl, Cl) = 22 \times 2 = 44.$$

V. *Le travail extérieur*, qu'il soit positif ou négatif, a une influence sur q, s'il accompagne la réaction. Si la réaction a lieu sous pression extérieure constante (par exemple, sous la pression atmosphérique), et s'il se forme des gaz à partir de corps à l'état solide ou liquide ($Zn + SO^4H^2$), la chaleur absorbée par la dilatation de ces gaz doit être ajoutée à la chaleur q observée ; mais s'il se forme des solides ou des liquides à partir de corps à l'état gazeux, la valeur de q doit être diminuée. Ainsi on a, dans la réaction $H^2 + O = H^2O$ la valeur $q = 68,4$, quand on obtient de l'eau liquide ; le travail extérieur est équivalent à 0,88 grand. cal., et par suite la valeur corrigée de q est

68,4 — 0,88 = 67,52 grand. cal. Il est clair, par ce qui précède, que l'effet thermique q de la réaction dépend de la pression extérieure et est différent selon que cette réaction s'effectue sous volume constant (q_v) ou sous pression constante (q_p). On passe d'ailleurs facilement d'une grandeur à l'autre; la différence entre elles n'est pas grande. On obtient, par exemple, dans la combustion du méthane (CH^4)

$$q_v = 212,4, \qquad q_p = 213,5.$$

VI. Il est nécessaire d'apporter une correction à la grandeur observée q, quand la *température* t des corps entrant dans la réaction et la température t_1 des produits de la réaction ne sont pas égales.

VII. L'effet thermique q d'une réaction chimique est une fonction de la *température* t *à laquelle s'effectue la réaction*, c'est-à-dire de la température que possèdent les corps entrant dans la réaction et que prennent finalement les produits de celle-ci. Il est facile de trouver cette fonction. Soit $\sum \mu_i c_i$ la somme des *capacités calorifiques moléculaires* des substances A entrant dans la réaction et $\sum \mu'_i c'_i$ la somme des mêmes capacités calorifiques pour les produits B de la réaction ; soient en outre q_1 et q_2 les effets thermiques de la réaction aux températures t_1 et t_2. Le groupe des corps A, qui possèdent la température t_1^0, peut être transformé de deux manières différentes dans le groupe des corps B à la température t_2^0. On peut effectuer la réaction à t_1^0 et ensuite échauffer jusqu'à t_2^0 ses produits ; le système cède ainsi la quantité de chaleur

$$q_1 - (t_2 - t_1) \sum \mu'_i c'_i ;$$

mais on peut également d'abord échauffer le groupe A jusqu'à t_2^0 et effectuer ensuite la réaction, auquel cas la chaleur dégagée sera :

$$q_2 - (t_2 - t_1) \sum \mu_i c_i .$$

L'état initial et l'état final étant les mêmes, ces deux quantités de chaleur doivent être égales ; il en résulte que

$$q_1 - q_2 = (t_2 - t_1) \left\{ \sum \mu_i c_i - \sum \mu'_i c'_i \right\}. \tag{22}$$

La variation de l'effet thermique de la réaction en fonction de la température est proportionnelle à la différence des capacités calorifiques des corps avant et après la réaction. Nous avons vu à la page 258 que si la combinaison de corps solides donne aussi un corps solide, la somme des capacités calorifiques moléculaires reste invariable. Il s'ensuit que l'effet thermique d'une réaction, qui se produit entre deux corps *solides* et dans laquelle se forment également des corps solides, *est indépendant de la température.*

En ce qui concerne l'origine même de la chaleur dégagée dans les réactions chimiques, ou, comme on pourrait dire, *le mécanisme du dégagement de la chaleur*, les hypothèses les plus différentes ont été émises.

Müller-Erzbach (1870-1881) a établi le premier un parallélisme entre la chaleur dégagée dans une réaction chimique et la condensation de substance qui accompagne cette réaction. Indépendamment de lui, Richards (1902) a développé la même idée. Il a étudié surtout les composés du chlore et du brome, et il est parvenu à ce résultat que le travail nécessaire à la condensation de substance, qui accompagne la formation d'un corps solide ou liquide par la combinaison de deux autres, est approximativement proportionnel à la chaleur dégagée. Il regarde par suite, d'une manière tout à fait générale, comme la *cause principale de la chaleur dégagée par une combinaison chimique, le travail effectué dans la condensation de la substance*. Richards rattache cette manière de voir à l'hypothèse tout à fait concordante des *atomes déformables*, où la notion d'atome diffère essentiellement de celle admise jusqu'à ce jour. Il suppose dans chaque atome un noyau et une enveloppe, les enveloppes remplissant tout l'espace entre les noyaux. Des vibrations calorifiques peuvent se produire à l'intérieur d'une enveloppe par des condensations et raréfactions alternatives du noyau.

3. Méthodes employées dans les recherches thermochimiques. — On peut partager en deux groupes les calorimètres employés dans les recherches thermochimiques : le premier groupe est utilisé pour l'observation des réactions entre liquides ; le second groupe sert à l'étude des réactions dans la combustion des corps à l'état solide, liquide ou gazeux. Il est très important que la réaction étudiée ait lieu, dans tous les cas, le plus rapidement possible.

Pour l'observation des réactions qui se produisent entre liquides, on se sert de diverses dispositions de calorimètres.

Parfois l'un des liquides est versé dans le calorimètre, tandis qu'on secoue l'autre dans une éprouvette, dont le fond est ouvert aussitôt que les deux liquides ont pris la même température. Parfois la seconde substance, solide ou liquide, est introduite dans un ballon en verre à parois épaisses à l'intérieur du liquide versé dans le calorimètre, et, au moment convenable, on brise le ballon. Berthelot verse l'un des liquides dans le calorimètre, l'autre dans une grande fiole à large col, qu'il saisit au moyen de pinces en bois pour en verser le contenu dans le calorimètre.

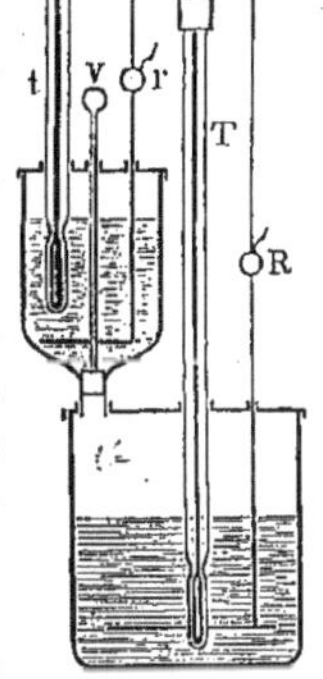

Fig. 99

La figure 99 représente le calorimètre de J. Thomsen ; deux liquides se trouvent l'un au-dessus de l'autre dans des vases différents, munis des agitateurs r et R et des thermomètres t et T. En soulevant la tige v les liquides se mélangent. Les deux vases sont protégés par des cylindres métalliques (non figurés) contre l'action calorifique des corps environnants.

Le *calorimètre* de Favre et Silbermann (*fig.* 80, page 190) est spécialement destiné aux études thermochimiques. Le mélange des liquides, suivi de la réaction chimique, s'effectue dans le vase latéral A ; la quantité de chaleur dégagée se détermine par la formule (10, *a*) page 191.

L'observation de l'effet thermique de la réaction se complique, quand on obtient finalement comme produit des gaz, entre autres, qu'il faut refroidir jusqu'à la température du calorimètre. Berthelot effectue dans ce cas la réaction dans un vase cylindrique en platine ou en verre, plongé dans l'eau du calorimètre. De la partie supérieure de la surface latérale part un serpentin, qui s'enroule plusieurs fois autour du cylindre et aboutit dans une petite chambre, où sont arrêtées les gouttes de liquide entraînées par le gaz ; le gaz s'échappe de cette chambre à l'extérieur par un tube spécial.

Considérons maintenant les méthodes de mesure des *chaleurs de combustion*. Lavoisier et Laplace ont effectué pour la première fois des mesures de ce genre à l'aide du calorimètre à glace ; ensuite Crawford, Dalton et Rumford se sont servis du calorimètre à eau, en faisant passer les produits gazeux de la combustion, qui avait lieu au-dessous du calorimètre, dans un serpentin plongé dans celui-ci. Despretz a notablement perfectionné cet appareil.

Les premières mesures précises sont dues à Dulong ; elles ont été publiées après sa mort par Cabart, son aide.

D'autres mesures ont été faites presque simultanément par Andrews et par

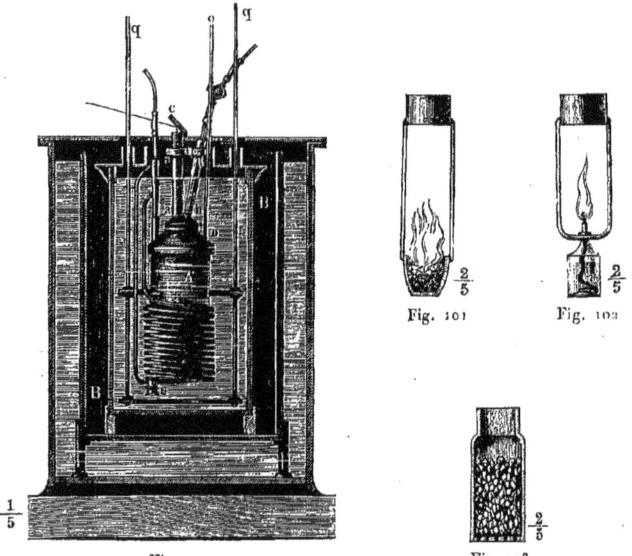

Fig. 100 — Fig. 101 — Fig. 102 — Fig. 103

Favre et Silbermann. Andrews mélangeait le gaz avec l'oxygène nécessaire à sa combustion et produisait une explosion instantanée du mélange de gaz, au moyen d'un fil fin de platine échauffé par un courant électrique. Le vase contenant le mélange de gaz se trouvait dans l'eau du calorimètre.

FAVRE et SILBERMANN ont effectué des recherches très étendues sur les chaleurs de combustion. Les figures 100 à 103 montrent l'appareil dont ils se sont servis. La combustion a lieu dans le vase en cuivre A fixé au couvercle du calorimètre; dans le couvercle sont pratiquées des ouvertures pour le thermomètre et l'agitateur annulaire *qq*, et en outre une grande ouverture au milieu. Le calorimètre est posé sur des pieds en liège dans le vase B, qui se trouve lui-même dans un vase plus large. L'intervalle entre B et le calorimètre est rempli de duvet et celui entre B et le vase extérieur est rempli d'eau. L'oxygène est introduit par le tube o dans le vase A, et les gaz, dont on veut déterminer la chaleur de combustion, par le tube incliné *b*. Quand il est nécessaire de diriger un courant d'oxygène sur des corps solides lents à brûler, l'oxygène est introduit par le tube *b*. Les produits gazeux de la combustion passent par le serpentin et s'échappent à l'extérieur par une ouverture; les produits liquides se rassemblent dans le petit cylindre *s*. Le tube large *a* recouvert d'une lame de verre et le miroir *c* permettent d'observer la combustion dans A pendant l'expérience. Les liquides sont brûlés dans de petites lampes, le soufre et le charbon dans de petits cylindres en platine munis d'un fond en treillis (voir *fig.* 101, 102 et 103).

D'autres perfectionnements ont été apportés à cet appareil par J. THOMSEN, STOHMANN, BERTHELOT et en particulier par W. F. LOUGUININE, dont le calorimètre a été décrit en détail dans son ouvrage cité plus loin. La combustion a lieu, avec l'appareil de LOUGUININE, dans une chambre en verre munie d'un fond métallique.

Le *calorimètre à glace* de BUNSEN (page 187) a servi à la détermination de la chaleur de combustion de l'*hydrogène*. Il a été utilisé par SCHULLER et WARTHA (page 189) et un peu plus tard par THAN. Citons, à titre de comparaison, les valeurs numériques obtenues par différents observateurs pour la chaleur de combustion de 1 gramme d'hydrogène (en grandes calories) :

FAVRE et SILBERMANN .	34,095	SCHULLER et WARTHA .	34,199
ANDREWS	33,534	THAN.	34,230
J. THOMSEN.	34,217	BERTHELOT.	34,600

Une molécule-gramme donne une quantité de chaleur double.

Dans toutes les méthodes considérées ci-dessus, la combustion est entretenue par un courant d'oxygène. Une autre méthode a été proposée par LEWIS THOMSEN, appliquée pour la première fois par FRANKLAND, et particulièrement étudiée depuis par STOHMANN. Elle consiste dans la combustion de la substance étudiée aux dépens de l'oxygène du *chlorate de potasse*. STOHMANN introduit le mélange de ce sel avec le corps à étudier et une substance indifférente (MnO^2 et pierre ponce), qui sert à retarder la réaction, dans un cylindre de platine, placé à l'intérieur d'un cylindre en laiton entouré par l'eau du calorimètre. Le mélange est enflammé par une mèche particulière, et, quand la combustion est terminée, STOHMANN fait passer l'eau à l'intérieur du vase en laiton, de sorte que le cylindre en platine qui s'est échauffé ainsi que son contenu se refroidissent et le KCl formé se dissout. W. F. LOUGUININE ne regarde pas la méthode de STOHMANN comme donnant des résultats précis, mais il pense qu'elle est susceptible de perfectionnement.

Nous passons maintenant à une méthode de détermination de la chaleur de combustion, proposée pour la première fois par BERTHELOT (1881) et connue sous le nom de méthode de la *bombe calorimétrique*. Cette méthode est en substance la suivante. Un récipient en acier (bombe), à parois très résistantes complètement fermées, est doublé intérieurement de platine, sur lequel n'agissent pas les produits de la combustion et qui lui-même ne s'oxyde pas; la substance étudiée est placée à l'intérieur de ce récipient, dans une coupelle en platine supportée par des tiges également en platine. La bombe est remplie d'oxygène comprimé jusqu'à une pression de 25 atmosphères et introduite dans le calorimètre. La combustion instantanée (explosion) est provoquée par une étincelle électrique ou par un fil de fer brûlant dans l'oxygène, qui est porté au rouge par un courant électrique; les particules incandescentes de l'oxyde de fer produit tombent sur le corps à étudier et provoquent l'explosion. BERTHELOT et ses élèves, en particulier W. F. LOUGUININE, ont fait avec cet appareil un très grand nombre d'observations. Ce dernier a donné une description très complète de la bombe, ainsi que de la méthode d'observation, dans son ouvrage cité plus loin; nous lui empruntons le dessin et la description de l'appareil.

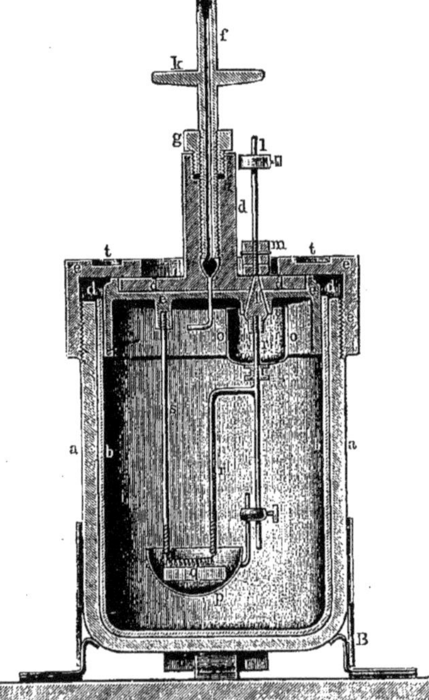

Fig. 104

La bombe calorimétrique est représentée par la figure 104 sous la forme actuellement en usage. La partie extérieure *aa* est constituée par un creuset en acier; *bb* est le doublage intérieur en platine; *ee* est un couvercle en platine et *ddd*, *cee* sont des couvercles en acier, dont le dernier est vissé comme le montre la figure. Le couvercle est traversé par une tige *ll*, dont la partie inférieure est entourée d'émail réfractaire, défendu lui-même contre l'action directe de la flamme par le cylindre de platine *oo*. Le canal *f* sert à amener l'oxygène à l'intérieur de la bombe. En faisant tourner la tête de vis *k* et en enfonçant l'écrou *g*, on peut fermer hermétiquement l'ouverture du canal *ff* et en même temps la bombe. Si la substance à étudier est un corps solide, on lui donne la forme d'une petite plaquette q, que l'on place dans la coupelle en platine p ; entre les tiges en platine r et s se trouve un mince fil de fer, qui touche la plaquette q. La capacité calorifique de la bombe se détermine soit par le calcul, d'après le poids de ses parties constituantes, soit par combustion dans cette bombe d'une substance dont la chaleur de combustion est connue, ou enfin en y brûlant successivement deux quantités différentes d'une même substance et changeant la quantité d'eau dans le calorimètre. On obtient dans ce dernier cas, deux équations qui permettent de déterminer la chaleur de combustion et la capacité calorifique du calorimètre.

On prend une quantité de substance telle qu'environ 20 % de l'oxygène contenu dans la bombe soient employés à sa combustion. Si la substance à étudier est un liquide, on la verse dans un petit vase en platine particulier, sur la construction duquel nous ne nous arrêterons pas.

Berthelot a montré comment, lorsque la substance à étudier renferme S ou Cl, il faut se servir de la bombe pour obtenir des produits de combustion absolument déterminés, savoir, outre CO^2 et H^2O, de l'acide sulfurique hydraté seul dans le premier cas, de l'acide chlorhydrique dissous dans l'eau dans le second.

Quand il s'agit de déterminer la chaleur de combustion d'un gaz, il faut prendre une quantité d'oxygène voisine de celle qui est nécessaire à sa combustion complète.

D'autres études ont été faites par Stohmann et récemment par Souboff (1904) sur la meilleure façon de se servir de la bombe.

L'ingénieur français Mahler a construit une bombe calorimétrique, dans laquelle le revêtement intérieur en platine est remplacé par une couche d'émail blanc, qui n'est ni altéré aux températures élevées, ni attaqué par les produits de l'explosion. Cette bombe est beaucoup moins coûteuse que celle de Berthelot, dont le prix est très élevé.

Nous avons déjà mentionné, dans la description des différents calorimètres (chap. IV), le travail de Jäger et Steinwehr (1903), qui ont montré que la valeur thermique d'un calorimètre peut se mesurer très exactement par un procédé électrique. Nous pouvons maintenant ajouter qu'ils ont effectué leurs recherches avec le calorimètre renfermant la bombe de Berthelot. Dans deux mémoires ultérieurs (1905 et 1906), ces savants ont publié de nouvelles études sur la mesure calorimétrique des chaleurs de combustion et un travail étendu sur l'étalonnage en unités électriques, au moyen du thermomètre à platine, d'un calorimètre à combustion de Berthelot.

Nous laissons de côté, comme ne rentrant pas dans le cadre de cet ouvrage, la description des calorimètres servant à mesurer la chaleur qui se développe dans le corps des animaux. Nous indiquerons seulement qu'Altvater et Rosa (1899) ont construit un calorimètre de respiration, dans lequel un homme peut rester quatre jours.

4. Quelques résultats des recherches thermochimiques. — Nous avons donné dans les deux paragraphes précédents quelques notions sur les fondements de la thermochimie et sur les méthodes qu'elle emploie, en choisissant ce qui peut intéresser la physique. Nous ferons de même en ce qui concerne les résultats des recherches thermochimiques, dont le nombre est très grand.

FORMATION DES SELS. — La chaleur q, qui se dégage dans le mélange d'un acide et d'une base, se compose de deux parties; l'une ne dépend que de l'acide, c'est-à-dire reste la même pour un acide donné, quelle que soit la base; l'autre ne dépend que de la base et reste la même quel que soit l'acide.

On remarquera les deux nombres suivants, en raison de leur importance : il se dégage, par la dissolution de 1 gramme de Zn dans l'acide sulfurique, 1635 petit cal., par celle de 1 gramme de Cu, 881 petit cal.

La chaleur q est la même, pour tous les sels formés par le mélange d'un acide fort monobasique avec une base forte. On obtient, par exemple, dans le mélange des acides HCl, HBr, HI, AzO^3H, ClO^3H, BrO^3H, IO^3H avec Na (OH), K (OH), Ba $(OH)^2$, Ca $(OH)^2$, etc. des quantités de chaleur qui restent comprises entre les limites étroites 13,7 et 14,1 gr. cal. En partant de l'idée de dissociation des électrolytes qui se trouvent dans une dissolution (t. I), on peut expliquer ce phénomène par la dissociation de l'acide, de la base et du sel, ce qui fait que, dans le mélange des deux premiers, se produit toujours la même réaction $HO + H = H^2O$. Si, par exemple, on mélange des dissolutions de K (OH) et de HCl, on a en dissolution, avant le mélange, les substances K, OH, H, Cl, et, après le mélange, les substances K, Cl, H^2O. Des acides plus faibles monobasiques donnent parfois q un peu plus grand, ou un peu plus petit. Ainsi on a, pour l'acide acétique, $q = 13{,}3$, pour l'acide formique, $q = 13{,}4$, pour l'acide cyanhydrique (CAzH), $q = 2{,}8$.

La constance de la grandeur q se rattache, pour beaucoup de sels, à ce qu'on appelle la *loi de neutralité thermique des dissolutions salines* trouvée par HESS, d'après laquelle le mélange de sels neutres n'est pas accompagné de phénomènes calorifiques, pourvu qu'il ne se produise aucun précipité dans la double décomposition.

Des recherches extrêmement nombreuses sur la chaleur de neutralisation des acides forts et des bases fortes ont été faites par BERTHELOT et J. THOMSEN. L'étude la plus récente est due à WOERMANN (1905), qui a employé un calorimètre à glace et a montré le premier que la chaleur de neutralisation s entre 0° et 32° dépend beaucoup de la température et peut être représentée par une expression de la forme $s = s_0 - at$. C'est seulement dans les solutions très concentrées que s dépend de la concentration.

Il est intéressant de mentionner que quelques composés analogues d'éléments, qui appartiennent à une même colonne du système périodique, possèdent des chaleurs de formation q régulièrement croissantes ou décroissantes quand le poids atomique de l'élément augmente. Ainsi, dans la série LiCl, NaCl, KCl, $MgCl^2$, $CaCl^2$, $SrCl^2$, $BaCl^2$, la chaleur q croît régulièrement de 93,8 à 194,7. Dans la série MgO, CaO, SrO, BaO, q diminue de 143,9 à 124,2.

L'*hydratation des sels* est accompagnée d'un dégagement de chaleur que l'on peut déterminer en dissolvant, dans une grande quantité d'eau, d'abord le sel anhydre, ensuite l'hydrate. Il se dégage, par exemple, dans la dissolution de 1 molécule-gramme de $CaCl^2$ (111 grammes), 16,0 cal. gr.; dans la dissolution de $CaCl^2 + 6H^2O$, 4,3 cal. gr. sont *absorbées*. Il s'ensuit que l'hydratation du chlorure de calcium est accompagnée d'un dégagement de $16{,}0 - (-4{,}3) = 20{,}3$ cal. gr.

La chaleur qui se dégage dans la formation des *alliages* de différents métaux a été étudiée par Louguinine et Schtschoukarew (Cu + Al), et par Backer (Zn + Cu). Backer a trouvé un maximum de dégagement de chaleur (52,5 cal. pour 1 gramme d'alliage), quand on prend 32 % de Cu et 68 % de Zn, ce qui correspond à un composé de la forme $CuZn^2$. Un autre maximum correspond au composé CuZn.

Le mélange de SO^4H^2 *avec l'eau* a été beaucoup étudié, par Pfaundler entre autres. Pour déterminer q relativement aux mélanges

$$SO^4H^2 + H^2O, \quad SO^4H^2 + 2H^2O, \quad SO^4H^2 + 3H^2O, \text{ etc.},$$

il a mélangé SO^4H^2 avec nH^2O, n étant un assez grand nombre ($n = 119$), et ensuite $SO^4H^2.H^2O$ avec $(n-1)$ H^2O, $SO^4H^2.2H^2O$ avec $(n-2)$ H^2O, etc. En soustrayant un résultat d'observation du précédent, il obtenait la grandeur cherchée. Il est arrivé aux valeurs numériques du tableau suivant, où q désigne la chaleur qui se dégage dans la combinaison de 1 molécule-gramme (98 grammes) de SO^4H^2 avec k molécules-grammes (18 k grammes) de H^2O :

k	q	k	q
1/2.	3,666 cal. gr.	4.	12,858 cal. gr.
1	6,776 »	5.	13,562 »
2	9,998 »	6.	14,395 »
3	11,785 »	119.	17,690 »

Sur la figure 105, les abscisses représentent les nombres k, et les ordonnées de la courbe en trait continu les valeurs de q en pct. cal. (indiquées à gauche). Les courbes en pointillé et en traits interrompus donnent l'accroissement de température produit par le mélange, et la température d'ébullition de la dissolution en degrés (inscrits à droite). Les deux dernières courbes se rapprochent beaucoup vers $k = 4$; par suite, c'est l'addition de 4 molécules de H^2O à une molécule de SO^4H^2 qui donne la réaction la plus vive. J. Thomsen a proposé une formule empirique pour q.

Des études thermochimiques des réactions dans les dissolutions *alcooliques* ont été faites par Tanatar et Pissarjewski. L'oxydation des métaux et la formation des sels haloïdes ont été étudiées par Favre, Silbermann, Andrews et d'autres encore.

Le nombre des *réactions endothermiques* est assez grand; quelques-unes d'entre elles ont été mentionnées à la page 284. Citons encore les suivantes. La formation de H^2O^2 à partir de H^2O est accompagnée d'une absorption de 23,2 cal. gr.; dans la formation de $(CAz)^2$ sont absorbées 64,4 cal. gr. Le mélange de Na (OH) avec SO^4H^2 présente un phénomène intéressant. Si on ajoute à la dissolution de Na (OH) assez d'acide pour que le sel neutre SO^4Na^2

se forme, il se dégage $q = 31,4$ par mol.-gr. d'acide. Si on continue à ajouter de l'acide, il se produit une *absorption* de chaleur qui atteint 3 cal. gr. ; ceci s'explique par le fait que, dans la dissolution, une partie de SO^4Na^2 se change dans le sel acide SO^4NaH. C'est là un des rares cas de réaction endothermique ayant lieu d'elle-même.

La stabilité des corps qui se forment d'une manière exothermique diminue quand la température s'élève, tandis que celle des corps endothermiques augmente. On peut par suite s'attendre à la formation de composés *endothermiques* aux températures élevées. Divers savants ont cru avoir démontré en effet la formation de l'*ozone* à partir de l'oxygène à de hautes températures,

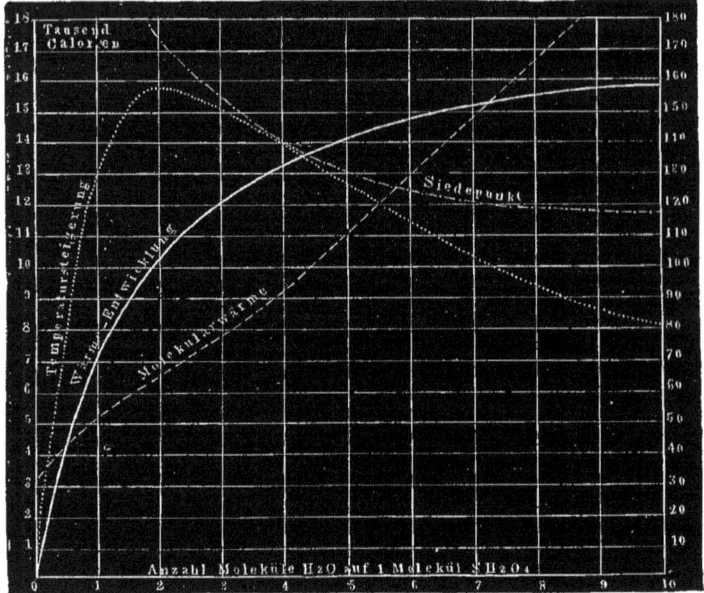

Fig. 105 (¹)

mais des recherches récentes de Clément (1904) ont fait voir que l'ozone se décompose déjà d'une manière extrêmement rapide à 1000° et qu'à des températures plus élevées et en présence de faibles traces d'azote, il se forme du bioxyde d'azote, dont les effets avaient été attribués à tort à l'ozone.

Combustion. — La température de combustion ne peut se calculer d'après la quantité q de chaleur dégagée et la capacité calorifique des produits de la combustion. Ainsi, dans la combustion de l'hydrogène, q est si grand

(¹) Temperatursteigerung = accroissement de température ; Wärme-Entwicklung = dégagement de chaleur ; Molekularwärme = capacité calorifique moléculaire ; Siedepunkt = point d'ébullition ; Anzähl Moleküle H_2O zur 1 Molekul SH_2O_2 = nombre de molécules de H^2O pour 1 molécule de SO^4H^2.

que la vapeur d'eau formée s'échaufferait jusqu'à 6700°; mais la vapeur d'eau se dissocie à une température bien plus basse, et il est clair par suite que la température de combustion doit être beaucoup plus faible. Il résulte des expériences de Bunsen que la température de combustion de l'hydrogène dans O^2 pur est d'environ 1790°. Berkenbusch (1899) a trouvé que le maximum de température de la flamme du bec de Bunsen est de 1820°. Nous avons mentionné dans le chapitre II de nouvelles méthodes optiques pour la mesure de la température des flammes.

La détermination de la chaleur de combustion des composés organiques a conduit à quelques résultats qui présentent un intérêt général. J. Thomsen a trouvé, par exemple, que dans certains cas la chaleur de combustion des hydrocarbures peut être regardée comme une fonction linéaire du nombre d'atomes de carbone, du nombre d'atomes d'hydrogène, du nombre des liaisons simples et de celui des liaisons doubles.

Nous avons vu à la page 237 que les variétés allotropiques de C et de S possèdent des chaleurs de combustion différentes. Il en est de même pour P; le passage du phosphore jaune au phosphore rouge est accompagné d'une absorption de 27,3 cal. gr. et par suite la chaleur de combustion est plus grande pour le premier que pour le second.

Les *métamères*, c'est-à-dire les composés dont les molécules ont une même composition, mais une structure différente, donnent des chaleurs de combustion q différentes; en voici deux exemples :

		q
Acide acétique	$C^2H^4O^2$	3505
Formiate de méthyle		4157
Acide propionique	$C^3H^6O^2$	4670
Acétate de méthyle		5344
Formiate d'éthyle		5279

Les *polymères*, dont les molécules renferment les mêmes quantités relatives de parties constituantes, donnent des *chaleurs de combustion* régulièrement croissantes, comme le montrent les nombres suivants pour la série C^nH^{2n}.

		q	Différences
Ethylène	C^2H^4	333,4	—
Propylène	C^3H^6	492,7	159,4
Isobutylène	C^4H^8	650,6	157,9
Amylène	C^5H^{10}	804,2	153,6
Paramylène	$C^{10}H^{20}$	1 582	156 × 5
Cétène	$C^{16}H^{32}$	2 481	150 × 6
Métamylène	$C^{20}H^{40}$	3 059	145 × 4

La *chaleur de formation* de C^nH^{2n} est $-17,3 + 7,9\,n$, ce qui, pour l'éthylène ($n = 2$), donne un nombre négatif.

Des chaleurs de *combustion* également croissantes d'une manière régulière ont été observées dans beaucoup d'autres séries homologues. Nous donnerons les deux exemples suivants :

Hydrocarbures de la série C^nH^{2n+2}.

		q	Différences
Méthane	CH^4	211,9	—
Ethane	C^2H^6	370,4	158,2
Propane	C^3H^8	529,2	158,8
Triméthylméthane	C^4H^{10}	687,2	158,0
Tétraméthylméthane	C^5H^{12}	847,1	159,9
Hexane	C^6H^{14}	999,2	152,1

La *chaleur de formation* est $14,4 + 7,9\,n$.

Alcools monoatomiques (nombres de Stohmann).

		q	Différences
Alcool méthylique	CH^4O	168,5	—
» éthylique	C^2H^6O	324,6	156,1
» propylique	C^3H^8O	481,1	156,5
» isobutylique	$C^4H^{10}O$	637,6	156,5
» amylique	$C^5H^{12}O$	793,4	155,8
» octylique	$C^8H^{18}O$	1 262,0	156,6 × 3
» cétylique	$C^{16}H^{34}O$	2 510,9	156,1 × 8

Dans les trois séries, les différences sont presque les mêmes : l'addition de CH^2 produit une augmentation de la chaleur de combustion d'environ 158 grandes calories. Comme la chaleur de combustion des éléments dont se compose CH^2 est égale à 165,9, il s'ensuit que la chaleur de formation augmente de 7,9 grandes calories pour chaque CH^2 ajouté.

Lemoult (1904) a essayé d'établir une formule permettant de calculer q pour tout composé de la forme $C^xH^yO^z$, quand la structure du composé est connue.

Loi de Berthelot. Berthelot a énoncé en 1867 une loi, qui a formé longtemps la base de la thermochimie et en général de la mécanique chimique et qui est connue sous le nom de *principe du travail maximum*. D'après cette loi, *tout changement chimique tend vers la production du corps ou du système de corps qui dégage le plus de chaleur*. Berthelot a ajouté dans la suite la condition que *le changement chimique doit être accompli sans l'intervention d'aucune énergie étrangère*.

Horstmann, Rathke, Helmholtz, Boltzmann et d'autres encore ont critiqué le principe de Berthelot au point de vue théorique et au point de vue expérimental. On trouvera une étude de cette intéressante question dans l'ouvrage de Nernst, *Theoretische Chemie*, 1893, pages 536-542. De Forcrand (1904) a montré, dans deux notes intéressantes, que la loi de Berthelot est une simplification d'un principe rigoureux qu'il a appelé *principe du maximum de chaleur transformable*. Mais ce dernier ne peut être d'aucune utilité pratique, parce qu'il est à peu près impossible d'évaluer les termes qu'il faut ajouter à l'expression de la loi de Berthelot pour la rendre exacte et que d'ailleurs ces termes n'interviennent que par leur différence, qui paraît négligeable dans presque tous les cas. Le principe simplifié du travail maximum doit donc toujours être considéré comme le seul fil conducteur que nous possédions actuellement pour prévoir les réactions chimiques.

On trouvera des tableaux des résultats des recherches thermochimiques dans les *Tabellen de* Landolt et Börnstein, dans les mémoires de Berthelot, J. Thomsen, Stohmann, dans les ouvrages de Berthelot, W.-F. Louguinine, Naumann, Ostwald et d'autres encore.

BIBLIOGRAPHIE

1. — Sources de chaleur.

On trouvera une bibliographie relative au *radiomètre* dans Winkelmann, *Handbuch der Physik*, II, 2, pp. 262-264, Breslau, 1896 (renferme 110 indications).

Crookes. — *Proc. R. Soc.*, **22**, pp. 32, 373, 1874 ; **24**, p. 276, 1876 ; **25**, p. 304, 1877 ; **28**, p. 29, 1878 ; *Phil. Trans.*, **164**, p. 501, 1875 ; **165**, p. 519, 1876 ; **166**, p. 326, 1877 ; **170**, p. 87, 1880 ; *Phil. Mag.*, (5), **1**, p. 395, 1876 ; **2**, p. 374, 1876.

Reynolds. — *Phil. Mag.*, (5), **2**, p. 231, 1876 ; *Phil. Trans.*, **166**, p. 725, 1877.

Zöllner. — *Pogg. Ann.*, **160**, pp. 154, 296, 459, 1877.

Donle. — *W. A.*, **68**, p. 306, 1899.

Riecke. — *W. A.*, **3**, p. 142, 1878 ; **69**, p. 119, 1899 ; *Götting. Nachr.*, 1877, p. 500.

Chaleur dégagée par les poudres mouillées.

Pouillet. — *Ann. de chim. et phys.*, **22**, p. 141, 1822.

Jungk. — *Pogg. Ann.*, **125**, p. 292, 1865.

Meissner. — *W. A.*, **29**, p. 114, 1886.

Cantoni. — *Rend. R. Ist. Lombardo*, **8**, p. 135, 1866.

Martini. — *Atti R. Ist. Veneto*, (7), **8**, p. 502, 1897 ; **9**, p. 927, 1898 ; **63**, p. 915, 1904 ; *Nuov. Cim.*, (4), **7**, p. 396, 1898 ; **9**, p. 334, 1899 ; **10**, p. 42, 1899 ; **11** p. 353, 1900 ; *Phil. Mag.*, (5), **44**, p. 205, 1897 ; (6), **5**, p. 595, 1903.

Chappuis. — *W. A.*, **19**, p. 21, 1883.
Wiedemann et Lüdeking. — *W. A.*, **25**, p. 145, 1885.
Gore. — *Phil. Mag.*, (5), **37**, p. 306, 1894.
Ercolini. — *Nuov. Cim.*, (4), **9**, pp. 110, 446, 1899.
Bellati. — *Atti del R. Ist. Veneto*, **59**, II, 1900 ; *Nuov. Cim.*, (4), **12**, p. 296, 1900.
Linebarger. — *Phys. Rev.*, **13**, p. 48, 1901.
Parks. — *Phil. Mag.*, (6), **4**, p. 240, 1902.
Lagergren. — *Bihang. K. Sv. Akad. Handl.*, **24**, II, 1899.
Melsens. — *Ann. chim. et phys.*, (5), **3**, p. 522, 1874.
Tate. — *Phil. Mag.*, (4), **20**, p. 508, 1860.
Bellati et Tenazzi. — *Atti del R. Ist. Veneto*, **61**, p. 503, 1902 ; *Phil. Mag.*, (6), **4**, p. 240, 1902.
Schwalbe. — *Ann. de Phys.*, (4), **16**, p. 32, 1905.

Sels de radium.

Curie et Laborde. — *C. R.*, **136**, p. 673, 1903.

2, 3. — Fondements de la thermochimie et méthodes de recherche.

Iahn. — *Les fondements de la Thermochimie* (en russe), St-Pétersb., 1893.
J. Thomsen. — *Thermochemische Untersuchungen*, Leipzig, 1882-86 (4 parties).
Stohmann. — *Zeitschr. f. phys. Chem.*, **10**, p. 411.
Souboff. — *J. de la Soc. russe phys.-chim.*, **36**, Sect. chim., p. 275, 1904.
Berthelot. — *Traité pratique de calorimétrie chimique*, 2ᵉ éd., Paris, 1905 ; *Thermochimie, Données et Lois numériques*, Paris.
Divers chapitres dans les *Traités de Chimie physique* d'Ostwald, Nernst, etc.
Le Chatelier. — *Leçons sur le carbone*, Paris, 1908.

Tableaux relatifs a la chaleur de combustion et a la chaleur de formation.

Landolt et Börnstein. — *Physik.-chemische Tabellen*, 2ᵉ édition, Berlin, 1894, p. 353 (Chaleur de *combustion* seulement) ; bibliographie, p. 368-370.
W. Louguinine. — *Description des différentes méthodes de détermination des chaleurs de combustion des composés organiques* (en russe), Moscou, 1894 ; traduction allemande, Berlin, 1897 ; les tableaux renferment les *chaleurs de combustion et de formation* et une *notice bibliographique* pour 1000 substances environ.
Annuaire du Bureau des Longitudes pour 1908.
G. Hess. — *Pogg. Ann.*, **56**, pp. 463, 593, 1842.
Müller. — *Erzbach.-Pogg. Ann.*, **139**, p. 287, 1870 ; **149**, p. 33, 1873 ; **154**, p. 196, 1874 ; *W. A.*, **13**, p. 522, 1881.
Richards. — *Zeitschr. f. phys. Chem.*, **40**, pp. 169, 597, 1902 ; *Proc. Amer. Acad.*, **37**, p. 1, 1901.
Jäger et Steinwehr. — *Verh. d. d. phys. Ges.*, **5**, pp. 50, 353, 1903 ; *Zeitschr. f. phys. Chem.*, **53**, p. 153, 1905 ; *Annalen d. Phys.*, (4), **21**, p. 23, 1906.
Alvater et Rosa. — *Phys. Rev.*, **9**, pp. 129, 214, 1899.

Nous nous bornerons à ces indications, qui pourraient être beaucoup plus nombreuses. Les recherches les plus étendues sont dues à Favre et Silbermann, J. Thomsen, Berthelot, W. Louguinine, Stohmann, Matignon. On trouvera aussi des renseignements bibliographiques détaillés dans l'ouvrage de I. Ossipow, *Chaleur de combustion*, etc., Kharkow, 1893 (en russe).

4. — Résultats des recherches thermochimiques.

Woermann. — *Annalen d. Phys.*, (4), **18**, p. 775, 1905.
Pfaundler. — *Wien. Ber.*, **71**, 1875.
J. Thomsen. — *Pogg. Ann.*, **90**, p. 278, 1853.
Berkenbusch. — *W. A.*, **67**, p. 649, 1899.
Tanatar et Pissarjewski. — *J. de la Soc. russe phys.-chim.*, **29**, Sect. chim., p. 185, 1897.
Clément. — *D. A.*, **14**, p. 334, 1904.
Kourpakow. — *Calcul des températures de combustion* (en russe), *Journ. des mines*, novembre 1892 (la bibliographie de la question est indiquée).
Louguinine et Schtschoukarew. — *Arch. sc. phys.*, (4), **15**, p. 49, 1903.
Backer. — *Proc. R. Soc.*, **68**, p. 9, 1901 ; *Chem. News*, **83**, p. 49, 1901.
Lemoult. — *Ann. de chim. et de phys.*, (8), **1**, p. 496, 1904 ; **5**, p. 1, 1905.
De Forcrand. — *C. R.*, **139**, pp. 905, 908, 1904.

CHAPITRE VI

REFROIDISSEMENT DES CORPS

1. Introduction. — Nous avons passé en revue, dans le Chapitre précédent, les diverses sources de chaleur, c'est-à-dire les cas où il y a transformation en énergie calorifique d'autres formes d'énergie, et nous avons particulièrement considéré l'un de ces cas, celui de la transformation en énergie calorifique de l'énergie chimique. Nous devrions de même envisager les circonstances où inversement la chaleur se transforme en d'autres formes d'énergie. Nous ne le ferons pas cependant, en premier lieu parce que ces transformations appartiennent à des Parties de la Physique autres que celle dont nous nous occupons actuellement et seront examinées dans les endroits correspondants de notre ouvrage, et en second lieu parce que la question générale de la dépense d'énergie calorifique dans la production du travail, lequel à son tour peut donner naissance à d'autres formes d'énergie (énergie de mouvement, par exemple), sera, en raison de quelques particularités très importantes, étudiée en détail dans le Chapitre VIII.

Nous consacrerons le présent Chapitre au phénomène du *refroidissement des corps*, qui est *en partie* une transformation de la chaleur en une autre forme d'énergie, l'*énergie rayonnante*, mais en même temps est presque inévitablement lié aux phénomènes de convection et de conduction calorifiques, comme il sera indiqué plus loin.

Soit un corps échauffé d'abord jusqu'à une certaine température T_0 et ensuite abandonné à lui-même dans des conditions déterminées données. Supposons qu'à ces conditions nouvelles corresponde une température plus basse Θ, que le corps prend après un certain intervalle de temps, très long dans la réalité, ou même théoriquement infini. Cette température Θ, vers laquelle tend le corps, peut aussi être appelée température du milieu ambiant. Il est parfois commode de prendre $\Theta = 0$; on n'a alors à considérer que l'*excès* de la température du corps sur la température du milieu ambiant, c'est-à-dire une grandeur qui tend vers zéro avec le temps. Le corps qui se refroidit peut être entouré d'un liquide ou d'un gaz ; nous envisagerons exclusivement le second cas.

Un corps qui se refroidit et qui est entouré d'un gaz perd de la chaleur pour *quatre* raisons :

1° Le corps perd de la chaleur par suite de la *transformation* de cette dernière en *énergie rayonnante* ; plus exactement, le corps perd plus de chaleur par son rayonnement qu'il n'en reçoit de l'énergie rayonnante émise par l'ensemble des corps environnants et absorbée par sa surface.

2° Il y a perte de chaleur sous l'influence de la *pesanteur*, qui agit sur le gaz entourant le corps et produit des courants ascendants de gaz échauffé au contact de la surface du corps. Ce gaz est continuellement remplacé par du gaz froid qui afflue latéralement et d'en bas. Il se forme ainsi un courant de gaz, qui emporte la chaleur de la surface du corps vers d'autres corps environnants. Ce mode de transport de la chaleur par un milieu mobile s'appelle *convection*.

3° Le gaz qui entoure un corps possède une conductibilité calorifique, et par suite une partie de la chaleur se dissipe à travers ce gaz sans transformation en une autre forme d'énergie. Nous verrons, dans le chapitre suivant, que *la conductibilité calorifique d'un gaz donné est indépendante de sa densité*, c'est-à-dire qu'elle reste la même jusqu'à un très haut degré de raréfaction du gaz. Bien que la conductibilité calorifique des gaz soit relativement faible, elle joue cependant un rôle important dans le phénomène du refroidissement.

4° Il est impossible de disposer librement un corps dans un milieu gazeux et par suite il se produit toujours une certaine perte de chaleur par conductibilité des corps qui maintiennent, dans sa position, le corps qui se refroidit.

Nous laisserons complètement de côté la dernière des causes précédentes de perte de chaleur. Il faut effectuer les expériences de refroidissement, de façon que cette perte soit la plus petite possible.

On peut diminuer la *convection*, en plaçant le corps qui se refroidit dans un espace fermé, dont le gaz est raréfié le plus possible. *Mais, en dehors du rayonnement, la conductibilité calorifique du gaz environnant joue toujours un rôle dans le phénomène du refroidissement.* En outre, dans le refroidissement d'un corps dans un gaz raréfié, la convection existe encore. Il est clair, par ce qui précède, que le refroidissement d'un corps est en général un phénomène extrêmement complexe ; il n'y a donc pas lieu de s'étonner que les lois de ce phénomène soient encore loin d'être établies : il dépend d'un trop grand nombre de facteurs différents, dont il est très difficile de déterminer l'influence particulière. Les phénomènes de convection se présentent comme particulièrement compliqués : ils dépendent de la nature et de l'état du gaz environnant, de la forme du corps, de la forme de l'enveloppe renfermant le gaz (quand il en existe une) et de la position du corps dans cette enveloppe. Les phénomènes sont encore plus complexes, quand le gaz environnant est lui-même en mouvement, comme par exemple dans le cas du refroidissement du corps à l'air libre. Une autre complication, dans le phénomène du refroidissement, résulte de la *conductibilité calorifique intérieure* du corps qui se refroidit. La chaleur qui afflue de l'intérieur du corps est cédée à l'extérieur par sa surface ; les parties intérieures du corps doivent par suite posséder une température plus élevée que les couches extérieures, de sorte qu'à vrai dire on ne peut parler de la température d'un corps qui se refroidit. Nous reviendrons sur cette question dans le prochain Chapitre ; nous partirons ici de l'hypothèse que le corps est si petit ou conduit si bien la chaleur qu'on peut à tout instant négliger la différence entre les températures des différents points du corps et admettre pour tout le corps une même température d'ailleurs constamment variable.

Nous ne considérerons, dans ce Chapitre, que le phénomène du refroidissement simple, qui n'est ni interrompu, ni accompagné par des phénomènes secondaires, de caractère chimique par exemple. Quand notamment du fer renfermant du carbone se refroidit, on remarque à certaines températures un arrêt dans le refroidissement et même un relèvement momentané de la température. Ce phénomène de *recalescence* a des causes chimiques et sort du cadre de notre livre.

Il résulte de ces remarques qu'*il faut distinguer les lois du rayonnement des lois du refroidissement* ; celui-ci dépend non seulement du rayonnement, mais aussi de la conductibilité des gaz, et ordinairement encore de la convection. Certaines observations mettent surtout en évidence les lois du rayonnement : elles sont faites avec les piles thermoélectriques ou le bolomètre installés à côté du corps ; la température de ce dernier, qui est connue, peut être changée à volonté ou maintenue constante pendant un temps suffisant pour l'observation. Seule l'observation directe de la température d'un corps qui se refroidit peut conduire aux lois du refroidissement. Quelques physiciens ont cherché à trouver des lois théoriques ou empiriques du refroidissement, dans lesquelles sont exprimées séparément la perte de chaleur due au rayonnement et celle due au gaz environnant.

2. Loi de Newton. — La quantité Q de chaleur perdue par la surface S d'un corps dans le temps τ s'exprime d'une manière générale par la formule

$$Q = \eta S \tau, \tag{1}$$

où le coefficient η est la quantité de chaleur perdue par unité d'aire dans l'unité de temps. La loi de Newton exprime que η est proportionnel à la différence des températures T du corps et θ du milieu ambiant :

(2) $$\eta = h(T - \theta),$$

h étant un nombre constant. D'après cette loi,

(3) $$Q = h(T - \theta)S\tau.$$

Nous appellerons la grandeur h *coefficient de conductibilité calorifique extérieure*; cette grandeur est mesurée par la quantité de chaleur perdue par l'unité d'aire dans l'unité de temps, quand, dans ce laps de temps, la différence des températures $T - \theta$ reste égale à $1°$. On peut aussi dire que la grandeur h est le pouvoir rayonnant de la surface, lorsque le refroidissement s'opère dans un espace vide d'air. La loi de Newton doit être regardée comme une *loi empirique du refroidissement*, h étant fonction, dans le cas le plus général, des quatre parties (page 302) dans lesquelles on peut décomposer la chaleur perdue par le corps. L'application pratique de cette loi est limitée au cas où la différence $T - \theta$ ne dépasse pas $5°$, et dans aucune circonstance h ne doit être considéré comme une grandeur indépendante des valeurs absolues des températures T et θ ; elle augmente d'environ 1 % pour un accroissement de $1°$ de chacune de ces deux températures.

Établissons maintenant la loi de *décroissance des températures*, en admettant l'exactitude de la loi de Newton. La quantité de chaleur ΔQ, perdue par un corps dans un intervalle élémentaire de temps $\Delta\tau$, est approximativement

(4) $$\Delta Q = h(T - \theta)S\Delta\tau.$$

Comptons le temps τ à partir du commencement du refroidissement, alors que la température du corps était T_0. La grandeur ΔQ est aussi donnée par l'égalité $\Delta Q = - c\Delta T$, où c désigne la capacité calorifique du corps qui se refroidit et $- \Delta T$ l'abaissement de température dans le temps $\Delta\tau$. L'expression (4) de ΔQ est d'autant plus approchée que l'élément de temps $\Delta\tau$ est plus petit, la différence $T - \theta$, qui en réalité est constamment variable, pouvant être alors supposée constante. L'égalité $h(T - \theta)S\Delta\tau = - c\Delta T$, qui donne

$$\frac{\Delta T}{\Delta\tau} = - \frac{hS}{c}(T - \theta),$$

est donc d'autant plus approchée que $\Delta\tau$ est plus petit. A la limite, nous obtenons l'expression exacte $\frac{dT}{d\tau} = - \frac{hS}{c}(T - \theta)$, qui peut aussi s'écrire $\frac{dT}{T - \theta} = - \frac{hS}{c}d\tau$; on a par suite

$$\int_{T_0}^{T} \frac{dT}{T - \theta} = - \frac{hS}{c}\int_0^{\tau} d\tau,$$

$\tau = 0$ correspondant à $T = T_0$; en effectuant l'intégration, il vient

$$\log \frac{T - \theta}{T_0 - \theta} = -\frac{hS}{c}\tau, \qquad \text{d'où} \qquad \frac{T - \theta}{T_0 - \theta} = e^{-\frac{hS}{c}\tau},$$

et enfin

$$T = \theta + (T_0 - \theta)e^{-\frac{hS}{c}\tau}. \tag{5}$$

Pour $\tau = 0$, on a $T = T_0$; pour $\tau = \infty$, on obtient $T = \theta$, c'est-à-dire que la température du corps se rapproche asymptotiquement de la température θ de l'espace environnant. Si on pose $\theta = 0$, c'est-à-dire si on ne considère que les *excès* T et T_0 de la température du corps sur celle du milieu environnant, on obtient, au lieu de (5),

$$T = T_0 e^{-\frac{hS}{c}\tau}. \tag{6}$$

Remarquons que la formule (5) exprime aussi la loi d'*échauffement* du corps, quand celui-ci ayant une température initiale T_0 est placé dans un milieu à température plus élevée θ ; dans ce cas, il faut écrire (5) sous la forme

$$T = \theta - (\theta - T_0)e^{-\frac{hS}{c}\tau}. \tag{7}$$

Quand il s'agit de valeurs numériques de la grandeur h, on exprime ordinairement Q en petites calories, S en centimètres carrés et le temps τ en *minutes* ; h est alors mesuré par le nombre de petites calories perdues par centimètre carré de surface dans une minute. L'observation de la température du corps qui se refroidit permet de calculer h à l'aide de la formule

$$h = \frac{c}{S\tau} \log \frac{T_0}{T} \tag{8}$$

que l'on déduit facilement de (6).

3. Loi de Dulong et Petit. — Avant d'exposer les expériences classiques de Dulong et Petit sur le refroidissement des corps, nous introduirons la notion de la vitesse V de refroidissement. La température T d'un corps qui se refroidit est une fonction du temps τ, de sorte qu'on peut poser en général $T = f(\tau)$. La grandeur

$$V = -f'(\tau) = -\frac{dT}{d\tau} \tag{9}$$

s'appelle la *vitesse de refroidissement*. La quantité de chaleur ΔQ perdue dans le temps $\Delta\tau$ est $\Delta Q = \eta S \Delta\tau$, voir (1), page 303, η représentant la grandeur pour laquelle la loi de Newton admet la forme simple (2), page 304. La grandeur η renferme T et par suite varie dans l'intervalle de temps $\Delta\tau$; aussi la dernière formule, dans laquelle η est considéré comme indépendant de τ, est d'autant plus approchée que $\Delta\tau$ est plus petit. A la limite, nous avons l'expression exacte

$$\frac{dQ}{d\tau} = \eta S. \tag{10}$$

La grandeur $dQ : d\tau$ est appelée le *flux calorifique* émis par le corps. D'autre part, on a évidemment

$$dQ = -cdT, \tag{11}$$

c désignant la capacité calorifique du corps ; on en déduit $-cdT = \eta S d\tau$, c'est-à-dire

$$V = -\frac{dT}{d\tau} = \frac{\eta S}{c}. \tag{12}$$

Cette dernière formule donne

$$\eta = \frac{c}{S} V = \frac{c}{S}\frac{dT}{d\tau}. \tag{13}$$

La grandeur η est proportionnelle à la vitesse V de refroidissement. Nous obtenons pour dQ l'expression, voir (10),

$$dQ = cVd\tau, \tag{14}$$

et enfin le flux calorifique et la vitesse de refroidissement sont évidemment liés par la relation

$$\frac{dQ}{d\tau} = cV. \tag{15}$$

La formule (13) montre que *pour étudier la loi du refroidissement des corps, il suffit de déterminer expérimentalement la vitesse de refroidissement* $V = dT : d\tau$. C'est ainsi qu'ont procédé Dulong et Petit. L'appareil dont ils se sont servis est représenté par la figure 106. Dans un grand vase rempli d'eau se trouve un ballon en cuivre à paroi épaisse B noircie intérieurement, dont le rayon est d'environ 15 centimètres ; ce ballon est muni d'un col cylindrique, sur lequel est posé le cylindre en verre t, réuni avec une pompe à air au moyen du tube r. A l'intérieur du ballon B est introduit le réservoir T d'un gros thermomètre fortement échauffé au préalable et qui marque, comme tout thermomètre, sa propre température. Ce réservoir représente le corps dont on observe le refroidissement. Une fois le thermomètre introduit et recouvert avec le cylindre t, et après avoir raréfié l'air jusqu'à une pression de 2 à 3 millimètres, Dulong et Petit ont observé la température de l'ampoule du thermomètre qui se refroidit. Ils croyaient que l'influence du résidu d'air était négligeable et que le refroidissement observé était dû uniquement au rayonnement. Mais il n'en est pas en réalité ainsi, la conductibilité calo-

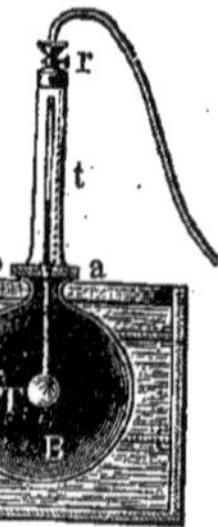

Fig. 106

rifique d'un gaz étant indépendante de sa densité ; nous verrons plus loin quelle est l'importance de l'influence refroidissante du gaz resté dans le ballon B dans l'expérience actuelle. Après avoir étudié le refroidissement dans le *vide*, Dulong et Petit ont fait des séries d'observations, en remplissant le ballon B avec différents gaz et en faisant varier la pression et la température de ces derniers dans de larges limites. Ils espéraient séparer complètement de cette manière l'action du rayonnement de celle du gaz environnant. La température T du corps qui se refroidit et la température θ de l'enveloppe, qui est égale à celle de l'eau dans le grand vase, étaient observées directement (toutes les minutes). Désignons par t *l'excès de température*, de sorte que

$$t = T - \theta. \tag{16}$$

Pour déterminer la vitesse V relative à différentes valeurs de θ et de t, Dulong et Petit ont opéré de la manière suivante. La formule (6) relative à l'excès peut s'écrire

$$t = t_0 e^{-\alpha\tau}.$$

Un grand excès observé t ne s'exprime pas toutefois par une telle fonction du temps τ, la loi de Newton n'étant pas applicable à de grandes valeurs de t. Dulong et Petit ont par suite adopté la formule purement empirique

$$t = t_0 A^{-(\alpha\tau + \beta\tau^2)} \tag{17}$$

et ont déterminé, pour chaque expérience particulière, à l'aide des observations, les valeurs des trois constantes A, α et β. La formule (17) donne

$$V = -\frac{dt}{d\tau} = (\alpha + 2\beta\tau)\, t_0 \log A\,; \tag{18}$$

A, α et β étant connus, la vitesse V peut se calculer au moyen de cette formule.

Dulong et Petit ont tout d'abord étudié l'influence de la masse M et de la surface S du corps qui se refroidit. Ils ont déterminé, pour trois ampoules de thermomètre dont les diamètres étaient 2, 4 et 7 centimètres, les vitesses de refroidissement V_1, V_2 et V_3 dans *l'air non raréfié*, pour un excès t variant depuis $t = 20°$ jusqu'à $t = 100°$. Le rapport $V_1 : V_2$ a été trouvé égal à 2,11 pour toutes les valeurs de t, mais le rapport $V_1 : V_3$ égal à 3,80. La loi de variation de V en fonction de t était donc la même pour les trois ampoules, c'est-à-dire indépendante de M et de S. Ils ont comparé de même les vitesses V de refroidissement pour des réservoirs de thermomètre de forme différente, remplis avec divers liquides. Ils ont encore constaté ici que le rapport des vitesses, pour un même excès t, est indépendant de cet excès. Par exemple, la vitesse V_1 de refroidissement d'une ampoule remplie d'eau n'était, pour toutes les valeurs de t, que 0,454 de la vitesse V_2 relative à une ampoule remplie de mercure. Mais, lorsque Dulong et Petit ont comparé la vitesse de refroidissement d'un réservoir en verre à surface polie et nue avec celle d'une ampoule en verre argenté, ils ont constaté que le rapport des vitesses de refroidissement n'était pas le même pour les différentes valeurs de t.

Il résulte de tout ce qui vient d'être dit que la vitesse V de refroidissement d'un corps entouré de gaz peut être représentée de la manière suivante :

$$V = m\left[f(e, t, \theta) + \varphi(e, k, p, t, \theta)\right]; \tag{19}$$

m dépend de la masse M et de la surface S du corps qui se refroidit et en outre de sa forme et de sa composition ; e est une grandeur qui caractérise la nature de la surface (verre, argent, etc.) : k dépend de la nature du gaz, p désigne la pression de ce gaz. Le premier terme entre les parenthèses doit théoriquement correspondre à la vitesse de refroidissement dans le vide, le second est l'accroissement de vitesse dû à la présence du gaz. Mais en réalité, le premier terme déterminé par Dulong et Petit correspond à la vitesse de refroidissement dans un gaz dont la tension n'atteint, il est vrai, que 2 à 3 millimètres, mais dont la conductibilité est la même que celle d'un gaz non raréfié.

Occupons-nous maintenant des expériences de Dulong et Petit, qui ont été effectuées dans de l'air très raréfié, dans le *vide* selon leur expression. Le tableau suivant donne les résultats obtenus dans la détermination des vitesses de refroidissement pour différents excès de température $t = T - \theta$ et différentes températures θ.

Excès $t = T - \theta$	$\theta = 0^\circ$ V	$\frac{V_1}{V}$	$\theta = 20^\circ$ V_1	$\frac{V_2}{V_1}$	$\theta = 40^\circ$ V_2	$\frac{V_3}{V_2}$	$\theta = 60^\circ$ V_3
240°	10,69	1,16	12,40	1,16	14,35	—	—
220	8,81	1,18	10,41	1,15	11,98	—	—
200	7,40	1,16	8,58	1,16	10,01	1,15	11,64
180	6,10	1,15	7,04	1,16	8,20	1,16	9,55
160	4,89	1,16	5,67	1,17	6,61	1,16	7,68
140	3,88	1,17	4,57	1,16	5,32	1,15	6,14
120	3,02	1,17	3,56	1,17	4,15	1,17	4,84
100	2,30	1,18	2,74	1,15	3,16	1,16	3,68
80	1,74	1,15	1,99	1,16	2,30	1,18	2,73
10	—	—	1,40	1,16	1,62	1,16	1,88

Ce tableau montre que, pour toutes les valeurs de t, la vitesse de refroidissement croît de 1,16, quand la température θ et par suite aussi la température T augmentent de 20°. La vitesse V croît donc en progression géométrique, quand θ croît en progression arithmétique, et, dans l'expression $f(e, t, \theta)$, entre par conséquent un facteur de la forme a^θ. En outre V dépend de t et par suite V dans le vide s'exprime par une formule telle que la suivante :

$$V = \psi(t) a^\theta. \tag{20}$$

Comme V devient 1,16 fois plus grand, quand θ augmente de 20°, on a $a^{20} = 1,16$, d'où

$$a = \sqrt[20]{1,16} = 1,0077. \tag{21}$$

La forme de la fonction $\psi(t)$ a été déterminée théoriquement par Dulong et Petit au moyen des considérations suivantes. La vitesse V de refroidissement d'un corps est la différence entre la vitesse V_1, avec laquelle l'énergie calorifique du corps se transmet à l'éther environnant, et la vitesse V_2, avec laquelle croît l'énergie calorifique du corps par l'effet du rayonnement de l'enveloppe qui l'entoure. La vitesse V_1 est une fonction de $T = t + \theta$, la vitesse V_2 une fonction de θ ; ces deux fonctions doivent être de même forme, c'est-à-dire qu'on peut poser

$$V = F(t + \theta) - F(\theta); \tag{22}$$

on a $V = 0$, pour toutes les valeurs de θ, quand $t = 0$. Si on compare cette expression à (20), on obtient $F(t + \theta) - F(\theta) = \psi(t)a^\theta$. Pour $\theta = 0$, on a $F(t) - F(0) = \psi(t)$. En retranchant cette égalité de la précédente, il vient

$$F(t + \theta) - F(t) - F(\theta) + F(0) = \psi(t)(a^\theta - 1).$$

En échangeant θ et t, on a

$$F(\theta + t) - F(\theta) - F(t) + F(0) = \psi(\theta)(a^t - 1).$$

Les membres de gauche de ces deux dernières égalités sont identiques ; par suite

$$\psi(t)(a^\theta - 1) = \psi(\theta)(a^t - 1)$$

ou

$$\frac{\psi(t)}{a^t - 1} = \frac{\psi(\theta)}{a^\theta - 1}.$$

Comme les grandeurs θ et t sont entièrement arbitraires, il est clair que cette fraction possède la même valeur pour toutes les valeurs de la variable t, c'est-à-dire que l'on a $\frac{\psi(t)}{a^t - 1} = A$, où A est une constante. On a donc $\psi(t) = A(a^t - 1)$ et par suite, voir (20),

$$V = Aa^\theta(a^t - 1) = A(a^T - a^\theta), \tag{23}$$

A dépendant de la forme, de la masse et de la composition du corps qui se refroidit, ainsi que de la grandeur et de la nature (grandeur c) de sa surface. La formule (23) exprime ce qu'on appelle la loi de Dulong et Petit.

Considérons maintenant les expériences de refroidissement dans un espace rempli de gaz. Dans ce cas, la vitesse V de refroidissement se compose de deux parties :

$$V = V_1 + V_2, \tag{24}$$

dont la première est la vitesse V_1 trouvée plus haut, c'est-à-dire

$$(25) \qquad V_1 = Aa^\theta (a^t - 1) = A(a^T - a^\theta),$$

et dont la seconde a été exprimée symboliquement de la manière suivante par la formule (19) :

$$(26) \qquad V_2 = m\varphi(e, k, p, t, \theta).$$

Pour déterminer la grandeur V_2, Dulong et Petit ont observé la vitesse V de refroidissement dans le gaz, dans les mêmes conditions que la vitesse V_1 dans le *vide*, c'est-à-dire avec les mêmes valeurs de A et de θ ; en retranchant V_1 de V, ils ont obtenu la vitesse V_2.

Les observations sur une sphère de verre nue et sur une sphère argentée leur ont donné les mêmes valeurs pour V_2 ; la vitesse V_2 est donc indépendante de e ; autrement dit, l'action refroidissante du gaz est indépendante de la nature de la surface du corps. Si les expériences préliminaires ont montré que V dépend de e, cela tient à ce que V_1 dépend de e et à ce que le facteur A change en même temps que le pouvoir rayonnant de la surface du corps.

D'autres expériences ont montré que la vitesse V_2, pour un excès donné t, est indépendante de θ, ainsi que le montre le tableau suivant des valeurs de cette vitesse :

t	$\theta = 20°$	$\theta = 40°$	$\theta = 60°$	$\theta = 80°$
200°	5,48	5,46	—	—
160	4,17	4,16	4,20	4,13
120	2,90	2,90	2,94	2,88
80	1,77	1,73	1,71	1,78
60	1,23	1,19	1,18	1,20

Au lieu de la formule (26), nous pouvons maintenant écrire

$$(27) \qquad V_2 = m\varphi(k, p, t).$$

Dulong et Petit ont déterminé en outre la vitesse V_2 pour différentes pressions p du gaz. Ils ont constaté que, pour tous les excès t, la vitesse V_2 devient 1,36 fois plus grande, quand la pression p devient double et que le gaz environnant est de l'air. Si p se change en $p' = 2^n p$, V_2 devient $V_2' = (1,36)^n V_2$; ceci donne

$$\log \frac{p'}{p} = n \log 2, \qquad \log \frac{V_2'}{V_2} = n \log 1,36,$$

ou

$$\log \frac{V_2'}{V_2} = \frac{\log 1,36}{\log 2} \log \frac{p'}{p} = 0,45 \log \frac{p'}{p} = \log \left(\frac{p'}{p}\right)^{0,45}.$$

On en déduit que $\frac{V_2'}{V_2} = \left(\frac{p'}{p}\right)^{0,45}$, c'est-à-dire que les vitesses de refroidissement sont proportionnelles à la puissance 0,45 de la pression de l'air. On a donc en général

$$V_2 = m\psi(k, t)p^c, \tag{28}$$

c étant d'ailleurs indépendant de k, c'est-à-dire de la nature du gaz ; DULONG et PETIT ont trouvé en effet les valeurs suivantes de l'exposant c :

	c		c
Air.	0,45	Acide carbonique . . .	0,517
Hydrogène	0,38	Ethylène.	0,501

Enfin DULONG et PETIT ont encore étudié l'influence de l'excès $t = T - \theta$ sur la vitesse V_2. Ils ont trouvé que la vitesse V_2 devient 2,35 fois plus grande, quand t est doublé. Comme dans le cas précédent, nous en concluons que V_2 est proportionnel à la n^e puissance de l'excès t, n étant $\frac{\log 2,35}{\log 2} = 1,232$. Cet exposant a été trouvé indépendant de la nature du gaz. Nous avons par conséquent

$$V_2 = Bp^c t^{1,232}, \tag{29}$$

où B et c dépendent de la nature du gaz et en outre B de la masse, de la forme et de la composition du corps qui se refroidit. Si on porte (25) et (29) dans (24), on a finalement

$$V = Aa^\theta (a^t - 1) + Bp^c t^{1,232}, \tag{30}$$

où $a = 1,0077$; nous venons d'indiquer les diverses circonstances qui influent sur les grandeurs B et c ; le coefficient A ne dépend pas de la nature du gaz, mais par contre il dépend de la nature de la surface du corps qui se refroidit.

La quantité de chaleur Q perdue par un corps dans l'unité de temps est $Q = cV$, c désignant la capacité calorifique du corps et V étant considéré comme constant dans l'unité de temps ; la quantité q de chaleur perdue *dans le vide* par unité d'aire dans l'unité de temps est

$$q = \frac{Q}{S} = \frac{cV}{S} = \frac{Ac}{S}(a^T - a^\theta) = m(a^T - a^\theta), \tag{31}$$

où $T = \theta + t$ désigne comme précédemment la température du corps. POUILLET a trouvé, pour une surface recouverte de noir de fumée, $m = 1,146$. FERREL a trouvé par le calcul $m = 1,085$, en se basant sur les expériences de NICHOL. Nous verrons plus loin que ces nombres sont trop grands.

Les expériences de DULONG et PETIT ont donné lieu à de nombreuses études critiques, desquelles il résulte d'une manière non douteuse que la formule (30) n'exprime pas une loi naturelle et qu'on ne peut lui donner que la signification d'une formule empirique. DE LA PROVOSTAYE et DESAINS ont les premiers reproduit les expériences de Dulong et Petit; ils ont étudié le refroidissement de différents réservoirs de thermomètre. en verres argentés, dorés, noircis et nus. Ils ont changé en outre la forme du vase à l'intérieur duquel se produisait le refroidissement. Ils ont trouvé que le facteur A, qui est effectivement constant pour du verre nu, dépend de la température pour du verre recouvert. Ils ont obtenu, par exemple, pour un réservoir argenté A = 0,00870 à 150° et A = 0,01090 à 63°. Le facteur B n'est pas tout à fait le même pour des surfaces différentes. La découverte faite par eux que l'action refroidissante du gaz cesse d'être proportionnelle à p^c sous de faibles pressions p, présente une importance particulière. Il existe deux pressions p_1 et p_2 entre lesquelles cette action est constante, c'est-à-dire indépendante de p; les grandeurs p_1 et p_2 changent avec la forme et les dimensions de l'espace dans lequel a lieu le refroidissement.

Hopkins, Soret, Wilhelmy, Draper, Mac Ferlane, Ericson, Langley, Violle, Graetz, Narr, Jamin et Richard, Rivière, Stefan d'une manière particulière et Compan récemment ont cherché jusqu'à quel point la formule de Dulong et Petit est applicable et en ont fait la critique. Quelques-uns de ces physiciens ont étudié la formule de Dulong et Petit en tant que loi de refroidissement, et d'autres n'ont envisagé que la première partie de la formule, en la considérant comme l'expression d'une certaine loi de rayonnement.

Draper, par exemple, a mesuré le rayonnement d'un fil métallique échauffé par un courant électrique et il a ainsi trouvé que les rayonnements à 800°, 1 200° et 1 600° sont entre eux comme 1 : 5 : 16, tandis que la loi de Dulong et Petit donne les rapports 1 : 21,5 : 462,2. L'étude critique la plus importante des expériences de Dulong et Petit est due à Stefan, qui a attiré l'attention sur l'effet de la conductibilité du gaz subsistant à l'intérieur du vase, dans les expériences qui sont dites effectuées dans le vide. Stefan a calculé quelle fraction de la grandeur V, observée dans le *vide* de Dulong et Petit, était due à la conductibilité du gaz restant dans le vase; il s'est servi à cet effet d'une formule, qui sera établie dans le chapitre suivant. Les résultats de ses calculs, pour deux séries d'observations de Dulong et Petit, sont indiqués dans le tableau suivant; ces observations se rapportent au verre et à l'argent pour $\theta = 20°$; les nombres de la seconde colonne sont donc identiques à ceux de la quatrième colonne du tableau donné à la page 308. Les nombres de la troisième colonne sont relatifs à un réservoir argenté. La quatrième colonne renferme les vitesses de refroidissement dues à la conductibilité calorifique du gaz et qui sont évidemment les mêmes pour les deux surfaces considérées. Dans les deux dernières colonnes sont inscrites les vitesses de refroidissement corrigées, qui correspondraient au vide réel.

On a pour $\theta = 20°$:

Excès de température t	V observé par Dulong et Petit		Correction	V dans le vide réel	
	Verre	Argent		Verre	Argent
240°	12,40	2,18	0,99	11,41	1,19
200	8,58	1,53	0,79	7,79	0,74
160	5,67	1,02	0,61	5,06	0,41
120	3,56	0,62	0,44	3,12	0,18
100	2,74	0,47	0,36	2,38	0,11
80	1,99	0,34	0,28	1,71	0,06
60	1,40	0,24	0,20	1,20	0,04

Pour le verre, la correction atteint 16 %; pour l'argent, elle oscille entre 45 % et 84 %, c'est-à-dire que *la plus grande partie du refroidissement observé est due à la conductibilité calorifique du gaz resté dans le vase*. Nous n'entrerons pas ici dans plus de détails au sujet de l'étude critique des expériences de Dulong et Petit faite par Stefan. Les expériences de Crookes (voir plus loin ce qui est relatif à la conductibilité calorifique des gaz) montrent encore plus nettement l'influence exercée même par des traces de gaz entourant le corps qui se refroidit.

La plupart des auteurs mentionnés à la page 312 se sont prononcés contre la possibilité d'employer la formule de Dulong et Petit et de regarder son premier terme comme exprimant une loi de rayonnement. D'après Graetz, cette formule doit être regardée comme inapplicable même aux basses températures. Violle a étudié avec grand soin le rayonnement du platine aux températures de fusion de l'argent, de l'or, du palladium et du platine préalablement déterminées d'une manière précise. Il a trouvé ainsi que l'intensité de la lumière rouge émise par le platine incandescent croît avec la température moins rapidement que ne le veut la loi de Dulong et Petit, l'écart s'accentuant à mesure que la température s'élève, de telle sorte qu'au delà d'un certain degré l'intensité ne croîtrait plus que très lentement. Il a étendu ses mesures aux diverses radiations, en faisant usage d'un spectrophotomètre et en prenant comme terme de comparaison la lumière de la Carcel ; il a ainsi obtenu

Températures	Rayonnement du platine, longueur d'onde			
	$0^{\mu},656$	$0^{\mu},589$	$0^{\mu},535$	$0^{\mu},482$
775°	0,0030	0,0006	0,0003	»
954	0,0154	0,0111	0,0072	»
1045	0,0505	0,0402	0,0265	0,0162
1500	2,371	2,417	2,198	1,894
1775	7,829	8,932	9,759	12,16

Ce tableau montre nettement l'apparition progressive des vibrations à courte longueur d'onde et leur proportion croissante. Il se traduit par la formule

$$I = AT e^{\alpha T - \beta T^2},$$

A et α dépendant de la longueur d'onde considérée. On en déduit, pour chaque radiation, un maximum à une température d'autant plus élevée que la longueur d'onde est plus courte. L'existence d'un tel maximum n'est pas incompatible avec un accroissement continu de l'énergie totale ; mais il porte à penser que l'énergie totale elle-même ne croît pas au delà de toute limite avec la température.

Au cours de ces recherches, Violle a établi que le rapport de l'énergie de la partie lumineuse à l'énergie totale du rayonnement du platine fondant est supérieur à $\frac{1}{5}$, les radiations les plus réfrangibles ayant pris à 1775° une valeur relative qu'elles étaient loin d'avoir quelques centaines de degrés plus bas. Il a déterminé aussi le rapport des énergies totales des rayonnements respectivement émis par le platine et par l'argent, pris chacun à leur point de fusion, soit 54, tandis que le rapport des énergies lumineuses de ces mêmes sources (autant qu'on peut le définir par un seul nombre) est supérieur à 1000.

Compan (1902) a effectué récemment des recherches très détaillées. Une sphère de cuivre de 2 centimètres de diamètre est suspendue aux fils d'un couple thermoélectrique placé à l'intérieur de cette sphère, laquelle se trouve elle-même au centre d'un vase sphérique en verre de $8^{cm},3$ ou 16 centimètres de diamètre, ou bien en métal et alors de $14^{cm},5$ de diamètre. Ce vase est plongé dans un bain réfrigérant de glace fondante, de neige d'acide carbonique ou d'air liquide. L'échauffement est produit par concentration sur la surface de la sphère métallique des rayons d'un arc électrique. Compan a trouvé que la formule (30) de Dulong et Petit exprime entre de larges limites la loi du refroidissement, lorsqu'on pose $c = 0,45$ et $b = 1,232$, que l'observation a lieu dans un grand vase en verre, et qu'on fait varier la pression entre 759 millimètres et 15 millimètres ; la différence de température entre la sphère et l'enveloppe peut varier de 0° à 280°. Si la pression est inférieure à 15 millimètres, b et c sont plus grands. Dans la plus petite enveloppe en verre, on a $b = 1,154$ et $c = 0,30$, et dans le vase métallique, $b = 1,232$ et $c = 0,45$. La formule de Dulong et Petit est applicable de 0° à 200°, pour une raréfaction extrême.

4. Formules de Stefan, Lorenz, Rosetti, Violle, Téreschine, etc. Refroidissement des corps solides dans les liquides. — Nous avons déjà indiqué, dans le Tome II, diverses formules exprimant la *loi du rayonnement*. Ces formules représentent aussi la loi du refroidissement des corps *dans le vide*. Nous examinerons plus complètement ici les formules qui se rapportent particulièrement au *refroidissement* des corps ; T et θ y désignent les températures absolues du corps et de l'enveloppe.

La formule de STEFAN, qui donne la quantité de chaleur q émise par unité d'aire dans l'unité de temps, est

$$q = \sigma (T^4 - \theta^4), \tag{32}$$

T désignant, comme dans (31), la température absolue du corps, θ celle de l'espace environnant ou plus exactement de l'enveloppe environnante. Nous voyons que, d'après STEFAN, q est proportionnel à la différence des quatrièmes puissances des températures absolues du corps et de l'enveloppe. Si θ est petit comparativement à T, on peut encore poser

$$q = \sigma T^4. \tag{32,a}$$

BOLTZMANN, GALITZINE, GRAETZ, SCHNEEBELI, SCHLEIERMACHER, BOTTOMLEY, FERREL, RIVIÈRE et d'autres encore se sont occupés des applications de la formule de STEFAN ; nous mentionnerons aussi le travail plutôt théorique de CHRISTIANSEN. LUMMER et PRINGSHEIM (1897) ont montré que la formule de STEFAN exprime avec une exactitude complète la loi du rayonnement (refroidissement dans le vide) pour un *corps absolument noir* (voir Tome II).

Nous nous bornerons à citer les formules suivantes :

FERREL	$q = \sigma (T^n - \theta^n)$; n oscillant entre 3, 6 et 4, 2.
ROSETTI	$q = aT^2 (T - \theta) - b (T - \theta)$.
VIOLLE	$q = AT b^{T^2} a^T$.
H. F. WEBER	$q = A (a^{a T} T - e^{a\theta} \theta)$, voir Tome II.
EDLER	$q = A (T - \theta) e^{\alpha (T - \theta)}$.

S. I. TÉRESCHINE a proposé les deux formules :

$$q = Ae^{aT} (T^4 - \theta^4),$$
$$q = Be^{aT^2} (T^4 - \theta^4).$$

Toutes ces formules sont relatives au refroidissement *dans le vide*; elles expriment, comme nous l'avons dit, la *loi du rayonnement*. Des formules, exprimant la *loi de refroidissement* et analogues à la formule (30) de DULONG et PETIT, ont été proposées par WILHELMY, OBERBECK, LORENZ et TÉRESCHINE. La formule de WILHELMY est très compliquée ; la formule de LORENZ est la suivante :

$$q = \sigma (T^4 - \theta^4) + \lambda (T - \theta)^{\frac{5}{4}}, \tag{33}$$

où λ dépend de la forme et des dimensions du corps qui se refroidit ; elle ne se distingue de la formule (32) de STEFAN que par le second terme. L. W. HARTMANN (1904) a publié de nombreuses observations sur la chaleur cédée par les fils incandescents. TÉRESCHINE (1905) a déduit de ces observations que la formule (33) de LORENZ est valable, pour un fil de platine, dans un domaine de température s'étendant de 200° à 1 500°. Téreschine avait proposé lui-même antérieurement (1897) les deux formules suivantes :

$$q = Ae^{aT}(T^4 - \theta^4) + a(T - \theta)^{\frac{5}{4}},$$

$$q = Be^{aT^2}(T^4 - \theta^4) + b(T - \theta)^{\frac{5}{4}}.$$

Lees (1889) a remplacé l'exposant $\frac{5}{4}$ par le nombre presque égal 1,26. R. Wagner (1902) est d'avis que la formule de Lorenz est inadmissible, l'exposant devant varier suivant les circonstances. Il recommande l'emploi en pratique de la formule purement empirique

$$q = \lambda \{ (T - \theta) + a(T - \theta)^2 \}. \tag{34}$$

Comme le premier terme de la formule de Lorenz ne se rapporte qu'au corps absolument noir, il est clair que la formule à deux termes (33) ne peut exprimer la loi du refroidissement pour un corps quelconque.

Toutes les formules considérées jusqu'ici se rapportent au cas où le corps solide qui se refroidit se trouve dans le vide ou dans *l'air en repos*. Le refroidissement dans un *courant d'air* a été étudié expérimentalement par Oberbeck (1895), théoriquement dans certains cas spéciaux par Lorenz (1881) et Boussinesq (1902). Oberbeck a trouvé, pour un fil vertical dans un courant d'air horizontal, que la vitesse de refroidissement est proportionnelle à la vitesse et à la densité de l'air.

Le refroidissement *des corps solides dans les liquides* a été aussi étudié théoriquement par Oberbeck, Lorenz et en particulier par Boussinesq. Ce dernier a trouvé que pour un corps solide de forme quelconque, la perte de chaleur, dans un *liquide en repos*, s'exprime par la formule

$$q = A\gamma^{0,233}\, k^{0,533}\, c^{0,467}\, (T - \theta)^{1,233},$$

où γ désigne le coefficient de dilatation, k la conductibilité calorifique (voir le chapitre suivant), c la capacité calorifique du liquide. Si le liquide s'écoule parallèlement à la surface plane d'un corps, q est proportionnel à la racine carrée de la vitesse d'écoulement. Dans une étude théorique récente, Boussinesq (1904) a trouvé que l'action refroidissante d'un *courant liquide* sur un *cylindre*, dont l'axe est *perpendiculaire* à la direction du courant, est proportionnelle à la racine carrée de la conductibilité calorifique, à la racine carrée de la capacité calorifique et à celle de la vitesse du liquide et proportionnelle à la différence entre les températures du liquide et du cylindre. Pour un cylindre dont la section droite est elliptique, l'action refroidissante est indépendante de la direction du courant et proportionnelle à la racine carrée de la somme des demi-axes de la section droite elliptique. Depuis, Boussinesq (1905) a généralisé ses résultats d'une manière importante et a établi des formules pour le refroidissement de corps quelconques dont la surface est partout convexe. Il a étudié particulièrement les cas où le corps est un ellipsoïde, un disque, une aiguille et une sphère.

Des études *expérimentales* sur le refroidissement d'un corps dans un *liquide en repos* ont été faites par Grove (1845) et Dalander (1876), et dans un *liquide en mouvement* par Ser (1888), Stanton (1897) et Rogowski (1903). Les résultats de ces recherches, qui sont souvent contradictoires, n'ont conduit à aucune conclusion précise.

5. Valeurs numériques de la vitesse de refroidissement. — Mac Ferlane a étudié le refroidissement d'une sphère de cuivre de 4 centimètres de diamètre, placée dans un vase entre les doubles parois duquel se trouvait de l'eau à la température ordinaire. La sphère était entourée d'air humide à la pression normale; sa température était mesurée au moyen d'un couple thermoélectrique. Il a trouvé, pour la quantité de chaleur q *perdue dans une minute par un centimètre carré de surface, quand la différence entre les températures du corps et de l'enveloppe est de* $t°$, et lorsque la surface de la sphère de cuivre est polie ou noircie, les valeurs numériques suivantes exprimées en *petites calories* :

t	Surface polie	Surface noircie	Rapport
5°	$0{,}01068 \times 5$	$0{,}01512 \times 5$	0,707
10	$0{,}01116 \times 10$	$0{,}01596 \times 10$	0,699
20	$0{,}01206 \times 20$	$0{,}01734 \times 20$	0,695
30	$0{,}01272 \times 30$	$0{,}01836 \times 30$	0,693
40	$0{,}01320 \times 40$	$0{,}01914 \times 40$	0,693
60	$0{,}01396 \times 60$	$0{,}01968 \times 60$	0,690

Des expériences analogues ont été faites par Nichol et Bottomley. Si on écrit q sous la forme $q = ht$, la grandeur h croît en même temps que la température. Les formules de Dulong et Petit conduisent au même résultat. Nous avons indiqué, dans le Tome II, le résultat des expériences de Stefan et de Christiansen relatives à la perte de chaleur par la surface d'un corps recouvert de noir de fumée et placé dans l'air très raréfié. Ces expériences donnent les valeurs numériques suivantes pour les coefficients m et σ dans les formules (31) et (32) : $m = 0{,}8670$, $\sigma = 7{,}26 \times 10^{-11}$. Désignons maintenant par h_T le nombre de petites calories perdues dans une minute par un centimètre carré d'une surface noircie à $T°$, quand la différence t des températures du corps et de l'enveloppe est $t = T - \theta = 1°$. Les valeurs précédentes de m et de σ donnent pour h_T les valeurs suivantes :

T	Dulong et Petit	Stefan
0° $h_0 =$	0,006 625	0,005 876
30° $h_{30} =$	0,008 339	0,008 015
100° $h_{100} =$	0,014 27	0,015 00
$\frac{h_{100}}{h_0} =$	2,153 4	2,553

Les expériences de Mac Ferlane, effectuées dans l'air non raréfié, donnent des valeurs environ deux fois plus grandes.

BIBLIOGRAPHIE

1. — Introduction.

On trouvera des renseignements bibliographiques détaillés sur la question du refroidissement dans l'ouvrage de :

S. Téreschine. — *De l'influence de la température sur le rayonnement*, St-Pétersbourg, 1898 ; *Journ. de la Soc. russe phys.-chim.* (en russe), **29**, pp. 169, 225, 277, 1897 ; **30**, p. 15, 1898.

Des renseignements moins complets se trouvent également dans :

Ferrel. — *Sill. J.*, (3), **38**, p. 3, 1889 ; **39**, p. 137, 1890.

O. Chwolson. — *Sur l'état actuel de l'actinométrie*, Suppl. du Tome **69** des *Mémoires de l'Acad. Imp. des Sciences*, n° 4, St-Pétersb., 1892 (en russe) ; *Repert. f. Meteorologie XV*, n° 1, 1892.

2. — Loi de Newton.

Newton. — *Opuscula Mathematica*, **2**, p. 423, Lausanae et Genevae, 1744.

3. — Loi de Dulong et Petit.

Dulong et Petit. *Annales de chimie et de physique*, (2), **7**, pp. 225, 337, 1818 ; *Schweiggers Journ.*, **25**.

Pouillet. — *C. R.*, **7**, p. 39, 1838 ; *Taylors Sc. Memoirs*, **4**.

I. Nichol. — *Proc. R. Soc. Edinb.*, 1869-70, p. 207.

Ferrel. — *Bull. phil. Soc. of Washington*, **5**, p. 83, 1883 ; *Sill. J.*, **38**, p. 3, 1889.

De la Provostaye et Desains. — *Ann. chim. et phys.*, (3), **12**, p. 129, 1844 ; **16**, p. 337, 1846 ; **22**, p. 358, 1848 ; *C. R.*, **38**, p. 440, 1854 ; *Pogg. Ann.*, **68**, p. 235, 1846 ; **69**, p. 367, 1846.

Hopkins. — *Phil. Trans.*, 1868, p. 379.

Soret. — *Arch. Sc. phys.*, (2), **44**, p. 220 ; **45**, p. 222, 1872 ; **52**, p. 89 ; **55**, p. 217, 1876 ; (3), **1**, p. 86, 1879.

Wilhelmy. — *Pogg. Ann.*, **84**, p. 119, 1851.

Draper. — *Scientif. Memoirs*, p. 44.

Mac Ferlane. — *Proc. R. Soc.*, **32**, p. 465, 1875.

Ericson. — *Contribution to the Centennial Exhibition*, 1872, p. 49 ; *Nature*, p. 106, 1872.

Langley. — *Nat. Acad. of Philadelphia*, oct. 1876.

Violle. — *C. R.*, **88**, p. 171, 1879 ; **92**, p. 866, 1204, 1881 ; **96**, p. 1033, 1883 ; **105**, p. 163, 1887 ; *J. de phys.*, (2), **7**, p. 193, 1888 ; (3), **1**, p. 298, 1892.

Graetz. — *W. A.*, **11**, p. 923, 1880.
Narr. — *Pogg. Ann.*, **142**, p. 123, 1871.
Jamin et Richard. — *C. R.*, **75**, pp. 105, 453, 1872.
Rivière. — *C. R.*, **95**, p. 452, 1882.
Stefan. — *Wien. Ber.*, **79**, II, p. 391, 1879.
Compan. — *C. R.*, **136**, pp. 813, 1202, 1901 ; *J. de phys.*, (4), **1**, p. 708, 1902 ; *Ann. de chim. et de phys.*, (7), **26**, p. 488, 1902.

4. — Formules de Stefan, etc. Refroidissement dans les liquides.

Stefan. — *Wien. Ber.*, **79**, II, p. 391, 1879 ; *J. de phys.* **10**, p. 317, 1881.
Boltzmann. — *W. A.*, **22**, pp. 31, 291, 1884.
Prince Galitzine. — *W. A.*, **47**, p. 479, 1892 ; *Phil. Mag.*, (5), **35**, 1893.
Graetz. — *W. A.*, **11**, p. 913, 1880 ; **36**, p. 857, 1889.
Schneebeli. — *W. A.*, **22**, p. 432, 1884.
Schleiermacher. — *W. A.*, **26**, p. 287, 1885 ; **34**, p. 630, 1888 ; **36**, p. 349, 1889.
Bottomley. — *Proc. R. Soc.*, **42**, p. 357, 1887 ; *Phil. Trans.*, **178**, p. 429, 1887 ; **184**, p. 591, 1893.
Ferrel. — *Sill. J.*, (3), **38**, 1889 ; **39**, p. 132, 1890.
Rivière. — *C. R.*, **95**, p. 452, 1882 ; *J. de phys.*, (2), **3**, p. 473, 1884.
Christiansen. — *W. A.*, **19**, p. 267, 1883.
Lummer et Pringsheim. — *W. A.*, **63**, p. 395, 1897.
Rosetti. — *Atti d. R. Ac. dei Lincei*, (3), **2**, pp. 64, 174, 1878 ; *Ann. chim. et phys.*, (5), **17**, p. 177, 1879.
H.-F. Weber. — *Berl. Ber.*, 1888, (2), pp. 565, 930.
Edler. — *W. A.*, **40**, p. 531, 1890.
L.-W. Hartmann. — *Phys. Zeitschr.*, **5**, p. 582, 1904.
S. Téreschine. — *Loc. cit.*, p. 95 ; *Nouvelles de l'Institut technologique de St-Pétersbourg*, 1893, p. 253 ; 1897, p. 1 ; *Journ. de la Soc. russe phys.-chim.*, **37**, p. 15, 1905 ; *Phys. Zeitschr.*, **6**, p. 217, 1905.
Wilhelmy. — *Pogg. Ann.*, **84**, p. 119, 1851.
Oberbeck. — *W. A.*, **7**, p. 271, 1879.
R. Wagner. — *Diss.*, Zurich, 1902 ; *Beibl.*, **27**, p. 534, 1903.
Lees. — *Phil. Mag.*, (5), **7**, p. 429, 1889.
Lorenz. — *W. A.*, **13**, pp. 422, 582, 1881.
Oberbeck. — *W. A.*, **7**, p. 271, 1879 ; **56**, p. 397, 1895.
Boussinesq. — *C. R.*, **132**, p. 1382, 1901 ; **133**, p. 257, 1901 ; **138**, pp. 1134, 1189, 1904 ; **140**, pp. 15, 65, 1905 ; *Journ. de phys.*, (4), **1**, pp. 65, 71, 1902.
Grove. — *Pogg. Ann.*, **71**, p. 194, 1847 ; **78**, p. 366, 1849 ; **80**, p. 366, 1849.
Dalander. — *Öf. K. Vetensk. Ak. Förhandl.*, Stockholm, **33**, p. 29, 1876.
Ser. — *Traité de physique industrielle*, I, p. 160, Paris, 1888.
Stanton. — *Trans. R. Soc. London*, **190**, A, p. 67, 1897.
Rogoffski. — *Dissert.*, St-Pétersb., 1903 ; *C. R.*, **136**, p. 1391, 1903.

5. — Vitesse de refroidissement.

Mac Farlane. — *Proc. R. Soc.*, **20**, p. 90, 1871 ; *Phil. Mag.*, (4), **43**, 1872.
Nichol. — *Proc. R. Soc. Edinb.*, 1869-70, p. 207.
Bottomley. — *Phil. Trans.*, **178**, p. 429, 1887.

CHAPITRE VII

CONDUCTIBILITÉ CALORIFIQUE

1. Introduction. — La provision d'énergie calorifique de corps différents qui se touchent ou de portions contiguës d'un même corps reste invariable lorsque les corps ou les portions considérées d'un même corps sont à la même température et lorsque l'énergie calorifique n'est dépensée dans aucun travail. Nous supposerons toujours, dans la suite, qu'une telle dépense d'énergie ne se produit pas. Il y a exception pour la surface des corps ; comme nous l'avons vu dans le Tome II, il se manifeste par cette surface une perte constante d'énergie calorifique, qui se transforme en énergie rayonnante, en même temps qu'a lieu une absorption de l'énergie rayonnante émise par les corps environnants et une transformation de celle-ci en énergie calorifique. Nous savons que l'on ne peut observer directement que la différence entre l'énergie émise et l'énergie absorbée, et nous ne considérerons comme énergie calorifique perdue ou gagnée à la surface d'un corps que cette différence elle-même, quand elle n'est pas nulle.

L'énergie calorifique contenue dans un corps donné ou dans une portion donnée d'un corps ne reste pas constante, lorsque les corps en contact ou les parties contiguës d'un même corps possèdent une température différente, c'est-à-dire une force vive moyenne moléculaire différente. Dans ce cas, il se produit une transmission d'énergie calorifique de l'endroit le plus chaud vers l'endroit le moins chaud, ou, en d'autres termes, il s'établit un courant ou flux d'énergie calorifique suivant la direction des températures décroissantes. Ce phénomène de transmission ou de flux de chaleur s'appelle *conduction calorifique intérieure* ou simplement conduction calorifique.

Considérons un plan traversant un corps et soit σ une partie élémentaire de ce plan. Si une petite portion du corps directement contiguë à une face de l'élément σ (qui fait partie de la surface de la portion considérée) reçoit pendant un certain temps τ la quantité d'énergie calorifique q d'une petite portion voisine du corps contiguë à l'autre face de l'élément σ, nous dirons que la quantité de chaleur q s'est écoulée à travers l'élément σ du plan dans la direction de la normale à ce plan.

On peut se représenter de deux façons le mécanisme de la transmission intérieure de l'énergie calorifique, c'est-à-dire le mécanisme de la conduction de la chaleur. La chaleur ou énergie du mouvement moléculaire peut être directement transmise par les chocs continuels entre les molécules. Lorsque l'énergie du mouvement moléculaire est différente dans des couches voisines du corps, les chocs entre molécules entraînent une augmentation de l'énergie dans la couche où elle est plus petite, une diminution dans la couche où elle est plus grande.

Mais la chaleur peut encore être transmise autrement, savoir par radiation intermoléculaire. Toute molécule à l'intérieur du corps cède continuellement de son énergie à l'éther ambiant, qui remplit l'espace intermédiaire entre les molécules, en y produisant des courants d'énergie rayonnante; en même temps, la perte d'énergie de mouvement de la molécule est constamment compensée par les courants d'énergie rayonnante venant des molécules voisines. L'énergie de mouvement des molécules reste invariable, quand l'énergie moyenne de toutes les molécules voisines est la même, c'est-à-dire quand les molécules possèdent la même température. Dans le cas d'une répartition non uniforme des températures, il se produit peu à peu une transmission de l'énergie. Supposons qu'une tige soit échauffée à une extrémité et soient A et B deux couches transversales voisines de molécules. Si l'énergie des molécules dans la couche A est plus grande que dans la couche B, celle-ci est rencontrée par un courant d'énergie rayonnante venant de A, qui est plus intense que le flux émis par B vers A. Par suite, l'énergie des molécules de la couche B doit augmenter et dépasser ainsi l'énergie des molécules de la couche voisine suivante C. Il se produit alors entre les couches B et C le même phénomène qu'entre les couches A et B, c'est-à-dire une augmentation de l'énergie des molécules de la couche C, etc.

Beaucoup de savants ont cherché à établir une théorie plus précise des phénomènes intérieurs qui accompagnent ou produisent la conduction calorifique. Par exemple, H. F. Weber (1880) a émis l'idée que la conduction calorifique, dans les liquides transparents non métalliques, a lieu par mouvement atomique, tandis que dans les métaux et en particulier le mercure elle a lieu par rayonnement. Puschl (1894) distingue aussi deux sortes de conduction calorifique, qui sont simultanées : transmission de chaleur *cinétique* (mouvement atomique) et transmission de chaleur *actinique* (mouvement de l'éther). On doit à Wiedeburg (1900) une théorie de la conduction de la chaleur qui lui est propre et qui est étroitement liée à sa théorie de la thermoélectricité.

On ignore suivant lequel de ces deux modes de conduction se produit la transmission intérieure de la chaleur; il se peut que ce soit par les deux simultanément. Mais quelle que soit la manière dont l'énergie se propage des endroits où le mouvement moléculaire est plus intense à ceux où il l'est moins, *cette transmission, qui a toujours lieu partout d'elle-même, peut être considérée comme l'exemple le plus simple de la tendance à une distribution uniformément inorganisée du mouvement moléculaire, dont nous avons parlé à la page* 3.

La vitesse, avec laquelle la chaleur se transmet à l'intérieur d'un corps d'une couche à une autre, dépend avant tout de la substance dont se compose le corps. Des substances différentes, ou, comme on a l'habitude de dire, des corps différents, possèdent des conductibilités calorifiques différentes. Comme on le sait, on range les corps en *mauvais, médiocres et bons conducteurs de la chaleur;* cependant cette séparation ne peut évidemment être très nette. Aux bons conducteurs appartiennent les métaux; aux mauvais conducteurs, les gaz, les liquides (sauf Hg), et beaucoup de corps solides que nous mentionnerons plus loin. La conductibilité calorifique dépend de l'état du corps et varie, par exemple, avec la température : étant mesurée par une certaine grandeur physique, elle constitue une fonction d'état du corps.

Nous ne nous arrêterons pas sur le rôle que joue la conduction de la chaleur dans beaucoup de phénomènes, aussi bien dans la nature que dans la vie usuelle (habillement, habitation, etc.). On sait généralement quelle action protectrice exercent des toiles métalliques contre les explosions de gaz (lampe de Davy). Mache (1902) a publié une étude théorique intéressante sur cette question.

2. Éléments de la théorie mathématique de la conduction de la chaleur. — Dans une distribution non uniforme de la température t à l'intérieur d'un corps, la grandeur t est une fonction des coordonnées x, y, z du point correspondant du corps, c'est-à-dire (Tome I) une fonction de point :

$$t = f(x, y, z). \tag{1}$$

Les surfaces d'égale température, dont l'équation est :

$$f(x, y, z) = const., \tag{2}$$

s'appellent *surfaces isothermes*. Deux surfaces isothermes ne peuvent se couper, car la température, d'après sa signification physique, est une fonction qui n'a qu'une valeur en un point. Nous admettrons en outre que c'est une fonction toujours finie et, à l'intérieur des corps solides que nous considérerons seuls, une fonction continue; à la surface d'un corps pourra se présenter une discontinuité de cette fonction, un passage brusque de la grandeur de la température sur la surface du corps à la grandeur que nous appellerons *température* θ *de l'espace environnant*. Pour simplifier, nous supposerons d'ordinaire cette dernière égale à *zéro*, c'est-à-dire qu'elle nous servira de point de départ dans l'évaluation des températures.

L'état calorifique d'un corps peut être variable ou stationnaire. On entend par état *variable* un état dans lequel la distribution de la température change avec le temps τ; la température t est alors une fonction des trois coordonnées et du temps :

$$t = F(x, y, z, \tau). \tag{3}$$

On dit qu'une distribution de température est *stationnaire*, quand elle ne change pas avec le temps; dans ce cas la température t est seulement une fonction de trois variables x, y, z. L'état stationnaire est caractérisé par un mouvement permanent de la chaleur, où chaque élément du corps reçoit, dans un temps donné, autant de chaleur par une partie de sa surface qu'il en perd par le reste de cette surface. Si le corps est isolé, c'est-à-dire si toute sa surface se trouve dans un espace où la température ϑ est partout la même, le seul état stationnaire possible est celui dans lequel $t = \vartheta$, autrement dit celui où tous les points du corps possèdent la même température égale à celle de l'espace environnant. Un *état stationnaire non uniforme* n'est réalisable que lorsque le corps se trouve en contact avec ce qu'on appelle des sources de chaleur, qui maintiennent sur *toute* la surface des températures déterminées qui peuvent être inégales, ou seulement de telles températures sur certaines parties de cette surface, les autres parties cédant à l'espace environnant de la chaleur par transformation en énergie rayonnante.

Les fondements de la théorie mathématique de la conduction de la chaleur ont été établis par Fourier et Poisson. Le but de cette théorie est la détermination, dans le cas le plus général, de la forme de la fonction (3), ou dans le cas spécial d'un état calorifique stationnaire, de la forme de la fonction (1), *sous des conditions données*. Ces conditions peuvent être très diverses : d'abord la forme du corps doit être connue, ainsi que celles de ses propriétés physiques qui jouent un rôle dans le phénomène de conduction de la chaleur, c'est-à-dire les grandeurs k et h dont il sera question plus loin ; dans le cas d'un état calorifique variable, la densité δ et la capacité calorifique doivent être également données. Quand il s'agit de déterminer un état stationnaire, les *conditions supplémentaires* sont relatives à la température connue qui est artificiellement entretenue dans des parties déterminées de la *surface* du corps, ainsi qu'il a été indiqué plus haut.

Dans les problèmes concernant la détermination d'une distribution variable de température, il faut encore connaître les *conditions initiales*, c'est-à-dire la distribution de température à l'instant à partir duquel on se propose de chercher comment varie la température en un point quelconque du corps. Dans certains cas particuliers, les conditions initiales et les conditions à la surface sont très simples. La distribution initiale peut être par exemple $t = const.$: les sources de chaleur commencent à agir seulement à l'origine du temps sur la surface du corps, dont tous les points se trouvent à la même température. Remarquons que ces sources de chaleur peuvent être elles-mêmes variables ; autrement dit, les températures qu'elles entretiennent en des endroits donnés de la surface du corps peuvent être des fonctions du temps. Le cas où ces températures sont des fonctions *périodiques* du temps présente un intérêt particulier. Les conditions initiales et à la surface sont encore simples, lorsqu'il y a absence complète de sources de chaleur à la surface du corps et quand il s'agit de déterminer le refroidissement de ce dernier, la distribution initiale de température étant donnée. Nous avons indiqué à la page 304 la solution complète de ce problème pour un corps dont les dimensions sont *petites* et où la température intérieure est partout égale à celle de la surface. La plupart des problèmes relatifs à la conduction de la chaleur présentent de grandes difficultés mathématiques et leur étude, sur laquelle nous donnerons plus loin quelques indications sommaires, fait plutôt partie de l'analyse mathématique que de la physique proprement dite ; mais l'établissement des équations qu'il s'agit de résoudre est une question relativement facile, qui forme l'un des Chapitres les plus parfaits de la Physique *théorique*, dont nous avons indiqué le caractère dans le Tome I ; un signe distinctif de ces équations est *qu'elles ne dépendent pas de nos conceptions sur la nature même des phénomènes calorifiques* et font intervenir uniquement la notion de température.

Pour expliquer les fondements très simples de la théorie de Fourier, nous allons d'abord introduire la notion de *chute de température*. Menons à l'intérieur d'un corps l'axe Ox (*fig*. 107) et soit x la distance d'un point quelconque de cet axe à une origine déterminée O. La température t des points de la droite Ox peut être considérée comme une fonction $t = f(x)$ de la distance x. Cela posé, envisageons d'abord le cas d'une variation uniforme de la température le long de Ox, et supposons, par exemple, que la température décroisse dans la direction Ox. Dans ce cas, t est une fonction *linéaire* de x que l'on peut écrire $t = a + bx$, a désignant la température du point O et b une grandeur négative égale à la diminution de température par unité de longueur de la droite Ox. La grandeur *positive* $\beta = - b$, c'est-à-dire la différence positive entre les températures de deux points de la droite Ox, distants l'un de l'autre de l'unité de longueur, s'appelle la *chute de température* le long de la droite Ox. Elle se présente comme la mesure de la vitesse avec laquelle la température varie le long de la droite Ox. Soient t_1 et t_2 les températures des points A et B, dont les distances à O sont respectivement x_1 et x_2 ; la chute β est, dans le cas considéré :

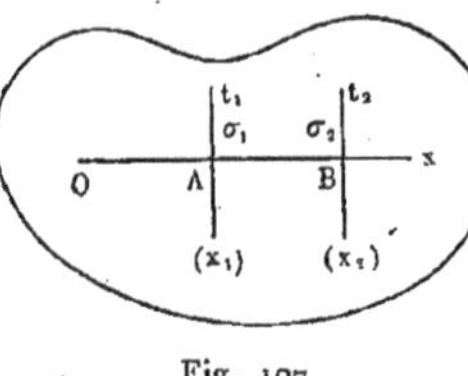

Fig. 107

$$\beta = - b = \frac{t_1 - t_2}{x_2 - x_1} = - \frac{t_2 - t_1}{x_2 - x_1}.$$

Comme nous admettons que $t_2 < t_1$, la grandeur β est positive.

Supposons maintenant que la température t le long de Ox soit une fonction quelconque $t = f(x)$ de la distance x. Si nous désignons encore par t_1 et t_2 les températures des points A et B, la grandeur

$$(4) \qquad \bar{\beta} = - \frac{t_2 - t_1}{x_2 - x_1}$$

représente la *chute moyenne de température entre* A *et* B *dans la direction* Ox. Supposons en outre que les points A et B soient voisins l'un de l'autre, que $OA = x$, $OB = x + \Delta x$, et que les températures des points A et B soient t et $t + \Delta t$. La chute moyenne de température entre A et B est alors

$$\bar{\beta} = - \frac{(t + \Delta t) - t}{(x + \Delta x) - x} = - \frac{\Delta t}{\Delta x}.$$

Faisons décroître indéfiniment la distance $AB = \Delta x$; la valeur limite vers laquelle tend $\bar{\beta}$, c'est-à-dire la grandeur

$$(5) \qquad \beta = - \frac{dt}{dx}$$

s'appelle la *chute de température au point* A dans la direction Ox.

Menons par A et B des plans perpendiculaires à Ox et considérons autour de A et B des aires égales σ_1 et σ_2 assez petites pour qu'on puisse regarder comme uniforme la température en tous les points de chacune de ces aires. Supposons d'abord que la chute β ait la même valeur en tous les points entre A et B, c'est-à-dire que t soit une fonction linéaire de x et que β s'exprime par suite par la formule (4). La quantité de chaleur q, qui s'écoule dans le temps τ à travers σ_1 et σ_2 est proportionnelle à l'aire σ de ces petites surfaces et au temps τ, si on admet que les températures t_1 et t_2 n'ont pas varié dans le laps de temps τ. La quantité de chaleur q doit en outre dépendre de la substance qui constitue le corps. Nous savons, par l'expérience que $q = 0$ si $\beta = 0$ et que q est d'autant plus grand que la température diminue plus rapidement dans la direction Ox. Il est clair par suite que q est une fonction de la chute β entre A et B. *Nous admettrons que, dans les limites ordinaires de l'expérimentation, q est proportionnel à la chute de température* β. C'est sur cette hypothèse, très vraisemblable *a priori* et analogue à celle que contient la loi de HOOKE dans la théorie de la déformation des corps, qu'est basée surtout la théorie mathématique de la conduction de la chaleur établie par FOURIER ; l'exactitude de cette hypothèse, dans les limites ordinaires de l'expérience, est démontrée par le fait même que les résultats de la théorie reçoivent une confirmation expérimentale. Tout ce qui précède s'exprime par la formule :

$$q = k\sigma\tau\beta = -\,k\sigma\tau\,\frac{t_2 - t_1}{x_2 - x_1}, \tag{6}$$

dans laquelle k désigne un facteur de proportionnalité dépendant de la substance du corps. Ce facteur k s'appelle le *coefficient de conductibilité calorifique intérieure* de la substance donnée. On trouve la valeur physique de ce coefficient de la manière suivante. Supposons que l'on ait en particulier

$$x_2 - x_1 = 1, \qquad \sigma = 1, \qquad \tau = 1, \qquad t_1 - t_2 = 1^\circ;$$

on a, dans ce cas, l'égalité $q = k$. Il en résulte la définition suivante : le coefficient de conductibilité calorifique intérieure est mesuré par la quantité de chaleur, qui traverse dans l'unité de temps l'unité d'aire dans la direction normale à cette dernière, lorsque la température décroît uniformément de 1° dans cette direction, en passant d'un point à un autre point distant du premier de l'unité de longueur, ou, plus simplement, lorsque la chute de température dans la direction normale est égale à 1.

Il est clair, d'après cette définition, que la valeur numérique du coefficient k doit dépendre du choix des unités fondamentales de longueur L, de masse M et de temps T, c'est-à-dire que k doit posséder une *dimension* déterminée.

Nous avons exposé en détail dans le Tome I la théorie des dimensions des grandeurs physiques. Nous rencontrons ici pour la première fois, dans l'étude de l'énergie calorifique, une grandeur qui est exprimée, par les différents observateurs et auteurs de tableaux, *dans des unités différentes*, dépendant toujours cependant, d'une manière déterminée, des unités L, M et T. Il est nécessaire par suite de connaître la *dimension* de la grandeur k.

Nous avons pris, pour unité de quantité de chaleur, la quantité qui élève de 1° la température de l'unité de masse d'eau dans un état physique défini. Pour élever de $t°$ la température d'une masse d'eau m, il faut une quantité de chaleur $q = mt$; il s'ensuit que

$$(7) \qquad \left[\frac{q}{t}\right] = M.$$

Pour une autre substance, on a $q = cmt$, c désignant la capacité calorifique de cette substance. Dans notre choix de l'unité de chaleur, où $c = 1$ pour l'eau, quelles que soient les unités L, M et T, la grandeur c est simplement un nombre, c'est-à-dire que la *capacité calorifique est de dimension zéro*.

Posons $x_2 - x_1 = x$, $t_1 - t_2 = t$; nous pouvons écrire :

$$q = k\sigma\tau\,\frac{t}{x}, \qquad \text{d'où} \qquad k = \frac{q}{t}\cdot\frac{x}{\sigma\tau}.$$

La grandeur x est de dimension L, σ de dimension L^2, enfin τ de dimension T; nous obtenons alors pour la dimension du coefficient de conductibilité calorique intérieure

$$[k] = M.\,\frac{L}{L^2T},$$

c'est-à-dire

$$(8) \qquad [k] = \frac{M}{LT}.$$

Le plus souvent, la grandeur k est exprimée en unités C. G. S. ou dans les unités (mm., mgr., sec.); les *Tabellen* de Landolt et Börnstein donnent malheureusement la grandeur k dans ces dernières unités, c'est-à-dire que k est mesuré par le nombre d'unités de chaleur, égales à 0,001 pet. calorie (qui élève de 1° la température de 1 milligramme d'eau), traversant en une seconde une aire de 1 millimètre carré, lorsque la chute de température dans la direction normale à cette aire est de 1° par millimètre. D'après la règle exposée dans le Tome I, nous avons

$$k\,\frac{\text{gr.}}{\text{cm. sec.}} = k\,\frac{1\,000\ \text{mgr.}}{10\ \text{mm. sec.}} = 100\,k\,\frac{\text{mgr.}}{\text{mm. sec.}}.$$

La valeur numérique de k dans le système (mm. mgr. sec.) est 100 *fois plus grande que celle dans le système C. G. S.*

Nous rencontrerons plus loin la grandeur

$$(9) \qquad a^2 = \frac{k}{\rho c},$$

où ρ désigne la densité et c la capacité calorifique de la substance. Cette dernière grandeur c est de dimension zéro; la dimension de la densité est $M : L^3$

(Tome I). Si on tient compte en outre de (8), on obtient, pour la grandeur a^2, la dimension suivante :

$$(9, a) \qquad [a^2] = \frac{L^2}{T}.$$

Il est par conséquent évident que la valeur numérique de a^2 dans le système (mm. mgr. sec.) est aussi 100 *fois plus grande que dans le système C. G. S.*

Les grandeurs k et a^2 sont des fonctions d'état du corps, c'est-à-dire qu'elles dépendent par exemple de la température et de la pression sous laquelle se trouve le corps ; ce n'est que dans une première approximation qu'on peut regarder ces grandeurs comme constantes pour une substance donnée.

Si on remplace, dans la formule (6), la chute de température β par l'expression (5), il vient :

$$(10) \qquad q = -k\sigma\tau\frac{dt}{dx}.$$

La direction x peut être choisie tout à fait arbitrairement dans un corps isotrope : il est clair par suite que la formule (10) détermine la quantité de chaleur qui s'écoule, dans le temps τ, à travers une aire élémentaire quelconque σ (orientée d'une manière quelconque *à l'intérieur du corps*), dans la direction normale à σ.

A la surface du corps a lieu une perte de chaleur due d'abord à la transformation de la chaleur perdue en énergie rayonnante, ensuite à la convection (page 302) et enfin à la conduction calorifique dans le gaz environnant. La théorie de la conduction de la chaleur peut être regardée comme issue de la loi de Newton, c'est-à-dire de l'hypothèse que la quantité de chaleur q, perdue dans le temps τ par un élément σ de la surface du corps, est proportionnelle à l'excès de la température t de l'élément σ sur la température θ du milieu ambiant ; on peut en outre supposer que q est proportionnel à σ et à τ, si ces deux grandeurs sont très petites. Nous avons donc $q = h\sigma\tau(t - \theta)$, h désignant un facteur de proportionnalité que l'on appelle *coefficient de conductibilité calorifique extérieure ;* ce coefficient est défini par la quantité de chaleur perdue par l'unité d'aire dans l'unité de temps, quand l'excès $t - \theta = 1°$. Si nous comptons les températures à partir de la température du milieu ambiant, nous devons poser $\theta = 0$ et nous avons alors

$$(11) \qquad q = h\sigma\tau t.$$

Il faut bien se rappeler que cette formule *cesse d'être applicable* pour $t > 5°$, quand on admet que h est une grandeur indépendante de t. En tenant compte de la formule (7) et de la dimension de σ, qui est égale à L^2, on obtient

$$(12) \qquad [h] = \left[\frac{q}{t\sigma\tau}\right] = \frac{M}{L^2T}.$$

Les formules (8) et (12) donnent la dimension du rapport $h : k$

$$(13) \qquad \left[\frac{h}{k}\right] = \frac{1}{L} = L^{-1}.$$

Quand l'état calorifique est *stationnaire*, la grandeur q déterminée par les formules (10) et (11) est indépendante du temps τ. La quantité de chaleur Q, qui s'écoule *dans l'unité de temps à travers l'unité d'aire*, s'appelle *flux calorifique;* nous avons, à l'intérieur du corps :

$$Q = \frac{q}{\sigma\tau} = -k\frac{dt}{dx},$$

et à sa surface :

$$Q = \frac{q}{\sigma\tau} = ht.$$

Lorsque l'état calorifique est *variable*, q est une fonction du temps τ. Dans un intervalle de temps très petit $\Delta\tau$, s'écoulent, à l'intérieur du corps et à travers sa surface, les quantités de chaleur

$$\Delta q = -k\sigma\frac{dt}{dx}\Delta\tau, \qquad \Delta q = h\sigma t\Delta\tau.$$

Le flux calorifique moyen dans le temps $\Delta\tau$ est $Q = \frac{1}{\sigma}\frac{\Delta q}{\Delta\tau}$. La valeur limite de cette grandeur, lorsque $\Delta\tau$ est infiniment petit, s'appelle le *flux calorifique à l'instant* τ, et on a

$$Q = \frac{1}{\sigma}\frac{dq}{d\tau}; \tag{14}$$

à l'intérieur du corps

$$Q = \frac{1}{\sigma}\frac{dq}{d\tau} = -k\frac{dt}{dx}, \tag{15}$$

et *à sa surface*

$$Q = \frac{1}{\sigma}\frac{dq}{d\tau} = ht. \tag{16}$$

Le flux calorifique à l'intérieur du corps est proportionnel à la chute de température ; à la surface du corps, il est proportionnel à la température sur cette surface, la température du milieu ambiant étant posée égale à zéro. Nous avons pour dq à l'intérieur du corps :

$$dq = Q\sigma d\tau = -k\sigma\frac{dt}{dx}d\tau, \tag{17}$$

à la surface du corps

$$dq = Q\sigma d\tau = h\sigma t d\tau. \tag{18}$$

Sur un élément σ de la surface de contact de deux corps *différents*, dont les coefficients de conductibilité calorifique sont respectivement k_1 et k_2, on doit avoir

$$k_1\frac{dt_1}{dx} = k_2\frac{dt_2}{dx}, \tag{18, a}$$

x étant la direction de la normale à σ et t_1 et t_2 étant les températures respectives des deux corps, qui sont des fonctions de x ; cette égalité exprime qu'à la surface σ ne se produit d'une manière permanente ni accumulation, ni perte de chaleur. Nous parlerons plus loin de la question intéressante de savoir si, à la surface de séparation, les deux températures t_1 et t_2 sont égales, ou s'il est possible d'admettre un *saut brusque de température* sur une telle surface.

Dans un corps isotrope, où k a la même valeur dans toutes les directions, le flux calorifique en un point possède la direction de la normale n à la surface isotherme $t =$ const. qui passe par le point considéré. Soient en effet q_x, q_y, q_z les flux calorifiques rapportés à l'unité de temps, dans les directions x, y et z ; par définition, le flux calorifique q en un point a pour grandeur

$$q = \sqrt{q_x^2 + q_y^2 + q_z^2}, \tag{18, b}$$

et pour direction la diagonale du parallélépipède construit sur q_x, q_y, q_z. La formule (17) donne

$$q = -k\sigma\sqrt{\left(\frac{\partial t}{\partial x}\right)^2 + \left(\frac{\partial t}{\partial y}\right)^2 + \left(\frac{\partial t}{\partial z}\right)^2}. \tag{18, c}$$

Comme les parallélipipèdes construits sur q_x, q_y, q_z et sur $\frac{\partial t}{\partial x}$, $\frac{\partial t}{\partial y}$, $\frac{\partial t}{\partial z}$ sont semblables entre eux, le vecteur q doit être normal à la surface $t =$ *const.*

Pour évaluer le flux de chaleur à travers un élément σ d'orientation quelconque, il suffit de considérer un tétraèdre infiniment petit construit sur cet élément et ayant trois arêtes respectivement parallèles aux axes. Si l, m, n sont les cosinus directeurs de la normale à l'élément σ, les aires des trois autres faces seront respectivement $l\sigma$, $m\sigma$, $n\sigma$; la somme algébrique des flux calorifiques à travers les quatre faces du tétraèdre étant nulle, le flux calorifique q à travers l'élément σ sera

$$q = -k\sigma\left(l\frac{\partial t}{\partial x} + m\frac{\partial t}{\partial y} + n\frac{\partial t}{\partial z}\right) = -k\sigma\frac{\partial t}{\partial n}. \tag{18, d}$$

En prenant pour $l, m, n,$ les cosinus directeurs de la surface $t =$ *const.*, la formule (18, d) donne la formule (18, c).

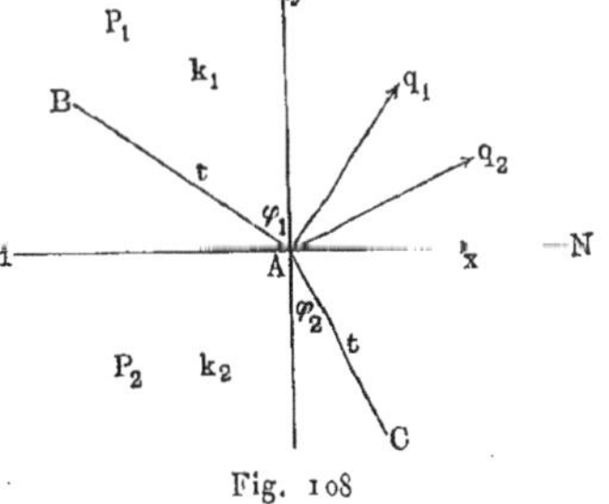

Fig. 108

Quand le corps a la forme d'une couche très mince, d'une *lame plane* par exemple, il peut arriver que la propagation de la chaleur ne s'effectue que suivant deux dimensions, c'est à dire parallèlement aux deux faces de la lame plane. On peut poser, dans ce cas, $t = f(x, y)$, les faces de la lame étant parallèles au plan des x, y. Au lieu de surfaces isothermes, nous avons maintenant des *lignes isothermes* ou simplement des *isothermes*. Dans une plaque *isotrope*, le flux calorifique en un point est normal à ces isothermes.

Le cas, où la lame contient plusieurs régions hétérogènes accolées, présente un grand intérêt. Il se produit alors *une réfraction des isothermes à la ligne de séparation* de deux régions différentes. Soit MN (*fig.* 108) la ligne de séparation des deux régions P_1 et P_2 de la lame, auxquelles correspondent respectivement les coefficients k_1 et k_2, et soit BAC une isotherme $t = const$. Prenons pour axe des x la ligne de séparation MN, l'axe des y étant normal à MN. Soient φ_1 et φ_2 les angles formés par l'isotherme BAC au point A avec la normale Ay à la ligne de séparation MN. Nous désignerons les flux calorifiques dans les régions P_1 et P_2 au voisinage du point A par q_1 et q_2; conformément à (18, *b*), nous aurons

$$q_1 = \sqrt{q_{1,x}^2 + q_{1,y}^2}, \qquad q_2 = \sqrt{q_{2,x}^2 + q_{2,y}^2},$$

où

$$(18, e) \qquad \begin{cases} q_{1,x} = -k_1\sigma\left(\dfrac{\partial t}{\partial x}\right)_1, & q_{1,y} = -k_1\sigma\left(\dfrac{\partial t}{\partial y}\right)_1, \\ q_{2,x} = -k_2\sigma\left(\dfrac{\partial t}{\partial x}\right)_2, & q_{2,y} = -k_2\sigma\left(\dfrac{\partial t}{\partial y}\right)_2, \end{cases}$$

les indices qui affectent les parenthèses indiquant à quelle région P_1 ou P_2 de la lame appartient le point voisin de A que l'on considère. Comme les températures sont les mêmes des deux côtés de la ligne MN, nous avons

$$(18, f) \qquad \left(\frac{\partial t}{\partial x}\right)_1 = \left(\frac{\partial t}{\partial x}\right)_2.$$

L'égalité (18, *a*) donne maintenant

$$(18, g) \qquad k_1\left(\frac{\partial t}{\partial y}\right)_1 = k_2\left(\frac{\partial t}{\partial y}\right)_2.$$

Puisque q_1 est perpendiculaire à AB et q_2 à AC, nous avons, voir (18, *e*),

$$\operatorname{tg}\varphi_1 = q_{1,y} : q_{1,x} = \left(\frac{\partial t}{\partial y}\right)_1 : \left(\frac{\partial t}{\partial x}\right)_1,$$

$$\operatorname{tg}\varphi_2 = q_{2,y} : q_{2,x} = \left(\frac{\partial t}{\partial y}\right)_2 : \left(\frac{\partial t}{\partial x}\right)_2.$$

Les égalités (18, *f*), (18, *g*) donnent

$$(18, h) \qquad \frac{\operatorname{tg}\varphi_1}{\operatorname{tg}\varphi_2} = \frac{k_2}{k_1} = const.$$

Cette intéressante formule détermine la *loi de réfraction des isothermes* à la ligne de séparation de deux régions différentes d'une lame.

Nous allons maintenant établir l'équation à laquelle, dans l'intérieur d'un corps isotrope, doit satisfaire la température t, qui est une fonction des quatre grandeurs x, y, z et τ, si l'état calorifique est variable, voir (3), page 312, et une fonction des trois grandeurs x, y, z, si cet état est stationnaire.

Soient x, y, z les coordonnées du point A (*fig.* 109), dont la température est t ; menons parallèlement aux axes de coordonnées des segments rectilignes infiniment petits $AH = \Delta x$, $AD = \Delta y$, $AB = \Delta z$ et construisons sur eux le parallélépipède ABCDEFGH. Déterminons maintenant l'excès w de la chaleur, qui pénètre dans ce parallélépipède durant le temps $\Delta\tau$, sur la chaleur qui en sort dans le même temps. Par ABCD, pénètre la quantité de chaleur

$$q_x = -k\Delta\tau\left(\frac{\partial t}{\partial x}\right)_x \Delta y\Delta z.$$

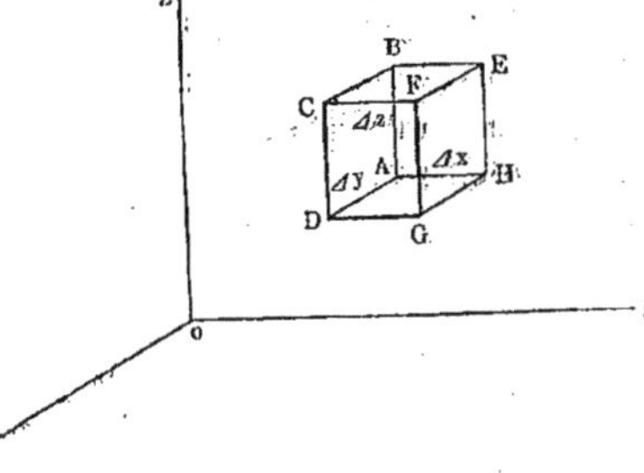

Fig. 109

L'indice x rappelle que q et $\frac{\partial t}{\partial x}$ se rapportent à la face du parallélépipède dont la coordonnée x est égale à la coordonnée du point A ; au lieu de σ, nous avons écrit $ABCD = \Delta y\Delta z$. Par la face opposée EFGH s'écoule la quantité de chaleur

$$q_{x+\Delta x} = k\Delta\tau\left(\frac{\partial t}{\partial x}\right)_{x+\Delta x} \Delta y\Delta z.$$

Ici la grandeur $\frac{\partial t}{\partial x}$ a changé ; elle se déduit de la précédente, en remplaçant x par $x + \Delta x$. D'après la formule de Taylor, nous avons, en négligeant les infiniment petits d'ordre supérieur :

$$\left(\frac{\partial t}{\partial x}\right)_{x+\Delta x} = \left(\frac{\partial t}{\partial x}\right)_x + \frac{\partial^2 t}{\partial x^2}\Delta x.$$

Nous avons ainsi ;

$$q_{x+\Delta x} = -k\Delta\tau\left[\left(\frac{\partial t}{\partial x}\right)_x + \frac{\partial^2 t}{\partial x^2}\Delta x\right]\Delta y\Delta z.$$

En retranchant q_x, on obtient une partie de la quantité de chaleur cherchée w qui reste dans le parallélépipède :

$$q_x - q_{x+\Delta x} = k\frac{\partial^2 t}{\partial x^2}\Delta x\Delta y\Delta z\Delta\tau.$$

On détermine d'une manière analogue les deux autres parties de la même grandeur cherchée w, en considérant les quantités de chaleur q_y et q_z, qui entrent par ABEH et AHGD, et les quantités de chaleur $q_{y+\Delta y}$ et $q_{z+\Delta z}$, qui sortent par CFGD et CFED. On obtient ainsi :

$$q_y - q_{y+\Delta y} = k\frac{\partial^2 t}{\partial y^2}\Delta x\Delta y\Delta z\Delta\tau,$$

$$q_z - q_{z+\Delta z} = k\frac{\partial^2 t}{\partial z^2}\Delta x\Delta y\Delta z\Delta\tau.$$

En ajoutant ces trois quantités, on obtient :

$$w = k\left(\frac{\partial^2 t}{\partial x^2} + \frac{\partial^2 t}{\partial y^2} + \frac{\partial^2 t}{\partial z^2}\right)\Delta x \Delta y \Delta z \Delta \tau.$$

La masse du parallélépipède est $\mu = \rho \Delta x \Delta y \Delta z$; la quantité de chaleur w qui reste dans cette masse produit l'accroissement de température Δt, et l'on a $w = c\mu\Delta t$, où c désigne la capacité calorifique de la *substance*. Si on remplace μ par sa valeur et si on compare cette dernière valeur de w à la précédente, on obtient :

$$k\left(\frac{\partial^2 t}{\partial x^2} + \frac{\partial^2 t}{\partial y^2} + \frac{\partial^2 t}{\partial z^2}\right)\Delta x \Delta y \Delta z \Delta \tau = c\rho \frac{\partial t}{\partial \tau} \Delta x \Delta y \Delta z \Delta \tau.$$

En divisant par $c\rho \Delta x \Delta y \Delta z \Delta \tau$ et passant à la limite, $\Delta \tau$ étant considéré comme infiniment petit (la proportionnalité de Δq à l'intervalle de temps $\Delta \tau$ est d'autant plus approchée que $\Delta \tau$ est plus petit), on trouve

$$(19)\qquad \begin{cases} a^2\left(\dfrac{\partial^2 t}{\partial x^2} + \dfrac{\partial^2 t}{\partial y^2} + \dfrac{\partial^2 t}{\partial z^2}\right) = \dfrac{\partial t}{\partial \tau}, \\ a^2 = \dfrac{k}{\rho c}. \end{cases}$$

Dans le cas de *l'état calorifique stationnaire*, où t est indépendant de τ, on obtient l'équation célèbre qui porte le nom de LAPLACE

$$(20)\qquad \frac{\partial^2 t}{\partial x^2} + \frac{\partial^2 t}{\partial y^2} + \frac{\partial^2 t}{\partial z^2} = 0.$$

3. Solutions de quelques problèmes simples de la théorie de la conduction de la chaleur. — Dans la théorie de la conduction de la chaleur, on peut se proposer deux problèmes différents.

Si on se donne la distribution des températures à un instant déterminé, on peut se proposer de trouver quelle est la distribution au bout d'un temps quelconque. Il s'agit alors de trouver une fonction $t(\tau, x, y, z)$ qui, pour tous les points intérieurs au corps et pour toutes les valeurs du temps, satisfasse à l'équation (19), telle que, pour tous les points de la surface du corps, on ait d'après (11) et (18, *d*)

$$(21)\qquad Ht + \frac{\partial t}{\partial n} = 0, \qquad \text{où} \qquad H = \frac{h}{k}$$

et qui, à l'origine du temps se réduise à une fonction donnée $\varphi(x, y, z)$.

Si on admet qu'à un certain moment la température ne varie plus, c'est-à-dire que l'équilibre calorifique est établi, on peut se proposer de chercher quelle est la distribution des températures stationnaires. La fonction t, qui dépend alors seulement de x, y, z, doit satisfaire à l'intérieur du corps à l'équation (20), et à la surface à la condition (21). On peut supposer comme cas limite $H = 0$; on aura $\frac{\partial t}{\partial n} = 0$, et on exprimera ainsi que la surface du corps est imperméable à la chaleur. Un autre cas limite est celui où H est infini ; on aura à la surface $t = 0$, et c'est ce qui arrive, par exemple, quand le corps est plongé dans un liquide dont la température est prise pour zéro de l'échelle thermométrique.

Fourier et Poisson ont donné la solution du problème des températures variables ou stationnaires dans les cas les plus usuels. Nous ne considérerons ici que les cas où la forme du corps rend la question particulièrement simple ; dans le paragraphe suivant, nous indiquerons comment les recherches de H. Poincaré permettent d'aborder le problème dans toute sa généralité.

I. Calcul de l'état calorifique stationnaire d'un mur. — On donne un mur ou une plaque (*fig.* 110), qui est limité par deux faces planes parallèles AB et CD d'étendue indéfinie ; soit d l'épaisseur du mur. Les températures t_1 et t_2 des faces AB et CD sont maintenues invariables pendant une longue durée, et on a $t_1 > t_2$. Il s'agit de déterminer l'état calorifique stationnaire du mur, c'est-à-dire la température t d'un point quelconque à l'intérieur, en fonction des coordonnées de ce point.

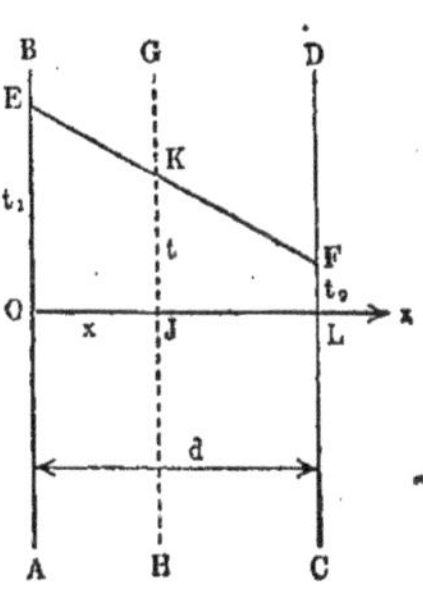

Fig. 110

Prenons comme origine des coordonnées le point O dans le plan AB et menons l'axe des x perpendiculairement aux faces AB et CD. Comme le mur a une étendue indéfinie et que la température est la même en tous les points de chacune des deux faces, il est clair que les points situés sur un plan parallèle à AB et CD, par exemple sur GH, possèdent aussi une même température, c'est-à-dire que les surfaces isothermes (page 322) sont les plans parallèles aux faces du mur. Il s'ensuit que t est indépendant de y et de z et que l'on a simplement $t = f(x)$. L'équation (20) devient

$$\frac{d^2t}{dx^2} = 0,$$

et l'on a

$$\frac{dt}{dx} = \text{B}, \qquad t = \text{A} + \text{B}x, \tag{22}$$

A et B étant deux constantes, qui doivent être déterminées par les conditions $t = t_1$ pour $x = 0$ et $t = t_2$ pour $x = d$; on a donc :

$$t_1 = \text{A}, \qquad t_2 = \text{A} + \text{B}d = t_1 + \text{B}d,$$

d'où $\text{A} = t_1$ et $\text{B} = \frac{t_2 - t_1}{d} = -\frac{t_1 - t_2}{d}$. Nous obtenons finalement

$$t = t_1 - \frac{t_1 - t_2}{d}x, \tag{23}$$

et nous trouvons, pour la chute de température dans la direction x,

$$-\frac{dt}{dx} = -\text{B} = \frac{t_1 - t_2}{d}. \tag{23, a}$$

La température est une fonction linéaire de x; la chute est partout la même dans le mur. Remarquons que la solution obtenue ne fait en définitive que traduire notre hypothèse fondamentale de la proportionnalité entre la quantité de chaleur q qui traverse un élément de surface σ perpendiculaire à Ox et la chute de température. Comme la chaleur s'écoule partout de AB vers CD dans la direction Ox sans varier quantitativement, il est évident que nous obtenons le même flux q, n'importe où se trouve l'élément de surface σ perpendiculaire à Ox. Mais, si $q = const.$, la chute doit être constante, et nous pouvons écrire directement $\frac{dt}{dx} = const.$

Si on porte $OE = t_1$ et $LF = t_2$, la droite EF représente la loi de variation de la température à l'intérieur du mur; la température d'un point quelconque dans le plan GH est $t = JK$.

La formule (22) se rapporte au cas où k est indépendant de t. Le problème du mur est aussi facile à traiter, lorsque $k = \varphi(t)$. Nous devons avoir encore $q = const.$, c'est-à-dire que q est indépendant de x; mais alors (10) donne $k\frac{dt}{dx} = B$ ou $\varphi(t)\frac{dt}{dx} = B$, B étant une constante; on peut donc calculer facilement $t = f(x)$. Posons par exemple :

$$k = k_0(1 + \alpha t), \tag{24}$$

où k_0 représente la valeur de la grandeur k pour $t = 0$; nous avons

$$k_0(1 + \alpha t)\frac{dt}{dx} = B,\quad k_0(1 + \alpha t)\,dt = B dx,\quad k_0\int(1 + \alpha t)\,dt = B\int dx + A$$

A étant une constante; finalement, nous trouvons

$$k_0\left(t + \frac{1}{2}\alpha t^2\right) = A + Bx, \tag{25}$$

et les grandeurs A et B se déterminent comme précédemment. La formule obtenue montre que, dans le cas où la formule (24) s'applique, la droite EF (*fig.* 110) est remplacée par un *arc de parabole* passant par les points E et F.

II. Calcul de l'état calorifique stationnaire d'une tige mince. — Soit une tige homogène AB (*fig.* 111), dont la section droite a pour aire s et pour

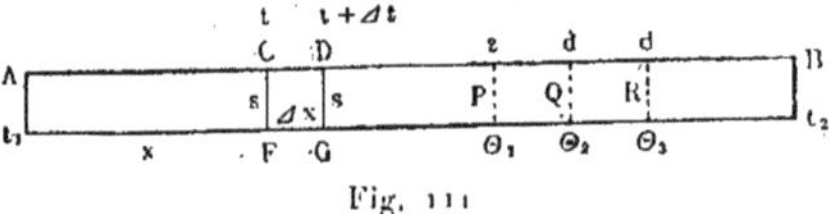

Fig. 111

périmètre p, dont la longueur est l et dont les coefficients de conductibilité intérieure et extérieure sont respectivement k et h. Les extrémités A et B sont maintenues aux températures t_1 et t_2, comptées à partir de la température du milieu ambiant. Il s'agit de trouver la distribution stationnaire des températures dans la tige, en supposant la section s assez petite pour que la température t soit uniforme dans cette section, c'est-à-dire en supposant que $t = F(x)$, où x est la distance de la section s à l'extrémité A.

Considérons deux sections infiniment voisines CF et DG et admettons que la quantité de chaleur q_1, qui pénètre par CF dans la portion CDFG de la tige, soit égale à la quantité de chaleur q_2 qui s'échappe par DG, plus la quantité de chaleur q_3 perdue par la surface latérale σ du même segment; nous avons alors $q_1 = q_2 + q_3$. Par CF pénètre la quantité $q_1 = -ks\tau\left(\frac{dt}{dx}\right)_x$, l'indice x rappelant de nouveau que la chute $-\frac{dt}{dx}$ est prise pour la section dont la distance à A est x. Par la section DG s'écoule la quantité de chaleur

$$q_2 = -ks\tau\left(\frac{dt}{dx}\right)_{x+\Delta x} = -ks\tau\left(\frac{dt}{dx}\right)_x - ks\tau\frac{d^2t}{dx^2}\Delta x\,;$$

nous négligeons les termes d'ordre supérieur. Par la surface latérale s'échappe la quantité de chaleur $q_3 = h\sigma t\tau$; mais on a $\sigma = p\Delta x$ et par suite

$$q_3 = hpt\tau\Delta x.$$

Si on porte, dans l'égalité $q_1 = q_2 + q_3$, les valeurs trouvées pour q_1, q_2 et q_3, on obtient après division par $ks\tau\Delta x$

$$\frac{d^2t}{dx^2} = \frac{hp}{ks}\,t. \tag{26}$$

La fonction $t = F(x)$ cherchée doit satisfaire à cette équation à l'intérieur de la tige. Introduisons la notation

$$a^2 = \frac{hp}{ks}. \tag{27}$$

Pour une *tige cylindrique circulaire*, dont la section droite a pour rayon R, nous avons $s = \pi R^2$, $p = 2\pi R$, et par suite

$$a^2 = \frac{2h}{kR}. \tag{28}$$

La dimension de la grandeur $\frac{h}{k}$ est L^{-1} ; le périmètre p est de dimension L, l'aire s de dimension L^2, par conséquent, la dimension de la grandeur a^2 est

$$[a^2] = \frac{1}{L^2}. \tag{29}$$

Ecrivons l'équation (26) sous la forme

$$\frac{d^2t}{dx^2} = a^2t. \tag{30}$$

A une telle équation linéaire à coefficients constants satisfait une fonction de la forme $t = e^{\alpha x}$. Si on porte cette fonction dans (30) et si on divise chaque membre par $e^{\alpha x}$, on trouve $\alpha^2 = a^2$. On en déduit deux valeurs pour α :

$$\alpha_1 = -a = -\sqrt{\frac{hp}{ks}}, \qquad \alpha_2 = +a = +\sqrt{\frac{hp}{ks}}.$$

L'intégrale générale de l'équation (30) est

$$t = Ae^{-ax} + Be^{ax} \tag{31}$$

où

$$t = Ae^{-\sqrt{\frac{hp}{ks}}x} + Be_1^{\sqrt{\frac{hp}{ks}}x}, \tag{32}$$

A et B étant des constantes, dont la valeur est déterminée par la condition que $t = t_1$ pour $x = 0$ et $t = t_2$ pour $x = l$, ce qui donne

$$\begin{cases} t_1 = A + B \\ t_2 = Ae^{-al} + Be^{al}. \end{cases} \tag{32, a}$$

En portant les valeurs de A et B déduites de ces relations dans (31), on obtient finalement la solution du problème posé. La formule (29) montre que la grandeur ax est de dimension zéro, comme cela doit être, puisque cette grandeur entre en exposant, c'est-à-dire se présente comme un nombre abstrait.

Pour une tige *très longue*, dont une extrémité est maintenue à la température t_0, l'autre extrémité étant assez éloignée pour que sa température reste constamment égale à la température zéro du milieu ambiant, la formule se simplifie. Nous devons poser théoriquement $t = 0$ pour $x = \infty$; mais e^{ax} croît indéfiniment quand x tend vers l'infini et par suite on doit faire $B = 0$. On a en outre $t = t_0$ pour $x = 0$; ceci donne $A = t_0$, de sorte que finalement

$$t = t_0 e^{-\sqrt{\frac{hp}{ks}}x}. \tag{33}$$

Montrons maintenant comment on détermine A et B dans (31), lorsque l'extrémité $x = 0$ étant maintenue à la température t_0, *la température de l'extrémité $x = l$ reste non prescrite dans le milieu ambiant* et prend une certaine valeur inconnue t_l. La première condition donne

$$A + B = t_0. \tag{34}$$

La quantité de chaleur, qui parvient à l'extrémité $x = l$ de la tige, es $-ks\left(\frac{dt}{dx}\right)_l \tau$; elle doit être égale à la quantité perdue par la base s, de sorte que l'on a

$$-ks\left(\frac{dt}{dx}\right)_l \tau = hs\tau t_l$$

ou

$$(35) \qquad -k\left(\frac{dt}{dx}\right)_l = ht_l.$$

La formule (31) donne

$$t_l = Ae^{-al} + Be^{al}, \qquad \left(\frac{dt}{dx}\right)_l = -aAe^{-al} + aBe^{al}.$$

En portant ces deux valeurs dans (35), il vient :

$$(36) \qquad A(ak-h)e^{-al} - B(ak+h)e^{al} = 0.$$

Les relations (34) et 36) permettent de déterminer les inconnues A et B.

Nous allons maintenant démontrer un *théorème important sur les températures de trois sections équidistantes*. Soient Θ_1, Θ_2 et Θ_3 les températures de trois sections P, Q et R (*fig.* 111), dont les distances à l'extrémité A sont respectivement z, $z+d$ et $z+2d$. Nous avons, d'après la formule (31),

$$\Theta_1 = Ae^{-az} + Be^{az}, \quad \Theta_2 = Ae^{-a(z+d)} + Be^{a(z+d)}, \quad \Theta_3 = Ae^{-a(z+2d)} + Be^{a(z+2d)}.$$

On en déduit

$$\frac{\Theta_1+\Theta_3}{\Theta_2} = \frac{Ae^{-az}(1+e^{-2ad}) + Be^{az}(1+e^{2ad})}{Ae^{-a(z+d)} + Be^{a(z+d)}}$$

$$= \frac{Ae^{-a(z+d)}(e^{ad}+e^{-ad}) + Be^{a(z+d)}(e^{-ad}+e^{ad})}{Ae^{-a(z+d)} + Be^{a(z+d)}} = e^{ad} + e^{-ad}.$$

La grandeur z ainsi que les coefficients A et B disparaissent. Il s'ensuit que la fraction $(\Theta_1+\Theta_3) : \Theta_2$ ne dépend pour la tige donnée que de ses propriétés physiques (k et h), des paramètres géométriques de sa section (s et p) et de la distance d à laquelle se trouvent l'une de l'autre les trois sections ; *cette fraction ne dépend ni de la longueur l de la tige, ni des températures t_1 et t_2 de ses extrémités, ni de la région où sont situées les trois sections.* Si donc on prend trois autres sections aux mêmes distances l'une de l'autre et si leurs températures sont Θ_4, Θ_5, Θ_6 ou Θ_7, Θ_8, Θ_9, etc., on aura

$$(37) \qquad \frac{\Theta_1+\Theta_3}{\Theta_2} = \frac{\Theta_4+\Theta_6}{\Theta_5} = \frac{\Theta_7+\Theta_9}{\Theta_8} = \ldots = e^{ad}+e^{-ad} = 2n,$$

n étant un nombre constant. L'égalité

$$(38) \qquad 2n = e^{ad} + e^{-ad}$$

donne

$$(38, a) \qquad e^{2ad} - 2ne^{ad} + 1 = 0, \qquad e^{ad} = n \pm \sqrt{n^2-1}.$$

Les deux racines possèdent des valeurs réciproques, car $\left(n-\sqrt{n^2-1}\right)^{-1} = n+\sqrt{n^2-1}$; l'une des racines étant e^{ad}, l'autre est e^{-ad} ; l'équation

(38, a) montre en effet que e^{ad} et e^{-ad} satisfont à cette même équation. On a évidemment $e^{ad} > 1$; par conséquent

$$e^{ad} = n + \sqrt{n^2 - 1}. \quad (39)$$

La courbe, qui représente la relation $t = f(x)$, est convexe vers l'axe des x ; il en résulte que $\Theta_2 < \frac{1}{2}(\Theta_1 + \Theta_3)$ ou que $(\Theta_1 + \Theta_3) : \Theta_2$ est plus grand que 2. On a donc $n > 1$ et les racines ne peuvent être imaginaires.

III. Calcul de l'état calorifique stationnaire d'une couche sphérique. — Une couche, limitée par les surfaces sphériques concentriques S_1 et S_2 (*fig.* 112) de rayons r_1 et r_2, possède le coefficient de conductibilité calorifique k. Les surfaces S_1 et S_2 étant maintenues respectivement à des températures constantes t_1 et t_2, il s'agit de trouver l'état stationnaire de la couche sphérique, c'est-à-dire la température t en un point intérieur quelconque. Prenons des coordonnées polaires r, φ, ψ et l'origine au centre C. Par raison de symétrie, il est évident que t n'est fonction que de la seule variable r et que les surfaces isothermes sont des surfaces sphériques concentriques ayant leur centre commun en C. Nous avons donc $t = f(r)$, et nous allons chercher l'équation à laquelle doit satisfaire cette fonction à l'intérieur de la couche. Traçons deux surfaces sphériques infiniment voisines S et S' à l'intérieur de cette couche et soient r le rayon de S, t sa température. Considérons sur la surface S l'élément σ, qui est égal à $r^2 \sin\varphi d\varphi d\psi$, et soit σ' l'élément de la surface S' découpé dans celle-ci par l'angle solide α de sommet C s'appuyant sur σ ; on a $\sigma' = (r + \Delta r)^2 \sin\varphi d\varphi d\psi$, ou $\sigma' = (r^2 + 2r\Delta r) \sin\varphi d\varphi d\psi$, en négligeant le carré de Δr. L'angle solide α découpe, dans la couche sphérique comprise entre S et S', un élément de volume, par la surface latérale duquel ne s'écoule pas du tout de chaleur, la chute de température dans une direction quelconque perpendiculaire au rayon r étant nulle ; la chaleur ne se transmet que suivant la direction du rayon. Il est clair par suite que la quantité de chaleur q_r passant par σ est égale à la quantité $q_{r+\Delta r}$ s'écoulant par σ'.

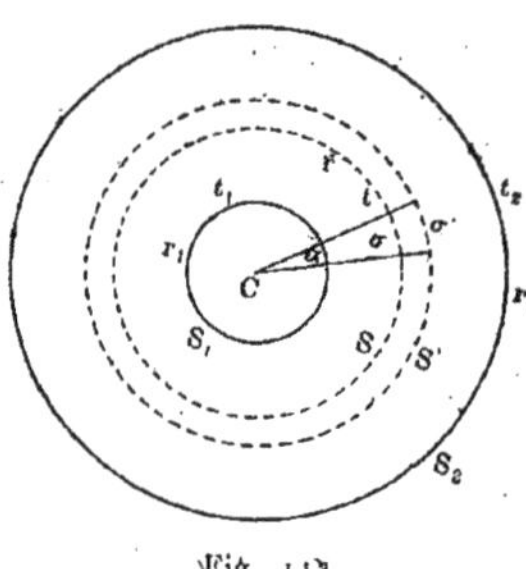

Fig. 112

Nous avons

$$q_r = -k\sigma\tau\left(\frac{dt}{dr}\right)_r = -k\tau r^2 \sin\varphi d\varphi d\psi \left(\frac{dt}{dr}\right)_r.$$

On a de même

$$q_{r+\Delta r} = -k\sigma'\tau\left(\frac{dt}{dr}\right)_{r+\Delta r}.$$

Substituons à σ' sa valeur $(r^2 + 2r\Delta r)\sin\varphi d\varphi d\psi$, et à $\left(\frac{dt}{dr}\right)_{r+\Delta r}$ l'expression approchée $\left(\frac{dt}{dr}\right)_r + \left(\frac{d^2t}{dr^2}\right)_r \Delta r$; il vient

$$q_{r+\Delta r} = -(r^2 + 2r\Delta r)\sin\varphi d\varphi d\psi \left[\left(\frac{dt}{dr}\right)_r + \frac{d^2t}{dr^2}\Delta r\right] k\tau.$$

En négligeant les infiniment petits d'ordre supérieur, on peut écrire

$$q_{r+\Delta r} = -k\tau \sin \varphi d\varphi d\psi \left[r^2 \left(\frac{dt}{dr}\right)_r + 2r \left(\frac{dt}{dr}\right)_r \Delta r + r^2 \frac{d^2 t}{dr^2} \Delta r \right].$$

Si on égale q_r et $q_{r+\Delta r}$ et si on divise par $-k\tau r^2 \sin \varphi d\varphi d\psi \Delta r$, on obtient

(40) $$\frac{d^2 t}{dr^2} + \frac{2}{r} \frac{dt}{dr} = 0;$$

c'est l'équation à laquelle doit satisfaire la fonction $t = f(r)$ à l'intérieur de la couche. Remarquons que l'on peut déduire (40) de l'équation (20) par simple transformation, en posant $t = f(r)$, où $r^2 = x^2 + y^2 + z^2$.

Pour résoudre l'équation (40), posons $\frac{dt}{dr} = \zeta$; on obtient alors

$$\frac{d\zeta}{dr} + \frac{2\zeta}{r} = 0, \qquad \text{ou} \qquad \frac{d\zeta}{\zeta} + 2\frac{dr}{r} = 0,$$

et par conséquent

$$\int \frac{d\zeta}{\zeta} + 2\int \frac{dr}{r} = C,$$

C étant une constante. On a donc $\log \zeta + 2 \log r = \log \zeta r^2 = C$, et par suite $\zeta r^2 = -B$, où

(41) $$\zeta = \frac{dt}{dr} = -\frac{B}{r^2},$$

B étant une constante. Ceci donne

(42) $$t = -B \int \frac{dr}{r^2} + A = A + \frac{B}{r},$$

A étant une nouvelle constante. La loi de dépendance entre la température t et la variable indépendante r est ainsi trouvée à l'intérieur de la couche.

Les constantes A et B se déterminent par les conditions $t = t_1$ pour $r = r_1$ et $t = t_2$ pour $r = r_2$; on a $t_1 = A + \frac{B}{r_1}$, $t_2 = A + \frac{B}{r_2}$, d'où l'on déduit les valeurs de A et B. En portant ces valeurs dans (42), on obtient finalement

(43) $$t = \frac{r_2 t_2 - r_1 t_1}{r_2 - r_1} + \frac{r_1 r_2 (t_1 - t_2)}{r_2 - r_1} \cdot \frac{1}{r}.$$

Déterminons maintenant la quantité totale de chaleur Q, qui traverse par unité de temps la surface S ; on a évidemment

$$Q = -kS \frac{dt}{dr} = -4\pi k r^2 \frac{dt}{dr}.$$

Mais la chute $-\frac{dt}{dr}=\frac{r_1 r_2 (t_1-t_2)}{r_2-r_1}\cdot\frac{1}{r^2}$; par suite

$$Q = 4\pi k (t_1 - t_2)\frac{r_1 r_2}{r_2 - r_1}. \tag{44}$$

Cette grandeur est indépendante du rayon r de la surface S, comme cela doit être.

Observons que le problème actuel peut être résolu encore plus simplement, en partant du fait évident que Q ne doit pas dépendre de r, c'est-à-dire que la même quantité de chaleur doit successivement traverser toutes les surfaces sphériques concentriques que l'on peut tracer dans la couche. Il est clair que, dans ce cas, la quantité de chaleur q, qui traverse durant le temps τ un élément *déterminé* σ de ces surfaces sphériques, doit être inversement proportionnelle à r^2. Mais q est proportionnel au produit de k par la chute de température ; par suite ce produit doit être inversement proportionnel à r^2, et l'on a :

$$-k\frac{dt}{dr}=\frac{C}{r^2}; \tag{45}$$

c'est l'équation (41) où $C : k = B$. Nous avons même obtenu une équation plus générale, car (45) permet d'étudier le cas où k dépend de la température, où par exemple $k = k_0(1+\alpha t)$; nous avons alors $-k_0(1+\alpha t)\frac{dt}{dr}=\frac{C}{r^2}$, équation facile à résoudre.

IV. Calcul de l'état calorifique stationnaire d'une couche cylindrique. — Une couche cylindrique de longueur indéfinie est limitée par deux surfaces cylindriques circulaires ayant même axe ; soient r_1 et r_2 les rayons respectifs des sections droites circulaires de ces surfaces. La surface intérieure (r_1) et la surface extérieure (r_2) sont maintenues aux températures t_1 et t_2 ; il s'agit de déterminer l'état calorifique stationnaire de la couche. Si r est la distance d'un point intérieur de la couche cylindrique à l'axe de cette couche, il est évident que $t = f(r)$, c'est-à-dire que les surfaces isothermes sont des surfaces cylindriques ayant pour axe commun l'axe de la couche. Ce problème peut, comme le précédent, être résolu de trois manières. Si on considère la chaleur qui traverse un élément infinitésimal de volume de la couche cylindrique, limité par deux surfaces cylindriques de rayons r et $r+\Delta r$, par deux plans infiniment voisins perpendiculaires à l'axe, et par deux plans passant par l'axe et faisant un angle infiniment petit, on arrive à l'équation suivante, qui doit être satisfaite en tout point à l'intérieur de la couche,

$$\frac{d^2t}{dr^2}+\frac{1}{r}\frac{dt}{dr}=0. \tag{46}$$

On peut aussi déduire cette équation de (20), en disposant l'axe des z suivant l'axe de la couche cylindrique et en posant $t=f(r)$, où $r^2=x^2+y^2$. Mais on trouve t plus simplement, en partant du fait évident que la quantité de chaleur Q, qui traverse dans l'unité de temps une surface cylindrique quelconque S de rayon r et de longueur l et dont l'axe coïncide avec l'axe de la couche cylindrique, est indépendante de r. L'aire de la surface S est directement proportionnelle à r; par suite la quantité de chaleur q, qui s'écoule dans le temps τ à travers un élément donné σ de la surface S, est inversement proportionnelle à r. Il s'ensuit que

$$(47) \qquad -k\frac{dt}{dr} = \frac{C}{r},$$

où C est une constante. Cette équation se résout facilement lorsque $k = k_0(1 + \alpha t)$. Quand k est constant, (46) se déduit directement de (47). Posons, dans ce cas, $C : k = B$; on a alors $\frac{dt}{dr} = -\frac{B}{r}$, ou

$$(48) \qquad t = A - B \log r.$$

On détermine les constantes A et B à l'aide des égalités

$$t_1 = A - B \log r_1, \qquad t_2 = A - B \log r_2,$$

et on obtient finalement

$$(49) \qquad t = \frac{t_1 \log r_2 - t_2 \log r_1}{\log r_2 - \log r_1} - \frac{t_1 - t_2}{\log r_2 - \log r_1} \log r.$$

La quantité de chaleur Q, qui traverse dans l'unité de temps la surface S (de rayon r et de longueur l), est

$$Q = -kS\frac{dt}{dr} = -k2\pi rl\frac{dt}{dr} = 2\pi krl \cdot \frac{t_1 - t_2}{\log r_2 - \log r_1} \cdot \frac{1}{r},$$

ou

$$(50) \qquad Q = \frac{2\pi kl}{\log \frac{r_2}{r_1}}(t_1 - t_2).$$

La variable r a disparu, comme cela doit être.

V. Pénétration d'ondes calorifiques harmoniques dans un milieu homogène indéfini limité par un plan. — Nous allons maintenant nous occuper d'un problème où l'état calorifique est *variable* et qui présente un grand intérêt dans l'étude des températures du globe terrestre.

Quand on étudie les différentes actions du Soleil sur un lieu déterminé de la Terre, il est permis, ainsi que Fourier et Poisson l'ont fait, d'assimiler la Terre à un corps indéfini terminé par un plan, et dont la température ne varie qu'avec le temps et avec la distance x à ce plan.

Supposons que la température t_0 soit, à la surface d'un tel corps, une fonction périodique du temps τ ; alors t_0 est développable en une série de sinus et de cosinus, et on peut poser :

$$(50, a) \qquad t_0 = \sum_i C_i \cos 2\pi\left(\frac{\tau}{T_i} + \varepsilon_i\right).$$

Il suffit d'ailleurs de calculer la température correspondant à chaque terme de t_0 et de faire la somme de toutes ces températures, pour avoir la valeur de t correspondant à la valeur complète de t_0. Nous considérerons donc seulement le cas où la température à la surface est

$$t_0 = C \cos 2\pi \left(\frac{\tau}{T} + \varepsilon\right). \tag{50, b}$$

Ceci correspond à une *vibration harmonique* (Tome I), T étant la durée de la période, $\pm C$ les deux températures extrêmes entre lesquelles t_0 oscille. On peut appeler C l'*amplitude thermique*. Chaque échauffement ou chaque refroidissement pénètre dans la direction x à l'intérieur du milieu, et des *ondes calorifiques* doivent se propager dans ce milieu suivant cette direction. La température t à la profondeur x est une fonction de x et du temps τ, qui doit satisfaire à l'équation, voir (19), page 332,

$$a^2 \frac{\partial^2 t}{\partial x^2} = \frac{\partial t}{\partial \tau} \tag{50, c}$$

et à la condition $t = t_0$ à la surface $x = 0$. Posons, en regardant A et B comme des fonctions de x,

$$t = A \sin 2\pi \left(\frac{\tau}{T} + \varepsilon\right) + B \cos 2\pi \left(\frac{\tau}{T} + \varepsilon\right);$$

en substituant dans l'équation (50, c), nous aurons :

$$a^2 \frac{d^2B}{dx^2} - \frac{2\pi}{T} A = 0, \qquad a^2 \frac{d^2A}{dx^2} + \frac{2\pi}{T} B = 0, \tag{50, d}$$

et nous devrons avoir à la surface $A = 0$, $B = C$. Les intégrales des deux équations (50, d) renferment quatre constantes arbitraires, qui se réduisent à deux, si l'on remarque que la solution ne doit pas renfermer en facteur d'exponentielle grandissant indéfiniment avec x. En tenant compte des conditions à la surface, on trouve finalement que la fonction cherchée $t = f(x, \tau)$ a la forme

$$t = Ce^{-2\pi\frac{x}{\lambda}} \cos 2\pi \left(\frac{\tau}{T} + \varepsilon - \frac{x}{\lambda}\right), \tag{50, e}$$

où

$$\lambda = 2\sqrt{\frac{\pi k T}{\rho c}} = 2a\sqrt{\pi T}. \tag{50 f}$$

L'expression (50, e) est exactement de même forme que l'équation d'un rayon lumineux, mais l'amplitude décroît quand l'abscisse x, c'est-à-dire la profondeur, augmente. On peut donc parler d'un *amortissement* (Tome I, page 141) de la vibration thermique, avec cette différence relativement aux vibrations amorties déjà considérées, que l'amortissement n'a pas lieu en un endroit déterminé dans le cours du temps, mais que les vibrations s'amortissent à mesure qu'elles pénètrent plus profondément dans le corps, c'est-à-dire à mesure que x augmente.

La grandeur λ est la longueur d'une *onde calorifique*, autrement dit la distance, mesurée dans la direction x, entre deux points qui se trouvent dans la même *phase calorifique*, c'est-à-dire passent, par exemple, *simultanément* par la température zéro ou par les maxima ou minima de température correspondant aux deux points. Il s'ensuit que le cosinus reste invariable, quand x varie de $\pm n\lambda$, n désignant un nombre entier. On peut encore dire que λ est la portion de l'axe des x, dont s'avance une phase calorifique pendant une période T ; la longueur d'onde λ est, par exemple, la profondeur à laquelle se trouve un maximum de température situé d'abord dans le plan $x = 0$, au moment où s'établit dans ce dernier plan le maximum suivant.

La formule (50, f) nous donne cette intéressante proposition : *la longueur des ondes calorifiques est proportionnelle à la racine carrée de la durée d'une période thermique.*

Pendant le temps T, l'onde calorifique se propage de la quantité λ ; on a par suite

$$v = \frac{\lambda}{T} = 2\sqrt{\frac{\pi k}{\rho c T}} = 2a\sqrt{\frac{\pi}{T}}, \tag{50, g}$$

pour la *vitesse* avec laquelle les ondes se propagent dans la direction x. Nous avons donc cette seconde proposition : *la vitesse, avec laquelle les ondes calorifiques pénètrent dans l'intérieur du corps, est inversement proportionnelle à la racine carrée de la durée d'une période thermique.* Par élimination de T entre (50, f) et (50, g), on obtient

$$v\lambda = \frac{4\pi k}{\rho c} = 4\pi a. \tag{50, h}$$

La vitesse, avec laquelle les ondes calorifiques pénètrent dans l'intérieur du corps, est inversement proportionnelle à la longueur de ces ondes.

La grandeur de l'amortissement, c'est-à-dire la vitesse avec laquelle l'amplitude calorifique décroît quand x augmente, est caractérisée par le facteur

$$e^{-2\pi\frac{x}{\lambda}}.$$

Pour chaque accroissement de x de la longueur λ, l'amplitude diminue de

$$e^{2\pi} = 535 ; \tag{50, i}$$

pour un accroissement de $\frac{\lambda}{2}$, l'amplitude diminue de

$$e^{\pi} = 23. \tag{50, j}$$

Tandis qu'à la surface $x = 0$, le maximum de la température est C, il n'est donc plus que de $\frac{1}{23}$ C à la profondeur $\frac{\lambda}{2}$, de $\frac{1}{535}$ C à la profondeur λ, de $\left(\frac{1}{535}\right)^2$ C à la profondeur 2λ, etc. On a évidemment

$$(50, k) \qquad e^{-2\pi\frac{x}{\lambda}} = e^{-\frac{a}{x}\sqrt{\frac{\pi}{T}}} = e^{-\frac{v}{2a^2}x}.$$

L'amortissement est donc d'autant plus grand que la période thermique T *ou la longueur d'onde* λ *est plus petite ; plus les ondes calorifiques se meuvent rapidement, plus leur amortissement est grand.*

Supposons que, dans le plan $x = 0$, se produisent simultanément plusieurs oscillations périodiques de température, de sorte que t_0 est de la forme (50, a), où ε_i désigne la phase de la i^e oscillation au temps $\tau = 0$. On a dans ce cas

$$(50, l) \qquad t = \sum_i t_i,$$

où t_i désigne la température qui régnerait à la profondeur x au temps τ, si seule la i^e oscillation de température avait lieu dans le plan $x = 0$. Les différentes ondes calorifiques se propagent donc simultanément, sans se troubler l'une l'autre. Nous remarquerons enfin que, dans la solution précédente, t n'est pas nul pour $\tau = 0$; mais on peut montrer qu'au bout d'un temps très considérable la température dépendra très peu de l'état initial.

Le problème que nous venons de traiter nous permet de nous *orienter* en quelque sorte *dans les phénomènes calorifiques qui se passent dans la couche superficielle de la Terre, par suite des périodes journalière et annuelle de l'échauffement de la surface du globe terrestre.* Evidemment le phénomène géophysique ne ressemble que de très loin au phénomène théorique que nous venons de considérer. Les deux périodes, particulièrement la période journalière, n'ont pas du tout une marche régulière, et ne correspondent même pas dans leur marche moyenne à la loi du cosinus ; en outre la couche superficielle terrestre ne peut être considérée comme homogène que dans des endroits exceptionnels. Malgré tout, la solution du problème théorique précédent nous donne certains renseignements intéressants sur *la pénétration à l'intérieur de la Terre des ondes calorifiques journalières ou annuelles.*

Comme $\sqrt{365} = 19$, les propositions que nous avons énoncées plus haut se traduisent ici de la manière suivante. L'onde calorifique journalière se propage 19 fois plus vite que l'onde annuelle ; la longueur λ_1 de l'onde calorifique journalière est 19 fois plus petite que la longueur λ_2 de l'onde annuelle. L'amortissement de l'onde calorifique journalière a lieu 19 fois plus vite que celui de l'onde annuelle.

Quételet a trouvé à Bruxelles 19 mètres pour la valeur λ_1 de la longueur d'onde annuelle. Suivant la nature du sol, elle doit varier dans de larges limites. En admettant pour la période *annuelle* la longueur d'onde

$$\lambda_1 = 19 \text{ mètres},$$

on obtiendrait, pour la longueur d'onde de la période journalière,

$$\lambda_2 = 1 \text{ mètre.}$$

Les formules (50, i) et (50, j) donnent le résultat suivant : si, par exemple, le maximum de la température estivale est à la surface de la Terre, on a, à une profondeur de $9^m,50$, un minimum devenu 23 fois plus petit que celui de l'hiver précédent, et, à une profondeur de 19 mètres, un maximum 535 fois plus petit que celui de l'été antérieur. Déjà, à une profondeur de $0^m,5$ après 12 heures et à une profondeur de 1 mètre après 24 heures, on trouve que les maxima et minima journaliers se sont également affaiblis.

4. Indications sommaires sur le problème de Fourier. Recherches de H. Poincaré. — L'équation (19) de la conduction de la chaleur possède un caractère essentiel, qui la distingue de l'équation du son que nous avons étudiée dans le Tome I ; elle contient seulement la dérivée première $\frac{\partial t}{\partial \tau}$, alors que la dérivée analogue qui se présente dans la seconde est du deuxième ordre. On traduit ce fait en disant que l'équation de la chaleur est du type *parabolique ;* l'équation du son, où le coefficient de la dérivée du deuxième ordre par rapport au temps est négatif, appartient au type *hyperbolique ;* au contraire, l'équation (20) de Laplace, où toutes les dérivées du second ordre ont un coefficient positif, est du type *elliptique.*

Le caractère parabolique de l'équation de la chaleur différencie son étude de celle de l'équation du son ou de celle de l'équation de Laplace ; mais il y a néanmoins des analogies importantes qu'il est intéressant de remarquer.

Les premières recherches de Fourier ont porté sur le mouvement de la chaleur dans un conducteur linéaire, c'est-à-dire dans une tige infiniment mince ; l'équation (19) prend alors, par un choix convenable des unités, la forme simple

$$\frac{\partial^2 t}{\partial x^2} = \frac{\partial t}{\partial \tau} \tag{20'}$$

et la condition aux extrémités de la tige s'écrit :

$$\frac{\partial t}{\partial x} + Ht = 0. \tag{21'}$$

Fourier a d'abord considéré le cas d'une *armille* (conducteur linéaire fermé). Supposons qu'on ait choisi l'unité de longueur de manière que la longueur de l'armille soit 2π ; la fonction t doit être périodique par rapport à x, la période étant 2π. L'équation aux dérivées partielles (20′) doit être satisfaite pour les valeurs positives de τ, et pour $\tau = 0$ on doit avoir $t = \varphi(x)$, $\varphi(x)$ étant une fonction donnée. L'équation (20′) admet comme intégrales particulières :

$$t = \cos nx e^{-n^2\tau}, \qquad t = \sin nx e^{-n^2\tau}$$

il en résulte que

$$t = \sum (a_n \cos nx + b_n \sin nx) e^{-n^2\tau}$$

sera une intégrale de l'équation (20′) se réduisant à $\varphi(x)$ pour τ_0, si l'on détermine a_n, b_n par les formules

$$a_0 = \int_{-\pi}^{\pi} \frac{\varphi(z)\, dz}{2\pi}, \quad a_n = \int_{-\pi}^{\pi} \frac{\varphi(z) \cos nz}{\pi}\, dz, \quad b_n = \int_{-\pi}^{\pi} \frac{\varphi(z) \sin nz}{\pi}\, dz;$$

nous aurons donc finalement

$$t = \int_{-\pi}^{\pi} \frac{\varphi(z)\, dz}{2\pi}\, \Theta,$$

en posant

$$\Theta = 1 + 2 \sum \cos n(x - z)\, e^{-n^2\tau},$$

c'est de cette manière que la fonction Θ de Jacobi s'est présentée pour la première fois dans l'analyse. On peut encore écrire cette fonction sous la forme

$$\Theta = \sqrt{\frac{\pi}{\tau}} \sum_{-\infty}^{+\infty} e^{-\frac{(x-z-2n\pi)^2}{4\tau}}.$$

Nous avons fait choix d'un système d'unités particulières; pour rétablir l'homogénéité, nous devons, en désignant par $2l$ la longueur de l'armille, remplacer partout x par $\frac{\pi x}{l}$, z par $\frac{\pi z}{l}$ et τ par $\frac{\pi^2 \tau}{l^2}$. Dans les formules obtenues de cette façon, on peut faire croître l indéfiniment, et on obtient ainsi la solution pour le cas d'un fil indéfini; cette solution, que Laplace avait déjà obtenue avant Fourier, est la suivante :

$$t = \frac{1}{\sqrt{\pi\tau}} \int_{-\infty}^{+\infty} \varphi(\xi) e^{-\frac{(x-\xi)^2}{4\tau}}\, d\xi,$$

$\varphi(\xi)$ représentant la température initiale de $\xi = -\infty$ à $\xi = +\infty$.

La solution de Laplace s'étend sans difficulté au cas de trois dimensions, c'est-à-dire au cas général de l'équation (19); on a alors

$$t = \iiint \frac{\varphi(\xi, \eta, \zeta)}{8\sqrt{\pi^3\tau^3}}\, e^{-\frac{(x-\xi)^2+(y-\eta)^2+(z-\zeta)^2}{4\tau}}\, d\xi d\eta d\zeta,$$

l'intégrale étant étendue à l'espace tout entier. La forme de cette solution a conduit Minnigerode, Amsler, Beltrami, Betti, A. Sommerfeld à étendre au problème de Fourier la méthode que Green a donnée pour résoudre les problèmes de la théorie du potentiel newtonien; nous avons déjà indiqué une extension analogue dans le Tome I (formule de KIRCHHOFF) et dans le Tome II (problème de la diffraction) à l'égard du mouvement d'un milieu déformable.

Revenons à la forme de la solution de FOURIER :

$$t = \sum (a_n \cos nx + b_n \sin nx)\, e^{-n^2\tau};$$

si l'on considère une tige de longueur *finie* et si l'on exprime que la condition (21') est remplie aux extrémités, on obtient pour n une équation transcendante qui possède une infinité de racines réelles n_i; la fonction, qui représente la distribution initiale de température, peut être développée en série trigonométrique de la forme

$$\sum_i (a_n \cos nx + b_n \sin nx).$$

Par une voie tout à fait analogue, FOURIER a résolu le problème des températures dans le cas de la sphère, du cylindre circulaire et du parallélépipède rectangle. LAMÉ, au moyen des *coordonnées elliptiques* a pu résoudre le problème de l'état stationnaire dans un ellipsoïde ; MATHIEU a traité plus tard le cas du mouvement non stationnaire. Enfin les recherches de WANGERIN et G. DARBOUX ont permis d'aborder le problème de FOURIER, quand la frontière du corps est une cyclide.

H. POINCARÉ a envisagé d'une manière tout à fait générale le problème de FOURIER ; sa solution est valable pour un domaine fini quelconque à trois dimensions, et elle est identique aux solutions obtenues dans des cas spéciaux par les précédents auteurs ; elle est par suite non seulement une démonstration d'existence, mais indique en outre le mode de calcul le plus convenable dans chaque cas. Pour arriver à cette solution, le raisonnement est tout à fait analogue à celui que le même savant a déjà employé pour résoudre le problème général de l'Acoustique (Tome I). H. POINCARÉ considère d'abord l'équation aux dérivées partielles

$$a^2 \xi \Delta T + T = 0$$

qui, pour des valeurs convenables positives a_1^2, a_2^2, ... de la constante ξ, admet des solutions correspondantes T_1, T_2, ... vérifiant, à la frontière du domaine que l'on envisage, la condition (21). Si $\varphi(x, y, z)$ est la température initiale prescrite à l'intérieur du domaine, la fonction φ peut être développée dans la série

$$\varphi(x, y, z) = A_1 T_1 + A_2 T_2 + \dots ;$$

les coefficients A_i se déterminent par la formule

$$A_i = \iiint \varphi(x, y, z)\, T_i\, dx\, dy\, dz,$$

si l'on achève de préciser les fonctions T_i par la condition

$$\iiint T_i^2 dx dy dz = 1.$$

La solution du problème de FOURIER est alors

$$t = A_1 T_1 e^{-\frac{\tau}{a^2_1}} + A_2 T_2 e^{-\frac{\tau}{a^2_2}} + \dots;$$

elle représente, ainsi que l'avait conçu FOURIER, le mouvement de la chaleur comme la superposition d'une série infinie de mouvements partiels, dont chacun est essentiellement déterminé par la nature géométrique du domaine. Les recherches de H. POINCARÉ ont été reprises et développées par E. LE ROY, W. STEKLOFF, S. ZAREMBA, et d'autres encore. Depuis, la théorie de l'équation fonctionnelle de FREDHOLM (1900), dont nous dirons quelques mots dans le Tome IV, a pu être appliquée, par D. HILBERT notamment, aux célèbres développements de H. POINCARÉ.

5. Détermination expérimentale de la conductibilité relative des corps solides. — Nous allons indiquer quelques phénomènes, qui s'expliquent par la conductibilité calorifique que possèdent les diverses substances, et nous envisagerons ensuite les méthodes employées pour la détermination du

Fig. 113.

rapport des coefficients de conductibilité de corps différents. Les Traités élémentaires de Physique indiquent plusieurs expériences, qui reposent sur la plus ou moins grande conductibilité des corps ; nous rappellerons l'influence des toiles métalliques sur la propagation de la combustion des gaz (lampe de sûreté de DAVY), l'ébullition de l'eau et même la fusion du plomb dans un sac en papier, etc. La conductibilité joue aussi le rôle principal dans l'expérience suivante de TREVELIAN. Un prisme en laiton à trois pans ABC (*fig.* 113), muni d'une poignée en bois et présentant une rainure le long d'une de ses arêtes (voir la section droite M), est fortement échauffé. On le pose, comme le montre la figure 114, sur un billot en plomb horizontal, de façon qu'il appuie en deux points de ce dernier par les bords de la rainure. On donne ensuite un léger choc latéral au prisme, qui commence à osciller en reposant alternativement sur un point du billot et sur l'autre. Quand le prisme n'est pas échauffé, il reprend sa position primitive après quelques oscillations ; mais, lorsque sa température est suffisamment élevée, il continue à osciller

Fig. 114

avec une telle rapidité qu'il émet un son d'assez grande hauteur ; l'amplitude des oscillations reste en outre assez petite pour qu'on ne puisse percevoir les mouvements du prisme. Ce phénomène s'explique de la manière suivante. Chaque fois que le prisme, après une faible rotation transversale, touche le bloc de plomb en un point, il lui cède une certaine quantité de chaleur. Il se produit par suite un échauffement de la surface du plomb, et, comme ce métal ne possède pas une très bonne conductibilité, il se forme brusquement par dilatation une protubérance sous le point d'appui du prisme, qui agit comme un choc de bas en haut. Quand le prisme oscille de l'autre côté et s'appuie sur un second point du bloc de plomb, le même phénomène, c'est-à-dire un nouveau choc de bas en haut, a lieu. Ces chocs entretiennent le mouvement oscillatoire du prisme et se suivent avec assez de rapidité pour qu'il y ait émission d'un son. Si on pose sur le prisme la tige AB (*fig.* 114), le son devient plus grave. Si on remplace le plomb par un meilleur conducteur de la chaleur, par du cuivre par exemple, l'expérience ne réussit pas ; la chaleur cédée au cuivre se dissipe trop vite et n'exerce qu'un échauffement local faible ; il ne se produit par suite qu'une légère dilatation. Mais on peut remplacer le plomb par du sel gemme, du cristal de roche et quelques autres minéraux. Le prisme doit au contraire être fait en un métal conduisant bien la chaleur.

A.-S. Popoff a imaginé une modification intéressante de cette expérience. Sur une plaque métallique horizontale est posée une feuille mince de mica, dont les bords sont un peu relevés. Si on place sur celle-ci un cylindre métallique échauffé, il se met à rouler en avant et en arrière d'un bord à l'autre. Les protubérances, qui entretiennent le mouvement du cylindre, se forment ici sur la lame de mica. Un cône tronqué a, dans les mêmes conditions, un mouvement de roulement autour de son sommet géométrique. Une lame métallique à courbure cylindrique oscille d'un côté et de l'autre de la génératrice de contact. Un choc initial léger suffit pour provoquer, dans chacun de ces cas, un mouvement qui dure tant que la différence de température dépasse 60° à 70°. La plaque métallique sous la feuille de mica est nécessaire pour le refroidissement de cette dernière. Si on la remplace par du verre, le mouvement cesse rapidement par suite de l'échauffement du mica.

Avant de nous occuper des recherches expérimentales sur la conductibilité calorifique, nous indiquerons quelques méthodes qui permettent de rendre visible, sur les corps en forme de plaque, l'allure d'une *isotherme* au moins. Sénarmont recouvrait la plaque d'une couche mince de cire, qui fondait partiellement ; la limite de la partie fondue indiquait une isotherme. Nous verrons plus loin (§ 7) comment Voigt a modifié cette méthode. Un autre procédé est fourni par les sels doubles $Cu^2I^2.2HgI^2$ et $2AgI.2HgI^2$, qui changent de couleur à une température déterminée. Le premier sel (Cu) change subitement de couleur à 70°, en passant du rouge sombre au noir, et, à une température un peu plus basse, du rouge clair au rouge sombre. On recouvre une plaque avec ce sel (mélange de laque) ; on obtient ainsi, pour un échauffement non uniforme, deux isothermes nettement définies. Le second sel change de couleur à 45°, en passant du jaune clair à l'orange.

Richarz (1902) et particulièrement O. Hess (1906) ont employé cette méthode pour vérifier expérimentalement la forme des isothermes, dans différents cas qui peuvent être traités théoriquement.

Nous passons maintenant aux méthodes de comparaison des valeurs du coefficient k pour des substances différentes. Fourier avait déjà construit un appareil, qu'il appelait *thermomètre de contact*, pour comparer les conductibilités calorifiques de corps différents. Sur une caisse métallique à parois épaisses (*fig.* 115), échauffée par un courant de vapeur, on pose la lame D de la substance à étudier ; sur cette dernière est placé le vase conique A, rempli de mercure et renfermant un thermomètre E ; ce vase est fermé à sa base par une membrane mince (peau de chamois). De l'élévation de température du mercure, on peut déduire la conductibilité calorifique de la lame D.

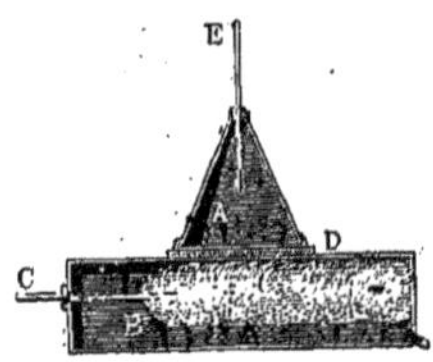

Fig. 115

Comme cet appareil ne peut donner aucun résultat précis, nous n'établirons pas l'expression du rapport des valeurs du coefficient k pour des lames différentes.

Les premières expériences, pour la détermination précise de la grandeur k, sont dues à Péclet. Son appareil se composait d'un cylindre renfermant un poids P d'eau à la température t ; le fond du cylindre était formé par un disque de la substance à étudier. La surface inférieure de ce disque était en contact avec de l'eau chaude, contenue dans un autre grand vase ; cette eau avait une certaine température $T > t$. La chaleur se transmettait par la plaque métallique à l'eau contenue dans le cylindre, dont la température s'élevait jusqu'à t' dans un intervalle de temps déterminé. En observant la vitesse d'échauffement de l'eau dans le cylindre, Péclet put évaluer la quantité q de chaleur qui traversait la plaque dans l'unité de temps, pour plusieurs différences de température $T - t'$. On a théoriquement

$$q = -ks\frac{dt}{dx} = -ks\frac{T - t'}{d}, \tag{51}$$

s désignant la surface de la base du cylindre, d l'épaisseur de la plaque, voir (23, a), page 333. Dans les premières expériences de Péclet, q était presque indépendant de d ; il a expliqué ce résultat singulier très complètement de la façon suivante : les couches d'eau en contact direct avec les deux faces du disque métallique adhèrent fortement à celui-ci et forment avec lui un système, dont la conductibilité est à peu près indépendante de l'épaisseur du disque métallique ; les couches d'eau adhérentes, très mauvaises conductrices de la chaleur comparativement à la plaque, jouent un rôle prépondérant. Péclet a construit alors un appareil plus compliqué, dans lequel n'intervenait pas la circonstance que nous venons de mentionner. Le vase supérieur, qui renfermait un poids d'eau déterminé, était entouré d'un vase plus large. L'intervalle entre les deux vases était rempli avec une substance mauvaise conductrice et fermé en bas par un anneau en liège, auquel était fixée la plaque métallique à étudier ; celle-ci formait ainsi le fond du vase supérieur et était en contact avec l'eau contenue dans le vase inférieur. Les deux faces de la plaque étaient continuellement balayées par de petites brosses en crin, qui renouvelaient les couches d'eau adhérentes. Les expériences effectuées avec cet appareil ont montré que q est bien inversement proportionnel à l'épaisseur d de la plaque. Ceci confirme l'exactitude de l'hypothèse théorique d'après laquelle la quantité q est proportionnelle à la chute de température. Ayant déterminé q, PÉCLET a pu obtenir la valeur numérique de k, à l'aide de la formule (51). Si on exprime en unités C. G. S. les nombres trouvés par PÉCLET, on a, pour le plomb par exemple, $k = 0{,}0382$; mais ce nombre est beaucoup plus petit que le nombre exact.

FOURIER et PÉCLET avaient étudié la conductibilité calorifique des corps, pris sous la forme de plaques. CALVERT et JOHNSON ont déterminé la quantité de chaleur transmise par une tige courte.

Nous devons parler maintenant des expériences effectuées avec des *tiges* que l'on échauffe à une ou deux extrémités, jusqu'à ce qu'elles atteignent un état calorifique stationnaire. La loi de distribution des températures et quelques-unes des propriétés de cette distribution ont été données précédemment, aux pages 336 et 338.

Nous mentionnerons en premier lieu l'expérience d'INGENHOUS (ou INGEN-HAUSZ) : une série de tiges de même épaisseur, faites avec des substances différentes, sont implantées horizontalement dans la paroi latérale d'un vase, qui renferme de l'eau chaude ou mieux de l'eau bouillante. La surface des tiges est recouverte d'une mince couche de cire, qui fond en commençant par les extrémités voisines du vase rempli d'eau. Après un intervalle de temps suffisant, la fusion de la cire s'arrête, la longueur x de la partie mise à nu sur une tige étant d'autant plus grande que cette tige conduit mieux la chaleur. Cette expérience peut servir pour déterminer d'une manière approchée le rapport $k_1 : k_2$ des coefficients de conductibilité de deux tiges. Soient x_1 et x_2 les longueurs des parties de ces tiges sur lesquelles la cire a fondu, t_0 la température de l'eau et t la température de fusion de la cire. La formule (33) donne

$$t = t_0 e^{-a_1 x_1}, \qquad t = t_0 e^{-a_2 x_2},$$

où

$$a_1 = \sqrt{\frac{hp}{k_1 s}}, \qquad a_2 = \sqrt{\frac{hp}{k_2 s}};$$

la grandeur h (refroidissement à la surface de la cire), le périmètre p et l'aire s de la section droite sont les mêmes pour toutes les tiges. Les deux expressions de t donnent

$$a_1 x_1 = a_2 x_2, \qquad \text{ou} \qquad \frac{hp}{k_1 s} x_1^2 = \frac{hp}{k_2 s} x_2^2,$$

d'où

$$\frac{k_1}{k_2} = \frac{x_1^2}{x_2^2}.$$

Les coefficients de conductibilité calorifique sont proportionnels aux carrés des distances sur lesquelles se produit la fusion de la cire.

Une modification de l'appareil d'Ingenhous, très commode pour les lectures, a été proposée par Hésénous. Les tiges sont dans une position inclinée (*fig.* 116) et plongent dans l'eau bouillante par leurs extrémités recourbées. La surface des tiges est recouverte d'une couche de paraffine ; sur la partie supérieure des tiges reposent de petits coussins de paraffine enveloppés de lamelles de cuivre recourbées, comme le montre la figure. Pendant l'expérience, ces coussins glissent vers le bas, jusqu'à l'endroit où la température est devenue égale à la température de fusion de la paraffine.

Fig. 116

Th.-Th. Pétrouschewski a construit un appareil de démonstration d'un emploi facile (*fig.* 117). L'extrémité supérieure d'une tige de cuivre recourbée M est échauffée par la flamme d'un brûleur à gaz. L'extrémité inférieure est située dans un tube de cuivre A, servant de réservoir à un thermoscope ; ce dernier est muni d'un tube C renfermant un liquide ; le tube *d* sert à aspirer préalablement le liquide du petit vase P. L'autre système FA'*d*'C'P' ne diffère du précédent MA*d*CP qu'en ce que la tige F est en fer. Mieux une tige conduit la chaleur, plus le liquide s'abaisse dans le tube correspondant.

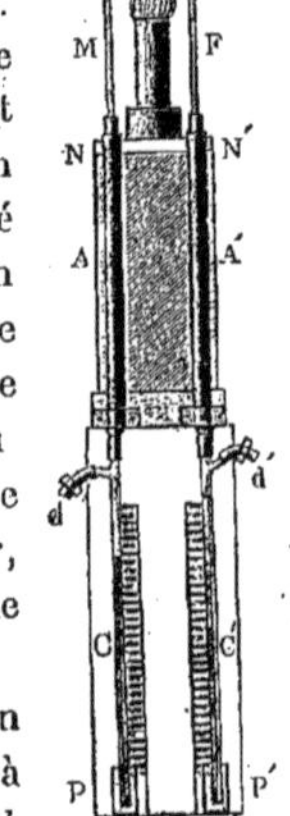

Fig. 117

Fig. 118

J'ai construit moi-même un autre appareil, qui peut servir à la comparaison des coefficients k et h de tiges différentes (*fig.* 118). Les extrémités de quatre tiges métalliques bb sont placées dans quatre réchauffeurs A, munis de condenseurs c. Dans A bout de l'eau ; c est parcouru par de l'eau amenée du réservoir B au moyen de tuyaux non représentés sur la figure. Au milieu de chaque tige est pratiquée une cavité, dans laquelle on verse du mercure et où l'on place le réservoir d'un petit thermomètre t. Quand l'état stationnaire est atteint, on lit la température indiquée par ce thermomètre. Soient T et t les excès de température en A et en un des points t sur la température de l'air ambiant. Les conditions (32, a), page 336, prennent la forme

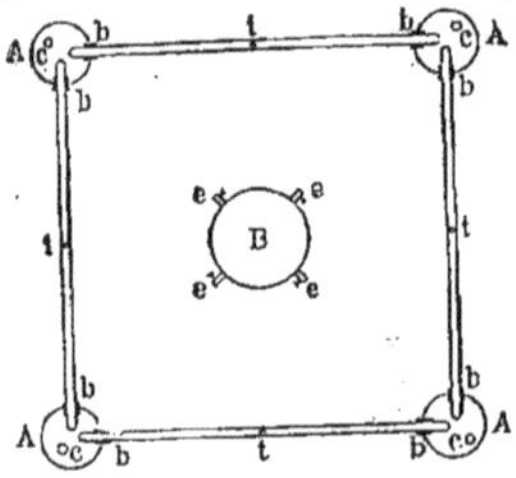

$$A + B = T, \qquad Ae^{-al} + Be^{al} = T ;$$

on en tire

$$A = \frac{Te^{al}}{1 + e^{al}}, \qquad B = \frac{T}{1 + e^{al}}.$$

On trouve la température t au milieu d'une tige, en portant ces valeurs de A et B dans (31) et en faisant en outre $x = \frac{l}{2}$. On obtient ainsi

$$t = 2T \frac{e^{\frac{al}{2}}}{1 + e^{al}};$$

on en déduit

$$e^{\frac{1}{2}al} = \frac{T + \sqrt{T^2 - t^2}}{t}, \qquad a = \sqrt{\frac{hp}{ks}} = \frac{2}{l} \log \frac{T + \sqrt{T^2 - t^2}}{t},$$

et on a finalement

$$\frac{h}{k} = C \left[\log \frac{T + \sqrt{T^2 - t^2}}{t}\right]^2,$$

où C désigne la même grandeur pour toutes les tiges ; T est également le même pour toutes les tiges, tandis que t dépend de la substance intérieure (k) de la tige et de celle qui recouvre la surface (h). En observant t, on peut calculer, à l'aide de la dernière formule, le rapport des grandeurs k pour des tiges de substance intérieure différente, mais recouvertes d'un même enduit, ou le rapport des grandeurs h relatives à des couches superficielles de nature différente, recouvrant des tiges de même substance.

Une méthode plus exacte, pour la comparaison des valeurs du coefficient k, a été proposée par Biot. Cette méthode est basée sur les formules (37), page 337, qui se rapportent aux températures θ_1, θ_2, θ_3 de trois sections équidistantes d'une tige, échauffée à une extrémité et ayant atteint l'état stationnaire. En prenant sur cette tige plusieurs groupes de trois points et en divisant chaque fois la somme des températures extrêmes par la température médiane, on obtient plusieurs valeurs pour la grandeur $2n$, qui sont effectivement assez voisines les unes des autres. Prenons leur valeur moyenne $2n$. De la formule (39), page 338, dans laquelle d est la distance entre les points observés, mais où d est donné dans (27), on tire

$$a = \sqrt{\frac{hp}{ks}} = \frac{1}{d} \log \left[n + \sqrt{n^2 - 1}\right].$$

On obtient de la même manière pour une autre tige

$$a_1 = \sqrt{\frac{h_1 p_1}{k_1 s_1}} = \frac{1}{d_1} \log \left[n_1 + \sqrt{n_1^2 - 1}\right].$$

Si les tiges sont de mêmes dimensions et recouvertes de la même substance, noircies par exemple, et si les points sont pris équidistants, on a $p = p_1$, $s = s_1$, $h = h_1$ et $d = d_1$. En élevant les deux dernières égalités au carré et en les divisant l'une par l'autre, on a la formule

$$(52) \qquad \frac{k_1}{k} = \left[\frac{\log\left(n + \sqrt{n^2 - 1}\right)}{\log\left(n_1 + \sqrt{n_1^2 - 1}\right)}\right]^2,$$

qui permet de calculer le rapport des coefficients de conductibilité des deux substances.

Les premières expériences faites suivant cette méthode sont dues à DESPRETZ. L'appareil, dont il s'est servi, est représenté par la figure 119. L'extrémité B de la barre AB disposée horizontalement est échauffée au moyen d'une lampe L. La barre présente de petits trous équidistants, renfermant du mercure et dans lesquels plongent les réservoirs de thermomètres. La ligne en pointillé montre la distribution des températures dans l'état stationnaire de la barre. Les six premiers thermomètres ont donné, par exemple, les excès suivants de température d'une barre de fer sur la température de l'air ambiant :

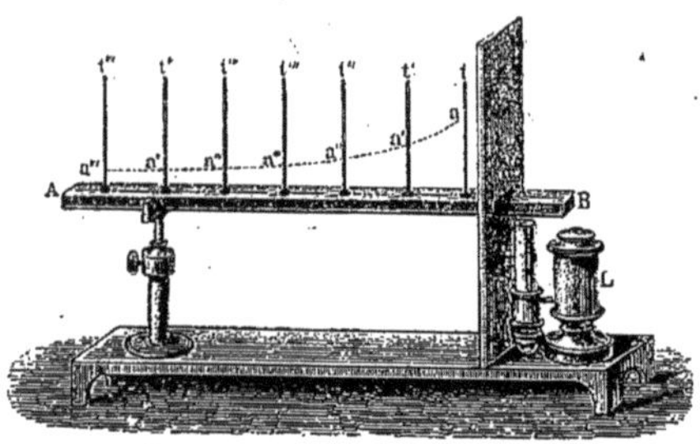

Fig. 119

	Θ_1	Θ_2	Θ_3	Θ_4	Θ_5	Θ_6
	62°,90	36°,69	20°,52	12°,32	8°,19	6°,61
$2n =$		2,34	2,34	2,33	2,31.	

Chaque groupe de trois grandeurs Θ donne pour $2n$ une valeur, qui est placée au-dessous de la grandeur intermédiaire. En prenant $k = 1000$ pour l'or, DESPRETZ a trouvé les nombres suivants :

	Au	Ag	Pt	Cu	Fe	Zn	Sn	Pb	Marbre	Porcelaine	Brique
$k =$	1000	973	981	897	374	363	304	180	23,0	12,2	11,4.

HELMERSEN s'est servi de la méthode précédente, dans ses recherches sur la conductibilité calorifique de différentes *substances*. LANGBERG y a apporté un perfectionnement essentiel, en remplaçant les thermomètres plongés dans des cavités par des couples thermoélectriques appliqués en diverses régions de la barre. Il a remplacé en outre les barres épaisses employées par DESPRETZ par des fils et enfin il a adopté la formule de POISSON relative à l'état stationnaire d'une tige infiniment longue, dont une extrémité se trouve à la température t_0 et pour laquelle k et h ne sont pas des grandeurs constantes, mais des fonctions linéaires de la température $k = k_0(1 + \alpha t)$, $h = h_0(1 + \beta t)$; au lieu de la formule (33) $t = t_0 e^{-ax}$, on a alors la suivante :

$$t = \left[1 - \frac{1}{2} t_0 (\beta - 2\alpha)\right] t_0 e^{-ax} + \frac{1}{3} (\beta - 2\alpha) t_0^2 e^{-2ax}.$$

WIEDEMANN et FRANZ ont aussi étudié très soigneusement dans cette voie la conductibilité calorifique. Le fil à étudier bb (*fig.* 120) se trouve, dans leurs expériences, à l'intérieur d'une cloche en verre, munie d'un fond en métal et dont le col est traversé par un tube k, où aboutit l'extrémité échauffée du fil.

L'échauffement est produit par de la vapeur d'eau bouillante, qui parcourt l'étuve métallique m ; le tube h sert à l'échappement de la vapeur. La température t aux différents points du fil est mesurée au moyen d'une pince thermoélectrique, dont les fils passent dans le tube de verre n. Ce tube traverse hermétiquement le tube court r, dans lequel il est mobile. Une construction particulière du couple thermoélectrique permet de l'appliquer toujours de la même façon au fil bb. Le tube latéral muni d'un robinet sert à faire le vide

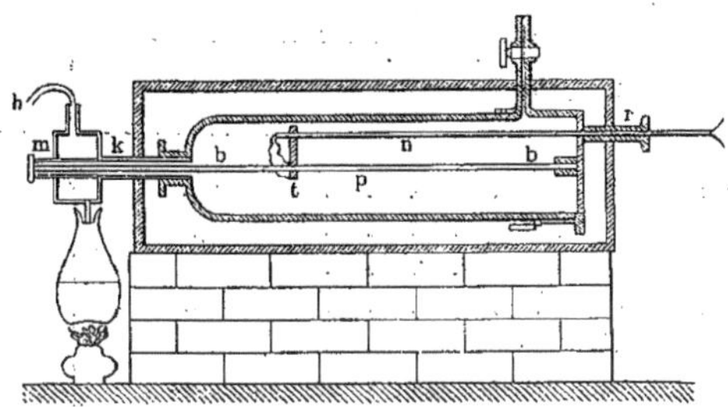

Fig. 120

dans la cloche de verre, afin d'effectuer les observations dans le vide. Tout l'appareil est placé dans une grande caisse métallique remplie d'eau, dont la température reste constante pendant l'expérience. Le couple thermoélectrique est en fer et palladium. Tous les fils étudiés sont recouverts d'une couche d'argent, pour leur donner le même coefficient de conductibilité extérieure h.

Métaux	$2n$	k	λ
Argent	2,0556	100,0	100,0
Cuivre	2,026	73,6	73,3
Or	2,086	53,2	58,5
Laiton	2,200	23,1	21,5
Zinc	—	19,0	24,0
Etain	2,264	14,5	13,6
Fer	2,393	11,9	13,0
Plomb	2,443	8,5	10,7
Platine	2,597	8,4	10,3
Palladium	2,772	6,3	—
Alliage de Rose	3,434	2,8	—
Bismuth	4,565	1,8	1,9

Le tableau qui précède renferme les résultats des expériences de Wiedemann et Franz. Dans la deuxième colonne sont inscrites les valeurs de $2n$, dans la troisième les valeurs relatives du coefficient k, en partant de l'hypothèse $k = 100$ pour l'argent. La dernière colonne contient les valeurs relatives du coefficient de *conductibilité électrique* λ pour les mêmes métaux, en prenant $\lambda = 100$ pour l'argent. Nous donnons ces derniers nombres, bien qu'ils se rapportent à une autre partie de la Physique, en raison de l'importance du résultat auquel conduit la comparaison des deux dernières colonnes : *la conductibilité calorifique des métaux est approximativement proportionnelle à leur conductibilité électrique.*

Plus tard (1859), WIEDEMANN a effectué de nouveau des recherches analogues sur différents alliages et métaux et a déterminé aussi la conductibilité électrique pour les mêmes substances. Nous indiquerons ici quelques-uns de ses résultats :

Alliages et métaux	k	λ
8 part. Cu + 1 part. Zn.	27,3	25,5
6,5 » + 1 »	29,9	30,9
4,7 » + 1 »	31,1	29,2
2,1 » + 1 »	25,8	25,4
3 part. Sn + 1 part. Bi	10,1	9,0
1 » + 1 »	5,6	4,3
1 » + 3 »	2,7	2,0

Des expériences du même genre ont été faites par GUILLAUD, ETTINGSHAUSEN, NERNST et d'autres encore. F. KOHLRAUSCH a trouvé pour l'acier trempé (k) et l'acier recuit (k_1) le rapport $k : k_1 = 0,56$; le rapport des conductibilités électriques $\lambda : \lambda_1$ est 0,60. Nous citerons plus loin d'autres résultats de la comparaison des grandeurs k et λ.

W. VOIGT (1898) a indiqué une intéressante méthode pour déterminer le *rapport* $k_1 : k_2$ des conductibilités calorifiques de deux corps. Elle repose sur la formule (18, h) établie à la page 330 :

$$\frac{k_1}{k_2} = \frac{\operatorname{tg} \varphi_2}{\operatorname{tg} \varphi_1}, \tag{52, a}$$

dans laquelle φ_1 et φ_2 sont les angles formés par une isotherme quelconque avec la normale à la ligne séparative de deux régions d'une plaque. La méthode consiste en ce qui suit : on découpe dans les substances à comparer deux plaques identiques en forme de triangle rectangle et on les accole suivant l'hypoténuse, de manière à constituer une plaque rectangulaire. La surface de cette plaque est recouverte d'acide élaïdique (avec addition de cire et d'essence de térébenthine) et appliquée par l'un de ses bords étroits contre un bloc de cuivre échauffé vers 70° à 90°. La ligne de fusion relative à la température 44° à 45° est très visible et coïncide avec l'isotherme correspondante. Sur la ligne séparative (diagonale de la plaque), la ligne de fusion est réfractée et les angles φ_1 et φ_2 peuvent être mesurés très exactement ; la formule (52, a) donne alors le rapport cherché $k_1 : k_2$.

F. A. SCHULZE (1902) a comparé par cette méthode la conductibilité calorifique de différents alliages, Bi + Pb, Bi + Sn et Sn + Zn, avec celle de Pb pur, Bi, Sn et Zn. Il a constaté que, pour les alliages Zn — Sn, on peut calculer k par la règle des mélanges (volumes) au moyen des valeurs de k

pour Zn et Sn. Au contraire, la plus petite addition de Pb ou Sn à Bi produit une *diminution* de k, bien que Pb pur et Sn soient meilleurs conducteurs que Bi. *Les conductibilités électriques des mêmes alliages présentent des particularités tout à fait analogues.*

Focke (1899) a comparé, par la méthode de Voigt, la conductibilité calorifique dans plusieurs sortes de verre.

6. Détermination de la conductibilité calorifique absolue des corps solides. — La détermination de k en unités absolues revient à trouver la quantité de chaleur qui traverse, dans un temps donné, la section droite d'un corps, pour une chute de température définie. Nous exprimerons k en unités C. G. S, c'est-à-dire que nous mesurerons cette grandeur par le nombre de petites calories qui traversent, dans une seconde, une aire de 1 centimètre carré, quand la chute de température normalement à cette aire est de 1° par centimètre de longueur. La détermination de la valeur absolue de k présente de grandes difficultés, que nous avons déjà indiquées dans la description des expériences de Péclet (page 350) ; ces expériences ont donné des résultats très éloignés de la réalité et Péclet a trouvé, pour le cuivre par exemple, une valeur de k qui est presque six fois plus petite que la valeur réelle. Les expériences de Dulong, avec une sphère creuse remplie de glace et placée dans un milieu à la température de 100°, où on détermine la quantité de glace fondue dans un temps donné, ont également conduit à des résultats incertains ; k peut être calculé par la formule (44), page 340 (Dulong s'est servi d'une formule moins exacte). Il existe cependant toute une série de méthodes plus précises pour la détermination de k en mesure absolue, basées sur l'observation de l'état calorifique stationnaire ou variable de corps de différentes formes. Nous allons passer en revue les plus importantes de ces méthodes ; mais nous ne pourrons entrer dans tous les détails relatifs à l'établissement des formules théoriques sur lesquelles elles reposent. Nous indiquerons en outre les résultats qui ont été obtenus dans l'étude de l'influence de la température sur le coefficient k.

I. Méthode de Forbes. — L'une des extrémités d'une tige de grande longueur est échauffée jusqu'à la température t^0. A l'état stationnaire, la température t à la distance x de cette extrémité est déterminée par la formule (33), page 336, $t = t_0 e^{-ax}$, où $a = \sqrt{\frac{hp}{ks}}$. En mesurant la température t en différents points de la tige, on peut calculer les valeurs de t_0 et de a ; nous considérons donc ces grandeurs comme connues. La quantité de chaleur q, qui s'écoule dans l'unité de temps à travers la section droite s de la tige, à laquelle correspond l'abscisse *donnée* x, est

$$q = -ks\frac{dt}{dx} = akst_0 e^{-ax}. \tag{53}$$

Cette quantité de chaleur est égale à celle qui est perdue, dans l'unité de temps, par la *surface* de la partie de la tige comprise entre la section considérée et $x = l$. Considérons un segment infiniment petit de cette partie de la tige ;

soit dx sa longueur ; son volume est alors sdx et sa capacité calorifique $\rho c s dx$, ρ désignant la densité et c la capacité calorifique de la substance qui forme la tige. Désignons la température de ce segment par t ; FORBES admettait que la quantité de chaleur perdue dans un temps infiniment petit $d\tau$, par ce volume élémentaire et par sa surface latérale, est égale à la quantité de chaleur δq que perd le segment dans le temps $d\tau$, quand il se refroidit librement à l'air, en conservant pendant le temps $d\tau$ la même température t. FORBES échauffait une tige plus courte de la même substance, de même section s et ayant la même couche superficielle, et observait son refroidissement dans l'air. Il obtenait ainsi, pour la température variable t, une certaine fonction du temps τ :

$$t = \varphi(\tau).$$

La perte de chaleur δq est évidemment égale au produit de la capacité calorifique $\rho c s dx$ du segment par la diminution de température $-dt$, qui se produit dans le temps $d\tau$, c'est-à-dire que $\delta q = -\rho c s dx dt = -\rho c s \varphi'(\tau) dx d\tau$. La grandeur $-\varphi'(\tau) = -\frac{dt}{d\tau}$ est la vitesse v de refroidissement à la température donnée t, voir (9), page 305. L'expérience donne la grandeur v pour différentes valeurs de t, et par suite on peut poser $v = f(t)$. Nous avons maintenant $\delta q = \rho c s v dx d\tau$. Le segment considéré perd cette quantité de chaleur dans le temps $d\tau$, à l'état stationnaire ; il perd par suite, dans l'unité de temps, la quantité de chaleur $\rho c s v dx$. Toute la partie de la tige depuis $x = x$ jusqu'à $x = l$ perd, dans l'unité de temps,

$$q = s\rho c \int_x^l v dx.$$

La grandeur v est une fonction de la température ; mais, comme t est connu pour chaque valeur de x, on peut mettre v sous la forme d'une fonction de x et calculer l'intégrale, par exemple en employant un procédé graphique. Désignons la valeur numérique de cette intégrale par P. On a alors $q = s\rho c P$ et (53) donne $akst_0 e^{-ax} = s\rho c P$, d'où

$$k = \frac{\rho c P}{a t_0 e^{-ax}} = \frac{\rho c P}{at}. \tag{54}$$

A l'aide de cette formule, on obtient k. FORBES a étudié la fonte au moyen de cette méthode. En faisant varier x, il a pu calculer k pour différentes sections et par suite aussi pour différentes températures. Il a trouvé les nombres suivants pour k dans le système C.G.S. (la dimension de la grandeur k est indiquée dans (8), page 326) :

	0°	50°	100°	150°	200°	275°	
$k =$	0,207	0,177	0,157	0,145	0,136	0,124	$\frac{\text{gr.}}{\text{cm. sec.}}$

FORBES admettait que ρ et c sont indépendants de la température, ce qui constituait une source importante d'erreur. En réalité, il n'est pas probable que k décroisse aussi vite, quand la température augmente.

P.-G. Tait et en particulier Mitchell ont effectué beaucoup de déterminations, d'après la méthode de Forbes légèrement modifiée, en évitant les sources possibles d'erreur. Ils ont trouvé que k croît en même temps que la température pour Fe, Cu, Pb et Pd.

II. Méthode de Berget. — Cette méthode présente deux particularités. En premier lieu, nous avons vu à la page 351 que les expériences de Péclet n'ont pas donné de bons résultats, parce que la température moyenne de l'eau en contact avec la surface du corps ne peut être considérée comme la température de cette surface et ne peut déterminer la chute de température, qui a lieu à l'*intérieur* du corps. C'est pourquoi Berget a mesuré la température de différents points à l'*intérieur* d'un cylindre, par lequel il remplaçait la plaque des expériences de Péclet. Les bases de ce cylindre se trouvaient en contact avec de la glace et avec de la vapeur d'eau bouillante. Berget a en outre entouré le cylindre d'un autre cylindre très large de même substance, de sorte qu'il mesurait, pour ainsi dire, la chute de température dans la partie centrale d'une très large plaque. La perte de chaleur par le bord latéral de cette plaque ne pouvait pas avoir d'influence sur la chute de température mesurée. La méthode de Berget rappelle la méthode de l'anneau de garde dans l'électromètre absolu, que nous étudierons dans le Tome IV. Berget ne s'est servi directement de cette méthode que pour la détermination du coefficient k du mercure ; nous décrirons son appareil plus loin.

Pour déterminer le coefficient k d'autres métaux, Berget procédait de la manière suivante. Le cylindre du métal étudié, qui était entouré d'un anneau de garde, se trouvait en contact par sa base inférieure avec de la glace. Sur sa base supérieure était en contact direct un cylindre de mercure, également entouré d'un cylindre de garde en mercure. La base supérieure du cylindre de mercure était échauffée par de la vapeur d'eau bouillante. Des fils isolés pénétraient latéralement dans l'intérieur du cylindre inférieur (métal étudié) et du cylindre supérieur (mercure) et formaient avec les substances de ces cylindres des éléments thermoélectriques. Chaque couple de fils, réuni avec un galvanomètre, permettait de déterminer la différence entre les températures de deux points et par suite la chute de température β. Si on désigne par k, t et x le coefficient de conductibilité, la température d'un point et sa coordonnée verticale pour le mercure, $-k\dfrac{dt}{dx} = -k\beta$ est égal à la quantité de chaleur q, qui traverse dans l'unité de temps l'unité de section horizontale du mercure. Pour le cylindre inférieur, on a les grandeurs correspondantes k_1, t_1 et x_1 et la chute β_1. En raison de l'absence de perte de chaleur latérale, on doit avoir $k\beta = k_1\beta_1$, en particulier si β et β_1 sont déterminés dans le voisinage de la base commune des deux cylindres. Connaissant k et ayant déterminé β et β_1, on obtient k_1. Pour le mercure (voir ci-dessous), Berget a trouvé $k = 0{,}0201$. Il a aussi déterminé, pour les mêmes cylindres, les coefficients de conductibilité électrique λ, également en unités C. G. S. (voir Tome IV).

Les résultats de ses déterminations sont contenus dans le tableau suivant :

Métaux	k	$10^5\lambda$	$\frac{k}{10^3\lambda}$
Cuivre	1,0405	65,13	1,6
Zinc	0,303	18,00	1,7
Laiton.	0,2625	16,47	1,7
Fer.	0,1587	9,41	1,7
Etain.	0,1510	8,33	1,8
Plomb.	0,0810	5,06	1,6
Antimoine	0,0420	2,47	1,7
Mercure.	0,0201	1,06	1,8

La proportionnalité entre k et λ est pleinement confirmée par ces nombres.

III. Méthode de F. Neumann. — Une tige faite avec la substance à étudier est échauffée à une extrémité, jusqu'à ce que l'état stationnaire soit atteint. La source calorifique est ensuite éloignée et on observe toutes les huit secondes les températures en deux points près des extrémités de la tige. Nous allons montrer qu'on peut calculer séparément les coefficients h et k à l'aide de la somme et de la différence de ces deux températures.

Prenons pour axe des x l'axe de la tige ; multiplions l'équation (19)

$$\frac{\partial t}{\partial \tau} = \frac{k}{\rho c}\left(\frac{\partial^2 t}{\partial x^2} + \frac{\partial^2 t}{\partial y^2} + \frac{\partial^2 t}{\partial z^2}\right)$$

par $dydz$ et intégrons sur la section transversale ; en désignant par dp l'élément de contour de cette section transversale, nous aurons, d'après (21)

$$\iint \left(\frac{\partial^2 t}{\partial y^2} + \frac{\partial^2 t}{\partial z^2}\right) dydz = \int \frac{\partial t}{\partial n}\, dp = -\,\mathrm{H}\int t\,dp.$$

Si t' est la température moyenne dans la section transversale s, t'' la température moyenne sur le périmètre p de cette section s, $h_l = \frac{hp}{\rho cs}$, on aura

$$\frac{\partial t'}{\partial \tau} = \frac{k}{\rho c}\frac{\partial^2 t'}{\partial x^2} - h_l t'' ;$$

si nous supposons que t'' est approximativement égal à la température moyenne t' de la section transversale, nous pouvons prendre pour l'équation de conduction dans une tige

$$\frac{\partial t}{\partial \tau} = a^2\,\frac{\partial^2 t}{\partial x^2} - h_l t, \tag{55}$$

où, comme dans (19), $a^2 = \frac{k}{\rho c}$. La constante h_l est ce qu'on nomme quelquefois le coefficient de conductibilité calorifique extérieure d'un *conducteur linéaire*.

Dans la méthode de F. NEUMANN, on doit chercher une solution de cette équation aux dérivées partielles satisfaisant aux conditions à la limite suivantes :

$$\frac{\partial t}{\partial x} = \mathrm{H}t \qquad \text{pour} \qquad x = 0$$

$$\frac{\partial t}{\partial x} = -\,\mathrm{H}t \qquad \text{pour} \qquad x = \mathrm{L}\,;$$

une solution remplissant ces conditions et qui peut en outre satisfaire à un état initial quelconque est

$$t = \sum_{n=1}^{n=\infty} \mathrm{A}_n e^{-\beta_n \tau} \left(\cos \lambda_n x + \frac{\mathrm{H}}{\lambda_n} \sin \lambda_n x\right),$$

dans laquelle $\beta_n = a^2\lambda_n^2 + h_l$, et où λ_n est une racine de l'équation

$$\operatorname{tg} \lambda_n \mathrm{L} = \frac{2\mathrm{H}\lambda_n}{\lambda_n^2 - \mathrm{H}^2}.$$

On a

$$0 < \lambda_1 \mathrm{L} < \pi < \lambda_2 \mathrm{L} < 2\pi \ldots\ldots$$

Si t_0 et t_1 sont les températures aux deux extrémités de la tige, on a

$$\frac{t_0 + t_1}{2} = \mathrm{A}_1 e^{-\beta_1 \tau} + \mathrm{A}_3 e^{-\beta_3 \tau} + \ldots,$$

$$\frac{t_0 - t_1}{2} = \mathrm{A}_2 e^{-\beta_2 \tau} + \mathrm{A}_4 e^{-\beta_4 \tau} + \ldots..$$

Ces séries convergent avec assez de rapidité, pour qu'il suffise de prendre le premier terme, quand τ n'est pas trop petit. On voit qu'en observant t_0 et t_1 en fonction du temps et en calculant β_1 et β_2 on peut, par une méthode d'approximation, obtenir h et k.

F. NEUMANN a étendu sa méthode au cas d'un corps en forme d'*anneau*, dont on échauffe d'abord un endroit ; on observe, dans le refroidissement de l'anneau, les températures de deux points diamétralement opposés et situés à des distances différentes de la région primitivement échauffée d'un manière directe. Les dimensions de la section de l'anneau doivent être petites comparativement au diamètre de cet anneau. Soit σ la longueur de l'axe de l'anneau, t_1 et t_2 les températures d'un point, t_1' et t_2' celles de l'autre point aux instants τ_1 et τ_2. On déduit alors h et k des formules

$$-\frac{hp}{s} = \frac{1}{\tau_1 - \tau_2} \lg \frac{t_1 + t_1'}{t_2 + t_2'},$$

$$-\left(\frac{hp}{s} + \frac{4\pi^2}{\sigma} k\right) = \frac{1}{\tau_1 - \tau_2} \log \frac{t_1 - t_1'}{t_2 - t_2'}.$$

On peut également employer des sphères, en observant les températures au centre et à la surface. F. NEUMANN a trouvé les nombres suivants :

	Cuivre	Laiton	Zinc	Palladium	Fer	
$k =$	1,108	0,302	0,307	0,109	0,163	$\frac{\text{gr.}}{\text{cm. sec.}}$

Les mauvais conducteurs ont été étudiés sous forme de sphère. F. NEUMANN a déterminé la grandeur $a^2 = \frac{k}{\rho c}$, voir (9) et (9, a), pages 326, 327; où ρ désigne la densité, c la capacité calorifique de la substance ; il a trouvé

	Charbon de terre	Soufre	Glace	Grès	Granit	
$\frac{k}{\rho c} =$	0,00116	0,00126	0,01145	0,01357	0,01094	$\frac{(\text{cm})^2}{\text{sec.}}$
$k =$	0,00030	—	0,00573	—	—	$\frac{\text{gr.}}{\text{cm. sec.}}$

H.-F. WEBER a effectué des mesures d'après la méthode de NEUMANN, en se servant d'anneaux ; pour les mauvais conducteurs, il a adopté la forme de plaques rondes épaisses. HECHT (1903) a appliqué la même méthode pour les mauvais conducteurs. Une étude théorique très complète de la méthode de F. NEUMANN et de son application expérimentale aux bons conducteurs a été publiée par GLAGE (1905) ; il a trouvé qu'elle peut donner des résultats exacts à $\frac{1}{2}$ °/₀ près.

IV. MÉTHODE DE A. ÅNGSTRÖM. — L'une des extrémités ou le milieu d'une longue tige est alternativement échauffé par un courant de vapeur et refroidi par de l'eau froide. Après un certain temps, quand les échauffements et les refroidissements ont été répétés périodiquement un nombre de fois suffisant, on constate qu'aux autres points de la tige la température oscille aussi régulièrement entre deux limites déterminées, mais différentes suivant les points.

Supposons que le point échauffé et refroidi périodiquement soit pris pour origine des abscisses et que la durée de la période soit T. Le phénomène peut être représenté par la solution suivante de l'équation (55) :

$$t = \sum_{n=0}^{n=\infty} A_n e^{-\alpha_n x} \cos\left(\frac{2n\pi\tau}{T} - \beta_n x + \gamma_n\right), \tag{56}$$

où les α_n et β_n sont déterminés par les équations

$$\alpha_n \beta_n = \frac{n\pi}{a^2 T}, \qquad \alpha_n^2 - \beta_n^2 = \frac{h_l}{a^2}, \tag{57}$$

et où les A_n et γ_n dépendent de la loi de variation avec le temps de la température au point $x = 0$.

En deux points x et $x + L$, la température observée est une fonction du temps qui peut être représentée par les séries

$$t(x) = \sum_{n=0}^{n=\infty} a_n \cos\left(\frac{2n\pi\tau}{T} + b_n\right),$$

$$t(x + L) = \sum_{n=0}^{n=\infty} a_n' \cos\left(\frac{2n\pi\tau}{T} + b_n'\right),$$

et on doit avoir d'après (56)

$$\frac{a_n}{a_n'} = e^{\alpha_n L}, \qquad b_n - b_n' = \beta_n L.$$

Quand on a obtenu ainsi les valeurs de α_n et de β_n pour n quelconque, on calcule d'après (57) les grandeurs h et k.

DUMAS a fait une étude critique détaillée de la méthode d'ÅNGSTRÖM. ÅNGSTRÖM admet entre autres que la densité ρ et la capacité calorifique c de la substance sont des grandeurs indépendantes de la température. Il a trouvé pour $a^2 = \frac{k}{\rho c}$:

Cuivre . . . . . $a^2 = 1{,}163\,(1 - 0{,}0015191\,t)\ \frac{(\text{cm})^2}{\text{sec.}}$

Fer . . . . . $a^2 = 0{,}2409\,(1 - 0{,}002874\,t)$ ».

Si on introduit pour ρ et c les valeurs qui résultent des expériences de FIZEAU et de BÈDE, voir pages 100 et 211, on obtient

Cuivre . . . . $k = 0{,}9394\,(1 - 0{,}001065\,t)$

Fer . . . . $k = 0{,}1842\,(1 - 0{,}001562\,t)$.

H. WEBER a effectué une série de recherches par la méthode d'ÅNGSTRÖM, perfectionnée par F. NEUMANN : les deux extrémités de la tige sont échauffées et refroidies alternativement, l'échauffement de l'une des extrémités ayant lieu en même temps que le refroidissement de l'autre. En observant la température au milieu et en deux points de la tige, on peut calculer h et k. HÄGSTRÖM a effectué des mesures comparatives par les méthodes d'ÅNGSTRÖM et de F. NEUMANN (méthode de l'anneau).

V. MÉTHODE DE F. KOHLRAUSCH (1899). — F. KOHLRAUSCH a indiqué une méthode très intéressante pour la détermination directe du rapport $k : \lambda$ de la conductibilité calorifique à la conductibilité électrique d'un corps. Comme la grandeur λ peut se mesurer très exactement (Tome IV), on peut ainsi obtenir la grandeur de k en unités absolues. Sous sa forme *la plus simple*, cette méthode consiste en ce qui suit : un corps en forme de tige, dont la surface latérale ne cède pas de chaleur, est parcouru par un courant électrique qui l'échauffe. Quand l'état stationnaire est atteint, on mesure en trois points de la tige les trois températures u_1, u_2, u_3 et les trois potentiels v_1, v_2, v_3 (Tome IV), ou, plus exactement, les différences de ces grandeurs. On trouve que, dans ce cas, on a

$$\frac{\lambda}{k} = 2\,\frac{u_1(v_2 - v_3) + u_2(v_3 - v_1) + u_3(v_1 - v_2)}{(v_1 - v_2)(v_2 - v_3)(v_3 - v_1)}.$$

Si on choisit les trois points considérés à égale distance l'un de l'autre, de telle sorte que $u_1 = u_3$ et si on pose

$$u_2 - u_1 = u_2 - u_3 = \mathrm{U}, \qquad v_1 - v_3 = 2(v_1 - v_2) = 2(v_2 - v_3) = \mathrm{V},$$

on obtient

$$\frac{k}{\lambda} = \frac{1}{8}\,\frac{\mathrm{V}^2}{\mathrm{U}},$$

où $\frac{k}{\lambda}$, étant supposé indépendant de la température, représente une moyenne de toutes les valeurs de $\frac{k}{\lambda}$ entre les températures u_2 et $u_1 = u_3$.

Jäger et Diesselhorst ont établi la théorie de cette méthode et ont déterminé, pour 23 tiges métalliques, les valeurs de $\lambda : k$ aux températures de 18° et 100°. Des mesures de la conductibilité électrique λ, on pouvait déduire la conductibilité calorifique k pour ces températures et également le *coefficient de température de la conductibilité calorifique*. Ce dernier a été trouvé positif pour Al, Au, Pt, Pd, la fonte rouge, le constantan et la manganine ; il est négatif pour Cu, Ag, Ni, Zn, Cd, Pb, Sn, Fe, Bi et l'acier. Pour les métaux *purs*, il est en général *très petit*.

Les valeurs de $k : \lambda$ trouvées pour les métaux *purs à la même température* diffèrent très peu, bien que les valeurs de λ et k varient dans de très larges limites (du simple au décuple). Les valeurs de $k : \lambda$ pour Fe, Bi, le constantan et la manganine sont beaucoup *plus grandes*. Le coefficient de température de $k : \lambda$ a été trouvé positif et égal à 0,004 environ pour les métaux purs ; cette grandeur correspond au coefficient de température de la résistance électrique $(1 : \lambda)$.

VI. Autres méthodes. — Kirchhoff et Hansemann ont étudié l'état calorifique variable de cubes métalliques de 140 millimètres de côté. Sur l'une des faces verticales d'un tel cube était dirigé un filet d'eau, dont la température était de quelques degrés plus élevée ou plus basse que la température initiale du cube. Trois canaux, aboutissant à l'axe du cube normal de cette face, permettaient de suivre les variations de température en trois points intérieurs du cube. Les températures étaient mesurées par la méthode thermoélectrique. La solution très compliquée de ce problème d'état variable permet de calculer, à l'aide des observations ainsi faites, la grandeur k. Kirchhoff et Hansemann ont trouvé que, pour le fer, le plomb et le zinc, la grandeur $a^2 = \frac{k}{\rho c}$ diminue quand la température s'élève, croît pour le cuivre, et pour le zinc est indépendante de la température.

Différents physiciens se sont servis de méthodes analogues, par exemple F.-A. Schulze (1898), qui procédait de la manière suivante : le corps en forme de tige possède la température zéro de l'air ambiant ; à une distance de 4 à 10 centimètres de l'une des extrémités de la tige se trouve, dans une petite cavité, un couple thermoélectrique pour la mesure de la température. La même extrémité de la tige est arrosée, à partir de l'instant $\tau = 0$, par un fort filet d'eau, dont la température est t_1. Le couple thermoélectrique donne sur le galvanomètre, après τ_1 secondes, une déviation déterminée ; on obtient la même déviation après τ_2 secondes, quand la température de l'eau est t_2 ; le coefficient de conductibilité k peut être calculé à l'aide des valeurs t_1, t_2, τ_1 et τ_2, au moyen de la solution suivante de l'équation (55), qui satisfait à la condition à la limite $t = C$ pour $x = 0$,

$$t = \frac{1}{2} C \left\{ e^{\frac{x}{a}\sqrt{h_l}}\, U\left(\frac{x}{2a\sqrt{\tau}} + \sqrt{h_l \tau}\right) + e^{-\frac{x}{a}\sqrt{h_l}}\, U\left(\frac{x}{2a\sqrt{\tau}} - \sqrt{h_l \tau}\right) \right\},$$

où l'on a

$$U(\lambda) = \frac{2}{\sqrt{\pi}} \int_{\lambda}^{\infty} e^{-\lambda^2}\, d\lambda.$$

Cette solution peut être développée suivant les puissances de h_l, ce qui, en s'arrêtant à la première puissance, donne

$$t = C.U\left(\frac{x}{2a\sqrt{\tau}}\right)\left[1 - \varphi\left(\frac{x}{2a\sqrt{\tau}}\right)\frac{x^2}{a^2} h_l\right],$$

avec

$$\varphi(\lambda) = \frac{\dfrac{e^{-\lambda^2}}{2\lambda} - \displaystyle\int_{\lambda}^{\infty} e^{-\lambda^2}\, d\lambda}{2\displaystyle\int_{\lambda}^{\infty} e^{-\lambda^2}\, d\lambda}.$$

Kirchhoff et Hansemann, aussi bien que F. A. Schulze, admettaient que *la surface arrosée par l'eau prenait exactement la température de cette eau.* Grüneisen (1900) a montré le premier que *cette hypothèse ne se réalise pas* et en a indiqué la raison : à la surface arrosée adhère une mince couche d'eau immobile, qui a pour effet d'établir une différence considérable entre la température de l'eau et celle de la surface du corps. Grüneisen a en conséquence modifié la méthode de F.-A. Schulze, de façon à n'avoir plus besoin de l'hypothèse précédente. Il a déterminé également le rapport $k : \lambda$ (de la conductibilité calorifique à la conductibilité électrique) et il a confirmé que pour les alliages (Cu — Ni) et les métaux impurs, ce rapport possède de plus grandes valeurs que pour les métaux purs.

Schaufelberger (1902) a déterminé le *saut de température* entre la surface de l'extrémité de la tige et l'eau d'arrosage, en plongeant l'une des extrémités de la tige dans de l'eau à 6°,1, et l'autre dans de la vapeur à 98°,55, jusqu'à ce que l'état stationnaire soit atteint. Il a constaté que les extrémités de la tige avaient des températures de 12°,75 et de 94°,07 ; les sauts de température étaient donc de 6°,65 et 4°,48. Grüneisen a remplacé l'arrosage avec de l'eau par le rayonnement d'une feuille incandescente de platine et cette méthode a été appliquée par Giebe. Plus tard (1905), Grüneisen a établi la théorie des deux méthodes (arrosage et rayonnement) et a indiqué une méthode graphique de calcul. Avec le rayonnement, les conditions aux limites qui doivent être adjointes à l'équation (55) sont :

$$t = 0 \quad \text{pour} \quad \tau = 0,$$
$$\frac{\partial t}{\partial x} = -C \quad \text{pour} \quad x = 0.$$

La solution est

$$t = \frac{C}{\frac{2}{a}\sqrt{h_l}} \left\{ e^{-\frac{x}{a}\sqrt{h_l}}\, U\left(\frac{x}{2a\sqrt{\tau}} - \sqrt{h_l \tau}\right) - e^{\frac{x}{a}\sqrt{h_l}}\, U\left(\frac{x}{2a\sqrt{\tau}} + \sqrt{h_l \tau}\right) \right\}$$

et, en développant suivant les puissances de h_l

$$t = CxJ\left(\frac{x}{2a\sqrt{\tau}}\right)\left[1 - \psi\left(\frac{x}{2a\sqrt{\tau}}\right)\frac{x^2}{a^2} h_l\right],$$

où l'on a

$$J(\lambda) = \frac{2}{\sqrt{\pi}}\left(\frac{e^{-\lambda^2}}{2\lambda} - \int_\lambda^\infty e^{-\lambda^2} d\lambda\right)$$

et

$$\psi(\lambda) = \frac{1}{6}\left(\frac{e^{-\lambda^2}}{2\lambda^3\sqrt{\pi}\, J(\lambda)}\right) - 1.$$

Pour que cette solution, de même que la précédente qui est relative à la méthode de l'arrosage, puisse exprimer le phénomène, il faut introduire deux constantes ξ et η, en remplaçant x par $x + \xi$ et t par $t + \eta$.

Schaufelberger a aussi mesuré k pour le *cuivre* par la méthode de F. Kohlrausch et a trouvé en moyenne $k = 0{,}943$ unités C. G. S.

H.-F. Weber porte un cylindre vertical de température initiale quelconque dans un espace dont la température est 0° et refroidit en même temps la base inférieure du cylindre par de l'eau à 0°. En observant la marche avec le temps de la température d'un point quelconque du corps, on peut déterminer la conductibilité calorifique k. Beglinger a étudié par cette méthode différentes sortes de fers et Cellier différentes sortes de charbons.

L. Lorenz (de Copenhague) a déterminé la conductibilité calorifique par deux méthodes. La première est semblable à la méthode de Forbes (page 357), avec cette différence qu'on applique, pour la vitesse de refroidissement de la tige, la formule (34) de la page 316. La seconde méthode consiste en ce qui suit : la tige toute entière est placée dans un espace, dont la température peut varier et être amenée jusqu'à 100°. Dans cet espace se produit l'échauffement ultérieur de la tige à partir d'une extrémité, et on mesure à l'aide de couples thermoélectriques les températures de n points équidistants. Soient $t_1, t_2, t_3, \ldots, t_n$ ces températures, qu'on obtient en fonction du temps τ. Après suppression de la source calorifique, on observe les températures $t_1', t_2', t_3', \ldots, t_n'$ des mêmes points durant le refroidissement de la tige. L. Lorenz applique à l'équation (55) un procédé de quadrature mécanique. Désignons par ε la distance entre deux points successifs de la tige, multiplions l'équation (55) par dx et effectuons la double intégration $\int_0^{(n-2)\varepsilon} dx \int_x^{x+\varepsilon} dx$. Pour une fonction quelconque $f(x)$, on a :

$$\int_0^{(n-2)\varepsilon} dx \int_x^{x+\varepsilon} f(x)dx = \varepsilon^2 \left\{ f(\varepsilon) + f(2\varepsilon) + \ldots + f((n-2)\varepsilon) \right\}$$

$$+ \frac{1}{12} \varepsilon^2 \left\{ f(0) - f(\varepsilon) - f((n-2)\varepsilon) + f((n-1)\varepsilon) \right\} + \ldots\ldots$$

Cela posé, soit

$$t_2 + t_3 + \ldots + t_{n-1} = \mathrm{S}, \qquad t_2' + t_3' + \ldots + t'_{n-1} = \mathrm{S}',$$
$$t_1 - t_2 + t_n - t_{n-1} = \Delta, \qquad t_1' - t_2' + t_n' - t'_{n-1} = \Delta' ;$$

on a alors

$$\varepsilon^2 \frac{d\mathrm{S}}{dt} = a^2\Delta - h_t\varepsilon^2\mathrm{S}, \qquad \varepsilon^2 \frac{d\mathrm{S}'}{dt} = a^2\Delta' - h_t\varepsilon^2\mathrm{S}',$$

d'où

$$a^2 = \frac{k}{\rho c} = \frac{\varepsilon^2}{\Delta - \Delta'}\left(\frac{d\mathrm{S}}{dt} - \frac{d\mathrm{S}'}{dt}\right).$$

Dans les expériences de Lorenz, la distance ε entre deux points était égale à 2 centimètres. En faisant varier la température de l'espace dans lequel se trouve la tige, on peut déterminer la grandeur k à différentes températures.

Nous donnons ici quelques-uns des nombres obtenus par Lorenz et par Kirchhoff et Hansemann ; toutes les valeurs sont données en unités C. G. S. :

Substances	Lorenz		Kirchhoff et Hansemann	
	0°	100°	15°	
Cuivre	0,7198	0,7226	0,4152	
Magnésium	0,3760	0,3760	—	Différentes sortes de Zn
Aluminium	0,3445	0,3619	0,2545	
Zinc	—	—	—	I. 0,1418
				II. 0,0964
				III. 0,1375
Fer	0,1665	0,1627	0,1446	
Etain	0,1528	0,1432	0,0793	
Plomb	0,0836	0,0764	—	
Palladium	0,0700	0,0887	—	
Antimoine	0,0442	0,0396	—	
Bismuth	0,0177	0,0174	—	

D'après LORENZ, k croît pour quelques métaux quand la température s'élève ; pour d'autres, il décroît, et, pour Mg, il ne varie pas. Des mesures absolues de la grandeur k ont aussi été effectuées par GRAY, HALL (pour l'acier) et par d'autres encore.

Si on considère les résultats donnés par les différents auteurs, on voit facilement qu'en ce qui concerne l'*influence de la température sur la conductibilité calorifique*, c'est-à-dire en ce qui concerne la grandeur α dans la formule $k = k_0(1 + \alpha t)$, une grande incertitude règne encore. En particulier les plus anciennes observations sont pleines de contradictions. Ainsi R. LENZ a trouvé, pour Cu, Fe, le laiton et le palladium, $\alpha > 0$ et presque égal aux valeurs correspondantes pour la conductibilité électrique λ ; il a obtenu, par exemple, pour le fer, $\alpha = 0{,}00405$, tandis que LORENZ donne $\alpha < 0$. OSMOND a trouvé que, pour la fonte, la conductibilité k entre 100° et 200° est de 15 % plus grande qu'entre 60° et 90°. J'ai obtenu, pour le cuivre, $\alpha = 0{,}000469$, pour le laiton, $\alpha = 0{,}000886$, tandis que LORENZ donne les valeurs respectives $\alpha = 0{,}000039$ et $\alpha = 0{,}002445$.

Nous avons déjà mentionné plus haut que JÄGER et DIESSELHORST ont trouvé pour les métaux *purs* des valeurs de α très petites, tantôt positives, tantôt négatives. STRANEO (1898) a reconnu également que, pour Cu et Fe, α doit être très petit. Ce n'est que pour les trois alliages : fonte rouge (alliage de Cu et de Zn), constantan et manganine et pour le bismuth que JÄGER et DIESSELHORST ont observé de plus grandes valeurs de α.

GIEBE (1903) a étudié la conductibilité du *bismuth* à de *basses températures* et a trouvé les valeurs suivantes (en unités C. G. S.) :

	+ 18°	— 79°	— 186°
$k =$	0,0192	0,0252	0,0558.

Les deux premiers nombres donnent $\alpha = -0{,}003$. GIEBE s'est servi de la méthode de GRÜNEISEN, mais en produisant, ainsi que l'a imaginé ce dernier, l'échauffement de l'une des surfaces non par un courant d'eau, mais, comme il a été mentionné plus haut, par le rayonnement d'une feuille incandescente de platine.

Nous avons déjà indiqué les résultats des recherches les plus importantes concernant le *rapport* $k : \lambda$ *de la conductibilité calorifique à la conductibilité électrique*. Nous mentionnerons encore que, d'après RIETZSCH (1900), la valeur de $k : \lambda$ est *plus petite pour le cuivre phosphoreux et arsénieux* (de 0 à 5 %) que pour les métaux purs, tandis qu'on a trouvé, comme nous l'avons vu, une valeur plus grande pour les alliages. Ce dernier fait a été également confirmé par VAN AUBEL et PAILLOT (1895) pour le constantan, le bronze d'aluminium et l'alliage Fe + Ni. CELLIER a trouvé que $k : \lambda$ possède des valeurs très différentes pour les diverses sortes de charbon. Quand la température s'élève, $k : \lambda$ augmente, et, pour les métaux purs, la raison en est surtout que λ décroît. Pour le bismuth, JÄGER et DIESSELHORST avaient trouvé le coefficient de température relativement petit 0,0015 ; GIEBE a reconnu au contraire que pour le *bismuth* $k : \lambda$ ne varie pas entre + 18° et — 186°, et que par suite k et λ possèdent les mêmes coefficients de température (négatifs). LORENZ pensait que $k : \lambda$ est proportionnel à la température absolue, mais ceci n'est approximativement exact que pour un certain groupe de métaux *purs* (Cu, Au, Ag, Ni, Zn, Cd, Pb, Sn).

Holborn et Wien (1896) ont publié une étude détaillée de tous les travaux relatifs à la conductibilité calorifique des *métaux*.

Nous considérerons, dans le Tome IV, l'action du *champ magnétique* sur la conductibilité calorifique des corps.

VII. Méthodes de mesure de la grandeur k pour les mauvais conducteurs de la chaleur. — Nous nous bornerons presque exclusivement à des indications bibliographiques. La conductibilité calorifique des plaques a été étudiée par Herschell (minéraux), Tyndall (bois), Lang (pierres, briques), Andrews (glace), Hopkins (minéraux, cire), Lees (minéraux, bois), Christiansen (verre et marbre), Oddone (verre), Géorghieffski (1903, matériaux de construction), Peirce et Wilson (marbre) et d'autres encore.

Lodge a proposé la méthode suivante : une tige est coupée en deux parties ; une extrémité de l'une des parties est échauffée et on étudie la distribution des températures dans l'autre partie, d'abord quand elle touche d'une manière immédiate la première, ensuite quand on interpose entre les deux parties une couche de la substance à étudier. Lees et Chorlton se sont servis d'une modification de cette méthode.

Helmersen et Littrow ont employé la méthode de Biot-Despretz (page 353), Smith et Knott la méthode d'Ångström (résine et gutta-percha). F. Neumann, Stefan, R. Weber, Yamagava, Stadler, H. Meyer, Hecht (1903), etc. ont étudié différentes substances sous la forme de sphères, de cubes et de cylindres. Lord Kelvin et Murray plaçaient des parallélépipèdes de divers minéraux par leur base inférieure dans de l'étain fondu ; la base supérieure était refroidie par de l'eau. La température était mesurée à l'intérieur d'un tel parallélépipède au moyen de pinces thermoélectriques introduites dans des canaux latéraux.

Christiansen (1881) a indiqué la méthode suivante pour la détermination du rapport des coefficients k relatifs à des mauvais conducteurs de la chaleur. Trois plaques de cuivre A, B, C sont disposées parallèlement ; les deux extrêmes A et C sont maintenues aux températures t_1 et t_3, et des plaques des substances à comparer remplissent les deux intervalles. Quand l'état stationnaire est atteint, on mesure la température t_2 de la plaque de cuivre B. Si d_1 et d_2 sont les distances entre les plaques de cuivre et par suite aussi les épaisseurs des plaques étudiées, le rapport cherché $k_1 : k_2$ est donné par la formule

$$\frac{k_1}{k_2} = \frac{d_1}{d_2}\frac{t_2 - t_3}{t_1 - t_2}.$$

Paalhorn a comparé de cette manière les conductibilités calorifiques du verre et de l'air.

Voigt arrose l'une des faces d'une plaque à étudier avec un courant d'eau froide, tandis que l'autre face est en contact avec une certaine quantité d'eau chaude. Au moyen de la vitesse de refroidissement observée dans cette eau, on peut calculer la grandeur k pour la plaque. VENSKE (1891) et FOCKE (1899) se sont servis de cette méthode pour le verre.

NIVEN (1905) échauffe le corps en forme de cylindre, en faisant passer un courant électrique par un fil occupant l'axe du cylindre. Il mesure avec des thermoéléments la différence θ entre deux points, qui se trouvent respectivement aux distances a et b de l'axe. Si q est la chaleur développée dans le fil par seconde et par centimètre de longueur, on a

$$k = \frac{q}{2\pi\theta} \log \frac{b}{a}.$$

Une méthode analogue a été employée par LEES pour déterminer k à de *très basses températures*. Nous indiquerons quelques-uns de ses nombres, T étant la température *absolue* ; k est donné en unités C. G. S.

Substances	T =		
	120°	180°	240° abs.
Glace	0,0062	0,0058	0,0052
Naphtaline	0,0013	0,0011	0,0009
Aniline	0,0011	0,00086	0,0007
Glycérine	0,00078	0,00082	0,00076

La question de la conductibilité calorifique de la *neige* présente aussi un grand intérêt pour la Géophysique. Cette conductibilité a été déterminée par F. NEUMANN (1862), ANDREWS (1886), HJELSTRÖM (1889), ABELS (1892) et JANSSON (1901). HJELSTRÖM a trouvé $k = 0{,}000508$ C.G.S pour la densité $\delta = 0{,}183$; mais il semble que cette valeur est trop élevée. WOEIKOW a montré la grande influence que doit avoir la densité de la neige. ABELS a obtenu

$$k = 0{,}0068\,\delta^2.\ \mathrm{C.G.S.}$$

JANSSON a employé la méthode de CHRISTIANSEN ; il se servait, comme corps de comparaison constant, d'une plaque de verre. La neige était ensuite remplacée par de l'eau et on admettait pour celle-ci à 11°, d'après LEES (1898), $k = 0{,}00147$ C.G.S., de sorte qu'on comparait k pour la neige et l'eau. JANSSON a trouvé en unités C.G.S.

$$k = 0{,}00005 + 0{,}0019\,\delta + 0{,}006\,\delta^4,$$

ce qui donne $k = 0{,}00005$ pour l'air ($\delta = 0$).

OKADA (1905) a déterminé k et δ à différentes profondeurs d'une couche de neige. Ses valeurs 0,00028 et 0,00045 (pour des profondeurs différentes) s'accordent mieux avec la formule d'ABELS qu'avec celle de JANSSON.

La conductibilité calorifique k d'un *mélange* de p_1 et p_2 parties de deux substances, de conductibilités k_1 et k_2, a été étudiée par plusieurs physiciens.

Lees (1900) a trouvé que *k ne peut pas se calculer par la règle des mélanges*, mais est exprimé par la formule

$$k^n = (p_1 k_1^n + p_2 k_2^n) : (p_1 + p_2),$$

où n est une constante. Maxwell (*Traité d'Electricité et de Magnétisme*, édition française, Paris, 1885, Tome I, page 496) a établi l'expression

$$k = \frac{2k_1 + k_2 + p(k_1 - k_2)}{2k_1 + k_2 - 2p(k_1 - k_2)} k_2$$

(le facteur k_2 a été omis dans le Traité de Maxwell) pour la résistance spécifique *électrique* k d'un milieu *non homogène*, consistant en une substance de résistance spécifique k_2, dans laquelle sont distribuées de très petites sphères en très grand nombre de résistance spécifique k_1 ; p est le rapport du volume des sphères au volume total. Une formule tout à fait analogue doit aussi s'appliquer à la conductibilité calorifique, en prenant pour k, k_1 et k_2 les valeurs réciproques. Lise Meitner (1906) a essayé la formule de Maxwell pour l'onguent mercuriel (Ung. Hydrargyri), en déterminant la conductibilité du corps gras pur et de l'onguent $\left(p = \frac{1}{40}\right)$ par la méthode de Christiansen. L'accord avec la formule de Maxwell a été très satisfaisant.

Nous donnons, dans le tableau suivant, quelques nombres que l'on peut comparer avec les valeurs de k relatives aux métaux. Pour le cuivre et l'argent, k est à peu près égal à 1 unité C.G.S.

Substances	k	Auteurs
Marbre	0,006	Christiansen
Craie	0,002 2	Herschell
Chêne	0,004 1	Grassi
Liège	0,000 13	Lees
Charbon de terre	0,000 3	F. Neumann
Ebonite	0,000 4	Lees
Paraffine	0,000 23	R. Weber
Cire	0,000 09	Forbes
Soufre	0,000 45	Lees
Feutre	0,000 09	Forbes
Papier	0,000 31	Lees
Laine	0,000 04	Forbes
»	0,000 55	Lees
Soie	0,000 22	»
Verre	0,002	en moyenne
Glace	0,005	Mitchell

7. Conductibilité calorifique des corps non isotropes. — La conductibilité calorifique des corps non isotropes, par exemple des cristaux de tous les systèmes, sauf le système régulier, varie avec la direction. La théorie mathématique de la propagation de la chaleur dans les cristaux a été établie par DUHAMEL (1832), O. BONNET (1848), G.-G. STOKES (1851). Quand la chaleur se propage dans un corps non isotrope, on ne peut pas en général supposer que la direction du flux calorifique en un point doit être normale à la surface isotherme qui passe en ce point. L'hypothèse la plus simple que l'on puisse faire est que les composantes Q_x, Q_y, Q_z du flux calorifique sont des fonctions linéaires des composantes de la chute de température :

$$Q_x = -k_{11}\frac{\partial t}{\partial x} - k_{12}\frac{\partial t}{\partial y} - k_{13}\frac{\partial t}{\partial z},$$
$$Q_y = -k_{21}\frac{\partial t}{\partial x} - k_{22}\frac{\partial t}{\partial y} - k_{23}\frac{\partial t}{\partial z},$$
$$Q_z = -k_{31}\frac{\partial t}{\partial x} - k_{32}\frac{\partial t}{\partial y} - k_{33}\frac{\partial t}{\partial z}.$$

Posons

$$\lambda_1 = \frac{1}{2}(k_{23} + k_{32}), \quad \lambda_2 = \frac{1}{2}(k_{31} + k_{13}), \quad \lambda_3 = \frac{1}{2}(k_{12} + k_{21}),$$
$$\mu_1 = \frac{1}{2}(k_{23} - k_{32}), \quad \mu_2 = \frac{1}{2}(k_{31} - k_{13}), \quad \mu_3 = \frac{1}{2}k_{12} - k_{21}),$$
$$X = -\frac{\partial t}{\partial x}, \quad Y = -\frac{\partial t}{\partial y}, \quad Z = -\frac{\partial t}{\partial z};$$

nous avons avec STOKES

$$Q_x = P_x + R_x, \quad Q_y = P_y + R_y, \quad Q_z = P_z + R_z,$$

où

$$P_x = k_{11}X + \lambda_3 Y + \lambda_2 Z, \quad R_x = \mu_3 Y - \mu_2 Z,$$
$$P_y = \lambda_3 X + k_{22} Y + \lambda_1 Z, \quad R_y = \mu_1 Z - \mu_3 X,$$
$$P_z = \lambda_2 X + \lambda_1 Y + k_{33} Z, \quad R_z = \mu_2 X - \mu_1 Y.$$

Le vecteur (P_x, P_y, P_z) a pour direction la normale au point (X, Y, Z) à l'ellipsoïde

$$k_{11}x^2 + k_{22}y^2 + k_{33}z^2 + 2\lambda_1 yz + 2\lambda_2 zx + 2\lambda_3 xy = m,$$

où x, y, z sont des coordonnées courantes et m le résultat de la substitution de X, Y, Z dans le premier membre ; la grandeur de ce vecteur est égale au produit de la valeur absolue de m par l'inverse de la distance du centre de l'ellipsoïde au point (X, Y, Z). Cet ellipsoïde se nomme *ellipsoïde de conductibilité* ; ses axes sont les *axes principaux de conductibilité*. Le vecteur (R_x, R_y, R_z) est perpendiculaire au plan déterminé par le rayon vecteur (X, Y, Z) et par le vecteur dont les cosinus directeurs sont proportionnels à μ_1, μ_2, μ_3 ; la grandeur de ce vecteur est $(X^2 + Y^2 + Z^2)^{\frac{1}{2}}(\mu_1 + \mu_2^2 + \mu_3^2)^{\frac{1}{2}}\sin\varphi$, où φ est l'angle compris entre les vecteurs (X, Y, Z) et (μ_1, μ_2, μ_3). Si on prend pour axes de coordonnées les axes principaux de conductibilité, les coefficients λ_1, λ_2, λ_3 s'annulent ; nous écrirons alors pour simplifier k_1, k_2, k_3, au lieu de k_{11}, k_{22}, k_{33} ; et nous désignerons par ω_1, ω_2, ω_3, les composantes du vecteur

(μ_1, μ_2, μ_3) dans le nouveau système de coordonnées ; nous avons donc dans ce cas

$$Q_x = k_1 X + \omega_3 Y - \omega_2 Z,$$
$$Q_y = k_2 Y + \omega_1 Z - \omega_3 X,$$
$$Q_z = k_3 Z + \omega_2 X - \omega_1 Y.$$

Les constantes k_1, k_2, k_3 se nomment les *coefficients principaux de conductibilité calorifique.*

On peut établir, comme nous l'avons fait pour un corps isotrope, l'équation

$$c\rho \frac{\partial t}{\partial \tau} + \frac{\partial Q_x}{\partial x} + \frac{\partial Q_y}{\partial y} + \frac{\partial Q_z}{\partial z} = 0,$$

d'où l'on déduit, quand on prend pour axes de coordonnées les axes principaux de conductibilité, l'équation aux dérivées partielles suivantes pour le mouvement de la chaleur dans un corps non isotrope :

$$k_1 \frac{\partial^2 t}{\partial x^2} + k_2 \frac{\partial^2 t}{\partial y^2} + k_3 \frac{\partial^2 t}{\partial z^2} = c\rho \frac{\partial t}{\partial \tau}.$$

Nous nous bornerons à indiquer le résultat le plus important obtenu par l'étude de cette équation. Considérons une source ponctuelle C de chaleur qui, dans un corps *isotrope,* donne pour surfaces isothermes des surfaces sphériques de centre commun C. La même source donne, dans un corps cristallin, pour surfaces isothermes, des *ellipsoïdes semblables* ayant mêmes axes et le point C pour centre commun. Dans les cristaux uniaxes, c'est-à-dire dans les cristaux des systèmes quadratique et hexagonal, on obtient des ellipsoïdes de révolution, dans les cristaux biaxes des ellipsoïdes à trois axes inégaux. Les trois coefficients principaux de conductibilité calorifique k_1, k_2 et k_3 correspondent aux directions des axes de ces ellipsoïdes. *La direction du flux calorifique en un point ne coïncide pas en général avec la normale à la surface isotherme passant en ce point.*

Les premières expériences, qui ont montré que la conductibilité calorifique des corps peut ne pas être la même dans les différentes directions, sont dues à De la Rive et à De Candolle ; elles se rapportent au bois et nous en parlerons plus loin.

Une étude expérimentale détaillée de la conductibilité calorifique des cristaux a été faite par Sénarmont d'après la méthode suivante. Il découpait dans un cristal une plaque, au milieu de laquelle il perçait une ouverture ; il introduisait dans cette ouverture un tube fin argenté, courbé à angle droit à une certaine distance de la plaque. La plaque disposée horizontalement était recouverte d'une couche de cire mêlée de térébenthine ; la partie horizontale du tube était alors échauffée et on insufflait de l'air dans le tube. Le milieu de la plaque était donc échauffé par l'air chaud ; la chaleur se propageait de cet endroit dans toutes les directions et la cire fondait. La partie de la surface où la cire avait fondu était, même après refroidissement, facile à reconnaître ; elle était limitée par une *ellipse.* En mesurant la longueur des demi-axes de cette ellipse, et en répétant l'expérience avec des plaques taillées dans un cristal suivant des directions différentes, on pouvait construire un ellipsoïde isotherme et trouver la direction ainsi que la grandeur relative des axes de cet ellipsoïde.

Meyer a remplacé la cire par une couche d'iodure double de cuivre et de mercure ($Cu^2 I^2 . 2HgI^2$) qui, comme nous l'avons vu précédemment, change subitement de couleur à 70°. Röntgen a montré qu'il suffit, avant l'échauffement, de respirer fortement à la surface de la plaque ; la buée formée se vaporise dans l'échauffement et les limites de la région où se produit l'évaporation se reconnaissent facilement en répandant sur la plaque de la poudre de lycopode, que l'on chasse ensuite des endroits secs. On obtient ainsi une ligne de démarcation très nette.

On peut encore produire l'échauffement par d'autres moyens, en touchant par exemple le milieu de la plaque avec une pointe métallique fortement échauffée ; on peut également introduire un fil, dans une ouverture pratiquée au centre de la plaque, et faire passer un fort courant électrique dans ce fil.

Si la plaque est *épaisse*, on obtient, par ce dernier procédé d'échauffement ainsi que par la méthode de Sénarmont, un contour en forme d'œuf, mais non elliptique. Ceci s'explique par le fait que l'échauffement n'est plus produit par une source *ponctuelle*, mais par tous les points d'un segment de droite perpendiculaire à la surface de la plaque ; dans ce cas, la surface isotherme n'a plus la forme d'un ellipsoïde.

Von Lang, Jannettaz, Pape, Tyndall, Röntgen et d'autres encore ont étudié un grand nombre de cristaux. Il a été reconnu que, dans les cristaux du système régulier, la surface isotherme est une sphère ; dans les cristaux uniaxes, elle se présente bien comme un ellipsoïde de révolution, dans lequel l'axe de révolution coïncide avec l'axe optique du cristal (Tome II). Cet ellipsoïde peut être allongé ou aplati, de même que la surface d'onde relative au rayon extraordinaire. Dans la plupart des cas, mais non dans tous, le caractère des ellipsoïdes thermique et optique est le même, c'est-à-dire qu'ils sont tous deux allongés ou aplatis. Il se présente cependant des exceptions : ainsi, par exemple, le spath calcaire et le béryl ont des ellipsoïdes thermiques allongés et des ellipsoïdes optiques aplatis ; le contraire a lieu pour le corindon. Cela signifie qu'à la direction de plus grande vitesse de propagation de la chaleur correspond la direction de plus petite vitesse du rayon extraordinaire et inversement.

La méthode de Sénarmont donne la possibilité de déterminer le rapport des vitesses de propagation de la chaleur suivant des directions différentes à l'intérieur d'un cristal. Des déterminations de la valeur absolue de la grandeur k pour les cristaux ont été effectuées par Tuchschmidt et Lees. Tuchschmidt s'est servi de la méthode de H. F. Weber (voir plus loin la conductibilité calorifique des liquides). Il a trouvé les valeurs numériques suivantes :

	Quartz k	Spath calcaire k	
parallèlement à l'axe.	0,02627	0,00960	$\frac{gr.}{cm. sec.}$
sous un angle de 45° avec l'axe . .	0,02120	0,00863	
perpendiculairement à l'axe. . . .	0,01597	0,00787	

Pour le sel gemme, on a $k = 0,01$ dans toutes les directions. LEES a employé la méthode de LODGE, mentionnée à la page 369 ; il a trouvé $k = 0,0133$ pour le sel gemme et en outre :

	Quartz	Spath calcaire	
parallèlement à l'axe	0,0299	0,0100	$\frac{\text{gr.}}{\text{cm. sec.}}$
perpendiculairement à l'axe	0,0158	0,0084	

Nous donnerons, pour quelques cristaux *uniaxes* le rapport $k_1 : k_2$, k_1 se rapportant à la direction de l'axe, k_2 à une direction perpendiculaire quelconque :

	$\frac{k_1}{k_2}$		$\frac{k_1}{k_2}$
Graphite.	4 environ	Dolomite	1,10
Antimoine	2,56	Tourmaline	1,35
Anatase	1,80	Quartz.	0,58
Tellure	0,66	Emeraude.	0,81
Cinabre	0,72	Idocrase.	0,90

La grandeur de $k_1 : k_2$ pour le *bismuth cristallisé* présente un grand intérêt ; LOWNDS (1903) a trouvé

$$\frac{k_1}{k_2} = 0,704,$$

tandis que PERROT (1903) obtenait simultanément la valeur

$$\frac{k_1}{k_2} = 0,745 ;$$

plus tard, F. M. JÄGER (1906) est arrivé à la valeur sensiblement plus petite 0,671.

W. VOIGT a donné en 1897 une méthode ingénieuse pour la détermination du rapport des conductibilités calorifiques principales k_1, k_2 et k_3 dans un

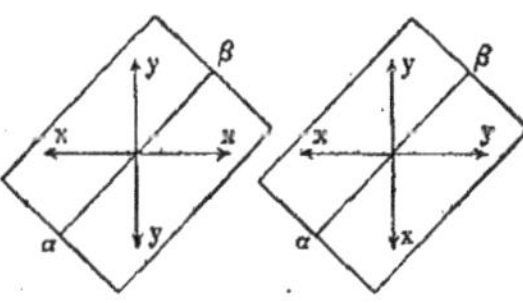

Fig. 121

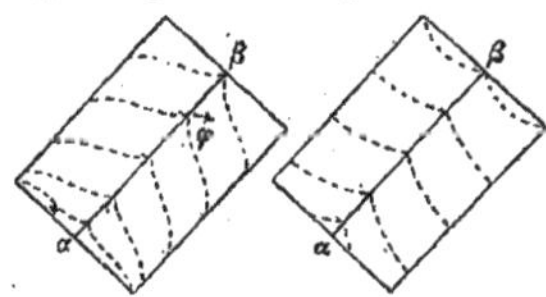

Fig. 122

cristal. Cette méthode est en définitive identique à la méthode de recherche des isothermes indiquée à la page 356. Dans un cristal, on taille une plaque rectangulaire parallèlement à l'un des trois plans principaux de l'ellipsoïde de conductibilité, de façon que les côtés de la plaque forment des angles de 45° avec les axes principaux xx, yy contenus dans le plan principal considéré (*fig.* 121, à gauche), auxquels axes correspondent par exemple les valeurs k_1 et k_2. On coupe alors la plaque suivant la droite $\alpha\beta$, on retourne l'une des moitiés obtenues, que l'on colle ensuite à l'autre moitié, comme le montre la figure 121 à droite. La plaque est recouverte d'une mince couche d'une substance facilement fusible ; Voigt recommande, comme on l'a déjà mentionné précédemment, l'emploi de l'acide élaïdique avec un mélange de 0,1 à 0,5 de cire et de térébenthine. Si on échauffe la plaque *par le bord* α, la droite $\alpha\beta$ représente par raison de symétrie la direction du flux calorifique, qui va du point α au point β ; Voigt crée donc un plan de symétrie thermique déterminé dans la substance cristalline et considère de plus un flux calorifique de *direction connue*. Comme nous l'avons vu (page 373), les isothermes forment avec le flux un angle qui n'est pas égal à 90° et par suite les isothermes de la plaque ont la forme de lignes brisées à la rencontre de la droite $\alpha\beta$, ainsi que le montre la figure 122. Si on désigne par φ l'angle compris entre les tangentes en un point de $\alpha\beta$, on a

$$\frac{k_2}{k_1} = \frac{1 \mp \operatorname{tg} \frac{\varphi}{2}}{1 \pm \operatorname{tg} \frac{\varphi}{2}},$$

les doubles signes se rapportant aux cas $k_2 > k_1$ et $k_2 < k_1$. L'angle φ est facile à mesurer, car les isothermes (limite de la couche fondue) sont très nettement accusées. Pour une plaque de quartz découpée parallèlement à l'axe, l'angle φ est d'environ 30°.

La méthode de Voigt est particulièrement intéressante parce qu'elle semble pouvoir mettre en évidence le flux rotatoire (R_x, R_y, R_z) dont il a été question au début de ce paragraphe. G. G. Stokes (1851) et Boussinesq (1868) ont établi que si ce vecteur (R_x, R_y, R_z) existe, il doit se produire dans les cristaux une sorte de mouvement en spirale de la chaleur ; mais les expériences que Soret et Voigt (1903) ont faites à ce sujet n'ont donné jusqu'à présent qu'un résultat négatif.

On observe que le coefficient k varie avec la direction non seulement dans les cristaux, mais aussi dans le verre comprimé (Sénarmont), dans les minéraux non cristallisés qui possèdent des faces de clivage, et en particulier dans le bois, qui peut être considéré comme un corps anisotrope non homogène.

Les expériences de De la Rive et de De Candolle, de Tyndall, Knoblauch, Forbes, Less, Greiss, Louguinine, etc. effectuées les unes par la méthode de Sénarmont, les autres par la méthode de Biot-Despretz (page 353), ont montré que k est maximum dans la direction des fibres du bois, minimum perpendiculairement à cette direction, et qu'il faut en outre distinguer dans la section droite d'un tronc d'arbre les directions radiales et celles qui sont perpendiculaires à un rayon. Less, par exemple, a trouvé, en posant $k = 100$ pour le marbre (on a approximativement pour cette substance $k = 0,0018$ C. G. S. d'après Forbes) :

	Erable	Chêne
parallèlement aux fibres.	19,2	16,1
perpendiculairement aux fibres et suivant un rayon.	8,6	7,5
perpendiculairement aux fibres et à un rayon. . .	8,5	8,6

Forbes a obtenu pour le pin parallèlement aux fibres $k = 0{,}00030$ C. G. S. et perpendiculairement aux fibres $k = 0{,}000088$ C. G. S.

Tyndall donne les nombres suivants en unités arbitraires :

Bois	parallèlement aux fibres	perpendiculairement aux fibres et à un rayon	perpendiculairement aux fibres et suivant un rayon
Chêne	34	11,0	9,5
Hêtre.	33	10,8	8,8
Buis.	31	12,0	9,9
Frêne	27	11,5	9,5
Pommier	26	12,5	10,0
Pin	22	12,0	10,0

W. Louguinine a étudié la marche de la température à l'intérieur des arbres dans le cours de l'année.

8. Conductibilité calorifique des liquides. — L'étude de la conductibilité calorifique des liquides présente des difficultés particulières ; il se produit dans l'échauffement par en bas des liquides, en raison de leur extrême mobilité, une convection de la chaleur due à l'ascension des parties les plus chaudes. La conductibilité calorifique ne peut donc être étudiée dans un liquide qu'en l'échauffant par le haut ou en le refroidissant par le bas. Elle est en tout cas très petite, comme il résulte de l'expérience suivante. On verse, dans une éprouvette, de l'eau froide, et on y dépose un petit morceau de glace, entouré d'un fil pour qu'il reste au fond du vase. L'eau peut alors être amenée à l'ébullition à la partie supérieure de l'éprouvette, sans que la glace fonde.

Les recherches relatives à la conductibilité calorifique des liquides ont été faites surtout par les deux méthodes essentiellement différentes qui suivent. Dans la première de ces méthodes, une *colonne liquide verticale* est échauffée par le haut ou refroidie par le bas, et on détermine la température stationnaire ou variable des différentes couches horizontales de cette colonne. Dans la seconde méthode, on interpose le liquide sous forme de couche mince entre deux plaques métalliques horizontales, dont on observe les températures ; c'est la méthode de la *lamelle liquide*. Il existe en outre encore les méthodes particulières de Winkelmann et de Grätz.

I. Méthode de la colonne. — Les premières expériences ont été effectuées par la méthode de la colonne liquide. Rumford avait déduit de ses observations que l'eau ne possédait aucune conductibilité calorifique. Mais les expériences ultérieures de Nicholson, Murray, Pictet, T. Thomson et d'autres encore ont démontré l'existence d'une transmission intérieure de la chaleur dans une colonne liquide verticale échauffée par le haut. Les premières expériences précises sont dues à Despretz, qui a cherché à appliquer sa méthode indiquée précédemment (page 354). De l'eau est versée dans un vase cylindrique en bois et on introduit, dans celui-ci, un vase en cuivre, de manière que le fond de ce second vase touche la surface de l'eau dans le premier. Dans le vase en cuivre, on verse de l'eau chaude que l'on renouvelle toutes les 5 minutes. Six thermomètres horizontaux traversent la paroi latérale du cylindre en bois, de façon que leurs réservoirs se trouvent sur l'axe de ce dernier. L'état stationnaire s'établit au bout de 36 heures. On constate que la température peut être exprimée par la formule $t = Ae^{-\alpha x}$, x étant la coordonnée verticale de la couche. PAALZOW, qui s'est servi de la même méthode, a déterminé la grandeur

$$2n = (\Theta_1 + \Theta_3) : \Theta_2,$$

voir (37, *a*) ; il s'est contenté de ranger les liquides par ordre de conductibilité calorifique décroissante. BOTTOMLEY versait directement de l'eau chaude sur une planchette de bois nageant à la surface d'une colonne d'eau. Un défaut de la méthode de DESPRETZ et de ses successeurs consiste en ce que la paroi en bois du cylindre conduit également la chaleur aux couches inférieures de la colonne liquide, et, par conséquent, l'échauffement observé n'est pas uniquement dû à la conductibilité calorifique du liquide. La méthode de BOTTOMLEY présente encore d'autres sources particulières d'erreur ; il ne faut donc pas s'étonner qu'elle ait donné pour l'eau $k = 0,0002$ C. G. S., tandis que la valeur exacte est six fois plus grande. Les expériences de CHREE, qui a déterminé la température des différentes couches d'une colonne liquide à l'aide d'un fil de platine, dont il mesurait la résistance électrique, ont aussi donné des résultats peu concordants ; cependant la moyenne des déterminations de CHREE, qui est $k = 0,00124$ C. G. S. pour l'eau à 18°, peut être considérée comme assez voisine de la vérité.

ÅNGSTRÖM a déterminé la grandeur k pour le mercure, en se servant de sa méthode de l'échauffement et du refroidissement périodiques, décrite à la page 362 ; un tube vertical en verre de 37^{mm},6 de diamètre était rempli de mercure. ÅNGSTRÖM a trouvé à 50° pour le mercure $k = 0,0177$ C. G. S. LUNDQUIST (1869) a donné le premier, en se servant de la même méthode, des valeurs précises de la grandeur k, pour différents liquides qu'il plaçait également dans des tubes verticaux en verre. Nous donnons ci-dessous les nombres qu'il a obtenus à 40° :

Liquide	Densité	$k \frac{gr}{cm.\ sec.}$
Eau	1	0,001 555
Solution de SO^4Zn.	1,237	0,001 643
» »	1,252	0,001 582
» »	1,382	0,001 582
Solution de NaCl	1,178	0,001 492
» SO^4H^2	1,123	0,001 500
» »	1,207	0,001 447
» »	1,372	0,001 257

H. F. Weber a déduit des observations de Lundquist des nombres un peu différents, pour la solution de $So^4 Zn$, en introduisant une valeur plus exacte de la capacité calorifique de cette solution. Ainsi il a trouvé, pour une solution de densité 1,382, $k = 0,001\,437$.

Berget a déterminé la conductibilité calorifique du *mercure* par la méthode du *cylindre de garde*, dont il a déjà été question à la page 359. Son appareil est représenté par la figure 123. Il consiste en un calorimètre à glace de Bunsen (page 187), dont le réservoir est allongé en forme de tube (AB); la longueur de ce tube, comptée à partir de A, est de 20 centimètres, son diamètre de $1^{cm},3$. Le tube traverse une plaque de fer horizontale, au-dessous de laquelle se trouve de la glace, qui entoure le vase même du calorimètre. Le tube de verre AB est entouré d'un tube un peu plus élevé de 6 centimètres de diamètre, qui renferme, comme AB, du mercure. Ce cylindre est muni d'un couvercle traversé par trois tubes; de la vapeur d'eau bouillante pénètre par deux de ces tubes et elle s'échappe au dehors par le troisième. Quatre fils horizontaux en fer 1, 2, 3, 4 pénètrent jusqu'à l'axe du tube AB; ils sont isolés et seules leurs extrémités (dans AB) sont à nu. Chaque couple de fils forme avec le mercure un élément thermoélectrique, dont la force électromotrice sert à mesurer la différence de température entre deux points. Berget s'est assuré, par des expériences préliminaires, que tous les points d'une couche horizontale dans le tube AB possèdent une même température. Aussitôt que l'état calorifique stationnaire a été obtenu, il a mesuré la quantité de chaleur Q, qui est transmise au calorimètre dans l'unité de temps, en observant le déplacement de l'extrémité de la colonne de mercure dans le tube fin horizontal, comme il a été expliqué à la page 188. La grandeur k était calculée par la formule

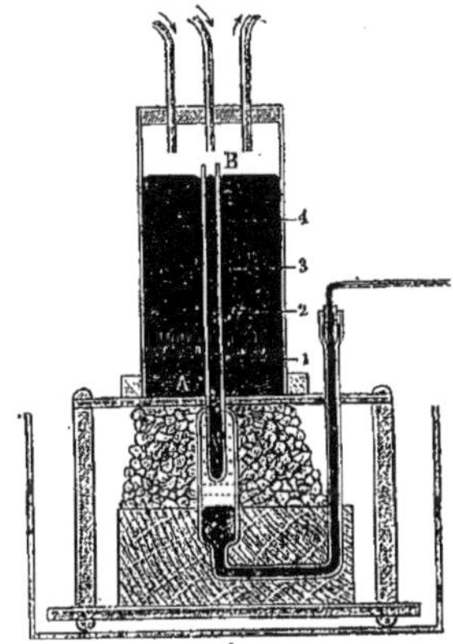

Fig. 123

$$k = \frac{Qd}{s\,(t_1 - t_2)},$$

dans laquelle s désigne l'aire de la section droite du tube AB, $t_1 - t_2$ la différence de température en deux points distants de d. Pour une température moyenne de 50° de toute la colonne, Berget a obtenu $k = 0,02015$. La grandeur Q est la même dans toutes les sections droites du tube AB. En mesurant $t_1 - t_2$ dans différents segments de ce tube, Berget a pu déterminer l'influence de la température sur k. Il a trouvé que, dans la formule $k = k_0(1 + \alpha t)$, le coefficient de température $\alpha = -0,001\,267$. Entre 0° et 300° il a obtenu $\alpha = -0,00045$. La conductibilité calorifique du mercure *décroîtrait* donc quand la température s'élève.

Berget a encore déterminé le coefficient k pour le mercure par une autre méthode : la colonne de mercure était raccourcie et élargie, et la quantité Q de chaleur transmise était déterminée au moyen de la diminution de poids d'un cylindre de glace, qui touchait, par le bas, une plaque de fer servant de base à la colonne de mercure. Cette méthode l'a conduit à la valeur $k = 0,02001$.

Il est difficile de dire si, dans les expériences de Berget, les courants verticaux de mercure dans le tube AB étaient évités. Les expériences de Wachsmuth ont démontré l'existence certaine de tels courants dans des colonnes de liquides moins denses, échauffées par le haut. Wachsmuth se servait de liquides colorés, qui perdaient leur coloration par la chaleur, par exemple d'une solution diluée d'iode dans de l'empois d'amidon, dont la couleur bleue disparaît entre 30° et 70° suivant la concentration de la solution. Dans l'échauffement du liquide par le haut apparaissent nettement des mouvement tourbillonnaires, où le liquide le plus froid s'élève et le liquide le plus chaud descend. Ces mouvements ne cessent pas, lorsque la colonne liquide est entourée d'un anneau de garde suivant la méthode de Berget. Les expériences de Wachsmuth conduisent à abandonner en général la méthode de la colonne liquide.

II. Méthode de la lamelle liquide. — Guthrie a appliqué le premier cette méthode ; il interposait une couche du liquide étudié entre les bases, disposées horizontalement et tournées l'une vers l'autre, de deux cônes creux. Le cône supérieur était traversé par un courant de vapeur, tandis que le cône inférieur, avec sa pointe tournée vers le bas et muni d'un manomètre à eau, servait de thermomètre à air. Guthrie a fait des comparaisons à l'égard de l'échauffement de l'air, lorsque les bases des cônes se touchent et lorsqu'une couche liquide se trouve entre elles. Il a trouvé que la glycérine conduit la chaleur 3,84 fois *plus mal* que l'eau, l'alcool 10 fois et le chloroforme 12 fois, et que des solutions salines conduisent mieux la chaleur que l'eau.

Lees (1898) a effectué, par cette méthode, une détermination très soignée de k et du coefficient de température α de cette grandeur, pour plusieurs liquides. Il a obtenu les nombres suivants :

Liquide	k (C. G. S.)	α (entre 25° et 45°)
Eau (11°)	0,001 47	— 0,0055
Alcool méthylique (11°)	0,000 52	— 0,0034
» éthylique (11°)	0,000 46	— 0,0058
Glycérine (20°)	0,000 70	— 0,0044
Acide acétique (11°)	0,000 43	—

H. F. Weber a développé la méthode de la lamelle liquide. Deux plaques de cuivre circulaires étaient placées horizontalement l'une au-dessus de l'autre, à quelques millimètres de distance. L'intervalle était rempli par le liquide à étudier, qui s'y maintenait sous l'influence de la capillarité. Tout le système était déposé sur la surface horizontale d'un gros morceau de glace ;

la variation graduelle de la température de la plaque supérieure était mesurée au moyen d'une pile thermoélectrique. Ces mesures ont permis de calculer k pour la lame liquide interposée ; mais Lorberg a montré que la formule utilisée par H. F. Weber doit être remplacée par une formule plus compliquée, de sorte que les valeurs numériques données par Weber doivent subir une correction. Weber a obtenu, pour l'*eau* par exemple, en posant $k = k_0 (1 + \alpha t)$,

$$k = 0{,}00120, \qquad \alpha = 0{,}00786,$$

tandis que les calculs que Lorberg a faits avec les observations de Weber donnent

$$k = 0{,}000\,138, \qquad \alpha = 0{,}00\,494.$$

La loi établie par Weber que *la grandeur* $k : \delta c$, δ désignant le poids spécifique et c la capacité calorifique de l'unité de *volume* du liquide, *possède approximativement la même valeur pour tous les liquides*, ne peut donc être regardée comme certaine. Dans un travail plus récent (1885), Weber a étudié la signification théorique de cette loi et l'a trouvée confirmée dans 46 liquides. Diverses objections ont cependant entre temps été élevées contre le premier travail de Weber par Lorberg et par Grätz.

Weber est arrivé notamment à cette conclusion que la conductibilité calorifique des liquides est indépendante de leur frottement intérieur. Ce résultat a été confirmé par Wachsmuth ; celui-ci a obtenu, pour l'eau pure à 4°,1, $k = 0{,}00129$; pour l'eau renfermant 1 % de gélatine (quantité suffisante pour la coagulation), il a trouvé, dans deux expériences, $k = 0{,}00131$ et $k = 0{,}00128$, c'est-à-dire le même nombre que pour l'eau pure. Pour une solution à 5 %, on a déjà $k = 0{,}00116$.

En 1893, H. F. Weber a modifié sa formule ; il a trouvé

$$\frac{k}{\delta c}\sqrt[3]{\frac{m}{c}} = const.,$$

m désignant le *poids moléculaire*, c la chaleur spécifique de l'unité de volume, δ la densité du liquide. Van Aubel, ayant voulu vérifier cette loi au moyen des valeurs données par Lees, a reconnu qu'elle ne se confirmait ni pour les liquides *purs* (eau, glycérine, acide acétique), ni pour leurs mélanges.

De Heen a modifié légèrement la méthode de Weber ; il a pris des plaques de cuivre plus épaisses et a mesuré, à l'aide de trois couples thermoélectriques, la chute de température dans la plaque inférieure et la température de la plaque supérieure. Une autre modification consiste dans la méthode déjà mentionnée précédemment (page 369) de Christiansen qui, au lieu de deux plaques de cuivre, en a employé trois (rayon 13^{cm},14, épaisseur 9 millimètres), séparées l'une de l'autre par de petits morceaux de verre. Tout le système est posé sur le vase en cuivre A (*fig.* 124), traversé par un courant d'eau froide ; sur la plaque supérieure repose un vase semblable B, parcouru par de l'eau chaude. Trois thermomètres à mercure, introduits latéralement dans les plaques de cuivre, servent à la mesure des températures respectives t_1, t_2, et t_3 de ces plaques. Les couches des deux liquides, dont on veut comparer les conductibilités calorifiques k_1 et k_2, se trouvent entre les plaques. Désignons par d_1 et d_2 les épaisseurs de ces couches ; on a évidemment.

$$k_1 \frac{t_1 - t_2}{d_1} = k_2 \frac{t_2 - t_3}{d_2},$$

d'où l'on déduit la formule déjà donnée à la page 369 :

$$\frac{k_1}{k_2} = \frac{d_1 (t_2 - t_3)}{d_2 (t_1 - t_2)}.$$

Christiansen et Winkelmann ont établi une formule plus exacte.

Stankéwitsch a étudié la conductibilité calorifique d'un grand nombre de liquides organiques par la méthode de Christiansen. Henneberg a comparé

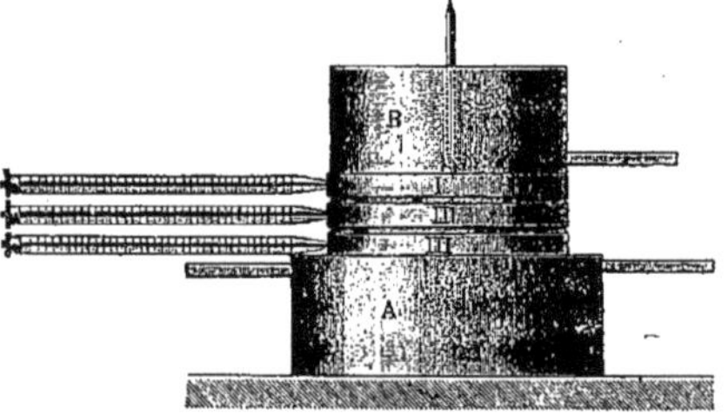

Fig 124

par la même méthode les conductibilités calorifiques de mélanges d'eau et d'alcool, et a obtenu pour de tels mélanges une valeur de k moindre que pour l'eau et plus grande que pour l'alcool. La loi de Weber n'est pas confirmée par les expériences de Henneberg.

Jäger a comparé de la même manière les conductibilités calorifiques des solutions salines à celle du verre, lequel remplissait l'un des intervalles. Il s'est servi de couples thermoélectriques pour la mesure des températures. Ses expériences qui ont donné, pour les solutions salines, une valeur de k plus petite que pour l'eau, confirment la loi de Weber.

Wachsmuth a fait des expériences par la méthode de H. F. Weber. Nous avons déjà dit qu'il a obtenu pour l'eau $k = 0{,}001\,294$ C. G. S. Il a déterminé encore la grandeur k pour dix espèces différentes d'huiles et de baumes : nous donnons ici quelques-uns de ses nombres :

	k		k
Baume de copahu . .	0,000 26	Huile de pavot . . .	0,000 39
» Canada. .	0,000 26	» ricin . . .	0,000 43
Huile d'olive. . . .	0,000 39	» noisette . .	0,000 35
» de sésame . .	0,000 39		

Ces nombres dénotent de nouveau l'absence de relation entre la conductibilité k et le frottement intérieur dans les liquides.

Nous mentionnerons enfin l'intéressant travail de BARUS, qui a comparé par la méthode de WEBER la grandeur k pour le thymol ($C^{10} H^{14} O$) à l'état solide et à l'état liquide. Il a trouvé

pour le thymol solide à 12° $k = 0,000\,359$ C. G. S.
» liquide à 13° $k = 0,000\,313$ »

La différence est de 13 %. Si on introduit c et δ, il vient, pour $a^2 = \frac{k}{c\delta}$:

pour le thymol solide à 12° $a^2 = 0,001\,077$
» liquide à 13° $a^2 = 0,000\,691$

La différence s'élève déjà à 36 %.

Il existe de nombreuses variantes de la méthode de la lamelle liquide. Ainsi WACHSMUTH (1901) place le liquide entre deux plaques de cuivre parallèles ; la plaque supérieure est échauffée par un courant d'eau et la plaque inférieure se trouve sur un morceau de glace. La quantité de chaleur Q, qui traverse le liquide dans l'unité de temps, est déterminée par la quantité de *glace fondue* et k se calcule au moyen de la formule

$$k = \frac{Q}{t_1 - t_2} \frac{d}{S},$$

d désignant l'épaisseur de la lame liquide, S sa surface, t_1 et t_2 les températures des deux plaques de cuivre. WACHSMUTH a montré qu'en appliquant sa méthode, on peut déterminer à la fois k et la conductibilité électrique λ. FRITZ KOHLRAUSCH (1904) a déterminé par cette méthode les grandeurs k et λ pour l'eau et les solutions de KCl, H^3BO^3 et d'acide trichloracétique ($C^2HCl^3O^2$). Il a trouvé que k et λ décroissent quand la concentration diminue et que dans des solutions différentes à une plus grande valeur de λ correspond aussi une plus grande valeur de k.

MILNER et CHATLOCK (1899) ont employé une méthode intéressante ; ils ont fait varier l'épaisseur de la lame liquide, de sorte qu'on peut calculer k par la formule précédente au moyen de deux observations, pourvu que la différence $d_1 - d_2$ soit connue.

R. WEBER (1903) échauffe le liquide par le haut au moyen d'un vase renfermant de la paraffine liquide, dans laquelle se trouve une bobine de fil de nickeline parcourue par un courant électrique. Au-dessous du liquide se trouve de la glace fondante. A l'intérieur du liquide, on place, l'une au-dessus de l'autre à la distance d, les soudures d'un couple thermoélectrique, qui donne la différence $t_1 - t_2$. La quantité de chaleur Q se calcule par la loi de JOULE (Tome IV), au moyen de l'intensité du courant et de la différence de potentiel. R. WEBER a trouvé pour k les valeurs suivantes en unités C. G. S. :

	k		k
Eau	0,001 31	Glycérine	0,000 656
Pétrole	0,000 382	Mercure	0,0197

III. MÉTHODES DE WINKELMANN ET DE GRÄTZ. — WINKELMANN place le liquide dans l'intervalle compris entre deux cylindres de cuivre concentriques. Le cylindre extérieur est entouré d'un mélange de glace et d'eau et un agitateur annulaire muni de petites brosses balaie constamment la surface du cylindre, comme dans les expériences de PÉCLET (page 350). Le cylindre intérieur est rempli d'air ; de son couvercle part un tube, recourbé deux fois à angle droit (vers le haut, horizontalement, vers le bas) et plongeant par son extrémité inférieure dans du mercure, qui s'élève vers le haut par le refroidissement graduel de l'air. En observant la vitesse de ce refroidissement, on peut calculer la conductibilité k du liquide donné. WINKELMANN s'est servi de trois appareils, dans lesquels l'épaisseur d de la couche liquide était égale à $0^{mm},205$, $0^{mm},259$ et $0^{mm}495$. Il a trouvé que les valeurs de k ainsi obtenues dépendent de d ; les nombres sont pour l'eau $k = 0{,}001\,040$, $k = 0{,}001\,161$ et $k = 0{,}001\,416$. Il est évident que, dans cette méthode, les courants à l'intérieur du liquide ne sont pas complètement évités. L'appareil avec la plus petite grandeur de d a donné les nombres suivants :

	k
Eau	0,001 040
Solution de NaCl (33 1/3 %)	0,001 085
» KCl (20 %)	0,001 115
Alcool	0,000 491
Sulfure de carbone	0,000 595
Glycérine	0,000 674

Ce travail a suscité une polémique entre WINKELMANN, H. F. WEBER et OBERBECK. BETZ a employé une méthode analogue, mais ses recherches ont aussi provoqué une critique assez vive de la part de H. F. WEBER.

GRÄTZ s'est servi d'une méthode tout à fait originale. Le liquide, dont la température initiale est t_1, s'écoule à travers un long tube métallique mince, plongé dans de l'eau dont la température t_0 est plus petite que t_1. On mesure la température t_2 à laquelle se refroidit le liquide en parcourant le tube. La formule compliquée

$$a^2 = \frac{k}{\delta c} = \frac{2\,W}{\pi l \mu^2} \log\left(p\,\frac{t_1 - t_0}{t_2 - t_0}\right),$$

que nous n'établirons pas, donne la grandeur cherchée k. Dans cette formule, δ désigne la densité, c la capacité calorifique du liquide ; W est le volume du liquide qui s'écoule dans une seconde, l la longueur du tube en centimètres ; μ et p sont deux constantes : $\mu = 2{,}7043$, $p = 0{,}81747$.

GRÄTZ a étudié quelques solutions, la glycérine, l'alcool, l'éther, le pétrole, l'essence de térébenthine et le sulfure de carbone.

N. SLOUGUINOFF a indiqué une méthode de détermination du rapport des coefficients k relatifs à l'état solide et à l'état liquide d'une substance donnée.

TH. TH. PÉTROUSCHEWSKI a donné une méthode de comparaison des conductibilités k pour les corps liquides et les corps solides, qui est basée sur l'observation de l'accroissement de longueur d'une tige ou l'accroissement de volume d'un liquide versé dans un cylindre en verre, quand la tige ou la colonne liquide sont échauffées par une extrémité.

Jäger a cherché à établir une théorie cinétique de la conductibilité calorifique des liquides, analogue à la théorie cinétique de la conductibilité calorifique des gaz créée par Clausius et qui sera exposée plus loin. Nous indiquerons ici l'un des résultats de la théorie de Jäger. On peut écrire que la force vive $\frac{1}{2} mv^2$ d'une molécule, dont la masse est m et la vitesse v, est une fonction de la température de la forme

$$\frac{1}{2} mv^2 = \frac{1}{2} mv_0^2 (1 + \gamma t).$$

Soit η le coefficient de frottement intérieur (tome I) ; la théorie de Jäger conduit à la formule

$$\frac{k}{\eta} = \frac{1}{2} \gamma v_0^2.$$

Le membre de droite peut prendre des valeurs très différentes selon les liquides, ce qui explique l'absence de relation simple entre k et η. La grandeur $\frac{1}{2} \gamma v_0^2$, égale à l'accroissement de l'énergie cinétique de l'unité de masse pour un accroissement de température de 1°, est évidemment inférieure à la capacité calorifique c. Nous devons donc avoir, pour tous les liquides,

$$\frac{k}{\eta} < c.$$

Cette inégalité se vérifie, comme le montre le tableau suivant :

Liquide	k	η	$\frac{k}{\eta}$	c
Eau	0,000 124	0,0130	0,095	1,000
Alcool	0,000 487	0,0153	0,032	0,566
Ether	0,000 405	0,0026	0,156	0,520
Chloroforme	0,000 367	0,0065	0,056	0,233

Comme la conductibilité calorifique k de l'*eau* présente un intérêt particulier, nous réunirons ici les valeurs de cette grandeur (en unités C. G. S.) trouvées par les différents auteurs :

	k
Lundquist (1869)	0,001 56 à 40°,8
Winkelmann (1874)	0,001 54 » 14°
E. F. Weber (1880)	0,001 43 » 23°,6
» »	0,001 24 » 4°,1
Grätz (1885)	0,001 57 » 30°
Chree (1887)	0,001 24 » 18°
Lees (1898)	0,001 47 » 11°
Milner et Chatlock (1899)	0,001 43 » 20°
R. Weber (1903)	0,001 31 » —
Fritz Kohlrausch (1904)	0,001 22 » —

Pour les solutions normales dans l'eau, Fritz Kohlrausch a obtenu

Solution de KCl	. . . .	$k = 0,00177$
»	$C^2HCl^3O^2$	0,00194
»	H^3BO^3	0,00140.

9. Conductibilité calorifique des gaz. — La question de la conductibilité calorifique des gaz a fait l'objet non seulement de recherches expérimentales nombreuses, mais aussi d'études théoriques très approfondies. La conduction de la chaleur d'une couche gazeuse plus chaude dans une couche voisine plus froide apparaît comme le résultat du passage d'une couche dans l'autre des molécules, qui se meuvent dans ces deux couches avec une force vive moyenne inégale, de sorte que la force vive moyenne et par suite aussi la température doivent augmenter dans la couche la plus froide, diminuer dans la couche la plus chaude. L'état calorifique stationnaire étant établi, la perte dans la couche chaude est couverte par l'afflux d'énergie venant de la couche encore plus chaude qui la précède : d'autre part, l'énergie apportée dans la couche froide est transmise à la couche encore plus froide qui la suit. Cl. Maxwell, Clausius, Boltzmann, Stefan, Von Lang, O. E. Meyer, Burbury et d'autres encore se sont occupés de l'étude théorique très complexe de cette question.

Toutes les théories ont conduit à ce résultat très remarquable que *la conductibilité calorifique des gaz est indépendante de leur pression*, que par suite la grandeur k ne varie pas dans la raréfaction d'un gaz. Nous aurons plus d'une fois l'occasion de revenir sur cette loi importante, dont nous avons déjà parlé à la page 302. Il va de soi qu'à un certain degré très grand de raréfaction, cette loi ne doit pas être vraie, comme c'est le cas pour les lois analogues relatives à l'influence de la pression (t. I et II) sur le frottement intérieur et la vitesse du son dans les gaz. Les conclusions théoriques sont basées sur l'hypothèse que le nombre des molécules de gaz dans un volume donné est très grand ; cette hypothèse permet de remplacer les sommes de termes en nombre fini par des intégrales. Les conclusions établies à l'aide de cette supposition cessent donc en même temps qu'elle d'être vraies.

On peut s'expliquer de la manière suivante que la conductibilité calorifique k des gaz est indépendante de leur pression. Si la pression devient n fois plus petite, le nombre des molécules qui passent d'une couche dans une autre devient également n fois plus petit ; mais en même temps la longueur de leur chemin moyen (t. I, p. 501) devient n fois plus grande, et par suite les molécules pénètrent d'une couche dans la couche voisine à une profondeur n fois plus grande ; la quantité totale d'énergie transmise reste donc la même qu'avant la diminution de la pression. Des expériences intéressantes de Crookes ont confirmé ce résultat de la théorie. L'ampoule d'un thermomètre, entourée d'une enveloppe en verre dans laquelle on peut faire le vide, a une température de 25° ; on la plonge dans de l'eau échauffée jusqu'à 65° ; on détermine alors, pour différentes pressions p de l'air restant dans l'enveloppe, le temps τ que met le mercure du thermomètre à monter jusqu'à 60°. CROOKES a obtenu les nombres suivants (M = 1 millionième d'atmosphère) :

p	τ	p	τ
760mm	121 secondes	23M	227 secondes
1mm	150 »	12M	262 »
620M.	161 »	5M	322 »
117M.	183 »	2M	412 »
59M.	203 »		

Pour de grandes valeurs de p, la convection est assez importante. Des expériences analogues ont été faites par BOTTOMLEY (*asymptotic experiments*) et avant lui et CROOKES par KUNDT et WARBURG ; ces derniers ont indiqué explicitement l'observation de la vitesse de refroidissement du thermomètre comme une méthode très sensible de détermination du degré de raréfaction d'un gaz.

La théorie indique en outre une relation remarquable entre le coefficient de conductibilité calorifique k et le coefficient de frottement intérieur η des gaz. Il suffit de remarquer que le raisonnement que nous avons fait, dans le tome I, chap. V, § 13, pour établir l'expression du coefficient η, peut s'appliquer au phénomène de la conduction de la chaleur, en considérant le transport de l'énergie cinétique au lieu du transport de la quantité de mouvement, et en remplaçant par suite la masse m par le produit de cette masse par la capacité calorifique c_v, et la vitesse par la température. On trouve alors que la relation entre k et η est exprimée par la formule

$$k = \varepsilon \eta c_v, \tag{58}$$

dans laquelle c_v désigne la capacité calorifique du gaz sous volume constant et ε un coefficient numérique dont la valeur est différente suivant les auteurs. CLAUSIUS a trouvé

$$\varepsilon = 1,25. \tag{59}$$

MAXWELL a obtenu, dans son premier travail sur ce sujet, $\varepsilon = 1,5$. Plus tard MAXWELL a établi une autre théorie dans laquelle il suppose que deux molécules se repoussent avec une force inversement proportionnelle à la cinquième puissance de leur distance; cette hypothèse, sans qu'on puisse affirmer qu'elle soit dans tous les cas conforme à la réalité, présente cet intérêt de simplifier beaucoup les raisonnements; en l'adoptant BOLTZMANN a démontré que

$$\varepsilon = 2,5. \tag{59,a}$$

O. E. MEYER a donné pour ε une expression très compliquée, dont CONRAU et NEUGEBAUER ont effectué le calcul ; ils ont trouvé

$$\varepsilon = 1,6027. \tag{59,b}$$

Nous verrons plus loin à quelle valeur de ε ont conduit les recherches expérimentales. Nous avons établi dans le tome I, pour le coefficient η, la formule

$$\eta = \frac{1}{3} nmL\Omega;$$

n est le nombre de molécules dans l'unité de volume, m la masse d'une molécule, L la longueur du chemin moyen et Ω la vitesse moyenne du mouvement. Si nous portons cette expression dans (58), il vient

$$k = \frac{1}{3} \varepsilon nmL\Omega c_v.$$

Si k et ε étaient exactement connus, on pourrait ainsi calculer la longueur L du chemin moyen.

L'influence de la température t sur la conductibilité calorifique k des gaz est également déterminée par la formule (58). Dans les gaz, pour lesquels $c_v =$ const., c'est-à-dire est indépendant de t, nous devons trouver que k et η dépendent de la même manière de t. La théorie de CLAUSIUS montre que k doit croître *proportionnellement à la racine de la température absolue* ou à la racine du binôme $1 + \alpha t$, α ayant la valeur 0,00366. Nous devons donc avoir, pour le cas $c_v =$ const.

$$k = k_0 \sqrt{1 + \alpha t}, \tag{60}$$

ou si on pose

$$k = k_0 (1 + \beta t), \tag{61}$$

$$\beta = 0,00183. \tag{62}$$

La théorie de MAXWELL conduit à un tout autre résultat :

$$\left\{ \begin{array}{l} k = k_0 (1 + \alpha t) = \dfrac{k_0}{273} \mathrm{T} \\ \alpha = 0,00365; \end{array} \right. \tag{62,a}$$

il s'ensuit que *pour les gaz, k doit être proportionnel à la température absolue.* La différence avec le résultat de CLAUSIUS paraît tenir d'ailleurs à ce que ce dernier entend par conduction un transport de chaleur *sans transport de masse*, tandis que pour MAXWELL il s'agit *d'un mouvement de la chaleur lié à un mouvement de la masse et occasionné en partie par celui-ci.*

La conductibilité calorifique des gaz doit en tout cas croître en même temps que la température, plus rapidement d'ailleurs dans les gaz, pour lesquels c_v croît en même temps que la température, que dans ceux pour lesquels c_v est indépendant de la température. Nous verrons plus loin, combien les résultats des recherches expérimentales concordent avec les prévisions de la théorie.

Nous passons maintenant aux recherches qui ont montré qu'en général les gaz sont de *très mauvais* conducteurs. Le tableau comparatif suivant des coefficients k de certains corps (en unités C. G. S.) donne une idée très nette de cette mauvaise conductibilité :

	k		k
Argent	1,00000	Ether.	0,00040
Mercure	0,02000	Hydrogène	0,00040
Verre	0,00170	Air	0,00005
Flanelle	0,00004	Vapeurs de Hg (203°)	0,000018
Eau.	0,00130		

On voit donc que l'air conduit 20000 fois plus mal que l'argent, 400 fois plus mal que le mercure et 26 fois plus mal que l'eau. C'est ce qui explique la mauvaise conductibilité des substances filamenteuses, telles que les étoffes servant à la confection des vêtements, les fourrures, les plumes, etc., qui emprisonnent et tiennent stationnaire une certaine quantité d'air.

La conductibilité calorifique n'est pas la même dans les différents gaz, comme le montre l'expérience d'Andrews, où un fil de platine s'échauffe plus fortement, sous l'action d'un courant électrique, dans l'oxygène, l'azote et l'acide carbonique, que dans l'hydrogène. Grove a modifié cette expérience de la façon suivante. Le courant d'une même batterie passe successivement dans deux fils de platine identiques, qui se trouvent dans des cylindres en verre fermés, plongés dans l'eau que contiennent les vases A et B (*fig.* 125). Des thermomètres indiquent les variations de température de l'eau. Dans l'un des tubes se trouve de l'hydrogène, dans l'autre de l'acide carbonique, de l'oxygène ou de l'azote. On constate que, si on désigne par 1 l'échauffement de l'eau dans laquelle se trouve le tube à hydrogène, l'échauffement de l'eau, entourant le tube qui renferme l'un des trois autres gaz, est respectivement égal à 1,90, 2,10 et 2,26. Dans cette expérience, le fil s'échauffe jusqu'au rouge vif dans l'azote, tandis qu'il reste sombre dans l'hydrogène. Ce phénomène s'explique en remarquant que l'hydrogène possède une plus grande conductibilité calorifique, refroidit par suite plus rapidement le fil et l'empêche de rougir ; il en résulte que la résistance du fil dans le tube à hydrogène ne croît pas autant que celle du fil dans le tube à azote et qu'il ne s'y dégage pas (voir t. IV) autant de chaleur que dans ce dernier. Il est probable que non seulement la conductibilité calorifique, mais aussi la convection est plus grande dans l'hydrogène que dans les autres gaz.

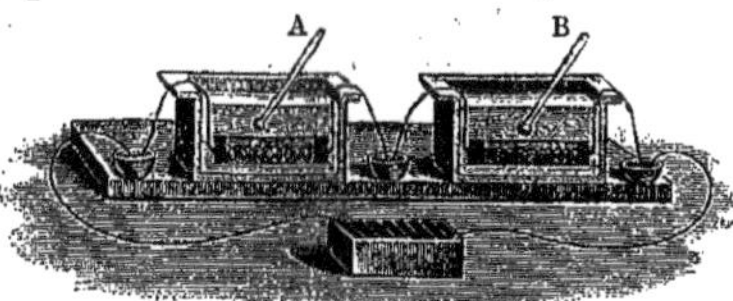

Fig. 125

Magnus a comparé la conductibilité calorifique des gaz par deux méthodes. En premier lieu, il plongeait verticalement un tube en verre, rempli avec l'un des gaz à comparer, dans de la vapeur d'eau bouillante. A l'intérieur du tube se trouvait le réservoir d'un thermomètre, qui servait à déterminer la vitesse de conduction de la chaleur par ce gaz. Il a constaté que, pour une élévation de la température du thermomètre de 20° à 80°, il fallait $3^{min},5$ dans l'air, $1^{min},0$ dans H^2, $4^{min},25$ dans CO^2 et $3^{min},5$ dans l'ammoniac. Narr a observé d'une manière analogue la durée du refroidissement d'un thermomètre, dans un vase rempli avec l'un des gaz à comparer ; il a trouvé que l'hydrogène produit un refroidissement 5,5 fois plus rapide que l'air.

Il est facile de comprendre la seconde méthode de Magnus, à l'aide de la figure 126 qui représente la partie principale de l'appareil employé. Dans le cylindre en verre A pénètrent par le bas deux tubes, l'un destiné à faire le vide, l'autre à amener différents gaz. Une tubulure latérale reçoit un thermomètre *gf*, dont le réservoir est protégé par un toit de liège *oo* ou par deux lames de cuivre distantes de 1 millimètre l'une de l'autre. Le cylindre A, terminé à sa partie supérieure par une calotte hémisphérique, est placé sous un flacon B mastiqué sur cette calotte et renfermant de l'eau chaude, qu'on maintient en ébullition par un courant continu de vapeur amenée par le tube *pp*. Tout l'appareil est plongé dans un vase en verre plein d'air, entouré lui-même d'un vase rempli d'eau à 15°. On observe qu'après un certain temps le thermomètre atteint l'état calorifique stationnaire, le plus grand échauffement ayant lieu dans l'hydrogène. Buff a remplacé le thermomètre par un couple thermoélectrique, mais il a conclu de ses expériences à l'absence de conductibilité calorifique dans les gaz, ce qui est inexact.

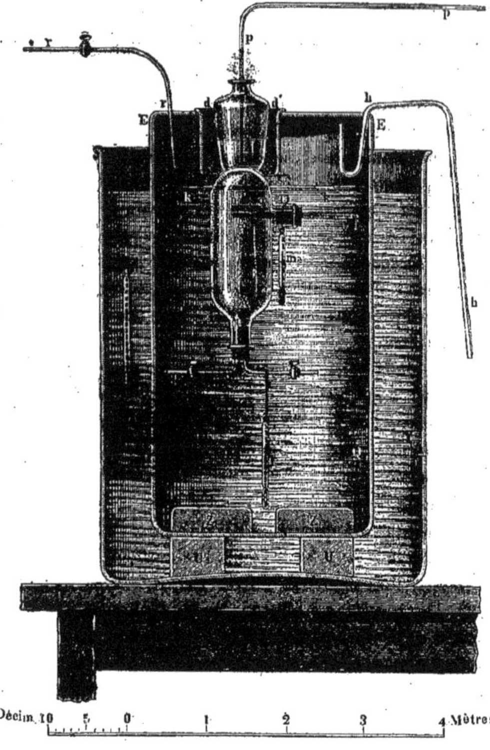

Fig. 126

Considérons maintenant les méthodes précises employées actuellement pour déterminer la conductibilité *k* dans les gaz. On doit distinguer surtout *trois méthodes*, que l'on peut appeler pour abréger méthode de Stefan ou de Kundt-Warburg, méthode de Christiansen et méthode de Schleiermacher. La première a été étudiée par Winkelmann.

Nous avons déjà parlé, dans l'étude de la conductibilité calorifique des corps et des liquides, de la méthode des trois plaques de cuivre de CHRISTIANSEN.

La méthode de STEFAN consiste en ce qui suit. L'espace compris entre deux cylindres est rempli avec le gaz à étudier ; le cylindre extérieur est plongé dans de l'eau à 0° ; le cylindre intérieur sert de thermomètre à air. La largeur δ de l'intervalle compris entre les deux cylindres est égale à 2mm,346. On suppose que la température indiquée par le thermomètre à air est à chaque instant égale à la température t du cylindre intérieur.

Si P désigne le poids, c la capacité calorifique de la substance du cylindre intérieur, τ le temps et s la moyenne des surfaces des deux cylindres, on a évidemment $ks\frac{t}{\delta}d\tau = -\text{P}c\,dt$, le cylindre extérieur se trouvant à 0°. On en déduit :

$$t = t_0 e^{-\alpha\tau}, \qquad \alpha = \frac{sk}{\text{P}c\delta}.$$

En déterminant t pour différentes valeurs du temps τ, on peut obtenir la valeur numérique de α et ensuite la valeur absolue du coefficient k. Des expériences avec l'air à 760mm et à 428mm ont donné la même valeur pour k. La moyenne de toutes les observations a donné pour l'air $k = 0{,}0000558$ C. G. S. STEFAN a trouvé pour d'autres gaz les valeurs *relatives* suivantes :

	k		k
Air	1,00	CO	0,98
H^2	6,72	C^2H^4	0,75
CH^4	1,37	Az^2O	0,66
O^2	1,02	CO^2	0,64

STEFAN attribuait tout le passage de chaleur d'un cylindre à l'autre à la conductibilité calorifique du gaz, tandis qu'une partie de la chaleur se transmet sans aucun doute sous forme d'énergie rayonnante. PLANCK a déterminé par la même méthode la grandeur k pour quelques gaz et a obtenu les valeurs suivantes (pour l'air $k = 1$) :

	AzO	Az	AzH^3	Gaz d'éclairage
$k =$	0,95	0,993	0,917	2,67.

KUNDT et WARBURG ont fait des recherches presque en même temps que STEFAN. Leur appareil se compose d'une sphère creuse en verre (rayon 2cm,972), au centre de laquelle se trouve un réservoir de thermomètre. La sphère peut être remplie avec le gaz à étudier et on peut de plus amener ce gaz à un très haut degré de raréfaction, en l'échauffant jusqu'à 200° et en se servant en même temps d'une pompe à mercure. L'appareil échauffé au préalable est placé dans un mélange d'eau et de glace et on observe le refroidissement du thermomètre, qui se produit par conduction calorifique, convection et rayonnement. *Pour séparer ces trois effets l'un de l'autre*, KUNDT et WARBURG ont procédé de la façon suivante : la convection dépend de la pression p du gaz, diminuant quand p diminue, tandis que la conductiblité calorifique et le rayonnement sont indépendants de p. Pour de grandes valeurs de p, on remarque que la vitesse v de refroidissement diminue en même temps que p; mais on constate ensuite qu'entre certaines limites p_1 et p_2, v cesse de dépendre de p. Il est clair que, dans ces limites, la convection ne joue déjà plus aucun rôle, de sorte que la conductibilité calorifique et le rayonnement agissent seuls. Les limites p_1 et p_2 dépendent de la nature du gaz et des dimensions de l'appareil. Pour éviter le rayonnement, KUNDT et WARBURG ont amené le gaz à un très haut degré de raréfaction ; l'influence de la conductibilité calorifique cesse alors, la vitesse de refroidissement devient indépendante du gaz qui se trouve dans la sphère et, chose importante, *des dimensions de cette sphère*. Pour plus de clarté, donnons quelques nombres. Le nombre τ de secondes, nécessaires pour le refroidissement du thermomètre de 59°,3 à 19°6, est le suivant :

A. *Hydrogène.*

Pression	Appareil I	Appareil II
760 millimètres	60 secondes	25 secondes
154 »	66 »	25 »
8^{mm},8	68 »	30 »

B. *Air.*

Pression	Appareil I	Appareil II
760 millimètres	171 secondes	114 secondes
148 »	234 »	114 »
9^{mm},5	270 »	116 »
0^{mm},5	280 »	154 »

C. *Raréfaction la plus grande atteinte.*

Gaz	Appareil I	Appareil II
Hydrogène.	586 secondes	578 secondes
Air	576 »	576 »
Acide carbonique	588 »	578 »

Dans les deux appareils, de dimensions différentes, est introduit le même thermomètre. On peut reconnaître de cette manière, d'une part quelle fraction du refroidissement est produite par le rayonnement, et d'autre part on peut déterminer la vitesse de refroidissement produite uniquement par la conductibilité calorifique. Connaissant cette vitesse et la capacité calorifique du corps qui se refroidit, on peut déterminer la quantité de chaleur q que perd ce corps et en outre le coefficient k. KUNDT et WARBURG ont exprimé ce dernier en fonction de la température sous la forme $k = k_0(1 + \beta t)$. GRÄTZ a déduit des expériences de KUNDT et WARBURG les valeurs numériques suivantes :

Air.	$k = 0{,}0000492$ C. G. S.
Hydrogène	$k = 0{,}0003198$ C. G. S.
Acide carbonique	$k = 0{,}0000290$ C. G. S.

WINKELMANN a publié, dans une longue série de mémoires, un très grand nombre de recherches sur la conductibilité des gaz. En perfectionnant successivement ses méthodes, il a obtenu des valeurs numériques diverses pour k, ainsi que pour β. Les derniers de ses travaux ont donné :

(1893)	$k = 0{,}00005684$	Air
(1891)	$\beta = 0{,}00190$	
(1891)	$k = 0{,}0003829$	Hydrogène
»	$\beta = 0{,}00175$	
(1891)	$k = 0{,}0000322$	Acide carbonique.
»	$\beta = 0{,}00401$	

Nous n'entrerons pas dans une description détaillée des expériences de WINKELMANN ; nous nous bornerons à en donner un court aperçu. WINKELMANN a fait ses premières observations par la méthode de STEFAN, en s'efforçant toutefois d'éliminer l'influence du rayonnement. Il y est parvenu, en faisant varier l'épaisseur δ de la couche de gaz comprise entre les deux cylindres ; il est clair que le rayonnement ne dépend pas de δ. Ces expériences ont donné, pour l'air, $k = 0{,}000052^5$ et $\beta = 0{,}00277$. Pour d'autres gaz et vapeurs, il a obtenu de très grandes valeurs de β, comme le montre le tableau suivant :

Gaz	β	Vapeurs	β
C^2H^4.	0,005751	H^2O	0,004388
Az^2O.	0,004149	Alcool	0,006147
AzH^3.	0,005128	Ether.	0,007012
CO^2	0,004970	CS^2	0,005717

Les déterminations plus récentes, par la méthode de KUNDT et WARBURG ainsi que par la méthode de CHRISTIANSEN (voir ci-dessus), ont donné pour l'air $\beta = 0{,}00208$ et $\beta = 0{,}00206$. Pour déterminer la grandeur β, WINKELMANN a observé d'abord le refroidissement de l'appareil de 18° à 8°, en le plongeant dans un mélange d'eau et de glace, ensuite son refroidissement de 117° à 107°, en le plongeant, échauffé jusqu'à 125°, dans de l'eau bouillante. Dans ses travaux ultérieurs, il a modifié plusieurs fois la forme et la substance de son appareil ; dans ses dernières recherches (1893), il s'est servi de vases métalliques sphériques et a effectué ses déterminations par la méthode de STEFAN légèrement modifiée.

CHRISTIANSEN lui-même a trouvé par sa méthode $\beta = 0{,}00153$ pour l'air.

La méthode de Schleiermacher est la suivante : un fil de platine, qui, dans les expériences ultérieures, a été remplacé par un fil de nickel de 320 millimètres de longueur et de $0^{mm},4$ d'épaisseur, est tendu suivant l'axe d'un tube en verre ; ce tube peut être rempli avec le gaz à étudier et, en pompant, on peut y amener le gaz à un très haut degré de raréfaction. Le tube est plongé dans de l'eau, dont on connaît la température. Un courant électrique d'intensité déterminée i est envoyé dans le fil. La résistance w du fil est mesurée et, quand elle ne varie plus, on est averti que l'état stationnaire est atteint ; lorsque w est connu, on connaît aussi la température t du fil et la quantité de chaleur q qu'il cède dans l'unité de temps. Si i est exprimé en ampères, w en ohms, on a $q = 0,24 i^2 w$ pet. cal. La convection est évitée, comme dans la méthode de Kundt et Warburg, en réalisant la raréfaction nécessaire. L'influence du rayonnement se détermine également suivant la méthode de Kundt et Warburg, par des observations faites avec un degré de raréfaction extrême du gaz dans le tube ; on détermine alors l'intensité i_0 du courant, pour laquelle w et par suite aussi t possèdent leur valeur primitive. Il se transmet donc $q_0 = 0,24 i_0^2 w$ pet. cal. par rayonnement et, par conséquent,

$$Q = q - q_0 = 0,24 (i^2 - i_0^2) w \text{ pet. cal.}$$

passent, dans une seconde, du fil aux parois du tube, en raison de la conductibilité calorifique du gaz. La formule (50), page 341, dans laquelle l est la longueur, r_1 le rayon de la section droite du fil, r_2 le rayon de la section droite du tube, $t_1 - t_2 = t$, donne la grandeur k cherchée :

$$k = \frac{Q}{2\pi l t} \log \frac{r_2}{r_1}. \tag{63}$$

Schleiermacher a trouvé à 0° :

	Air	H^2	CO^2	
$k_0 =$	0,0000556	0,000407	0,0000325	C. G. S.
$\beta =$	0,00281	0,00275	0,00548 ;	

pour la *vapeur de mercure* à 203° :

$$k = 0,0000185 \text{ C. G. S.}, \qquad \beta = 0,0074.$$

En vue de déterminer la grandeur β, pour l'air, H^2 et CO^2, Schleiermacher plongeait le tube d'abord dans un mélange d'eau et de glace et ensuite dans de l'eau bouillante ; dans le second cas, t désigne, dans (63), l'excès de la température du fil sur celle du tube.

Parmi les recherches qui n'appartiennent pas aux tout derniers temps, nous mentionnerons les suivantes.

Gratz (1881) s'est servi de la méthode de Kundt et Warburg ; il a observé le refroidissement de l'appareil au-dessus de 0° et au-dessus de 100°. Il a trouvé :

	Air	H^2	CO^2
$k =$	0,0000484	0,000319	0,0000309
$\beta =$	0,00183	0,0016	0,0022.

EICHHORN (1890) a obtenu, par la méthode de WINKELMANN, en supposant que β est le même pour l'air et l'hydrogène :

Air et hydrogène	CO^2	C^2H^4
$\beta = 0{,}001\,99$	$0{,}003\,67$	$0{,}004\,45$.

HOEFKER (1894) a déterminé k pour les vapeurs de différents composés organiques, en posant $k = 1$ pour l'air.

EGON MÜLLER (1896) a soumis les méthodes de KUNDT et WARBURG (GRÄTZ également) et de WINKELMANN à une étude expérimentale et critique, et il a indiqué les défauts inhérents à ces deux méthodes. Il a trouvé, par la première méthode, *pour l'air* (en unités C. G. S.),

$$k = 0{,}000056.$$

Il nous reste encore à parler d'une série de travaux récents. Ils ont surtout pour but la vérification des deux lois exprimées par les formules (58) et (60) à (62). Rappelons la première de ces formules

$$(64) \qquad k = \varepsilon\eta c_v$$

Comme nous l'avons vu, des considérations théoriques ont conduit aux valeurs suivantes de ε :

CLAUSIUS.	$\varepsilon = 1{,}25$
MAXWELL-BOLTZMANN.	$\varepsilon = 2{,}5$
O. E. MEYER	$\varepsilon = 1{,}6027$

EGON MÜLLER (1901), MEHLIS (1902) et SCHWARZE (1902 à 1903) ont déterminé la grandeur ε pour l'air, l'argon et l'hélium.

EGON MÜLLER a indiqué que la formule (64) ne peut être qu'approchée, car, pour l'établir on emploie la loi de distribution des vitesses de MAXWELL (Tome I), laquelle ne peut rester vraie lorsqu'il y a frottement ou conductibilité calorifique dans le gaz. EGON MÜLLER a étudié, par la méthode de KUNDT-WARBURG, la conductibilité calorifique de l'air à 0° et à 100° (voir plus loin). Il a obtenu pour ε les valeurs

0°	$\varepsilon = 1{,}94$,
100°	$\varepsilon = 1{,}82$,

qui sont plus voisines de la valeur théorique de O. E. MEYER que de celles de CLAUSIUS et de MAXWELL-BOLTZMANN ; mais la différence entre la valeur théorique de O. E. MEYER et la valeur trouvée expérimentalement ne peut cependant s'expliquer par des erreurs d'observation.

MEHLIS (1902) a étudié l'*argon* par la méthode de WINKELMANN et a trouvé pour ce gaz à 0° la valeur $k = 0{,}000038$. SCHULTZE (1901) a obtenu pour l'argon $\eta = 0{,}0002104$ et DITTENBERGER (1897) $c_p = 0{,}1233$. Comme $c_p : c_v = 1{,}667$ pour l'argon, on a

$$\varepsilon = 2{,}442.$$

En même temps que MEHLIS, SCHWARZE a étudié l'air, l'argon et l'hélium, mais par la méthode de SCHLEIERMACHER. Il a trouvé pour l'air $k = 0,0000569$, pour l'*argon* $k = 0,00003894$, et on en déduit comme ci-dessus

$$\varepsilon = 2,501.$$

Cette concordance entre les valeurs obtenues par MEHLIS et par SCHWARZE pour l'argon, *en suivant deux méthodes totalement différentes*, a une grande importance. Mais il est encore plus remarquable que SCHWARZE ait trouvé pour l'*hélium* à 0°

$$k = 0,0003386, \qquad \varepsilon = 2,49.$$

On obtient donc, pour l'argon et l'hélium, des valeurs identiques, qui sont en outre en concordance parfaite avec la théorie de MAXWELL-BOLTZMANN.

Il semble donc que l'on ait $\varepsilon = 2,5$ *pour les gaz monoatomiques*; ceci concorde encore avec la valeur $\varepsilon = 3,15$ que WÜLLNER a obtenue par le calcul, d'après des observations sur la *vapeur de mercure* qui est aussi monoatomique, tandis qu'il a trouvé, pour d'autres gaz non monoatomiques, des valeurs voisines du nombre 1,6027 de O. E. MEYER.

Deux études récentes sur les gaz non monoatomiques ont conduit à des résultats tout autres. ZIEGLER (1904) a fait des expériences suivant la méthode de SCHLEIERMACHER sur le méthane (CH^4) et sur l'éthane (C^2H^6); il a trouvé les valeurs suivantes :

	k	ε
Méthane	0,0000746	1,593
Ethane	0,0000496	1,946

Les valeurs de ε sont inégales et le nombre relatif au méthane s'approche probablement d'une manière fortuite de la valeur de O. E. MEYER. P. GÜNTHER (1906) a opéré également par la méthode de SCHLEIERMACHER sur l'oxygène, l'azote et l'hydrogène ; il a obtenu :

	O^2	Az^2	H^2
k (0°)	0,0000578	0,0000569	0,000387
ε	1,921	1,959	1,907

Nous ferons encore remarquer que les trois valeurs théoriques de ε indiquées plus haut ont été obtenues (par CLAUSIUS, MAXWELL-BOLTZMANN et O. E. MEYER) en supposant que l'énergie du mouvement moléculaire proprement dit et l'énergie intramoléculaire se propagent par conduction avec la même vitesse. Une autre théorie, qui est due à MAXWELL et à BOLTZMANN, repose sur l'hypothèse que l'énergie intramoléculaire n'intervient pas dans la conduction calorifique ; cette théorie conduit à la formule

$$\varepsilon = \frac{15}{4}\left(\frac{c_p}{c_v} - 1\right), \tag{64, a}$$

qui donne pour des gaz différents des valeurs inégales de ε. Pour les gaz *monoatomiques*, on a $c_v : c_p = 1,666$, et par suite $\varepsilon = 2,5$; pour les gaz *biato-*

miques, où l'on a approximativement $c_p : c_v = 1,4$, on aurait $\varepsilon = 1,5$; mais ce dernier nombre ne concorde pas avec les valeurs trouvées pour O^2, Az^2 et H^2.

La seconde des lois mentionnées ci-dessus se rapporte à l'*influence de la température sur la conductibilité calorifique* k. On devrait avoir, d'après la théorie de Clausius,

$$k = k_0\sqrt{1 + \alpha t} = \frac{k_0}{\sqrt{273}}\,T^{\frac{1}{2}} = k_0(1 + \beta t), \tag{65}$$

$$\beta = 0{,}001\,83, \tag{66}$$

tandis que la théorie de Maxwell donne

$$k = k_0(1 + \alpha t) = \frac{k_0}{273}\,T, \tag{67}$$

$$\beta = \alpha = 0{,}003\,66. \tag{68}$$

Nous avons déjà cité plus haut les valeurs de β trouvées par différents auteurs. Ils ont obtenu pour l'air.

	β
Winkelmann (1891)	0,001 90
Christiansen	0,001 53
Schleiermacher	0,002 81
Grätz	0,001 83
Eichhorn	0,001 99

La plupart de ces valeurs se rapprochent de la valeur théorique $\beta = 0{,}001\,83$. Il en est de même de β pour la vapeur de mercure (Schleiermacher) et pour l'*hydrogène* (Grätz, Winkelmann et Eichhorn), comme il a été indiqué précédemment. Dans d'autres gaz, on a trouvé pour β des valeurs beaucoup plus grandes, qui sont plutôt en faveur de la théorie de Maxwell.

Des recherches plus récentes ont aussi conduit à des résultats importants relativement à la seconde loi. Eckerlein (1900) a déterminé k et β par la méthode de Winkelmann, pour de *basses températures* (entre 0° et — 150°). Le tableau suivant donne les résultats de ses observations :

Gaz	k					β
	0°	— 50°	— 59°	— 73°	— 150°	
Air	0,000 046 77	—	0,000 036 78	—	0,000 021 46	0,003 62
Hydrogène	0,000 318 6	—	0,000 239 3	—	0,000 117 5	0,004 22
Acide carbonique	0,000 034 34	0,000 028 24	—	0,000 025 46	—	0,003 52

A ces basses températures, les trois gaz considérés suivent la loi de Maxwell *et non celle de* Clausius. A des températures plus basses, les deux lois paraissent à rejeter.

Compan (1901) a trouvé que $\beta = 0,001\,30$ pour l'air. Egon Müller (1901) donne la valeur

$$\beta = 0,001\,96;$$

il a constaté que pour l'*air*, k croît proportionnellement à la puissance 0,57 de la température absolue.

D'après la formule (64), k et η doivent dépendre de t de la même manière, lorsque c_v peut être regardé comme constant. Nous avons considéré, dans le Tome I, l'influence de t sur la grandeur η. Tout ce qui a été dit à ce moment peut servir à expliquer les résultats que nous venons d'indiquer. D'après Egon Müller, k croît avec la température un peu plus lentement que η.

Hahn (1903) a montré que les *rayons de* Röntgen (Tome IV) n'ont aucune action sur la conductibilité calorifique de l'air.

La *conductibilité calorifique des mélanges de gaz* a été étudiée théoriquement et expérimentalement par Melle Wassiliéwa (1904). Elle a montré théoriquement que la grandeur k, pour un mélange, ne peut se calculer au moyen des grandeurs k_1 et k_2 par la règle des mélanges. Si p_1 et p_2 sont les pressions respectives des deux gaz, on a

$$k = \frac{p_1 k_1}{p_1 + A p_2} + \frac{p_2 k_2}{p_2 + B p_1}, \tag{68, a}$$

A et B étant deux constantes qui ne dépendent que de la nature des deux gaz, mais non du rapport du mélange. On a, d'après la théorie de Melle Wassiliéwa,

$$\left\{\begin{aligned} A &= \frac{1}{\sqrt{2}}\left(\frac{\sigma}{s_1}\right)^2\sqrt{\frac{m_1+m_2}{m_2}},\\ B &= \frac{1}{\sqrt{2}}\left(\frac{\sigma}{s_2}\right)^2\sqrt{\frac{m_1+m_2}{m_1}}, \end{aligned}\right. \tag{68, b}$$

m_1 et m_2 étant les masses respectives des molécules dans chacun des deux gaz; s_1 et s_2 sont les diamètres moyens des molécules et $\sigma = \frac{1}{2}(s_1 + s_2)$. Pour le mélange d'oxygène (m_2) et d'hydrogène $\left(m_1 = \frac{1}{16} m_2\right)$, Melle Wassiliéwa a trouvé par le calcul, au moyen des coefficients de frottement de ces gaz, les valeurs $A = 0,999$ et $B = 2,211$. Il s'ensuit que k doit être *plus petit* que la valeur calculée par la règle des mélanges ($A = B = 1$). Ce résultat a été pleinement confirmé par les mesures expérimentales (d'après la méthode de Winkelmann) sur onze mélanges d'oxygène et d'hydrogène et sur les gaz purs. Cependant les expériences ont donné pour k des valeurs *encore plus petites* que celles calculées au moyen des formules (68, *a*) et (68, *b*). La formule (64, *a*) s'est trouvée d'accord avec les observations en prenant A égal à 1,379 et

B à 3,064, c'est-à-dire en multipliant les nombres calculés par 1,38. Mlle Wassiliéwa a montré comment cet écart peut s'expliquer théoriquement.

La question de la conduction de la chaleur, dans les gaz qui se trouvent en *état de dissociation*, offre un grand intérêt. Nernst a établi théoriquement la formule suivante

$$k = k_0 + \frac{DP}{T}\left(1 + \frac{Q}{RT}\right)^2 \frac{\alpha - \alpha^2}{1 + \alpha}, \tag{68, c}$$

qui se vérifie par exemple pour la dissociation $Az^2O^4 = 2\,AzO^2$; k se rapporte au gaz dans lequel la dissociation existe, k_0 à celui dans lequel n'a eu lieu aucune dissociation : D est le coefficient de diffusion de Az^2O^4 relativement à AzO^2, P la pression, T la température absolue, Q la chaleur de dissociation, R la constante du gaz et α le degré de dissociation à $P = 1$ atmosphère. Nernst a vérifié sa formule au moyen des observations de Magnanini, qui avait obtenu pour la conductibilité calorifique de Az^2O^4 dissocié une valeur d'une grandeur surprenante ; l'accord a été assez satisfaisant. Mais des recherches ultérieures de Feliciani sur la conductibilité de Az^2O^4 (1904) et de PCl^5 (1905) ont conduit à des résultats très complexes, qui ne peuvent s'expliquer par la théorie de Nernst.

10. Saut brusque de température à la surface de séparation de deux corps. — C'est une question très intéressante et de grande importance au point de vue théorique que de savoir si la température à la limite séparative de deux corps est une fonction continue dans la direction de la normale commune ou s'il se produit à cette surface de séparation un *saut brusque* de la température.

Poisson a admis la possibilité d'une discontinuité et a complété la formule (18, *a*), page 328, de la manière suivante :

$$k_1 \frac{dt_1}{dx} = k_2 \frac{dt_2}{dx} = q\,(\bar{t}_1 - \bar{t}_2), \tag{69}$$

$\bar{t}_1$ et $\bar{t}_2$ étant les valeurs à la surface de t_1 et de t_2 et q une constante. Si on pose

$$\frac{k_1}{q} = \gamma, \tag{70}$$

γ est, comme on le verra tout à l'heure, une *grandeur linéaire* (de *dimension* L) ; on pourrait l'appeler le coefficient du saut de température. Lorsqu'un tel saut ne se produit pas, c'est-à-dire lorsque $\bar{t}_1 = \bar{t}_2$, on a $q = \infty$ et $\gamma = 0$. En tout cas, il ne peut y avoir de saut brusque que s'il existe normalement à la surface de séparation un flux calorifique, car en l'absence d'un tel flux la température des deux corps est la même, ce qui exclut la possibilité d'un saut brusque.

Différentes expériences ont été faites en vue de mettre en évidence l'existence d'un saut de température entre des corps à l'état solide ou liquide. Despretz (1871) a étudié, à l'aide d'une série de thermomètres horizontaux, la conduction calorifique dans une colonne échauffée par le haut et se composant d'eau et de nitroglycérine. Il a trouvé à la surface de séparation un saut de température de 2° à 3° ; de même à la surface de séparation du cuivre et du zinc, un saut de 1°,47. G. WIEDEMANN (1885) a étudié une série d'assemblages de métaux et a observé qu'à la surface de contact de deux métaux, il ne se produit pas de saut de température, si le contact des métaux est parfait. ÅNGSTRÖM (1861) était arrivé au même résultat.

Nous avons vu à la page 365 qu'il peut y avoir une importante différence entre la température de la surface d'un corps solide et celle d'un courant liquide baignant cette surface ; cette différence s'explique parfaitement par la présence d'une couche liquide stagnante, qui adhère à la surface du corps solide.

ROGOWSKY (1903) a conclu, d'après ses expériences, à l'existence d'un saut réel de température. Il a tendu, le long de l'axe d'un tube, un fil échauffé par un courant électrique tandis que de l'eau coule dans le tube. Il a trouvé que la température du fil et celle de l'eau pouvaient différer de 24°. A son avis, une telle différence n'est pas suffisamment expliquée par la présence d'une couche d'eau adhérente au fil.

Un saut réel de température a lieu *à la surface d'un corps solide entouré par un gaz très raréfié*, quand il se produit entre le corps et le gaz un flux calorifique. L'explication de ce saut est la suivante : si, par exemple, le corps est plus chaud que le gaz, les molécules, qui rebondissent sur la surface du corps, ont au plus la température de ce dernier, tandis que les molécules, qui se meuvent vers le corps en venant de l'intérieur du gaz, possèdent une température inférieure. La température de la couche limite du gaz est donc plus basse que celle de la surface du corps. Supposons que k et t se rapportent au corps solide ; soit n la direction de la normale à la surface de ce corps, Θ le saut de température ; (69) et (70) donnent

$$\gamma \frac{\partial t}{\partial n} = \Theta ;$$

γ est donc égal à l'épaisseur (∂n) d'une couche superficielle du corps solide, telle qu'à l'intérieur de cette couche la chute de température (∂t) soit égale au saut de température Θ.

SMOLUCHOWSKI (1898) et GEHRCKE (1900) ont déterminé expérimentalement la grandeur γ. Posons

$$\gamma = c\text{L}, \tag{71}$$

L désignant la *longueur du chemin moyen* des molécules de gaz (Tome I). SMOLUCHOWSKI a trouvé :

pour l'air . . . $\gamma = 1{,}70\ \text{L} = 0^{\text{cm}},0000171 . \frac{760}{p}$,

pour l'hydrogène . $\gamma = 6{,}96\ \text{L} = 0^{\text{cm}},000129 . \frac{760}{p}$,

p désignant la pression du gaz en millimètres de mercure. GEHRCKE a obtenu les valeurs analogues suivantes :

pour l'air . . . . $\gamma = 1,83$ L,
pour l'hydrogène . . . . $\gamma = 5,70$ L.

SMOLUCHOWSKI a traité théoriquement le problème du saut de température, à l'aide de la théorie cinétique des gaz, et a obtenu le résultat suivant. Soit β la fraction des molécules qui, rencontrant la surface du corps solide, sont *absorbées* par celui-ci et sont ensuite dispersées uniformément dans toutes les directions avec une vitesse correspondant à la *température du corps ;* l'autre partie $1 - \beta$ est réfléchie régulièrement et *sans changement de vitesse*. La théorie de CLAUSIUS (Tome I) donne

$$\gamma = \left\{ 0,70 + \frac{4\beta}{3(1-\beta)} \right\} L ;$$

on obtient, d'après la théorie de MAXWELL,

$$\gamma = \frac{15}{4\pi} \left\{ 1 + \frac{2\beta}{1-\beta} \right\} L.$$

SMOLUCHOWSKI a montré que d'après les observations anciennes de WINKELMANN, KUNDT et WARBURG, BRUSH et SCHLEIERMACHER, on doit conclure également à l'existence d'un saut de température.

BIBLIOGRAPHIE

2, 3, 4. — Théorie de la conduction de la chaleur.

J.-B. BIOT. — *Traité de physique*, **4**, Paris, 1816.

J.-B.-J. FOURIER. — *Théorie analytique de la chaleur*, Paris, 1822 ; *Œuvres complètes*, publiées par Gaston DARBOUX, Paris, 1888-1890.

S.-D. POISSON. — *Théorie mathématique de la chaleur*, Paris, 1835 ; supplément, Paris, 1837.

Ph. KELLAND. — *Theorie of Heat*, Cambridge and London, 1837.

G. LAMÉ. — *Leçons sur les fonctions inverses des transcendantes et les surfaces isothermes*, Paris, 1857 ; *Leçons sur les coordonnées curvilignes et leurs diverses applications*, Paris, 1859 ; *Leçons sur la théorie analytique de la chaleur*, Paris, 1861.

B. RIEMANN. — *Partielle Differentialgleichungen und deren Anwendung auf physikalische Fragen, von* HATTENDORFF *herausgegeben*, Braunschweig, 1869, pp. 114-184 ; 2e éd., 1876 ; 3e éd., 1882.

E. Mathieu. — *Cours de physique mathématique*, Paris, 1873.

E. Heine. — *Theorie der Kugelfunktionen und der verwandten Funktionen*, Berlin, 1861 ; 2° éd., vol. I, 1878, vol. II, 1881.

A. Dronke. — *Einleitung in die analytische Theorie der Wärmeverbreitung, nach* A. Beer *und* J. Plücker, Leipzig, 1882.

J.-C. Maxwell. — *Theorie of Heat*, London, 1883, nouv. éd.. 1894 ; trad. franç. de G. Mouret, Paris, 1891.

F. Pockels. — *Über die partielle Differentialgleichung* $\Delta u + k^2 u = 0$ *und deren Auftreten in der mathematischen Physik*, Leipzig, 1891.

G. Kirchhoff. — *Vorlesungen über die Theorie der Wärme, herausgegeben von* M. Planck, Leipzig, 1894, pp. 1-51.

J. Boussinesq. — *Théorie analytique de la chaleur*, Paris, 1901-1903.

H. Poincaré. — *Théorie analytique de la propagation de la chaleur*, Paris, 1895 ; *Amer. J. of Math.*, **12**, 1890, p. 211 ; *Pal. Rend.*, **8**, 1894, p. 57.

Ed. Le Roy. — *Ann. éc. norm.*, (3), **15**, 1898, 3ᵉ partie, p. 107.

W. Stekloff. — *Mém. sur les fonctions harmoniques de* M. H. Poincaré, *Ann. de la Fac. des Sc. de Toulouse* (2) **2**, 1900.

S. Zaremba. — *Ann. Ec. Norm. Sup.*, 1899 ; *Journ. de Math.*, 1900 ; *Bull. de l'Ac. des Sc. de Cracovie*, 1905.

Ivar Fredholm. — *Sur une nouvelle méthode pour la résolution du problème de Dirichlet. Ov. of k. Vatenskaps-Academiens Förhandlingar*, 1900. *Stockolm ; sur une classe d'équations fonctionnelles*, *Acta Mathematica*, **27**, 1903.

D. Hilbert. — *Grundzüge einer allgemeinen Theorie der linearem Integralgleichungen*, *Gött. Nachr.* 1904, 1905, 1906.

E. Picard. — *Sur quelques applications de l'équation fonctionnelle de* Fredholm, *Rend. Cir.* Palermo, **22**, 1906.

B. Riemann-H. Weber. — *Partielle Differentialgleichungen*, II. pp. 77-149, Braunschweig, 1901.

H. v. Helmholtz. — *Vorlesungen über Theorie der Wärme*, Leipzig, 1903, p. 23 à 147.

H.-F. Weber. — *W. A.*, **10**, p. 103, 1880.

Puschl. — *Wien. Ber.*, **103**, p. 809, 989, 1894.

Wiedeburg. — *D. A.*, **1**, p. 784, 1900.

Quételet. — *Mém. de l'Acad. de Bruxelles*, **10**, 1837 ; **13**, 1841.

B. Minnigerode. — *Diss.*, Göttingen, 1862.

J. Amsler. — *J. f. Math.*, **42**, 1851, p. 316, 327.

E. Beltrami. — *Mem. Acc. Bologna*, (4), **8**, 1887, p. 263 ; *Soc. Ital. Mem.*, (3), **1**, 1867, p. 165.

A. Sommerfeld. — *Math. Ann.*, **45**, 1894, p. 265.

Laplace. — *J. éc. polyt. cah.*, **15**, 1909, p. 255 (*Œuvres*, **13**).

Lord Kelvin. — *Encycl. Britann.*, 9ᵉ éd., **11**, p. 587 ; *Math. and phys. Papers*, **2**, p. 41.

G. Darboux. — *Leçons sur les systèmes orthogonaux et les coordonnées curvilignes*, **1**, Paris, 1898.

5. — Conductibilité calorifique relative des corps solides.

A.-S. Popoff. — *Journ. de la Soc. russe phys.-chim.*, **26**, p. 331, 1894.

Richarz. — *Marburger Berichte*, 25 juin 1902.

Hess. — *Diss.*, Marburg, 1906.

Fourier. — *Ann. chim. et phys.*, (2), **37**, p. 291, 1828 ; *Pogg. Ann.*, **13**, p. 327, 1828.

Péclet. — *Ann. chim. et phys.*, (3) **2**, p. 107, 1841 ; *Pogg. Ann.*, **55**, p. 167, 1842.

Calvert et Johnson. — *Phil. Trans.*, **148**, p. 349, 1858 ; **149**, 1859 ; *Proc. R. Soc. London*, **9**, p. 169, 1859 ; *Phil. Mag.*, (4), **16**, p. 381, 1858 ; *C. R.*, **47**, p. 1069, 1858.

Ingenhous (ou Ingen-Hausz). — *Gren. Journ. d. Physik*, **1** ; *Journ. de phys.*, **34**, p. 68, 380, 1789.

Hséhous. — *Journ. de l'Institut technologique* (en russe), 1891 et 1892, p. 413.

Pétrouschewski. — *Journ. de la Soc. russe phys.-chim.*, **14**, p. 154, 1882.

Biot. — *Traité de physique*, **4**, p. 669 ; Paris, 1816.

Despretz. — *Ann. chim. et phys.*, (2), **19**, p. 99, 1821 ; **36**, 1827 ; *Pogg. Ann.*, **12**, p. 281, 1828 ; **46**, pp. 340, 484, 1839 ; *C. R.*, **35**, p. 540, 1842.

Helmersen. — *Pogg. Ann.*, **88**, p. 461, 1853.

Langberg. — *Pogg. Ann.*, **66**, p. 1, 1845.

Poisson. — *Théorie mathématique de la chaleur*, Paris, 1835, § **125**, p. 254.

G. Wiedemann et Franz. — *Pogg. Ann.*, **89**, p. 497, 1853 ; *Lieb. Ann.*, **88**, p. 191, 1853 ; *Ann. chim. et phys.*, (3), **41**, p. 107, 1854 ; *Phil. Mag.*, (4), **7**, p. 33, 1854.

G. Wiedemann. — *Pogg. Ann.*, **95**, p. 338, 1855 ; **108**, p. 393, 1859 ; *Ann. chim. et phys*, (3), **58**, p. 126, 1860 ; *Phil. Mag.*, (4), **19**, p. 243, 1860.

Guillaud. — *Ann. chim. et phys.*, (3), **48**, 1856.

Ettingshausen et Nernst. — *W. A.*, **33**, p. 487, 1888 ; *Wien. Ber.*, **96**, II, p. 787, 1887.

F. Kohlrausch. — *W. A.*, **33**, p. 678, 1888 ; *Phil. Mag.*, (5), **25**, p. 448, 1888.

W. Voigt. — *W. A.*, **64**, p. 95, 1898 ; *Gött. Nachr.*, 1897, Heft 2.

F.-A. Schulze. — *D. A.*, **9**, p. 555, 1902.

Focke. — *W. A.*, **67**, p. 132, 1899.

6. — Conductibilité calorifique absolue des corps solides.

Dulong. — *Ann. chim. et phys.*, (2), **8**, pp. 113, 255, 1818.

Forbes. — *Edinb. Trans.*, **23**, p. 133, 1862 ; **24**, p. 73, 1867 ; *Proc. Edinb. Soc.*, **8**, p. 62, 1872-1875.

Tait. — *Trans. R. Soc. Edinb.*, 1880, p. 717 ; *Phil. Mag.*, (5), **12**, p. 147, 1881.

Mitchell. — *Trans. R. Soc. Edinb.*, 1887, p. 535 ; 1890, p. 947 ; *Proc. Edinb. Soc.*, **17**, p. 300, 1889-1890.

Berget. — *J. de physique*, (2), **7**, p. 503, 1888 ; **9**, p. 135, 1890 ; *C. R.*, **106**, p. 287, 1888.

F. Neumann. — *Ann. chim. et phys.*, (3), **66**, p. 183, 1862 ; *Phil. Mag.*, (4), **25**, p. 63, 1863.

H.-F. Weber. — *Berl. Ber.*, 1880, p. 457.

Hecht. — *Diss.*, Kœnigsberg, 1904 ; *Annalen d. Phys.*, (4), **14**, p. 1008, 1904.

Glage. — *Diss.*, Kœnigsberg, 1905 ; *Annalen d. Phys.*, (4), **18**, p. 904, 1905.

J.-A. Ångström. — *Pogg. Ann.*, **114**, p. 513, 1861 ; **118**, p. 423, 1863 ; **123**, p. 628, 1864 ; *Phil. Mag.*, (4), **25**, p. 130, 1863 ; **26**, p. 161, 1864 ; *Oefvers. af K. Akad. Förhandl.*, Stockholm, **19**, p. 21, 1862 ; *Ann. chim. et phys.*, (3), **67**, p. 379, 1863.

Dumas. — *Pogg. Ann.*, **129**, pp. 272, 393, 1866.

H. Weber. — *Pogg. Ann.*, **146**, p. 257, 1872 ; *Phil. Mag.*, (4), **44**, p. 481, 1872.

F. Kohlrausch. — *Berl. Ber.*, 1899, p. 711 ; *D. A.*, **1**, p. 145, 1900.

Jäger et Diesselhorst. — *Berl. Ber.*, 1899, p. 719 ; *Wiss. Abhandlungen der Phys.-techn. Reichsanstalt*, **3**, pp. 269-424, 1900.

Kirchhoff et Hansemann. — *W. A.*, **9**, p. 1, 1880 ; **13**, p. 406, 1881.

F.-A. Schulze. — *W. A.*, **66**, p. 207, 1898.
Grüneisen. — *D. A.*, **3**, p. 43, 1900 ; *Wiss. Abh. d. phys.-techn. Reichsanst.*, **4**, p. 187, 1905.
Schaufelberger. — *D. A.*, **7**, p. 589, 1902.
Van Aubel et Paillot. — *J. de phys.*, (3), **4**, p. 522, 1895.
Straneo. — *Rendic. R. Acc. dei Lincei*, (5), **7**, 1re sem., pp. 197, 310, 1898.
L. Lorenz. — *W. A.*, **13**, p. 422, 1881.
Gray. — *Proc. R. Soc.*, **56**, p. 199, 1895.
E. Hall. — *Proc. Amer. Acad.*, **31**, p. 271, 1896.
Beglinger. — *Diss.*, Zürich, 1896.
Cellier. — *Diss.*, Zürich, 1896.
R. Lenz. — *Influence de la température sur la conductibilité calorifique des métaux*, St-Pétersbourg, 1869.
Osmond. — *Phys. Rev.*, **2**, p. 218.
Chwolson. — *Mém. de l'Acad. de St-Pétersb.*, **37**, n° 12 ; *Exners Repert.*, **27**, p. 1, 1891.
H.-F. Weber. — *Berl. Ber.*, 1880, p. 459.
Giebe. — *Verh. d. phys. Ges.*, **5**, p. 60, 1903 ; *Diss.*, Berlin, 1903.
Rietzsch. — *D. A.*, **3**, p. 403, 1900.
Holborn et Wien. — *Zeitschr. für deutsche Ingenieure*, **40**, p. 45, 1896.

Mauvais conducteurs.

Herschel et Lebour. — *Rep. Brit. Ass.*, 1874, (2) ; 1877, (2) ; 1878, p. 133 ; 1879, p. 158.
Tyndall. — *Phil. Mag.*, (4), **5**, 1853 ; **6**, p. 121, 1853.
C. Lang. — *Wärmeleitung einiger Baumaterialen*, 1874.
Andrews. — *Proc. R. Soc.*, **40**, p. 544, 1881.
Hopkins. — *Phil. Trans.*, 1857, p. 805.
Less. — *Pogg. Ann. Ergbd.*, **8**, p. 517, 1878.
Lees. — *Phil. Trans.*, **183** A, p. 481, 1892 ; *Proc. R. Soc.*, **50**, p. 421, 1892 ; **74**, p. 337, 1904.
Lees et Chorlton. — *Phil. Mag.*, (5), **41**, p. 495, 1896.
Christiansen. — *W. A.*, **14**, p. 23, 1881.
Oddone. — *Rendic. R. Acc. dei Lincei*, (5), **6**, 1re sem., p. 286, 1897.
Grassi. — *Atti Ist. Napoli*, (4), **5**, 1892.
Lodge. — *Phil. Mag.*, (5), **5**, p. 110, 1878.
Helmersen. — *Pogg. Ann.*, **88**, p. 461, 1853.
Littrow. — *Wien. Ber.*, **71**, II, 1875.
Smith et Knott. — *Proc. Edinb. Soc.*, **8**, p. 123, 1874-1875.
F. Neumann. — *Ann. chim. et phys.*, (3), **64**, p. 66, 1862.
Stefan. — *Wien. Ber.*, **74**, **II**, p. 438, 1876.
R. Weber. — *Züricher Vierteljahrsschrift*, **23**, p. 209, 1878.
Yamagawa. — *J. of the Ac. of Sc. Univ. of Japan*, **2**, p. 263, 1888.
Stadler. — *Bestimmung des absoluten Wärmeleitungsvermögens, Diss.*, Berne, 1879.
H. Meyer. — *W. A.*, **34**, p. 596, 1888.
Lord Kelvin et J. Murray. — *Proc. R. Soc.*, **58**, p. 162, 1895.
Hjelström. — *Öfvers. K. V. Akad. Förh.*, 1889, n° 10, p. 668 ; *Phil. Mag.*, (5), **31**, p. 148, 1891 ; *J. de phys.*, (2), **10**, p. 142, 1891.
Jansson. — *Öfvers. K. V. Akad. Förh.*, **58**, p. 207, 1901.

Okada. — *J. of the Met. Soc. of Japan*, fév. 1905 ; *Meteorol. Zeitschr.*, **22**, p. 330, 1905.
Lise Meitner. — *Wien. Ber.*, **115**, p. 125, 1906.
Paalhorn. — *Diss.*, Iéna, 1894.
Venske. — *Gött. Nachr.*, 1891, p. 121.
Focke. — *W. A.*, **67**, p. 132, 1899.
Niven. — *Proc. R. Soc.*, **76**, p. 34, 1905.
Winkelmann. — *W. A.*, **67**, pp. 160, 794, 1899.
Guéorguiewski. — *Journ. de la Soc. russe phys.-chim.*, **35**, p. 609, 1903.
Lees. — (Mélanges) *Proc. R. Soc.*, **62**, p. 286, 1898.
Murano. — (Pierres) *Rendic. R. Acc. dei Lincei*, (5), **7**, II, pp. 61, 83, 1898.

7. — Corps non isotropes.

Duhamel. — *J. de l'éc. polyt.*, **13**, p. 356, 1832 ; **19**, p. 155, 1848 ; *C. R.*, **25**, p. 842, 1842 ; **27**, p. 129, 1848.
Stokes. — *Camb. and Dublin Math. Journ.*, (2), **6**, p. 215, 1851.
Lamé. — *Leçons sur la théorie anal. de la chaleur*, Paris, 1861.
Sénarmont. — *Ann. chim. et phys.*, (3), **21**, p. 457, 1847 ; **22**, p. 179, 1848 ; **23**, p. 257, 1848 ; *C. R.*, **25**, pp. 459, 707, 1847 ; *Pogg. Ann.*, **73**, p. 191, 1848 ; **74**, p. 190, 1848 ; **75**, pp. 50, 482, 1848 ; **76**, p. 119, 1849 ; **80**, p. 175, 1850.
A.-M. Mayer. — *Phil. Mag.*, (4), **44**, 1872 ; *Sill. Journ.*, 1872.
Röntgen. — *Pogg. Ann.*, **151**, p. 603, 1874 ; **152**, p. 367, 1874.
V. v. Lang. — *Wien. Ber.*, **53**, II, 1866 ; *Pogg. Ann.*, **135**, p. 29, 1868.
Jannettaz. — *Ann. chim. et phys.*, (4), **29**, 1873 ; *C. R.*, **95**, p. 996, 1882 ; **114**, p. 1352, 1892.
Tyndall. — *Athenaeum*, 1855, p. 1157.
Pape. — *W. A.*, **1**, p. 126, 1877.
Tuchschmid. — *Beibl.*, **8**, p. 490, 1884.
Lees. — *Phil. Trans.*, **183 A**, p. 481, 1892.
Lownds. — *Phil. Mag.*, (6), **5**, p. 152, 1903.
Perrot. — *C. R.*, **136**, p. 1246, 1903 ; *Arch. sc. phys. et nat.*, (4), **18**, p. 445, 1905.
F.-M. Jäger. — *Arch. sc. phys. et nat.*, (4), **22**, p. 240, 1906.
W. Voigt. — *W. A.*, **60**, p. 350, 1897 ; **64**, p. 94, 1898 ; *J. de phys.*, (3), **7**, p. 85, 1898.
De la Rive et De Candolle. — *Pogg. Ann.*, **14**, p. 590, 1828 ; *Ann. chim. et phys.*, (2), **40**, 1829.
Tyndall. — *Phil. Mag.*, (4), **5** et **6**, 1853 ; *Ann. chim. et phys.*, (3), **39**, p. 348, 1853.
Knoblauch. — *Pogg. Ann.*, **105**, p. 623, 1858.
Less — *Pogg. Ann. Ergbd.*, **8**, p. 517, 1878.
Greiss. — *Pogg. Ann.*, **139**, p. 174, 1870.
W. Louguinine. — *Arch. Sc. phys.*, (4), **1**, p. 9, 1896.

8. — Conductibilité calorifique des liquides.

Rumford. — *Essays*, **2**, p. 199 ; *J. de phys. de Delamétherie*, **4** ; *J. of Nicholson*, **14**, 1806.
Th. Thomson. — *J. of Nicholson*, **1**, p. 81, 1802.
Nicholson. — *J. of Nicholson*, **5**, p. 197.

MURRAY. — *System of Chemistry*, 3e éd., **1**, p. 305 ; *J. of. Nicholson*, **1**, 1802.
DESPRETZ. — *Ann. chim. et phys.*, **61**, p. 206, 1839 ; *Pogg. Ann.*, **46**, p. 340, 1839 ; **142**, p. 618, 1868 ; *C. R.*, **7**, p. 933, 1838.
PAALZOW. — *Pogg. Ann.*, **134**, p. 618, 1868.
BOTTOMLEY. — *Phil. Trans. R. Soc.*, 1881, II, p. 537 ; *Proc. R. Soc.*, **28**, p. 462, 1879 ; **31**, p. 300, 1881.
CHREE. — *Phil. Mag.*, (5), **24**, p. 1, 1887 ; *Proc. R. Soc.*, **42**, p. 300, 1887 ; **43**, p. 30, 1888.
ÅNGSTRÖM. — *Pogg. Ann.*, **123**, p. 638, 1864.
LUNDQUIST. — *Upsala Universitaets Arsskrift*, 1869, p. 1.
BERGET. — *J. de phys.*, (2), **7**, p. 2, 1888 ; *C. R.*, **105**, p. 225, 1887 ; **106**, p. 1152, 1888 ; **107**, p. 171, 1888.
WACHSMUTH. — *W. A.*, **48**, p. 158, 1893 ; *Diss.*, Leipzig, 1892.
GUTHRIE. — *Phil. Trans.*, **159**, p. 637, 1869 ; *Phil. Mag.*, (4), **35**, p. 283, 1868 ; **37**, p. 468, 1869.
H.-F. WEBER. — *W. A.*, **10**, pp. 103, 304, 472, 1880 ; *Berl. Ber.*, 1885, p. 809 ; *Carls Repert.*, **16**, p. 389, 1880 ; *Exners Repert.*, **22**, p. 116, 1886 ; W. A. **48**, p. 173, 1893.
v. AUBEL. — *Zeitschr. f. phys. Chemie*, **28**, p. 336, 1899.
WACHSMUTH. — *Phys. Zeitschr.*, **3**, p. 79, 1901.
FRITZ KOHLRAUSCH. — *Diss.*, Rostock, 1904.
MILNER et CHATLOCK. — *Phil. Mag.*, (5), **48**, p. 46, 1899.
R. WEBER. — *D. A.*, **11**, p. 1047, 1903.
LORBERG. — *W. A.*, **14**, p. 291, 1881.
DE HEEN. — *Bull. Ac. Belg.*, (3), **18**, p. 192, 1889.
CHRISTIANSEN. — *W. A.*, **14**, p. 23, 1881.
WINKELMANN. — *W. A.*, **29**, p. 68, 1886.
STANKÉWITSCH. — *Conductibilité calorifique des liquides organiques*, Varsovie, 1891 (en russe).
HENNEBERG. — *W. A.*, **36**, p. 146, 1889.
G. JÄGER. — *Wien. Ber.*, **99**, p. 245, 1890.
BARUS. — *Phil. Mag.*, (5), **33**, p. 431, 1892.
WINKELMANN. — *Pogg. Ann.*, **153**, p. 481, 1874 ; *W. A.*, **10**, p. 668, 1880 ; Polémique : H.-F. WEBER, *W. A.*, **11**, p. 345, 1880 ; OBERBECK, *W. A.*, **7**, p. 271, 1879 ; **11**, p. 139, 1880.
BEETZ. — *W. A.*, **8**, p. 435, 1879.
GRÄTZ. — *W. A.*, **18**, p. 79, 1883 ; **25**, p. 337, 1885.
SLOUGUINOW. — *J. de la Soc. russe phys.-chim.*, **23**, p. 456, 1891.
TH.-TH. PÉTROUSCHEWSKI. — *J. de la Soc. russe phys.-chim.*, **6**, p. 56, 1874.
JÄGER. — *Wien. Ber.*, **102**, pp. 253, 483, 1893.

9. — Conductibilité calorifique des gaz.

MAXWELL. — *Phil. Mag.*, (4), **20**, p. 31, 1860 ; **35**, p. 214, 1868.
CLAUSIUS. — *Pogg. Ann.*, **115**, p. 1, 1862.
BOLTZMANN. — *Wien. Ber.*, **66**, II, p. 330, 1872 ; **72**, II, p. 458, 1875 ; **94**, I, p. 891, 1887 ; *Vorlesungen über Gastheorie*, **1**, p. 87, 1896.
STEFAN. — (Théorie) *Wien. Ber.*, **47**, II, p. 81, 1863 ; **72**, II, p. 74, 1875.
v. LANG. — *Pogg. Ann.*, **145**, p. 290, 1872 ; **148**, p. 157, 1873 ; *Wien. Ber.*, **64**, II, p. 485, 1871 ; **65**, II, p. 415, 1872.

O.-E. Meyer. — *Kinetische Theorie der Gase*, 1re éd. (1877), p. 331 ; 2e éd. (1899), **I**, p. 278 ; II, p. 122.
Burbury. — *Phil. Mag.*, (5), **30**, p. 298, 1890.
Crookes. — *Nature* (en anglais), **23**, p. 234.
Bottomley. — *Trans. R. Soc.*, **178**, p. 447, 1887.
Andrews. — *Proc. Roy. Irish Academy*, **1**, p. 465, 1840.
Grove. — *Phil. Mag.*, (3), **27**, p. 445, 1845 ; *Pogg. Ann.*, **71**, p. 194, 1847 ; **78**, p. 366, 1849.
Magnus. — *Pogg. Ann.* **112**, pp. 160, 351, 497, 1860 ; *Phil. Mag.*, (4), **22**, p. 1, 1861.
Narr. — *Pogg. Ann.*, **142**, p. 143, 1871.
Buff. — *Pogg. Ann.*, **158**, p. 177, 1876 ; *J. de phys.*, **5**, p. 357, 1876.
Stefan. — (Expériences) *Wien. Ber.*, **65**, II, p. 45, 1872 ; **72**, II, p. 69, 1875 ; **74**, II, p. 438, 1876 ; *Carls Repertor.*, **8**, p. 64, 1872 ; **13**, p. 290, 1877.
Planck. — *Wien. Ber.*, **72**, II, p. 269, 1875.
Kundt et Warburg. — *Pogg. Ann.*, **156**, p. 177, 1875 ; *Berl. Ber.*, 1875, p. 160.
Grätz. — *W. A.*, **14**, pp. 232, 511, 1881.
Winkelmann. — *Pogg. Ann.*, **156**, p. 497, 1875 ; **157**, p. 497, 1875 ; **159**, p. 177, 1876 ; *W. A.*, **1**, p. 63, 1877 ; **19**, p. 649, 1883 ; **29**, p. 68, 1886 ; **44**, pp. 177, 429, 1891 ; **48**, p. 180, 1893.
Christiansen. — *W. A.*, **14**, p. 23, 1881 ; **19**, p. 282, 1883.
Schleiermacher. — *W. A.*, **34**, p. 623, 1888 ; **36**, p. 346, 1889.
Eichhorn. — *W. A.*, **40**, p. 697, 1890.
Höfker. — *Diss.*, Iéna, 1892 ; *Beibl.*, **18**, p. 742, 1894.
Smoluchowski. — *W. A.*, **64**, p. 101, 1898.
Kutta. — *W. A.*, **54**, p. 104, 1895 ; *Diss.*, München, 1894.
Egon Müller. — *W. A.*, **60**, p. 82, 1897 ; *Diss.*, München, 1896 ; *Phys. Zeitschr.*, **2**, p. 161, 1900 ; *Habilitationsschrift*, Erlangen, 1901.
Eckerlein. — *D. A.*, **3**, p. 120, 1900 ; *Progr. Gymn. St-Stephan in Augsburg*, 1902 ; *Diss.*, München, 1900.
Koch. — *W. A.*, **19**, p. 857, 1883.
Compan. — *C. R.*, **133**, pp. 813, 1202, 1901.
Mehlis. — *Diss.*, Halle, 1902.
Erich Ziegler. — *Diss.*, Halle, 1904.
P. Günther. — *Diss.*, Halle, 1906.
Schwarze. — *Phys. Zeitschr.*, **3**, p. 264, 1902 ; **4**, p. 229, 1903 ; *D. A.*, **11**, p. 303, 1903.
Hahn. — *D. A.*, **12**, p. 442, 1903.
Conrau et Neugebauer. — Voir O.-E. Meyer, *Kinetische Theorie der Gase*, 2e éd., *Zusätze*, p. 128, Breslau, 1899.
Mlle Wassiliéwa. — *Phys. Zeitschr.*, **5**, p. 737, 1904.
Nernst. — *Boltzmann-Festschrift*, p. 904, 1904.
Magnanini. — *Rendic. di Lincei*, **6**, 1897 ; *Gazz. chim.*, **30**, p. 404, 1900.
Feliciani. — *N. Cim.*, (5), **7**, p. 18, 1904 ; *Phys. Zeitschr.*, **6**, p. 20, 1905.

10. — Saut brusque de température.

Despretz. — *Pogg. Ann.*, **142**, p. 626, 1871.
G. Wiedemann. — *Pogg. Ann.*, **95**, p. 337, 1855.
Ångström. — *Nova Acta Soc. Upsala*, (3), **3**, p. 51, 1861.

V. Smoluchowski. — *W. A.*, **64**, p. 101, 1898 ; *Wien. Ber.*, **107**, p. 304, 1898 ; **108**, p. 5, 1899 ; *Phil. Mag.*, (5), **46**, p. 192, 1898 ; *Öster. Chem.-Ztg.*, **2**, p. 385, 1899 ; *Chem. Centralbl.*, **2**, p. 353, 1899.

Gehrcke. — *D. A.*, **2**, p. 102, 1900.

Rogowski. — *C. R.*, **137**, p. 1244, 1903 ; **140**, p. 1179, 1905 ; *Journ. de la Soc. russe phys.-chim.*, **35**, pp. 105, 175, 326, 604, 1903.

Brush. — *Phil. Mag.*, **45**, p. 31, 1898.

Poisson. — Cité par Smoluchowski, *W. A.*, **64**, p. 102, 1898.

Vient de Paraître :

Emile BOREL

Professeur-adjoint à la Faculté des Sciences de Paris

ÉLÉMENTS DE LA THÉORIE DES PROBABILITÉS

Gr. in-8 de VI-200 pages . . . . 6 fr.

PRÉFACE

La *Théorie des probabilités*, qu'on appelle aussi *Calcul des probabilités* est utilisée de plus en plus dans de nombreuses questions de physique, de biologie, de sciences économiques. Ceux qui s'intéressent à ces applications n'ont pas toujours les loisirs d'étudier à fond les théories mathématiques qui se rattachent aux probabilités ; ces théories n'ont d'ailleurs pour eux qu'un médiocre intérêt ; ce qui leur importe surtout c'est, avec la connaissance des résultats essentiels, celle des méthodes générales par lesquelles ces résultats sont obtenus ; il est évidemment nécessaire d'avoir réfléchi sur ces méthodes pour pouvoir appliquer avec sûreté les résultats bruts du calcul à des questions concrètes.

C'est à ce point de vue que j'ai écrit ces *Eléments* ; je n'ai pas craint d'insister longuement sur les problèmes les plus simples, dans lesquels le mécanisme du calcul ne dissimule pas la méthode suivie. Si je n'ai point omis certains développements mathématiques qui peuvent intéresser quelques lecteurs, ces développements occupent peu de place et ne sont jamais indispensables à la compréhension de l'Ouvrage ; celui-ci peut être lu d'un bout à l'autre par un lecteur connaissant simplement la définition de l'intégrale définie et les notions d'algèbre et de géométrie que cette définition suppose.

Mais, si j'ai tenu à rester élémentaire, je me suis efforcé d'éliminer les développements de science amusante ; les problèmes empruntés aux jeux de hasard ont été choisis uniquement pour illustrer une théorie générale. Il m'a été ainsi possible, en éliminant tout le superflu, de donner les principes essentiels de la théorie dans un Ouvrage relativement peu étendu.

Dans le Livre I, j'étudie les *probabilités discontinues*, en insistant tout particulièrement sur le type le plus simple : les problèmes posés par *le jeu de pile ou face*. La véritable signification de la *loi des grands nombres* me paraît être mise ainsi en évidence de la manière à la fois la plus claire et la plus élémentaire.

Le Livre II est consacré aux *probabilités continues* ou *probabilités géométriques* : c'est à cette catégorie de probabilités que se rattachent les plus importantes théories de la physique moderne, en particulier *la théorie cinétique des gaz*, et le *principe d'irréversibilité* de la thermodynamique, sur lequel j'ai donné quelques brèves indications.

Enfin, il m'a paru bon de grouper dans le Livre III, les questions relatives à la *probabilité des causes*, en raison de l'importance particulière de cette théorie pour les applications. C'est à elle en effet que se rattachent la *théorie des erreurs d'observation*, la théorie des *probabilités statistiques*, les études *biométriques*, etc. Le cadre de cet Ouvrage ne comportait pas l'étude détaillée de ces diverses applications ; je me suis contenté de les passer brièvement en revue, en insistant sur les conditions dans lesquelles la théorie peut y être utilisée et sur la méthode à suivre pour aborder l'étude de chaque problème concret.

Pour la technique des méthodes spéciales de calcul à utiliser dans ces diverses applications, je ne puis que renvoyer aux Traités spéciaux ou aux Mémoires originaux.

Je serais heureux si cet ouvrage contribuait d'une part, à faire mieux connaître à ceux qui étudient les sciences expérimentales et économiques les principes d'une théorie dont la connaissance leur est chaque jour plus nécessaire ; d'autre part, à convaincre quelques jeunes mathématiciens de l'importance des applications de la théorie des probabilités et à les encourager à s'y intéresser.

TABLE DES MATIÈRES

LIVRE PREMIER

PROBABILITÉS DISCONTINUES

LIVRE II

PROBABILITÉS CONTINUES

LIVRE III

PROBABILITÉS DES CAUSES

FIN

Vient de Paraître :

E. et F. COSSERAT

THÉORIE DES CORPS DÉFORMABLES

Gr. in-8 de VI-228 pages, broché. . . . . 6 fr.
Le même, cartonné toile anglaise. . . . . 8 fr.

TABLE DES MATIÈRES

AVANT-PROPOS. — I. — **Considérations générales.** — 1. Développement de l'idée de milieu continu. — 2. Difficultés que présente l'application de la méthode inductive dans la Mécanique. — 3. Théorie de l'action euclidienne. — 4. La critique des principes de la Mécanique.

II. **Statique de la ligne déformable.** — 5. Ligne déformable. Etat naturel et état déformé. — 6. Eléments cinématiques relatifs aux états de la ligne déformable. — 7. Expressions des variations des vitesses de translation et de rotation du trièdre relatif à l'état déformé. — 8. Action euclidienne de déformation sur une ligne déformable. — 9. La force et le moment extérieurs, l'effort et le moment de déformation en un point d'une ligne déformée. — 10. Relations entre les éléments définis au § précédent ; transformations diverses de ces relations. — 11. Travail virtuel extérieur. Théorème de Varignon. Remarques sur les auxiliaires introduites dans le paragraphe précédent. — 12. Notion de l'énergie de déformation. — 13. Etat naturel de la ligne déformable. Indications générales sur les problèmes auxquels conduit la considération de cette ligne. — 14. Forme normale des équations de la ligne déformable, lorsque la force et le moment extérieurs sont donnés comme de simples fonctions de s_0 et des éléments qui fixent la position du trièdre $Mx'y'z'$. Principe du travail minimum de Castigliano — 15. Notions du trièdre caché et du W caché. — 16. Cas où W ne dépend que de s_0, ξ, η, ζ. Comment on retrouve les équations de la théorie de la ligne flexible et extensible de Lagrange.— 17. Le fil flexible et inextensible. — 18. Cas où W ne dépend que de s_0, ξ, η, ζ, et où L_0, M_0, N_0, ne sont pas tous nuls. — 19. Cas où W ne dépend que de s_0, p, q, r. — 20. Cas où W est une fonction de s_0, ξ, η, ζ, p, q, r, dépendant de ξ, η, ζ, seulement par l'intermédiaire de $\xi^2+\eta^2+\zeta^2$, ou ce qui revient au même, par l'intermédiaire de $\mu = \frac{ds}{ds_0} - 1$. — 21. La ligne déformable obtenue en supposant que Mx' est la tangente en M à (M). — 22. Réduction du système du § précédent à une forme que l'on peut déduire du calcul des variations. — 23. La ligne déformable inextensible où Mx' est la tangente en M à (M). — 24 Cas où les forces et les moments extérieurs sont nuls ; forme particulière de W conduisant aux équations traitées par Binet et Wantzel. — 25. La ligne déformable où le plan $Mx'y'$ est le plan osculateur de (M) en M ; cas où la ligne est en outre inextensible ; la ligne considérée par Lagrange et sa généralisation due à Binet et étudiée par Poisson. — 26. Les déformées rectilignes d'une ligne déformable. — 27. La ligne déformable obtenue par l'adjonction des conditions $p = p_0$, $q = q_0$, $r = r_0$, et en particulier $p = p_0 = 0$, $q = q_0 = 0$, $r = r_0 = 0$. — 28. Ligne déformable soumise à des liaisons. Equations canoniques. — 29. Etat infiniment voisin de l'état naturel. Modules de déformation hamiltoniens, et modules de déformation de Hooke. Valeurs critiques des modules.

III. — **Statique de la surface déformable et dynamique de la ligne déformable.** — 30. Surface déformable. Etat naturel et état déformé. — 31. Elément cinématiques relatifs aux états de la surface déformable. — 32. Expressions des variations des vitesses de translation et de rotation du trièdre relatif à l'état déformé. — 33. Action euclidienne de déformation sur une surface déformable. — 34. La force et le moment extérieurs ; l'effort et le moment de déformation extérieurs ; l'effort et le moment de déformation en un point d'une surface déformée. — 35. Spécifications diverses de l'effort et du moment de déformation. — 36. Remarques relatives aux composantes S_1, S_2, S_3 et $\mathcal{S}_1, \mathcal{S}_2, \mathcal{S}_3$. — 37. Equations obtenues en introduisant, à l'exemple de Poisson, les coordonnées x, y comme variables indépendantes à la place de ρ_1, ρ_2. — 38. Introduction de nouvelles auxiliaires fournies par la considération des trièdres non trirectangles formés de Mz 1 et des tangentes aux courbes (ρ_1) et (ρ). — 39. Travail virtuel extérieur ; théorème analogue à celui de Varignon et de Saint-Guilhem. Remarques sur les auxiliaires introduites dans les paragraphes précédents. — 40. Notion de l'énergie de déformation. Etat naturel de la surface déformable. — 41. Notion du trièdre caché et du W caché. — 42. Cas où W ne dépend que de ρ_1 ρ_2, ξ_1, η_1, ζ_1, ξ_2, η_2, ζ_2. La surface qui, dans le cas de la déformation infiniment petite, conduit à la membrane étudiée par Poisson et Lamé. — 43. La surface flexible et inextensible des géomètres. — 44. Quelques indications bibliographiques sur la surface flexible et inextensible des géomètres. — 45. La surface déformable obtenue en supposant que Mz' est normal à la surface (M). — 46. Réduction du système du paragraphe précédent à une forme analogue à celle qui se présente dans le calcul des variations. — 47. Dynamique de la ligne déformable.

IV. — **Statique et dynamique du milieu déformable.** — 48 Milieu déformable. Etat naturel et état déformé. — 49. Eléments cinématiques relatifs aux états du milieu déformable. — 50. Expressions des variations des vitesses de translation et de rotation du trièdre relatif à l'état déformé. — 51. Action euclidienne de déformation sur un milieu déformable. — 52. La force et le moment extérieurs ; l'effort et le moment de déformation extérieurs ; l'effort et le moment de déformation en un point du milieu déformé. — 53. Spécifications diverses de l'effort et du moment de déformation. — 54. Travail virtuel extérieur ; théorème analogue à ceux de Varignon et de Saint-Guilhem. Remarques sur les auxiliaires introduites dans les paragraphes précédents. — 55 Notion de l'énergie de déformation. Théorème qui conduit, comme cas particulier, à celui de Clapeyron. — 56. Etat naturel du milieu déformable. — 57. Notions du trièdre caché et du W caché. — 58. Cas où W ne dépend que de $x_0, y_0, z_0, \xi_i, \eta_i, \zeta$ et est indépendant de p_i, q_i, r_i. Comment on retrouve les équations relatives au corps déformable de la théorie classique et au milieu de l'hydrostatique — 59. Le corps invariable. — 60. Milieu déformable en mouvement. — 61. Action euclidienne de déformation et de mouvement sur un milieu déformable en mouvement. — 62. La force et le moment extérieurs ; l'effort et le moment de déformation extérieurs ; l'effort, le moment de déformation, la quantité de mouvement et le moment de quantité de mouvement du milieu déformé en mouvement, en un point et à un instant donnés. — 63. Spécifications diverses de l'effort et du mouvement de déformation, de la quantité de mouvement et du moment de quantité de mouvement. — 64. Travail virtuel extérieur ; théorème analogue à ceux de Varignon et de Saint-Guilhem. Remarques sur les auxiliaires introduites dans les paragraphes précédents. — 65. Notion de l'énergie de déformation et de mouvement. — 66. Etat initial et états naturels de déformation et de mouvement. — 67 Notions du trièdre caché et du W caché. Cas où W ne dépend que de $x_0, y_0, z_0, l, \xi_i, \eta_i, \zeta_i, \xi, \eta, \zeta$ et est indépendant de p_i, q_i, r_i, p, q, r. Extension de la dynamique du corps déformable classique. Le milieu gyrostatique et l'anisotropie cinétique.

V. — **L'action euclidienne à distance. L'action de contrainte et l'action dissipative.** — 68. Action euclidienne de déformation et de mouvement sur un milieu non continu. — 69. L'action euclidienne de contrainte et l'action euclidienne dissipative.

VI. — **L'action euclidienne au point de vue eulérien.** — 70 Les variables indépendantes de Lagrange et d'Euler. Les auxiliaires considérées suivant le point de vue de l'hydrodynamique. — 71 Expressions de $\xi_i, \ldots, r_i$ (ou de $\xi_i, \ldots, r_i, \xi, \ldots, r$) au moyen des fonctions $x_0\ y_0, z_0, \alpha, \alpha', \ldots, \gamma''$ de x, y, z, (ou de x, y, z, t) et de leurs dérivées ; introduction des arguments eulériens. — 72. Equations de la statique du milieu déformable relatives aux variables d'Euler et déduites d'abord des équations obtenues avec les variables de Lagrange. — 73. Equations de la dynamique du milieu déformable relatives aux variables d'Euler et déduites d'abord des équations obtenues avec les variables de Lagrange. — 74. Variations des arguments eulériens déduites de celles des arguments lagrangiens. — 75. Variations des arguments eulériens déterminée directement. — 76. L'action de déformation et de mouvement avec ces variables d'Euler. Invariance des arguments eulériens. Application de la méthode de l'action variable. — 77. Remarques sur les variations introduites dans les paragraphes précédents. Application de la méthode de l'action variable suivant le procédé habituel du calcul des variations. — 78. Les conceptions lagrangienne et eulérienne de l'action. La méthode de l'action variable appliquée à la conception eulérienne de l'action exprimée avec les variables d'Euler. — 79. La méthode de l'action variable appliquée à la conception eulérienne de l'action exprimée avec les variables de Lagrange. — 80. La notion de radiation de l'énergie de déformation et de mouvement.

TABLE DES MATIÈRES

PREMIÈRE PARTIE

ALGÈBRE

DEUXIÈME PARTIE

GÉOMÉTRIE ANALYTIQUE

second degré. — 137-138. Centre. Centre d'une conique. — 139-140. Diamètres Équation réduite. — 141-142. Hyperbole. Parabole. — 143. Hyperbole rapportée à ses asymptotes. — CHAPITRE VI : *Diamètres conjugués. Foyers.* — 144 145. Ellipse. Théorèmes d'Appollonius. — 146-147. Hyperbole. Foyers de l'ellipse. — 148-149. Foyers de l'hyperbole. Foyer de la parabole. — 150-151. Tangentes. Symétrique du Foyer. — CHAPITRE VII : *Intersections polaires.* — 152-153 Intersection. Homothétie. — 154-155. Équation générale. Cercles. — 156-157. Polaires tangentes issues d'un point. — CHAPITRE VIII : *Coordonnées polaires. Courbes unicursales.* — 158-159. Tangentes. Spirales. — 160-161. Limaçon de Pascal. Lemniscate. — 162-163. Asymptotes. Ellipse. — 164-165. Courbes unicursales. Folium de Descartes. — CHAPITRE IX : *Enveloppes. Courbure.* — 166-167. Enveloppe. — Cas d'exception. — 168-169. Exemples. Double paramètre. — 170 171 Développée. Ellipse. - 172-173. — Hyperbole. Parabole. — 174-175. Cercle osculateur. Rebroussement de la développée. — CHAPITRE X : *Coordonnées dans l'espace.* — 176-177. Coordonnées. Angles de deux directions. — 178-179. Transformation des coordonnées. Sens des trièdes. — 180-181. Surfaces algébriques. Courbes. — CHAPITRE XI : *Plan. Droite.* 182-183. Équation du plan. Ligne droite. — 184-185. Distance d'un point à un plan. Angles. — 186-187. Intersections. Distance d'un point à une droite. — CHAPITRE XII : *Génération des surfaces.* — 188 189. Tangente. Plan tangent. — 190. Génération des surfaces. — 191-192. Cylindre. Cône. — 193-194. Surface de révolution. Tore — CHAPITRE XIII : *Surface du second degré* — 195-196 Centre. Plan diamétral. — 197-198. Diamètres. Plans principaux. — 199. Quadriques à centre. — 200 Systèmes de diamètres conjugués. — 201 202. Paraboloïdes. Cône asymptote. — 203-204. Plans directeurs. Sections planes — CHAPITRE XIV : *Intersections.* — 205-206. Génératrices rectilignes. Intersection. — 207-208. Cas de décomposition. Éléments doubles. — 209-210. Éléments à l'infini. Courbes unicursales. — 211-212. Cubique. Quartique unicursale. CHAPITRE XV : *Sections circulaires. Cônes circonscrits.* — 213-214. Sections circulaires. Cône. — 215-216. Cône circonscrit. Sections coniques — 217-218. Cylindre circonscrit. Nature d'une quadrique. — CHAPITRE XVI : *Enveloppes. Courbure.* — 219-220. Enveloppes. Exemples. — 221-222. Surfaces réglées. Surfaces développables. — 223-224. Plans osculateur. Centre de courbure. — 225-226. Hélice Double paramètre — 227-228. Courbure des surfaces. Indicatrice.

TROISIÈME PARTIE

ANALYSE

CHAPITRE PREMIER : *Différentielles.* — 229-230. Infiniment petits. Différentielle. — 231-232 Différentielles successives. Différentielle totale. — 233. Différentielles totales successives. — 234. Changement de variable. — 235-236. Double changement. Cas de deux variables. — CHAPITRE II : *Intégrales.* — 237-238 Intégrale définie. Fonction continue. — 239-240. Intégrale indéfinie. Intégration immédiate. — 241. Intégration par parties. — 242. Intégration des fractions rationnelles. — 243-244. Radicaux. Intégrales trigonométriques. — CHAPITRE III. *Intégrales définies. Surfaces.* — 245-246. Calcul des intégrales définies. Différentielle infinie. — 247-248. Limite infinie. Aires planes. — 249-250. Parabole. Ellipse. — 251-252. Coordonnées polaires. Arc de courbe. — 253-254. Calcul par approximation. Méthode des trapèzes. — 255-256. Méthode des séries. Arc d'ellipse — CHAPITRE IV : *Applications.* — 257-258. Courbure. Torsion. — 259-260 Séries trigonométriques. Exemple. — 261. Fonctions sans dérivée. — CHAPITRE V : *Volumes et surfaces.* — 262-263. Intégrale double. Limites arbitraires. — 264 265. Volumes. Projection d'une aire. — 266-267. Aire d'une surface. Surface de révolution. — 268-269. Exemples. Différentielle infinie. — 270-271. Ordre d'intégration. Limites infinies. — CHAPITRE VI : *Intégrales curvilignes.* — 272. Variation des paramètres. — 273 Intégrale de différentielle totale. - 274-275. Intégrale curviligne. Aires planes. — 276-277. Intégrales triples. Coordonnées polaires. — 278. Différentielle d'une fonction de trois variables. — 279. Intégrale curviligne dans l'espace. — CHAPITRE VII : *Intégrales de surface.* — 280-281. Intégrale de surface Volumes. — 282-283. Intégrale sur une surface fermée. Formule de Stokes. — 284-285. Formule inverse. Exemple. — 286-287. Intégrale sur une surface fermée. Formule de Green. — CHAPITRE VIII : *Équations différentielles* — 288-289 Cas d'intégration immédiate. Équation linéaire. — 290 291. Solution singulière. Équation de Lagrange. — 292-293. Équation de Clairaut. Trajectoires orthogonales. — 294. Équations linéaires, d'ordre n. — 295. Équation linéaire homogène à coefficients constants. — 296. Équation complète — 297-298. Systèmes d'équations différentielles. Équation d'Euler. — CHAPITRE IX : *Équations aux dérivées partielles.* — 299. Formations des équations aux dérivées partielles. — 300. Équation linéaire. — 301-302. Interprétation géométrique. Exemples — 303-304. Intégrale complète. Exemple.

QUATRIÈME PARTIE

MÉCANIQUE

CHAPITRE PREMIER : *Cinématique*. — 305-306. Vitesse. Accélération. — 307-308. Coordonnées polaires. Mouvement d'une figure plane. — 309. Mouvement autour d'un point. — 310-311. Mouvement d'un solide. Mouvement relatif. 312-313. Accélération du mouvement relatif. Cas particuliers. — CHAPITRE II : *Dynamique d'un point libre*. — 314-315. Inertie. Force. Masse. — 316-317. Composition des forces. Pesanteur. — 318-319. Unités. Equations du mouvement. — 320-321. Mouvement d'un point pesant. Travail. — 322-323. Force vive. Exemples. — 324-325. Loi de Newton. Attraction d'une sphère.— CHAPITRE III : *Dynamique d'un point non libre*. — 326-327. Mouvement sur une courbe. Pendule cycloïdal. — 328-329. Pendule. Mouvement sur une surface. — 330-331. Frottement. Résistance de l'air. — 332-333. Mouvement relatif. Pesanteur. — CHAPITRE IV : *Statique* — 334. Equilibre d'un point libre. — 335-336. Equilibre sur une surface. Equilibre sur une courbe. — 337-338. Corps solides. Moments. — 339-340. Systèmes équivalents. Couples. — 341-342. Forces réduites. Forces parallèles. — 343-344. Equilibre d'un solide. Polygone funiculaire. — 345-346. Polygone pesant. Fil pesant. — CHAPITRE V : *Centres de gravité*. — 347-348. Centre de gravité d'un arc de cercle. Aires planes. — 349-350. Triangle. Trapèze. — 351-352. Secteur circulaire. Parabole — 358-354. Zône. Volumes. — 355-356. Tétraèdre. Pyramide. — 357-358. Paraboloïde. Théorème de Guldin. — 359. Corps reposant sur un plan. — CHAPITRE VI : *Dynamique des systèmes*. — 360-361. Ensemble de points. Mouvement du centre de gravité. — 362-363. Quantité de mouvement. Principes des aires. — 365-366. Force vive. Mouvement d'un solide autour d'un axe. — 366. Comparaison des moments d'inertie. — 367-368. Ellipsoïde d'inertie. Moments d'inertie d'une sphère. — 369. Moments d'inertie d'un ellipsoïde. — 370-371. Corps de révolution. Tore. — 372.372. Axe permanent de rotation. Pendule composé. — TABLEAU DES PRINCIPALES FORMULES. — I. Trigonométrie. — II. Surfaces et volumes. — III. Algèbre. — IV. Géométrie analytique. — V. Analyse.

Vient de paraître :

F. MITTAG-LEFFLER

Professeur à l'Université de Stockholm, Correspondant de l'Institut de France.

NIELS-HENRIK ABEL

Gr. in-8 de 68 pages. . . . . 2 fr.

Vient de paraître :

J. NEUBERG

Professeur à l'Université de Liège

COURS de GÉOMÉTRIE ANALYTIQUE

Gr. in-8 de 470 pages, 1908 . . . . 9 fr. 50

COURS D'ALGÈBRE SUPÉRIEURE

2e édition. Gr. in-8 de 300 pp. 1907. . . . . 7 fr. 50

Tome II, 1906, in-8 carré de 363 pages, avec nombr. fig. 5 fr.

TABLE DES MATIÈRES

W. ROUSE BALL

Fellow and Tutor of Trinity College, Cambridge

HISTOIRE
DES
MATHÉMATIQUES

Édition française originale revue et augmentée
traduite sur la troisième édition anglaise
2 beaux volumes grand in-8, se vendant séparément.

Tome premier : les mathématiques dans l'antiquité. — L'Ecole byzantine — Les mathématiques au Moyen-Age et pendant la Renaissance. — Les

mathématiques chez les Arabes. — Les mathématiques modernes de Descartes à Huyghens.
Grand in-8 de 400 pages avec nombr. figures. . . . . 12 fr.
Tome second : Les mathématiques modernes depuis Newton jusqu'à nos jours (avec addition de M. R. de Montessus. Note complémentaire de M. G. Darboux).
Grand in-8, de VIII, 275 pages. . . . . 8 fr.

TABLE DES MATIÈRES DU TOME II

graphiques. — Poinsot. — Clifford. — Mécanique analytique. — Green. — Bessel. — Leverrier — Adams. — Tisserand. — Physique mathématique.

Etude sur le développement des méthodes géométriques par Gaston Darboux.

Vient de paraître :

GEORGES MATISSE

LE PRINCIPE DE LA CONSERVATION DE L'ASSISE

et ses Applications

1 volume grand in-8, 65 pages . . . . 2 fr. 50

La quantité de matière n'est pas seule, avec l'Énergie, à demeurer invariable, dans un système isolé. D'autres grandeurs physiques obéissent à une loi de conservation analogue. Ces grandeurs, au point de vue de l'Energétique, appartiennent toutes à une même classe. M. Matisse les appelle des *assises*, et formule la loi générale de la conservation de l'assise.

Dans le chapitre II, l'auteur s'attache à faire des applications des principes précédents à l'Electrostatique, à l'Electrodynamique, à la Chimie... La *traduction analytique* des principes de la conservation de la *matière* et de l'*espace*, fournit des équations, qui, combinées avec celle de la conservation de l'Energie, font prévoir *a priori* l'existence des phénomènes réciproques de phénomènes donnés.

Deux notes terminent l'ouvrage : l'une est consacrée aux dimensions des unités électriques et mécaniques à la comparaison de ces unités et aux conséquences que l'on en peut tirer, l'autre note est relative à la généralisation de la notion de force.

Vient de paraître :

A. LADENBURG

Professeur à l'Université de Breslau.

HISTOIRE

DU

DÉVELOPPEMENT de la CHIMIE

DEPUIS LAVOISIER JUSQU'A NOS JOURS

Traduit sur la quatrième édition allemande par A. Corvisy, professeur agrégé au Lycée Gay-Lussac et à l'Ecole de Médecine et de Pharmacie de Limoges.

Gr. in-8 de 380 pages. . . . . 15 fr

---

des gaz. — VIII. Deuxième manière d'expliquer le mécanisme du transport de l'électricité sous l'action de la lumière ultra-violette. — Ionisation des gaz par le choc des ions formés contre les molécules du gaz. — IX. L'hypothèse de l'ionisation des gaz.

CHAPITRE IV. — L'électron. — I. Détermination de la valeur du rapport $\frac{e}{m}$ dans le cas des ions émis par une plaque métallique éclairée par de la lumière ultra-violette. — II. Détermination de la vitesse v des ions produits dans le gaz. — III. Détermination du nombre N des ions produits dans le gaz — IV. M. J. J. Thomson et les noyaux électriques. — V. M. Wilson et la mesure de la condensation nuageuse. — VI. Stokes et la chute des sphères. — VII. Le dénombrement des ions par la méthode de M. J. J. Thomson. — VIII. Détermination de la masse des ions. — IX. Les Kanalstrahlen et la détermination de leur $\frac{e}{m}$ par M. J. J. Thomson. — X L'électron.

CHAPITRE V. — *Introduction à la théorie électronique de la matière.* — Les corps radioactifs. — I. Les rayons Becquerel. — II. Les corps radioactifs. — III. Propriétés des substances radioactives. — IV. Effets chimiques des corps radioactifs. — V. Action de la température sur les corps radioactifs. — VI. Constitution du rayonnement radique. — VII. Le radium source d'électricité. — VIII. Le radium source de chaleur.

CHAPITRE VI. — La radioactivité induite de la matière. — I. La découverte de la radioactivité induite. — II. L'émanation. — III. Hypothèse sur l'origine du radium. IV. La valeur du rapport $\frac{e}{m}$ pour les rayons α — β du radium. — V. Hypothèse de MM. Rutherford et Soddy sur la radioactivité de la matière.

CHAPITRE VII. — Hypothèse de la matière formée d'électrons.

DEUXIÈME PARTIE — Les ions et les électrons dans la théorie des phénomènes physiques. — La matière et l'éther.

CHAPITRE Ier. — Les milieux liquides ionisés. Théorie de la conductibilité électrique à travers ces milieux. — Mobilité des ions. — Les expériences de M. Bouty et de la loi de Kohlrausch. — La Diffusion des liquides ionisés. — La Théorie de Nernst.

CHAPITRE II. — Les milieux gazeux ionisés — Théorie de la conductibilité électrique à travers les gaz ionisés à la *pression ordinaire*. — État d'un champ électrique dans un gaz ionisé. — Les travaux de MM. J.-J. Thomson, Townsend et Langevin.

CHAPITRE III. — Les milieux gazeux non ionisés. — Théorie de la conductibilité électrique à travers les gaz à *basse pression* — Ionisation par chocs. — Les travaux de MM. J.-J. Thomson et Townsend. — Les phénomènes de Luminescence dans les gaz à basse pression. — Les Théories de MM. J.-J. Thomson et Pellat. — Les Rayons anodiques. — Les rayons magnétocathodiques de M. Villard — Les rayons magnétiques de M. Righi. — L'hypothèse des Ions et des Electrons à l'état de systèmes analogues aux étoiles doubles de M. Righi.

CHAPITRE IV. — Les milieux solides ionisés. — La Théorie de la conductibilité électrique à travers les métaux. — Les Travaux de MM. J.-J. Thomson, Drude, Lorentz. — Le Magnétisme et sa Théorie d'après MM J.-J. Thomson, Voigt, Langevin.

CHAPITRE V. — La matière et l'éther. — Les Radiations lumineuses et calorifiques. — Les équations de Maxwell et la Théorie électromagnétique de la Lumière. — La Théorie électrique de la Lumière de M. Lorentz. — Émission et absorption des Radiations. — Phénomènes magnéto-optiques. — Les Théories de MM. Lorentz et Voigt. — Les expériences de MM. J.-J. Becquerel et Kamerlingh Onner sur l'absorption de la lumière dans les cristaux et les terres rares. — Les expériences de M. Dufour sur la lumière émise par les corps à l'état gazeux. — Les relations entre la matière et l'éther d'après M. J.-J. Tomson.

CHARLES HENRY

PSYCHO-BIOLOGIE ET ÉNERGÉTIQUE

Essai sur un principe de méthodes instructives de calcul

Paris, A. HERMANN et fils, 1909. 216 pages, grand in-8.

Prix. . . . . 6 fr.

La psycho-physique nous apprend que les représentations, c'est-à-dire les réactions sensitivo-motrices de l'organisme à l'excitant, sont, dans le cas d'organisations *complexes* comme la nôtre, des fonctions mathématiques complexes (logarithmiques) de l'excitant ; ces relations doivent se réduire à la proportionnalité dans les organisations *plus simples*, adaptées ; dans ce dernier cas, la représentation, devenue purement motrice et inconsciente, est *objective* en ce sens qu'elle est adéquate à l'excitant ; et cette objectivité est le caractère essentiel des processus instinctifs, qui sont l'équivalent d'une science rigoureuse. De là le problème que s'est posé l'auteur : *Déterminer les lois d'évolution des représentations objectives d'un individu biologique, en partant des représentations les moins spécialisées ou les moins évoluées, celles de ses énergies propres*. Le point de départ de ce travail est donc la conception énergétique de l'Univers combinée avec les résultats psycho-physiques et le développement de cette étude n'est que l'application de la théorie de l'évolution à un groupe de phénomènes psycho-biologiques, dont les plus complètes sont accessibles aux vérifications de l'expérience. Ces représentations seraient même les faits *pratiquement* les plus généraux possibles, si l'on admet avec l'auteur l'hypothèse de Kant, modifiée selon les données de la psycho-biologie, d'après laquelle les lois de notre connaissance dépendent uniquement de notre organisation. Les applications physiques de la méthode semblent justifier cette manière de voir.

Les représentations énergétiques imposées à l'individu vivant pour sa conservation ainsi que le mécanisme de l'élément représentateur imposé par un principe de moindre variation dans la dépense énergétique sont précisés ; et des spécialisations successives des représentations énergétiques de cet élément par d'autres éléments au cours de l'évolution se déduisent divers théorèmes, les équations de dimension des diverses quantités physiques et, en raison des formes particulières des représentations de l'espace ou du temps, des valeurs *remarquables* des quantités physiques, valeurs analogues à ces valeurs particulières que l'expérimentateur détermine au laboratoire et dont l'interpolation permet le calcul des lois empiriques. La qualité de l'énergie et, en général, des autres quantités physiques est caractérisée par des nombres équivalents à ces quantités, mais de forme arithmétique ou algébrique différente, évoluant dans des limites et suivant les lois de groupement particulières. C'est par cette voie qu'il est possible d'atteindre les principes et les quantités fondamentales de la thermodynamique.

Dans la 2e partie de cette étude, l'auteur applique à divers problèmes la méthode intuitive de calcul qui résulte de cette théorie. En mécanique rationnelle, il calcule la loi du mouvement des projectiles, la formule complète du pendule simple, la loi approchée du mouvement d'une masse sous l'action d'un jet d'eau. En physico-chimie, il traite de l'équation de Van der Waals, de la dynamique des électrons, et des concordances de la nouvelle méthode avec les théories électro-magnétiques, enfin, de la loi de Dulong et Petit, qui ne serait que grossièrement approchée ; à ce propos, il calcule pour l'évolution des masses atomiques une loi qui concorde avec celles des masses connues et permettra d'en prévoir de nouvelles. En biologie, sont étudiées les courbes de croissance en poids, l'évolution du chimisme respiratoire, la loi psycho-physique, sous sa forme complète, et les conséquences qui ressortent de l'évolution des énergies à force constante et à puissance constante pour la solution du problème général de la dynamogénie et de l'inhibition, conséquences remarquablement vérifiées en optique physiologique et en acoustique musicale. En sociologie, des courbes de mortalité sont analysées au point de vue des conséquences énergétiques que la méthode des représentations objectives permet de tirer des courbes statistiques.

Angoulême. — Imprimerie L. COQUEMARD et Cie.

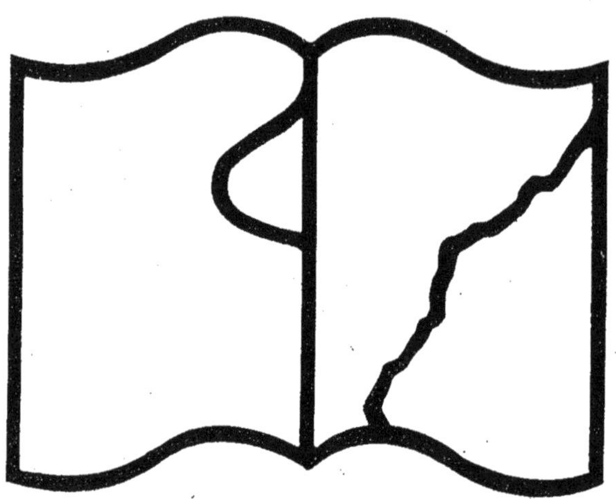

Texte détérioré — reliure défectueuse

NF Z 43-120-11

www.ingramcontent.com/pod-product-compliance
Ingram Content Group UK Ltd.
Pitfield, Milton Keynes, MK11 3LW, UK
UKHW022323190726
13856UKWH00001B/178

9 782013 669726